高等学校土木工程专业“十三五”规划教材
全国高校土木工程专业应用型本科规划推荐教材

建筑施工技术

（第二版）

主　编　吴　洁　杨天春
副主编　吴振华

中国建筑工业出版社

图书在版编目（CIP）数据

建筑施工技术/吴洁，杨天春主编．—2版．—北京：中国建筑工业出版社，2017.8（2025.6重印）

高等学校土木工程专业“十三五”规划教材．全国高校土木工程专业应用型本科规划推荐教材

ISBN 978-7-112-20810-4

Ⅰ．①建…　Ⅱ．①吴…②杨…　Ⅲ．①建筑施工-技术-高等学校-教材　Ⅳ．①TU74

中国版本图书馆CIP数据核字（2017）第116476号

本书在第一版基础上，以近年来新修订的施工验收规范、规程和工程实践为依据，以方便教学和学生自主学习为原则，针对应用型本科的教学需要进行编写，使该书成为具有实用性、创新性和先进性的立体化教材。本书以施工验收规范分部分项工程划分为主线，重点突出主要分部分项工程的施工工艺流程和施工验收标准两大内容，其中施工工艺流程包括施工准备、工序流程及操作要点、常见质量通病预防等主要内容，施工验收方法包括材料取样方法和施工验收规范的相关内容，在一些主要章节均引入了工程案例。本书共包括11章，每章附有思考题、习题、案例分析题等。

本书可作为高校应用型本科和高职高专土木工程相关专业的教材，也可作为工程一线技术人员的参考书。

为更好地支持本课程教学，我社向选用本教材的任课教师提供课件，有需要者可与出版社联系，索取方式如下：建工书院 http://edu.cabplink.com，邮箱 jckj@cabp.com.cn，电话：010-58337285。

责任编辑：吉万旺　王　跃
责任校对：焦　乐　党　蕾

高等学校土木工程专业“十三五”规划教材
全国高校土木工程专业应用型本科规划推荐教材
建筑施工技术（第二版）
主　编　吴　洁　杨天春
副主编　吴振华
*
中国建筑工业出版社出版、发行（北京海淀三里河路9号）
各地新华书店、建筑书店经销
霸州市顺浩图文科技发展有限公司制版
建工社（河北）印刷有限公司印刷
*
开本：787×1092毫米　1/16　印张：26½　字数：640千字
2017年9月第二版　2025年6月第十五次印刷
定价：**66.00**元（赠教师课件）
ISBN 978-7-112-20810-4
（35597）

第二版前言

本书第一版自2009年5月出版以来，承蒙多所院校和企业的关注和广泛使用，已进行9次印刷，发行2万余册。由于建筑施工技术是一项较为复杂的学科，同其他专业有较密切联系，施工工艺、操作方法又随着施工条件、对象和使用的原材料的不同而经常变化，新的施工工艺和机具也日新月异。近年来，施工技术发展突飞猛进，各种施工、设计标准、规范、规程等也进行了全面的修订、调整，高等教育的改革不断推进，各兄弟院校使用中也提出了许多宝贵意见，因此，教材的修订刻不容缓。

本次修订仍本着"实用性、创新性、先进性"的指导思想，以实用为主，突出新技术、新工艺，重点介绍主要分部分项工程的施工工艺流程和施工验收标准，在总结施工经验的基础上，系统地介绍了各工种工程的基本施工方法和施工要点，目的是给在校学生既提供一本知识全面的教材，又提供一本资料齐全、查找方便的工具书。

为了切实满足高校转型发展背景下应用型人才培养目标。在内容上，本版删除了一些落后的施工方法、施工设备和材料，结合大型企业现行成熟的标准样板工序施工方法，通过工程实例图片展示，增加新型模板支撑结构、全轻混凝土楼地面保温层、外墙防水等新工艺、新方法、新材料、新设备方面内容；并根据现行新版施工规范、规程进行修改调整。每个分项工程主要介绍施工工艺流程和对应规范的质量检验项目（根据规范精简主控和一般项目），主要质量通病与预防措施。

本书由湖北理工学院、武汉职业技术学院与湖北江天建设集团有限公司、大冶铜建集团有限公司共同改编，为校企共建教材。其中湖北理工学院吴洁、吴振华改编1、2、3、4、5章，武汉职业技术学院陈竣改编第6、8章，张良斌改编第7、9章，杨天春、张润智改编第10、11章，湖北江天建设集团有限公司副总胡继文、大冶铜建集团有限公司总工陈敬映为本书提出了很多宝贵意见，全书由吴洁统稿并担任主审。

但是由于编者的水平有限和时间仓促，了解的方法和资料积累不全，书中难免存在不足之处，诚挚希望广大师生和读者提出宝贵意见，给予批评指正。

本书在编写过程中，参考了多种规范、教材、手册、著作、论文及网络资料，引用了一些实际工程案例，在此一并致谢。

编者

2017年4月

第一版前言

建筑施工技术是建筑类专业的一门主干专业课程。其主要内容是建筑工程各分部分项工程的施工工艺流程、施工方法、技术措施和要求以及质量验收标准、方法等，对培养学生在施工一线的岗位能力有着重要的作用。

建筑施工技术涉及面广，综合性、实践性强，其发展又日新月异。随着高等教育改革的深入，如何培养适应建筑市场需求的、具备工程素质和岗位技能的应用型人才是土木工程教育面临的首要问题，建筑施工技术课程在教学内容、教学手段、教学方法和教材建设等各方面都面临更新，为适应地方高校培养应用型高级技术人才的需要，本书着眼于编写一本具有实用性、创新性、先进性的立体化教材，主要具有如下特点：

注重理论联系实际。教材编写以新颁布的施工验收规范的分部分项工程划分为主线，重点突出主要分部分项工程的施工工艺流程和施工验收标准两大内容，其中施工工艺流程包括施工准备、工序流程及操作要点、常见质量通病预防等主要内容；施工验收标准包括材料取样方法和施工验收规范的相关内容。在一些主要章、节还引入了工程案例。着重培养学生综合运用建筑施工技术理论知识分析、解决工程实际问题的能力。

注重优化课程结构。考虑到钢筋混凝土工程贯穿于土方工程、基础工程、砌筑工程等各阶段，如果没有钢筋、模板、混凝土等基础知识铺垫，学生很难一上来就把握基坑支护、浅基础施工、桩基础施工、构造柱和圈梁等现浇混凝土施工工艺内容，因此把钢筋混凝土工程列为第1章首先讲授，优化了课程结构，便于学生学习和掌握。

注重推陈出新。由于施工技术发展较快，规范、规程更新也较快，本书力求紧扣当前施工实践，如在桩基础工程中，着重介绍了PHC管桩的静压沉桩工艺和正、反循环灌注桩施工工艺；在钢筋混凝土工程中，着重介绍了胶合板模板在各类构件中的支设构造、要点和模板设计案例，在钢筋分项工程中淘汰了冷挤压、锥螺纹等落后的机械连接工艺，重点介绍了现行常用的直螺纹连接，并引入03G101等规范抗震构造内容，在钢筋下料计算中以框架梁计算为实例；在预应力混凝土工程中，以现行后张法有粘结、无粘结施工工艺为主，增加了预应力筋布置及施工案例。为适应建筑节能发展的趋势，增加了建筑节能施工章节。增加对学生创新能力培养的内容。

注重课程的立体化教学。配合本教材精心编制了多媒体课件和精品课程资源，在多媒体课件中穿插了大量施工过程视频、图片资料，在教学方法上推行“现场施工工艺过程录像、动画、图片播放展示→问题讨论→综合归纳”的“模拟现场式”的改革，促进了师生之间的互动，使教学过程理论联系实际，优化了课堂教学效果。

由于本课程涉及的分部分项工程内容较多，综合性和实践性较强，建议采用多媒体教学，各学校可根据自己的教学目标对部分教学内容进行取舍，学时安排建议：少学时60学时；多学时80学时。

本书由黄石理工学院吴洁、武汉职业技术学院杨天春任主编，黄石理工学院吴振华，武汉职业技术学院陈竣、张良斌参编。具体编写分工为：吴洁编写前言和第 1、2、4、5 章，吴振华编写第 3 章，陈俊编写第 6、8 章，张良斌编写第 7、9 章，杨天春编写第 10、11 章。全书由吴洁统稿并担任主审。

由于编者水平有限和时间仓促，书中难免存在不足之处，诚挚希望广大师生和读者提出宝贵意见，给予批评指正（敬请发送至 wujie333@126. com）。

本书在编写过程中，参考了多种规范、教材、手册、著作和论文及网络资料，引用了一些实际工程案例，在此一并致谢。

本教材精品课程建设网址：http：//jpk. hsit. edu. cn/jzsgjso/sbwz/index. html，欢迎广大师生光临指导。关于本网址的相关问题，请发送至 wujie 333@126. com。

编者

2009 年 2 月

目　录

第1章　混凝土结构工程施工

混凝土结构工程在土木工程施工中占主导地位，它由模板工程、钢筋工程以及混凝土工程三个主要分部分项工程组成，混凝土结构工程对工程的劳动力、物资消耗和工期均有很大的影响。混凝土结构工程包括现浇混凝土结构与装配式混凝土结构。

1. 现浇混凝土结构

现浇混凝土结构是指在现场支模并整体浇筑而成的混凝土结构。现浇式结构的整体性和抗震性能好，施工时不需要大型起重机械。但要消耗大量模板，劳动强度高，施工中受气候条件影响较大。

2. 装配式混凝土结构

装配式钢筋混凝土结构是我国建筑结构发展的重要方向之一，它有利于建筑工业化的发展，提高生产效率节约能源，发展绿色环保建筑，并且有利于提高和保证建筑工程质量。但是装配式结构耗钢量较大，施工时对起重设备要求高、依赖性强。结构的整体性和抗震性不如整体现浇式结构。

混凝土结构工程是由钢筋、模板、混凝土等分项工程组成的，每个施工过程又包括很多施工过程，因而要加强施工管理，统筹安排，合理组织，以达到保证质量、加快施工进度和降低造价的目的。

混凝土结构施工工艺流程如图1-1所示。

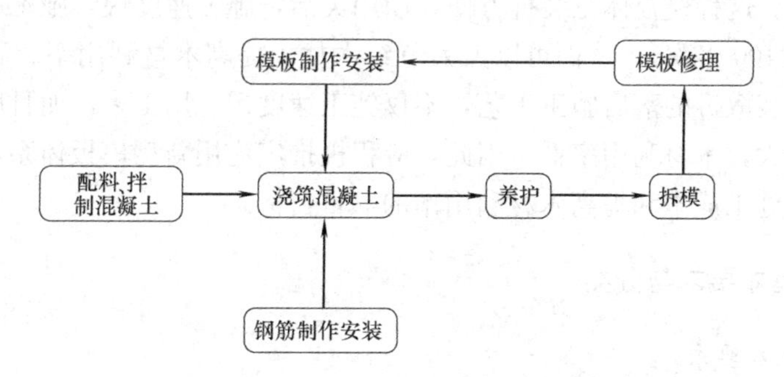

图1-1　混凝土结构施工工艺流程图

混凝土结构工程施工技术近年来发展很快，为建设高质量的土木工程创造了先决条件。住房城乡建设部在《关于进一步做好〈建筑业10项新技术（2010）〉推广应用的通知》中提出了高性能混凝土技术、高效钢筋与预应力技术、新型模板及脚手架应用技术等一系列新技术，如：

钢筋工程中，在材料方面推广HRB400级钢筋的应用技术，在钢筋加工工艺方面，亦提高了机械化、自动化的水平，采用了数字程序控制调直剪切机、光电控制点焊机、钢筋冷拉联动线等，钢筋焊接网应用和直螺纹钢筋机械连接等技术不断成熟并快速推广。

模板工程方面，采用了工具式支模方法与钢框胶合板模板，还推广了全钢大模板、液压自动爬模、隧道模等机械化程度较高的模板和预应力混凝土薄板、压延型钢板等永久模板以及模板早拆体系等新技术。随着建筑行业木工人工价格的上升以及社会对绿色建筑的要求不断提高，铝合金模板作为一种生产效率高、施工质量可靠的模板已经逐步替代传统的模板形式。

混凝土工程方面，已实现了混凝土搅拌站后台上料机械化、称量自动化和混凝土搅拌自动化或半自动化，扩大了商品混凝土的应用范围，还推广了混凝土强制搅拌、高频振动、混凝土搅拌运输车和混凝土泵送等新工艺。特别是近年来流态混凝土、高性能混凝土等新型混凝土的出现，将会引起混凝土工艺很大的变化。新型外加剂的使用，也是混凝土施工技术发展的重点。大尺寸、大体积混凝土的防裂技术也已逐渐成熟，为保证相应混凝土结构的使用功能和使用寿命提供了技术保障。

装配式钢筋混凝土构件的生产工艺方面，推广了拉模、挤压工艺、立窑和折线窑养护、热拌热模、远红外线和太阳能养护等新工艺。在预应力钢筋混凝土工艺中，也出现了折线张拉、曲线张拉、无粘结后张法等新技术。整体预应力混凝土结构的出现，对混凝土的施工工艺和施工技术要求也越来越高。

1.1 模板工程

混凝土结构的模板工程，是混凝土结构施工的重要措施项目。现浇框架、剪力结构模板使用量按建筑面积每平方米约为2.5～5m^2，占混凝土结构工程总造价的25%、总用工量的35%、工期的50%～60%。

目前国外先进的模板体系主要是两大类，一类是无框木梁木模板体系，另一类是带框胶合板模板体系。这种模板体系装拆方便，使用灵活，施工速度快，施工用工省，周转使用次数多（可达100多次），从而可以大大节约木材，提高木材利用率。我国胶合板模板的施工仍使用散装散拆的落后施工工艺，不仅施工速度慢、用工多，而且胶合板模板使用次数少、损耗量大，木材利用率低。因此，应积极推广应用新型模板体系，促进施工技术进步，达到节约施工成本和提高木材利用率的双重目标。

1.1.1 模板的基本要求与分类

1. 模板的基本要求

模板是使新拌混凝土在浇筑过程中保持设计要求的位置尺寸和几何形状，使之硬化成为钢筋混凝土结构或构件的模型。模板系统包括模板系统和支撑系统两大部分，此外尚须适量的紧固连接件。

模板结构对钢筋混凝土工程的施工质量、施工安全和工程成本有着重要的影响。因此模板结构必须符合下列要求：①保证工程结构和构件各部分形状、尺寸和相互位置的准确；②具有足够的强度、刚度和稳定性，能可靠地承受施工过程中产生的荷载；③构造简单、装拆方便，便于钢筋的绑扎与安装以及满足混凝土的浇筑、养护等工艺要求；④接缝严密不漏浆；⑤因地制宜，就地取材，周转次数多，损耗少，成本低。

模板工程的施工包括模板的选材、选型、设计、制作、安装、拆除和修整等过程。

2. 模板的分类

模板的种类很多，按材料分为木模板、钢木模板、胶合板模板、钢模板、塑料模板、玻璃钢模板、铝合金模板等。

按结构的类型分为：基础模板、柱模板、墙模板、梁模板、楼板模板、楼梯模板等。

按施工方法分类：有现场装拆式模板、固定式模板和移动式模板。

现场装拆式模板是按照设计要求的结构形状、尺寸及空间位置在现场组装，当混凝土达到拆模强度后即拆除模板。现场装拆式模板多用定型模板和工具式支撑；固定式模板多用于制作预制构件，是按构件的形状、尺寸于现场或预制厂制作，涂刷隔离剂，浇筑混凝土，当混凝土达到规定的强度后，即脱模、清理模板，再重新涂刷隔离剂，继续制作下一批构件，各种胎模（土胎模、砖胎模、混凝土胎模）即属于固定式模板；移动式模板是随着混凝土的浇筑，模板可沿垂直方向或水平方向移动，如烟囱、水塔、墙柱混凝土浇筑采用的滑升模板、爬升模板、提升模板、大模板，高层建筑楼板采用的飞模，筒壳混凝土浇筑采用的水平移动式模板等。

1.1.2 胶合板模板和钢模板介绍

1. 胶合板模板

包括木胶合板和竹胶合板。木胶合板是由木段旋切成单板或由木方刨切成薄木，再用胶粘剂胶合而成的三层或多层的板状材料，通常用奇数层单板，并使相邻层单板的纤维方向互相垂直胶合而成。竹胶合板由竹席、竹帘、竹片等多种组坯结构，与木单板等其他材料复合，专用于混凝土施工的模板。胶合板模板具有表面平整光滑，容易脱模；耐磨性强；防水性好；模板强度和刚度较好；使用寿命较长，周转次数可达 20～30 次以上；材质轻，适宜加工大面积模板；板缝少，能满足清水混凝土施工的要求等优点。

（1）胶合板模板的规格

竹胶合板的规格尺寸见表 1-1。竹胶合板使用中应注意最大变形控制（即挠度验算）问题，避免出现胀模，而厚度及弹性模量（E）对于挠度有直接的决定作用，竹胶板的弹性模量由于各地所生竹材的材质不同，同时又与胶粘剂的胶种、胶层厚度、涂胶均匀程度以及热固化压力等生产工艺有关，其性质差异也很大，变化范围在 $2\times10^3\sim10\times10^3\text{N/mm}^2$，实际验算时，应先向所使用板材的生产厂家或供货商索要其产品的性能指标说明作为参考。

竹胶合板规格 **表 1-1**

长度 (mm)	宽度 (mm)	厚度 (mm)
1830	915	9、12、15、18
1830	1220	
2000	1000	
2135	915	
2440	1220	
3000	1500	

（2）胶合板模板的配制要求

目前木模板均采用胶合板作为面板，辅以木方或型钢边框，采用钢管或木支撑。

1）合理进行模板配板设计，尽量减少随意锯截，竹胶板模板锯开的边及时用防水油漆封边两道，防止竹胶板模板使用过程中开裂、起皮。

2）胶合板常用厚度一般为 18mm，内、外楞的间距通过设计计算进行调整；拼板接缝处要求附加小龙骨。

3）支撑系统可以选用钢管脚手架，也可采用木支撑。采用木支撑时，不得选用脆性、严重扭曲和受潮容易变形的木材。

4）钉子长度应为胶合板厚度的 1.5～2.5 倍，每块胶合板与木楞相叠处至少钉 2 个钉子。第二块板的钉子要转向第一块模板方向斜钉，使拼缝严密。

5）配制好的模板应在反面编号并写明规格，分别堆放保管，以免错用。

2. 钢模板

组合钢模板是一种工具式模板，由模板和支承件两部分组成。模板有平面模板、转角模板（包括阴角模、阳角模和连接角模）及各种卡具；支承件包括用于模板固定、支撑模板的支架、斜撑、柱箍、桁架等。组合钢模板由于面积小、拼缝多，已不能满足清水混凝土施工的要求，目前，我国正大力推广钢大模板和钢框胶合板模板技术。

（1）模板

钢模板由边框、面板和纵横肋组成。边框和面板常用 2.5～2.8mm 厚的钢板轧制而成，纵横肋则采用 3mm 厚扁钢与面板及边框焊接而成。钢模板的厚度均为 55mm。为了便于模板之间拼装连接，边框上都开有连接孔，且无论长短边上的孔距都为 150mm，如图 1-2 和图 1-3 所示。

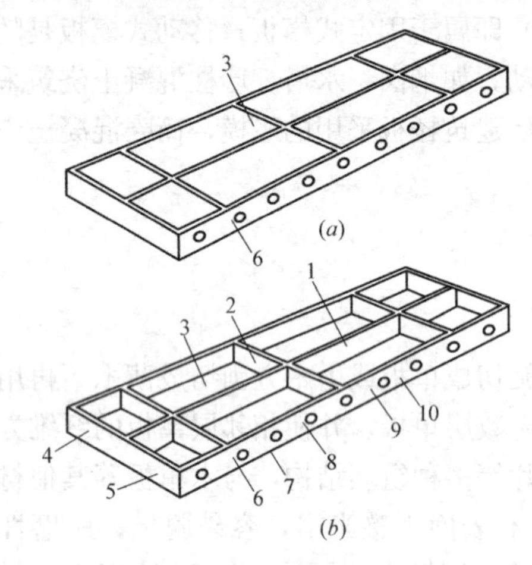

图 1-2　钢平面模板

(a) 模板正面；(b) 模板背面；
1—中纵肋；2—中横肋；3—面板；4—横肋；
5—插销孔；6—纵肋；7—凸棱；8—凸鼓；
9—U 形卡孔；10—钉子孔

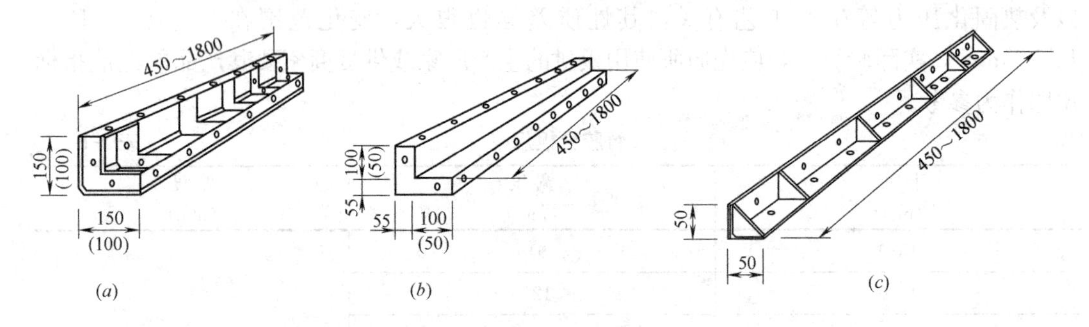

图 1-3　转角面钢模板

(a) 阴角模；(b) 阳角模；(c) 连接角模

模板的模数尺寸关系到模板的适用性，是设计制作模板的基本问题之一。我国钢模板的尺寸：长度以 150mm 为模数；宽度以 50mm 为模数。平模板的长度尺寸有 450～1800mm 共 7 个；宽度尺寸有 100～600mm 共 11 个。平模板尺寸系列化共有 70 余种规格。进行配模设计时，如出现不足整块模板处，则用木板镶拼，用铁钉或螺栓将木板与钢模板间进行连接。

平面钢模、阴角模、阳角模及连接角模分别用字母P、E、Y、J表示，在代号后面用4位数表示模板规格，前两位是宽度的厘米数，后两位是长度的整分米数。如P3015就表示宽300mm、长1500mm的平模板。又如Y0507就表示肢宽为50mm×50mm、长度为750mm的阳角模。钢模板规格见表1-2。

钢模板规格（mm） 表1-2

名 称	代 号	宽 度	长 度	肋高
平面模板	P	600、550、500、450、400、350、300、250、200、150、100	1800、1500、1200、900、750、600、450	55
阴角模板	E	150×150、100×100		
阳角模板	Y	100×100、50×50		
连接角模	J	50×50		

注：本表摘自《组合钢模板技术规范》GB/T 50214—2013。

钢模板的连接件有U形卡、L形插销、钩头螺栓、对拉螺栓、3形扣件、蝶形扣件等。钢模板间横向连接用U形卡，U形卡操作简单，卡固可靠，其安装间距一般不大于300mm。纵向连接用L形插销为主，以增强模板组装后的纵向刚度，如图1-4所示。大片模板组装时，采用钢管钢楞，这时就必须用钩头螺栓配合3形扣件或蝶形扣件固定，如图1-5所示。对于截面尺寸较大的柱、截面较高的梁和混凝土墙体，一般需要在两侧模板之间加设对拉螺栓，以增强模板抵抗混凝土挤压的能力。

钢模板组拼原则：从施工的实际条件出发，以满足结构施工要求的形状、尺寸为前提，以大规格的模板为主，较小规格的模板为辅，减少模板块数，方便模板拼装，不足模板尺寸的部位，用木板镶补，为了提高模板的整体刚度，可以采取错缝组拼，但同一模板拼装单元，模板的方向要统一。

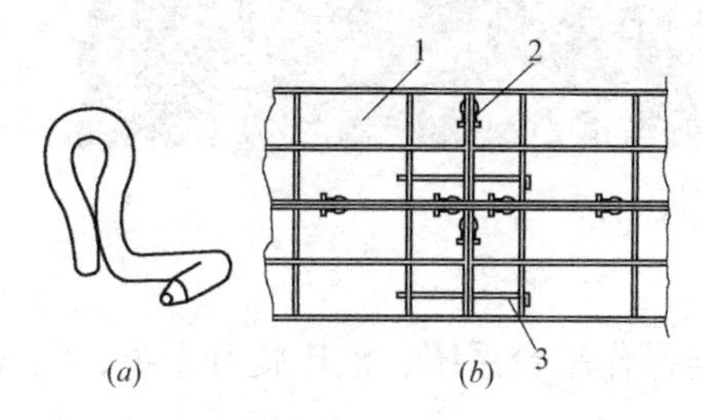

图1-4 U形卡和L形插销

(a) U形卡；(b) 连接件使用

1—钢模板；2—U形卡；3—L形插销

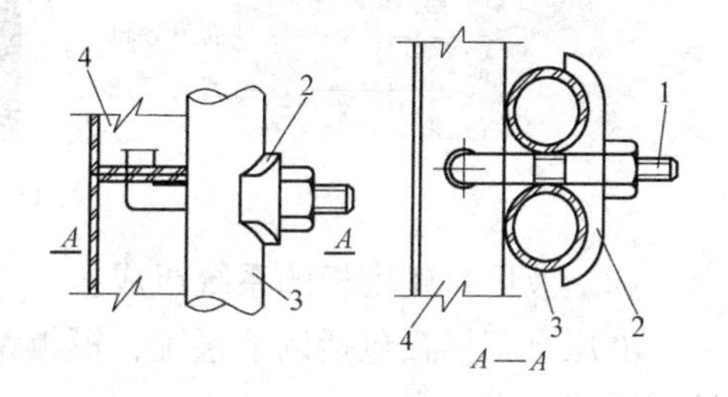

图1-5 扣件固定

1—钩头螺栓；2—3形扣件；

3—钢楞；4—钢模板

(2) 支承部件

组合钢模板支承部件的作用是将已拼装完毕的模板固定并支承在相应的设计位置上，承受模板传来的一切荷载。由于在施工中，一些较小零件容易丢失损坏，目前在工程中仍比较广泛地使用钢制脚手架作模板支承部件，包括扣件钢管脚手架、门形脚手架等。

3. 液压自爬模板

液压自爬模板是适用于高层建筑或高耸构筑物现浇钢筋混凝土结构的先进模板施工工艺。液压自动爬升模板是依附在建筑结构上，随着结构施工而逐层上升的一种模板体系，当混凝土达到拆模强度后脱模，模板不落地，依靠机械设备和支承体将模板和爬模装置向上爬升一层，定位紧固，反复循环施工，如图 1-6 所示。

（1）液压自爬模板特点

1）液压爬模可整体爬升，也可单榀爬升，爬升稳定性好。

2）操作方便，安全性高，可节省大量工时和材料。

3）爬模架一次组装后，一直到顶不落地，节省了施工场地，而且减少了模板特别是面板的碰伤损毁。

4）液压爬升过程平稳、同步、安全。

5）提供全方位的操作平台，施工单位不必为重新搭设操作平台而浪费材料和劳动力。

6）结构施工误差小，纠偏简单，施工误差可逐层消除。

7）爬升速度快，可以提高工程施工速度。

8）模板自爬，原地清理，大大降低塔吊的吊次。

9）上、下换向盒是爬架与导轨之间进行力传递的重要部件，改变换向盒的棘爪方向，可实现提升爬架或导轨的功能转换。在每爬一个梯档时，油缸自行调节，保证同时爬升的架体同步。

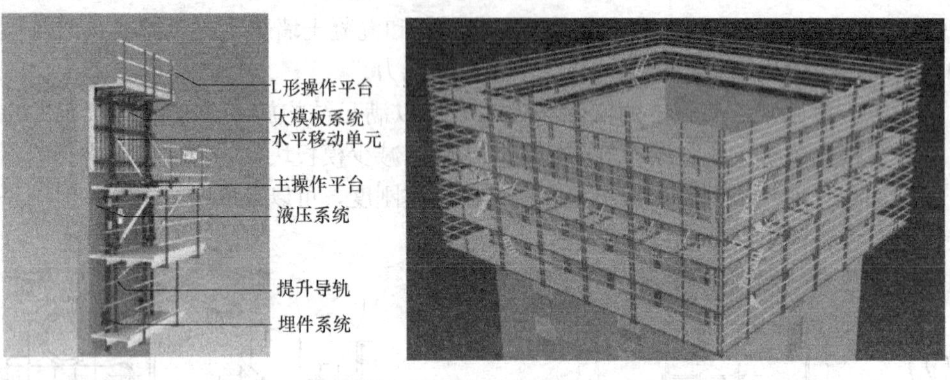

图 1-6　液压自爬模板

（2）液压自爬模板的系统组成。

液压自爬模板包括以下系统：模板系统、架体与操作平台系统、液压爬升系统、电气控制系统。

1）模板系统：包括钢板、竖向筋、钢背楞、对拉螺杆、铸钢螺母、铸钢垫片等。

2）架体与操作平台系统：包括上架体、可调斜撑、上操作平台、下架体、架体挂钩、架体防倾调节支腿、下操作平台、吊平台、工字钢纵向连系梁、栏杆、钢板网及绿色密目安全网等。

3）液压爬升系统：包括导轨、挂钩连接座、锥形承载接头、承载螺栓、油缸、液压控制台、防坠爬升器、各种油管、阀门及油管接头等。

4）电气控制系统：包括动力、照明、信号、对讲机通信、电源控制箱、电气控制台、无线探头视频监控等。

4. 铝合金模板

铝合金模板系统最早诞生于美国，是新一代的绿色模板技术。铝合金模板系统主要由模板系统、支撑系统、紧固系统、附件系统等构成，可广泛应用于钢筋混凝土建筑结构的各个领域，如图1-7所示。

铝合金模板系统具有重量轻、拆装方便、刚度高、板面大、拼缝少、稳定性好、精度高、浇筑的混凝土平整光洁、使用寿命长、周转次数多、经济性好、回收价值高、施工进度快、施工效率高、施工现场安全、整洁、施工形象好、对机械依赖程度低、应用范围广等特点。

(1) 铝合金模板技术特点

1) 稳定性好、承载力高

铝合金模板系统全部都采用铝合金板组装而成，系统拼装完成后，形成一个整体框架，稳定性好，承载力高。

2) 一次浇筑，质量可靠

铝合金模板系统，将墙模、顶模和支撑等几大独立系统有机地融为一体，一次将模板全部拼装完毕，并实现一次浇筑。

3) 设计加工后，可在工厂整体试装

传统模板及其施工方法中，许多安装问题均由施工现场的人员随机处理，施工效率和工程质量难以保证。而使用铝合金模板系统，可在运往工地前，进行整体试装，将所有可能出现的问题全部解决。

4) 支撑采用早拆技术

顶模和支撑系统实现了一体化设计，将早拆技术融入顶板支撑系统，大大提高了模板的周转率。

5) 支撑系统方便

铝模板支模现场的支撑杆相对少，操作空间大，人员通行、材料搬运畅通，现场管理方便。

6) 拆模后混凝土表面效果好

铝合金模板系统拆模后，混凝土表面质量平整光洁，可达到饰面及清水混凝土的要求，无需进行抹灰，可节省抹灰费用。

7) 使用寿命长

在美国使用的铝模板有超过3000次的记录，周转越多，经济性越好。

8) 应用范围广

铝合金建筑模板适合墙体、柱子、梁、水平楼板、楼梯、窗台、飘板等位置的使用。

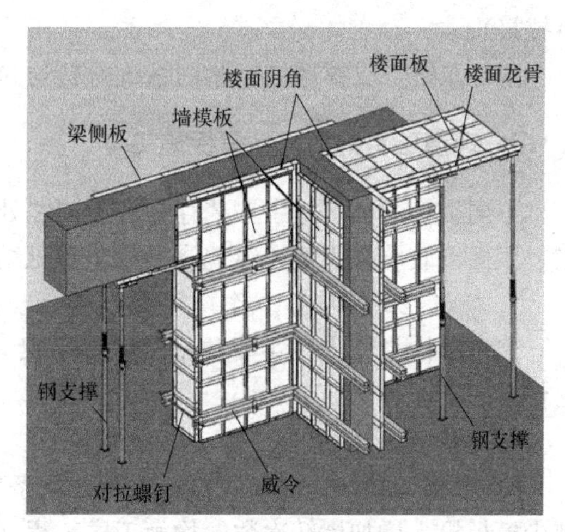

图1-7 铝合金模板

(2) 铝合金模板体系组成

铝合金模板体系由以下几个系统组成：模板系统、支撑系统、紧固系统、附件系统等。

1）铝合金模板系统：构成混凝土结构施工所需的封闭面，保证混凝土浇灌时建筑结构成型。

① 铝合金模板种类：包括墙模、柱模、梁模、顶板模板、楼梯模板、飘窗模板以及异形模板等。

② 模板尺寸：

a. 墙模宽度：采用400mm宽度作为标准模板，其他辅助宽度包括：300mm、250mm、200mm、150mm、100mm、50mm。

b. 墙模长度：根据不同用户的建筑特点将长度改为通长（即 L＝层高－板厚－50mm）或者在标准模板＋上接的形式。

c. 顶板模板：标准尺寸包括：400mm×1100mm。

d. 矩形柱模：标准宽度为400mm和200mm两种，可以通过上下、左右连接成所需尺寸的柱模，并以50为模数任意可调，可以做成任意尺寸的柱模。

2）支撑体系：在混凝土结构施工过程中起支撑作用，保证楼面、梁底及悬挑结构的支撑稳固（楼板底配3套，梁底配4套，悬挑结构配6套）。

① 竖向支撑：使用可调钢支撑，不建议使用目前国内常用的钢管＋扣件或者碗扣脚手架替代。

② 斜向支撑：采用可调斜支撑。

③ 外墙支撑：采用K板的形式，保证外墙无接缝对接。

3）附件系统：模板的连接构件，使单件模板连接成系统，组成整体（销钉、销片、螺栓）。

4）紧固系统：是保证模板成型的结构宽度尺寸，在浇筑混凝土过程中不产生变形，模板不出现胀模、爆模现象（跨度大于3m的墙体带斜撑或钢管辅助支撑，四个角需用葫芦拉接）。

附件系统、支撑系统、紧固系统材料均为钢构件制作。

1.1.3 现浇结构常见构件模板施工

不同类型的模板施工工艺存在着不同之处，但是主要的流程基本类似，由于篇幅的限制，下面以胶合板为例介绍现浇混凝土常见结构的模板施工。

1. 模板施工前准备工作

现浇结构常见构件主要包括柱、墙、梁、板、楼梯等，模板施工前应进行下列准备工作：

（1）模板设计

1）根据工程结构的形式、特点及现场条件，合理确定模板工程施工的流水区段，以减少模板投入增加周转次数，均衡工序工程（钢筋、模板、混凝土工序）的作业量。

2）确定模板配板平面布置及支撑布置：按各构件尺寸设计出配板图，模板面板尺寸及背楞规格、布置位置和间距。支撑布置包括：柱箍选用的形式及间距；竖向支撑、横向支撑、抛撑、剪刀撑等型号、间距；对拉螺栓的布置间距。

3）绘图与验算：根据模板配板布置及支撑系统布置进行强度、刚度及稳定性验算，合格后要绘制全套模板设计图，包括：模板平面布置配板图、分块图、组装图、节点大样图、梁柱节点、主次梁节点大样等。

（2）轴线和标高引测

1）放线：从下层向上层转移时，除用经纬仪等仪器放线外，也可采用在上层楼板上预留孔洞，用线锤转移画线的方法，同时可离轴线 1000mm 平移画工作墨线，该线不会被模板压盖，便于校核，墙体放线时还应放出门窗洞口线，如图 1-8 所示。

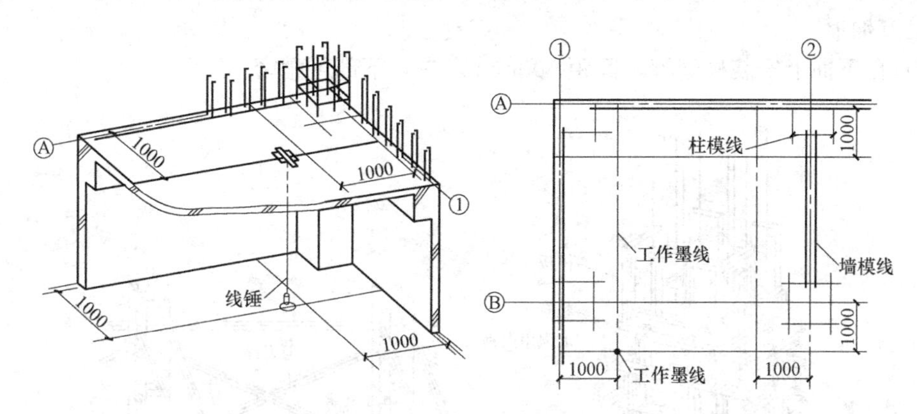

图 1-8 模板放线示意图

2）标高引测：将标高引测到柱、墙插筋上，一般高出楼面标高 1m，然后据此找平柱、墙模底部。

（3）模板底部找平固定

在墙、柱主筋上距地面 50～80mm 处，根据模板线，按保护层厚度焊接水平支杆，以防模板水平移位。柱、墙模板底部固定可可采用如下方法：先在地面预埋木砖，将模板固定在木砖上；也可在柱边线抹定位水泥砂浆带或用水泥钉将模板直接钉在地面上；或以角钢焊成柱断面外包框，做成小方盘模板。对于柱、墙外侧模板，可在下层柱预留钢筋或螺栓来承托模板（间距不大于 800mm）。

（4）其他

墙、柱钢筋绑扎完毕；水电管线、预留洞、预埋件已安装完毕；绑好钢筋保护层垫块，并办好隐检手续。对于组装完毕的模板，应按图纸要求检查其对角线、平整度、外形尺寸及牢固程度；并涂刷脱模剂，分门别类放置。

2. 柱模板安装

（1）柱模板构造

柱模板特点：断面尺寸不大但比较高。柱模由四面侧板、柱箍、支撑组成。一般采用 18mm 厚胶合板作面板，竖向内楞采用 60mm×80mm 木方，间距（中到中）250～300mm 左右，在木工车间制作施工现场组拼。柱顶与梁交接处留出缺口，缺口尺寸为梁的高及宽（梁高以扣除板厚度计算），并在缺口两侧及口底钉上衬口档，衬口档离缺口边的距离即为梁侧板及底板的厚度，衬口档为 50mm×50mm 木档，与梁柱接面刨平，拼接密实。柱支撑一般采用柱箍和木方、钢管等作为剪刀撑和抛撑，也可沿柱轴线方向搭成排架，又可兼作梁模及顶板的支撑体系。柱模安装见图 1-9。

（2）柱模板施工要点

柱模板施工工艺流程：单片预组拼→第一片柱模就位→第二片柱模就位连接固定→安

装第三、四片柱模→检查柱模对角线及位移并纠正→自下而上安装柱箍并做斜撑→全面检查安装质量→群体柱模固定。

1）安装就位第一片柱模板，并设临时支撑或用不小于14号铁丝与柱主筋绑扎临时固定。随即安装第二片柱模，在二片柱模的接缝处粘贴2mm厚的海绵条，以防漏浆；用连接螺栓连接二块柱模，做好支撑或固定。如上述完成第三、四片柱模的安装就位与连接，使之呈方桶形。

2）自下而上安装柱套箍，间距500mm左右，下部可稍密。

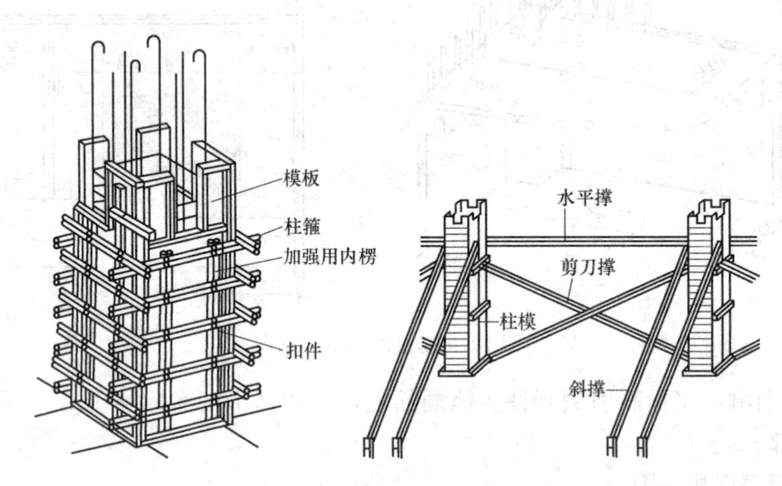

图1-9 柱模板支设图

3）柱模加固、轴线及垂直度校正。

首先校正单根柱模的轴线位移、垂直偏差（两个方向）、截面、对角线，为保证柱模板稳定、牢固，每根柱四边用钢管、钢丝绳或圆木等作抛撑，通常在钢丝绳上用花篮螺栓（利用丝杠进行伸缩，能调整钢丝绳的松紧）校正模板的垂直度，抛撑的支承点（钢筋环）要牢固可靠地与地面呈不大于45°预埋在楼板混凝土内。同排柱模，按纵横方向先校正端部两根柱，然后在柱上口拉通线校正中间柱，两根柱间加剪刀撑和水平撑加固。柱脚要预留清扫口，便于浇筑混凝土时清理垃圾。较高的柱子，应在模板中部一侧留临时浇捣口，以便浇筑混凝土。

（3）柱模板安装的质量通病及预防

柱模板安装的质量通病主要有：①胀模，造成截面尺寸不准，鼓出、漏浆，混凝土不密实或蜂窝麻面；②偏斜，一排柱子不在同一轴线上；③柱身扭曲，梁柱接头处偏差大。

原因分析：

1）柱箍间距太大或不牢，钢筋骨架缩小。

2）测放轴线不认真，梁柱接头处未按大样图安装组合。

3）成排柱子支模不跟线、不找方，钢筋偏移未扳正就套柱模。

4）柱模未保护好，支模前已歪扭，未整修好就使用，板缝不严密。

5）模板两侧松紧不一，未进行柱箍和穿墙螺栓设计。

6）模板上有混凝土残渣，未很好清理，或拆模时间过早。

预防措施：

1）根据规定的柱箍间距要求钉牢固，柱子支模前必须先校正钢筋位置。

2）成排柱子支模前，应先在底部弹出通线，将柱子位置兜方找中；应先立两端柱模，校直与复核位置无误后，顶部拉通长线，再立中间各根柱模。柱距不大时，相互间应用剪刀撑及水平撑搭牢。柱距较大时，各柱单独拉四面斜撑，保证柱子位置准确。

3）四周斜撑要牢固。

3. 墙模板安装

（1）墙模板构造

墙模板特点：高度大而厚度小，主要是承受混凝土的侧向压力。墙模板面板采用18mm胶合板，背部支撑由内楞、外楞组成：直接支撑模板的为竖向内楞（又称内龙骨、立档），一般采用60mm×80mm木方，中到中间距300mm左右；用以支撑内层龙骨的为横向外楞（又称外龙骨、横档），一般采用双肢$\phi48\times3.5$钢管或50mm×100mm方木，中到中间距500～600mm左右，下部可稍密，上下两道距模板上下口200mm。组装墙体模板时，通过M14穿墙螺栓将墙体两侧模板拉接，每个穿墙螺栓成为主龙骨的支点，穿墙螺栓布置水平间距600mm左右，竖向间距同外楞。并采用钢管＋U形托作为斜撑，一般设中下2道，间距600mm左右，以固定模板并保证模板垂直度，见图1-10。

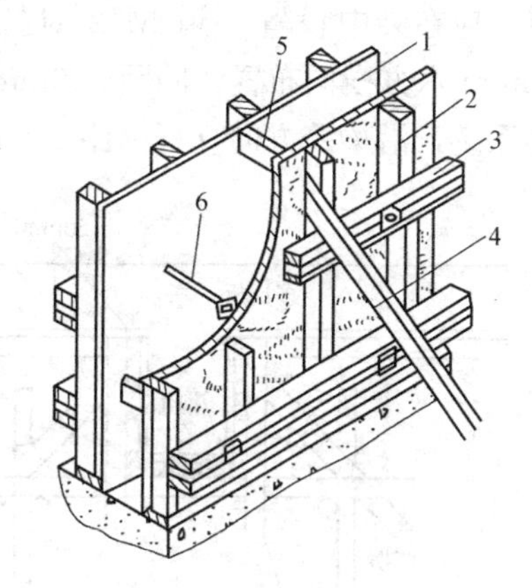

图1-10　墙模板支设图

1—胶合板；2—内楞；3—外楞；4—斜撑；5—撑头；6—穿墙螺栓

（2）墙模板施工要点

墙模板施工工艺流程：安装前检查→安装门窗口模板→一侧墙模安装就位→安装斜撑→插入穿墙螺栓及塑料套管→清扫墙内杂物→安装就位另一侧墙模板→安装斜撑→穿墙螺栓穿过另一侧墙模→调整模板位置→紧固穿墙螺栓→斜撑固定→与相邻模板连接。

1）安装墙模前，要对墙体接槎处凿毛，用空压机清除墙体内的杂物，做好测量放线工作。为防止墙体模板根部出现漏浆“烂根”现象，墙模安装前，在底板上根据放线尺寸贴海绵条，做到平整、准确、粘结牢固并注意穿墙螺栓的安装质量。

2）安装可回收穿墙螺栓的塑料套管宜比墙厚少2～3mm，拧紧时注意避免塑料套管变形；外墙的穿墙螺栓应采用止水螺栓，并向外倾斜，以利于防水。

3）每3m左右留一个清扫口（100mm×100mm）。

（3）墙模板安装的质量通病及预防

墙模板安装的质量通病主要有：墙体混凝土厚薄不一致；墙体上口过大；混凝土墙体表面粘连；角模与大模板缝隙过大跑浆；角模入墙过深，门窗洞口变形。

预防措施：

1）墙身放线应准确，误差控制在允许范围内，模板就位调整应认真，穿墙螺栓要全部穿齐、拧紧。

2）支模时上口卡具按设计要求尺寸卡紧。

3）模板清理干净，隔离剂涂刷均匀，拆模不能过早。

4）模板拼装时缝隙过大，连接固定措施不牢固，应加强检查，及时处理。

5）改进角模支模方法。

6）门窗洞口模板的组装及固定要牢固，必须认真进行洞口模板设计，保证尺寸，便于装拆。

4. 梁模板安装

（1）构造要点

梁模板特点：跨度较大而宽度不大。梁模板采用18mm胶合面板作为面板，梁侧模板采用40mm×60mm木方作为内楞（横向），上、中、下各设一道，间距约300mm；采用60mm×80mm木方或钢管作为外楞（竖向），间距500mm左右，当梁高大于700mm时，应在梁中设置一道M12对拉螺栓加固，水平间距500mm。梁底模采用60mm×80mm木方横向布置，间距300mm左右。纵向支承一般采用Φ48×3.5钢管脚手架作为支撑系统，沿梁跨方向立杆纵距1～1.2m，梁两侧立杆间距600～700mm，其他纵距1.5m，步距1.5m，见图1-11。

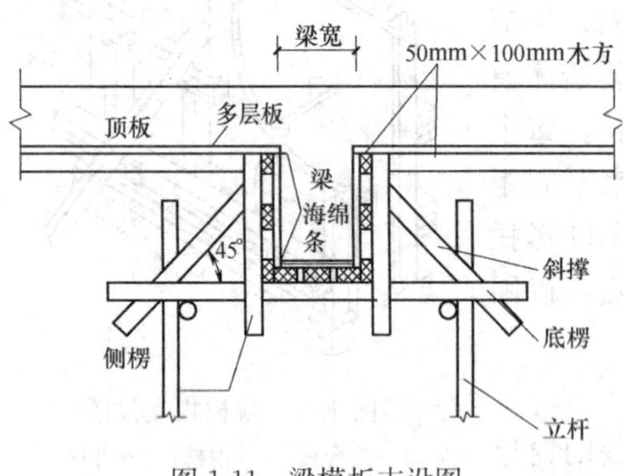

图1-11　梁模板支设图

（2）施工要点

梁模板施工工艺流程：搭设和调底模板支架（包括安装水平拉杆和剪力撑）→按标高铺梁底模板→拉线找直→绑扎梁钢筋→安装保护层垫块→安装梁两侧模板→调整模板。

1）安装梁模支架之前，首层为土壤地面时应平整夯实，首层土壤地面在支撑下宜铺设5cm厚通长垫板，并且楼层间的上、下支座应在一条直线上；支撑一般采用双排，间距一般以500～1000mm为宜（具体应按施工计算定），在支撑上方连固梁底短钢管，在支撑之间应设纵横水平连接杆，楼层高度在4.5m以下时，应设两道水平拉杆和剪刀撑，一般离地200～300mm处设一道，往上纵横方向每隔1500mm左右设一道，若楼层高度在4.5m以上时要另行制定施工方案。

2）在支撑上调整梁底短钢管，预留梁底模板的厚度，拉线安装梁底模板并找直。当梁跨度等于或大于4m时，梁底板应按设计要求起拱；如设计无要求时，起拱高度宜为全跨长度的1/1000～3/1000。安装梁底模板。

3）在底模上绑扎钢筋，安装梁侧模板，安装外竖楞、斜撑，其间距一般为750mm。当梁高超过700mm时，需加腰楞，并穿对拉螺栓拉接；侧梁模上口要拉线找直，安装牢固，以防跑模。

4）梁模支设时，为便于拆梁侧模，采用顶板压梁侧模板的做法。

（3）梁模板安装的质量通病及预防

梁模板安装的质量通病主要有：①防止梁身不平直；②梁底不平及下挠；③梁侧模胀模；④局部模板嵌入柱梁间、拆除困难的现象。

预防措施：

1）支模时应遵守边模包底模的原则，梁模与柱模连接处，下料尺寸一般应略为缩短。

2）梁模板上、下口应设锁口楞，再进行侧向支撑，以保证上下口模板不变形；梁底模板按规定起拱。

3）混凝土浇筑前，应将模内清理干净，并浇水湿润。

5. 楼面模板安装

（1）构造要点

楼面模板特点：面积大，厚度一般不大，横向侧压力很小。面板尽量采用18mm厚整张胶合板，以60mm×80mm木方作板底支撑（内楞），中心间距300mm左右，内楞（小龙骨）由外楞支撑，外楞（大龙骨）采用50mm×100mm木方或钢脚手管，中心间距1m左右，以定型钢支撑、圆木或扣件式钢管脚手架作为支撑系统，脚手架排距1.0m，跨距1.0m，步距1.5m。支承木方的横杆与立杆的连接，一般采用双扣件，如图1-12所示。

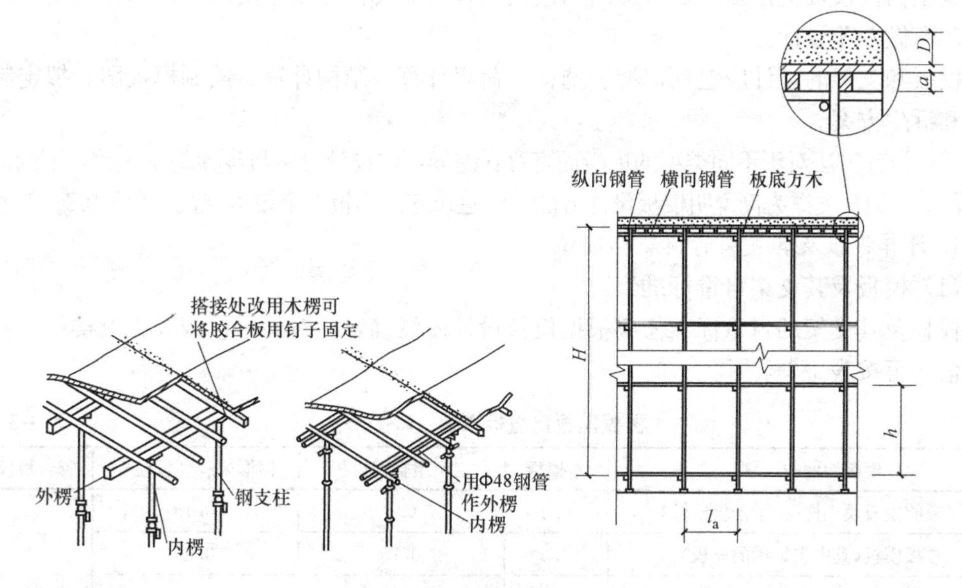

图1-12　楼面模板支设示意图

（2）施工要点

楼面模板施工工艺流程：搭设支架（脚手钢管搭设、木顶撑支设）→安装内、外楞→调整板下皮标高及起拱→铺设顶板模板→检查模板上皮标高、平整度→办预检。

1）搭设支架或安装支撑，一般从边跨开始，依次进行，第一排支撑距墙10cm，以防形成翘头楞木，在梁侧模板外侧弹出大龙骨的下标高线，水平线的标高应为楼面底标高减去楼面模板厚度及大、小龙骨高度，按控制线安装大龙骨，通长布置。小龙骨排设方向同大龙骨垂直。调整龙骨标高，将其调平后，开始设置拉杆，以保证支撑系统的稳定性，拉杆距地30cm设一道，向上每1.5m设置水平拉杆一道。

2）铺模板时可从四周铺起，在中间收口，铺设时，用电钻打眼，螺栓与龙骨拧紧；在相邻两块竹胶板的端部粘贴胶带或挤好密封条，以保证模板拼缝的严密。

3）楼面模板铺完后，应认真检查支架是否牢固，用靠尺、塞尺和水平仪检查平整度与楼板标高，并进行校正；模板梁面、板面应清扫干净。

（3）楼面模板安装的质量通病及预防

楼面模板安装的质量通病主要包括：板中部下挠，板底混凝土面不平。

预防措施：

1）楼面模板厚度要一致，大、小龙骨木料要有足够的强度和刚度，表面要平整。

2）支顶要符合规定的保证项目要求。

3）楼面模板按规定起拱。

1.1.4 模板设计

常用的定型模板和模板拼板，在其适用范围内一般不需要进行设计或验算。而对于重要结构的模板、特殊形式结构的模板或超出适用范围的一般模板，应该进行设计或验算以确保安全，保证质量，防止浪费。各类工具式模板工程，包括滑模、爬模、大模板等，水平混凝土构件模板支撑系统及特殊结构模板工程还需要做专项施工方案。铝合金模板由模板生产商做专业设计。

模板和支架的设计应包括选型、选材、荷载计算、结构计算、绘制模板图、拟定制作安装和拆除方案。

模板设计方法对于不同类型的模板而言存在差异，但设计思路与步骤基本一致，下面以胶合板，木（钢）支撑为例说明模板设计方法。(《建筑施工模板安全技术规范》JGJ 162—2008)

1. 计算模板及其支架时荷载标准值

（1）模板及其支架自重标准值

模板及其支架的自重标准值应根据模板设计图纸确定。对肋形楼板及无梁楼板的自重标准值，可按表1-3采用。

楼板模板自重标准值（kN/m^2） **表1-3**

模板构件的名称	木模板	定型组合钢模板	钢框架胶合板模板	胶合板模板
平板的模板及小楞(无梁楼板模板)	0.3	0.5	0.40	0.35
楼板模板(其中包括梁的模板)	0.5	0.75	0.60	
楼板模板及其支架(楼层高度4m以下)	0.75	1.1	0.95	

注：表中钢框胶合板模板及胶合板模板自重标准值以五夹板为例，为一般设计参考取值，在设计中若采用其他板材，自重标准值参考《建筑施工模板安全技术规范》JGJ 162—2008附录B表B取值。

（2）新浇筑混凝土自重标准值

对普通混凝土可采用$24kN/m^3$，对其他混凝土可根据实际重力密度确定。

（3）钢筋自重标准值

钢筋自重标准值应根据设计图纸确定。对一般梁板结构每立方米钢筋混凝土的钢筋自重标准值可采用下列数值：

楼板 1.1kN

梁 1.5kN

即：对钢筋混凝土梁，自重标准值采用$25.5kN/m^3$，对钢筋混凝土板，自重标准值采用$25.1kN/m^3$，对其他混凝土，如轻骨料混凝土，应根据实际的重力密度确定。

（4）施工人员及设备荷载标准值

1）计算模板及其支承模板的小楞时，对均布荷载取$2.5kN/m^2$，另应以集中荷载

2.5kN 再行验算；比较两者所得弯矩值，按其中较大采用；

2）计算直接支承小楞结构构件时，均布活荷载取 1.5kN/m^2；

3）计算支架立柱及其他支承结构构件时，均布活荷载取 1.0kN/m^2。

对大型浇筑设备如上料平台，混凝土输送泵等按实际计算；混凝土堆集料高度超过 100mm 以上者按实际高度计算；模板单块宽度小于 150mm 时，集中荷载可分布在相邻的两块板上。

（5）振捣混凝土时产生的荷载标准值

对水平模板可采用 2.0kN/m^2；对垂直面模板可采用 4.0kN/m^2（作用范围在新浇筑混凝土侧压力的有效压头高度之内）。

（6）新浇混凝土对模板侧面的压力标准值

影响新浇混凝土对模板产生侧压力的因素很多，如与混凝土组成有关的骨料种类、配筋数量、水泥用量、外加剂、坍落度等都有影响。此外还有外界影响，如混凝土的浇筑速度、混凝土的温度、振捣方式、模板情况、构件厚度、钢筋直径与间距等。

混凝土的浇筑速度是一个重要影响因素，最大侧压力一般与其成正比。但当其达到一定速度后，再提高浇筑速度，则对最大侧压力的影响就不明显了。

当采用内部振动器，浇筑速度在 6m/h 以下的普通混凝土及轻骨料混凝土，其新浇筑的混凝土作用于模板的最大侧压力标准值，可按式（1-1）、式（1-2）计算，并取二式中的较小值：

$$F=0.22r_c t_o \beta_1 \beta_2 \sqrt{V} \tag{1-1}$$

$$F=r_c H \tag{1-2}$$

式中 F——新浇筑混凝土对模板的侧压力计算值（kN/m^2）；

r_c——混凝土的重力密度（kN/m^2）；

t_o——新浇混凝土的初凝时间（h），可按实测确定。当缺乏试验资料时，可采用 $t_o=\frac{200}{T+15}$ 计算（T 为混凝土的温度）；

V——混凝土的浇筑速度（m/h）；

H——混凝土侧压力计算位置处至新浇混凝土顶面的总高度（m）；

β_1——外加剂影响修正系数，不掺外加剂时取 1.0，掺具有缓凝作用的外加剂时取 1.2；

β_2——混凝土坍落度影响修正系数，当坍落度小于 30mm 时，取 0.85；50～90mm 时，取 1.0；110～150mm 时，取 1.15。

混凝土侧压力的计算分布图形如图 1-13 所示，其中，$h=\frac{F}{r_c}$（h 为有效压头高度，单位为“m”）。

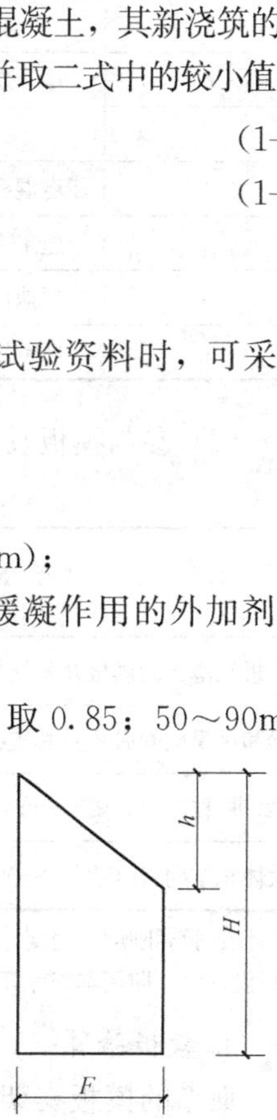

图 1-13　混凝土侧应力分布图

根据有关资料显示，按最快的浇筑速度和极为强烈的内部振捣，很少有超过 0.06MPa 的情况，所以墙梁柱混凝土侧压力限值可取 60kN/m^2。

（7）倾倒混凝土时产生的荷载标准值

倾倒混凝土时对垂直面模板产生的水平荷载标准值，按表 1-4 采用。

倾倒混凝土时产生的水平荷载标准值（kN/m²）　　表 1-4

向模板供料方法	水平荷载
溜槽、串筒或导管	2
容量小于 0.2m³ 的运输器具	2
容量为 0.2～0.8m³ 的运输器具	4
容量大于 0.8m³ 的运输器具	6
泵送混凝土	4

注：作用范围在有效压头高度以内。

2. 计算模板及其支架的荷载分项系数及荷载效应组合

（1）计算模板及其支架时的荷载设计值，应采用荷载标准值乘以相应的荷载分项系数求得，荷载分项系数应按表 1-5 采用。

荷载分项系数表　　表 1-5

项次	荷载类别	分项系数
1	模板及其支架自重	永久荷载分项系数：(1)当其效应对结构不利时，对由可变荷载效应控制的组合，应取 1.2；对由永久荷载效应控制的组合，取 1.35。(2)当其效应对结构有利时，一般情况下取 1.0；当验算倾覆、滑移时，应取 0.9
2	新浇混凝土自重	
3	钢筋自重	
4	新浇混凝土对模板侧面的压力	
5	施工人员及施工设备荷载	可变荷载分项系数：一般情况应取 1.4；对标准值大于 4kN/m² 的活荷载应取 1.3
6	振捣混凝土时产生的荷载	
7	倾倒混凝土时产生的荷载	

（2）参与模板及其支架荷载效应组合的各项荷载，应符合表 1-6 的规定。

参与模板及其支架设计荷载效应组合的各项荷载　　表 1-6

模板类型	参与组合的荷载	
	计算承载能力	验算刚度
平板和薄壳的模板及其支架	1、2、3、5	1、2、3
梁和拱模板的底板及其支架	1、2、3、6	1、2、3
梁、拱、柱、(边长≤300mm)、墙(厚≤100mm)的侧面模板	4、6	4
大体积结构、柱(边长＞300mm)、墙(厚＞100mm)的侧面	4、7	4

注：验算刚度（挠度）采用荷载标准值，即用本表计算时，既不取分项系数，也不取活荷载；计算承载力时采用荷载设计值，即用本表计算时，既要取分项系数，也要考虑活荷载。

3. 模板验算

典型的模板支架的传力路线为：荷重→底模→方木→横向水平杆→纵向水平杆→扣件→立杆。底模、方木、横向和纵向水平杆作为支撑体系中的受力构件，应对其抗弯承载力和挠度进行计算，当验算模板及其支架的刚度时，其最大变形不得超过下列允许值：

（1）对结构表面外露的模板，为模板构件计算跨度的 1/400；

(2) 对结构表面隐蔽的模板，为模板构件计算跨度的 1/250；

(3) 支架的压缩变形或弹性挠度，为相应的结构计算跨度的 1/1000。

4. 各种构件模板验算思路

(1) 梁模板

侧模面板→侧模内外楞→穿梁螺栓（拉力)→底模→底模支撑木方（包括抗剪)→梁底支撑纵向钢管→扣件抗滑移的计算（抗滑承载力可取 8.0kN ，双扣件取 12kN)→立杆的稳定性计算。

(2) 板模板

模板面板计算→模板支撑木方→板底支撑钢管计算→扣件抗滑移的计算→模板支架荷载标准值（立杆轴力）→立杆的稳定性计算→立杆的地基承载力计算。

(3) 墙模板计算

墙模板面板的计算→墙模板内外楞的计算→穿墙螺栓的计算。

(4) 柱模板计算

柱模板面板的计算→竖楞方木的计算→两方向柱箍的计算→（两方向对拉螺栓计算)。

5. 模板验算参考数据

(1) 木方

木方弹性模量：	9500N/mm^2
木方抗弯强度设计值：	13N/mm^2
木方抗剪强度设计值：	1.6N/mm^2

(2) 胶合板：

竹（木）胶合板弹性模量：	7500 (6000)N/mm^2
竹（木）胶合板抗弯强度设计值：	25 (15)N/mm^2
竹（木）胶合板抗剪强度设计值：	1.6N/mm^2

6. 模板结构设计示例

某工程框架柱截面为 $B\times H$（550mm×650mm)，高 5m，模板的背部支撑由两层（木楞或钢楞）组成，第一层为直接支撑模板的竖楞（木方)，用以支撑混凝土对模板的侧压力；第二层为支撑竖楞的柱箍，用以支撑竖楞所受的压力；柱箍之间用对拉螺栓相互拉接，形成一个完整的柱模板支撑体系。

(1) 参数信息

1) 基本参数

柱截面两边对拉螺栓数目均为 1；柱截面 B、H 方向竖楞数目分别为 3 和 4 根；对拉螺栓直径（mm)：M12。

2) 柱箍信息

柱箍材料：钢楞；截面类型：圆钢管 $\phi48\times3.5$；钢楞截面惯性矩 I（cm^4)：12.19；钢楞截面抵抗矩 W（cm^3)：5.08；柱箍的间距（mm)：450；柱箍肢数：2。

3) 竖楞信息

竖楞材料：木楞；宽度（mm)：60.00；高度（mm)：80.00；竖楞肢数：1。

4) 面板参数

面板类型：竹胶合板；面板厚度（mm)：18.00；面板弹性模量（N/mm^2)：

7500.00；面板抗弯强度设计值 f_c（N/mm²）：25；面板抗剪强度设计值（N/mm²）：1.60。

5）木方和钢楞

方木抗弯强度设计值 f_c（N/mm²）：13.00；方木弹性模量 E（N/mm²）：9500.00；方木抗剪强度设计值 f_t（N/mm²）：1.60；钢楞弹性模量 E（N/mm²）：210000.00；钢楞抗弯强度设计值 f_c（N/mm²）：205.00。柱模板设计见图1-14。

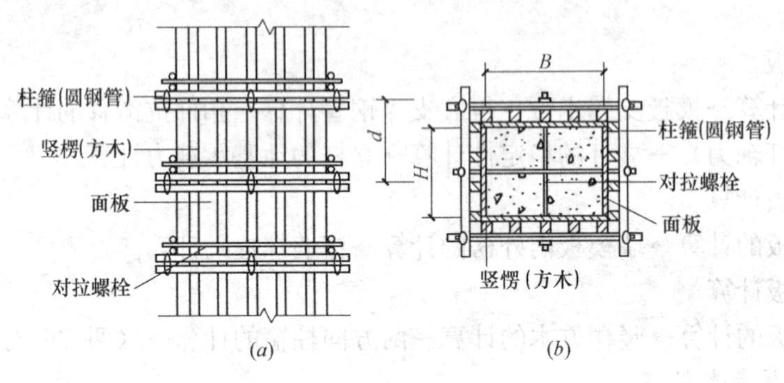

图1-14　柱模板设计示意图

（a）柱立面图；（b）柱剖面图

（2）柱模板荷载标准值及设计值计算

$$F=r_c H \leqslant 60\text{kN/m}^2\text{（商品混凝土）}$$

新浇混凝土侧压力标准值 $F_1=24\times5=120\text{kN/m}^2$，取 $F=60.000\text{kN/m}^2$；倾倒混凝土时产生的荷载标准值 $F_2=4.000\ \text{kN/m}^2$。

即恒载为60kN/m²，活载为4.000kN/m²。

由于60＞2.8×2.8（判断恒载还是活载控制时，当活载分项系数为1.4，组合系数为0.7时，若恒载＞2.8活载则为恒载控制）则荷载设计值为：

$$1.35\times60+1.4\times0.7\times4=84.92\text{kN/m}^2$$

由于为临时结构重要系数为0.9，则修正后荷载设计值为：

$$0.9\times84.92=76.43\text{kN/m}^2$$

荷载标准值为60kN/m²。

（3）柱模板面板的计算

模板结构构件中的面板属于受弯构件，按简支梁或连续梁计算。本工程中取柱截面宽度 B 方向和 H 方向中竖楞间距最大的面板作为验算对象，进行强度、刚度计算。强度验算要考虑新浇混凝土侧压力和倾倒混凝土时产生的荷载；挠度验算只考虑新浇混凝土侧压力。模板计算简图见图1-15。

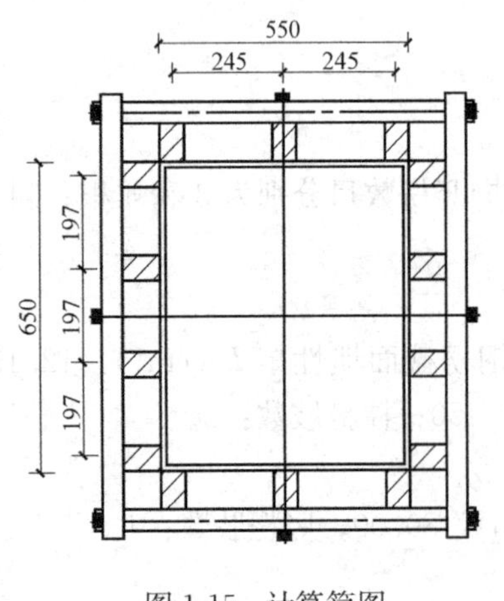

图1-15　计算简图

由前述参数信息可知，柱截面宽度 B 方向竖楞间距最大，为 $l=245$mm，且竖楞数为3，面板为2跨，因此对柱截面宽度 B 方向面板按均布荷载作用下的二跨连续梁进行计算，见图1-16。

1）面板抗弯强度验算

对柱截面宽度 B 方向面板按均布荷载作用下的二跨连续梁用下式计算最大跨中弯矩：

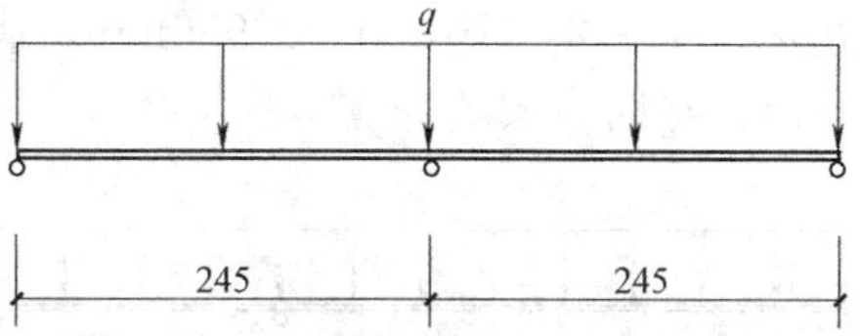

$$M=0.125ql^2$$

式中　M——面板计算最大弯矩（N·mm）；

　　l——计算跨度（竖楞间距）：$l=245.0$mm；

　　q——作用在模板上的侧压力线荷载，柱筋间距为450mm。

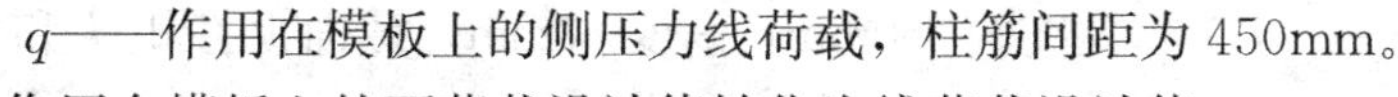

图1-16　面板计算简图

将作用在模板上的面荷载设计值转化为线荷载设计值：

$$q=76.43\times0.45=34.39\text{kN/m}$$

面板的最大弯矩：$M=0.125\times34.49\times245\times245=2.59\times10^5$ N·mm

面板最大应力按下式计算：

$$\sigma=\frac{M}{W}<f$$

式中　σ——面板承受的应力（N/mm²）；

　　M——面板计算最大弯矩（N·mm）；

　　W——面板的截面抵抗矩：

$$W=\frac{bh^2}{6}$$

式中　b——面板截面宽度；

　　h——面板截面厚度；

　　f——面板的抗弯强度设计值（N/mm²），$f=13.000$N/mm²。

$$W=450\times18.0\times18.0/6=2.43\times10^4\text{mm}^3$$

面板的最大应力计算值：$\sigma=M/W=2.62\times10^5/2.43\times10^4=10.78$N/mm²

$\sigma<[\sigma]=25.000$N/mm²，满足要求。

2）面板挠度验算

最大挠度按均布荷载作用下的二跨连续梁计算，挠度计算公式如下：

$$\omega=\frac{0.521ql^4}{100EI}$$

式中　ω——面板最大挠度（mm）；

　　q——作用在模板上的侧压力线荷载（kN/m）：$q=60.00\times0.45=27.00$kN/m；

　　l——计算跨度（竖楞间距）：$l=245.0$mm；

　　E——面板弹性模量（N/mm²）：$E=7500.00$N/mm²；

　　I——面板截面的惯性矩（mm⁴）：

$$I=\frac{bh^3}{12}$$

$$I=450\times18.0\times18.0\times18.0/12=2.19\times10^5\text{mm}^4$$

面板最大容许挠度：$[\omega]=245.0/250=0.980$mm

面板的最大挠度计算值：$\omega=0.521\times27.00\times245.0^4/(100\times7500.0\times2.19\times10^5)=0.308$mm

$\omega<[\omega]=245.0/250=0.980\text{mm}$，满足要求。

(4) 竖楞方木的计算

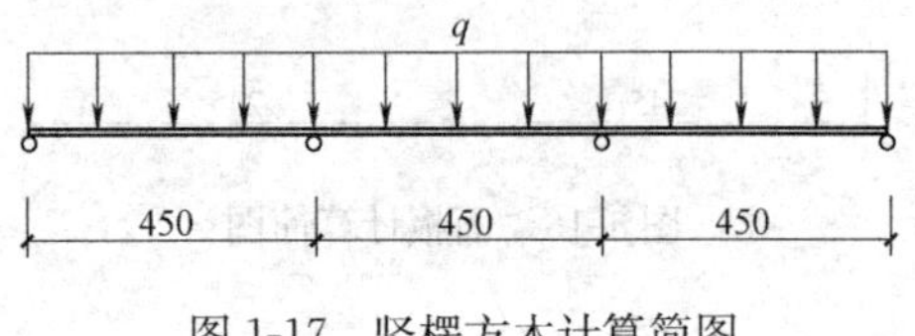

图 1-17　竖楞方木计算简图

模板结构构件中的竖楞（小楞）属于受弯构件，按连续梁计算，见图 1-17。

本工程柱高度为 5.0m，柱箍间距为 450mm，竖楞为大于 3 跨，因此按均布荷载作用下的三跨连续梁计算。竖楞采用木楞，宽度 60mm，高度 80mm，截面惯性矩 I 和截面抵抗矩 W 分别为：$W=60\times80\times80/6=64.00\text{cm}^3$；$I=60\times80\times80\times80/12=256.00\text{cm}^4$。

1) 抗弯强度验算

支座最大弯矩计算公式：

$$M=0.1ql^2$$

式中　M——竖楞计算最大弯矩（N·mm）；

l——计算跨度（柱箍间距）：$l=450.0\text{mm}$；

q——作用在竖楞上的线荷载，由面荷载转化为线荷载，作用宽度最大 0.245m，则

$q=76.43\times0.245=18.73\text{kN/m}$（竖楞双肢时要除以 2）

竖楞的最大弯矩：$M=0.1\times18.73\times450.0\times450.0=3.80\times10^5\text{N}\cdot\text{mm}$

$$\sigma=\frac{M}{W}<f$$

式中　σ——竖楞承受的应力（N/mm^2）；

M——竖楞计算最大弯矩（N·mm）；

W——竖楞的截面抵抗矩（mm^3），$W=6.40\times10^4$；

f——竖楞的抗弯强度设计值（N/mm^2），$f=13.000\text{N/mm}^2$。

竖楞的最大应力计算值：$\sigma=M/W=3.80\times10^5/6.40\times10^4=5.94\text{N/mm}^2$

$\sigma<[\sigma]$，满足要求。

2) 挠度验算

最大挠度按三跨连续梁计算，公式如下：

$$\omega=\frac{0.677ql^4}{100EI}\leqslant[\omega]=\frac{l}{250}$$

式中　ω——竖楞最大挠度（mm）；

q——作用在竖楞上的线荷载（kN/m）：$q=60.00\times0.245=14.7\text{kN/m}$；

l——计算跨度（柱箍间距）：$l=450.0\text{mm}$；

E——竖楞弹性模量（N/mm^2）：$E=9500.00\text{N/mm}^2$；

I——竖楞截面的惯性矩（mm^4），$I=2.56\times10^6$。

竖楞最大容许挠度：$[\omega]=450/250=1.800\text{mm}$

竖楞的最大挠度计算值：$\omega=0.677\times14.7\times450.0^4/(100\times9500.00\times2.56\times10^6)=0.165\text{mm}$

竖楞的最大挠度计算值 $\omega=0.165\text{mm}$ 小于竖楞最大容许挠度 $[\omega]=1.800\text{mm}$，满足

要求。

(5) B 方向柱箍的计算

本算例中，柱箍采用钢楞，截面类型为圆钢管 $\phi48\times3.5$；截面惯性矩 I 和截面抵抗矩 W 分别为：钢柱箍截面抵抗矩 $W=5.08\text{cm}^3$；钢柱箍截面惯性矩 $I=12.19\text{cm}^4$；

柱箍为2跨，按集中荷载二跨连续梁计算，见图1-18：

$$L=(550+18\times2+80\times2)/2+12(\text{间隙})=385\text{mm}$$

其中竖楞方木传递到柱箍的集中荷载 $p=76.43\times0.245\times0.45/2=4.21\text{kN}$（注：钢管为双肢，因此除以2）。

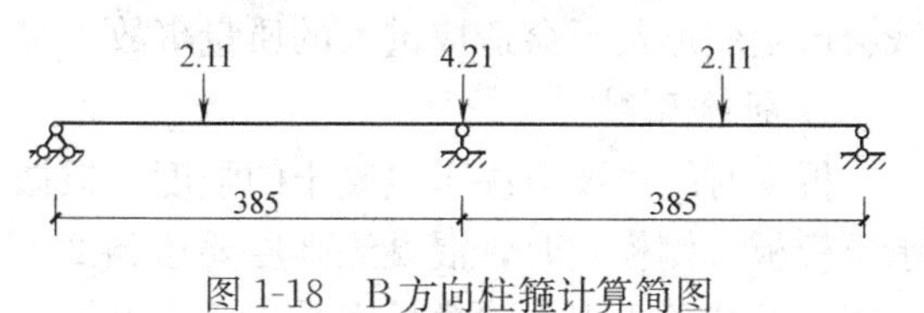

图1-18 B方向柱箍计算简图

B 方向柱箍弯矩、挠度查表得出弯矩和挠度系数分别为0.203和1.497。

弯矩值为：

$$0.203\times4.21\times0.385=0.329\text{kN}\cdot\text{m}$$

挠度为：

$$1.497\times4.21\times1000\times450^3/(100\times2.1\times10^5\times12.19\times10^4)=0.224\text{mm}$$

1）柱箍抗弯强度验算

柱箍截面抗弯强度验算公式：

$$\sigma=\frac{M}{W}<f$$

其中，柱箍杆件的最大弯矩设计值：

$$M=0.329\text{kN}\cdot\text{m}$$

弯矩作用平面内柱箍截面抵抗矩：

$$W=5.08\text{cm}^3$$

B 边柱箍的最大应力计算值：

$$\sigma=64.76\text{N/mm}^2$$

B 边柱箍的最大应力计算值 $\sigma=64.76\text{N/mm}^2$，小于抗弯设计值 $[f]=205.000\text{N/mm}^2$，满足要求。

2）柱箍挠度验算

经过计算得到：$\omega=0.224\text{mm}$；柱箍最大容许挠度：$[\omega]=275.0/250=1.100\text{mm}$；$\omega<[\omega]$，满足要求。

(6) B 方向对拉螺栓的计算

计算公式如下：

$$N<[N]=f\times A$$

式中 N——对拉螺栓所受的拉力；

A——对拉螺栓有效面积（mm^2）；

f——对拉螺栓的抗拉强度设计值，取 170.000N/mm^2。

查表得：对拉螺栓的有效直径：9.85mm；对拉螺栓的有效面积：$A=76.00\text{mm}^2$。

对拉螺栓所受的最大拉力：最不利情况下 $N=8.42\text{kN}$。

对拉螺栓最大容许拉力值：$[N]=1.70\times10^5\times7.60\times10^{-5}=12.920\text{kN}$。

$N<[N]$，对拉螺栓强度验算满足要求。

(7) H 方向柱箍、对拉螺栓的计算（略）。

1.1.5 模板拆除

现浇混凝土结构模板的拆除日期，取决于结构的性质、模板的用途和混凝土硬化速度。及时拆模，为后续工作创造条件。过早拆模，因混凝土未达到一定强度，过早承受荷载会产生变形甚至会造成重大的质量事故。

1. 拆除原则

拆模时间主要取决于混凝土的强度，根据现场同条件的试块指导强度确定，在拆除非承重模板（侧模）时，混凝土强度要达到 2.5MPa 左右（依据拆模试块强度而定），保证其表面及棱角不因拆除模板而受损后方可拆除，拆除侧模时间参考表如表 1-7 所示；承重模板（底模）应在与混凝土结构同条件养护的试块达到表 1-8 规定时方可拆除，混凝土强度主要受温度、龄期影响，参见图 1-19。普通水泥制成的混凝土在标准条件下养护，且龄期不小于 3 天的情况，可按下式估算：

$$f_{\mathrm{n}}=(\lg n/\lg 28)f_{28}$$

式中　f_{n}——n 天龄期的抗压强度（MPa）；

f_{28}——28 天龄期的抗压强度（MPa）；

$\lg n$、$\lg 28$——n（$n\geqslant3$）和 28 天的常用对数。

因影响混凝土强度的因素很多，强度的增长不可能一致，故此公式只能作为参考。

拆除侧模时间参考表　　**表 1-7**

水泥品种	混凝土强度等级	混凝土凝固的平均温度(℃)					
		5	10	15	20	25	30
		混凝土强度达到 2.5MPa 所需天数					
普通水泥	≥C20	3	2.5	2	1.5	1	1

底模拆除时的混凝土强度要求　　**表 1-8**

构件类型	构件跨度(m)	达到设计的混凝土立方体抗压强度标准值的百分率(%)
板	≤2	≥50
	>2,≤8	≥75
	>8	≥100
梁、拱、壳	≤8	≥75
	>8	≥100
悬臂构件	—	≥100

2. 拆除模板应注意的问题

(1) 模板及其支架拆除的顺序及安全措施应按施工技术方案执行。拆模顺序一般与安装模板顺序相反，先支后拆，后支先拆、先拆侧模、后拆底模。

(2) 柱模板拆除顺序为：拆除拉杆或斜撑→自上而下拆除柱箍→拆除部分竖肋→拆除模板，要从上口向外侧轻击和轻撬，使模板松动，要适当加设临时支撑，以防柱子模板倾倒伤人。

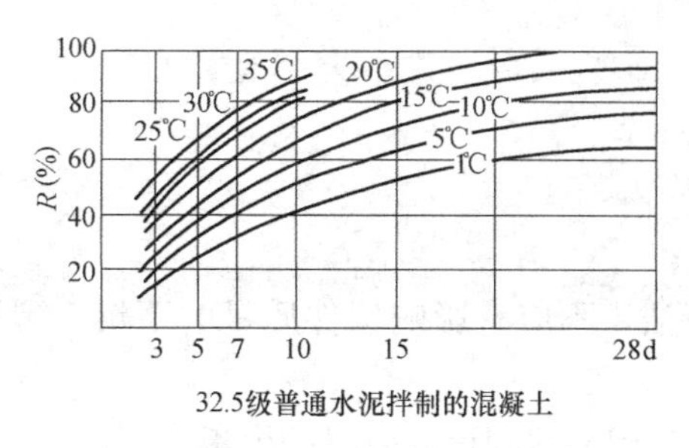

32.5级普通水泥拌制的混凝土

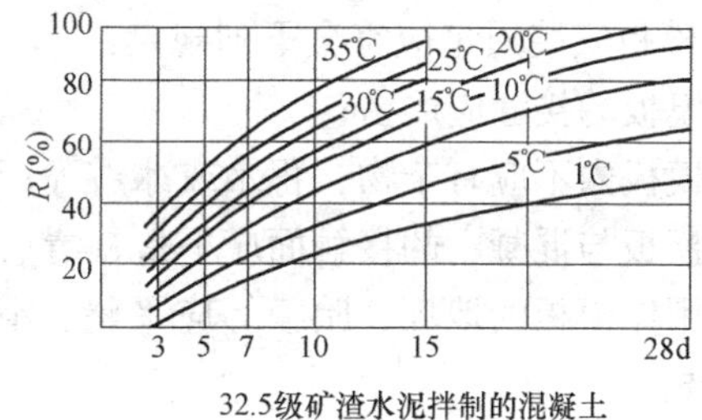

32.5级矿渣水泥拌制的混凝土

图 1-19　温度、龄期对混凝土强度的影响参考曲线

(3) 梁、板模板拆除顺序为：拆除支架部分水平拉杆和剪刀撑→拆除侧模板→下调楼板支柱→使模板下降→分段分片拆除楼板模板→木龙骨及支柱→拆除梁底模板及支撑系统；拆除跨度较大的梁底模板时，应从跨中开始下调支柱顶托螺杆，然后向两端逐根下调，拆除梁底模支柱时，亦从跨中向两端作业。

(4) 楼板层支柱的拆除，应按下列要求进行：上层楼板正在浇筑混凝土时，下层楼板的模板支柱不得拆除，再下一层楼板模板的支柱，仅可拆除一部分；跨度大于等于 4m 以上的梁下均应保留支柱，其间距不大于 3m。

(5) 装拆模板时轻装轻拆，严禁抛掷，并防止碰撞，应尽量避免混凝土表面或模板受损；拆下的模板，用铲刀及时清理其表面粘结的砂浆，再次安装前涂刷脱模剂（防止过早刷上后被雨水冲洗掉）；如发现翘曲、变形、破损，应及时进行修理；模板贮存时，其上要有遮蔽，其下垫有垫木。垫木间距要适当，避免模板变形或损坏。

1.1.6　模板分项工程施工质量验收

1. 基本规定

(1) 模板及其支架应根据工程结构形式、荷载大小、地基土类别、施工设备和材料供应等条件进行设计。模板及其支架应具有足够的承载能力、刚度和稳定性，能可靠地承受浇筑混凝土的重量、侧压力以及施工荷载。

(2) 在浇筑混凝土之前，应对模板工程进行验收。

模板安装和浇筑混凝土时，应对模板及其支架进行观察和维护。发生异常情况时，应按施工技术方案及时进行处理。

(3) 模板及其支架拆除的顺序及安全措施应按施工技术方案执行。

2. 模板安装

(1) 主控项目

1) 模板及支架用材料的技术指标、现浇混凝土结构模板及支架的安装质量，应符合国家现行有关标准的规定和施工方案的要求。

2) 后浇带处的模板及支架应独立设置。

3) 支架竖杆和竖向模板安装在土层上时，应符合下列规定：

① 土层应坚实、平整，其承载力或密实度应符合施工方案的要求；

② 应有防水、排水措施；对冻胀性土，应有预防冻融措施；

③ 支架竖杆下应有底座或垫板。

(2) 一般项目

1) 模板安装质量应符合下列规定:

① 模板的接缝应严密;

② 模板内不应有杂物、积水或冰雪等;

③ 模板与混凝土的接触面应平整、清洁;

④ 用作模板的地坪、胎膜等应平整、清洁,不应有影响构件质量的下沉、裂缝、起砂或起鼓;

⑤ 对清水混凝土及装饰混凝土构件,应使用能达到设计效果的模板。

2) 隔离剂的品种和涂刷方法应符合施工方案的要求。隔离剂不得影响结构性能及装饰施工;不得沾污钢筋、预应力筋、预埋件和混凝土接槎处;不得对环境造成污染。

3) 对跨度不小于4m的现浇钢筋混凝土梁、板,其模板应按设计要求起拱;当设计无具体要求时,起拱高度宜为跨度的1/1000~3/1000。

4) 固定在模板上的预埋件、预留孔和预留洞均不得遗漏,且应安装牢固,其偏差项目包括:预埋钢板中心线位置;预埋管、预留孔中心线位置;插筋(中心线位置、外露长度);预埋螺栓(中心线位置、外露长度);预留洞(中心线位置、尺寸)。

5) 现浇结构模板安装的允许偏差项目包括:轴线位置;底模上表面标高;截面内部尺寸;层高垂直度;相邻两板表面高低差;表面平整度。

6) 预制构件模板安装的允许偏差项目:长度;宽度;高(厚)度;侧向弯曲;对角线差;翘曲;设计起拱。

3. 模板拆除

(1) 主控项目

1) 底模及其支架拆除时的混凝土强度应符合设计要求。

2) 对后张法预应力混凝土结构构件,侧模宜在预应力张拉前拆除;底模支架的拆除应按施工技术方案执行,当无具体要求时,不应在结构构件建立预应力前拆除。

3) 后浇带模板的拆除和支顶应按施工技术方案执行。

(2) 一般项目

1) 侧模拆除时的混凝土强度应能保证其表面及棱角不受损伤。

2) 模板拆除时,不应对楼层形成冲击荷载。拆除的模板和支架宜分散堆放并及时清运。

1.1.7 模板工程常见的质量通病及防治措施

模板的制作与安装质量,对于保证混凝土、钢筋混凝土结构与构件的外观平整和几何尺寸准确,以及结构的强度和刚度等起着重要的作用。由于模板尺寸错误、支设不牢而造成工程质量问题时有发生,应引起高度的重视。现以普遍应用的组合钢模板为主结合木模板、组合胶模板,介绍模板工程的质量通病和防治方法。

1. 轴线位移

(1) 现象

混凝土浇筑后拆除模板时,发现柱、墙实际位置与建筑物轴线位置有偏移。

(2) 原因分析

1) 翻样不认真或技术交底不清，模板拼装时组合件未能按规定到位。

2) 轴线测放产生误差。

3) 墙、柱模板根部和顶部无限位措施或限位不牢，发生偏位后又未及时纠正，造成累积误差。

4) 支模时，未拉水平、竖向通线，且无竖向垂直度控制措施。

5) 模板刚度差，未设水平拉杆或水平拉杆间距过大。

6) 混凝土浇筑时未均匀对称下料，或一次浇筑高度过高造成侧压力过大挤偏模板。

7) 对拉螺栓、顶撑、木楔使用不当或松动造成轴线偏位。

(3) 防治措施

1) 严格将施工图中注明的各部位编号、轴线位置、几何尺寸、剖面形状、预留孔洞、预埋件等尺寸复核，无误后认真对生产班组及操作工人进行技术交底，作为模板制作、安装的依据。

2) 模板轴线测放后，组织专人进行技术复核验收，确认无误后才能支模。

3) 墙、柱模板根部和顶部必须设可靠的限位措施，如采用现浇楼板混凝土上预埋短钢筋固定钢支撑，以保证底部位置准确。

4) 支模时要拉水平、竖向通线，并设竖向垂直度控制线，以保证模板水平、竖向位置准确。

5) 根据混凝土结构特点，对模板进行专门设计，以保证模板及其支架具有足够强度、刚度及稳定性。

6) 混凝土浇筑前，对模板轴线、支架、顶撑、螺栓进行认真检查、复核，发现问题及时进行处理。

7) 混凝土浇筑时，要均匀对称下料，浇筑高度应严格控制在施工规范允许的范围内。

2. 标高偏差

(1) 现象

测量时，发现混凝土结构层标高及预埋件、预留孔洞的标高与施工图设计标高之间有偏差。

(2) 原因分析

1) 楼层无标高控制点或控制点偏少，控制网无法闭合，竖向模板根部未找平。

2) 模板顶部无标高标记，或未按标记施工。

3) 高层建筑标高控制线转测次数过多，累计误差过大。

4) 预埋件、预留孔洞未固定牢，施工时未重视施工方法。

5) 楼梯踏步模板未考虑装修层厚度。

(3) 防治措施

1) 每层楼设足够的标高控制点，竖向模板根部须做找平。

2) 模板顶部设标高标记，严格按标记施工。

3) 建筑楼层标高由首层±0.000 标高控制，严禁逐层向上引测，以防止累计误差，当建筑高度超过 30m 时，应另设标高控制线，每层标高引测点应不少于 2 个，以便复核。

4) 预埋件及预留孔洞，在安装前应与图纸对照，确认无误后准确固定在设计位置上，必要时用电焊或套框等方法将其固定，在浇筑混凝土时，应沿其周围分层均匀浇筑，严禁碰击和振动预埋件与模板。

5）楼梯踏步模板安装时应考虑装修层厚度。

3. 结构变形

（1）现象

拆模后发现混凝土柱、梁、墙出现鼓凸、缩颈或翘曲现象。

（2）原因分析

1）支撑及围檩间距过大，模板刚度差。

2）组合小钢模，连接件未按规定设置，造成模板整体性差。

3）墙模板无对拉螺栓或螺栓间距过大，螺栓规格过小。

4）竖向承重支撑在地基土上未夯实，未垫平板，也无排水措施，造成支承部分地基下沉。

5）门窗洞口内模间对撑不牢固，易在混凝土振捣时模板被挤偏。

6）梁、柱模板卡具间距过大，或未夹紧模板，或对拉螺栓配备数量不足，以致局部模板无法承受混凝土振捣时产生的侧向压力，导致局部爆模。

7）浇筑墙、柱混凝土速度过快，一次浇灌高度过高，振捣过度。

8）采用木模板或胶合板模板施工，经验收合格后未及时浇筑混凝土，长期日晒雨淋而变形。

（3）防治措施

1）模板及支撑系统设计时，应充分考虑其本身自重、施工荷载及混凝土的自重和浇捣时产生的侧向压力，以保证模板及支架有足够的承载能力、刚度和稳定性。

2）梁底支撑间距应能够保证在混凝土重量和施工荷载作用下不产生变形，支撑底部若为泥土地基，应先认真夯实，设排水沟，并铺放通长垫木或型钢，以确保支撑不沉陷。

3）组合小钢模拼装时，连接件应按规定放置，围檩及对拉螺栓间距、规格应按设计要求设置。

4）梁、柱模板若采用卡具时，其间距要按规定设置，并要卡紧模板，其宽度比截面尺寸略小。

5）梁、墙模板上部必须有临时撑头，以保证混凝土浇捣时，梁、墙上口宽度。

6）浇捣混凝土时，要均匀对称下料，严格控制浇灌高度，特别是门窗洞口模板两侧，既要保证混凝土振捣密实，又要防止过分振捣引起模板变形。

7）对跨度不小于4m的现浇钢筋混凝土梁、板，其模板应按设计要求起拱；当设计无具体要求时，起拱高度宜为跨度的1/1000～3/1000。

8）采用木模板、胶合板模板施工时，经验收合格后应及时浇筑混凝土，防止木模板长期暴晒雨淋发生变形。

4. 接缝不严

（1）现象

由于模板间接缝不严有间隙，混凝土浇筑时产生漏浆，混凝土表面出现蜂窝，严重的出现孔洞、露筋。

（2）原因分析

1）翻样不认真或有误，模板制作马虎，拼装时接缝过大。

2）木模板安装周期过长，因木模干缩造成裂缝。

3）木模板制作粗糙，拼缝不严。

4）浇筑混凝土时，木模板未提前浇水湿润，使其胀开。

5）钢模板变形未及时修整。

6）钢模板接缝措施不当。

7）梁、柱交接部位，接头尺寸不准、错位。

（3）防治措施

1）翻样要认真，严格按1/50～1/10比例将各分部分项细部翻成详图，详细编注，经复核无误后认真向操作工人交底，强化工人质量意识，认真制作定型模板和拼装。

2）严格控制木模板含水率，制作时拼缝要严密。

3）木模板安装周期不宜过长，浇筑混凝土时，木模板要提前浇水湿润，使其胀开密缝。

4）钢模板变形，特别是边框外变形，要及时修整平直。

5）钢模板间嵌缝措施要控制，不能用油毡、塑料布、水泥袋等嵌缝堵漏。

6）梁、柱交接部位支撑要牢靠，拼缝要严密（必要时缝间加双面胶纸），发生错位要校正好。

5. 脱模剂使用不当

（1）现象

模板表面用废机油涂刷造成混凝土污染，或混凝土残浆不清除即刷脱模剂，造成混凝土表面出现麻面等缺陷。

（2）原因分析

1）拆模后不清理混凝土残浆即刷脱模剂。

2）脱模剂涂刷不匀或漏涂或涂层过厚。

3）使用了废机油脱模剂，既污染了钢筋及混凝土，又影响了混凝土表面装饰质量。

（3）防治措施

1）拆模后，必须清除模板上遗留的混凝土残浆后，再刷脱模剂。

2）严禁用废机油作脱模剂，脱模剂材料选用原则应为：既便于脱模又便于混凝土表面装饰。选用的材料有皂液、滑石粉、石灰水及其混合液和各种专门化学制品脱模剂等。

3）脱模剂材料宜拌成稠状，应涂刷均匀，不得流淌，一般刷两度为宜，以防漏刷，也不宜涂刷过厚。

4）脱模剂涂刷后，应在短期内及时浇筑混凝土，以防隔离层遭受破坏。

1.2 钢筋工程

钢筋工程是混凝土结构施工的重要分项工程之一，是混凝土结构施工的关键工程。钢筋工程的施工工艺流程如图1-20所示。

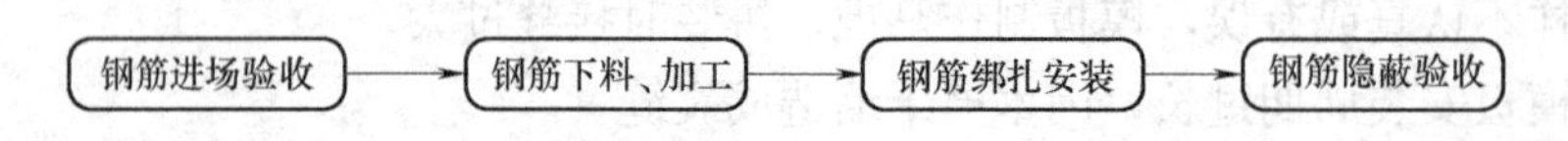

图 1-20　钢筋工程的施工工艺流程

1.2.1　钢筋进场验收

1. 钢筋的分类

混凝土结构用的普通钢筋，可分为两类：热轧钢筋和冷加工钢筋（冷轧带肋钢筋、冷轧扭钢筋等），见图 1-21。冷拉钢筋与冷拔低碳钢丝已逐渐淘汰。余热处理钢筋属于热轧钢筋一类。

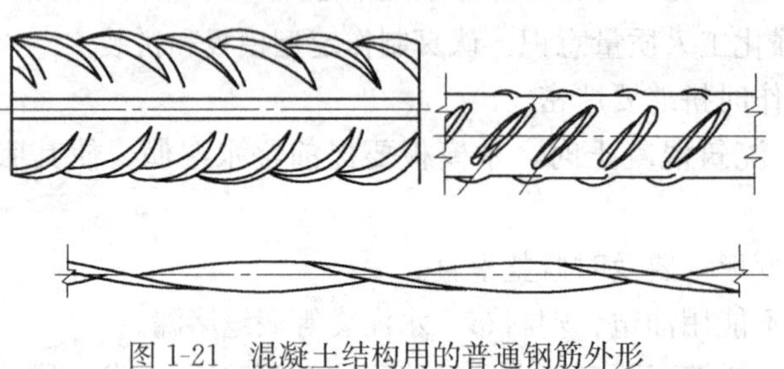

图 1-21　混凝土结构用的普通钢筋外形

热轧钢筋的强度等级由原来的Ⅰ级、Ⅱ级、Ⅲ级和Ⅳ级更改为按照屈服强度（MPa）分为 HPB300 级、HRB335 级、HRB400 级、HRBF400、RRB400 级、HRB500 级 RRB500 级等。

《混凝土结构设计规范》GB 50010—2010 第 4.2.1 条及相关条文说明中规定：国家现行钢筋产品标准中，不再限制钢筋材料的化学成分和制作工艺，而按性能确定钢筋的牌号和强度级别，并以相应的符号表达。将 400MPa、500MPa 级高强热轧带肋钢筋作为纵向受力的主导钢筋推广应用，尤其是梁、柱和斜撑构件的纵向受力配筋应优先采用 400MPa、500MPa 级高强钢筋。推广应用具有较好的延性、可焊性、机械连接性能及施工适应性的 HRB 系列普通热轧带肋钢筋。列入采用控温轧制工艺生产的 HRBF400、HRBF500 系列细晶粒带肋钢筋，取消牌号 HRBF335 钢筋。冷轧带肋钢筋和冷轧扭钢筋已有专门规程《冷轧带肋钢筋混凝土结构技术规程》JGJ 95—2011 和《冷轧扭钢筋混凝土构件技术规程》JGJ 115—2006 可供参考，但规范中同时规定冷轧带肋钢筋和冷轧扭钢筋均不能用于抗震主要受力构件。混凝土结构用的普通钢筋力学性能见表 1-9。

热轧钢筋的力学性能　　**表 1-9**

品种		强度等级代号	公称直径（mm）	屈服点（MPa）	抗拉强度（MPa）	伸长率（%）	冷弯	
外形	代号			不小于			弯曲角	弯心直径
光圆钢筋	Φ	HPB300	6～14	300	420	10	180°	d
热轧带肋钢筋	Φ	HRB335	6～14	335	455	7.5		$3d$
	Φ	HRB400	6～25	400	540	7.5		$4d$
	Φ^{F}	HRBF400	28～40			5		$5d$
	Φ^{R}	RRB400	40～50			7.5		$6d$
	Φ	HRE500	6～25	500	630	5		$6d$
			28～40					$7d$
	Φ^{F}	HRBF500	40～50					$8d$

2. 钢筋验收

钢筋质量必须合格，应先试验后使用。钢筋质量检验包括：检查产品质量证明文件（包括出厂合格证和出厂检验报告等，如为复印件，应注明原件存放单位并有存放单位的盖章和经手人签名）；外观检查，钢筋应平直、无损伤，表面不得有裂纹、油污、颗粒状或片状老锈；按炉（批）号及直径见证取样送检，屈服强度、抗拉强度、伸长率、弯曲性能及单位长度重量偏差。对于获得认证或生产质量稳定的钢筋、成型钢筋，在进场检验时，可比常规检验批容量扩大一倍。当钢筋、成型钢筋满足本条各款中的两个条件时，检验批容量只扩大一次。当扩大检验批后的检验出现一次不合格情况时，应按扩大前的检验批容量重新验收，并不得再次扩大检验批容量。当发现钢筋脆断、焊接性能不良或力学性能显著不正常等现象时，应对该批钢筋进行化学成分检验（碳、硫、磷、锰、硅）或其他专项检验。如有一项不符合钢筋的技术要求，则应取双倍试件（样）进行复试，再有一项不合格，则该验收批钢筋判为不合格。

（1）热轧钢筋（余热处理钢筋）检验

每批由同一厂家、同一牌号、同一规格的钢筋的钢筋组成，检验批重量一般不大于60t。

1）外观检查

钢筋应逐支检查其尺寸，不得超过允许偏差。钢筋表面不得有裂纹、折叠、结疤、耳子、分类及夹杂，盘条允许有压痕及局部的凸块、凹块、划痕、麻面，但其深度或高度（从实际尺寸算起）不得大于0.20mm，带肋钢筋表面凸块，不得超过横肋高度，钢筋表面上其他缺陷的深度和高度不得大于所在部位尺寸的允许偏差，冷拉钢筋不得有局部缩颈。钢筋表面氧化铁皮（铁锈）重量不大于16kg/t。带肋钢筋表面标志清晰明了，标志包括强度级别、厂名（汉语拼音字头表示）和直径毫米数字。

2）力学性能试验

热轧钢筋每批抽取4个试件，先进行重量偏差检验，再取其中2个试件进行拉伸试验检验屈服强度、抗拉强度、伸长率，另取其中2个试件进行弯曲性能检验。牌号带“E”的钢筋强度和最大力下总伸长率的实测值应符合下列规定：

“超强比（钢筋的抗拉强度实测值与屈服强度实测值的比值不应小于1.25)”、“超强比（钢筋的抗拉强度实测值与屈服强度实测值的比值不应大于1.30)”和最大力下总伸长率不应小于9%。

取样长度：冷拉试件长度一般取500mm。

冷弯试件长度：$L=1.55\times$(钢筋直径+弯心直径)+140mm，弯心直径取值见表1-9。在切取试样时，应将钢筋端头的500mm去掉后再切取。

（2）冷轧带肋钢筋检验

每批由同一钢号、同一规格和同一级别的钢筋组成，重量不大于50t。

1）每批抽取5%（但不少于5盘或5捆）进行外形尺寸、表面质量和重量偏差的检查，检查结果应符规范要求，如其中有一盘（捆）不合格，则应对该批钢筋逐盘或逐捆检查。

2）钢筋的力学性能应逐盘、逐捆进行检验。从每盘或每捆取2个试件，1个做拉伸试验，一个做冷弯试验，拉件取样长度500mm，弯件取样长度250mm。

（3）冷轧扭钢筋检验

每批由同一钢厂、同一牌号、同一规格的钢筋组成，重量不大于10t。当连续检验10

批均为合格时检验批重量可扩大一倍。

1）外观检查

从每批钢筋中抽取5%进行外形尺寸、表面质量和重量偏差的检查。钢筋表面不应有影响钢筋力学性能的裂纹、折叠、结疤、压痕、机械损伤或其他影响使用的缺陷。钢筋的压扁厚度和节距、重量等应符合规定要求。当重量负偏差大于5%时，该批钢筋判定为不合格。当仅轧扁厚度小于或节距大于规定值，仍可判为合格，但需降直径规格使用，例如公称直径为Φ^{t}14 降为Φ^{t}12。

2）力学性能试验

从每批钢筋中随机抽取3根钢筋，各取一个试件。其中，2个试件做拉伸试验，1个试件作冷弯试验。试件长度宜取偶数倍节距，且不应小于4倍节距，同时不小于500mm。

1.2.2 钢筋的下料、加工

1. 钢筋连接

由于受钢筋定尺寸长度的影响，或钢筋下料经济性的考虑，钢筋之间需采取焊接连接、机械连接和绑扎连接等方式进行连接。纵向受力钢筋连接的基本要求是其连接方式应符合设计要求，这是保证受力钢筋应力传递及结构构件的受力性能所必需的。钢筋的接头宜设置在受力较小处。同一纵向受力钢筋不宜设置两个或两个以上接头。接头末端至钢筋弯起点的距离不应小于钢筋直径的10倍。

(1) 钢筋焊接

目前常用的钢筋焊接方式有闪光对焊、电弧焊、电渣压力焊和气压焊，钢筋焊接必须符合《钢筋焊接及验收规程》JGJ 18—2012有关规定的要求。

一般规定：

① 凡施焊的各种钢筋、钢板均应有质量证明书；焊条、焊剂应有产品合格证；必须选用与焊接方式对应的焊条、焊剂。

② 焊工必须持证上岗；应进行现场条件下的焊接工艺试验，并经试验合格后，方可正式生产。

③ 钢筋焊接施工之前，应清除钢筋、钢板焊接部位以及钢筋与电极接触处表面上的锈斑、油污、杂物等；钢筋端部当有弯折、扭曲时，应予以矫直或切除。

④ 注意焊条的防潮和烘焙及低温、雨雪、大风天气的施工应符合规范要求。

⑤ 纵向受力钢筋焊接接头质量检查的主控项目包括连接方式检查和接头的力学性能检验，接头连接方式应符合设计要求，并应全数检查，检验方法为观察。接头试件进行力学性能检验时，其质量和检查数量应符合规定；检验方法包括：检查钢筋出厂质量证明书、钢筋进场复验报告、各项焊接材料产品合格证、接头试件力学性能试验报告等。焊接接头的外观质量检查规定为一般项目，外观检查的抽检数量为每一检验批中随机抽取10%的焊接接头。

⑥ 钢筋闪光对焊接头、电弧焊接头、电渣压力焊接头、气压焊接头、箍筋闪光对焊接头、预埋件钢筋T形接头的拉伸试验结果均应符合下列要求：

A. 试验结果符合下列条件之一，评定为合格。

a. 3个试件均断于钢筋母材，延性断裂，抗拉强度大于等于钢筋母材抗拉强度标准值；

b. 2个试件断于钢筋母材，延性断裂，抗拉强度大于等于钢筋母材抗拉强度标准值；1个试件断于焊缝或热影响区，脆性断裂或延性断裂，抗拉强度大于等于钢筋母材抗拉强度标准值。

B. 符合下列条件之一，评定为复验。

a. 2个试件断于钢筋母材，延性断裂，抗拉强度大于等于钢筋母材抗拉强度标准值；1个试件断于焊缝或热影响区，呈脆性断裂或延性断裂，抗拉强度小于钢筋母材抗拉强度标准值。

b. 1个试件断于钢筋母材，延性断裂，抗拉强度大于等于钢筋母材抗拉强度标准值；2个试件断于焊缝或热影响区，呈脆性断裂，抗拉强度大于等于钢筋母材抗拉强度标准值。

c. 3个试件全部断于焊缝或热影响区，呈脆性断裂，抗拉强度均大于等于钢筋母材抗拉强度标准值。

C. 复验时，应再切取6个试件。复验结果，当仍有1个试件的抗拉强度小于钢筋母材的抗拉强度标准值；或有3个试件断于焊缝或热影响区，呈脆性断裂，均应判定该批接头为不合格品。

D. 凡不符合上述复验条件的检验批接头，均评为不合格品。

E. 当拉伸试验中，有试件断于钢筋母材，却呈脆性断裂；或者断于热影响区，呈延性断裂，其抗拉强度却小于钢筋母材抗拉强度标准值。以上两种情况均属异常现象，应视该项试验无效，并检查钢筋的材质性能。

⑦ 闪光对焊接头、气压焊接头进行弯曲试验时，应将受压面的全面毛刺和镦粗镦凸起部分消除，且应与钢筋的外表齐平。当试验结果，弯至90°，有两个或3个试件外侧（含焊缝和热影响区）未发生破裂，应评定该批接头弯曲试验合格。当3个试件均发生破裂，则一次判定该批接头为不合格品。有两个试件发生破裂，应进行复验。复验时，应再切取6个试件。复验结果，当有3个试件发生破裂时，应判定该批接头为不合格品。

1）闪光对焊

闪光对焊是指将两钢筋安放成对接形式，利用电阻热使接触点金属熔化，产生强烈飞溅，形成闪光，迅速施加顶锻力完成的一种压焊方法。闪光对焊适用于在钢筋加工车间对各种钢筋的焊接接长，但不能在施工现场进行。

闪光对焊接头的质量检验，应分批进行外观检查和力学性能检验，并应按下列规定作为一个检验批；

① 在同一台班内，由同一焊工完成的300个同牌号、同直径钢筋焊接接头应作为一批。当同一台班内焊接的接头数量较少，可在一周之内累计计算；累计仍不足300个接头时，应按一批计算；

② 力学性能检验时，应从每批接头中随机切取6个接头，其中3个做拉伸试验，3个做弯曲试验，试件长度取2.5d+弯心直径+150mm，弯心直径取值见表1-9；

③ 异径接头可只做拉伸试验。

闪光对焊接头外观检查结果，应符合下列要求：

① 接头处不得有横向裂纹；

② 与电极接触处的钢筋表面不得有明显烧伤；

③ 接头处的弯折角不得大于3°；

④ 接头处的轴线偏移不得大于钢筋直径的0.1倍，且不得大于2mm。

2）电弧焊

电弧焊是指以焊条作为一极，钢筋为另一极，利用焊接电流通过产生的电弧热进行焊接的一种熔焊方法。钢筋电弧焊包括帮条焊、搭接焊、坡口焊和熔槽帮条焊等接头形式。

电弧焊设备主要采用交流弧焊机，采用的焊条应避免受潮，使用时需要进行烘焙，见表1-10。

钢筋电弧焊焊条型号 **表1-10**

钢筋级别	电弧焊接头形式		
	帮条焊 搭接焊	坡口焊 熔槽帮条焊 预埋件穿孔塞焊	钢筋与钢板搭接焊 预埋件T形角焊
HPB300	E4303	E4303	E4303
HRB335	E4303	E5003	E4303
HRB400	E5003	E5503	E5003
RRB400	E5003	E5503	E5003

需要在工地现场进行焊接时，常用搭接焊，必须满足：

① 搭接长度：HPB300级——单面焊不小于$8d$、双面焊不小于$4d$；其他级——单面焊不小于$10d$、双面焊不小于$5d$。

② 焊缝尺寸：宽度不小于$0.8d$；高度不小于$0.3d$。

在现浇混凝土结构中，应以300个同牌号钢筋、同形式接头作为一批；在房屋结构中，应在不超过两楼层中300个同牌号钢筋、同形式接头作为一批。每批随机切取3个接头，做拉伸试验，试件长度双面焊为$8d$＋搭接长度＋240mm；单面焊为$5d$＋搭接长度＋240mm。

电弧焊接头外观检查结果，应符合下列要求：

① 焊缝表面应平整，不得有凹陷或焊瘤；

② 焊接接头区域不得有肉眼可见的裂纹；

③ 咬边深度、气孔、夹渣等缺陷允许值及接头尺寸的允许偏差应符合规范规定。

3）电渣压力焊

电渣压力焊是指将两钢筋安放成竖向对接形式，利用焊接电流通过两钢筋端面间隙，在焊剂层下形成电弧过程和电渣过程，产生电弧热和电阻热，熔化钢筋，加压完成的一种压焊方法。

这种焊接方法比电弧焊节省钢材、工效高、成本低。电渣压力焊适用于柱、墙、构筑物等现浇混凝土结构中竖向受力钢筋的连接，其两直径之差不宜超过2级（25与20或18与14），直径相差过大受力时会出现应力集中现象；不得在竖向焊接后横置于梁、板等构件中作水平钢筋用。

在现浇钢筋混凝土结构中，应以300个同牌号钢筋接头作为一批；在房屋结构中，应在不超过两楼层中300个同牌号钢筋接头作为一批；当不足300个接头时，仍应作为一批。每批随机切取3个接头做拉伸试验，试件长度取$8d+240$mm。

电渣压力焊接头外观检查结果，应符合下列要求：

① 四周焊包凸出钢筋表面的高度，当钢筋直径不大于25mm时，不得小于4mm，当钢筋直径为28mm及以上时不得小于6mm；

② 钢筋与电极接触处，应无烧伤缺陷；

③ 接头处的弯折角不得大于3°；

④ 接头处的轴线偏移不得大于钢筋直径的0.1倍，且不得大于2mm。

4）气压焊

钢筋气压焊是采用氧乙炔火焰或其他火焰对两钢筋对接处加热，使其达到塑性状态（固态）或熔化状态（熔态）后，加压完成的一种压焊方法。由于加热和加压使接合面附近金属受到镦锻式压延，被焊金属产生强烈的塑性变形，促使两接合面接近到原子间的距离，进入原子作用的范围内，实现原子间的互相嵌入扩散及键合，并在热变形过程中，完成晶粒重新组合的再结晶过程而获得牢固的接头。

钢筋气压焊工艺具有设备简单、操作方便、质量好、成本低等优点，但对焊工要求严，焊前对钢筋端面处理要求高。被焊两钢筋直径之差不得大于7mm。

气压焊接头应逐个进行外观检查。当进行力学性能试验时，应从每批300个接头中随机切取3个接头做拉伸试验；在梁、板的水平钢筋连接中，应另切取3个接头做弯曲试验。

气压焊接头外观检查结果应符合下列要求：

① 偏心量。不得大于钢筋直径的1/10倍，且不得大于1mm（图1-22*a*）。当不同直径钢筋焊接时，应按较小钢筋直径计算。当大于上述规定值，但在钢筋直径的0.30倍以下时，可加热矫正；当大于0.30倍时，应切除重焊。

② 接头处的弯折角不得大于2°；当大于规定值时，应重新加热矫正。

③ 镦粗直径d_c不得小于钢筋直径的1.4倍（图1-22*b*），液态气压焊不得小于钢筋直径的1.2倍。当小于此规定值时，应重新加热镦粗。

④ 镦粗长度l_c不得小于钢筋直径的1.0倍，且凸起部分平缓圆滑（图1-22*c*）。当小于此规定值时，应重新加热镦长。

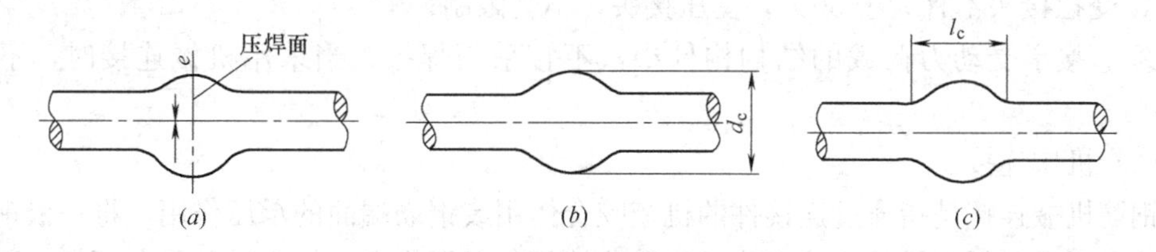

图1-22　钢筋气压焊接头外观质量图解

（*a*）偏心量；（*b*）镦粗直径；（*c*）镦粗长度

⑤ 接头表面不得有肉眼可见的裂纹。

5）钢筋焊接常见的质量通病

① 焊工无证上岗，钢筋及接头未送检；焊条、焊剂不符合要求。

② 闪光对焊：焊口未焊透（焊口局部区域未能相互结晶，焊合不良，接头镦粗变形量很小，挤出的金属毛刺极不均匀），过热（焊口局部区域为氧化膜所覆盖，呈光滑面状态；或焊口四周或大片区域遭受强烈氧化，失去金属光泽，呈发黑状态），烧伤（钢筋与电极接触处在焊接时产生的熔化状态），弯折、偏移（超过规范要求）。

③ 电弧焊：尺寸偏差（搭接长度不足，焊缝宽高偏差），焊缝成形不良（焊缝表面凹凸不平，宽窄不匀），焊瘤（正常焊缝之外多余的焊着金属），咬边（焊缝与钢筋交界处烧成缺口没有得到熔化金属的补充），未焊透（焊缝金属与钢筋之间有局部未熔合），夹渣（焊缝金属中存在块状或弥散状非金属夹渣物），气孔（焊接熔池中的气体来不及逸出而停留在焊缝中所形成的孔眼，大半呈球状），裂纹。

④ 电渣压力焊：偏心、弯折（超过规范要求），未熔合（上下钢筋在接合面处没有很好地熔合在一起），焊包不匀（一是被挤出的熔化金属形成的焊包很不均匀，大的一面熔化金属很多，小的一面其高度不足 2mm；或钢筋端面形成的焊缝厚薄不匀），表面烧伤（钢筋夹持处产生许多烧伤斑点或小弧坑），气孔（在焊包外部或焊缝内部由于气体的作用形成小孔眼），夹渣（焊缝中有非金属夹渣物），成形不良（焊包上翻或焊包下流）。

⑤ 气压焊：接头成形不良（焊接头镦粗区的最大直径小于 $1.4d$，变形长度小于 $1.2d$；焊接头镦粗区出现帽檐状），接头偏心和倾斜（焊接头两端轴线偏移大于 $0.15d$，或超过 4mm；接头弯折角度大于 3°），偏凸、压焊面偏移（焊接镦粗头不均匀，一侧膨鼓过大，另一侧没有膨鼓；镦粗区最大直径处与压焊面偏移量大于 $0.2d$），过烧、纵向裂纹（钢筋压焊区表面有严重过烧现象，形状类似“铁渣”；镦粗区表面局部纵向裂纹宽度大于 3mm），平破面、未焊合（焊接接头受力后从压焊面破断，断面呈平口，没有焊合现象）。

6）连接接头错开规定

当受力钢筋采用焊接接头时，设置在同一构件内的接头宜相互错开。纵向受力钢筋焊接接头连接区段的长度为 $35d$（d 为纵向受力钢筋的较大直径）且不小于 500mm，凡接头中点位于该连接区段长度内的接头均属于同一连接区段。同一连接区段内，纵向受力钢筋焊接的接头面积百分率为该区段内有接头的纵向受力钢筋截面面积与全部纵向受力钢筋截面面积的比值。

同一连接区段内，纵向受力钢筋的接头面积百分率应符合设计要求；当设计无具体要求时，应符合下列规定：

① 受拉接头不宜大于 50%，受压接头，不受限制；

② 直接承受动力荷载的结构构件中，不宜采用焊接；当采用机械连接时，不应大于 50%。

（2）机械连接

钢筋机械连接是指通过连接件的机械咬合作用或钢筋端面的承压作用，将一根钢筋中的力传递至另一根钢筋的连接方法。机械连接具有以下优点：接头质量稳定可靠，不受钢筋化学成分的影响，人为因素的影响也小；操作简便，施工速度快，且不受气候条件影响；无污染、无火灾隐患，施工安全等。常见的有锥螺纹、冷挤压、镦粗直螺纹、滚轧直螺纹等。直螺纹连接不存在扭紧力矩对接头性能的影响，从而提高了连接的可靠性，也加快了施工速度。直螺纹接头比套筒挤压接头省钢 70%，比锥螺纹接头省钢 35%，技术经济效果显著。本节主要介绍直螺纹连接的施工要点。

1）一般规定

① 根据抗拉强度以及高应力和大变形条件下反复拉压性能的差异，接头分为下列三个等级：

Ⅰ级：接头抗拉强度不小于被连接钢筋实际抗拉强度或1.10倍钢筋抗拉强度标准值，并具有高延性及反复拉压性能。

Ⅱ级：接头抗拉强度不小于被连接钢筋抗拉强度标准值，并具有高延性及反复拉压性能。

Ⅲ级：接头抗拉强度不小于被连接钢筋屈服强度标准值的1.35倍，并具有一定的延性及反复拉压性能。

② 钢筋连接件的混凝土保护层厚度满足《混凝土结构设计规范》GB 50010—2010中的规定，且不应小于0.75倍钢筋最小保护层厚度和15mm的较大值。必要时可对连接件采取防锈措施。

③ 结构构件中纵向受力钢筋的接头宜相互错开，钢筋机械连接的连接区段长度应按35d计算（d为被连接钢筋中的较大直径）。在同一连接区段内有接头的受力钢筋截面面积占受力钢筋总截面面积的百分率（以下简称接头百分率），应符合下列规定：

a. 接头宜设置在结构构件受拉钢筋应力较小部位，当需要在高应力部位设置接头时，在同一连接区段内Ⅲ级接头的接头百分率不应大于25%；Ⅱ级接头的接头百分率不应大于50%；Ⅰ级接头的接头百分率可不受限制。

b. 接头宜避开有抗震设防要求的框架的梁端、柱端箍筋加密区；当无法避开时，应采用Ⅰ级接头或Ⅱ级接头，且接头百分率不应大于50%。

c. 受拉钢筋应力较小部位或纵向受压钢筋，接头百分率可不受限制。

d. 对直接承受动力荷载的结构构件，接头百分率不应大于50%。

2）剥肋滚轧直螺纹钢筋连接

将待连接钢筋端部的纵肋和横肋用切削的方法剥去一部分，然后滚轧成普通直螺纹，最后直接用特制的直螺纹套筒进行螺接，从而完成钢筋连接的工艺过程。该技术的优点在于无虚拟螺纹，力学性能好，连接安全可靠，达到与钢筋母材等强。适用规程《钢筋机械连接通用技术规程》JGJ 107—2003、《滚轧直螺纹钢筋连接接头》JGJ 163—2004。设备电量为4kW/套。

套筒分类见表1-11。

接头按套筒的基本使用条件分类　　表1-11

序号	使用要求	套筒形式	代号
1	正常情况下钢筋连接	标准型	省略
2	用于两端钢筋均不能转动的场合	正反丝扣型	F
3	用于不同直径的钢筋连接	异径型	Y
4	用于较难对中的钢筋连接	扩口型	K
5	钢筋完全不能转动，通过转动连接套筒连接钢筋，用锁母锁紧套筒	加锁母型	S

工艺流程：

钢筋端面平头→剥肋滚压螺纹→丝头质量检验→利用套筒连接→接头检验

操作要点：

① 钢筋丝头加工：分为钢筋切削剥肋和滚轧螺纹两个工序，同一台设备上一次完成。

a. 钢筋下料时不宜用热加工方法切断；钢筋端面宜平整并与钢筋轴线垂直；不得有马蹄形或扭曲；钢筋端部不得有弯曲；出现弯曲时应调直。

b. 丝头中径、牙形角及丝头有效螺纹长度应符合设计规定；丝头有效螺纹中径的圆柱度（每个螺纹的中径）误差不得超过 0.20mm。

c. 标准型接头丝头有效螺纹长度应不小于 1/2 连接套筒长度，其他连接形式应符合产品设计要求。

d. 丝头加工完毕经检验合格后，应立即带上丝头保护帽或拧上连接套筒，防止装卸钢筋时损坏丝头。

② 根据待接钢筋所在部位及转动难易情况，选用不同的套筒类型，采取不同的安装方法见图 1-23。

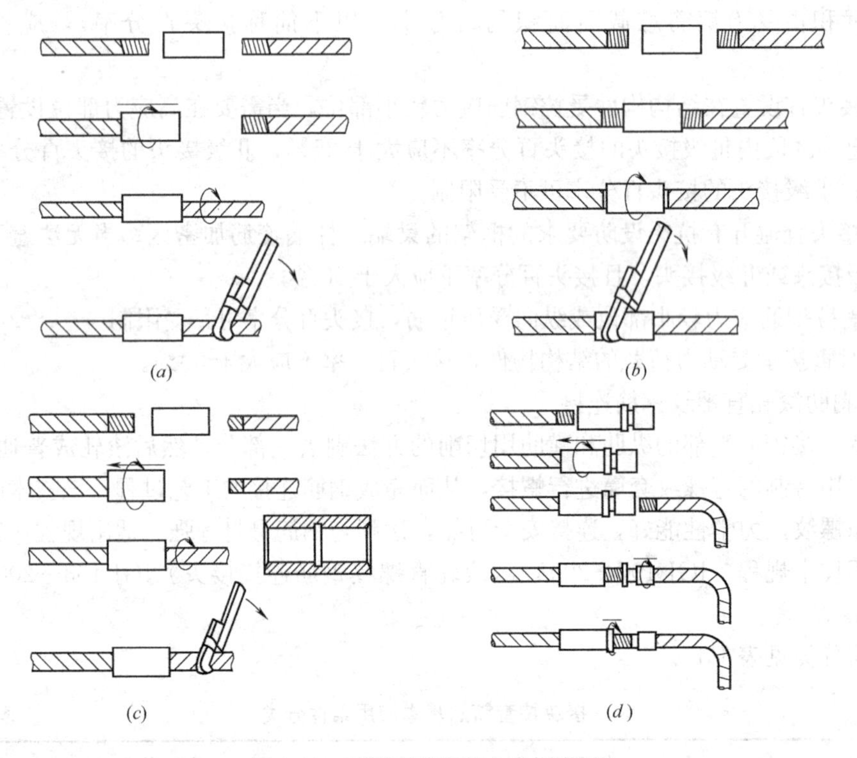

图 1-23　不同套筒安装方法示意图

(a) 标准型接头安装图；(b) 正反丝扣型接头安装；

(c) 变径型接头安装图；(d) 加锁母型接头安装

③ 使用扳手或管钳对钢筋接头拧紧时，只要达到力矩扳手调定的力矩值即可，钢筋接头拧紧后应用力矩扳手按不小于表 1-12 中的拧紧力矩值检查，并加以标记。

④ 连接钢筋注意事项：

a. 钢筋丝头经检验合格后应保持干净无损伤。

滚轧直螺纹钢筋接头拧紧力矩值 **表 1-12**

钢筋直径(mm)	≤16	18～20	22～25	28～32	36～40
拧紧力矩值(N·m)	80	160	230	300	360

注：当不同直径的钢筋连接时，拧紧力矩值按较小直径钢筋的相应值取用。

b. 所连钢筋规格必须与连接套规格一致。

c. 连接水平钢筋时，必须从一头往另一头依次连接，不得从两头往中间或中间往两端连接。

d. 连接钢筋时，一定要先将待连接钢筋丝头拧入同规格的连接套之后，再用力矩扳手拧紧钢筋接头；连接成型后用红油漆作出标记，以防遗漏。

e. 力矩扳手不使用时，将其力矩值调为零，以保证其精度。

3）质量检验

① 连接套筒及锁母

a. 外观质量：螺纹牙形应饱满，连接套筒表面不得有裂纹，表面及内螺纹不得有严重的锈蚀及其他肉眼可见的缺陷。

b. 内螺纹尺寸的检验：用专用的螺纹塞规检验，其塞通规应能顺利旋入，塞止规旋入长度不得超过 $3P$。螺纹术语见图 1-24，塞规使用见图 1-25。

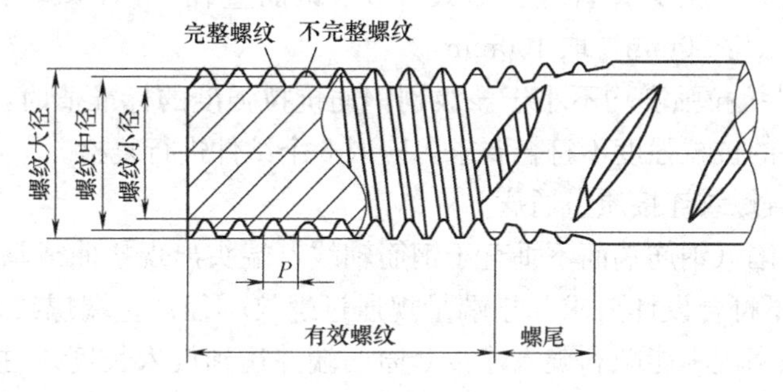

图 1-24　螺纹术语示意图

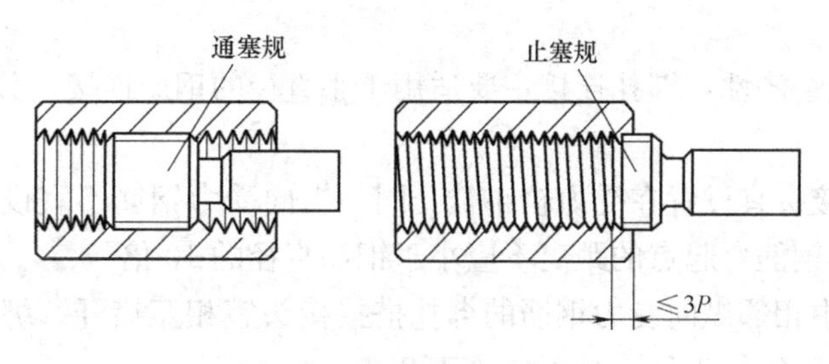

图 1-25　塞规使用示意图

② 丝头

a. 外观质量：丝头表面不得有影响接头性能的损坏及锈蚀。

b. 外形质量：丝头有效螺纹数量不得少于设计规定；牙顶宽度大于 $0.3P$ 的不完整螺纹累计长度不得超过两个螺纹周长；标准型接头的丝头有效螺纹长度应不小于 1/2 连接套筒长度，且允许误差为 $+2P$；其他连接形式应符合产品设计要求。

c. 丝头尺寸的检验：用专用的螺纹环规检验，其环通规应能顺利地旋入，环止规旋

入长度不得超过 $3P$。环规使用见图 1-26。

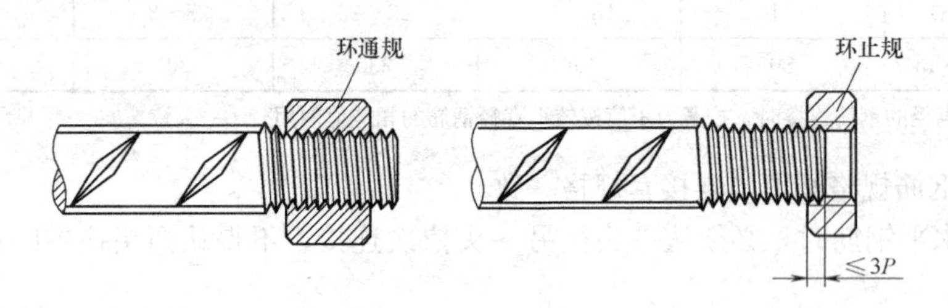

图 1-26 环规使用示意图

③ 钢筋连接接头

a. 钢筋连接完毕后，标准型接头连接套筒外应有外露有效螺纹，且连接套筒单边外露有效螺纹不得超过 $2P$，其他连接形式应符合产品设计要求。

b. 钢筋连接完毕后，拧紧力矩值应符合表 1-16 的要求。

④ 直螺纹接头试验

a. 同一施工条件下，采用同一批材料的同等级、同形式、同规格接头，以 500 个为一验收批进行检验和验收，不足 500 个也为一验收批。每一批取 3 个试件作单向拉伸试验。试件取样长度 L＝接头试件连接长度＋8×钢筋直径＋2×试验机夹具长度（$d<20$mm，取 70mm；$d\geqslant 20$mm，取 100mm）。

b. 当 3 个试件抗拉强度均不小于该级别钢筋抗拉强度的标准值时，该验收批定为合格。如有 1 个试件的抗拉强度不符合要求，应取 6 个试件进行复检。

4）剥肋滚轧直螺纹连接质量通病

钢筋原材料缺陷（钢筋端面不垂直于钢筋轴线，端头出现挠曲或马蹄形）；套筒缺陷（长度及外径尺寸不符合设计要求；止端量规通过螺纹小径；止端螺纹塞规旋入量超过 3 倍螺距；通端螺纹塞规不能顺利旋入连接套筒两端并达到旋入长度）；接头露丝（拼装完后，有一扣以上完整丝扣外露）。

（3）绑扎连接

考虑到连接的经济性，绑扎连接主要适用于小直径的钢筋连接。关于绑扎连接的具体规定如下：

1）钢筋绑扎接头宜设置在受力较小处。同一纵向受力钢筋不宜设置两个或两个以上接头。接头末端至钢筋弯起点的距离不应小于钢筋直径的 10 倍。

2）同一构件中相邻纵向受力钢筋的绑扎搭接接头宜相互错开。绑扎搭接接头中钢筋的横向净距不应小于钢筋直径，且不应小于 25mm。

钢筋绑扎搭接接头连接区段的长度为 $1.3l_l$（l_l 为搭接长度），凡搭接接头中点位于该连接区段长度内的搭接接头均属于同一连接区段。同一连接区段内，纵向钢筋搭接接头面积百分率为该区段内有搭接接头的纵向受力钢筋截面面积与全部纵向受力钢筋截面面积的比值，如图 1-27 所示。

同一连接区段内，纵向受拉钢筋搭接接头面积百分率应符合设计要求；当设计无具体要求时，应符合下列规定：

① 对梁类、板类及墙类构件，不宜大于 25%；

② 对柱类构件，不宜大于50%；

③ 当工程中确有必要增大接头面积百分率时，对梁类构件，不应大于50%；对其他构件，可根据实际情况放宽。

纵向受力钢筋绑扎搭接接头的最小搭接长度应符合下列规定：

当纵向受拉钢筋的绑扎搭接接头面各百分率不大于25%时，其最小搭接长度应符合表1-13的规定。

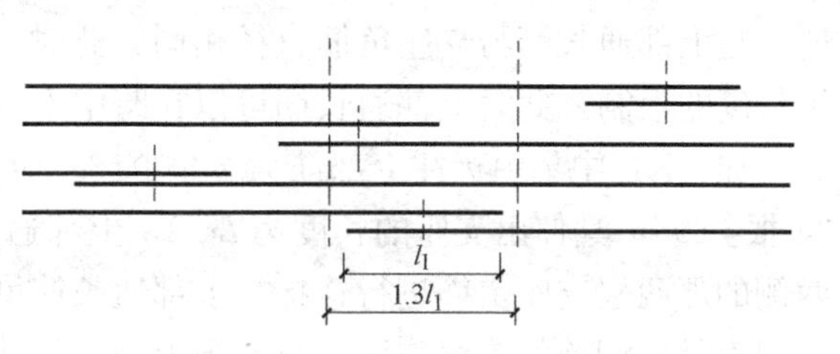

图1-27 钢筋绑扎接头连接区段及接头面积百分率

注：图中所示搭接接头同一连接区段内的搭接钢筋为两根，当各钢筋直径相同时，接头百分率为50%。

纵向受拉钢筋的最小搭接长度（部分） **表1-13**

钢筋类型		混凝土强度等级			
		C20	C25	C30	C35
光圆钢筋	HPB300级	$47d$	$41d$	$36d$	$34d$
带肋钢筋	HRB335、HRBF335级	$46d$	$40d$	$35d$	$32d$
	HRB400级、RRB400级	—	$48d$	$42d$	$38d$

注：1. 两根直径不同钢筋的搭接长度，以较细钢筋的直径计算。
2. 在任何情况下，搭接长度不应小于300mm。

3）在绑扎接头的搭接长度范围内，应采用铁丝绑扎三点。

钢筋连接综述：

具体采用何种连接方式，需要综合考虑连接质量、施工方便和经济效益。一般小直径钢筋（通常小于18mm）采用绑扎连接较为经济，焊接连接由于受焊工水平、气候、工地电量等因素限制，已经较少使用，一般柱钢筋可采用电渣压力焊，在现场施工不方便进行机械连接的地方采用搭接焊，或在机械连接现场取样时补连接位置的时采用。一般大直径（大于22mm）钢筋均采用直螺纹连接。

2. 钢筋构造

钢筋下料计算首先要熟练掌握结构施工图阅读和相关构造要点，以《混凝土结构施工图平面整体表示方法制图规则和构造详图》16G101-1为例，说明相应识图要点和钢筋构造。

（1）制图规则要点

1）平法标注由集中标注和原位标注两部分组成。

2）集中标注（梁为例）包括：各跨基本一样（非完全一样）的要素放在集中标注。

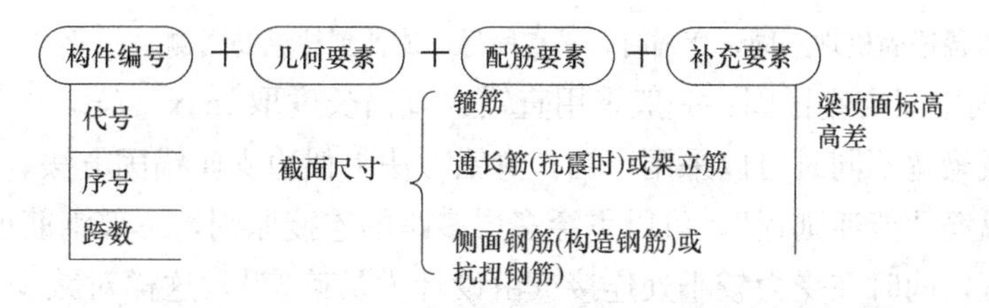

注意："通长筋"指相同或不同直径采用各种连接方式连接且两端应按受拉锚固的钢筋。上部通长筋不要求一根筋贯通，由几根钢筋的连续作用也可以。实际设计中，更多的

情况是上部通长筋与支座负筋直径相同，此时，可以做成“一根筋贯通”。但由于钢筋定尺长度的限制，此时上部通长筋可以在跨中 $l_n/3$ 范围内一次性连接。

如：KL 中集中标注上部筋为 2 根Φ18，而在原位标注支座处为 4 根Φ20，支座负筋“4 根Φ20”，其伸出支座的长度为 $l_n/3$，上部通长筋“2 根Φ18”，就在“$l_n/3$”处与左右两侧的那两根支座负筋进行连接。上部通长筋可以不是“一根筋”通到头，而可以是几根不同直径的钢筋的连续作用；只有当上部通长筋与支座负筋的直径相同的时候，上部通长筋才可以“在跨中 $l_n/3$ 范围内”进行一次性连接。

3）原位标注，取值优先。

原位标注的信息主要包括：

1. 支座上部负弯矩钢筋（包含通过该处的通长筋）
2. 下部通长筋
3. 某部位与集中标注的不同值（如大小跨、悬挑跨等）

4）注意长短跨相邻时设计可能出现的失误，例如：支座上部负弯矩筋覆盖短跨全跨时，应使其全部贯通。

5）关注两相邻跨梁顶面标高高差的情况，如有：因有高差无法贯通，应分别锚固入柱内。

（2）构造要点

1）抗震框架梁钢筋锚固

① 边支座锚固

首先判断是弯锚还是直锚（见图 1-28 框架梁边支座锚固构造）。

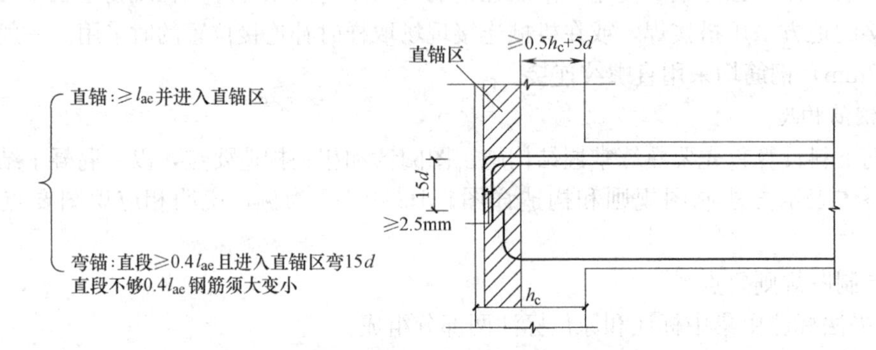

图 1-28　框架梁边支座锚固构造

注：弯锚和直锚锚固机理不同，弯锚时，平直段尽可能伸到柱纵筋内侧。

② 下部钢筋中间支座锚固：一般采用直锚，直锚长度取 max $\{l_{aE}，0.5h_c+5d\}$，当支座两端梁高或梁宽不同时可以采用弯锚，弯锚方法类似边支座锚固方法。

根据受力纵筋“能通则通”，可以贯穿多层多跨的连接原则，下部钢筋可以贯穿支座，避开箍筋加密区，同时在受力较小处连接（由设计人员确定），这样对减少梁柱节点区钢筋体积密度，保证混凝土浇筑质量有利。预算可按每跨单独计算。

2）抗震框架梁箍筋加密区

第一个箍筋从柱内侧 50mm 处开始布置，加密区为：

一级抗震：$\geqslant 2h_b$ 且 $\geqslant$500mm

二～四级抗震：$\geqslant 1.5h_b$ 且 $\geqslant$500mm

3）支座负筋

上排：外伸长度为净跨的 1/3（中间支座取净跨较大值）。

第二、三排：外伸长度为净跨的 1/4（中间支座取净跨较大值）。

4）悬挑端钢筋

至少两根角筋，并不少于第一排纵筋的 1/2 伸到梁端弯折大于等于 $12d$，其余 45°角下弯；第二排纵筋在 $0.75l$ 处截断，下部钢筋锚固 $15d$。

5）柱顶钢筋

分边柱、角柱、中柱三种情况。

① 边柱、角柱

柱筋入梁（图 1-29 和图 1-30）。

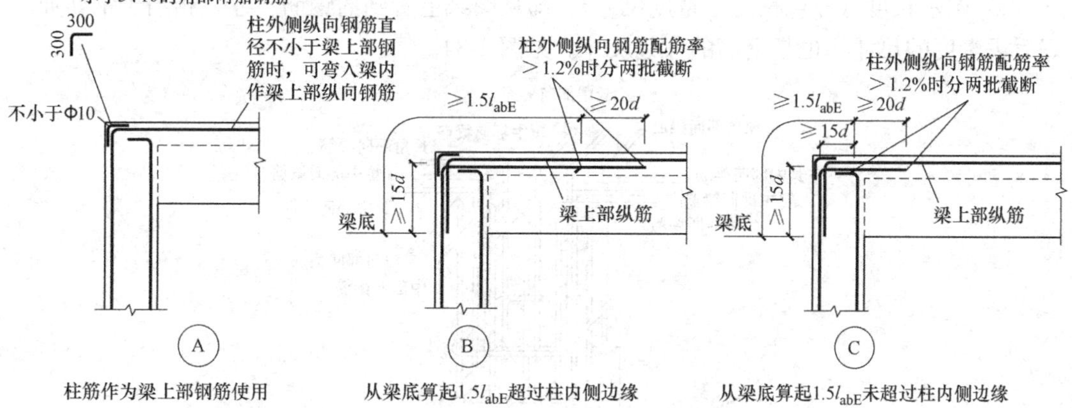

柱筋作为梁上部钢筋使用　　从梁底算起1.5l_{abE}超过柱内侧边缘　　从梁底算起1.5l_{abE}未超过柱内侧边缘

图 1-29　边角柱柱顶纵向钢筋构造（柱筋入梁）

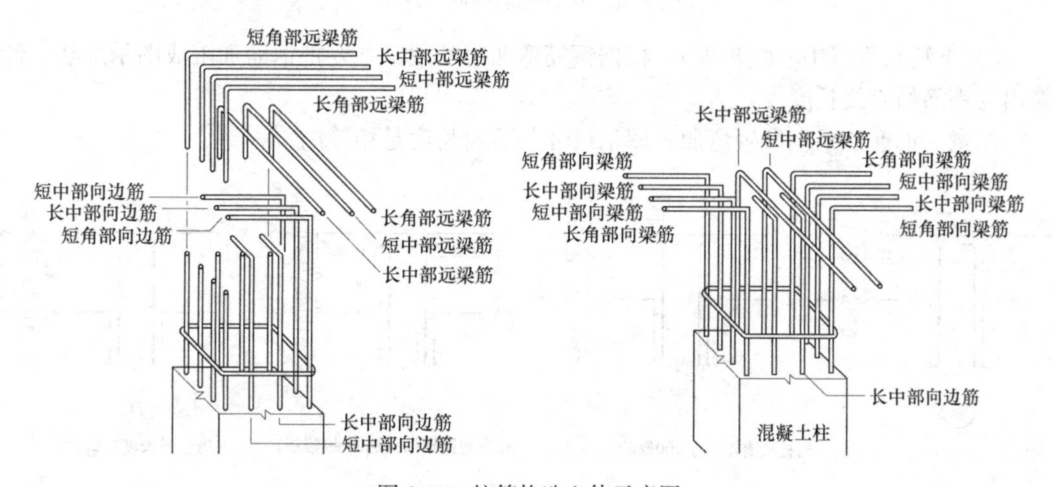

图 1-30　柱筋构造立体示意图

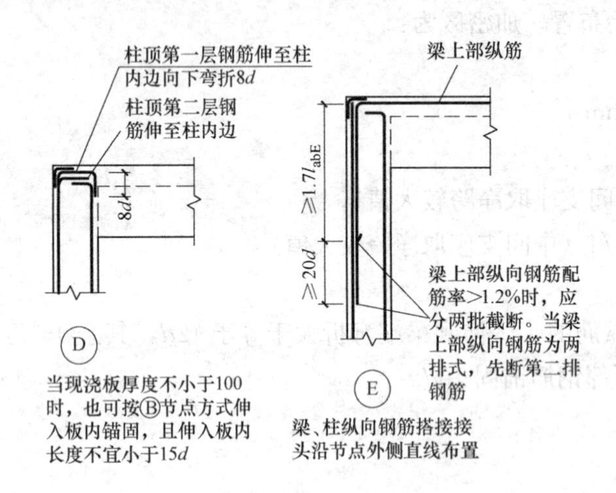

图 1-31　边角柱柱顶纵向钢筋构造（梁筋入柱）

梁筋入柱（图 1-31）。

② 中柱（图 1-32）

6）柱筋连接（图 1-33）

7）受力钢筋连接

构件中的受力钢筋（架立筋、侧面构造筋）按构造交错搭接长度（150mm）连接，构造筋锚固长度 $15d$；受扭钢筋按框架梁下部受拉钢筋锚固和连接。构件中的分布钢筋（板），按 $5d$ 交错长度与同向受力筋连接。

3. 钢筋下料计算

（1）基本概念

钢筋弯曲时的现象：钢筋在弯曲过程中，内皮缩短，外皮伸长，中心线不变，弯曲处变成圆弧。

1）图示长度（外包长度、量度尺寸）：即从图纸上看到的钢筋尺寸，相当于钢筋加工好后去量度的尺寸，也是钢筋的外包尺寸。见图 1-34。

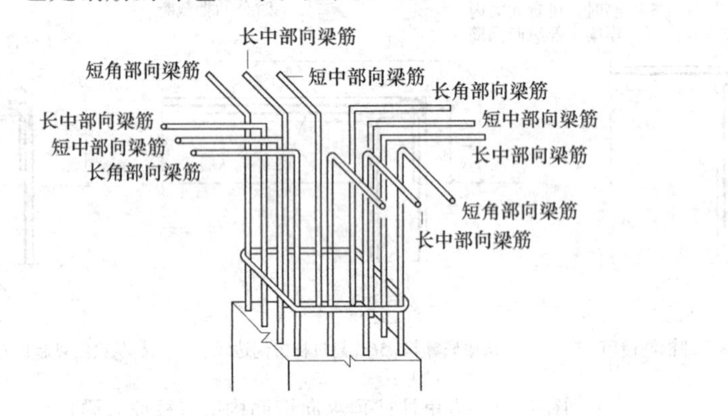

图 1-32　中柱钢筋锚固示意图

2）下料长度（中心线长度）：根据钢筋弯曲时的现象，要把钢筋加工成图示形状，计算出的钢筋的直线长度。

注意：钢筋如果不发生弯曲，图示尺寸与下料长度是相等的。

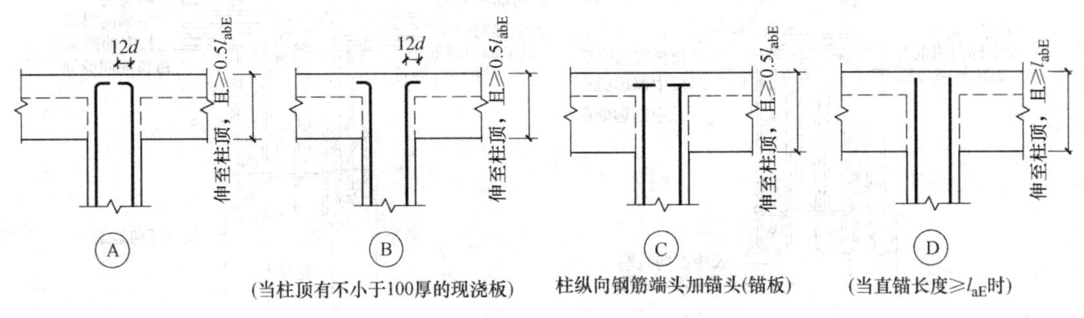

图 1-33　柱筋连接构造

3）弯曲调整值（量度差值）：钢筋发生弯曲，量度尺寸和中心线长度的差值。

① 弯曲 90°时弯曲调整值计算（图 1-35）。

$$\Delta=2\times\left(\frac{D}{2}+d\right)-\frac{1}{4}\times\frac{D+d}{2}\times2\times\pi$$
$$=0.215D+1.215d$$

通常，D 取 $4d$，所以 90°时弯曲调整值去 $2d$。

② 弯曲 45°时弯曲调整值计算（图 1-36）。

$$\Delta=2\times\left(\frac{D+d}{2}\right)\tan22.5°-\frac{45\pi}{180}\left(\frac{D+d}{2}\right)$$
$$=0.022D+0.463d$$

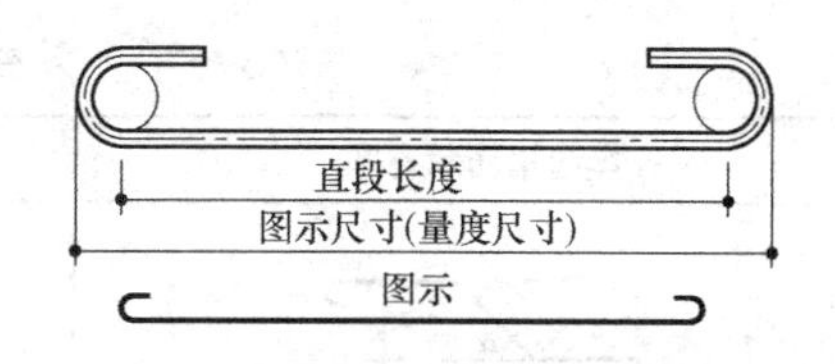

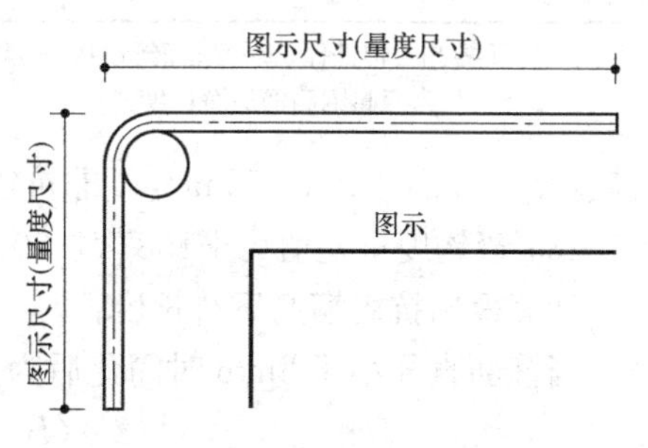

图 1-34 钢筋下料长度示意图

4）弯钩增加长度：为了保证可靠粘结与锚固光圆钢筋（HPB235）末端做成的弯钩。作为受力纵筋时，要求做 180°半圆弯钩，且平直段为 $3d$，其增加长度计算如下（图1-37）：

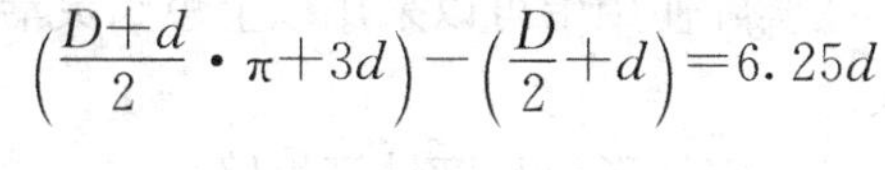

$$\left(\frac{D+d}{2}\cdot\pi+3d\right)-\left(\frac{D}{2}+d\right)=6.25d$$

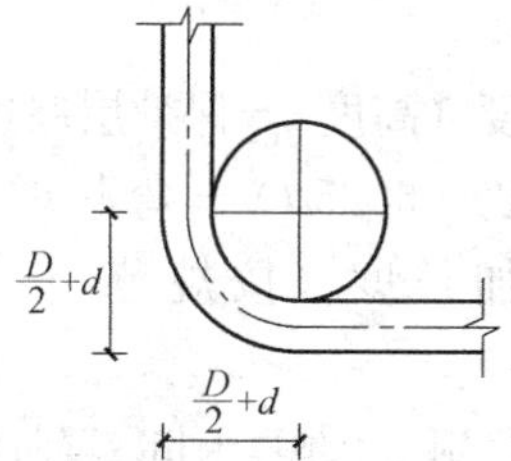

图 1-35 弯曲 90°时弯曲调整值计算示意图

注：D 为弯心直径，d 为钢筋直径，下同。

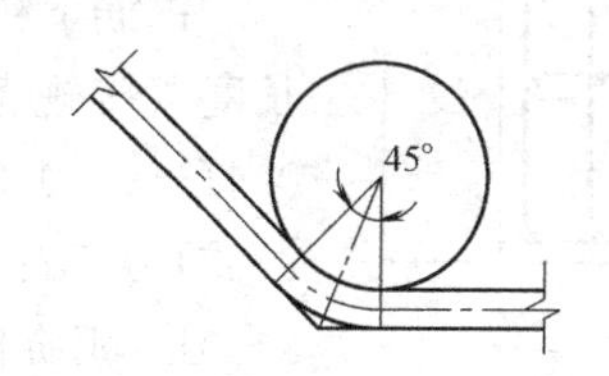

图 1-36 弯曲 45°时弯曲调整值计算示意图

5）弯起钢筋坡度系数

计算弯起钢筋下料长度时，可根据弯起角度，折算弯起钢筋坡度系数折算，见表 1-14。

（2）箍筋下料长度

《钢筋混凝土工程施工及验收规范》规定对一般结构构件，箍筋弯钩的弯折角度不应小于 90°，弯折后平直段长度不应小于箍筋直径的 5 倍；对有抗震设防要求或设计有专门要求的结构构件，箍筋弯钩的弯折角度不应小于 135°，弯折后平直段长度不应小于箍筋直径的 10 倍。同时又规定梁、柱复合箍筋中的单肢箍筋两端弯钩的弯折角度均不应小于 135°，在 16G101 平法图集中规定，对于封闭箍筋及拉筋弯钩构造，平直段长度为 $10d$ 与 75mm 之间较大值，见图 1-38。d 为箍筋直径，a 为保护层厚度（箍筋外表面到混凝土表面距离）。

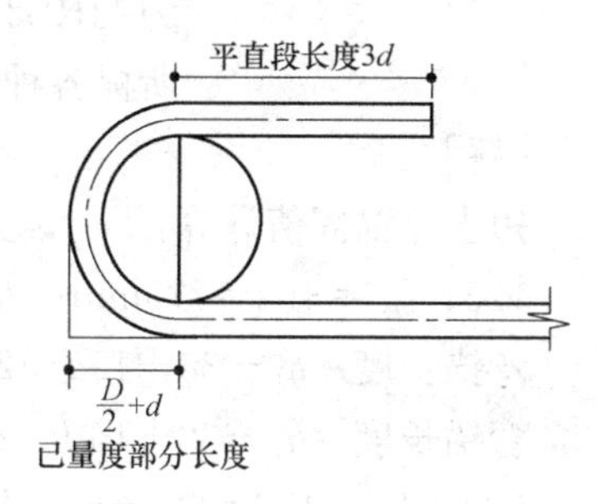

图 1-37 180°弯钩增加长度计算示意图

钢筋下料长度$=2\times(B-2\times a)+2\times(H-2\times a)-3\times2\times d+2\times(1.87d+l_{\mathrm{p}})$

弯起钢筋坡度系数　　　　表 1-14

弯起钢筋示意图	a	S	L	$S-L$
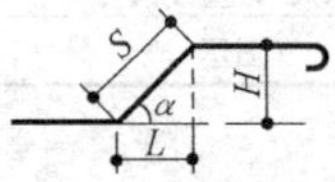	30° 45° 60°	2.0H 1.41H 1.15H	1.73H 1.0H 0.58H	0.27H 0.41H 0.57H

注：1. H 为扣去构件保护层弯起钢筋的净高度；

2. $S-L$ 为弯起钢筋增加净长度。

抗震：$l_p=\max[10d, 75mm]$，非抗震 $l_p=5d$。

135°弯钩度量差值为+1.87d，90°弯钩度量差值为 2d。

计算得出抗震箍筋下料长度：

当箍筋直径小于 8mm 时简化后为：

$$2\times(B+H)-8a+75-2.2d$$

当箍筋直径大于等于 8mm 时简化后为：

$$2\times(B+H)-8a+17.8d$$

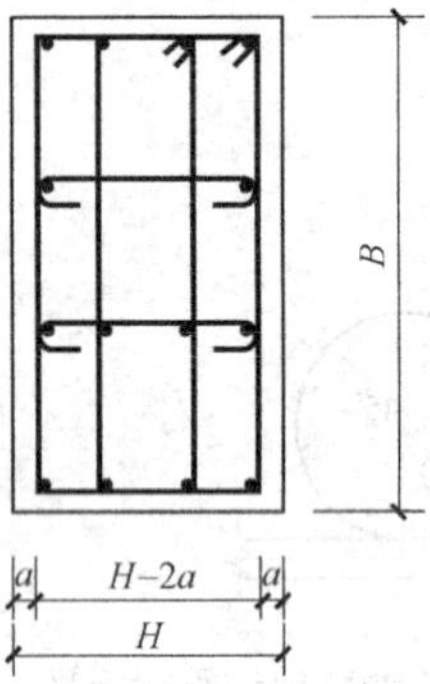

在实际使用中可以采用以上思路灵活运用箍筋的下料长度计算公式。

图 1-38　箍筋下料计算示意图

(3) 钢筋下料长度计算思路

钢筋下料长度=图示构件长度（高度）-保护层厚度+搭接增加长度（按规范）+弯钩增加长度（6.25d）+弯起增加长度（45° 0.41H；60° 0.57H）+锚固增加长度（按规范）-弯曲调整值（45°：0.5d；90°：2d）

注：钢筋下料长度计算与预算的区别在于预算未扣减弯曲调整值。

[例 1-1]　某一五层三级抗震建筑，二层楼面为现浇楼盖，楼板厚度为 100mm，二层楼面有一根框架梁，混凝土 C30，钢筋主筋为 HRB335 级，主筋锚固长度均按 31d 考虑，工程施工需要计算所标各种钢筋下料长度，见图 1-39。

[解]

边支座锚固值计算：

Φ25，$l_{ae}=31d=775$mm；左支座 $l_{ae}>h_c=700$mm，采取弯锚

弯锚长度=$h_c-30+15d-2d=995$mm；右支座 $l_{ac}>h_c=600$mm，采取弯锚

弯锚长度=$h_c-30+15d-2d=895$mm

Φ20，$l_{ae}=31d=620$mm；左支座 $l_{ae}<700-30=670$mm，采取直锚

直锚长度=$l_{ae}=620$mm；右支座 $l_{ae}>600-30=570$mm，采取弯锚

弯锚长度=$600-30+15d-2d=830$mm

(1) 通长筋=6000+600+1500+左锚固 995+(350-2×25)-2d=9345mm

(2) 左支座负筋

$$\frac{6000}{3}+锚固(995)=2995mm$$

(3) 右支座负筋

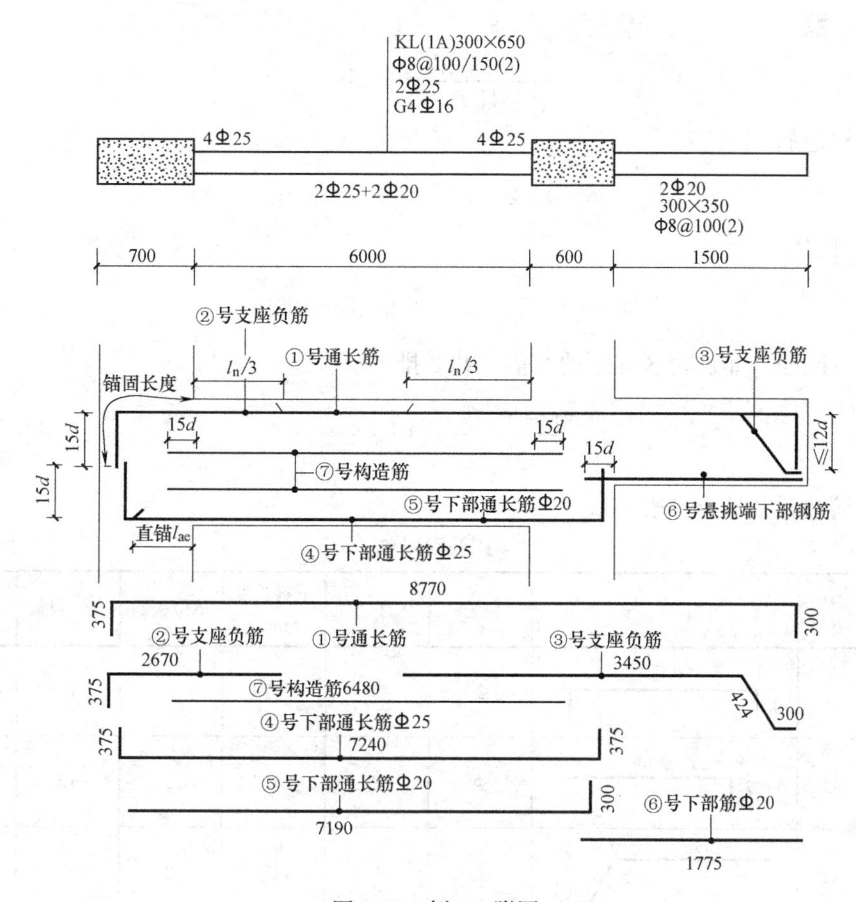

图 1-39　例 1-1 附图

$$\frac{6000}{3}+600+(1500-25)+0.414\times(350-2\times25)-2\times0.5\times25=4174\text{mm}$$

（4）④号下部通长筋

$$6000+左弯锚(995)+右弯锚(895)=7890\text{mm}$$

（5）⑤号下部通长筋

$$6000+左直锚\ l_{ae}(620)+右弯锚\ (830)=7450\text{mm}$$

（6）⑥号悬挑底部筋

$$1500-25+15\times20=1775\text{mm}$$

（7）框架梁箍筋

$$(300+650)\times2-8\times25+17.8\times8=1842\text{mm}$$

$$\frac{1500-50}{100}=15\ 个$$

箍筋个数

$$\left(\frac{1.5\times650-50}{100}+1\right)\times2+\frac{6000-2\times1.5\times650}{150}-1=11+11+26=48个$$

（8）悬挑梁箍筋

$$(300+350)\times2-8\times25+17.8\times8=1242\text{mm}$$

箍筋个数

$$\frac{1500-50}{100}=15\text{ 个}$$

（9）构造筋

$$6000+2\times15\times16=6480\text{mm}$$

（10）拉筋

$$300-2\times25+2\times11.9\times8=400\text{mm}$$

个数（间距：非加密区间距的 2 倍）共 2 排

$$\left(\frac{6000-2\times50}{400}+1\right)\times2=32\text{ 个}$$

各钢筋抽样及计算见表 1-15。

钢筋配料单 **表 1-15**

构件名称	钢筋编号	简　　图	钢号	直径	下料长度(mm)	单位根数	合计根数	重量(kg)
KL(1A)（共6根）	①	375 8645 300	Φ	25	9320	2	12	421.3
	②	375 2670	Φ	25	2995	2	12	138.8
	③	3450 424 300	Φ	25	4174	2	12	193.3
	④	375 7240 375	Φ	25	7890	2	12	365.5
	⑤	7190 300	Φ	20	7450	2	12	220.8
	⑥	1775	Φ	20	1775	2	12	52.6
	⑦	6480	Φ	16	6480	4	24	245.7
	⑧	250	φ	8	400	32	192	30.3
	⑨	600 250	φ	8	1842	48	288	209.5
	⑩	300 250	φ	8	1242	15	90	44.2

钢筋每米重量速算法：

记住直径为10mm的钢筋每米重量为0.617kg，其他直径钢筋每米重量为直径（厘米为单位）的平方与0.617的乘积。

4. 钢筋加工

钢筋加工是根据钢筋配料单，使钢筋成型的施工过程，主要包括除锈、调直（3～12mm钢筋）、切断、弯曲成型等工序。

（1）除锈

钢筋除锈是指把油渍、漆污和用锤敲击时能剥落的浮皮（俗称老锈）、铁锈等应在使用前清除干净。在焊接前，焊点处的水锈应清除干净。

钢筋的除锈，一般可通过以下两个途径：一是在钢筋冷拉或钢丝调直过程中除锈，对大量钢筋的除锈较为经济省力；二是用机械方法除锈，如采用电动除锈机除锈，对钢筋的局部除锈较为方便。此外，还可采用手工除锈（用钢丝刷、砂盘）、喷砂和酸洗除锈等。

在除锈过程中发现钢筋表面的氧化铁皮鳞落现象严重并已损伤钢筋截面，或在除锈后钢筋表面有严重的麻坑、斑点伤蚀截面时，应降级使用或剔除不用。

（2）调直

指利用钢筋调直机、数控钢筋调直切断机或卷扬机拉直设备等把盘条钢筋拉直的施工过程。

（3）切断

利用钢筋切断机、手动液压切断器、砂轮切割机等设备对钢筋进行切断的施工过程。

切断时应注意：

1）将同规格钢筋根据不同长度长短搭配，统筹排料；一般应先断长料，后断短料，减少短头，减少损耗。

2）断料时应避免用短尺量长料，防止在量料中产生累计误差。为此，宜在工作台上标出尺寸刻度线并设置控制断料尺寸用的挡板。

3）在切断过程中，如发现钢筋有劈裂、缩头或严重的弯头等必须切除；如发现钢筋的硬度与该钢种有较大的出入，应及时向有关人员反映，查明情况。

4）钢筋的断口，不得有马蹄形或起弯等现象。

（4）弯曲成型

利用钢筋弯曲机、手工弯曲工具（细钢筋）等对钢筋进行按设计要求的角度进行弯曲的施工过程。

（5）钢筋代换

钢筋的级别、钢号和直径应按设计要求采用，若施工中缺乏设计图中所要求的钢筋，在征得设计单位的同意并办理设计变更文件后，可按下述原则进行代换：

1）不同级别钢筋代换（级别不能超过一级），可按强度相等的原则代换，称“等强代换”。如设计中所用钢筋强度为f_{y1}，钢筋总面积A_{s1}；代换后钢筋强度为f_{y2}，钢筋截面积为A_{s2}，应使代换前后钢筋的总强度相等，即：

$$A_{s2} \cdot f_{y2} > A_{s1} \cdot f_{y1} \tag{1-3}$$

$$A_{s2} \geqslant (f_{y1}/f_{y2}) \cdot A_{s1} \tag{1-4}$$

2）同种级别不同规格钢筋之间（直径差值一般不大于4mm），可按钢筋面积相等的原则进行代换，称为“等面积代换”。即：

$$A_{S2} \geqslant A_{S1} \tag{1-5}$$

［例 1-2］ 某墙体设计配筋为Φ14@200，施工现场无此钢筋，拟用Φ12 的钢筋代换，试计算代换后的钢筋数量（每米根数）。

［解］ 因钢筋的级别相同，所以可按面积相等的原则进行找换。

代换前墙体每米设计配筋的根数：

$$n_1 = 1000/200 + 1 = 6 \text{ 根}$$

$$n_2 \geqslant \frac{n_1 d_1^2 f_{y1}}{d_2^2 f_{y2}} = \frac{6 \times 196}{144} = 8.2$$

故取 $n_2 = 8$，即代换后每米 8 根Φ12 的钢筋。

［例 1-3］ 某构件原设计用 7 根直径为 10mm 的 HRB335 钢筋，现拟用直径为 12mm 的 HPB300 钢筋代换，试计算代换后的钢筋根数。

［解］ 因钢筋强度和直径均不相同，应按下式进行计算：

$$n_2 \geqslant \frac{n_1 d_1^2 f_{y1}}{d_2^2 f_{y2}} = \frac{7 \times 100 \times 335}{144 \times 300} = 5.42$$

故 $n_2 = 6$ 根直径为 12 的 HPB300 钢筋代换。

钢筋代换注意事项：当进行钢筋代换时，除应符合设计要求的构件承载力、最大力下的总伸长率、裂缝宽度验算以及抗震规定以外，尚应满足最小配筋率、钢筋间距、保护层厚度、钢筋锚固长度、接头面积百分率及搭接长度等构造要求。不同种类钢筋代换，应按钢筋受拉承载力设计值相等的原则进行；必要时应进行抗裂、裂缝宽度或挠度验算；代换后，钢筋间距、锚固长度、最小钢筋直径、根数等应符合混凝土结构设计规范的要求；对重要受力构件，不宜用 HPB300 级代换 HRB335 级钢筋；梁的纵向受力钢筋与弯起钢筋应分别进行代换；偏心受力构件，应按受力（受拉或受压）分别代换；对有抗震要求的框架，不宜用强度等级高的钢筋代替设计中的钢筋；预制构件的吊环，必须采用未经冷拉的 HPB300 级钢筋制作，严禁以其他钢筋代换。

（6）钢筋加工质量检验

1）主控项目

① 受力钢筋的弯钩和弯折应符合下列规定：

a. HPB300 级钢筋末端应做 180°弯钩，其弯弧内直径不应小于钢筋直径的 2.5 倍，弯钩的弯后平直部分长度不应小于钢筋直径的 3 倍；

b. 当设计要求钢筋末端需做 135°弯钩时，HRB335 级、HRB400 级钢筋的弯弧内直径不应小于钢筋直径的 4 倍，弯钩的弯后平直部分长度应符合设计要求；

c. 钢筋作不大于 90°的弯折时，弯折处的弯弧内直径不应小于钢筋直径的 5 倍。

② 除焊接封闭式箍筋外，箍筋的末端应做弯钩，弯钩形式应符合设计要求；当设计无具体要求时，应符合下列规定：

a. 箍筋弯钩的弯弧内直径除应满足上述第①条的规定外，尚应不小于受力钢筋直径；

b. 箍筋弯钩的弯折角度：对一般结构，不应小于 90°；对有抗震等要求的结构，应为 135°；

c. 箍筋弯后平直部分长度：对一般结构，不宜小于箍筋直径的 5 倍；对有抗震等要求的结构，不应小于箍筋直径的 10 倍。

2）一般项目

① 钢筋调直宜采用机械方法，也可采用冷拉方法。当采用冷拉方法调直钢筋时，HPB300 级的钢筋的冷拉率不宜大于 4%，HRB335 级、HRB400 级和 RRB400 级钢筋的冷拉率不宜大于 1%。

② 钢筋加工的形状与尺寸应符合设计要求，其偏差应符合表 1-16 的规定。

检查数量与方法，与主控项目相同。

钢筋加工的允许偏差 **表 1-16**

项目	允许偏差(mm)
受力钢筋顺长度方向全长的净尺寸	±10
弯起钢筋的弯折位置	±20
箍筋内的净尺寸	±5

（7）钢筋加工常见的质量问题

钢筋加工常见的质量问题有：规格出错；下料长度不够；箍筋尺寸不对，弯钩度数不对，弯钩直线段长度不够，弯钩长度达不到锚固要求；套筒连接的螺纹长度不够；马凳高度不够等。

1.2.3 钢筋安装

1. 准备工作

（1）核对成品钢筋的钢号、直径、形状、尺寸和数量等是否与料单料牌相符。如有错漏，应纠正增补。

（2）准备绑扎用的铁丝、绑扎工具（如钢筋钩、带扳口的小撬棍）、绑扎架等。

钢筋绑扎用的铁丝，可采用 20～22 号铁丝，其中 22 号铁丝只用于绑扎直径 12mm 以下的钢筋。铁丝长度可参考表 1-17 的数值采用；因铁丝是成盘供应的，故习惯上是按每盘铁丝周长的几分之一来切断。

钢筋绑扎铁丝长度参考表（mm） **表 1-17**

钢筋直径(mm)	3～5	6～8	10～12	14～16	18～20	22	25	28	32
3～5	120	130	150	170	190				
6～8		150	170	190	220	250	270	290	320
10～12			190	220	250	270	290	310	340
14～16				250	270	290	310	330	360
18～20					290	310	330	350	380
22						330	350	370	400

注：每吨钢筋绑扎 22 号铁丝需用量：6～12mm 钢筋为 6～7kg；16～25mm 钢筋为 5～6kg。

（3）准备控制混凝土保护层用的水泥砂浆垫块或塑料卡。

水泥砂浆垫块的厚度，应等于保护层厚度，强度应不低于 M15，面积不小于 40mm×40mm。当在垂直方向使用垫块时，可在垫块中埋入 20 号铁丝。

塑料卡的形状有两种：塑料垫块和塑料环圈，见图 1-40。塑料垫块用于水平构件（如梁、板），在两个方向均有凹槽，以便适应两种保护层厚度。塑料环圈用于垂直构件

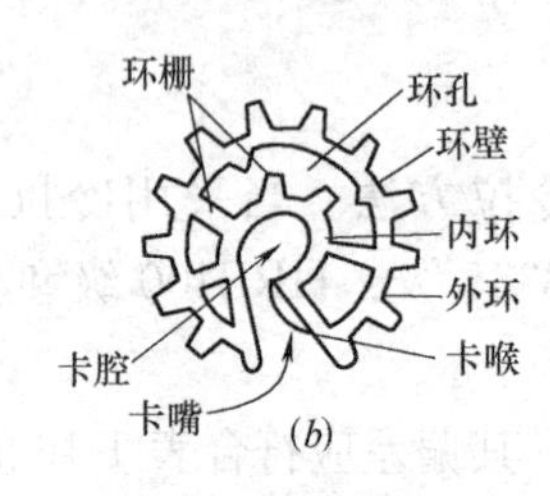

图 1-40　控制混凝土保护层用的塑料卡
（*a*）塑料垫块；（*b*）塑料环圈

（如柱、墙），使用时钢筋从卡嘴进入卡腔；由于塑料环圈有弹性，可使卡腔的大小能适应钢筋直径的变化。

（4）画出钢筋位置线。平板或墙板的钢筋，在模板上画线；柱的箍筋，在两根对角线主筋上画点；梁的箍筋，则在架立筋上画点；基础的钢筋，在两向各取一根钢筋画点或在垫层上画线。

钢筋接头的位置，应根据来料规格，结合相应规范对有关接头位置、数量的规定，使其错开，在模板上画线。

（5）绑扎形式复杂的结构部位时，应先研究逐根钢筋穿插就位的顺序，并与模板工联系讨论支模和绑扎钢筋的先后次序，以减少绑扎困难。

2. 柱钢筋绑扎

柱钢筋绑扎工艺流程：

套柱箍筋→竖向受力筋连接→画箍筋间距线→绑箍筋

操作要点：

（1）套柱箍筋：按图纸要求间距，注意柱箍筋加密区长度应符合要求，计算好每根柱箍筋数量，先将箍筋套在下层伸出的连接钢筋上，然后立柱子钢筋。

（2）竖向钢筋连接后，按图纸要求用粉笔画箍筋间距线，按已画好的箍筋位置线，将已套好的箍筋往上移动，由上往下绑扎，宜采用缠扣绑扎，绑扎箍筋时绑扣相互间应成八字形。

（3）箍筋与主筋要垂直，箍筋转角处与主筋交点均要绑扎，主筋与箍筋非转角部分的相交点成梅花状交错绑扎。箍筋的接头（弯钩叠合处）应交错布置在四角纵向钢筋上。

（4）柱筋保护层厚度应符合规范要求，垫块应绑在柱竖筋外皮上，间距一般1000mm，或用塑料卡卡在外竖筋上以保证主筋保护层厚度准确。同时，可采用钢筋定距框来保证钢筋位置的正确性。当柱截面尺寸有变化时，柱应在板内弯折，弯后的尺寸要符合设计要求。

（5）如果采用搭接方式，下层柱的钢筋露出楼面部分，宜用工具式柱箍将其收进一个柱筋直径，以利上层柱的钢筋搭接。当柱截面有变化时，其下层柱钢筋的露出部分，必须在绑扎梁的钢筋之前，先行收缩准确。

（6）墙体拉接筋或埋件，根据墙体所用材料，按有关图集留置。

（7）注意柱有关构造要求：箍筋加密区、连接区、变截面、柱顶等构造。

3. 墙钢筋绑扎

墙钢筋绑扎工艺流程：

立 2～4 根竖筋→画水平筋间距→绑定位横筋→绑其余横竖筋

操作要点：

（1）立 2～4 根竖筋：将竖筋与下层伸出的搭接筋绑扎，在竖筋上画好水平筋分档标志，在下部及齐胸处绑两根横筋定位，并在横筋上画好竖筋分档标志，接着绑其余竖筋，最后再绑其余横筋。横筋在竖筋里面或外面应符合设计要求。

（2）剪力墙筋应逐点绑扎，在两层钢筋之间要绑扎拉接筋和支撑筋，以保证钢筋的正确位置。拉接筋采用 ϕ6～10 钢筋，绑扎时纵横间距不大于 600mm，绑扎在纵横向钢筋的交叉点上，勾住外边筋。支撑筋采用 ϕ12 钢筋，间距 1000m 左右，两端刷防锈漆。另有一种梯形支撑筋，用两根竖筋（与墙体竖筋同直径同高度）与拉筋焊接成形，绑在墙体网片之间起到撑、拉作用，间距 1200mm。也可采用加固模板用的 PVC 管做支撑筋的作用。在横筋上绑扎砂浆垫块或塑料卡，来保证保护层的厚度。其间距不大于 1000mm，也可以采用“梯子筋”撑开成混凝土保护层。在头尾中间的位置，还可以加“U”形套来保持距离。

（3）剪力墙与框架柱连接处，剪力墙的水平横筋应锚固到框架柱内，其锚固长度要符合设计要求。如先浇筑柱混凝土后绑剪力墙筋时，柱内要预留连接筋或柱内预埋铁件，待柱拆模绑墙筋时作为连接用。其预留长度应符合设计或规范的规定。

（4）剪力墙水平筋在两端头、转角、十字节点、连梁等部位的锚固长度以及洞口周围加固筋等，均应符合设计、抗震要求。

（5）合模后对伸出的竖向钢筋应进行修整，在模板上口加角铁或用梯子筋将伸出的竖向钢筋加以固定，浇筑混凝土时应有专人看护，浇筑后再次调整以保证钢筋位置的准确。

4. 梁钢筋绑扎

梁钢筋绑扎工艺流程：

① 模内绑扎（梁的钢筋在梁底模上绑扎，其两侧模或一侧模后装，适用于梁的高度较大时，一般大于等于 1.0m）：

画主次梁箍筋间距→放主梁次梁箍筋→穿主梁底层纵筋及弯起筋→穿次梁底层纵筋并与箍筋固定→穿主梁上层纵向架立筋→按箍筋间距绑扎→穿次梁上层纵向钢筋→按箍筋间距绑扎

② 模外绑扎（先在梁模板上口绑扎成型后再入模内，适用于梁的高度较小时）：

画箍筋间距→在主次梁模板上口铺横杆数根→在横杆上面放箍筋→穿主梁下层纵筋→穿次梁下层钢筋→穿主梁上层钢筋→按箍筋间距绑扎→穿次梁上层纵筋→按箍筋间距绑扎→抽出横杆落骨架于模板内

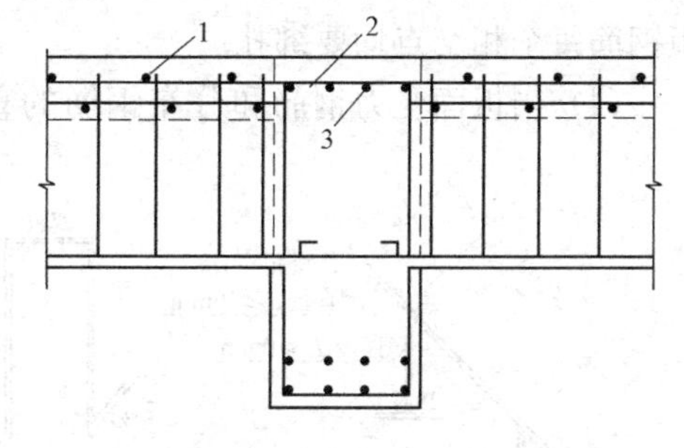

图 1-41　板、次梁与主梁交叉处钢筋
1—板的钢筋；2—次梁钢筋；3—主筋钢筋

操作要点：

（1）纵向受力钢筋采用双层排列时，两排钢筋之间应垫以直径大于等于 25mm 的短钢筋，以保持其设计距离。

（2）箍筋的接头（弯钩叠合处）应交错布置在两根架立钢筋上，其余同柱。

（3）板、次梁与主梁交叉处，板的钢筋在上，次梁的钢筋居中，主梁的钢筋在下（图 1-41）；应避免主、次梁交接处，梁与柱相交（与柱平时）时钢筋相撞现象（图 1-42）。主、次梁相撞时可采取如图 1-43 措施。

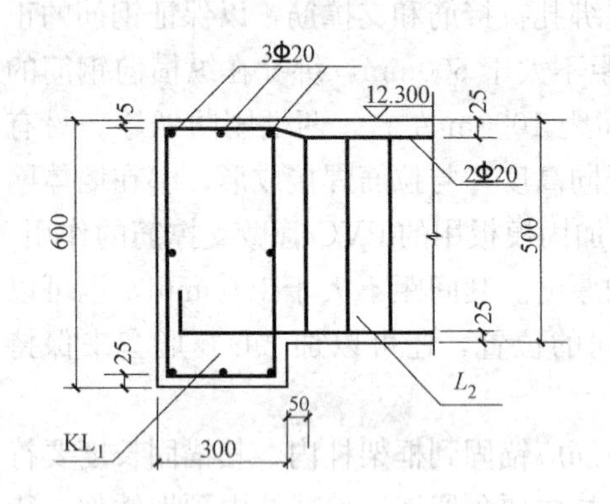

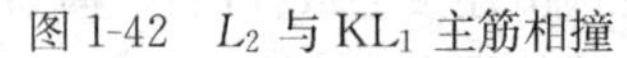

图 1-42　L_2 与 KL_1 主筋相撞

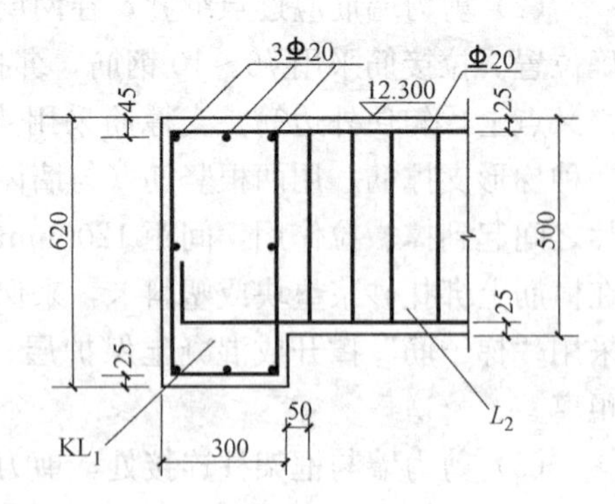

图 1-43　KL_1 降低一个 L_2 主筋直径

（4）框架节点处钢筋穿插十分稠密时，应特别注意梁顶面主筋间的净距要有 30mm（下部钢筋净距要有 25mm），以利浇筑混凝土。

（5）梁板钢筋绑扎时应防止水电管线将钢筋抬起或压下。

（6）梁钢筋绑扎常见的质量通病有：主筋位移；箍筋间距偏差大；箍筋下料不准导致骨架偏小或偏大、弯钩没有弯曲 135°、平直部分长度不足；主筋锚固长度不足。

5. 板钢筋绑扎

板钢筋绑扎工艺流程：

清理模板→模板上画线→绑板下受力筋→绑负弯矩钢筋

操作要点：

（1）清理模板上面的杂物，用墨斗在模板上弹好主筋、分布筋间距线。

（2）按画好的间距，先摆放受力主筋、后放分布筋。预埋件、电线管、预留孔等及时配合安装。

（3）在现浇板中有板带梁时，应先绑板带梁钢筋，再摆放板钢筋。绑扎板筋时除外围两根筋的相交点应全部绑扎外，其余各点可交错绑扎（双向板相交点须全部绑扎）。负弯矩钢筋每个相交点均要绑扎。

（4）当板面受力钢筋和分布钢筋的直径均小于 10mm 时，可采用图 1-44 所示支架，支架间距为：当采用 $\phi6$ 分布筋时不大于 500mm，当采用 $\phi8$ 分布筋时不大于 800mm，支架与受支承钢筋应绑扎牢固。当板面受力钢筋和分布钢筋的直径均大于 10mm 时，可采用图 1-44 所示马蹬作支架。马蹬在纵横两个方向的间距均不大于 800mm，并与受支承的钢筋绑扎牢固。当板厚 $h\leqslant$ 200mm 时马蹬可用 $\phi10$ 钢筋制作；当 200mm$\leqslant h\leqslant$300mm 时马蹬应用 $\phi12$ 钢筋制作；当 $h>$300mm 时，制作马蹬的钢筋应适当加大。

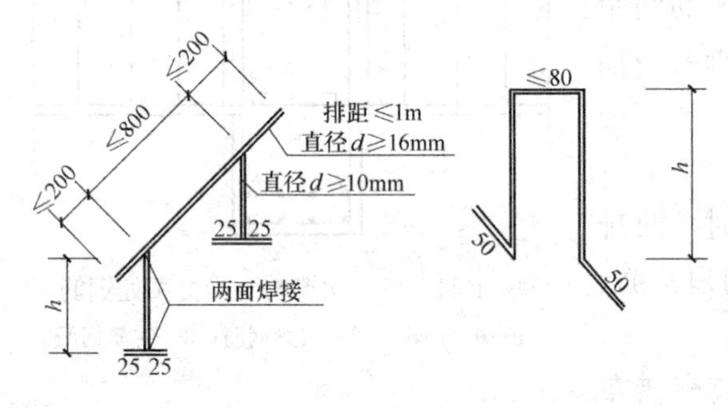

图 1-44　钢筋支架、马蹬示意图

（注：h 为模权面至面筋底高度）

（5）在钢筋的下面垫好砂浆垫块，间距 1.5m。垫块的厚度等于保护层厚度，应满足设计要求，如设计无要求时，板的保护层厚度应为15mm。盖铁下部安装马蹬，位置同垫块。

6. 钢筋绑扎安装常见的质量通病

(1) 主筋偏位、间距不规范。

(2) 主筋保护层厚度不够。

(3) 主筋搭接位置不对，搭接长度不够，搭接区段内的搭接率超标。

(4) 焊接不规范，搭接焊长度不够。

(5) 主筋规格、型号不对，或小或强度等级不够。

(6) 梁柱的加密区长度不够。

(7) 悬挑钢筋锚固长度不够，悬挑筋的方向不对。

(8) 加弯起钢筋的地方未加，梁侧需加附加加密箍的未加。

(9) 梁腰筋未置，梁抗扭腰筋锚固长度不对。

(10) 梁柱节点处柱箍筋未置。

(11) 剪力墙与结构梁或暗梁交汇处未置剪力墙水平筋。

(12) 多排筋的排距不正确。

(13) 板负筋未满扎并呈八字扣。

(14) 同截面尺寸的相交梁柱，梁主筋未弯入柱，导致梁有效截面尺寸变小。

(15) 柱筋入承台等基础时未弯曲，在基础中的柱筋未置箍筋。

1.2.4 钢筋隐蔽验收

钢筋安装完成之后，在浇筑混凝土之前，应进行钢筋隐蔽工程验收，其内容包括：

(1) 纵向受力钢筋的品种、规格、数量、位置等；

(2) 钢筋连接方式、接头位置、接头数量、接头面积百分率等；

(3) 箍筋、横向钢筋的品种、规格、数量、间距等；

(4) 预埋件的规格、数量、位置等。

钢筋隐蔽工程验收前，应提供钢筋出厂合格证与检验报告及进场复验报告，钢筋焊接接头和机械连接接头力学性能试验报告。

(1) 主控项目：受力钢筋的品种、级别、规格和数量；纵向受力钢筋的连接方式。

(2) 一般项目：钢筋接头（位置、接头面积百分率、绑扎搭接长度）；箍筋、横向钢筋（品种、规格、数量、间距）；钢筋安装位置的偏差（绑扎钢筋网长宽和网眼尺寸；绑扎钢筋骨架长宽高；间距；排距；保护层厚度；绑扎箍筋、横向钢筋间距；钢筋弯起点位置；预埋件中心线位置和水平高差）。

钢筋工程隐蔽验收要点：查（钢筋品种、规格是否正确？主筋数量是否有遗漏？接头位置、数量是否符合要求？主筋、支座负筋截断点、箍筋开口、钢筋接头等位置是否正确）、量（箍筋间距、纵筋间距是否正确？锚固长度是否达到要求？钢筋接头错开距离是否符合要求？保护层是否满足要求）、看（绑扎是否出现缺扣现象和未按规定绑扎？主筋有没有松动位移、被污染等情况？模内是否有杂物）。

1.3 混凝土工程

混凝土分项工程的工艺过程包括：配料→搅拌、运输→浇筑、振捣→养护。各个施工过程相互联系和影响，任一施工过程处理不当都会影响混凝土工程的最终质量。其施工特点为：①工序多，相互联系和影响；②质量要求高（外形、强度、密实度、整体性）；③不易及时发现质量问题（拆模后或试压后方可显现）。

近年来混凝土外加剂发展很快，它们的应用影响了混凝土的性能和施工工艺。此外，自动化、机械化的发展和新的施工机械及施工工艺的应用也大大改变了混凝土工程的施工面貌。

随着建筑技术的发展，混凝土的性能不断改善，混凝土的品种也由过去的普通混凝土发展到今天的高强度混凝土、高性能混凝土等。各种环境下的混凝土结构及复杂特殊形式的混凝土结构，都对混凝土施工提出了越来越高的要求，混凝土工程施工工艺和技术还需进一步改进提高。

1.3.1 混凝土配料

1. 原材料组成及质量要求

结构工程中所用的混凝土是以水泥为胶凝材料，外加粗细骨料、水，按照一定配合比拌合而成的混合材料。另外，还根据需要，向混凝土中掺加外加剂和外掺合料以改善混凝土的某些性能。因此，混凝土的原材料除了水泥、砂、石、水外，还有外加剂、外掺合料（常用的有粉煤灰、硅粉、磨细矿渣等）。

水泥是混凝土的重要组成材料，水泥在进场时必须具有出厂合格证明和试验报告（3d 和 28d 强度报告），并对其品种、强度等级、出厂日期等内容进行检查验收。根据结构的设计和施工要求，准确选定水泥品种和强度等级。水泥进场后，应按品种、强度等级、出厂日期不同分别堆放，并做好标记，做到先进先用完，不得将不同品种、强度等级或不同出厂日期的水泥混用。水泥要防止受潮，仓库地面、墙面要干燥。存放袋装水泥时，水泥要离地、离墙 30cm 以上，且堆放高度不超过 10 包。水泥存放时间不宜过长，水泥存放期自出厂之日算起不得超过 3 个月（快硬硅酸盐水泥不超过 1 个月），否则，水泥使用前必须重新取样检查试验其实际性能。

水泥抽样检测要求：检测项目（细度、安定性、凝结时间、胶砂强度）；抽检频率（散装水泥：对同一水泥厂家生产的同期出厂的同品种、同强度等级的水泥每 500t 抽检一次，不同批号及不足 500t 的均按一批次抽检。袋装水泥：以同一厂家生产的同期出厂的同品种、同强度等级的水泥每 200t 抽检一次）；取样（随机从不少于 20 袋中各取等量水泥拌合均匀后，取不少于 12kg 水泥作为检验试样。散装水泥从罐中取样不少于 12kg 的样品）。

砂、石子是混凝土的骨架材料，因此，又称粗细骨料，其质量应符合国家现行标准《普通混凝土用碎石或卵石质量标准及检验方法》JGJ 53、《普通混凝土用砂质量标准及检验方法》JGJ 52 的规定。骨料有天然骨料、人造骨料，根据砂的来源不同，砂分为河砂、海砂、山砂，海砂中氯离子对钢筋有腐蚀作用，因此，海砂一般不宜作为混凝土的骨料。粗骨料有碎石、卵石两种，碎石是用天然岩石经破碎过筛而得的粒径大于 5mm 的颗粒。由自然条件作用而形成的粒径大于 5mm 的颗粒，称为卵石。混凝土骨料要质地坚固、颗粒级配良好，含泥量、泥块含量和针、片状颗粒含量应符合规范要求（见表 1-18、表 1-19），有害杂质含量要满足国家有关标准要求。尤其是可能引起混凝土碱一骨料反应的活性硅、云石等含量，必须严格控制。

混凝土骨料中含泥量（按重量计）的限值　　表 1-18

骨料种类		混凝土强度≥C60	C55≥混凝土强度≥C30	混凝土强度≤C25
砂子	含泥量	2%	3%	5%
	泥块含量	0.5%	1%	2%
石子	含泥量	0.5%	1%	2%
	泥块含量	0.2%	0.5%	0.7%

注：含泥量：粒径小于 0.08mm 颗粒的含量。

泥块含量：砂和石子中粒径大于 1.25mm 和 5mm，经水洗、手捏后变成小于 0.630mm 和 2.5mm 的颗粒的含量。

针、片状颗粒含量（%）　　表 1-19

混凝土强度等级	混凝土强度≥C60	C55≥混凝土强度≥C30	混凝土强度≤C25
针、片状颗粒含量按重量计(%)	≤8	≤15	≤25

针、片状颗粒：凡岩石颗粒长度大于该颗粒所属粒级的平均粒径 2.4 倍者为针状颗粒；厚度小于平均粒径 0.4 倍者为片状颗粒。平均粒径指该粒级上、下限粒径的平均值。

混凝土中的粗骨料，其最大颗粒粒径不得超过构件截面最小尺寸的 1/4，且不得超过钢筋最小净距的 3/4；对混凝土实心板，骨料的最大粒径不宜超过板厚的 1/3，且不得超过 40mm。

砂抽样检测要求：检测项目（筛分级配、含泥量、泥块含量、表观密度、堆积密度、空隙率、坚固性、有害物质等试验）；抽检频率（同一料源的砂每进场 200m^3 为一批次，不足 200m^3 也按一批次抽检）；取样（从料堆不同部位铲取，取样前先将取样部位表层铲除，然后取不少于 20kg 的样品）。

碎石抽样检测要求：检测项目（筛分级配、含泥量、泥块含量、表观密度、堆积密度、空隙率、压碎值、针片状含量、有害物质以及料源岩石的单轴抗压强度试验）；抽检频率（同一料源的碎石每进场 400m^3 为一批次，不足 400m^3 也按一批次抽检）；取样（在料堆上取样时，取样部位应均匀分布（分别在料堆的顶部、中部和底部各由均匀分布的五个不同部位取得不少于 50kg 的样品）。

混凝土拌合用水宜采用饮用水，当使用其他来源水时，水质必须符《混凝土用水标准》（JGJ 63—2006）的有关规定。含有油类、酸类（pH 值小于 4.5 的水）、硫酸盐和氯盐的水不得用作混凝土拌合水。海水含有氯盐，严禁用作钢筋混凝土或预应力混凝土的拌合水。

混凝土工程中已广泛使用外加剂，以改善混凝土的相关性能。外加剂的种类很多，根据其用途和用法不同，总体可分为早强剂、减水剂、缓凝剂、防冻剂、加气剂、防锈剂、防水剂等。外加剂使用前，必须详细了解其性能，准确掌握其使用方法，要取样实际试验检查其性能，任何外加剂不得盲目使用。

在混凝土中加适量的掺合料，既可以节约水泥，降低混凝土的水泥水化总热量，也可以改善混凝土的性能。尤其是高性能混凝土中，掺入一定的外加剂和掺合料，是实现其有关性能指标的主要途径。掺合料有水硬性和非水硬性两种。水硬性掺合料在水中具有水化反应能力，如粉煤灰、磨细矿渣等。而非水硬性掺合料在常温常压下基本上不与水发生水化反应，主要起填充作用，如硅粉、石灰石粉等。掺合料的使用要服从设计要求，掺量要经过试验确定，一般为水泥用量的5%～40%。

2. 混凝土的试配强度

为使保证率达到95%，混凝土的配制强度应比设计强度标准值高1.645σ。

$$f_{cu,o}=f_{cu,k}+1.645\sigma \tag{1-6}$$

式中 $f_{cu,o}$——混凝土的施工配制强度（N/mm^2）；

$f_{cu,k}$——设计的混凝土强度标准值（N/mm^2）；

σ——施工单位的混凝土强度标准差（N/mm^2）。

σ的取值分为有近期资料和无近期资料两种情况取值。

施工单位如无近期同一品种混凝土强度统计资料时，σ可按表1-20取值。

混凝土强度标准差 σ **表1-20**

混凝土强度等级	低于C20	C25～C35	高于C35
σ(MPa)	4.0	5.0	6.0

注：表中σ值，反映我国施工单位的混凝土施工技术和管理的平均水平，采用时可根据本单位情况作适当调整。

3. 混凝土的施工配合比调整换算

混凝土强度值对水灰比的变化十分敏感。由于试验室在试配混凝土时的砂、石是干燥的，而施工现场的砂、石均有一定的含水率，其含水量的大小随当时当地气候而异。为保证现场混凝土准确的水灰比，应按现场砂、石实际含水率（砂、石中水的重量与砂、石干燥状态下重量的比值）对用水量予以调整。

设实验室的配合比为：水泥∶砂∶石子＝1∶X∶Y，水灰比为W/C。

现场测得的砂、石含水率分别为W_x和W_y。

则施工配合比为：水泥∶砂∶石子＝1∶X（1＋W_x）∶Y（1＋W_y）。

为使原水灰比保持不变，则必须扣除砂、石中的含水量，即

$$\text{调整后的水灰比}:\frac{W}{C}-X\cdot W_x-Y\cdot W_y$$

［**例1-4**］ 某混凝土实验配比为1∶2.28∶4.47，水灰比0.63，水泥用量为285kg/m^3，现场实测砂、石含水率为3%和1%。拟用出料容量为250L的搅拌机拌制，试计算施工配合比及每盘投料量。

［**解**］（1）混凝土施工配合比为：

水泥∶砂∶石∶水

＝1∶2.28×(1＋0.03)∶4.47×(1＋0.01)∶(0.63－2.28×0.03－4.47×0.01)

＝1∶2.35∶4.51∶0.517

（2）每盘投料量：

水泥：285×0.25＝71kg，取75kg（取半包水泥的整数倍），则

砂：75×2.35＝176kg

石：75×4.51＝338kg

水：75×0.517=38.8kg

4. 材料计量

混凝土所用原材料的计量必须准确，才能保证所拌制的混凝土满足设计和施工提出的要求。各种原材料每盘称量的偏差不得超过表1-21的规定。

混凝土原材料称量的允许偏差 **表1-21**

材料名称	每盘允许偏差(%)	累计允许偏差(%)
水泥、混合材料	±2	±1
粗、细骨料	±3	±2
水、外加剂	±1	±1

1.3.2 混凝土的搅拌、运输

1. 搅拌机选择

混凝土搅拌机按其搅拌原理分为自落式（图1-45*a*）和强制式两类（图1-45*b*）。

（1）自落式搅拌机

自落式搅拌机的搅拌筒内壁焊有弧形叶片，当搅拌筒绕水平轴旋转时，弧形叶片不断将物料提高一定高度，然后使物料自由落下滚动，由于下落时间、落点和滚动距离不同，使物料颗粒相互穿插、翻拌、混合而达到均匀。自落式搅拌机宜用于搅拌塑性混凝土。目前常用的有双锥反转出料式搅拌机。

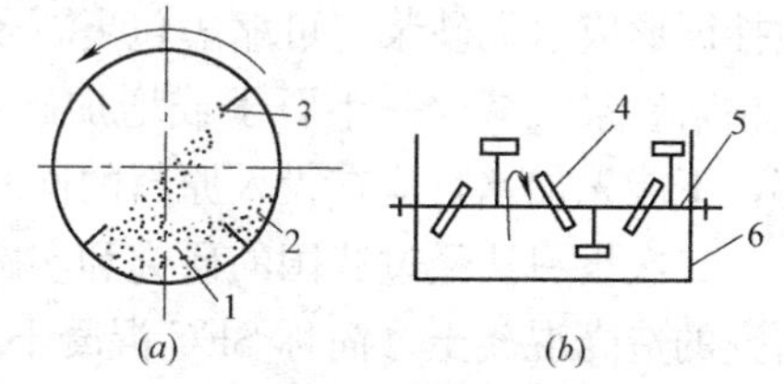

图1-45 混凝土搅拌机工作原理图
(*a*) 自落式搅拌；(*b*) 强制式搅拌
1—混凝土拌合物；2、6—搅拌筒；3、4—叶片；5—转轴

（2）强制式搅拌机

强制式搅拌机是利用拌筒内运动的叶片强迫物料朝各个方向（环向、径向、竖向）运动，由于各物料颗粒的运动方向、速度各不相同，相互之间产生剪切滑移而相互穿插、扩散，从而在很短的时间内，使物料拌合均匀，这种拌制机理称作剪切搅拌机理。

强制式搅拌机的搅拌作用比自落式搅拌机强烈，宜用于搅拌干硬性混凝土和轻骨料混凝土。但强制式搅拌机的转速比自落式搅拌机高，动力消耗大，叶片、衬板等磨损也大。

搅拌机以其出料容量（L）为标定规格，在建筑工程中250L、350L、500L、750L这四种型号比较常用。

2. 搅拌制度

为了获得质量优良的混凝土拌合物，除正确选择搅拌机外，还必须正确确定搅拌制度，即搅拌时间、投料顺序和进料容量等。

（1）混凝土搅拌时间

搅拌时间是指从原材料全部投入搅拌筒开始搅拌时起，到开始卸料时为止所经历的时间。在一定范围内随搅拌时间的延长混凝土强度会有所提高，但过长时间的搅拌既不经济也不合理。因为搅拌时间过长，不坚硬的粗骨料在大容量搅拌机中会因脱角、破碎等而影响混凝土的质量。加气混凝土也会因搅拌时间过长而使含气量下降。混凝土应搅拌均匀，宜采用强制式搅拌机搅拌。混凝土搅拌的最短时间可按表1-22采用，当能保证搅拌均匀时可适当缩短搅拌时间。搅拌强度等级C60及以上的混凝土时，搅拌时间应适当延长。

混凝土搅拌的最短时间（s） 表1-22

混凝土坍落度(mm)	搅拌机机型	搅拌机出料量(L)		
		＜250	250～500	＞500
≤40	强制式	60	90	120
＞40且＜100	强制式	60	60	90
≥100	强制式	60	60	60

注：1. 当掺有外加剂时，搅拌时间应适当延长；
2. 全轻混凝土、砂轻混凝土搅拌时间应延长60～90s，当采用自落式搅拌机时搅拌时间延长30s。

（2）投料顺序

投料顺序应从提高搅拌质量、减少叶片和衬板的磨损、减少拌合物与搅拌筒的粘结、减少水泥飞扬改善工作环境等方面综合考虑确定。常用的有一次投料法和二次投料法。

一次投料法是在上料斗中先装石子、再加水泥和砂，然后一次投入搅拌机。对自落式搅拌机要在搅拌筒内先加部分水，投料时砂压住水泥，水泥不致飞扬，且水泥和砂先进入搅拌筒形成水泥砂浆，可缩短包裹石子的时间。搅拌第一机混凝土时，为避免搅拌机滚筒壁粘附砂浆宜减少一半石子或增加砂和水泥用量。对立轴强制式搅拌机，因出料口在下部，不能先加水，应在投入原料的同时，缓慢均匀分散地加水。

二次投料法经过我国的研究和实践形成了“裹砂石法混凝土搅拌工艺”，它是在日本研究的造壳混凝土（简称SEC混凝土）的基础上结合我国的国情研究成功的，它分两次加水，两次搅拌。用这种工艺搅拌时，先将全部的石子、砂和70%的拌合水倒入搅拌机，拌合15s使骨料湿润，再倒入全部水泥进行造壳搅拌30s左右，然后加入30%的拌合水再进行糊化搅拌60s左右即完成。与普通搅拌工艺相比，用裹砂石法搅拌工艺可使混凝土强度提高10%～20%，或节约水泥5%～10%。在我国推广这种新工艺，有巨大的经济效益。此外，我国还对净浆法、净浆裹石法、裹砂法、先拌砂浆法等各种二次投料法进行了试验和研究。

（3）进料容量

进料容量是将搅拌前各种材料的体积累积起来的数量，又称干料容量。进料容量与搅拌机搅拌筒的几何容量有一定比例关系，一般情况下为0.22～0.40。进料容量约为出料容量的1.4～1.8倍（通常取1.5倍），如任意超载（进料容量超过10%），就会使材料在搅拌筒内无充分的空间进行拌合，影响混凝土的和易性。反之，装料过少，又不能充分发挥搅拌机的效能。

3. 混凝土的运输

混凝土的运输是指将混凝土从搅拌站送到浇筑点的过程。为了保证混凝土的施工质量，对混凝土拌合物运输的基本要求是：不产生离析现象、不漏浆、保证浇筑时规定的坍落度和在混凝土初凝之前能有充分时间进行浇筑和捣实。

匀质的混凝土拌合物，为介于固体和液体之间的弹塑性体，其中的骨料，由于作用于其上的内摩阻力、黏聚力和重力处于平衡状态，而能在混凝土拌合物内均匀分布和处于固定位置。在运输过程中，由于运输工具的颠簸振动等动力的作用，黏聚力和内摩阻力将明显削弱。由此骨料失去平衡状态，在自重作用下向下沉落，质量越大，向下沉落的趋势越强，由于粗、细骨料和水泥浆的质量各异，因而各自聚集在一定深度，形成分层离析现象。这对混凝土质量是有害的，为此，运输道路要平坦，运输工具要选择恰当，运输距离要限制以防止分层离析。如已产生离析，在浇筑前要进行二次搅拌。

此外，运输混凝土的工具要不吸水、不漏浆，且运输时间有一定限制。普通混凝土从运输到输送入模的延续时间不宜超过表 1-23 的规定。如需进行长距离运输，可选用混凝土搅拌运输车运输，可将配好的混凝土干料装入混凝土筒内，在接近现场的途中再加水拌制，这样就可以避免由于长途运输而引起的混凝土坍落度损失。

混凝土从运输到输送入模的延续时间（min） **表 1-23**

条件	气温	
	≤25℃	>25℃
不掺外加剂	90	60
掺外加剂	150	120

混凝土运输分为地面运输、垂直运输和楼面运输三种情况。

混凝土地面运输，如采用预拌（商品）混凝土运输距离较远时，我国多用混凝土搅拌运输车。混凝土如来自工地搅拌站，则多用载重约 1t 的小型机动翻斗车或双轮手推车，有时还用皮带运输机和窄轨翻斗车。

混凝土垂直运输，我国多用塔式起重机、混凝土泵、快速提升斗和井架。用塔式起重机时，混凝土要配吊斗运输，这样可直接进行浇筑。混凝土浇筑量大、浇筑速度快的工程，可以采用混凝土泵输送。

混凝土楼面运输，我国以双轮手推车为主，亦用机动灵活的小型机动翻斗车。如用混凝土泵则用布料机布料。

目前，我国很多大中城市在市区施工均禁止现场拌制混凝土而推广商品混凝土，商品混凝土一般采用搅拌运输车（图 1-46）进行运输，一般容积 8m^3、价位在 50 万元/辆左右。

商品混凝土一般采用混凝土泵车进行运输和浇筑，它以泵为动力，沿管道输送混凝土，可以一次完成水平及垂直运输，将混凝土直接输送到浇筑地点，是发展较快的一种混凝土运输方法。根据驱动方式，混凝土泵目前主要有两类，即挤压泵和活塞泵，目前，我国主要利用活塞泵，工作原理如图 1-47 所示。

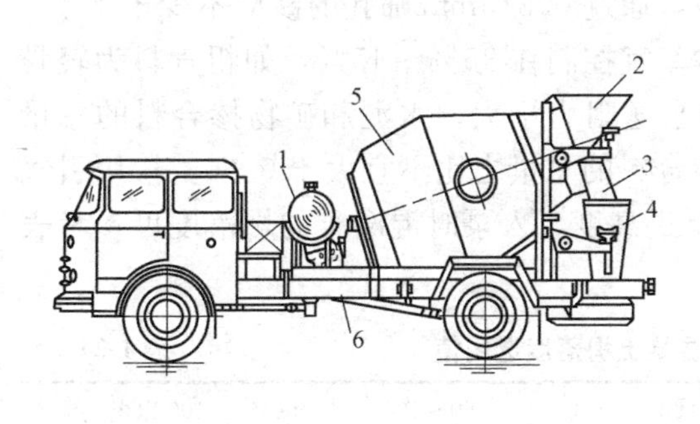

图 1-46 混凝土搅拌运输车

1—水箱；2—进料斗；3—卸料斗；4—活动卸料溜槽；5—搅拌筒；6—汽车底盘

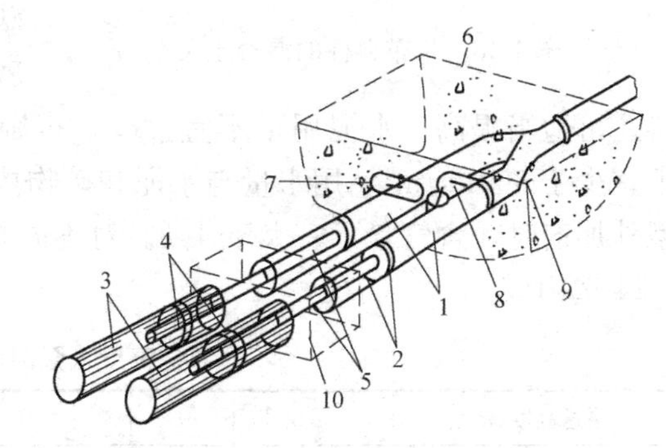

图 1-47 液压活塞式混凝土泵工作原理图

1—混凝土缸；2—推压混凝土活塞；3—液压缸；4—液压活塞；5—活塞杆；6—料斗；7—控制吸入的水平分配阀；8—控制排出的竖向分配阀；9—Y 形输送管；10—水箱

活塞泵目前多用液压驱动，它主要由料斗、液压缸和活塞、混凝土缸、分配阀、Y形输送管、冲洗设备、液压系统和动力系统等组成。活塞泵工作时，搅拌机卸出的或由混凝土搅拌运输车卸出的混凝土倒入料斗6，分配阀7开启、分配阀8关闭，液压活塞4在液压作用下通过活塞杆5带动活塞2后移，料斗内的混凝土在重力和吸力作用下进入混凝土缸1。然后，液压系统中压力油的进出反向，活塞2向前推压，同时分配阀7关闭，而分配阀8开启，混凝土缸中的混凝土拌合物就通过Y形输送管压入输送管送至浇筑地点。由于有两个缸体交替进料和出料，因而能连续稳定地排料。不同型号的混凝土泵，其排量不同，水平运距和垂直运距亦不同，常用者，混凝土排量80～120m^3/h，水平运距1200～1500m，垂直运距280～350m。最大水平输送距离已超过2000m，最大垂直泵送高度也可达500m以上。

常用的混凝土输送管为钢管、橡胶和塑料软管。直径为75～200mm、每段长约3m，还配有45°、90°等弯管和锥形管，弯管、锥形管和软管的流动阻力大，计算输送距离时要换算成水平换算长度。垂直输送时，在立管的底部要增设逆流阀，以防止停泵时立管中的混凝土反压回流。

将混凝土泵装在汽车上便成为混凝土泵车（图1-48），在车上还装有可以伸缩或曲折的“布料杆”，其末端是一软管，可将混凝土直接送至浇筑地点，布料臂架达到42～56m，使用十分方便。

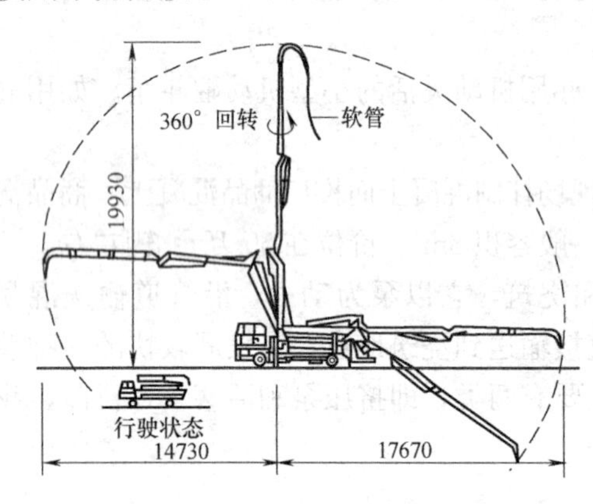

图1-48　带布料杆的混凝土泵车

泵送混凝土是指坍落度不低于100mm并用泵送施工的混凝土，对混凝土的配合比和材料有较严格的要求：碎石、卵石最大粒径与输送管内径之比宜小于等于1∶3和1∶2.5，泵送高度在50～100m时宜为1∶3～1∶4，泵送高度在100m以上时宜为1∶4～1∶5，以免堵塞，如用轻骨料则以吸水率小者为宜，并宜用水预湿，以免在压力作用下强烈吸水，使坍落度降低而在管道中形成阻塞。砂宜用中砂，通过0.315mm筛孔的砂应不少于15%。砂率宜控制在35%～45%，如粗骨料为轻骨料还可适当提高。水泥用量不宜过少，否则泵送阻力增大，水泥和矿物掺合料的总量不宜少于300kg/m^3，用水量与水泥和矿物掺合料的总量之比不宜大于0.60。掺用引气型外加剂时，含气量不宜大于4%。对不同泵送高度，入泵时混凝土的坍落度可参考表1-24选用。

不同泵送高度入泵时混凝土坍落度选用值　　**表1-24**

泵送高度(m)	30以下	30～60	60～100	100以上
坍落度(mm)	100～140	140～160	160～180	180～200

混凝土泵宜与混凝土搅拌运输车配套使用，且应使混凝土搅拌站的供应能力和混凝土搅拌运输车的运输能力大于混凝土泵的泵送能力，以保证混凝土泵能连续工作，防止停机堵管。进行输送管线布置时，应尽可能直，转弯要缓，管段接头要严，少用锥形管，以减

少压力损失。如输送管向下倾斜，要防止因自重流动使管内混凝土中断、混入空气而引起混凝土离析，产生阻塞。为减小泵送阻力，用前先泵送适量的水泥浆或水泥砂浆以润滑输送管内壁，然后进行正常的泵送。在泵送过程中，泵的受料斗内应充满混凝土，防止吸入空气形成阻塞。混凝土泵排量大，在进行浇筑大面积建筑物时，最好用布料机进行布料。

泵送结束要及时清洗泵体和管道，用水清洗时将管道与Y形管拆开，放入海绵球及清洗活塞，再通过法兰，使高压水软管与管道连接，高压水推动活塞和海绵球，将残存的混凝土压出并清洗管道。

用混凝土泵浇筑的结构物，要加强养护，防止因水泥用量较大而引起开裂。如混凝土浇筑速度快，对模板的侧压力大，模板和支撑应保证稳定和有足够的强度。

选择混凝土运输方案时，技术上可行的方案可能不止一个，这就要通过综合的技术经济比较来选择最优方案。

1.3.3 混凝土的浇筑、振捣

1. 浇筑前的准备工作

(1) 技术交底

混凝土浇筑技术交底内容包括：混凝土配合比（挂牌）、计量方法、工程量、施工进度、施工缝留设、浇筑标高、部位、浇筑顺序、技术措施和操作要求等。

(2) 交接检查

重点检查模板的各种连接件和支撑是否松动，模板接缝是否严密；检查钢筋是否变形和移位，保护层垫块是否垫好，钢筋的保护层垫块是否符合规范要求。

(3) 清理

清理模板内的垃圾、木片、刨花、锯屑、泥土和钢筋上的油污等杂物，木模板应浇水加以润湿，但不允许留有积水。

2. 浇筑的一般要求

(1) 混凝土自料斗、漏斗口下落的自由倾落高度不得超过2m，在竖向结构中浇筑混凝土的高度不得超过3m，否则应采用串筒、斜槽、溜管或在模板侧面开洞口等方法下料，避免混凝土离析。

(2) 应分层浇筑，分层捣实。每层浇筑厚度：插入式振动器——不大于1.25倍振捣器作用部分长度（300～400mm），不超过500mm；表面式振动器——不大于200mm。

(3) 浇筑混凝土应连续进行，即在前层混凝土初凝之前，将上层混凝土浇筑完毕。间歇的最长时间应按所用水泥品种、气温及混凝土凝结条件确定，一般超过2h应按施工缝处理（当混凝土的凝结时间小于2h时，则应当执行混凝土的初凝时间），施工缝留设位置应符合要求。

(4) 看模、看筋：浇筑混凝土时应经常观察模板、钢筋、预留孔洞、预埋件和插筋等有无移动、变形或堵塞情况，发现问题应立即处理，并应在已浇筑的混凝土初凝前修正完好。

3. 施工缝留设

混凝土浇筑因技术或组织上的原因不能连续进行，且浇筑的中断时间有可能超过混凝土的初凝时间，新旧混凝土的交接缝处称为施工缝。

混凝土施工缝不应随意留置，其位置应事先在施工技术方案中确定。确定施工缝位置的原则为：尽可能留置在受剪力较小的部位；留置部位应便于施工。

（1）留设规定

1）柱：留设水平缝，留置在基础的顶面、框架梁的底面（顶层柱若采用梁钢筋锚入柱的构造，应留设在梁钢筋锚固位置处）或顶面、无梁楼板柱帽的下面（图1-49）。

2）梁：梁板宜同时浇筑，梁高大于1m时可留设水平缝，设在板或梁托（翼缘）下20～30mm处。

3）单向板：留置在平行于板的短边的任何位置。

4）有主次梁的楼板：留置在次梁跨中的中间1/3范围内（图1-50）。

5）墙：留置在门洞口过梁跨中1/3范围内，也可留在纵横墙的交接处。

6）楼梯：楼梯间有剪力墙时，留在该层楼板后退1/3的楼梯长处；框架结构无剪力墙时，留在该层楼板向上1/3的楼梯长处（上3～4个踏步且截面要垂直于梯板）。

（2）施工缝处理

在施工缝处继续浇筑混凝土时，已浇筑的混凝土抗压强度不应小于1.2N/mm^2。混凝土达到1.2N/mm^{2}的时间，可通过试验决定，同时，必须对施工缝进行必要的处理。

1）在已硬化的混凝土表面上继续浇筑混凝土前，应清除垃圾、水泥薄膜、表面上松动砂石和软弱混凝土层，同时还应加以凿毛，用水冲洗干净并充分湿润，一般不宜少于24h，残留在混凝土表面的积水应予清除。

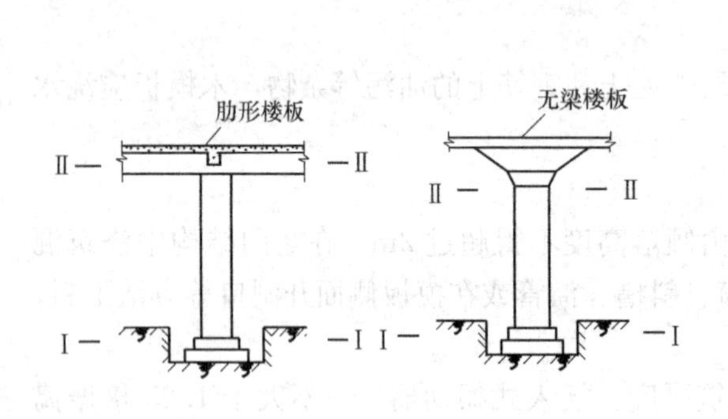

图1-49　浇筑柱的施工缝位置图
Ⅰ-Ⅰ、Ⅱ-Ⅱ表示施工缝位置

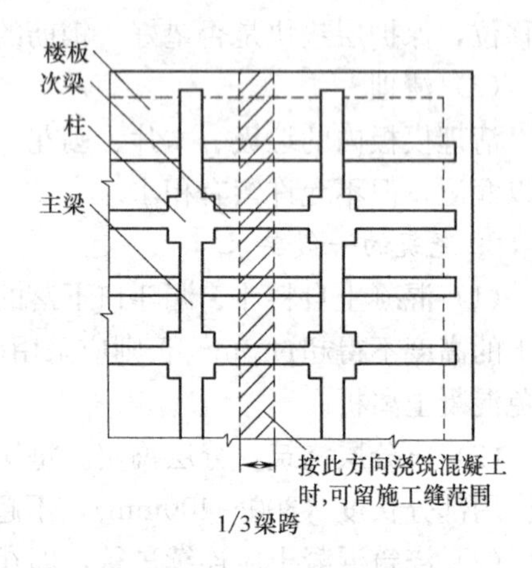

图1-50　浇筑有主次梁楼板的施工缝位置图

2）注意施工缝位置附近回弯钢筋时，要做到钢筋周围的混凝土不受松动和损坏。钢筋上的油污、水泥砂浆及浮锈等杂物也应清除。

3）在浇筑前，水平施工缝宜先铺上10～15mm厚的水泥砂浆一层，其配合比与混凝土内的砂浆成分相同。

4）从施工缝处开始继续浇筑时，要注意避免直接靠近缝边下料。机械振捣前，宜向施工缝处逐渐推进，并距80～100cm处停止振捣，但应加强对施工缝接缝的捣实工作，使其紧密结合。

4. 后浇带的设置

后浇带是为在现浇钢筋混凝土结构施工过程中，克服由于温度、收缩而可能产生有害裂缝而设置的临时施工缝。该缝需根据设计要求保留一段时间后再浇筑，将整个结构连成整体。

后浇带的设置距离，应考虑在有效降低温差和收缩应力的条件下，通过计算来获得。在正常的施工条件下，有关规范对此的规定是，如混凝土置于室内和土中，则为30m；如在露天，则为20m。

后浇带的保留时间应根据设计确定，若设计无要求时，一般至少保留28d以上。

后浇带的宽度应考虑施工简便，避免应力集中。一般其宽度为70～100cm。后浇带内的钢筋应完好保存。后浇带的构造见图1-51。

后浇带在浇筑混凝土前，必须将整个混凝土表面按照施工缝的要求进行处理。填充后

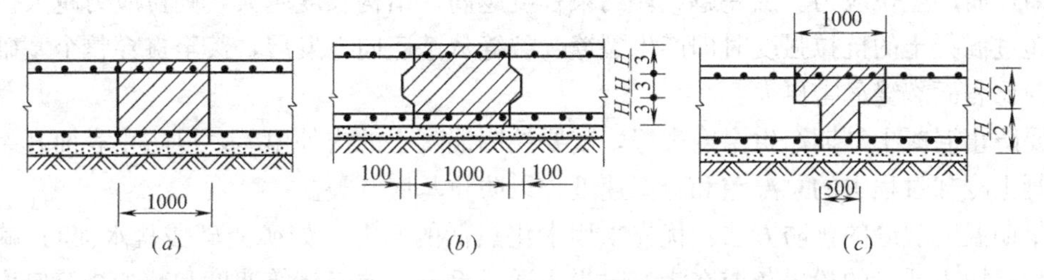

图1-51　后浇带构造图

(a) 平接式；(b) 企口式；(c) 台阶式

浇带混凝土可采用微膨胀或无收缩水泥，也可采用普通水泥加入相应的外加剂拌制，但必须要求填筑混凝土的强度等级比原结构强度提高一级，并保持至少15d的湿润养护。

5. 大体积混凝土

混凝土结构物实体最小尺寸等于或大于1m，或预计会因水泥水化热引起混凝土内外温差过大（不低于25℃）而导致裂缝的混凝土称为大体积混凝土。

（1）大体积混凝土浇筑方案（图1-52）

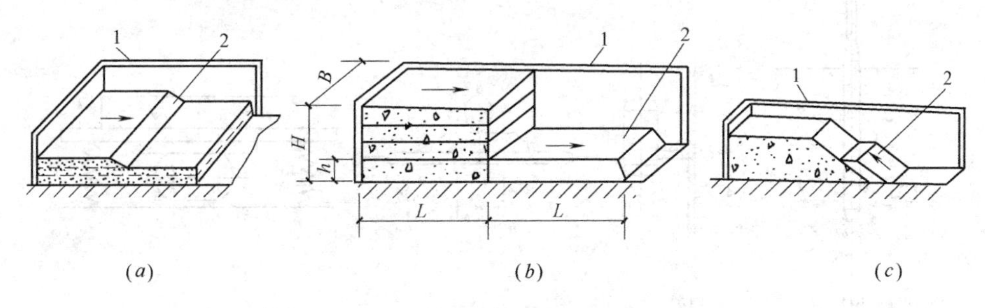

图1-52　大体积混凝土浇筑方案图

(a) 全面分层；(b) 分段分层；(c) 斜面分层

1—模板；2—新浇筑的混凝土

1）全面分层：当结构面积小而厚度大时，可将整个结构分为若干层逐层进行浇筑。若结构平面面积为A（m^2），浇筑分层厚为h（m），每小时浇筑量为Q（m^3/h），混凝土从开始浇筑至初凝的延续时间为T小时，为保证结构的整体性，则应满足：$Ah \leqslant QT$。

2）分段分层：当结构面积较大但呈长条形时，可将结构划分为若干段，每段又分为

若干层，先浇筑第一段各层，然后浇筑第二段各层，如此逐层连续浇筑，直至结束。若结构的厚度为 H（m），宽度为 B（m），分段长度为 L（m），为保证结构的整体性，则应满足：$L \leqslant QT/HB \quad L \leqslant QT/b(H-b)$。

3）斜面分层：

当结构的面积大但厚度小时，一般可采用斜面浇筑方案。

（2）大体积混凝土裂缝产生的原因和防治措施

厚大钢筋混凝土结构由于体积大，水泥水化热聚积在内部不易散发，内部温度显著升高，外表散热快，形成较大内外温差，内部产生压应力，外表产生拉应力，如内外温差过大（25℃以上），则混凝土表面将产生裂缝。

当混凝土内部逐渐散热冷却，产生收缩，由于受到基底中已硬混凝土的约束，不能自由收缩，而产生拉应力。温差越大，约束程度越高，结构长度越大，则拉应力越大。当拉应力超过混凝土的抗拉强度时即产生裂缝，裂缝从基底向上发展，甚至贯穿整个基础。这种裂缝比表面裂缝危害更大。

要防止混凝土早期产生温度裂缝，就要控制混凝土的内外温差，以防止表面开裂；控制混凝土冷却过程中的总温差和降温速度，以防止基底开裂。

早期温度裂缝的预防方法：优先采用水化热低的水泥（如矿渣硅酸盐水泥）；减少水泥用量；掺入适量的粉煤灰或在浇筑时投入适量毛石；放慢浇筑速度和减少浇筑厚度，采用人工降温措施；浇筑后应及时覆盖；必要时，取得设计单位同意后，可分块浇筑，块和块间留 1m 宽后浇带，待各分块混凝土干缩后，再浇后浇带。

6. 混凝土振捣

混凝土振动密实原理：在振动力作用下混凝土内部的粘着力和内摩擦力显著减少，骨料在其自重作用下紧密排列，水泥砂浆均匀分布填充空隙，气泡逸出，混凝土填满了模板并形成密实体积。

振动机械（图 1-53）主要有：

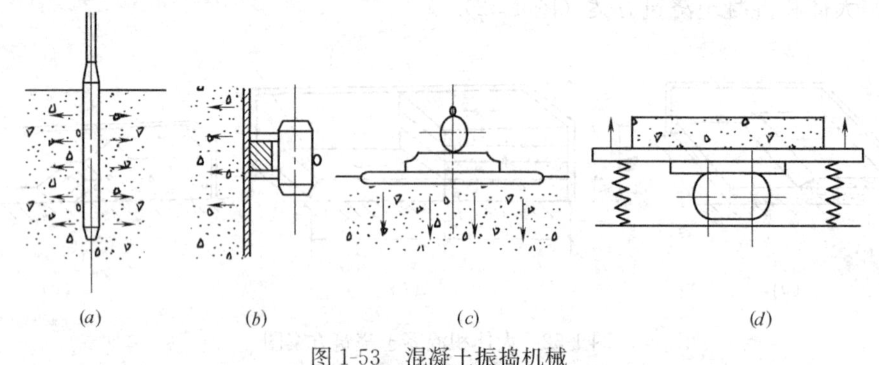

图 1-53　混凝土振捣机械

（a）内部振动器；（b）外部振动器；（c）表面振动器；（d）振动台

（1）内部振动器——又称插入式振动器，多用于振实梁、柱、墙、厚板和基础等。振捣要点：

1）插入方向：垂直或 45°斜向插入。

2）振捣原则：振捣时应做到快插慢拔，上下抽动，插入下层 50～100mm，以促使上下层混凝土结合成整体。

3）振捣时间：每点振捣时间 20～30s（观察：初始振捣时，混凝土呈明显下沉和冒气泡；振实后表面呈现浮浆，无气泡冒出）。

4）移动距离：振动棒移动间距不宜大于振动棒作用半径的 1.5 倍，每点间呈行列式或梅花形排列，距离模板不大于振动棒作用半径的 0.5 倍，应避免漏振和碰模板、钢筋、预埋件等。

（2）表面振动器——适用于捣实楼板、地面、板形构件和薄壳等薄壁结构。在无筋或单层钢筋结构中，每次振实的厚度不大 250mm；在双层钢筋的结构中，每次振实厚度不大于 120mm。

（3）附着式振动器——通过螺栓或夹钳等固定在模板外侧的横档或竖档上，但模板应有足够的刚度。

（4）振动台——一般用于预制构件下各种梁、板、柱等构件的振实成型。

7. 框架结构混凝土浇筑要点

（1）柱的混凝土浇筑：柱浇筑前底部应先填 5～10cm 厚与混凝土配合比相同的减石子砂浆；与梁板整体浇筑时，应在柱浇筑完毕后停歇 1～1.5h，使其初步沉实，再继续浇筑。浇筑完后，应及时将伸出的连接钢筋整理到位。

（2）剪力墙混凝土浇筑：如柱、墙的混凝土强度等级相同时，可以同时浇筑，反之宜先浇筑柱混凝土，预埋剪力墙锚固筋，待拆柱模后，再绑剪力墙钢筋、支模、浇筑混凝土。剪力墙浇筑混凝土前，先在底部均匀浇筑 5～10cm 厚与墙体混凝土同配比减石子砂浆，并用铁锹入模，不应用料斗直接灌入模内。振捣时注意钢筋密集及洞口部位，为防止出现漏振，须在洞口两侧同时振捣，下料高度也要大体一致。大洞口的洞底模板应开口，并在此处浇筑振捣。墙体混凝土浇筑高度应高出板底 20～30mm。混凝土墙体浇筑完毕之后，将上口甩出的钢筋加以整理，用木抹子按标高线将墙上表面混凝土找平。

（3）梁、板混凝土浇筑：梁、板应同时浇筑，浇筑方法应由一端开始用“赶浆法”，即先浇筑梁，根据梁高分层浇筑成阶梯形，当达到板底位置时再与板的混凝土一起浇筑，随着阶梯形不断延伸，梁板混凝土浇筑连续向前进行。浇捣时，浇筑与振捣必须紧密配合，第一层下料慢些，梁底充分振实后再下第二层料，用“赶浆法”保持水泥浆沿梁底包裹石子向前推进；梁柱节点钢筋较密时，此处宜用小粒径石子同强度等级的混凝土浇筑，并用小直径振捣棒振捣。浇筑板混凝土的虚铺厚度应略大于板厚，用平板振捣器垂直浇筑方向来回振捣，厚板可用插入式振捣器顺浇筑方向拖拉振捣，并用铁插尺检查混凝土厚度，振捣完毕后用长木抹子抹平。

1.3.4 混凝土养护

混凝土浇筑捣实后，逐渐凝固硬化，这个过程主要由水泥的水化作用来实现，而水化作用必须在适当的温度和湿度条件下才能完成。因此，为了保证混凝土有适宜的硬化条件，使其强度不断增长，必须对混凝土进行养护。混凝土的养护就是创造一个具有一定湿度和温度的环境，使混凝土凝结硬化，达到设计要求的强度。因而养护对于保证混凝土的质量是至关重要的。混凝土养护方法分为标准养护、自然养护和人工养护。

1. 标准养护

混凝土在温度为 20±2℃和相对湿度为 95%以上的潮湿环境或水中的条件下进行的养

护。标准养护主要用于混凝土试块的养护。

2. 自然养护

自然养护是指利用平均气温高于5℃的自然条件下，对混凝土采取相应的保湿、保温等措施所进行的养护。自然养护简单，费用低，是混凝土养护的首选方法。自然养护又分洒水养护、蓄水养护、薄膜布养护和喷涂薄膜养生液养护四种。

(1) 洒水养护即用吸水保温能力较强的材料（如草帘、锯末、麻袋、芦席等）将刚浇筑的混凝土进行覆盖，通过洒水使其保持湿润。应在浇筑完毕后的12h以内对混凝土加以覆盖并保湿养护；洒水养护时间长短取决于水泥品种和结构的功能要求，普通硅酸盐水泥或矿渣硅酸盐水泥拌制的混凝土，不得少于7d；掺有缓凝型外加剂或有抗渗要求的混凝土不得少于14d。浇水次数应能保持混凝土处于湿润状态；混凝土养护用水应与拌制用水相同。应注意当日平均气温低于5℃时，不得浇水。

(2) 蓄水养护与洒水养护原理相同，只是以蓄水代替洒水过程，这种方法适用于平面形结构（如道路、机场、现浇屋面板等），一般在结构的周边用黏土做成围堰。

(3) 薄膜布养护是在有条件的情况下，可采用不透水、气的薄膜布（如塑料薄膜布）养护。用薄膜布把混凝土表面敞露的部分全部严密地覆盖起来保证混凝土在不浇水的情况下得到充足的养护。这种养护方法的优点是不必浇水，操作方便，能重复使用，能提高混凝土的早期强度，加速模具的周转。采用塑料布覆盖养护的混凝土，其敞露的全部表面应覆盖严密，并应保持塑料面布内有凝结水。

(4) 喷涂薄膜养生液养护适用于缺水地区的混凝土结构或不易洒水养护的高耸构筑物和大面积混凝土结构。它是将高分子合成乳液等喷洒在新浇筑的混凝土表面上，溶剂挥发后在混凝土表面形成一层薄膜，将混凝土与空气隔绝，阻止混凝土中水分的蒸发，以保证水化作用的继续进行。薄膜在养护完成一定时间后要能自行老化脱落，否则，不宜于喷洒在以后要做粉刷的混凝土表面上。在夏季，薄膜成型后要防晒，否则易产生裂纹。

3. 人工养护

人工养护就是用人工来控制混凝土的养护温度和湿度，使混凝土强度增长，如蒸汽养护、热水养护、太阳能养护等。主要用来养护预制构件，现浇构件大多用自然养护。

混凝土必须养护至其强度达到1.2N/mm^{2}以上，方可允许在其上行人或安装模板和支架。混凝土养护必须填写混凝土养护记录表。

1.3.5 混凝土质量检查

混凝土质量检查包括施工前的检查、拌制和浇筑过程中的质量检查和养护后的质量检查。

1. 施工前的检查

(1) 混凝土原材料的质量是否合格。

(2) 配合比是否正确。首次使用的混凝土配合比应进行开盘鉴定，其工作性应满足设计配合比的要求。混凝土拌制前，应测定砂、石含水率并根据测试结果调整材料用量，提出施工配合比。

2. 拌制和浇筑过程中的质量检查

(1) 混凝土拌制计量是否准确。各种衡器应定期校验，每次使用前应进行零点校核，保持计量准确；当遇雨天或含水率有显著变化时，应增加含水率检测次数，并及时调整水和骨料的用量。

（2）应随时检查混凝土的搅拌时间。每一工作班至少检查两次混凝土坍落度并填写“混凝土坍落度测定报告”，并对混凝土振捣情况进行检查监督。

坍落度实验要点：

分三层均匀的装入筒内，每层装入高度在插捣后大致为筒高的1/3。顶层装料时，应使拌合物高出筒顶。插捣过程中，如试样沉落到低于筒口，则应随时添加，以便自始至终保持高于筒顶。每装一层分别用振捣棒插捣25次，插捣应在全部面积上进行，沿螺旋线由边缘渐向中心。在筒边插捣时，振捣棒应稍有倾斜，然后垂直插捣中心部分。每层插捣时应捣至下层表面为止。插捣完毕后卸下漏斗，将多余的拌合物用镘刀刮去，使之与筒顶面齐平，筒周围拌板上的杂物必须刮净、清除。将坍落度筒小心平稳地垂直向上提起，不得歪斜，提离过程约在5～10s内完成，将筒放在拌合物试体一旁，量出坍落后拌合物试体最高点与筒的高度差（以“毫米”为单位，读数精确至5mm），即为该拌合物的坍落度。从开始装料到提起坍落度筒的整个过程在150s内完成。

同时观察记录混凝土的和易性、黏聚性和保水性指标。和易性：坍落度筒提离后，如混凝土发生崩坍或一边剪坏现象，则应重新取样另行测定，如第二次试验仍出现上述现象则表示混凝土和易性不好（分为良好、一般、不好三种）。黏聚性：用振捣棒在已坍落的混凝土锥体侧面轻轻敲打，此时，如果锥体逐渐下沉，则表示黏聚性良好，如果锥体倒塌，部分崩裂或出现离析现象，则表示黏聚性不好。保水性：坍落度筒提离后如有较多的稀浆从底部析出，锥体部分的混凝土也因失浆而骨料外露，则表示此混凝土拌合物的保水性不好，如坍落度筒提离后无稀浆自底部析出，则表示此混凝土拌合物的保水性良好。

（3）混凝土运输、浇筑及间歇的全部时间不应超过混凝土的初凝时间。同一施工段的混凝土应连续浇筑，并应在底层混凝土初凝之前将上一层混凝土浇筑完毕。

（4）施工缝、后浇带的留置位置是否正确。

（5）混凝土浇筑完毕后，应按施工技术方案及时采取有效的养护措施。

在混凝土制备和浇筑过程中对原材料的质量、配合比、坍落度、振捣等的检查，如遇特殊情况还应及时进行抽查。

3. 养护后的质量检查

养护后的质量检查包括混凝土拆模后的外观检查和强度检查。

（1）外观检查

混凝土结构构件拆模后，应从外观上检查其表面有无麻面、蜂窝、露筋、裂缝、孔洞等缺陷，预留洞孔道是否通畅，应由监理（建设）单位、施工单位等各方根据其对结构性能和使用功能影响的严重程度，按表1-25确定。

现浇结构外观质量缺陷 **表1-25**

名　称	现　象	严重缺陷	一般缺陷
露筋	构件内钢筋未被混凝土包裹而外露	纵向受力钢筋有露筋	其他钢筋有少量露筋
蜂窝	混凝土表面缺少水泥砂浆而形成石子外露	构件主要受力部位有蜂窝	其他部位有少量蜂窝

续表

名　称	现　象	严重缺陷	一般缺陷
孔洞	混凝土中孔穴深度和长度均超过保护层厚度	构件主要受力部位有孔洞	其他部位有少量孔洞
夹渣	混凝土中夹有杂物且深度超过保护层厚度	构件主要受力部位有夹渣	其他部位有少量夹渣
疏松	混凝土中局部不密实	构件主要受力部位有疏松	其他部位有少量疏松
裂缝	缝隙从混凝土表面延伸至混凝土内部	构件主要受力部位有影响结构性能或使用功能的裂缝	其他部位有少量不影响结构性能或使用功能的裂缝
连接部位缺陷	构件连接处混凝土缺陷及连接钢筋、连接件松动	连接部位有影响结构传力性能的缺陷	连接部位有基本不影响结构传力性能的缺陷
外形缺陷	缺棱掉角、棱角不直、翘曲不平、飞边凸肋等	清水混凝土构件有影响使用功能或装饰效果的外形缺陷	其他混凝土构件有不影响使用功能的外形缺陷
外表缺陷	构件表面麻面、掉皮、起砂、沾污等	具有重要装饰效果的清水混凝土表面有外表缺陷	其他混凝土构件有不影响使用功能的外表缺陷

现浇结构拆模后，应由监理（建设）单位、施工单位对外观质量和尺寸偏差进行检查，作出记录，并应及时按施工技术方案对缺陷进行处理。

现浇结构拆模后的尺寸偏差项目包括：轴线位置；垂直度（层高、全高）；标高（层高、全高）；截面尺寸；电梯井（井筒长、宽对定位中心线，井筒全高垂直度）；表面平整度；预埋设施中心线位置；预留洞中心线位置。

（2）混凝土强度检查

1）试件取样规定

在混凝土结构施工中，用于检查结构构件混凝土强度的试件留置组数应符合下列规定：

① 每拌制 100 盘且不超过 $100m^3$ 的同配合比的混凝土，取样不得少于一次；

② 每工作班拌制的同配合比的混凝土不足 100 盘时，取样不得少于一次；

③ 当一次连续浇筑超过 $1000m^3$ 时，同一配合比的混凝土每 $200m^3$ 取样不得少于一次；

④ 每一楼层、同一配合比的混凝土，取样不得少于一次；

⑤ 每次取样应至少留置一组标准养护试件。用于结构实体检验的同条件养护试件的留置组数应根据实际需要确定，同一强度等级的同条件养护试件，不宜少于 10 组，且不应少于 3 组；当试件达到等效养护龄期时，方可对同条件养护试件进行强度实验，等效养护龄期可取按日平均温度逐日累计达到 600℃・d 时所对应的龄期（0℃及以下的龄期不计入；等效养护龄期不应小于 14d，也不宜大于 60d）。

对于有抗渗要求的混凝土结构，其混凝土试件应在浇筑地点随机取样，浇筑量 $500m^3$ 以下时，应留置两组（12 块）抗渗试块，每增加 250～$500m^3$，应增加两组（12 块）抗渗试块。

试件制作要点：

在监理方见证下，从搅拌车 1/4～3/4 处随机抽样，其拌量不少于 $0.02m^3$，取样后用铁锹翻拌 3 次，分两层入模，插捣应按螺旋方向从边缘到中间均匀进行，振捣棒应达到试模底部；插捣上层时，振捣棒应贯穿上层后插入下层 20～30mm，每层插捣次数约为 27 次左右，并用橡皮锤轻轻敲击试模四周，直到振捣棒留下的空洞消失为止，并用抹刀沿试模内避插拔数次。振捣棒应垂直插入，不得倾斜。

2）试件强度取值

每组 3 个试件应在同盘混凝土中取样制作，并按下列规定确定该组试件的混凝土强度代表值。

①取 3 个试件强度的算术平均值；

②当 3 个试件强度中的最大值或最小值与中间值之差超过中间值的 15％时，取中间值；

③当 3 个试件强度中的最大值和最小值与中间值之差均超过中间值的 15％时，该组试件不应作为强度评定的依据。

3）混凝土强度评定

混凝土强度应分批进行验收。同一验收批的混凝土应由强度等级相同、龄期相同以及生产工艺和配合比基本相同且不超过 3 个月的混凝土组成，并按单位工程的验收项目划分验收批，每个验收项目应按《混凝土强度检验评定标准》（GBJ 107—87）确定。同一验收批的混凝土强度，应以同批内全部标准试件的强度代表值来评定。

① 统计方法评定

a. 当混凝土的生产条件在较长时间内能保持一致，且同一品种混凝土的强度变异性能保持稳定时，应由连续的 3 组试件组成一个验收批，其强度应同时满足下列要求：

$$m_{f_{cu}} \geqslant f_{cu,k} + 0.7\sigma_0 \tag{1-7}$$

$$m_{f_{cu}} \geqslant f_{cu,k} - 0.7\sigma_0 \tag{1-8}$$

当混凝土强度等级不高于 C20 时，其强度的最小值尚应满足下式要求：

$$f_{cu,min} \geqslant 0.85 f_{cu,k} \tag{1-9}$$

当混凝土强度等级高于 C20 时，其强度的最小值尚应满足下式要求：

$$f_{cu,min} \geqslant 0.90 f_{cu,k} \tag{1-10}$$

式中　$m_{f_{cu}}$——同一验收批混凝土立方体抗压强度的平均值（N/mm^2）；

$f_{cu,k}$——混凝土立方体抗压强度标准值（N/mm^2）；

σ_0——验收批混凝土立方体抗压强度的标准差（N/mm^2）；

$f_{cu,min}$——同一验收批混凝土立方体抗压强度的最小值（N/mm^2）。

验收批混凝土立方体抗压强度的标准差，应根据前一个检验期内同一品种混凝土试件的强度数据，按下式确定：

$$\sigma_0 = \frac{0.59}{m}\sum_{i=1}^{m}\Delta_{f_{cu,i}} \tag{1-11}$$

式中　$\Delta_{f_{cu,i}}$——第 i 批试件立方体抗压强度中最大值和最小值之差；

m——用以确定该验收批混凝土立方体抗压强度标准差的数据总批数。

注：上述检验期不应超过 3 个月，且在该期间内强度数据的总批数不得少于 15。

b. 当混凝土的生产条件不能满足上条的规定，或在前一个检验期内的同一品种混凝土没有足够的数据用以确定验收批混凝土立方体抗压强度标准差时，应由不少于 10 组的试件代表一个验收批，其强度应同时满足下列要求：

$$m_{f_{cu}} - \lambda_1 S_{f_{cu}} \geqslant 0.9 f_{cu,k} \tag{1-12}$$

$$f_{cu,min} \geqslant \lambda_2 f_{cu,k} \tag{1-13}$$

式中　S_{fcu}——同一验收批混凝土立方体抗压强度的标准差（N/mm^2），当 S_{fcu} 的计算值小于 $0.06 f_{cu,k}$ 时，取 $S_{fcu} = 0.06 f_{cu,k}$；

λ_1、λ_2——合格判定系数，按表 1-26 取用。

混凝土强度的合格判定系数　　**表 1-26**

试件组数	10～14	15～24	≥25
λ_1	1.70	1.65	1.60
λ_2	0.90	0.85	

混凝土立方体抗压强度的标准差 $S_{f_{cu}}$ 可按下列公式计算：

$$S_{f_{cu}} = \sqrt{\frac{\sum_{i=1}^{m} f_{cu,i}^2 - n \cdot m_{f_{cu}}^2}{n-1}} \tag{1-14}$$

式中　$f_{cu,i}$——第 i 组混凝土试件的立方体抗压强度值（N/mm^2）；

n——一个验收批混凝土试件的组数。

② 非统计方法评定

对零星生产的构件的混凝土或现场搅拌的批量不大的混凝土，可采用非统计方法评定。此时，验收批混凝土的强度必须同时满足下列要求：

$$m_{f_{cu}} \geqslant 1.15 f_{cu,k} \tag{1-15}$$

$$f_{cu,min} \geqslant 0.95 f_{cu,k} \tag{1-16}$$

4. 混凝土质量缺陷

(1) 缺陷分类及其产生原因

1) 麻面

麻面是结构构件表面呈现无数的小凹点，而尚无钢筋暴露的现象。它是由于模板内表面粗糙、未清理干净、润湿不足；模板拼缝不严密而漏浆；混凝土振捣不密实，气泡未排出以及养护不好所致。

2) 露筋

露筋即钢筋没有被混凝土包裹而外露。主要是由于绑扎钢筋或安装钢筋骨架时未放垫块或垫块位移、钢筋位移、结构断面较小、钢筋过密等使钢筋紧贴模板，以致混凝土保护层厚度不够所致。有时也因混凝土结构物缺边、掉角而露筋。

3) 蜂窝

蜂窝是混凝土表面无水泥砂浆，露出石子的深度大于 5mm，但小于保护层厚度的蜂窝状缺陷。它主要是由于混凝土配合比不准确（浆少石多），或搅拌不匀、浇筑方法不当、振捣不合理，造成砂浆与石子分离；模板严重漏浆等原因而产生。

4) 孔洞

孔洞是指混凝土结构存在着较大的孔隙，局部或全部无混凝土。它是由于骨料粒径过大、钢筋配置过密导致混凝土下料时被钢筋挡住；或混凝土流动性差，混凝土分层离析，混凝土振捣不实；或混凝土受冻、混凝土中混入泥块杂物等所致。

5）缝隙及夹层

缝隙及夹层是施工缝处有缝隙或夹有杂物。它是因施工缝处理不当以及混凝土中含有垃圾杂物所致。

6）缺棱、掉角

缺棱、掉角是指梁、柱、板、墙以及洞口的直角边上的混凝土局部残损掉落。产生的主要原因是混凝土浇筑前模板未充分润湿，使棱角处混凝土中水分被模板吸去而水化不充分，引起强度降低，拆模时则棱角损坏；另外，拆模过早或拆模后保护不善，也会造成棱角损坏。

7）裂缝

裂缝有温度裂缝、干缩裂缝和外力引起的裂缝三种。其产生的原因主要是：结构和构件下的地基产生不均匀沉降；模板、支撑没有固定牢固；拆模时混凝土受到剧烈振动；环境或混凝土表面与内部温差过大；混凝土养护不良及其中水分蒸发过快等。

（2）缺陷处理

1）表面抹浆修补

对数量不多的小蜂窝、麻面、露筋、露石的混凝土表面，可用钢丝刷或加压水洗刷基层，再用1：2～1：2.5的水泥砂浆填满抹平，抹浆初凝后要加强养护。

当表面裂缝较细，数量不多时，可将裂缝用水冲洗并用水泥浆抹补；对宽度和深度较大的裂缝，应将裂缝附近的混凝土表面凿毛或沿裂缝方向凿成深为15～20mm、宽为100～200mm的V形凹槽，扫净并洒水润湿，先刷水泥浆一层，然后用1：2～1：2.5的水泥砂浆涂抹2～3层，总厚度控制在10～20mm左右，并压实抹光。

2）细石混凝土填补

当蜂窝比较严重或露筋较深时，应按其全部深度凿去薄弱的混凝土和个别突出的骨料颗粒，然后用钢丝刷或加压水洗刷表面，再用比原混凝土强度等级提高一级的细石混凝土填补并仔细捣实。

对于孔洞，可在混凝土表面采用施工缝的处理方法：将孔洞处不密实的混凝土和突出的石子剔除，并将洞边凿成斜面，以避免死角，然后用水冲洗或用钢丝刷刷清，充分润湿72h后，浇筑比原混凝土强度等级高一级的细石混凝土。细石混凝土的水灰比宜在0.5以内，并掺入水泥用量万分之一的铝粉（膨胀剂），用小棒捣棒分层捣实，然后进行养护。

3）化学注浆修补

当裂缝宽度在0.1mm以上时，可用环氧树脂注浆修补。修补时先用钢丝刷清除混凝土表面的灰尘、浮渣及散层，使裂缝处保持干净，然后把裂缝用环氧砂浆密封表面，做出一个密闭空腔，有控制的留置注浆口及排口，借助压缩空气把浆液压入缝隙，使之充满整个裂缝。压注浆液与混凝土有很佳的粘结作用，使修补处具有很好的强度和耐久性，对0.05mm以上的细微裂缝，可用甲凝修补。

作为防渗堵漏用的注浆材料，常用的有丙凝（能压注入0.01mm以上的裂缝）和聚氨酯（能压注入0.015mm以上的裂缝）等。

对混凝土强度严重不足的承重构件必须拆除返工。对强度不足、但经设计单位验算同意，可不拆除，或根据混凝土实际强度提出加固处理方案，但其所在的分部分项工程验收不得评为优良，只能评为合格。

思　考　题

1. 模板的作用及对模板的基本要求有哪些？

2. 模板设计需考虑哪些荷载？如何取值与组合？

3. 混凝土达到什么强度方可拆模？该强度如何确认？

4. 简述柱、墙、梁、楼板模板支设要点及常见质量问题。

5. 简述模板安装应满足的要求和现浇结构模板安装的允许偏差项目及模板拆除的要求。

6. 简述钢筋进场应如何进行验收。

7. 简述闪光对焊、电弧焊、电渣压力焊和闪光对焊接头的质量验收要求和规定。

8. 简述钢筋连接的类型和有关规定。

9. 简述滚轧直螺纹连接质量检查要点。

10. 钢筋焊接常见的质量通病有哪些？

11. 设弯心直径为 D，钢筋直径为 d，图示说明 90°弯曲的弯曲调整值计算公式和 135°弯钩增加长度的计算公式。

12. 简述抗震框架柱的连接及柱顶纵向钢筋构造及框架梁支座的锚固要求。

13. 柱、墙、梁、板钢筋绑扎安装的要点和常见质量问题有哪些？

14. 钢筋代换方法及其适用范围如何？代换时应注意哪些问题？

15. 简述钢筋隐蔽工程验收的主要内容及验收要点。

16. 简述混凝土原材料的质量要求。

17. 影响混凝土搅拌质量的因素有哪些？

18. 混凝土浇筑前应做哪些准备工作？

19. 对混凝土浇筑有哪些基本要求？混凝土浇筑要点有哪些？

20. 什么是混凝土施工缝？留设位置如何确定？留设方法与处理要求如何？

21. 混凝土插入式振捣要点有哪些？

22. 混凝土养护包括哪些？什么是自然养护？有哪些具体做法与要求？

23. 厚大体积混凝土的浇筑方案及浇筑强度如何确定？如何防止开裂？

24. 混凝土质量检查的主要内容及要求有哪些？

25. 计算图 1-54 所示梁的钢筋下料长度（抗震结构），绘制出配料单。

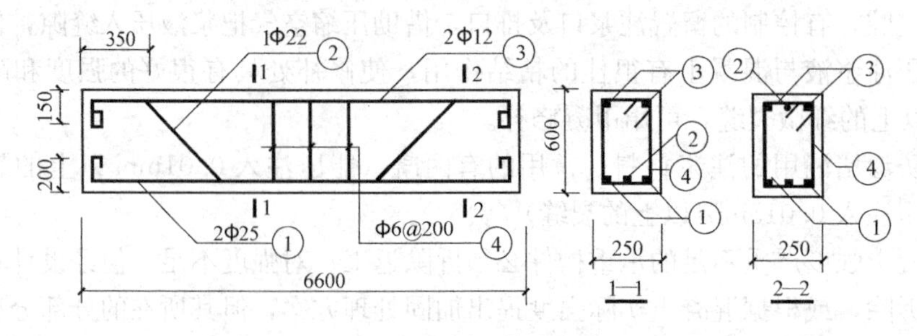

图 1-54　某简支梁配筋

26. 某高层建筑的基础底板长 25m，宽 14m，深 1.2m，采用 C25 混凝土，要求连续浇筑，不留施工缝。现场搅拌站设 3 台 375L 搅拌机，每台实际生产率为 $5m^3/h$，混凝土运输时间为 25min，混凝土温度为 25℃，气温为 27℃，每层浇筑厚度定为 60cm，试求：

（1）确定混凝土浇筑方案（提示：初凝时间的取值，除应考虑计算值，还需满足混凝土浇筑允许间歇时间）；

（2）计算正常情况下浇筑所用时间。

案 例 题

1. 某钢筋混凝土墙体高 2.7m，厚为 0.18m。施工时采用塔式起重机吊 $0.8m^3$。的吊斗运输浇灌，浇筑速度为 3m/h，混凝土坍落度 50～70mm，不掺外加剂，混凝土温度为 20℃。求：

（1）混凝土对模板的最大侧压力及侧压力分布图形；

（2）进行墙体模板强度设计时的荷载取值。

2. 对图 1-55 所示某框架梁进行钢筋抽料，计算各种钢筋的下料长度并编制料单。

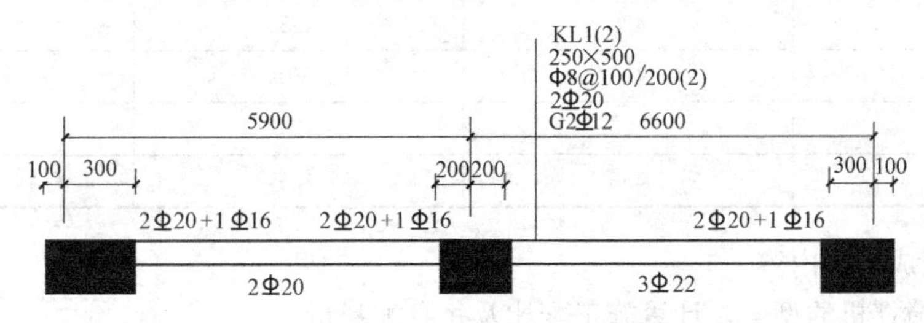

图 1-55　某框架梁平法配筋

3. 混凝土工程综合案例题

（1）概况

某 5 层现浇钢筋混凝土框架结构，标准层平面如图 1-56 所示。柱的断面尺寸为 500mm×500mm，梁为 250mm×600mm，板厚 150mm；柱混凝土为 C35，梁板混凝土为 C20；层高为 3.6m。

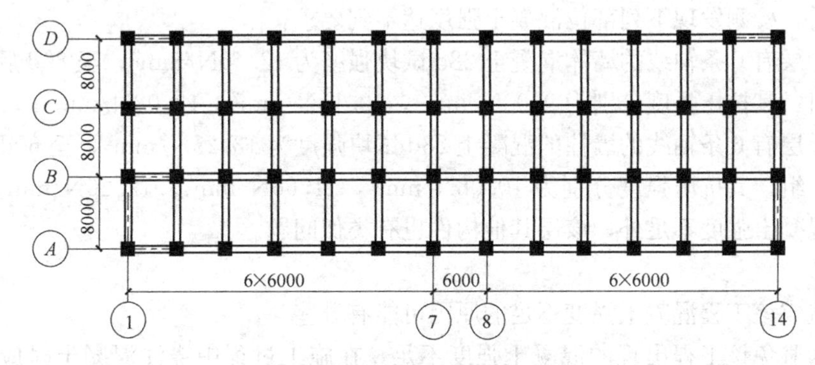

图 1-56　某框架结构平面布置

每层拟分两段施工，施工顺序为：扎柱筋→支柱模→浇筑混凝土→支梁底模→扎梁筋→支梁侧模、板底模→扎板筋→浇梁、板混凝土→养护→上一层（同前）。混凝土采用现场搅拌，塔吊运输。C35混凝土的试验配比为：1∶1.85∶3.55，水灰比0.55，水泥用量为385kg/m³；C25混凝土试验配比为：1∶2.12∶3.88，水灰比0.58，水泥用量为350kg/m³。测得现场砂石含水率为3%和2%，其梁板混凝土试块试验结果见表1-27。

某工程梁板混凝土试压数据 **表1-27**

编号＼压力	试块1压力(kN)	试块1压力(kN)	试块1压力(kN)
1	460	490	475
2	380	430	455
3	500	510	465
4	510	430	350
5	475	465	440
6	480	430	465
7	450	453	467
8	460	385	455
9	420	435	418
10	455	450	453
11	425	475	485
12	460	475	490

（2）试完成以下内容

1）选择搅拌机的型号，计算施工配比及每盘配料量；

2）试确定每层的施工顺序和柱、梁板施工缝的位置，留、接槎的方法和要求；

3）提出各构件的浇筑顺序与要求；

4）养护方法与要求；

5）评定梁板混凝土是否合格。

4. 某宾馆建筑大厅部分16层，两翼13层，建筑面积11620m²，大厅部分主体为框剪结构，两翼为剪力墙结构，外墙板为大模板住宅通用构件，内墙为C20钢筋混凝土。工程竣工后，检测发现下列部位混凝土强度达不到要求：

（1）七层有6条轴线的墙体混凝土28d试块强度为12.40N/mm²，至80d后取墙体混凝土芯一组，其抗压强度分别为9.03N/mm²，12.15N/mm²，13.02N/mm²；

（2）十层有6条轴线的墙柱的混凝土28d试块强度为13.25N/mm²，至60d后取墙柱混凝土芯一组，其抗压强度分别为10.08N/mm²，11.66N/mm²，12.26N/mm²，除这条轴线上的混凝土强度不足外，该层其他构件也有类似问题。

问题：

（1）造成该工程混凝土强度不足的原因可能有哪些？

（2）为避免该工程出现的混凝土强度不足，在施工过程中浇注混凝土时应符合哪些要求？

（3）在检查结构构件混凝土强度时，试件的取样与留置应符合哪些规定？

第 2 章　土方与基坑工程施工

万丈高楼平地起，土方工程是建筑工程施工的第一步。常见土石方工程内容有：场地平整、浅基础（基槽、基坑）与管沟开挖、路基开挖、深基坑开挖、地坪填土、路基填筑以及基坑回填等，以及排水、降水、基坑支护等准备工作和辅助工程。

土方工程施工往往具有工程量大、劳动繁重和施工条件复杂等特点；土方工程施工受气候、水文、地质、场地限制、地下障碍等因素的影响，加大了施工的难度。在土方工程施工前，应详细分析与核对各项技术资料（如地形图、工程地质和水文地质勘察资料、地下管道、电缆和地下地上构筑物情况及土方工程施工图等），进行现场调查并根据现有施工条件，制定出技术可行、经济合理的施工方案。

2.1　土方工程概述

2.1.1　土的工程分类

土的种类繁多，从不同的技术角度，分类方法各异。按施工时开挖的难易程度可分为八类，其中前四类为土，后四类为岩石，具体见表 2-1。土的开挖难易程度直接影响土方工程的施工方案、劳动量消耗和工程费用。

土的工程分类　　　　**表 2-1**

土的分类	土的名称	密度（t/m^3）	开挖方法及工具
一类土（松软土）	砂土、粉土、冲积砂土层、疏松的种植土、淤泥（泥炭）	0.6～1.5	用锹、锄头挖掘，少许用脚蹬
二类土（普通土）	粉质黏土；潮湿的黄土；夹有碎石、卵石的砂；粉土混卵（碎）石；种植土、填土	1.1～1.6	用锹、锄头挖掘，少许用镐翻松
三类土（坚土）	软及中等密实黏土；重粉质黏土、砾石土；干黄土、含有碎石卵石的黄土、粉质黏土；压实的填土	1.75～1.9	主要用镐，少许用锹、锄头挖掘，部分用撬棍
四类土（砂砾坚土）	坚硬密实的黏性土或黄土；含碎石、卵石的中等密实的黏性土或黄土；粗卵石；天然级配砂石；软泥灰岩	1.9	整个先用镐、撬棍，后用锹挖掘，部分用楔子及大锤
五类土（软石）	硬质黏土；中密的页岩、泥灰岩、白垩土；胶结不紧的砾岩；软石灰及贝壳石灰石	1.1～2.7	用镐或撬棍、大锤挖掘，部分使用爆破方法
六类土（次坚石）	泥岩、砂岩、砾岩；坚实的页岩、泥灰岩，密实的石灰岩；风化花岗岩、片麻岩及正长岩	2.2～2.9	用爆破方法开挖，部分用风镐

续表

土的分类	土的名称	密度(t/m³)	开挖方法及工具
七类土 (坚石)	大理石;辉绿岩;粉岩;粗、中粒花岗岩;坚实的白云岩、砂岩、砾岩、片麻岩、石灰岩;微风化安山岩;玄武岩	2.5~3.1	用爆破方法开挖
八类土 (特坚石)	安山岩;玄武岩;花岗片麻岩;坚实的细粒花岗岩、闪长岩、石英岩、辉长岩、辉绿岩、粉岩、角闪岩	2.7~3.3	用爆破方法开挖

2.1.2 土的工程性质

土的工程性质与工程施工有关，在土方工程施工之前应详细了解，以保证土方施工的质量、安全和经济性。

1. 土的可松性

土的可松性是土经挖掘以后，组织破坏、体积增加的性质，以后虽经回填压实，仍不能恢复成原来的体积。土的可松性程度一般以可松性系数表示（表 2-2），它是挖填土方时，计算土方机械生产率、回填土方量、运输机具数量、进行场地平整规划竖向设计、土方平衡调配的重要参数。

各种土的可松性参考数值 **表 2-2**

土的类别	体积增加百分比(%)		可松性系数	
	最初	最终	K_s	K'_s
一类(种植土除外)	8~17	1~2.5	1.08~1.17	1.01~1.03
一类(植物性土、泥炭)	20~30	3~4	1.20~1.30	1.03~1.04
二类	14~28	1.5~5	1.14~1.28	1.02~1.05
三类	24~30	4~7	1.24~1.30	1.04~1.07
四类(泥灰岩、蛋白石除外)	26~32	6~9	1.26~1.32	1.06~1.09
四类(泥灰岩、蛋白石)	33~37	11~15	1.33~1.37	1.11~1.15
五~七类	30~45	10~20	1.30~1.45	1.10~1.20
八类	45~50	20~30	1.45~1.50	1.20~1.30

注：最初体积增加百分比$\frac{V_2-V_1}{V_1}\times100\%$；最后体积增加百分比$\frac{V_3-V_1}{V_1}\times100\%$。

$$K_s=V_2/V_1 \tag{2-1}$$

$$K'_s=V_3/V_1 \tag{2-2}$$

式中 K_s——最初可松性系数；

K'_s——最终可松性系数；

V_1——开挖前土的自然体积；

V_2——开挖后土的松散体积；

V_3——运至填方处压实后之体积。

［**例 2-1**］ 某基坑尺寸为 35m×56m，深 1.25m，拟用粉质黏土回填，已知 $K_s=1.16$，$K'_s=1.03$，问需用多少土方和挖多大的取土坑。

［解］ 1. 需用取土坑体积：$V_1=\frac{V_3}{K'_s}=\frac{2450}{1.03}=2379\text{m}^3$

2. 需土体积：$V_2=K_s\cdot V_1=1.16\times2379=2760\text{m}^3$

2. 密度和干密度

（1）密度（ρ）：单位体积土的质量，又称质量密度。由试验方法（一般用环刀法）直接测定。

（2）干密度（ρ_d）：土的单位体积内固体颗粒的质量。由试验方法测定后计算求得。干密度越大，表示土越密实。是评定土体密实程度的标准，以控制填土工程质量。

3. 含水量（w）

含水量是指土中水的质量与颗粒质量之比，是反映土湿度的一个重要物理指标。土的含水量一般用“烘干法”测定。先称小块原状土样的湿土质量，然后置于烘干箱内维持100～105℃烘至恒重，再称干土质量，湿、干土质量之差与干土质量的比值，就是土的含水量。对挖土的难易、施工时的放坡、回填土的夯实等均有影响。

在一定含水量的条件下，用同样的夯实工具，可使回填土达到最大密实度，此含水量称为最佳含水量。几种土的最佳含水量：砂土（8%～12%）；粉土（16%～22%）；粉质黏土（12%～15%）；黏土（19%～23%）。

土的干密度和含水量的关系可用式（2-3）表示：

$$\rho_d = \frac{\rho}{1+w} \tag{2-3}$$

［例 2-2］ 住宅楼房心回填土夯实后的密度为 1.85t/m³，含水量为 14.5%，设计要求夯实后的干密度为 1.55t/m³，试问此房心回填土是否符合设计要求。

［解］ $\rho_d = \frac{\rho}{1+w} = \frac{1.85}{1+0.145} = 1.62\text{t/m}^3$，大于设计干密度 1.55t/m³，符合设计要求。

4. 密实度

密实度表示土的相对紧密程度，用压实系数（λ_c）来表示。压实系数为土的控制（实际）干土密度 ρ_d 与最大干土密度 ρ_{dmax} 的比值。最大干土密度 ρ_{dmax} 是当最优含水量时，通过标准的击实方法确定的。密实度要求一般由设计根据工程结构性质、使用要求以及土的性质确定，是判定回填土施工质量的指标。

5. 渗透性

渗透性表示单位时间内水穿透土层距离的能力，用渗透系数来表示。渗透系数表示单位时间内水穿透土层的能力，以“m/d”表示；它同土的颗粒级配、密实程度等有关，是人工降低地下水位及选择各类井点的主要参数。土的渗透系数见表 2-3。

土的渗透系数参考表 **表 2-3**

土的名称	渗透系数(m/d)	土的名称	渗透系数(m/d)
黏土	<0.005	中砂	5.00～20.00
粉质黏土	0.005～0.10	均质中砂	35～50
黏质粉土	0.10～0.50	粗砂	20～50
黄土	0.25～0.50	圆砾石	50～100
粉砂	0.50～1.00	卵石	100～500
细砂	1.00～5.00		

2.2 场地平整及土方工程量计算

场地平整指将需进行建筑范围内的天然地面，通过人工或机械挖填平整改造成要求的设计平面时所进行的土石方施工全过程，是重要的施工准备工作，即通常讲的三通一平中的“一平”。

2.2.1 场地平整的程序和要求

场地平整施工要考虑满足总体规划、生产施工工艺、交通运输和场地排水等要求，并尽量使土方的挖填平衡，减少运土量和重复挖运。

1. 场地平整的程序

场地平整施工的基本程序包括：现场勘察→清除地面障碍物→标定整平范围→设置水准基点→设置方格网，测量标高→计算土方挖填工程量→平整土方→场地碾压→验收。

当确定平整工程后，施工人员首先应到现场进行勘察，了解场地地形、地貌和周围环境。根据建筑总平面图及规划，了解并确定现场平整场地的大致范围。

平整前必须把场地平整范围内的障碍物如树木、电线、电杆、管道、房屋、坟墓等清理干净，然后根据总图要求的标高，从水准基点引进基准标高作为确定土方量计算的基点。

土方量的计算有方格网法和横截面法，可根据地形具体情况采用。现场抄平的程序和方法由确定的计算方法进行。通过抄平测量，可计算出该场地按设计要求平整需挖土和回填的土方量，再考虑基础开挖还有多少挖出（减去回填）的土方量，并进行挖填方的平衡计算，做好土方平衡调配，减少重复挖运，以节约运费。

大面积平整土方宜采用机械进行，如用推土机、铲运机推运平整土方；有大量挖方应用挖土机等进行。在平整过程中要交错用压路机压实。

2. 平整场地的一般要求

（1）平整场地应做好地面排水。平整场地的表面坡度应符合设计要求，如设计无要求时，一般应向排水沟方向做成不小于0.2%的坡度。

（2）平整后的场地表面应逐点检查，检查点为每100～400m² 取1点，但不少于10点；长度、宽度和边坡均为每20m取1点，每边不少于1点，其质量检验标准应符合有关规范要求。

（3）场地平整应经常测量和校核其平面位置、水平标高和边坡坡度是否符合设计要求。平面控制桩和水准控制点应采取可靠措施加以保护，定期复测和检查；土方不应堆在边坡边缘。

2.2.2 场地平整土方量的计算

1. 方格网法

用于地形较平缓或台阶宽度较大的地段。计算方法较为复杂，但精度较高，其计算步骤为：划分方格网→测定角点标高→计算场地设计标高→计算角点施工高度→计算零点、绘制零线→计算挖填方量。

（1）划分方格网和测定角点标高

根据已有地形图（一般用 1∶500 的地形图）将欲计算的场地划分成若干个方格网，方格一般采用 20m×20m 或 40m×40m，方格网角点标高可利用地形图上相邻两等高线的标高采用插值法计算，当无地形图时，亦可在现场打设木桩定好方格网，然后用仪器直接测出。将角点标高标注到方格网对应角点的右下角。

（2）计算场地设计标高

对较大面积的场地平整，正确地选择场地平整高度（设计标高），对节约工程投资、加快建设速度均具有重要意义。一般选择原则是：在符合生产工艺和运输的条件下，尽量利用地形，以减少挖填方数量；场地内的挖方与填方量应尽可能达到互相平衡，以降低土方运输费用；同时应考虑场地泄水坡度（≥2‰），使之能满足排水要求，考虑最高洪水位的影响等。

场地设计标高计算常用的方法为"挖填土方量平衡法"，因其概念直观，计算简便，精度能满足工程要求，应用最为广泛，其计算步骤和方法如下：

1）计算场地初步设计标高（H_0）

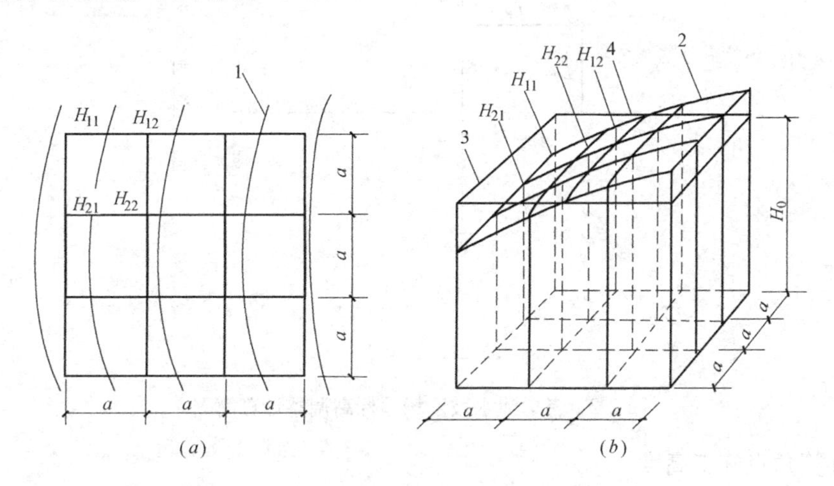

图 2-1　场地设计标高计算简图

（a）地形图上划分方格；（b）设计标高示意图

1—等高线；2—自然地坪；3—设计标高平面；4—自然地面与设计标高平面的交线（零线）

一般要求是，使场地内的土方在平整前和平整后相等而达到挖方和填方量平衡，如图 2-1（b）所示。设达到挖填平衡的场地平整标高为 H_0，则由挖填平衡条件，H_0 值可由下式求得：

$$H_0=\frac{\sum H_1+2\sum H_2+3\sum H_3+4\sum H_4}{4N} \tag{2-4}$$

式中　N——方格网数（个）；

H_1——一个方格共有的角点标高（m）；

H_2——两个方格共有的角点标高（m）；

H_3——三个方格共有的角点标高（m）；

H_4——四个方格共有的角点标高（m）。

2）考虑设计标高的调整值

上式计算的 H_0，为一理论数值，实际尚需考虑：①土的可松性；②设计标高以下各种填方工程用土量，或设计标高以上的各种挖方工程量；③边坡填挖土方量不等；④部分挖方就近弃土于场外，或部分填方就近从场外取土等因素。考虑这些因素所引起的挖填土方量的变化后，适当提高或降低设计标高。

通常根据场地泄水坡度考虑排水坡度对设计标高的影响，场地内任一点实际施工时所采用的设计标高 H_0' 可由下式计算（图 2-2）：

$$H' = H_0 \pm L_x \cdot i_x \pm L_y \cdot i_y \tag{2-5}$$

式中 L_x、L_y——该点于 x、y 方向距场地中心线的距离（m）；

i_x、i_y——分别为 x 方向和 y 方向的排水坡度；

±——该点比 H_0 高则取"+"号，反之取"−"号。

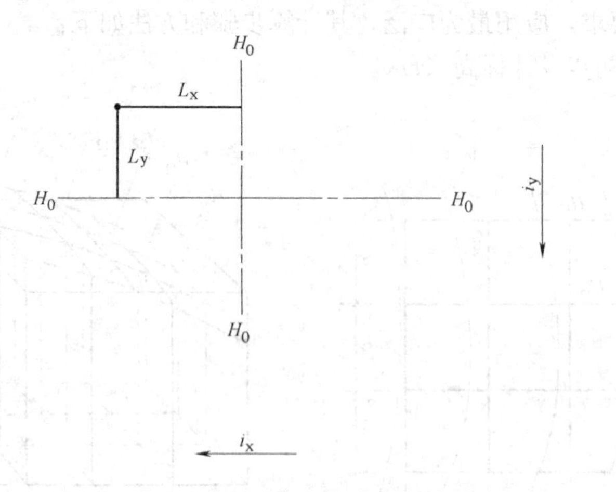

图 2-2 考虑泄水坡度场地标高调整计算简图

3）计算角点施工高度

施工高度等于设计标高减去自然地面标高得到。其中：+号表示填方；−号表示挖方，计算好后将每个角点施工高度标注到方格网对应角点的右上角。

4）计算零点、绘制零线

观察方格网相邻角点施工高度，如果相邻角点施工高度为一正一负，对应的这条方格网边上就存在零点，其到方格网角点的距离用式（2-4）计算，见图 2-3。

$$a_1 = \frac{h_1}{h_1 + h_2} a \tag{2-6}$$

零点计算完后，将其标注到对应的方格网边上，把相邻零点连接起来形成的折线就是零线，以零线为界，一侧为挖方区，一侧为填方区。

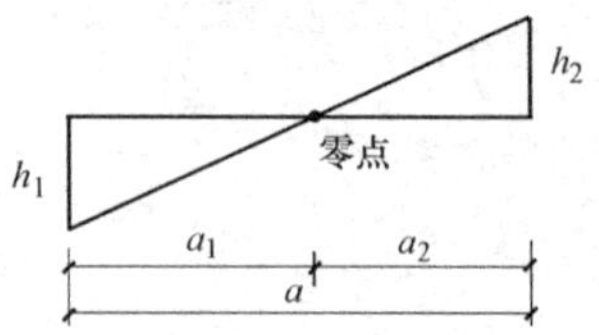

图 2-3 计算零点简图

5）计算挖填方量

根据零线划分，逐个方格进行挖填方量计算，共有四种情况分别按表 2-4 计算，将挖方区（或填方区）所有方格计算土方量汇总，即得该场地挖方和填方的总土方量。

常用方格网点计算公式 表 2-4

项目	图式	计算公式
一点填方或挖方（三角形）		$V=\frac{1}{2}bc\frac{\Sigma h}{3}=\frac{bch_3}{6}$ 当 $b=c=a$ 时，$V=\frac{a^2h_3}{6}$
二点填方或挖方（梯形）		$V_+=\frac{b+c}{2}a\frac{\Sigma h}{4}=\frac{a}{8}(b+c)(h_1+h_3)$ $V_-=\frac{d+e}{2}a\frac{\Sigma h}{4}=\frac{a}{8}(d+e)(h_2+h_4)$
三点填方或挖方（五角形）		$V=\left(a^2-\frac{bc}{2}\right)\frac{\Sigma h}{5}=\left(a^2-\frac{bc}{2}\right)\frac{h_1+h_2+h_4}{5}$
四点填方或挖方（正方形）		$V=\frac{a^2}{4}\Sigma h=\frac{a^2}{4}(h_1+h_2+h_3+h_4)$

注：1. a—方格网的边长（m）；b、c—零点到一角的边长（m）；h_1、h_2、h_3、h_4—方格网四角点的施工高度（m），用绝对值代入；Σh—填方或挖方施工高度的总和（m），用绝对值代入；V—挖方或填方体积（m^3）；

2. 本表公式是按各计算图形底面积乘以平均施工高程而得出的。

［例 2-3］ 某场地方格中各角点编号与天然地面标高如图 2-4 所示，方格边长为 20m×20m，$i_x=i_y=0.3\%$，试计算挖填总土方工程量。

［解］（1）计算场地平整初步设计标高

$$H_0=\frac{1}{4\times4}\times[(42.45+43.81+42.70+42.80)+2(43.11+43.15+43.40+42.75)+4\times43.21]$$
$$=43.09\text{m}$$

（2）根据泄水坡度调整各角点标高

$H_1=43.09-20\times0.3\%+20\times0.3\%=43.09\text{m}$；$H_2=43.09+20\times0.3\%=43.15\text{m}$；$H_3=43.09+20\times0.3\%+20\times0.3\%=43.21\text{m}$；$H_4=43.09-20\times0.3\%=43.03\text{m}$；$H_5=43.09\text{m}$；$H_6=43.09+20\times0.3\%=43.15\text{m}$；$H_7=43.09-20\times0.3\%-20\times0.3\%=42.97\text{m}$；$H_8=43.09-20\times0.3\%=43.03\text{m}$；$H_9=43.09+20\times0.3\%-20\times0.3\%=43.09\text{m}$

（3）计算各角点施工高度、零点位置和零线

从图 2-5 中可看出 1～4、2～5、2～3、4～7、5～8、6～9 六条方格边两端角点的施工高度为一正一负，

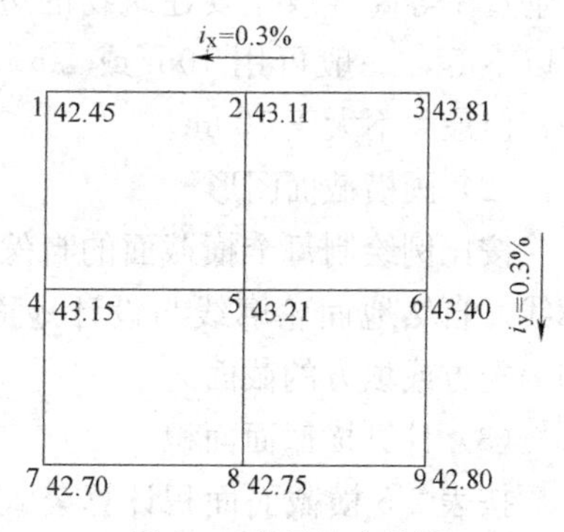

图 2-4 某场地方格网

表明此方格边上有零点存在，由式（2-5）得：

1～4 线　$x_1=\dfrac{0.64\times20}{0.64+0.12}=16.8\text{m}$

其他零点计算略，将各零点标注于图 2-5，并将零点线连接起来。

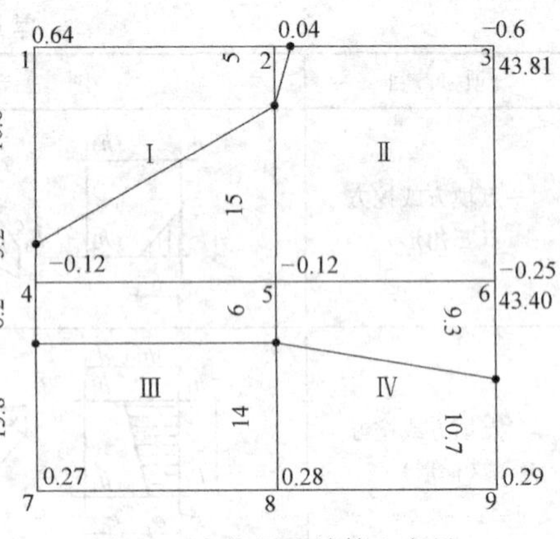

图 2-5　方格网法计算土方量

（4）计算土方工程量

由图 2-5，根据表 2-4 各计算式：

$$V_{\text{Ⅰ}+}=\frac{20}{8}\times(5+16.8)\times(0.04+0.64)=37.06\text{m}^3$$

$$V_{\text{Ⅰ}-}=\frac{20}{8}\times(3.2+15)\times(0.12+0.12)=10.92\text{m}^3$$

$$V_{\text{Ⅱ}+}=\frac{1.25\times5\times0.04}{6}=0.04\text{m}^3$$

$$V_{\text{Ⅱ}-}=\left(20^2-\frac{1.25\times5}{2}\right)\times\frac{0.6+0.12+0.25}{5}=76.99\text{m}^3$$

$$V_{\text{Ⅲ}-}=\frac{20}{8}\times(6.2+6)\times(0.12+0.12)=7.32\text{m}^3$$

$$V_{\text{Ⅲ}+}=\frac{20}{8}\times(13.8+14)\times(0.27+0.28)=38.23\text{m}^3$$

$$V_{\text{Ⅳ}-}=\frac{20}{8}\times(6+9.3)\times(0.12+0.25)=14.15\text{m}^3$$

$$V_{\text{Ⅳ}+}=\frac{20}{8}\times(14+10.7)\times(0.28+0.29)=35.2\text{m}^3$$

全部挖方量　　$\sum V_-=10.92+76.99+7.32+14.15=109.38\text{m}^3$

全部填方量　　$\sum V_+=37.06+0.04+38.23+35.2=110.53\text{m}^3$

2. 横截面法

横截面法适用于地形起伏变化较大的地区，或者在地形狭长、挖填深度较大又不规则的地区采用，计算方法较为简单方便，但精度较低。其计算步骤和方法如下。

（1）划分横截面

根据地形图、竖向布置或现场测绘，将要计算的场地划分横截面 AA'、BB'、CC''……（图 2-6），使截面尽量垂直于等高线或主要建筑物的边长，各截面间的间距可以不等，一般可用 10m 或 20m，在平坦地区可用大些，但最大不大于 100m。

（2）画横截面图形

按比例绘制每个横截面的自然地面和设计地面的轮廓线。自然地面轮廓线与设计地面轮廓线之间的面积，即为挖方或填方的截面。

（3）计算横截面面积

按表 2-5 横截面面积计算公式，计算每个截面的挖方或填方截面面积。

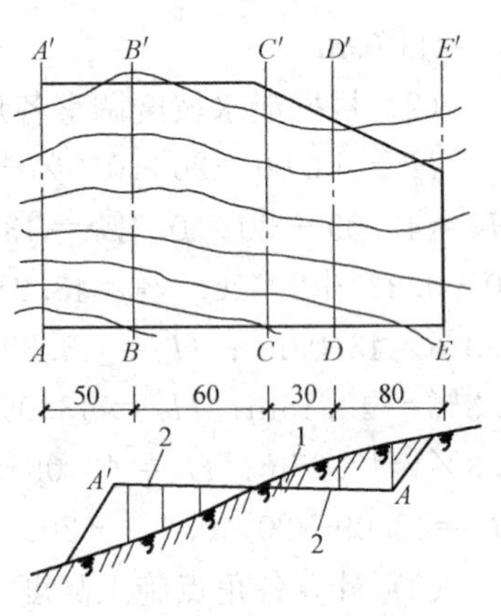

图 2-6　画横截面示意图

1—自然地面；2—设计地面

（4）计算土方量

根据横截面面积按下式计算土方量：

$$V=\frac{A_1+A_2}{2}\times s \tag{2-7}$$

式中 V——相邻两横截面间的土方量（m^3）；

A_1、A_2——相邻两横截面的挖（－）或填（＋）的截面积（m^2）；

s——相邻两横截面的间距（m）。

（5）土方量汇总

按表 2-6 格式汇总全部土方量。

常用截断面计算公式 **表 2-5**

横截面图式	截面积计算公式
h, $1:n$, b	$A=h(b+nb)$
$1:m$, $1:n$, b	$A=h\left[b+\frac{h(m+n)}{2}\right]$
h_1, $1:m$, $1:n$, h_2, b	$A=b\frac{h_1+h_2}{2}+nh_1h_2$
h_1, h_2, h_3, h_4, a_1, a_2, a_3, a_4, a_5	$A=h_1\frac{a_1+a_2}{2}+h_2\frac{a_2+a_3}{2}+h_3\frac{a_3+a_4}{2}+h_4\frac{a_4+a_5}{2}$
h_0, h_1, h_2, h_3, h_4, h_5, h_n, a	$A=\frac{a}{2}(h_0+2h+h_n)$ $h=h_1+h_2+h_3+h_4+h_5$

土方量汇总表 **表 2-6**

截面	填方面积（m^2）	挖方面积（m^2）	截面间距（m）	填方体积（m^3）	挖方体积（m^3）
$A—A'$					
$B—B'$					
$C—C'$					
…					
合计					

2.2.3 基坑（槽）土方量计算

在土方工程施工之前，必须计算土方的工程量。土方工程的外形通常很复杂且不规则，要得到精确的计算结果很困难。一般情况下，都将其假设或划分成为一定的几何形状，采用具有一定精度而又和实际情况近似的方法进行计算。

1. 基坑土方量

基坑形状一般为不规则的多边形，其边坡也常有一定坡度，基坑土方量计算可按拟柱体（由两个平行的平面做底的一种多面体）体积的公式计算（图 2-7）：

$$V=\frac{H}{6}(A_1+4A_0+A_2) \tag{2-8}$$

式中 V——基坑土方工程量（m^3）；

H——基坑的深度（m）；

A_1、A_2——分别为基坑的上、下底面积（m^2）；

A_0——A_1 与 A_2 之间的中截面面积（m^2）。

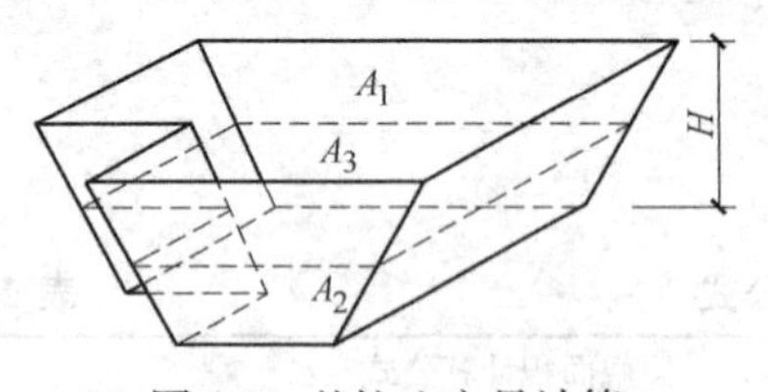

图 2-7　基坑土方量计算

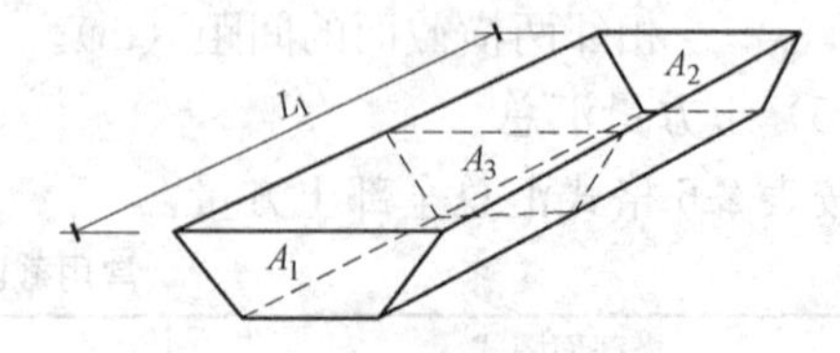

图 2-8　基槽土方量计算

2. 基槽和路堤土方量计算

基槽和路堤通常沿长度方向根据其形状（曲线、折线、变截面等）划分成若干计算段，分段计算后汇总（图 2-8）。

沿长度方向分段计算 V_i，再 $V=\sum V_i$

（1）断面尺寸不变的槽段

$$V_i=A\text{（断面面积）}\times L_i \tag{2-9}$$

槽段长 L_i：外墙——槽底中到中；内墙——槽底净长。

（2）断面尺寸变化的槽段

$$V_i=\frac{L_i}{6}(A_1+4A_0+A_2) \tag{2-10}$$

式中 V_i——第 i 段基槽（路堤）的土方量（m^3）；

L_i——第 i 段基槽（路堤）的长度（m）；

A_1、A_2——分别为第一段基槽（路堤）两端的面积（m^2）；

A_0——A_1 与 A_2 之间的中截面面积（m^2）。

2.3　基坑支护与排水、降水

土方工程的辅助工作包括土方边坡、土壁支护、基坑支护和排水、降水等。

2.3.1　土方边坡

在开挖基坑、沟槽或填筑路堤时，为了防止塌方，保证施工安全及边坡稳定，其边沿应考虑放坡。放坡坡度以坡度系数 m 来表示，坡度系数等于放坡宽度 B 与放坡高度 H 之比（图 2-9）。

当基坑放坡高度较大，施工期和暴露时间较长，或边坡土质较差，易于风化、疏松或滑坍，为防止基坑边坡因气温变化，或失水过多而风化或松散，或防止坡面受雨水冲刷而产生溜坡现象，应根据土质情况和实际条件采取边坡保护措施，以保护基坑边坡的稳定，常用基坑坡面保护方法有以下几种。

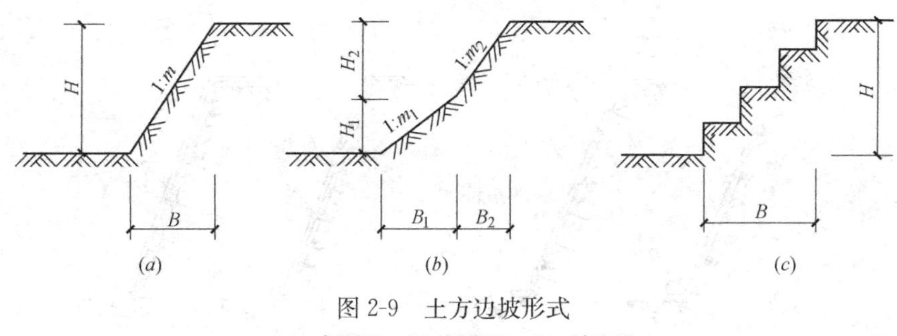

图 2-9　土方边坡形式

（a）直线形；（b）折线形；（c）踏步形

1. 薄膜覆盖或砂浆覆盖法

对基础施工期较短的临时性基坑边坡，采取在边坡上铺塑料薄膜，在坡顶及坡脚用草袋或编织袋装土压住或用砖压住；或在边坡上抹水泥砂浆 2～2.5cm 厚保护。为防止薄膜脱落，在上部及底部均应搭盖不少于 80cm，同时在土中插适当锚筋连接，在坡脚设排水沟（图 2-10*a*）。

2. 挂网或挂网抹面法

对基础施工期短，土质较差的临时性基坑边坡，可在垂直坡面楔入直径 10～12mm，长 40～60cm 的插筋，纵横间距 1m，上铺 20 号铁丝网，上下用草袋或聚丙烯扁丝编织袋装土或砂压住，或再在铁丝网上抹 2.5～3.5cm 厚的 M5 水泥砂浆（配合比为水泥：白灰膏：砂子＝1：1：1.5）。在坡顶坡脚设排水沟（图 2-10*b*）。

3. 喷射混凝土或混凝土护面法

对邻近有建筑物的深基坑边坡，可在坡面垂直楔入直径 10～12mm，长 40～50cm 插筋，纵横间距 1m，上铺 20 号铁丝网，在表面喷射 40～60mm 厚的 C15 细石混凝土直到坡顶和坡脚；亦可不铺铁丝网，而坡面铺 ϕ4～6@250～300 钢筋网片，浇筑 50～60mm 厚的细石混凝土，表面抹光（图 2-10*c*）。

4. 土袋或砌石压坡法

对深度在 5m 以内的临时基坑边坡，在边坡下部用草袋或聚丙烯扁丝编织袋装土堆砌或砌石压住坡脚。边坡高 3m 以内可采用单排顶砌法，5m 以内，水位较高，用两排顶砌或一排一顶构筑法，保持坡脚稳定。在坡顶设挡水土堤或排水沟，防止冲刷坡面，在底部作排水沟，防止冲坏坡脚（图 2-10*d*）。

2.3.2　基坑支护

随着城市建设的快速发展，地下工程愈来愈多。高层建筑的多层地下室、地铁车站、地下车库、地下商场和地下人防工程等施工时都需开挖较深的基坑，一般以挖深 7m 左右作为深、浅基坑的划分界限。

通常，在软土地区开挖深度不超过 4m 的基坑，在土质较好的地区挖深度不超过 5m 的基坑，且场地允许时可采用放坡开挖，宜设置多级平台分层开挖，每级平台的宽度不宜小于 1.5m，并按前述边坡保护方法对边坡进行相应保护，这种方法简单经济，在空旷地区或周围环境允许、土质较好时，能保证边坡稳定的条件下应优先选用。但是在城市中心地带、建筑物稠密地区，往往不具备放坡开挖的条件。因为放坡开挖需

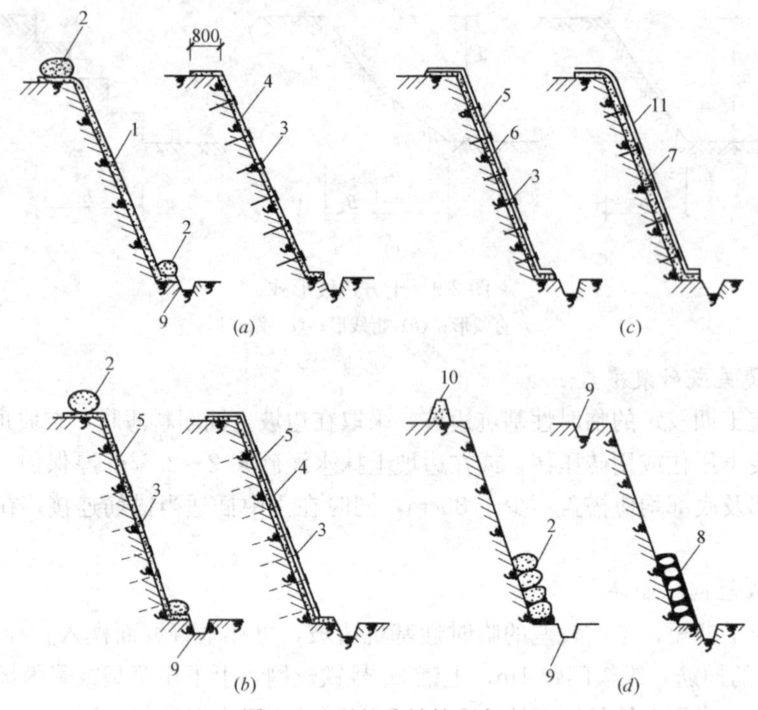

图 2-10　基坑边坡护面方法

(a) 薄膜或砂浆覆盖；(b) 挂网或挂网抹面；(c) 喷射混凝土或混凝土护面；(d) 土袋或砌石压坡
1—塑料薄膜；2—草袋或编织袋装土；3—插筋 ϕ10～12；4—抹 M5 水泥砂浆；5—20 号钢丝网；
6—C15 喷射混凝土；7—C15 细石混凝土；8—M5 砂浆砌石；9—排水沟；10—土堤；
11—ϕ4～6 钢筋网片，纵横间距 250～300mm

要基坑平面以外有足够的空间供放坡之用，如在此空间内存在邻近建（构）筑物基础、地下管线、运输道路等，都不允许放坡，此时就只能采用在支护结构保护下进行垂直开挖的施工方法。

支护结构一般由具有挡土、止水功能的围护结构和维持围护结构平衡的支撑结构两部分组成。支护结构按其工作机理和围护墙的形式分为图 2-11 所示几种类型。

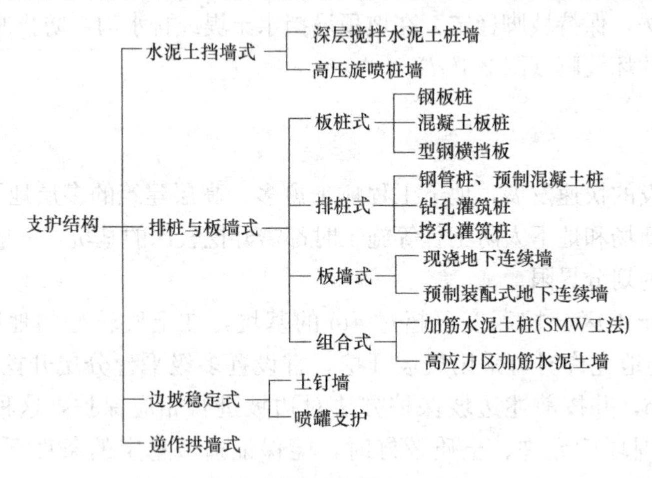

图 2-11　支护结构类型

水泥土挡墙式，依靠其本身自重和刚度保护坑壁，一般不设支撑，特殊情况下经采取措施后亦可局部加设支撑。

排桩与板墙式，通常由围护墙、支撑（或土层锚杆）及防渗帷幕等组成。

土钉墙由密集的土钉群、被加固的原位土体、喷射的混凝土面层等组成。

现将常用的几种支护结构介绍如下：

1. 深层搅拌水泥土桩墙

深层搅拌水泥土桩墙是采用水泥作为固化剂，通过特制的深层搅拌机械，在地基深处就地将软土和水泥强制搅拌形成水泥土，利用水泥和软土之间所产生的一系列物理-化学反应，使软土硬化成整体性的并有一定强度的挡土、防渗墙，还可以作为复合地基进行地基处理。

深层搅拌水泥土桩墙适用于正常固结的淤泥、淤泥质土、素填土、黏性土（软塑、可塑）、粉土（稍密、中密）、粉细砂（松散、中密）、中粗砂（松散、稍密）、饱和黄土等土层。

水泥土搅拌桩的施工工艺分为浆液搅拌法（以下简称湿法）和粉体搅拌法（以下简称干法）。可采用单轴、双轴、多轴搅拌或连续成槽搅拌形成柱状、壁状、格栅状或块状水泥土加固体。

水泥土围护墙的优点：施工时无振动、无噪声、无污染；具有挡土、挡水的双重功能，隔水性能好，基坑外不需人工降水；开挖时不需设支撑和拉锚，便于机械化快速挖土；适用于开挖4～8m深的基坑，由于其水泥用量少，一般比较经济。

水泥土围护墙截面呈格栅形，相邻桩搭接长宽不小于200mm，墙体宽度一般取基坑深度的0.6～0.8倍，以500mm进位，即2.7m、3.2m、3.7m、4.2m等；插入基坑底面以下深度为基坑深度的0.8～1.2倍，插入深度前后排可稍有不同。

水泥土加固体的强度取决于水泥掺入比（水泥重量与加固土体重量的比值），常用的水泥掺入比为12%～14%。水泥土围护墙的强度以龄期1个月的无侧限抗压强度为标准，应不低于0.8MPa。水泥土围护墙未达到设计强度前不得开挖基坑。

水泥土的施工质量对围护墙性能有较大影响。要保证设计规定的水泥掺合量，要严格控制桩位和桩身垂直度；要控制水泥浆的水灰比小于等于0.45，否则桩身强度难以保证；要搅拌均匀，采用二次搅拌工艺，喷浆搅拌时控制好钻头的提升或下沉速度；要限制相邻桩的施工间歇时间，以保证搭接成整体。

水泥土墙搅拌桩成桩工艺可采用"一次喷浆、二次搅拌"或"二次喷浆、三次搅拌"工艺，主要依据水泥掺入比及土质情况而定。一般水泥掺量较小，土质较松时，可用前者，反之可用后者。一般的施工工艺流程如图2-12所示。

（1）就位

深层搅拌桩机开行达到指定桩位、对中。当地面起伏不平时应注意调整机架的垂直度。

（2）预搅下沉

深层搅拌机运转正常后，启动搅拌机电机。放松起重机钢丝绳，使搅拌机沿导向架切土搅拌下沉，下沉速度控制在0.8m/min左右，可由电机的电流监测表控制。工作电流不应大于10A。如遇硬黏土等下沉速度太慢，可以用输浆系统适当补给清水以利钻进。

（3）制备水泥浆

深层搅拌机预搅下沉到一定深度后，开始拌制水泥浆，待压浆时倾入集料斗中。

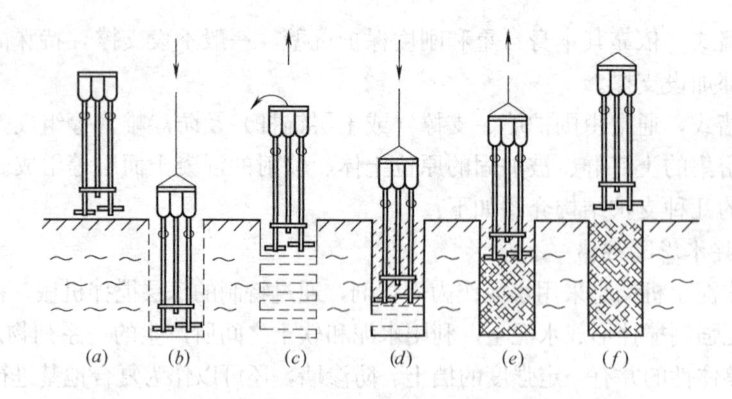

图 2-12 深层搅拌桩施工流程

(a) 定位；(b) 预搅下沉；(c) 提升喷浆搅拌；(d) 重复下沉搅拌；
(e) 重复提升搅拌；(f) 成桩结束

(4) 提升喷浆搅拌

深层搅拌机下沉到达设计深度后，开启灰浆泵将水泥浆压入地基土中，此后边喷浆、边旋转、边提升深层搅拌机，直至设计桩顶标高。此时应注意喷浆速率与提升速度相协调，以确保水泥浆沿桩长均匀分布，并使提升至桩顶后集料斗中的水泥浆正好排空。搅拌提升速度一般应控制在 0.5m/min。

(5) 沉钻复搅

再次沉钻进行复搅，复搅下沉速度可控制在 0.5～0.8m/min。

如果水泥掺入比较大或因土质较密在提升时不能将应喷入土中的水泥浆全部喷完时，可在重复下沉搅拌时予以补喷，即采用“二次喷浆、三次搅拌”工艺，但此时仍应注意喷浆的均匀性。第二次喷浆量不宜过少，可控制在单桩总喷浆量的 30%～40%，由于过少的水泥浆很难做到沿全桩均匀分布。

(6) 重复提升搅拌

边旋转、边提升，重复搅拌至桩顶标高，并将钻头提出地面，以便移机施工新的桩体。至此，完成一根桩的施工。

(7) 移位

开行深层搅拌桩机（履带式机架也可进行转向、变幅等作业）至新的桩位，重复(1) ～(6) 步骤，进行下一根桩的施工。

(8) 清洗

当一施工段成桩完成后，应即时进行清洗。清洗时向集料斗中注入适量清水，开启灰浆泵，将全部管道中的残存水泥浆冲洗干净并将附于搅拌头上的土清洗干净。

2. 钢板桩

钢板桩包括槽钢钢板桩、热轧锁口钢板桩和型钢横挡板等。

槽钢钢板桩是一种简易的钢板桩围护墙，由槽钢正反扣搭接或并排组成。槽钢长 6～8m，型号由计算确定。打入地下后顶部接近地面处设一道拉锚或支撑。由于其截面抗弯能力弱，一般用于深度不超过 4m 的基坑。由于搭接处不严密，一般不能完全止水。如地下水位高，需要时可用轻型井点降低地下水位。一般只用于一些小型工程。其优点是材料来源广，施工简便，可以重复使用。

热轧锁口钢板桩的形式有U形、L形、一字形、H形和组合型，建筑工程中常用前两种。钢板桩由于一次性投资大，施工中多以租赁方式租用，用后拔出归还。

钢板桩的优点是材料质量可靠，在软土地区打设方便，施工速度快而且简便；有一定的挡水能力（小趾口者挡水能力更好）；可多次重复使用；一般费用较低。其缺点是一般的钢板桩刚度不够大，用于较深的基坑时支撑（或拉锚）工作量大，否则变形较大；在透水性较好的土层中不能完全挡水；拔除时易带土，如处理不当会引起土层移动，可能危害周围的环境。常用的U形钢板桩，多用于周围环境要求不甚高的深5～8m的基坑，视支撑（拉锚）加设情况而定。钢板桩支护结构见图2-13。

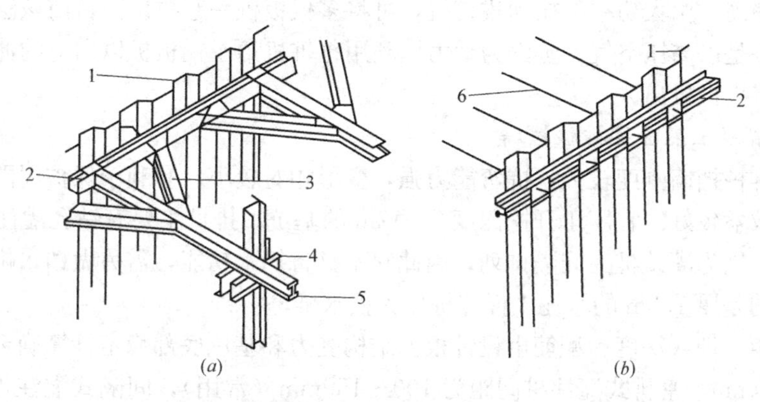

图2-13 钢板桩支护结构

(a) 内撑方式；(b) 锚拉方式

1—钢板桩；2—围檩；3—角撑；4—立柱与支撑；5—支撑；6—锚拉杆

打设钢板桩，自由落锤、汽动锤、柴油锤、振动锤等皆可，但使用较多的为振动锤。

(1) 钢板桩打设

首先确定打入方式，打入方式包括单独打入法和屏风式打入法。

1) 单独打入法：这种方法是从板桩墙的一角开始，逐块（或两块为一组）打设，直至工程结束。这种打入方法简便、迅速，不需要其他辅助支架。但是易使板桩向一侧倾斜，且误差积累后不易纠正。为此，这种方法只适用于板桩墙要求不高且板桩长度较小（如小于10m）的情况。

2) 屏风式打入法：这种方法是将10～20根钢板桩成排插入导架内，呈屏风状，然后再分批施打。这种打桩方法的优点是可以减少倾斜误差积累，防止过大的倾斜，而且易于实现封闭合拢，能保证板桩墙的施工质量。其缺点是插桩的自立高度较大，要注意插桩的稳定和施工安全。一般情况下多用这种方法打设板桩墙，它耗费的辅助材料不多，但能保证质量。

先用吊车将钢板桩吊至插桩点处进行插桩，插桩时锁口要对准，每插入一块即套上桩帽轻轻加以锤击。在打桩过程中，为保证钢板桩的垂直度，用两台经纬仪在两个方向加以控制。为防止锁口中心线平面位移，可在打桩进行方向的钢板桩锁口处设卡板，阻止板桩位移。同时在围檩上预先算出每块板块的位置，以便随时检查校正。

打桩时，开始打设的第一、二块钢板桩的打入位置和方向要确保精度，它可以起样板导向作用，一般每打入1m应测量一次。

钢板桩打设允许误差：桩顶标高±100mm；板桩轴线偏差±100mm；板桩垂直度1%。

（2）钢板桩拔除

在进行基坑回填土时，要拔除钢板桩，以便修整后重复使用。拔除前要研究钢板桩拔除顺序、拔除时间及桩孔处理方法。

钢板桩的拔出，从克服板桩的阻力着眼，根据所用拔桩机械，拔桩方法有静力拔桩、振动拔桩和冲击拔桩。

静力拔桩主要用卷扬机或液压千斤顶，但该法效率低，有时难以顺利拔出，较少应用。

振动拔桩是利用机械的振动激起钢板桩振动，以克服和削弱板桩拔出阻力，将板桩拔出。此法效率高，用大功率的振动拔桩机，可将多根板桩一起拔出。目前该法应用较多。

冲击拔桩是以高压空气、蒸汽为动力，利用打桩机给予钢板桩以向上的冲击力，同时利用卷扬机将板桩拔出。

3. 钢筋混凝土灌注桩排桩挡墙

灌注桩排桩挡墙刚度较大，抗弯能力强，变形相对较小，有利于保护周围环境，价格较低，经济效益较好。宜用于开挖深度7～12m的基坑。排桩主要有钻孔灌注桩和人工挖孔桩等桩型。因为灌筑桩为间隔排列，因此它不具备挡水功能，需另做挡水帷幕，目前我国应用较多的是厚1.2m的水泥土搅拌桩作为挡水帷幕。

桩的间距、埋入深度和配筋由设计根据结构受力和基坑底部稳定计算确定，桩径一般为600～1100mm，密排式灌注桩间距为100～150mm（常用），间隔式灌注桩间距1m左右（适用于黏土、砂土和地下水较低的土层）。施工时应采取间隔施工的方法，避免由于土体扰动对已浇筑桩带来影响；排桩顶部一般需作一道锁口梁，加强桩的整体受力。

4. 地下连续墙

地下连续墙是于基坑开挖之前，用特殊挖槽设备在泥浆护壁之下开挖深槽，然后下钢筋笼、浇筑混凝土形成的地下土中的混凝土墙。

我国于20世纪70年代后期开始出现壁板式地下连续墙，此后用于深基坑支护结构。目前常用的厚度为600、800、1000mm，多用于−12m以下的深基坑。

地下连续墙用作围护墙的优点是：施工时对周围环境影响小，能紧邻建（构）筑物等进行施工；刚度大，整体性好，变形小，能用于深基坑；处理好接头能较好地抗渗止水；如用逆作法施工，可实现两墙合一，能降低成本。

地下连续墙如单纯用作围护墙，只为施工挖土服务则成本较高；泥浆需妥善处理，否则影响环境。

5. 加筋水泥土桩墙（SMW工法）

即在水泥土搅拌桩内插入H型钢（水泥土硬凝之前），形成的型钢与水泥土的复合墙体（图2-14）。可在黏性土、粉土、砂砾土中使用，目前在国内主要在软土地区有成功应用，适用于开挖深度15m以下的基坑。该方法的优点：施工时对邻近土体扰动较少，具有可靠的止水性；成墙厚度可低至550mm，故围护结构占地和施工占地大大减少；废土外运量少，施工时无振动、无噪声、无泥浆污染；工程造价较常用的钻孔灌注排桩的方法约节省20%～30%。

加筋水泥土桩法施工机械应为三根搅拌轴的深层搅拌机，全断面搅拌，H型钢靠自重可顺利下插至设计标高。

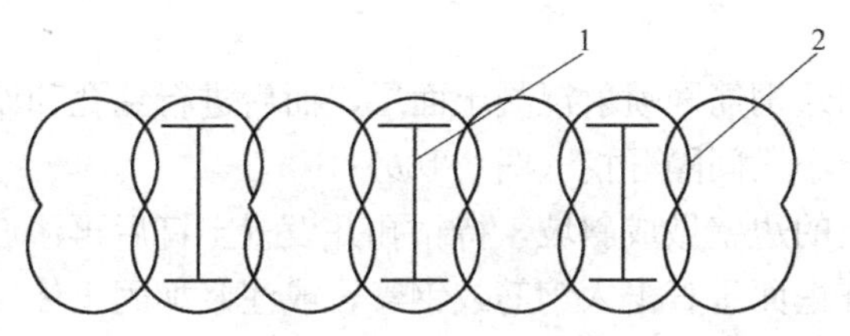

图 2-14　SMW 工法围护墙

1—插在水泥土桩中的 H 型钢；2—水泥土桩

加筋水泥土桩法围护墙的水泥掺入比达 20%，因此水泥土的强度较高，与 H 型钢粘结好，能共同作用。

6. 土钉墙

土钉墙（图 2-15）是一种边坡稳定式的支护，其作用与被动起挡土作用的上述围护墙不同，它是起主动嵌固作用，增加边坡的稳定性，使基坑开挖后坡面保持稳定。

施工时，每挖深 1.5m 左右，挂细钢筋网，喷射细石混凝土面层厚 50～100mm，然后钻孔插入钢筋（长 10～15m 左右，纵、横间距 1.5m×1.5m 左右），加垫板并灌浆，依次进行直至坑底。基坑坡面有较陡的坡度。

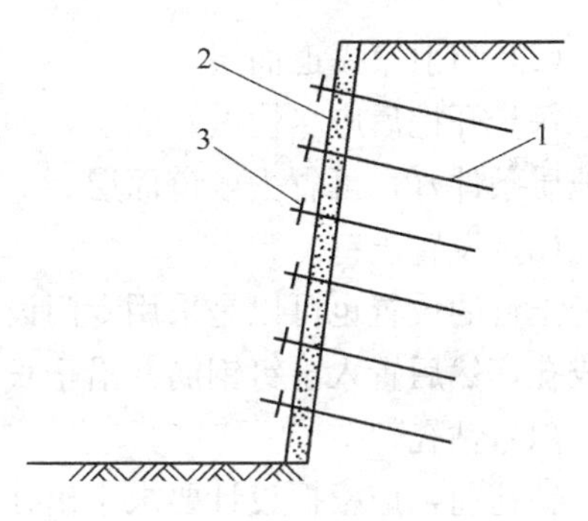

图 2-15　土钉墙

1—土钉；2—喷射细石混凝土面层；3—垫板

土钉墙用于基坑侧壁安全等级宜为二、三级的非软土场地；基坑深度不宜大于 12m；当地下水位高于基坑底面时，应采取降水或截水措施。目前在软土场地亦有应用。

钻孔机具一般宜选用体积较小、重量较轻、装拆移动方便的机具。常用有如下几类：锚杆钻机、地质钻机和洛阳铲，其中洛阳铲是传统的土层人工造孔工具，它机动灵活、操作简便，一旦遇到地下管线等障碍物能迅速反应，改变角度或孔位重新造孔。并且可用多个洛阳铲同时造孔，每个洛阳铲由 2～3 人操作。洛阳铲造孔直径为 80～150mm，水平方向造孔深度可达 15m。

（1）基坑开挖

基坑要按设计要求严格分层分段开挖，在完成上一层作业面土钉与喷射混凝土面层达到设计强度的 70%以前，不得进行下一层土层的开挖。每层开挖最大深度取决于在支护投入工作前土壁可以自稳而不发生滑动破坏的能力，实际工程中常取基坑每层挖深与土钉竖向间距相等。每层开挖的水平分段宽度也取决于土壁自稳能力，且与支护施工流程相互衔接，一般多为 10～20m 长。当基坑面积较大时，允许在距离基坑四周边坡 8～10m 的基坑中部自由开挖，但应注意与分层作业区的开挖相协调。

挖方要选用对坡面土体扰动小的挖土设备和方法，严禁边壁出现超挖或造成边壁土体松动。坡面经机械开挖后要采用小型机械或铲锹进行切削清坡，以使坡度及坡面平整度达到设计要求。

为防止基坑边坡的裸露土体塌陷，对于易塌的土体可采取下列措施：

① 对修整后的边坡，立即喷上一层薄的砂浆或混凝土，凝结后再进行钻孔（图

2-16*a*)；

② 在作业面上先构筑钢筋网喷射混凝土面层，而后进行钻孔和设置土钉；

③ 在水平方向上分小段间隔开挖（图 2-16*b*）；

④ 先将作业深度上的边壁做成斜坡，待钻孔并设置土钉后再清坡（图 2-16*c*）；

⑤ 在开挖前，沿开挖面垂直击入钢筋或钢管，或注浆加固土体（图 2-16*d*）。

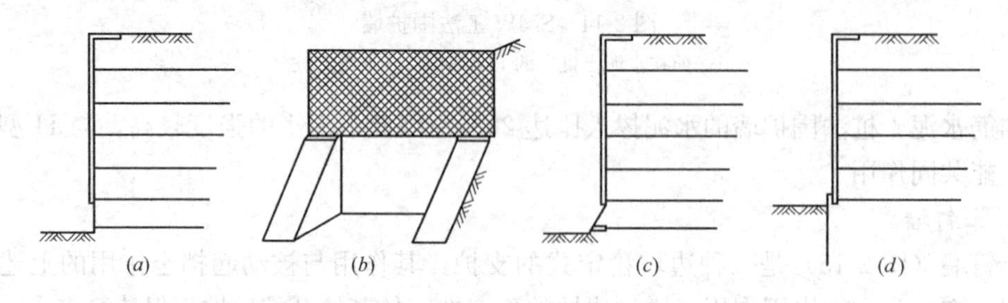

图 2-16　易塌土层的施工措施

（2）喷射第一道面层

每步开挖后应尽快做好面层，即对修整后的边壁立即喷上一层薄混凝土或砂浆。若土层地质条件好，可省去该道面层。

（3）设置土钉

土钉的设置也可以是采用专门设备将土钉钢筋击入土体，但是通常的做法是先在土体中成孔，然后置入土钉钢筋并沿全长注浆。

（4）钻孔

钻孔前，应根据设计要求定出孔位并作出标记及编号。当成孔过程中遇到障碍物需调整孔位时，不得损害支护结构设计原定的安全程度。

采用的机具应符合土层特点，满足设计要求，在进钻和抽出钻杆过程中不得引起土体坍孔。而在易坍孔的土体中钻孔时宜采用套管成孔或挤压成孔。成孔过程中应由专人做成孔记录，按土钉编号逐一记载取出土体的特征、成孔质量、事故处理等，并将取出的土体及时与初步设计所认定的土质加以对比，若发现有较大的偏差要及时修改土钉的设计参数。

土钉钻孔的质量应符合下列规定：孔距允许偏差为±100mm；孔径允许偏差为±5mm；孔深允许偏差为±30mm；倾角允许偏差为±1°。

（5）插入土钉钢筋

插入土钉钢筋前要进行清孔检查，若孔中出现局部渗水、塌孔或掉落松土应立即处理。土钉钢筋置入孔中前，要先在钢筋上安装对中定位支架，以保证钢筋处于孔位中心且注浆后其保护层厚度不小于 25mm。支架沿钉长的间距可为 2～3m，支架可为金属或塑料件，以不妨碍浆体自由流动为宜。

（6）注浆

注浆前要验收土钉钢筋安设质量是否达到设计要求。

一般可采用重力、低压（0.4～0.6MPa）或高压（1～2MPa）注浆，水平孔应采用低压或高压注浆。压力注浆时应在孔口或规定位置设置止浆塞，注满后保持压力 3～5min。重力注浆以满孔为止，但在浆体初凝前需补浆 1～2 次。

对于向下倾角的土钉，注浆采用重力或低压注浆时宜采用底部注浆方式，注浆导管底端应插至距孔底250～500mm处，在注浆同时将导管匀速缓慢地撤出。注浆过程中注浆导管口始终埋在浆体表面以下，以保证孔中气体能全部逸出。

注浆时要采取必要的排气措施。对于水平土钉的钻孔，应用口部压力注浆或分段压力注浆，此时需配排气管并与土钉钢筋绑扎牢固，在注浆前与土钉钢筋同时送入孔中。

向孔内注入浆体的充盈系数必须大于1。每次向孔内注浆时，宜预先计算所需的浆体体积并根据注浆泵的冲程数计算出实际向孔内注入的浆体体积，以确认实际注浆量超过孔内容积。

注浆材料宜用水泥浆或水泥砂浆。水泥浆的水灰比宜为0.5；水泥砂浆的配合比宜为1∶1～1∶2（重量比），水灰比宜为0.38～0.45。需要时可加入适量速凝剂，以促进早凝和控制泌水。

水泥浆、水泥砂浆应拌合均匀，随拌随用，一次拌合的水泥浆、水泥砂浆应在初凝前用完。

注浆前应将孔内残留或松动的杂土清除干净。注浆开始或中途停止超过30min时，应用水或稀水泥浆润滑注浆泵及其管路。

用于注浆的砂浆强度用70mm×70mm×70mm立方体试块经标准养护后测定。每批至少留取3组（每组3块）试件，给出3d和28d强度。

为提高土钉抗拔能力，还可采用二次注浆工艺。

（7）喷第二道面层

在喷混凝土之前，先按设计要求绑扎、固定钢筋网。面层内的钢筋网片应牢固固定在边壁上并符合设计规定的保护层厚度要求。钢筋网片可用插入土中的钢筋固定，但在喷射混凝土时不应出现振动。

钢筋网片可焊接或绑扎而成，网格允许偏差为±10mm。铺设钢筋网时每边的搭接长度应不小于一个网格边长或200mm，如为搭焊则焊接长度不小于网片钢筋直径的10倍。网片与坡面间隙不小于20mm。

土钉与面层钢筋网的连接可通过垫板、螺帽及土钉端部螺纹杆固定。垫板钢板厚8～10mm，尺寸为200mm×200mm～300mm×300mm。垫板下空隙需先用高强水泥砂浆填实，待砂浆达一定强度后方可旋紧螺帽以固定土钉。土钉钢筋也可通过井字加强钢筋直接焊接在钢筋网上，焊接强度要满足设计要求。

喷射混凝土的配合比应通过试验确定，粗骨料最大粒径不宜大于12mm，水灰比不宜大于0.45，并应通过外加剂来调节所需工作度和早强时间。当采用干法施工时，应事先对操作手进行技术考核，以保证喷射混凝土的水灰比和质量达到设计要求。

喷射混凝土前，应对机械设备、风、水管路和电路进行全面检查和试运转。

为保证喷射混凝土厚度达到均匀的设计值，可在边壁上隔一定距离打入垂直短钢筋段作为厚度标志。喷射混凝土的射距宜保持在0.6～1.0m范围内，并使射流垂直于壁面。在有钢筋的部位可先喷钢筋的后方以防止钢筋背面出现空隙。喷射混凝土的路线可从壁面开挖层底部逐渐向上进行，但底部钢筋网搭接长度范围以内先不喷混凝土，待与下层钢筋网搭接绑扎之后再与下层壁面同时喷混凝土。混凝土面层接缝部分做成45°角斜面搭接。当设计面层厚度超过100mm时，混凝土应分两层喷射，一次喷射厚度不宜小于40mm，且接缝错开。混凝土接缝在继续喷射混凝土之前应清除浮浆碎屑，并喷少量水润湿。

面层喷射混凝土终凝后2h应喷水养护，养护时间宜3～7d，养护视当地环境条件采用喷水、覆盖浇水或喷涂养护剂等方法。

喷射混凝土强度可用边长为100mm的立方体试块进行测定。制作试块时，将试模底面紧贴边壁，从侧向喷入混凝土，每批至少留取3组（每组3块）试件。

(8) 排水设施的设置

水是土钉支护结构最为敏感的问题，不但要在施工前做好降排水工作，还要充分考虑土钉支护结构工作期间地表水及地下水的处理，设置排水构造措施。

基坑四周地表应加以修整并构筑明沟排水，严防地表水再向下渗流。可将喷射混凝土面层延伸到基坑周围地表构成喷射混凝土护顶并在土钉墙平面范围内地表做防水地面（图2-17），可防止地表水渗入土钉加固范围的土体中。

基坑边壁有透水层或渗水土层时，混凝土面层上要做泄水孔，即按间距1.5～2.0m均布，设长0.4～0.6m、直径不小于40mm的塑料排水管，外管口略向下倾斜，管壁上半部分可钻一些透水孔，管中填满粗砂或圆砾作为滤水材料，以防止土颗粒流失（图2-18）。也可在喷射混凝土面层施工前预先沿土坡壁面每隔一定距离设置一条竖向排水带，即用带状皱纹滤水材料夹在土壁与面层之间形成定向导流带，使土坡中渗出的水有组织地导流到坑底后集中排除，但施工时要注意每段排水带滤水材料之间的搭接效果，必须保证排水路径畅通无阻。

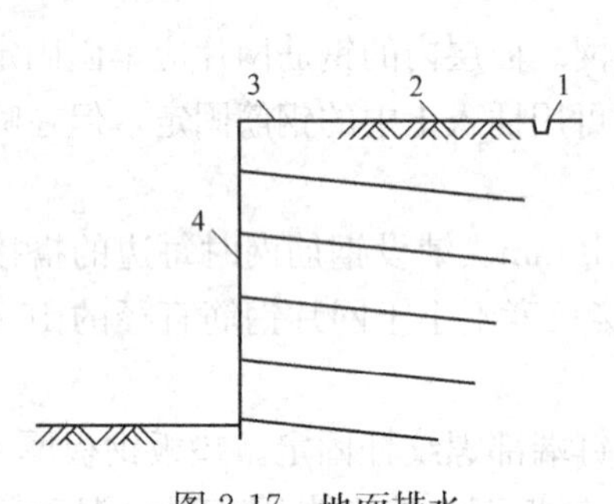

图2-17　地面排水

1—排水沟；2—防水地面；3—喷射混凝土护顶；4—喷射混凝土面层

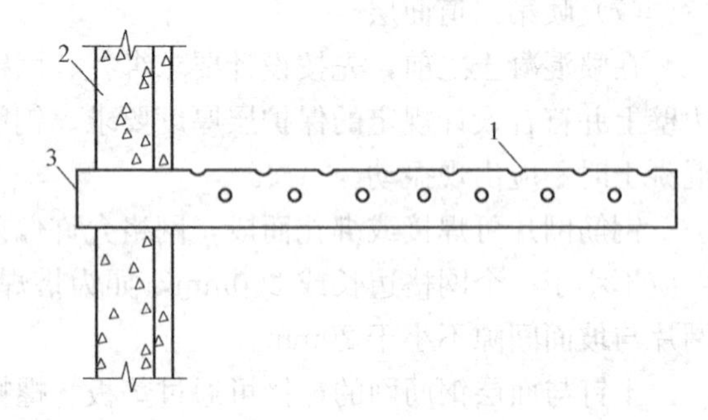

图2-18　面层内泄水管

1—孔眼；2—面层；3—排水管

为了排除积聚在基坑内的渗水和雨水，应在坑底设置排水沟和集水井。排水沟应离开坡脚0.5～1m，严防冲刷坡脚。排水沟和集水井宜用砖衬砌并用砂浆抹内表面以防止渗漏。坑中积水应及时排除。

2.3.3　排水、降水

在开挖基坑或沟槽时，土壤的含水层常被切断，地下水将会不断地渗入坑内。雨期施工时，地面水也会流入坑内。为了保证施工的正常进行，防止边坡塌方和地基承载能力的下降，必须做好基坑降水工作。降水方法可分为明排水法（如集水井、明渠等）和人工降低地下水法两种。

1. 集水井排水

当基坑开挖深度不很大，基坑涌水量不大时，集水井明排法是应用最广泛，亦是最简单、经济的方法。

集水井排水即是在基坑的两侧或四周设置排水明沟，隔段设置集水井，使基坑渗出的地下水通过排水明沟汇集于集水井内，然后用水泵将其排出基坑外（图2-19）。

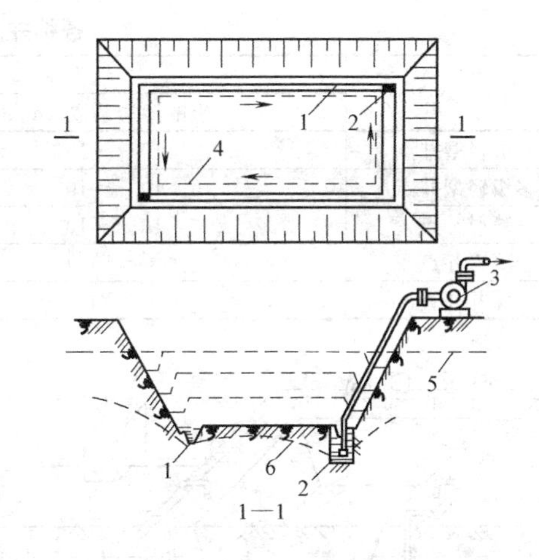

图 2-19　明沟、集水井排水方法
1—排水明沟；2—集水井；3—离心式水泵；4—设备基础或建筑物基础边线；5—原地下水位线；6—降低后地下水位线

排水明沟宜布置在拟建建筑基础边0.4m以外，沟边缘离开边坡坡脚应不小于0.3m。排水沟宽0.2～0.3m；深0.3～0.6m；沟底设纵坡0.2%～0.5%。排水明沟的底面应比挖土面低0.3～0.4m。

集水井应设置在基础范围以外，地下水流的上游。根据地下水量大小、基坑平面形状及水泵能力，集水井每隔20～40m设置一个。其直径或宽度一般为0.6～0.8m，集水坑底应低于排水沟底面0.5m以上，并铺设碎石滤水层（0.3m厚）以免由于抽水时间过长而将泥砂抽出，并防止坑底土被扰动。

当基坑开挖的土层由多种土组成，中部夹有透水性能的砂类土，基坑侧壁出现分层渗水时，可在基坑边坡上按不同高程分层设置明沟和集水井构成明排水系统，分层阻截和排除上部土层中的地下水，避免上层地下水冲刷基坑下部边坡造成塌方（图2-20）。

集水明排水是用水泵从集水井中排水，常用的水泵有潜水泵、离心式水泵和泥浆泵。

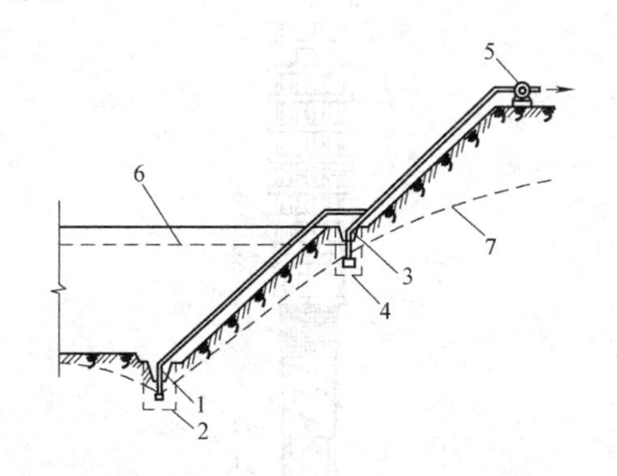

图 2-20　分层明沟、集水井排水法
1—底层排水沟；2—底层集水井；3—二层排水沟；4—二层集水井；5—水泵；6—原地下水位线；7—降低后地下水位线

2. 井点降水

井点降水就是在基坑开挖前，预先在基坑四周埋设一定数量的滤水管（井）。在基坑开挖前和开挖过程中，利用真空原理，不断抽出地下水，使地下水位降低到坑底以下。

井点降水的作用主要有以下几方面：防止地下水涌入坑内；防止边坡由于地下水的渗流而引起的塌方；使坑底的土层消除了地下水位差引起的压力，因此，可防止坑底的管涌；降水后，使板桩减少横向荷载；消除了地下水的渗流，防止流砂现象；降低地下水位后，还能使土壤固结，增加地基土的承载能力。

降水井点有两大类：轻型井点和管井类。一般根据土的渗透系数、降水深度、设备条件及经济比较等因素确定，可参照表2-7选择。各种降水井点中轻型井点最为十分广泛，下面重点介绍轻型井点降水的设计和施工。

各种井点的适用范围 **表 2-7**

降水类型	适用范围	
	土的渗透系数(cm/s)	可能降低的水位深度(m)
一级轻型井点	10^{-2}～10^{-5}	3～6
多级轻型井点	10^{-2}～10^{-5}	6～12
喷射井点	10^{-3}～10^{-6}	8～20
电渗井点	<10^{-6}	宜配合其他形式降水使用
深井井管	≥10^{-5}	>10

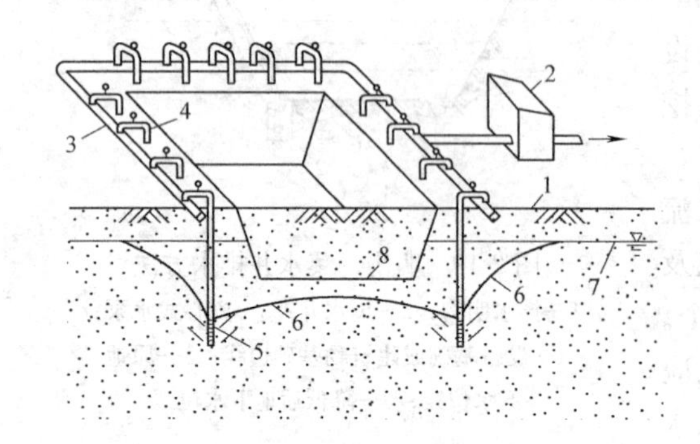

图 2-21 轻型井点降水设备

1—地面；2—水泵；3—总管；4—井点管；5—滤管；6—降落后的水位；7—原地下水位；8—基坑底

(1) 轻型井点降水设备

轻型井点降水设备（图 2-21）由管路系统和抽水设备组成。管路系统包括：滤管、井点管、弯联管及总管；抽水设备常用的有干式真空泵、射流泵等。

1) 管路系统

① 滤管（图 2-22）：滤管是井点设备的一个重要部分，其构造是否合理，对抽水效果影响较大。通常采用长 1.0～1.5m、直径 38mm 或 51mm 的无缝钢管，管壁钻有直径为 12～19mm 按梅花状排列的滤孔，滤孔面积为滤管表面积的 20%～25%。滤管外包以两层滤网。内层细滤网采用每厘米 30～40 眼的铜丝布或尼龙丝布，外层粗滤网采用每厘米 5～10 眼的塑料纱布。为使水流畅通，避免滤孔淤塞时影响水流进入滤管，在管壁与滤网间用小塑料管（或铁丝）绕成螺旋形隔开。滤网的外面用带孔的薄铁管，或粗铁丝网保护。滤管的上端与井点管连接下端为一铸铁头子。

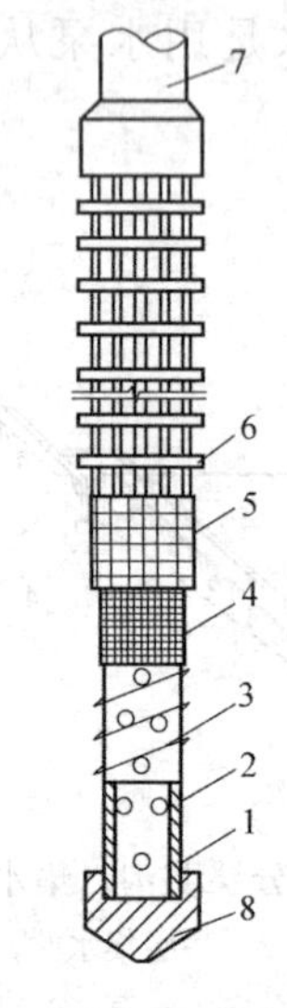

图 2-22 滤管构造

1—钢管；2—管壁上的孔；3—塑料管；4—细滤网；5—粗滤网；6—粗铁丝保护网；7—井点管；8—铸铁头

② 井点管：井点管为直径 38mm 和 51mm、长 5～7m 的钢管。可整根或分节组成。井点管的上端用弯联管与总管相连。弯联管宜用透明塑料管（能随时看到井点管的工作情况）或用橡胶软管。

③ 集水总管为直径 100～127mm 的无缝钢管，每段长 4m，其上端有井点管连接的短接头，间距 0.8m 或 1.2m。

2) 抽水设备

常用的有干式真空泵、射流泵等。

干式真空泵是由真空泵、离心泵和水汽分离器（又叫集水箱）等组成，其工作原理如图 2-23 所示。抽水时先开动真空泵 10，将水气分离器 6 内部抽成一定程度的真空，使土中的水分和空气受真空吸力作用而吸出，进入水气分离器6。当进入水气分离器内的水达一定高度，即可开动离心泵13。在水气分离器内水和空气向两个方向流去：水经离心泵排出；空气集中在上部由真空泵排出，少量从空气中带来的水从放水口9放出。

一套抽水设备的负荷长度（即集水总管长度）为100 m左右。常用的W5、W6型干式真空泵，其最大负荷长度分别为80m和100m，有效负荷长度为60m和80m。

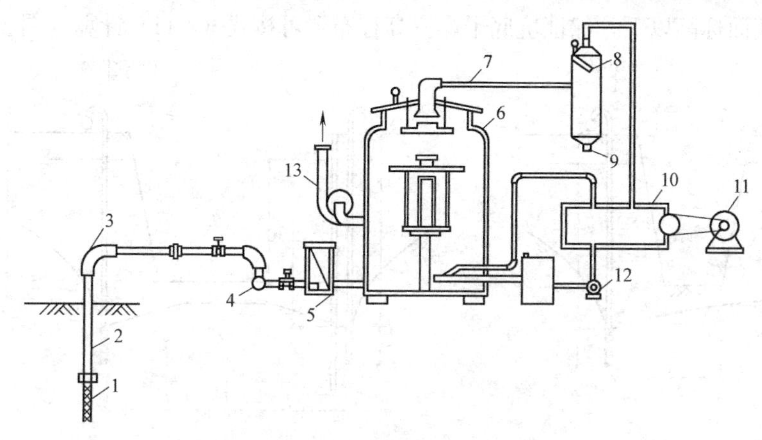

图2-23　干式真空泵工作原理

1—滤管；2—井点管；3—弯联管；4—集水总管；5—过滤室；6—水气分离器；7—进水管；8—副水气分离器；9—放水口；10—真空泵；11—电动机；12—循环水泵；13—离心水泵

（2）轻型井点降水布置

1）平面布置

当基坑或沟槽宽度小于6m，且降水深度不超过5m时，一般可采用单排线状井点，布置在地下水流的上游一侧，其两端的延伸长度一般以不小于坑（槽）宽为宜（图2-24*a*）。如基坑宽度大于6m或土质不良，则宜采用双排井点（图2-24*b*）。当基坑面积较大时，宜采用环形井点（图2-24*c*）；有时为了施工需要，也可留出一段（地下水流下游方

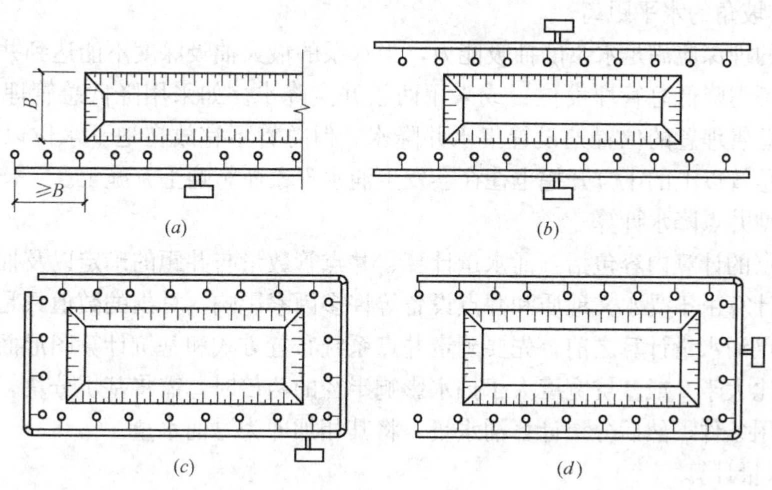

图2-24　井点的平面布置

（*a*）单排布置；（*b*）双排布置；（*c*）环形布置；（*d*）U形布置

向）不封闭，为U形井点（图2-24d）。井点管距离基坑壁一般不宜小于0.7～1.0m，以防局部发生漏气。井点管间距应根据土质、降水深度、工程性质等按计算或经验确定，一般采用0.8～1.6m。靠近河流处与总管四角部位，井点应适当加密。

2）高程布置

高程布置系确定井点管埋深，即滤管上口至总管埋设面的距离，主要考虑降低后的水位应控制在基坑底面标高以下，保证坑底干燥。高程布置可按式（2-11）计算（图2-25）：

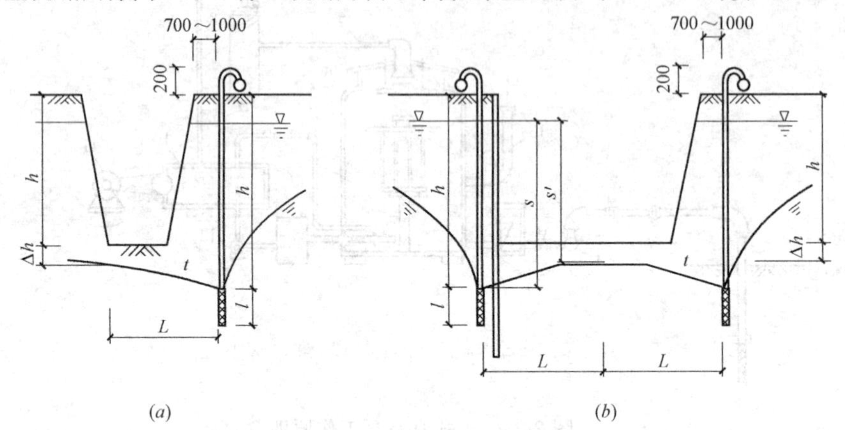

图2-25　井点高程布置计算

（a）单排井点高层布置；（b）双排井点高层布置

$$h \geqslant h_1 + \Delta h + iL \tag{2-11}$$

式中　h——井点管埋深；

h_1——总管埋设面至基底的距离；

Δh——基底至降低后的地下水位线的距离一般取0.5～1m；

i——水力坡度。对单排布置的井点，取1/5～1/4；对双排布置的井点，取1/7；对U形或环形布置的井点，取1/10；

L——井点管至水井中心的水平距离，当井点管为单排布置时，L为井点管至对边坡角的水平距离。

井点管的埋深应满足水泵的抽吸能力，当水泵的最大抽吸深度不能达到井点管的埋置深度时，应考虑降低总管埋设位置或采用两级井点降水。如采用降低总管埋置高度的方法，可以在总管埋置的位置处设置集水井降水。但总管不宜放在地下水位以下过深的位置，否则，总管以上的土方开挖也往往会发生涌水现象而影响土方施工。

（3）轻型井点降水计算

轻型井点的计算内容包括：涌水量计算、井点管数量与井距的确定以及抽水设备的选用等。井点计算由于受水文地质和井点设备等许多因素影响，算出的数值只是近似值。

轻型井点涌水量计算之前，先要确定井点系统布置方式和基坑计算图形面积。如矩形基坑的长宽比大于5或基坑宽度大于抽水影响半径的两倍时，需将基坑分块，使其符合计算公式的适用条件；然后分块计算涌水量，将其相加即为总涌水量。

1）涌水量计算

① 单井涌水量计算

井点系统涌水量计算是按水井理论进行的。水井根据井底是否达到不透水层，分为完整井与不完整井；凡井底到达含水层下面的不透水层顶面的井称为完整井，如图 2-26 所示，否则称为不完整井。根据地下水有无压力，又分为无压力井（即水井布置在潜水埋藏区，吸取的地下水是无压潜水时）与承压井（即水井布置在承压水埋藏区，吸取的地下水是承压水时）。各类井的涌水量计算方法都不同，其中以无压完整井的理论较为完善。

无压完整井抽水时，水位的变化如图 2-26 所示。当抽水一定时间后，井周围水面最后降落成渐趋稳定的漏斗状曲面，称之为降落漏斗。水井轴至漏斗边缘（该处原有水位不变）的水平距离称为抽水影响半径 R。

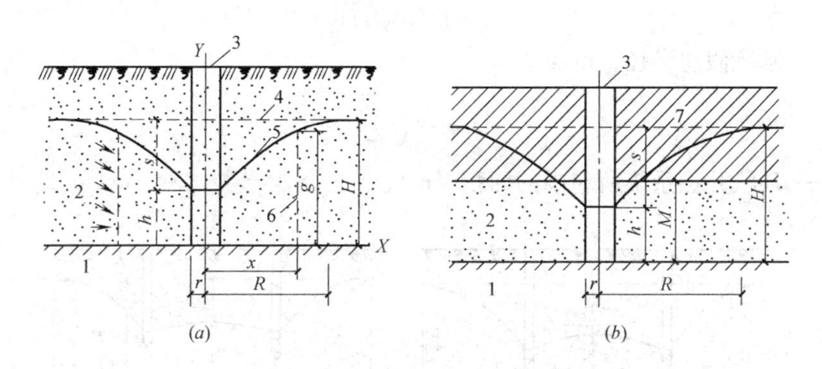

图 2-26　完整井水位降落曲线

（a）无压完整井；（b）承压完整井

1—不透水层；2—透水层；3—井；4—原有地下水位线；5—水位降落曲线；

6—距井轴 x 处的过水断面；7—压力水位线

根据达西线性渗透定律，可得无压完整井单井的涌水量 Q 为：

$$Q=1.366K\frac{H^2-h^2}{\lg R-\lg r}\quad(\mathrm{m^3/d})\tag{2-12}$$

式中　H——含水层厚度（m）；

　　　h——井内水深（m）；

　　　R——抽水影响半径（m）；

　　　r——水井半径（m）。

承压完整井单井的涌水量 Q（图 2-26）为：

$$Q=2.73\frac{KM(H-s)}{\lg R-\lg r}\tag{2-13}$$

式中　H——承压水头高度（m）；

　　　M——承压含水层厚度（m）；

　　　s——井中水位降低深度（m）。

② 井点系统（群井）涌水量计算

井点系统是由许多单井组成。各井点同时抽水时，由于各个单井相互距离都小于抽水影响半径，因而各个单井水位降落漏斗彼此干扰，其涌水量比单独抽水时要小，所以总涌水量不等于各单井涌水量之和。

无压完整井环形井点系统（图 2-27a）总涌水量，根据群井的相互干扰作用，其计算式如下：

$$Q=1.366K\frac{(2H-s)s}{\lg R-\lg x_0} \quad (\mathrm{m^3/d}) \tag{2-14}$$

式中　Q——井点系统的涌水量（$\mathrm{m^3/d}$）；

K——土的渗透系数（m/d）；

H——含水层厚度（m）；

s——基坑中心的水位降低值（m）；

R——抽水影响半径（m）：

$$R=1.95s\sqrt{HK} \tag{2-15}$$

x_0——基坑假想半径（m）：

$$x_0=\sqrt{\frac{F}{\pi}} \tag{2-16}$$

F——环状井点系统所包围的面积（m）。

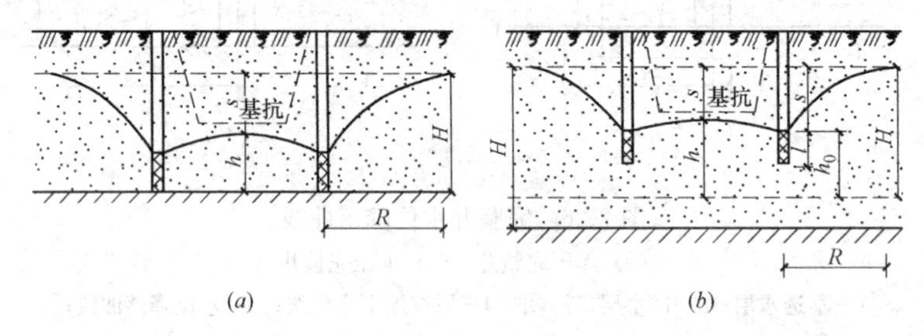

图 2-27　环形井点涌水量计算简图

（a）无压完整井；（b）无压不完整井

在实际工程中往往会遇到无压不完整井的井点系统，其涌水量计算较为复杂（图2-27 b）。为简化计算，仍可采用公式（2-14），此时式中 H 换成有效深度 H_0。H_0 值系经验数值，可查表 2-8 算得。当算得的 H_0 大于实际含水层厚度 H 时，则仍取 H 值。

含水层有效厚度 H_0　　**表 2-8**

$S/(S+l)$	0.2	0.3	0.5	0.8
H_0	$1.3(S+l)$	$1.5(S+l)$	$1.7(S+l)$	$1.84(S+l)$

注：S 为井点管中水位降落值；l 为滤管长度。

承压完整井环形井点涌水量计算公式为：

$$Q=2.73K\frac{MS}{\lg R-\lg x_0} \quad (\mathrm{m^3/d}) \tag{2-17}$$

式中　M——承压含水层厚度（m）；

K、R、x_0、S——与公式（2-14）相同。

承压非完整井环形井点系统涌水量计算式如下：

$$Q=2.37K\frac{MS}{\lg R-\lg x_0}\sqrt{\frac{M}{1+0.5r}}\sqrt{\frac{2M-l_1}{M}} \tag{2-18}$$

式中　r——井点管的半径（m）；

l_1——井点管进入含水层的深度（m）。

井点管数量与井距的确定。

单根据井点管的最大出水量 q，主要根据土的渗透系数、滤管的构造尺寸，按下式确定：

$$q=65\pi dl\sqrt[3]{K}\quad (m^3/d) \tag{2-19}$$

式中　d——滤管直径（m）；

l——滤管长度（m）；

K——渗透系数（m/d）。

井点管的最少根数 n，根据井点系统涌水量 Q 和单根井点管最大出水量 q，按下式确定：

$$n=1.1\frac{Q}{q}\quad (根) \tag{2-20}$$

式中　1.1——备用系数，考虑井点管堵塞等因素。

井点管数量算出后，便可根据井点系统布置方式，求出井点管间距 D。

$$D=\frac{L}{n}\quad (m) \tag{2-21}$$

式中　L——总管长度（m）；

n——井点管根数。

求出的管距应大于 $1.5d$，小于 2m。并应与总管接头的间距（0.8m 或 1.2m）相吻合（并由此反求 n）。

［**例 2-4**］　某工程基坑坑底面积为 40m×20m，深 6.0m，地下水位在地面下 2.0m，不透水层在地面下 12.3m，渗透系数 k=15m/d，基坑四边放坡，边坡拟为 1∶0.5，现拟采用轻型井点降水降低地下水位，井点系统最大抽水深度为 7.0m，要求：

（1）绘制井点系统的平面和高程布置；

（2）计算涌水量。

［**解**］　① 高程布置

基坑面积较大，所以采用环形布置，因最大抽水深度为 7.0m，故采用 7m 井点管。

$$i=0.1$$

$$h\geqslant h_1+\Delta h+iL$$

$$h=7m,\ h_1=6m,\ iL=0.1\times(10+6\times0.5+0.7)=1.37m$$

$$h_1+\Delta h+iL=6+0.5+1.37=7.87m（大于井点抽水深度 7m）$$

由于基坑较深，故基坑边开挖 1m 以降低总管埋设面（图 2-28b）

$h=7m$，$h_1=5m$，$iL=0.1\times(10+5\times0.5+0.7)=1.32m$

$\Delta h=7-5-1.32=0.68m$，满足要求。

② 涌水量计算

$F=(40+2\times5\times0.5+2\times0.7)\times(20+2\times5\times0.5+2\times0.7)=46.4\times26.4$
$=1224.96m^2$

$$x_0=\sqrt{\frac{F}{\pi}}=\sqrt{\frac{1224.96}{3.14}}=19.75m$$

$$R=1.95S\sqrt{HK}=1.95\times4.68\times\sqrt{10.3\times15}=113.4m$$

采用的滤管长度为 1.5m

$$S=6-2+0.68=4.68m,\ S'=7-(2-1)=6m$$

$$S'/(S'+l)=6/(6+1.5)=0.8$$

$$H_0=1.84(S+l)=1.84\times(6+1.5)=13.8\text{m}>H=10.3\text{m}$$

取 $H_0=H=10.3\text{m}$，故按无压完整井计算。

$$Q=1.366K\frac{(2H-S)S}{\lg R-\lg X_0}$$

$$=1.366\times15\times\frac{(2\times10.3-4.68)\times4.68}{\lg113.4-\lg19.75}$$

$$=2008\text{m}^3$$

③ 平面布置

$C=(46.4+26.4)\times2=145.6\text{m}$

W6 型干式真空泵有效负荷长度为 80m，所以采用两套抽水设备

$$q=65\pi dl\sqrt[3]{K}=65\times3.14\times0.051\times1.5\times\sqrt[3]{15}=25.68\text{m}^3/\text{d}$$

$$n'=Q/q=2008/25.68=78.2$$

$$n=1.1n'=1.1\times78.2=86\text{ 根}$$

取 n 为 86 根。

井点管间距为 1.6m。

$82\times1.6=136\text{m}<145.6\text{m}$，满足要求。

平面和高程布置如图 2-28 所示。

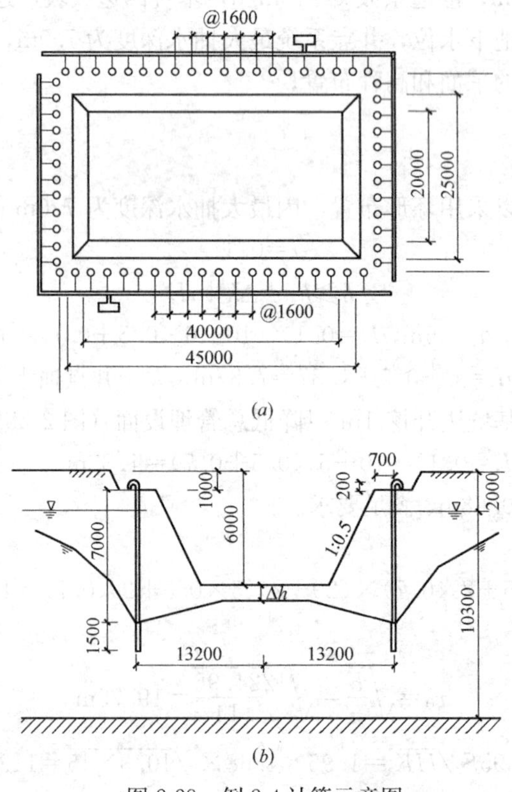

图 2-28 例 2-4 计算示意图

(a) 平面布置图；(b) 高程布置图

（4）轻型井点降水施工

轻型井点施工工艺：

放线定位→铺设总管→冲孔→安装井点管→填砂砾滤料、上部填黏土密封→用弯联管将井点管与总管接通→安装抽水设备→开动设备试抽水→测量观测井中地下水位变化。

1）井点管埋设

井点管的埋设一般采用水冲法进行，借助于高压水冲刷土体，用冲管扰动土体助冲，将土层冲成圆孔后埋设井点管。整个过程可分冲孔与埋管两个施工过程，如图 2-29 所示。冲孔的直径一般为 300mm，以保证井管四周有一定厚度的砂滤层；冲孔深度宜比滤管底深 0.5m 左右，以防冲管拔出时部分土颗粒沉于底部而触及滤管底部。

井孔冲成后，立即拔出冲管，插入井点管，并在井点管与孔壁之间迅速填灌砂滤层，以防孔壁塌土。砂滤层的填灌质量是保证轻型井点顺利抽水的关键。一般宜选用干净粗砂，填灌均匀，并填至滤管顶上 1～1.5m，以保证水流畅通。井点填砂后，须用黏土封口，以防漏气。

每根井点管埋设后，应及时检验渗水性能。井点管与孔壁之间填砂滤料时，管口应有泥浆水冒出，或向管内灌水时，能很快下渗方为合格。

2）布设集水总管之前，必须对集水总管进行清洗，并对其他部件进行检查清洗。井点管与集水总管之间用橡胶软管连接，确保其密闭性。

3）井点系统安装完毕后，必须及时试抽，并全面检查管路接头质量、井点出水状况和抽水机械运转情况等，如发现漏气和死井，应立即处理。每套机组所能带动的集水管总长度必须严格按机组功率及试抽后确定。

4）试抽合格后，井点孔口到地面下 1.0m 的深度范围内，用黏性土填塞严密，以防漏气。

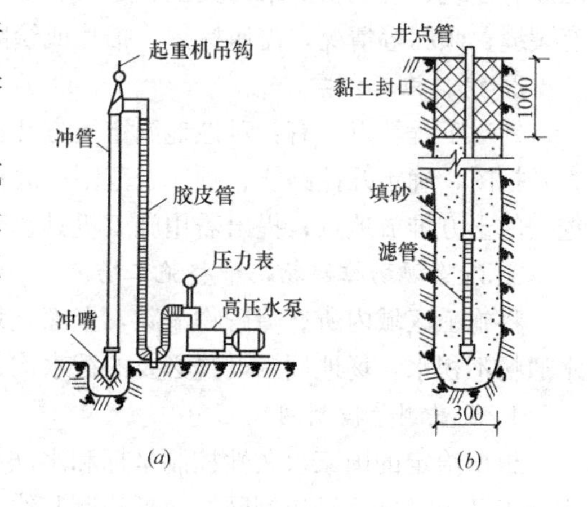

图 2-29　井点管埋设

（a）冲孔；（b）埋管

5）开始抽水后一般不应停抽，时抽时止，滤网易堵塞，也易抽出土粒，并引起附近建筑物由于土粒流失而沉降开裂。一般在抽水 3～5d 后水位降落漏斗基本趋于稳定。正常出水规律是“先大后小，先浑后清”。如不上水，或水一直较浑，或出现清后又浑等情况，应立即检查纠正。

6）为确保水位降至设计标高，宜设一个水位监测孔，派人 24 小时值班监测水位，发现情况及时上报。

7）井点降水施工队应派员 24 小时值班，定时观测流量及水位降低情况并做好《轻型井点降水记录》，同时施工人员在井点施工时，亦应做好《井点施工记录》。

8）质量通病的防治见表 2-9。

轻型井点常见质量问题防治　　表 2-9

通病及现象	原因分析	预防措施
井点抽水时在周围地面出现沉降开裂及位移	含水层疏干后，土体产生密实效应，土层压缩，地面下沉	限制基坑周围堆放材料，机械设备量，且不宜集中
降水速度过慢或无效，坑内水位无明显下降或不下降	表层土渗水性较强，抽出的水又迅速返回井内	做好地表排水系统，防止雨水倒灌，井点抽水就近排入下水道中
	围护桩施工质量差，不能起止水作用	找出漏水部位，用高压密注浆修补
	进水管、滤网堵塞或泵发生机械故障等	抽水前检验水泵，正式抽水前进行试抽

2.4 土方开挖

2.4.1 土方施工准备工作

1. 工程地质情况及现场环境调查

仔细研究地质勘察报告，熟悉各层土质及地下水水位；踏勘现场，熟悉场地内和邻近地区地下管道、管线图和有关资料，如位置、深度、直径、构造及埋设年份等。调查邻近的原有建筑、构筑物的结构类型、层数、基础类型、埋深、基础荷载及上部结构现状，如有裂缝、倾斜等情况，需作标记、拍片或绘图，形成原始资料文件。

2. 编制施工方案

针对工程特点，有针对性地制定土方开挖施工方案；绘制施工总平面布置图和基坑土方开挖图，确定开挖路线、顺序、范围、底板标高、边坡坡度、排水沟、集水井位置以及挖去的土方堆放地点；提出需用施工机具、劳力、推广新技术计划。

3. 清除现场障碍物，平整施工场地

将施工区域内所有障碍物清除，全面规划场地，平整各部分的标高，保证施工场地排水通畅不积水，场地周围设置必要的截水沟、排水沟。

4. 设置测量控制网

根据给定的国家永久性控制坐标和水准点，按建筑物总平面要求，引测到现场。在工程施工区域设置测量控制网，包括控制基线、轴线和水平基准点；做好轴线控制的测量和校核。控制网要避开建筑物、构筑物、土方机械操作及运输线路，并有保护标志；场地整平应设 10m×10m 或 20m×20m 方格网，在各方格点上做控制桩，并测出各标桩处的自然地形、标高，作为计算挖、填土方量和施工控制的依据。对建筑物应做定位轴线的控制测量和校核；进行土方工程的测量定位放线，设置龙门板、放出基坑（槽）挖土灰线、上部边线和底部边线和水准标志。龙门板桩一般应离开坑缘 1.5～2.0m，以利保存，灰线、标高、轴线应进行复核无误后，方可进行场地整平和基坑开挖。

2.4.2 浅基坑、槽和管沟开挖

1. 浅基坑、槽和管沟开挖的施工要点

基坑开挖程序一般是：

确定开挖顺序和坡度→沿灰线切出槽边轮廓线→分层开挖→修整槽边→清底

（1）确定开挖顺序和坡度：根据基础和土质、现场出土等条件合理确定开挖顺序，然后再分段分层平均下挖，相邻基坑开挖时，应遵循先深后浅或同时进行的施工程序。根据开挖深度、土质、地下水等情况确定开挖宽度，主要考虑放坡、工作面、临时支撑和排水沟等宽度。一般土质较好，开挖深度在1～2m，可直立开挖不加支护。否则应根据土质和施工具体情况进行放坡或采用临时性支撑加固。

（2）分层开挖：挖土应自上而下水平分段分层进行，每层0.6m左右，每层应通过控制点拉线检查坑底宽度及坡度，不够时及时修整，边坡坡度控制按每3m左右做一条控制线，以此参照修坡。接近设计标高1m左右，引测基底设计标高上50cm水平桩（间距一般取3m左右）作为基准点，控制开挖深度，为避免对地基土的扰动，应预留15～30cm一层土不挖，待下道工序开始再挖至设计标高。

（3）修整槽边、清底：组织验槽前，通过控制线检查基坑宽度并进行修整，根据标高控制点把预留土层挖到设计标高，并进行清底，要求坑底凹凸不超过2.0cm。验槽后立即浇筑混凝土垫层进行覆盖。

（4）其他：

1）在地下水位以下挖土，应在基坑（槽）四侧或两侧挖好临时排水沟和集水井，或采用井点降水，将水位降低至坑、槽底以下500mm，以利挖方进行。降水工作应持续到基础（包括地下水位下回填土）施工完成。

2）雨期施工时，基坑槽应分段开挖，挖好一段浇筑一段垫层，并在基槽两侧围以土堤或挖排水沟，以防地面雨水流入基坑槽，同时应经常检查边坡和支撑情况，以防止坑壁受水浸泡造成塌方。

3）人工挖土，前后操作人员间距离不应小于2m，堆土在1m以外并且高度不得超过1.5m。

2. 浅基坑、槽和管沟的支撑方法

基坑槽和管沟的支撑方法见表2-10，一般浅基坑的支撑方法见表2-11。

基坑槽、管沟的支撑方法 表2-10

支撑方式	简图	支撑方法及适用条件
间断式水平支撑	木楔 横撑 水平挡土板	两侧挡土板水平放置，用工具式或木横撑借木楔顶紧，挖一层土，支顶一层 适于能保持立壁的干土或天然湿度的黏土类土，地下水很少、深度在2m以内
断续式水平支撑	立楞木 横撑 木楔 水平挡土板	挡土板水平放置，中间留出间隔，并在两侧同时对称立竖方木，再用工具式或木横撑上、下顶紧 适于能保持直立壁的干土或天然湿度的黏土类土，地下水很少、深度在3m以内

续表

支撑方式	简　图	支撑方法及适用条件
连续式水平支撑	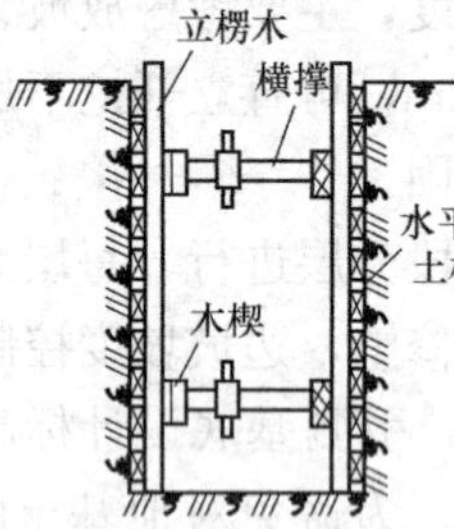 立楞木 横撑 水平挡土板 木楔	挡土板水平连续放置，不留间隙，然后两侧同时对称立竖方木，上、下各顶一根撑木，端头加木楔顶紧 适于较松散的干土或天然湿度的黏土类土，地下水很少，深度为 3～5m
连续或间断式垂直支撑	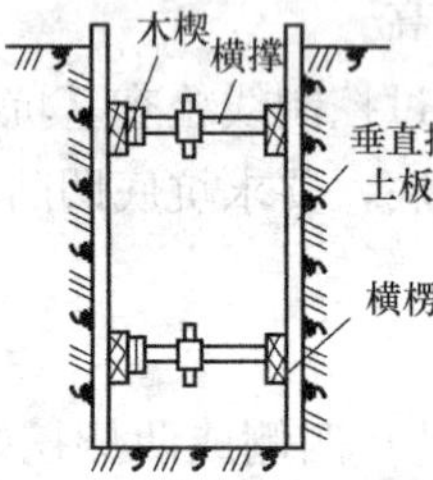 木楔 横撑 垂直挡土板 横楞木	挡土板垂直放置，可连续或留适当间隙，然后每侧上、下各水平顶一根方木，再用横撑顶紧 适于土质较松散或湿度很高的土，地下水较少、深度不限
水平垂直混合式支撑	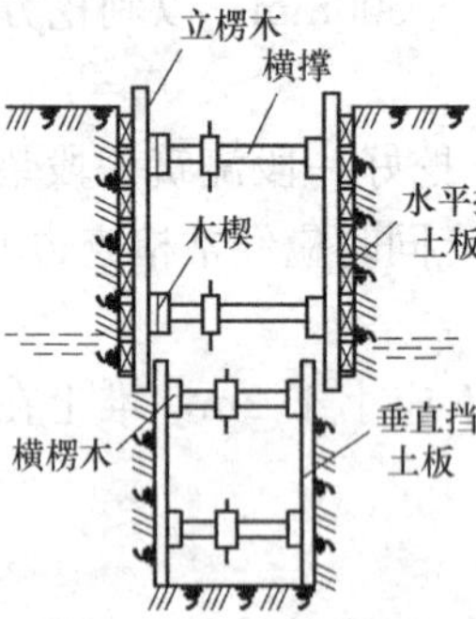 立楞木 横撑 水平挡土板 木楔 横楞木 垂直挡土板	沟槽上部连续式水平支撑，下部设连续式垂直支撑 适于沟槽深度较大，下部有含水土层的情况

一般浅基坑的支撑方法　　　　表 2-11

支撑方式	简　图	支撑方法及适用条件
斜柱支撑	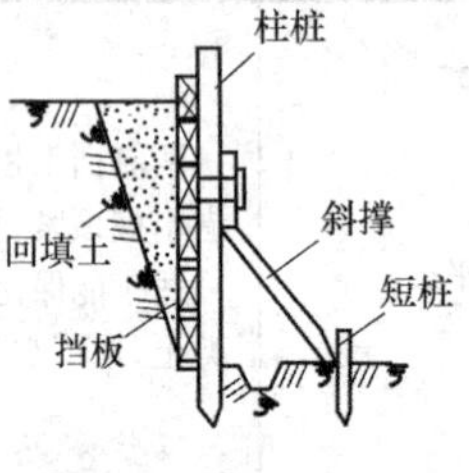 柱桩 回填土 斜撑 短桩 挡板	水平挡土板钉在柱桩内侧，柱桩外侧用斜撑支顶，斜撑底端支在木桩上，在挡土板内侧回填土 适于开挖较大型、深度不大的基坑或使用机械挖土时
锚拉支撑	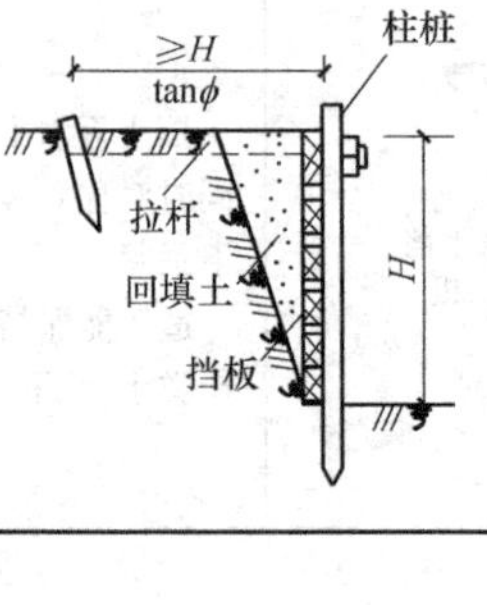 $\geq\frac{H}{\tan\phi}$ 柱桩 拉杆 回填土 挡板 H	水平挡土板支在柱桩的内侧，柱桩一端打入土中，另一端用拉杆与锚桩拉紧，在挡土板内侧回填土 适于开挖较大型、深度不大的基坑或使用机械挖土，不能安设横撑时使用

续表

支撑方式	简图	支撑方法及适用条件
型钢桩横挡板支撑	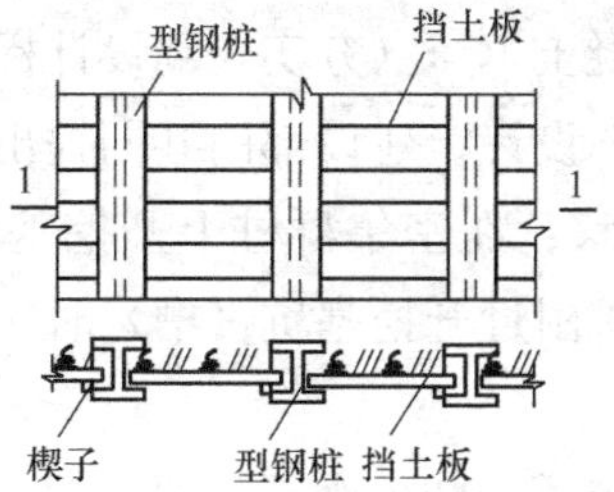 型钢桩 挡土板 1 1 楔子 型钢桩 挡土板	沿挡土位置预先打入钢轨、工字钢或H型钢桩，间距1.0～1.5m，然后边挖方，边将3～6cm厚的挡土板塞进钢桩之间挡土，并在横向挡板与型钢桩之间打上楔子，使横板与土体紧密接触 适于地下水位较低、深度不很大的一般黏性土或砂土层中使用
短桩横隔板支撑	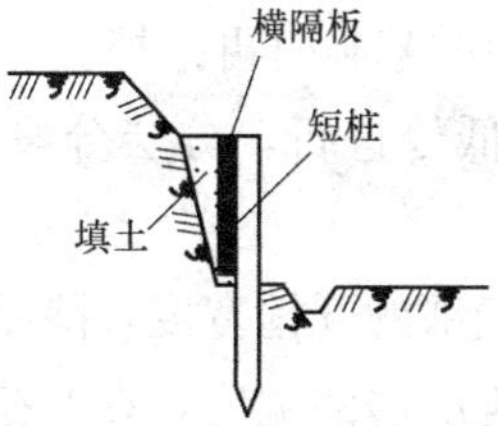 横隔板 短桩 填土	打入小短木桩，部分打入土中，部分露出地面，钉上水平挡土板，在背面填土、夯实 适于开挖宽度大的基坑，当部分地段下部放坡不够时使用
临时挡土墙支撑	 扁丝编织袋或草袋装土、砂；或干砌、浆砌毛石	沿坡脚用砖、石叠砌或用装水泥的聚丙烯扁丝编织袋、草袋装土、砂堆砌，使坡脚保持稳定 适于开挖宽度大的基坑，当部分地段下部放坡不够时使用
挡土灌注桩支护	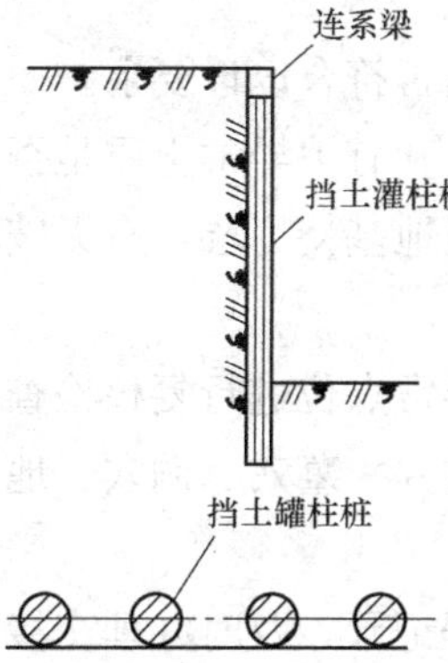 连系梁 挡土灌柱桩 挡土罐柱桩	在开挖基坑的周围，用钻机或洛阳铲成孔，桩径ϕ400～500mm，现场灌筑钢筋混凝土桩，桩间距为1.0～1.5m，在桩间土方挖成外拱形使之起土拱作用 适用于开挖较大、较浅（<5m）基坑，邻近有建筑物，不允许背面地基有下沉、位移时采用
叠袋式挡墙支护	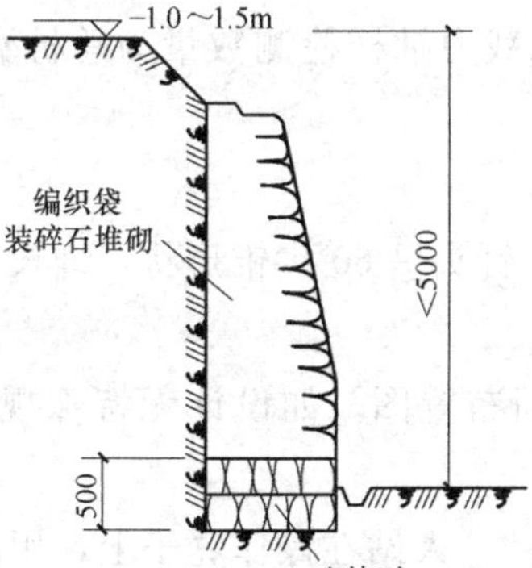 -1.0～1.5m 编织袋装碎石堆砌 <5000 500 砌块石	采用编织袋或草袋装碎石（砂砾石或土）堆砌成重力式挡墙作为基坑的支护，在墙下部砌500mm厚块石基础，墙底宽由1500～2000mm，顶宽由500～1200mm，顶部适当放坡卸土1.0～1.5m，表面抹砂浆保护 适用于一般黏性土、面积大、开挖深度应在5m以内的浅基坑支护

3. 土方开挖施工中应注意的质量问题

(1) 基底超挖：开挖基坑（槽）或管沟均不得超过基底标高。遇标高超深时，不得用松土回填，应用砂、碎石或低强度等级混凝土填压（夯实）到设计标高；当地基局部存在软弱土层，不符合设计要求时，应与勘察、设计、建设部门共同提出方案进行处理。

(2) 软土地区桩基挖土应防止桩基位移：在密集群桩上开挖基坑时，应在打桩完成后，间隔一段时间，再对称挖土；在密集桩附近开挖基坑（槽）时，应事先确定防止桩基位移的措施。

(3) 基底未保护：基坑（槽）开挖后应尽量减少对基土的扰动。如基础不能及时施工时，可在基底标高以上留出 0.3m 厚土层，待做基础时再挖掉。

(4) 施工顺序不合理：土方开挖宜先从低处进行，分层分段依次开挖，形成一定坡度，以利排水。

(5) 开挖尺寸不足：基坑（槽）或管沟底部的开挖宽度，除结构宽度外，应根据施工需要增加工作面宽度。如排水设施、支撑结构所需的宽度，在开挖前均应考虑。

(6) 基坑（槽）或管沟边坡不直不平，基底不平：应加强检查，随挖随修，并要认真验收。

4. 基坑（槽）验收

基坑开挖完毕应由施工单位自查后报验，由监理单位总监理工程师主持，建设单位、设计单位、勘察单位、施工单位、质量监督部门等有关人员共同到现场进行检查，验槽内容主要包括：

(1) 开挖平面位置、尺寸、标高、边坡是否符合设计要求。

(2) 观察槽壁、槽底土质类型、均匀程度和有关异常土质是否存在，核对基底土质及地下水情况是否与勘察报告相符，是否已挖至地基持力层，有无破坏原状土结构或发生较大的扰动现象。

(3) 检查核实分析钎探资料，对存在的异常点位进行复核检查。

(4) 检查基槽内是否有旧建筑物基础、古井、墓穴、洞穴、地下掩埋物及地下人防工程等。

经检查合格，填写基坑槽验收、隐蔽工程记录，及时办理交接手续。

某些地区还规定应对地基承载力进行检测，一般采用压板试验或标准贯入试验。天然地基，检测数量不少于 3 点；复合地基承载力抽样检测数量为总桩数的 0.5%～1.0%，且不少于 3 点。

5. 基础钎探

(1) 用直径 ϕ22～25mm 的钢筋制成，钎头呈 60°尖锥形状，钎长 1.8～2.0m；8～10 磅大锤。

(2) 根据设计图纸绘制钎探孔位平面布置图。如设计无特殊规定时，可按表 2-18 执行。

(3) 将钎尖对准孔位，一人扶正钢钎，一人站在操作凳子上，用大锤打钢钎的顶端；锤举高度一般为 50～70cm，将钎垂直打入土层中。注意记录锤击数和孔深。

2.4.3 深基坑开挖

基坑工程的挖土方案，主要有放坡挖土、中心岛式（也称墩式）挖土、盆式挖土和逆作法挖土。前者无支护结构，后三种皆有支护结构。

1. 放坡挖土

放坡开挖是最经济的挖土方案。当基坑开挖深度不大（软土地区挖深不超过4m；地下水位低、土质较好地区挖深亦可较大）、周围环境又允许时，经验算能确保边坡的稳定性时，均可采用放坡开挖。

开挖深度较大的基坑，当采用放坡挖土时，宜设置多级平台分层开挖，每级平台的宽度不宜小于1.5m。

对土质较差且施工工期较长的基坑，对边坡宜采用钢丝网水泥喷浆或用高分子聚合材料覆盖等措施进行护坡。

坑顶不宜堆土或存在堆载（材料或设备），遇有不可避免的附加荷载时，在进行边坡稳定性验算时，应计入附加荷载的影响。

钎探孔排列方式 **表2-12**

槽宽(cm)	排列方式及图形	间距(m)	深度(m)
小于80	中心一排	1.5	1.5
80～200	两排错开	1.5	1.5
大于200	梅花形	1.5	2.0
柱基	梅花形	1.5～2.0	1.5,并不浅于短边

在地下水位较高的软土地区，应在降水达到要求后再进行土方开挖，宜采用分层开挖的方式进行开挖。分层挖土厚度不宜超过2.5m。挖土时要注意保护工程桩，防止碰撞或因挖土过快、高差过大使工程桩受侧压力而倾斜。

如有地下水，放坡开挖应采取有效措施降低坑内水位和排除地表水，严防地表水或坑内排出的水倒流回渗入基坑。

基坑采用机械挖土，坑底应保留 200～300mm 厚基土，用人工清理整平，防止坑底土扰动。待挖至设计标高后，应清除浮土，经验槽合格后，及时进行垫层施工。

2. 中心岛（墩）式挖土

中心岛（墩）式挖土，宜用于大型基坑，支护结构的支撑形式为角撑、环梁式或边桁（框）架式，中间具有较大空间的情况下。此时可利用中间的土墩作为支点搭设栈桥。挖土机可利用栈桥下到基坑挖土，运土的汽车亦可利用栈桥进入基坑运土。这样可以加快挖土和运土的速度（图 2-30）。

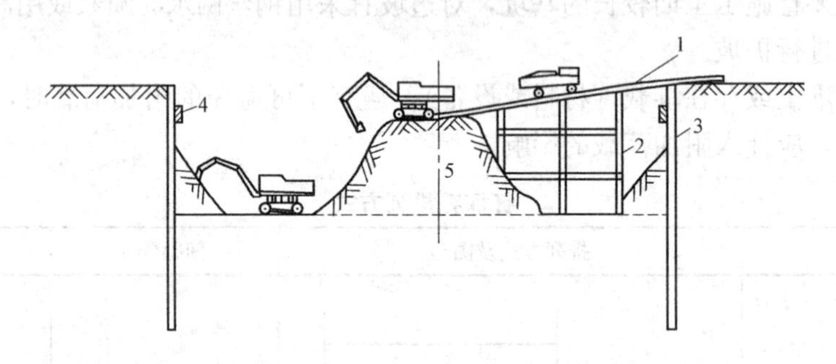

图 2-30 中心岛（墩）式挖土示意图

1—栈桥；2—支架（尽可能利用工程桩）；3—围护墙；4—腰梁；5—土墩

中心岛（墩）式挖土，中间土墩的留土高度、边坡的坡度、挖土层次与高差都要经过仔细研究确定。由于在雨期遇有大雨土墩边坡易滑坡，必要时对边坡尚需加固。

挖土亦应分层开挖，多数是先全面挖去第一层，然后中间部分留置土墩，周围部分分层开挖。开挖多用反铲挖土机，如基坑深度大则用向上逐级传递方式进行装车外运。

整个的土方开挖顺序，必须与支护结构的设计工况严格一致。要遵循开槽支撑、先撑后挖、分层开挖、严禁超挖的原则。

挖土时，除支护结构设计允许外，挖土机和运土车辆不得直接在支撑上行走和操作。

为减少时间效应的影响，挖土时应尽量缩短围护墙无支撑的暴露时间。一般对一、二级基坑，每一工况挖至规定标高后，钢支撑的安装周期不宜超过一昼夜，混凝土支撑的完成时间不宜超过两昼夜。

对面积较大的基坑，为减少空间效应的影响，基坑土方宜分层、分块、对称、限时进行开挖，土方开挖顺序要为尽可能早地安装支撑创造条件。

土方挖至设计标高后，对有钻孔灌筑桩的工程，宜边破桩头边浇筑垫层，尽可能早一些浇筑垫层，以便利用垫层（必要时可加厚作配筋垫层）对围护墙起支撑作用，以减少围护墙的变形。

挖土机挖土时严禁碰撞工程桩、支撑、立柱和降水的井点管。分层挖土时，层高不宜过大，以免土方侧压力过大使工程桩变形倾斜，在软土地区尤为重要。

同一基坑内当深浅不同时，土方开挖宜先从浅基坑处开始，如条件允许可待浅基坑处底板浇筑后，再挖基坑较深处的土方。

如两个深浅不同的基坑同时挖土时，土方开挖宜先从较深基坑开始，待较深基坑底板浇筑后，再开始开挖较浅基坑的土方。

如基坑底部有局部加深的电梯井、水池等，如深度较大宜先对其边坡进行加固处理后再进行开挖。

墩式挖土，对于加快土方外运和提高挖土速度是有利的，但对于支护结构受力不利，由于首先挖去基坑四周的土，支护结构受荷时间长，在软黏土中时间效应（软黏土的蠕变）显著，有可能增大支护结构的变形量。与此不同的，还有一种盆式挖土，即先挖去基坑中间部分的土，后挖除靠近支护挡墙处四周的土，这样对于支护挡墙受力有利，时间效应小，但对于挖土和土方外运的速度有一定影响。

3. 盆式挖土

盆式挖土是先开挖基坑中间部分的土，周围四边留土坡，土坡最后挖除。这种挖土方式的优点是周边的土坡对围护墙有支撑作用，有利于减少围护墙的变形。其缺点是大量的土方不能直接外运，需集中提升后装车外运，如图 2-31 所示。

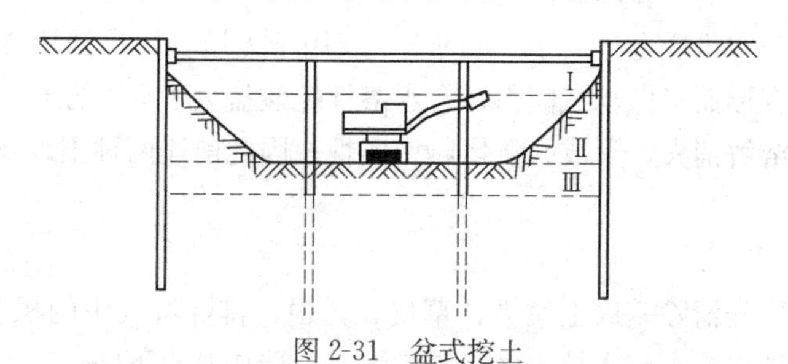

图 2-31　盆式挖土

盆式挖土周边留置的土坡，其宽度、高度和坡度大小均应通过稳定验算确定。如留的过小，对围护墙支撑作用不明显，失去盆式挖土的意义。如坡度太陡边坡不稳定，在挖土过程中可能失稳滑动，不但失去对围护墙的支撑作用，影响施工，而且有损于工程桩的质量。盆式挖土需设法提高土方上运的速度，对加速基坑开挖起很大作用。

2.4.4　土方开挖安全技术措施

（1）基坑开挖时，两人操作间距应大于 2.5m。多台机械开挖，挖土机间距应大于 10m。在挖土机工作范围内，不许进行其他作业。挖土应由上而下，逐层进行，严禁先挖坡脚或逆坡挖土。

（2）挖土方不得在危岩、孤石的下边或贴近未加固的危险建筑物的下面进行。

（3）基坑开挖应严格按要求放坡。操作时应随时注意土壁的变动情况，如发现有裂纹或部分坍塌现象，应及时进行支撑或放坡，并注意支撑的稳固和土壁的变化。当采取不放坡开挖，应设置临时支护，各种支护应根据土质及基坑深度经计算确定。

（4）机械多台阶同时开挖，应验算边坡的稳定，挖土机离边坡应有一定的安全距离，以防塌方，造成翻机事故。

（5）在有支撑的基坑槽中使用机械挖土时，应防止碰坏支撑。在坑槽边使用机械挖土时，应计算支撑强度，必要时应加强支撑。

（6）四周设防护栏杆，人员上下要有专用爬梯。

(7) 运土道路的坡度、转弯半径要符合有关安全规定。

2.5 土方回填

2.5.1 准备工作

1. 土料选择

对填方土料应按设计要求验收后方可填入。如设计无要求，一般按下述原则进行：

(1) 碎石类土、砂土和爆破石碴（粒径不大于每层铺土厚的 2/3），可用于表层下的填料。

(2) 含水量符合压实要求的黏性土，可作各层填料。

(3) 淤泥和淤泥质土，一般不能用作填料，但在软土地区，经过处理含水量符合压实要求的，可用于填方中的次要部位。

(4) 碎块草皮和有机质含量大于8%的土，仅用于无压实要求的填方。含有大量有机物的土，容易降解变形而降低承载能力；含水溶性硫酸盐大于5%的土，在地下水的作用下，硫酸盐会逐渐溶解消失，形成孔洞影响密实性；因此前述两种土以及冻土、膨胀土等均不应作为填土。

2. 基底处理

(1) 场地回填应先清除基底上垃圾、草皮、树根，排除坑穴中的积水、淤泥和杂物，并应采取措施防止地表滞水流入填方区，浸泡地基，造成基土下陷。

(2) 当填方基底为耕植土或松土时，应将基底充分夯实和碾压密实。

(3) 当填方位于水田、沟渠、池塘或含水量很大的松散土地段，应根据具体情况采取排水疏干，或将淤泥全部挖出换土、抛填片石、填砂砾石、翻松、掺石灰等措施进行处理。

(4) 当填土场地地面陡于 1/5 时，应先将斜坡挖成阶梯形，阶高 0.2～0.3m，阶宽大于 1m，然后分层填土，以利结合和防止滑动。

3. 压实机具的选择

(1) 平碾压路机

又称光碾压路机，按重量等级分轻型（3～5t）、中型（6～10t）和重型（12～15t）三种；按装置形式的不同又分单轮压路机、双轮压路机及三轮压路机等几种；按作用于土层荷载的不同，分静作用压路机和振动压路机两种。

平碾压路机具有操作方便、转移灵活、碾压速度较快等优点，但碾轮与土的接触面积大，单位压力较小，碾压上层密实度大于下层。静作用压路机适用于薄层填土或表面压实、平整场地、修筑堤坝及道路工程；振动平碾适用于填料为爆破石碴、碎石类土、杂填土或粉土的大型填方工程。

(2) 小型打夯机

有冲击式和振动式之分，由于体积小，重量轻，构造简单，机动灵活、实用，操纵、维修方便，夯击能量大，夯实工效较高，在建筑工程上使用很广。但劳动强度较大，常用的有蛙式打夯机、柴油打夯机等，适用于黏性较低的土（砂土、粉土、粉质黏土）基坑（槽）、管沟及各种零星分散、边角部位的填方的夯实，以及配合压路机对边缘或边角碾压不到之处的夯实。

（3）平板式振动器

为现场常备机具，体形小，轻便、适用，操作简单，但振实深度有限。适于小面积黏性土薄层回填土振实、较大面积砂土的回填振实以及薄层砂卵石、碎石垫层的振实。

（4）其他机具

对密实度要求不高的大面积填方，在缺乏碾压机械时，可采用推土机、拖拉机或铲运机结合行驶、推（运）土、平土来压实。对已回填松散的特厚土层，可根据回填厚度和设计对密实度的要求采用重锤夯实或强夯等机具方法来夯实。

2.5.2 压实的一般要求

1. 含水量控制

含水量过小，夯压（碾压）不实；含水量过大，则易成橡皮土。各种土的最优含水量和最大干密实度参考数值见表 2-13。黏性土料施工含水量与最优含水量之差可控制在－4%～＋2%范围内。

土的最优含水量和最大干密实度参考表 **表 2-13**

项 次	土的种类	变动范围	
		最优含水量(%)(重量比)	最大干密实度(t/m^3)
1	砂土	8～12	1.80～1.88
2	黏土	19～23	1.58～1.70
3	粉质黏土	12～15	1.85～1.95
4	粉土	16～22	1.61～1.80

注：1. 表中土的最大干密度应以现场实际达到的数字为准；
2. 一般性的回填，可不作此项测定。

土料含水量一般以手握成团、落地开花为适宜。当含水量过大，应采取翻松、晾干、风干、换土回填、掺入干土或其他吸水性材料等措施；如土料过干，则应预先洒水润湿。

2. 铺土厚度和压实遍数

填土每层铺土厚度和压实遍数视土的性质、设计要求的压实系数和使用的压（夯）实机具性能而定，一般应进行现场碾（夯）压试验确定。表 2-14 为压实机械和工具每层铺土厚度与所需的碾压（夯实）遍数的参考数值，如无试验依据，可参考应用。

填土施工时的分层厚度及压实遍数 **表 2-14**

压实机具	分层厚度(mm)	每层压实遍数
平碾	250～300	6～8
振动压实机	250～350	3～4
柴油打夯机	200～250	3～4
人工打夯	不大于 200	3～4

2.5.3 填土压（夯）实方法

1. 一般要求

（1）填土应尽量采用同类土填筑，并宜控制土的含水率在最优含水量范围内。当采用不同的土填筑时，应按土类有规则地分层铺填，将透水性大的土层置于透水性较小的土层之下，不得混杂使用，边坡不得用透水性较小的土封闭，以利水分排出和基土稳定，并避免在填方内形成水囊和产生滑动现象。

（2）填土应从最低处开始，由下向上整个宽度分层铺填碾压或夯实。

（3）在地形起伏之处，应做好接槎，修筑1：2阶梯形边坡，每台阶高可取50cm、宽100cm。分段填筑时每层接缝处应做成大于1：1.5的斜坡，碾迹重叠0.5～1.0m，上下层错缝距离不应小于1m。接缝部位不得在基础、墙角、柱墩等重要部位。

（4）填土应预留一定的下沉高度，以备在行车、堆重或干湿交替等自然因素作用下，土体逐渐沉落密实。预留沉降量根据工程性质、填方高度、填料种类、压实系数和地基情况等因素确定。当土方用机械分层夯实时，其预留下沉高度（以填方高度的百分数计）：对砂土为1.5%；对粉质黏土为3%～3.5%。

2. 人工夯实方法

（1）人力打夯前应将填土初步整平，打夯要按一定方向进行，一夯压半夯，夯夯相接，行行相连，两遍纵横交叉，分层夯打。夯实基槽及地坪时，行夯路线应由四边开始，然后再夯向中间。

（2）用柴油打夯机等小型机具夯实时，一般填土厚度不宜大于25cm，打夯之前对填土应初步平整，打夯机依次夯打，均匀分布，不留间隙。

（3）基坑（槽）回填应在相对两侧或四周同时进行回填与夯实。

（4）回填管沟时，应用人工先在管子周围填土夯实，并应从管道两边同时进行，直至管顶0.5m以上。在不损坏管道的情况下，方可采用机械填土回填夯实。

3. 机械压实方法

（1）为保证填土压实的均匀性及密实度，避免碾轮下陷，提高碾压效率，在碾压机械碾压之前，宜先用轻型推土机、拖拉机推平，低速预压4～5遍，使表面平实；采用振动平碾压实爆破石碴或碎石类土，应先静压，而后振压。

（2）碾压机械压实填方时，应控制行驶速度，一般平碾、振动碾不超过2km/h；并要控制压实遍数。碾压机械与基础或管道应保持一定的距离，防止将基础或管道压坏或使位移。

（3）用压路机进行填方压实，应采用“薄填、慢驶、多次”的方法，填土厚度不应超过25～30cm；碾压方向应从两边逐渐压向中间，碾轮每次重叠宽度约15～25cm，避免漏压。运行中碾轮边距填方边缘应大于500mm，以防发生溜坡倾倒。边角、边坡边缘压实不到之处，应辅以人力夯或小型夯实机具夯实。压实密实度，除另有规定外，应压至轮子下沉量不超过1～2cm为度。

（4）平碾碾压一层完后，应用人工或推土机将表面拉毛。土层表面太干时，应洒水湿润后，继续回填，以保证上、下层接合良好。

（5）用铲运机及运土工具进行压实，铲运机及运土工具的移动须均匀分布于填筑层的全面，逐次卸土碾压。

4. 压实排水要求

（1）填土层如有地下水或滞水时，应在四周设置排水沟和集水井，将水位降低。

（2）已填好的土如遭水浸，应把稀泥铲除后，方能进行下一道工序。

（3）填土区应保持一定横坡，或中间稍高两边稍低，以利排水。当天填土，应在当天压实。

5. 质量控制与检验

（1）填土施工过程中应检查排水措施，每层填筑厚度、含水量控制和压实程序。

（2）首先在土方回填前取样进行击实实验，测定土的最大干密度；在夯实或压实之后，要对每层回填土采用环刀法取样测定土的干密度，求出土的密实度和压实系数，符合设计要求后，才能填筑上层。密实度要求一般由设计根据工程结构性质、使用要求以及土的性质确定，如未作规定，可参考表 2-15 数值。

压实填土的质量控制 **表 2-15**

结构类型	填土部位	压实系数 λ_c	控制含水量（%）
砌体承重结构和框架结构	在地基主要受力层范围内	≥0.97	最优含水量±2
	在地基主要受力层范围以下	≥0.95	
排架结构	在地基主要受力层范围内	≥0.96	最优含水量±2
	在地基主要受力层范围以下	≥0.94	

注：地坪垫层以下及基础底面标高以上的压实填土，压实系数不应小于 0.94。

（3）基坑和室内填土，每层按 100～500m^2 取样 1 组；场地平整填方，每层按 400～900m^2 取样 1 组；基坑和管沟回填每 20～50m 取样 1 组，但每层均不少于 1 组，取样部位在每层压实后的下半部。用灌砂法取样应为每层压实后的全部深度。

（4）填土压实后的干密度应有 90%以上符合设计要求，其余 10%的最低值与设计值之差，不得大于 0.08t/m^3，且不应集中。

（5）质量检验项目：

主控项目：标高；分层压实系数。一般项目：回填土料；分层厚度及含水量。

6. 应注意的质量问题

（1）未按要求测定土的干密度：回填土每层都应测定夯实后的干密度，符合设计要求后才能铺摊上层土。试验报告要注明土料种类、试验日期、试验结论及试验人员签字。未达到设计要求部位，应有处理方法和复验结果。

（2）回填土下沉：因虚铺土超过规定厚度或冬期施工时有较大的冻土块，或夯实不够遍数，甚至漏夯，坑（槽）底有有机杂物或落土清理不干净，以及冬期做散水，施工用水渗入垫层中，受冻膨胀等造成。这些问题均应在施工中认真执行规范的有关各项规定，并要严格检查，发现问题及时纠正。

（3）管道下部夯填不实：管道下部应按标准要求填夯回填土，如果漏夯不实会造成管道下方空虚，造成管道折断而渗漏。

（4）回填土夯压不密：应在夯压时对干土适当洒水加以润湿；如回填土太湿同样夯不密实呈“橡皮土”现象，这时应将“橡皮上”挖出，重新换好土再予夯实。

2.6　土方工程机械化施工

由于平整场地和基坑土方开挖工程量一般均很大，采用人工挖土效率较低，如一台斗容量为 $1m^3$ 的反铲挖掘机一个台班能挖土约 $500m^3$，相当于 200 人左右挖一天的工作量，所以土方工程采用机械化施工能减轻繁重的体力劳动、提高施工效率、确保工期。

土方机械化施工常用机械有：推土机、单斗挖掘机（包括正铲、反铲、拉铲、抓铲等）以及夯实机械等。

2.6.1　土方机械基本作业方法和特点

1. 推土机

推土机是土方工程施工的主要机械之一，是在履带式拖拉机上安装推土铲刀等工作装置而成的机械。常用的是液压式推土机，铲刀强制切入土中，切入深度较大。同时铲刀还可以调整角度，具有更大的灵活性。多用于挖土深度不大的场地平整，开挖深度不大于 1.5m 的基坑，回填基坑和沟槽等施工。

（1）作业方法

推土机开挖的基本作业是铲土、运土和卸土三个工作行程和空载回驶行程。铲土时应根据土质情况，尽量采用最大切土深度并在最短距离（6～10m）内完成，以便缩短低速运行时间，然后直接推运到预定地点。回填土和填沟渠时，铲刀不得超出土坡边沿。上下坡坡度不得超过 35°，横坡不得超过 10°。几台推土机同时作业，前后距离应大于 8m。

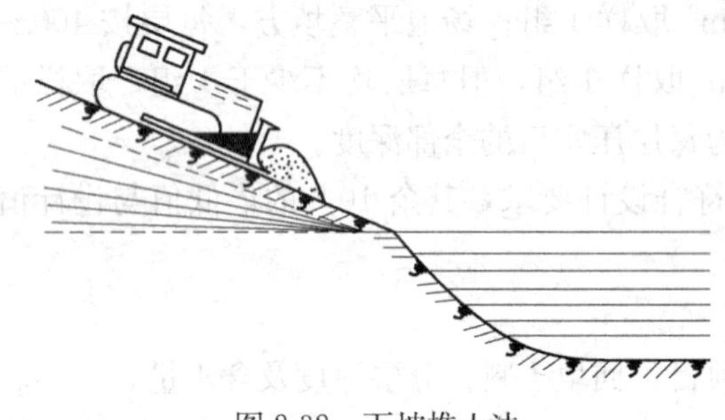

图 2-32　下坡推土法

（2）提高生产率的方法

1）下坡推土法：在斜坡上，推土机顺下坡方向切土与堆运（图 2-32），借机械向下的重力作用切土，增大切土深度和运土数量，可提高生产率 30%～40%，但坡度不宜超过 15°，避免后退时爬坡困难。

2）槽形推土法　推土机重复多次在一条作业线上切土和推土，使地面逐渐形成一条浅槽（图 2-33），再反复在沟槽中进行推土，以减少土从铲刀两侧漏散，可增加 10%～30%的推土量。槽的深度以 1m 左右为宜，槽与槽之间的土坑宽约 50m。适于运距较远，土层较厚时使用。

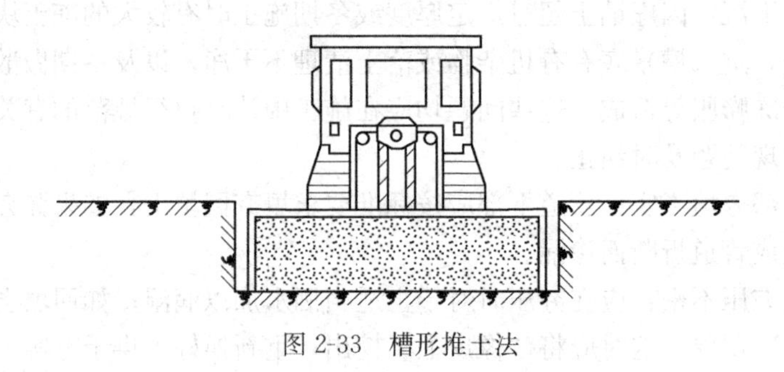

图 2-33　槽形推土法

3）并列推土法：用2～3台推土机并列作业（图2-34），以减少土体漏失量。铲刀相距15～30cm，一般采用两机并列推土，可增大推土量15%～30%。适于大面积场地平整及运送土用。

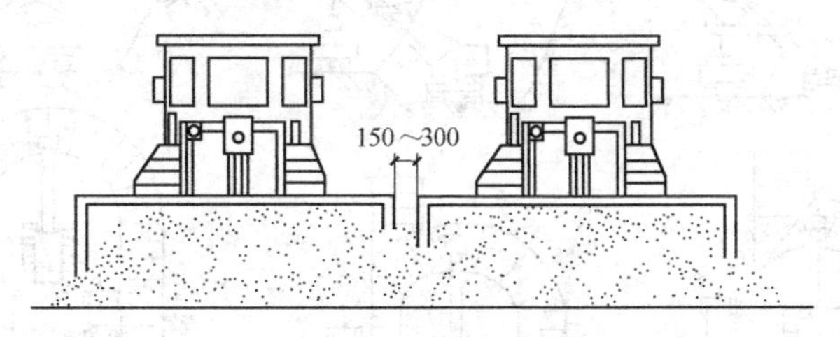

图2-34 并列推土法

4）分堆集中，一次推送法：在硬质土中，切土深度不大，将土先积聚在一个或数个中间点，然后再整批推送到卸土区，使铲刀前保持满载（图2-35）。堆积距离不宜大于30m，推土高度以2m内为宜。本法能提高生产效率15%左右。适于运送距离较远、而土质又比较坚硬，或长距离分段送土时采用。

图2-35 分堆集中，一次推送法

5）铲刀附加侧板法 对于运送疏松土壤，且运距较大时，可在铲刀两边加装侧板，增加铲刀前的土方体积和减少推土漏失量。

2. 挖掘机

（1）正铲挖掘机

正铲挖掘机适用于开挖停机面以上的土方，且需与汽车配合完成整个挖运工作如图2-36所示。正铲挖掘机挖掘力大，适用于开挖含水量较小的一类土和经爆破的岩石及冻土。一般用于大型基坑工程，也可用于场地平整施工。

正铲挖掘机的挖土特点是："前进向上，强制切土"。根据开挖路线与运输汽车相对位置的不同，一般有以下两种：

1）正向开挖，侧向装土法：正铲向前进方向挖土，汽车位于正铲的侧向装车（图2-37*a*、*b*）。本法铲臂卸土回转角度最小（<90°），装车方便，循环时间短，生产效率高。用于开挖工作面较大，深度不大的边坡、基坑（槽）、沟渠和路堑等，为最常用的开挖方法。

图2-36 正铲挖掘机

2）正向开挖，后方装土法：正铲向前进方向挖土，汽车停在正铲的后面装土（图2-37*c*）。本法挖土高度较大，但铲臂卸土回转角度较大（在180°左右），且汽车要侧向行车，增加工作循环时间，生产效率降低（回转角度 180°，效率约降低 23%，回转角度 130°，约降低 13%）。用于开挖宽度较小且较深的基坑（槽）、管沟和路堑等。

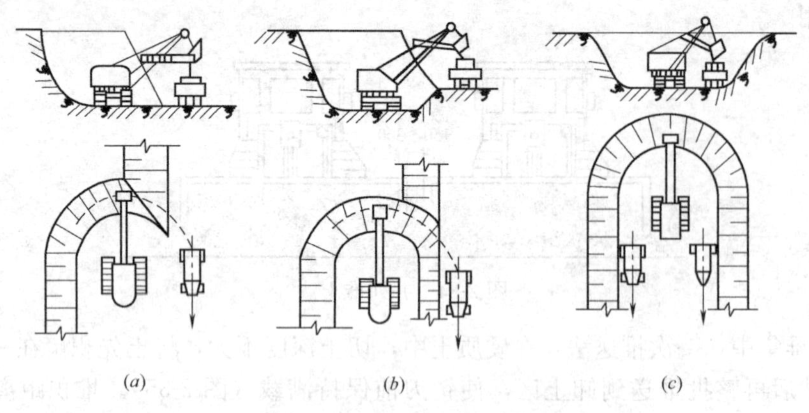

图 2-37　正铲挖掘机开挖方式

（a）、（b）正向开挖，侧向装土法；（c）正向开挖，后方装土法

（2）反铲挖掘机

反铲挖土机的挖土特点是：后退向下，强制切土，如图 2-38 所示。能开挖停机面以下的一～三类土，适用于一次开挖深度在 4m 左右的基坑、基槽、管沟，亦可用于地下水位较高的土方开挖；在深基坑开挖中，可采取通过下坡道、台阶式接力等方式进行开挖。反铲挖土机可以与自卸汽车配合，装土运走，也可弃土于坑槽附近。根据挖掘机的开挖路线与运输汽车的相对位置不同，一般有以下几种：

图 2-38　反铲挖掘机

1）沟端开挖法：反铲停于沟端，后退挖土，同时往沟一侧弃土或装车运走（图2-39*a*）。挖掘宽度可不受机械最大挖掘半径的限制，臂杆回转半径仅 45°～90°，同时可挖到最大深度。对较宽的基坑可采用图 2-39（*b*）的方法，其最大一次挖掘宽度为反铲有效挖掘半径的两倍，但汽车须停在机身后面装土，生产效率降低，或采用几次沟端开挖法完成作业。适于一次成沟后退挖土，挖出土方随即运走时采用，或就地取土填筑路基或修筑堤坝等。

2）沟侧开挖法：反铲停于沟侧沿沟边开挖，汽车停在机旁装土或往沟一侧卸土（图 2-39*c*）。本法铲臂回转角度小，能将土弃于距沟边较远的地方，但挖土宽度比挖掘半径小，边坡不好控制，同时机身靠沟边停放，稳定性较差。用于横挖土体和需将土方甩到离沟边较远的距离时使用。

3）沟角开挖法：反铲位于沟前端的边角上，随着沟槽的掘进，机身沿着沟边往后作“之”字形移动（图 2-40）。臂杆回转角度平均在 45°左右，机身稳定性好，可挖较硬的土体，并能挖出一定的坡度。适于开挖土质较硬，宽度较小的沟槽（坑）。

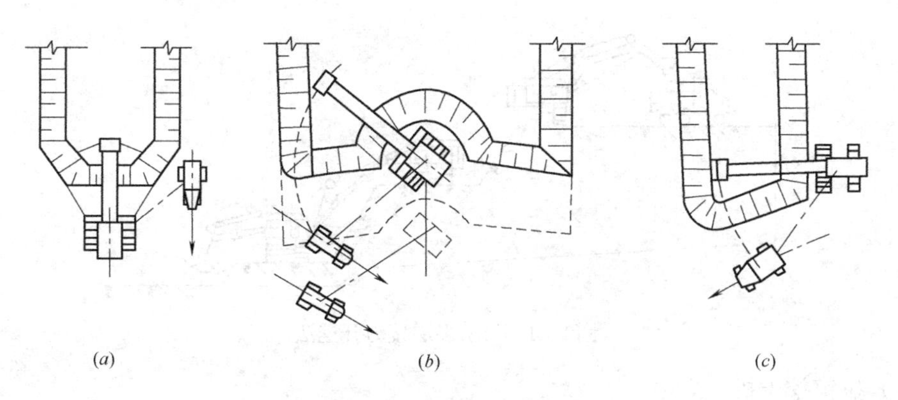

图 2-39　反铲沟端及沟侧开挖法

（a）、（b）沟端开挖法；（c）沟侧开挖法

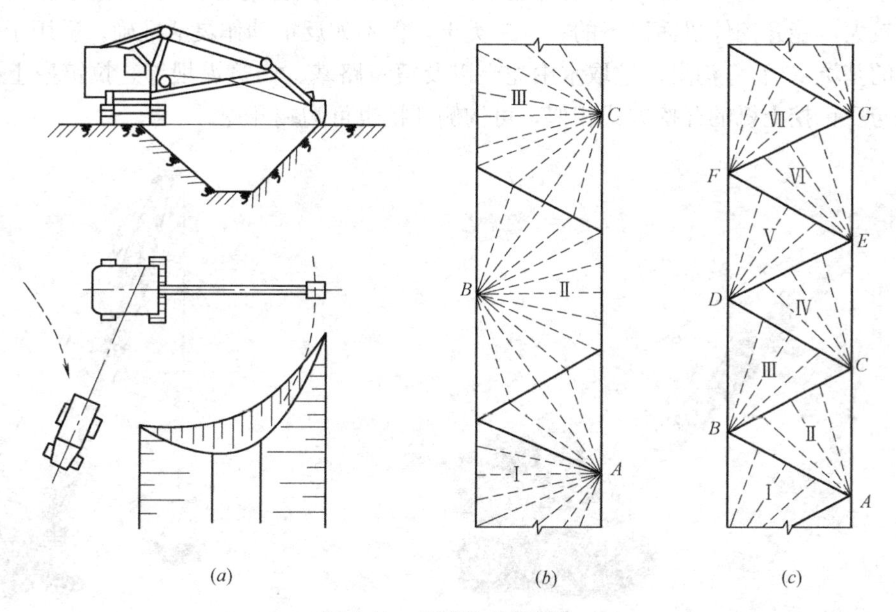

图 2-40　反铲沟角开挖法

（a）沟角开挖平剖面；（b）扇形开挖平面；（c）三角开挖平面

4）多层接力开挖法：用两台或多台挖土机设在不同作业高度上同时挖土，边挖土，边将土传递到上层，由地表挖土机连挖土带装土（图 2-41）；上部可用大型反铲，中、下层用大型或小型反铲，进行挖土和装土，均衡连续作业。一般两层挖土可挖深 10m，三层可挖深 15m 左右。本法开挖较深基坑，一次开挖到设计标高，一次完成，可避免汽车在坑下装运作业，提高生产效率，且不必设专用垫道。适于开挖土质较好、深 10m 以上的大型基坑、沟槽和渠道。

（3）抓铲挖掘机

抓铲挖土机是在挖土机臂端用钢丝绳吊装一个抓斗，如图 2-42 所示。其挖土特点是：直上直下、自重切土。其挖掘力较小，能开挖停机面以下的一、二类土。适用于开挖软土地基基坑，特别是其中窄而深的基坑、深槽、深井采用抓铲效果理想；抓铲还可用于疏通旧有渠道以及挖取水中淤泥等，或用于装卸碎石、矿渣等松散材料。

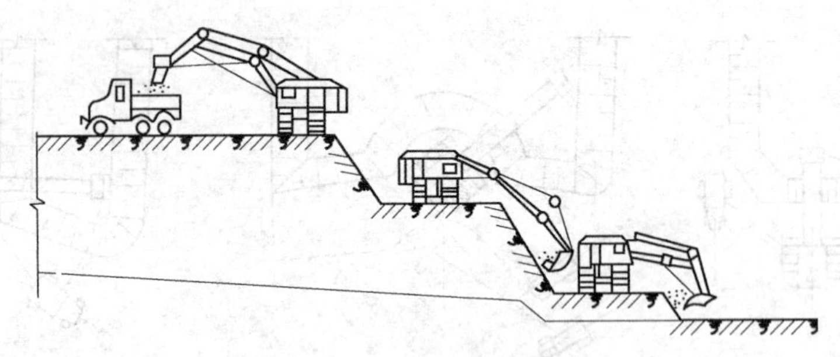

图 2-41　反铲多层接力开挖法

(4) 拉铲挖土机

拉铲挖土机的土斗用钢丝绳悬挂在挖土机长臂上，挖土时土斗在自重作用下落到地面切入土中，如图 2-43 所示。其挖土特点是："后退向下，自重切土"；其挖土深度和挖土半径均较大，能开挖停机面以下的一、二类土，但不如反铲动作灵活准确。适用于开挖较深较大的基坑（槽）、沟渠，挖取水中泥土以及填筑路基、修筑堤坝等。拉铲挖土机的开挖方式与反铲挖土机的开挖方式相似，可沟侧开挖也可沟端开挖。

图 2-42　抓铲挖掘机

图 2-43　拉铲挖土机

2.6.2　挖掘机和运土车辆配套计算

基坑开挖采用单斗（反铲等）挖土机施工时，需用运土车辆配合，将挖出的土随时运走。因此，挖土机的生产率不仅取决于挖土机本身的技术性能，而且还应与所选运土车辆的运土能力相协调。为使挖土机充分发挥生产能力，应配备足够数量的运土车辆，以保证挖土机连续工作。

(1) 挖土机数量的确定

挖土机的数量 N，应根据土方量大小和工期要求来确定，可按下式计算：

$$N=\frac{Q}{P}\times\frac{1}{T\cdot C\cdot K}\text{（台）}\tag{2-22}$$

式中　Q——土方量（m^3）；

P——挖土机生产率（m^3/台班）；

T——工期（工作日）；

C——每天工作班数；

K——时间利用系数（0.8～0.9）。

由技术性能，可按下式算出挖掘机的生产率 P：

$$P=\frac{8\times3600}{t}q\frac{K_C}{K_S}K_B \quad (m^3/台班) \tag{2-23}$$

式中 t——挖掘机每次作业循环延续时间（s）；

q——挖掘机斗容量（m^3）；

K_S——土的最初可松性系数；

K_C——土斗的充盈系数，可取 0.8～1.1；

K_B——工作时间利用系数，一般为 0.6～0.8。

在实际施工中，若挖土机的数量已经确定，也可利用公式来计算工期。

（2）运土车辆配套计算

为了使挖掘机充分发挥生产能力，应使运土车辆的载重量 Q 与挖掘机的每斗土重保持一定的倍率关系，并有足够数量车辆以保证挖掘机连续工作。从挖掘机方面考虑，汽车的载重量越大越好，可以减少等待车辆调头的时间。从车辆方面考虑，载重量小，台班费便宜但使用数量多；载重量大，则台班费高但数量可减少。最适合的车辆载重量应当是使土方施工单价为最低，可以通过核算确定。一般情况下，汽车的载重量以每斗土重的 3～5 倍为宜。运土车辆的数量 N_1，可按下式计算：

$$N_1=\frac{T_1}{t_1} \tag{2-24}$$

$$T_1=t_1+\frac{2l}{V_C}+t_2+t_3 \tag{2-25}$$

$$n=\frac{10Q}{q\frac{K_C}{K_S}\gamma} \tag{2-26}$$

式中 T_1——运输车辆每一工作循环延续时间（s），由装车、重车运输、卸车、空车开回及等待时间组成，通过式（2-25）计算；

l——运土距离（m）

V_C——重车与空车的平均速度（m/min），一般取 20～30km/h；

t_1——运输车辆装满一车土的时间（s），$t_1=nt$，n 可由式（2-26）计算；

t_2——卸土时间，一般为 1min；

t_3——操纵时间（包括停放待装、等车、让车等），一般取 2～3min；

n——运土车辆每车装土次数；

Q——运土车辆的载重量（t）；

q——挖掘机斗容量（m^3）；

γ——土的重度（kN/m^3）。

为了减少车辆的调头、等待和装土时间，装土场地必须考虑调头方法及停车位置。如在坑边设置两个通道，使汽车不用调头，可以缩短调头、等待时间。

［例 2-5］ 某土方工程，土方工程量 15000m^3，堆土区距挖土区 500m，土的重度为

17.5kN/m³，根据表2-16数据，从经济上分析最佳方案。

某土方工程方案经济分析表　　表2-16

	方案一		方案二
机械	$2m^3$ 挖土机配12t汽车		$6m^3$ 铲运车
	挖土机	汽车	铲运车
台班费	1000元/台班	300元/台班	700元/台班
一次性费用	2000元/每台	100元/每辆	2500元/每台
计算生产率的数据	挖土循环时间为40s，最初可松性系数1.20，土斗充盈系数1.0，时间利用系数0.8	汽车循环一次时间为12min	运距100m时，时间系数2.0台班/$1000m^3$；每增加50m运距，增加0.4台班/1000

[解]　方案一：

$$P=\frac{8\times3600}{t}q\frac{K_C}{K_S}K_B=\frac{8\times3600}{40}\times2\times\frac{1}{1.20}\times0.8=960m^3/台班$$

$$n=\frac{10Q}{q\dfrac{K_C}{K_S}\gamma}=\frac{10\times12}{2\times\dfrac{1}{1.20}\times17.5}=4.1$$

取 $n=4$

$$t_1=nt=4\times40=160s$$

$$N_1=\frac{T_1}{t_1}=\frac{12\times60}{160}=4.5$$

取 $N=5$ 辆

$$\frac{1000}{960}+\frac{2000}{15000}+5\times\left(\frac{300}{960}+\frac{100}{15000}\right)=2.77元/m^3$$

方案二：

$$2.0+0.4\times(500-100)/50=2.0+0.4\times400/50=5.2台班/1000m^3$$

$$\frac{700\times5.2}{1000}+\frac{2500}{15000}=3.81元/m^3$$

第一方案土方施工单价较小，所以选用方案一。

2.6.3　土方机械施工要点

(1) 土方开挖应绘制土方开挖图（图2-44），确定开挖路线、顺序、范围、基底标高、边坡坡度、排水沟、集水井位置以及挖出的土方堆放地点等。绘制土方开挖图应尽可能使机械多挖，减少机械超挖和人工挖方。

(2) 大面积基础群基坑底标高不一，机械开挖次序一般采取先整片挖至平均标高，然后再挖个别较深部位。当一次开挖深度超过挖土机最大挖掘高度（5m以上）时，宜分2～3层开挖，并修筑10%～15%的坡道，以便挖土及运输车辆进出。

(3) 基坑边角部位，机械开挖不到之处，应用少量人工配合清坡，将松土清至机械作业半径范围内，再用机械掏取运走。人工清土所占比例一般为1.5%～4%，修坡以厘米作限制误差。大基坑宜另配一台推土机清土、送土、运土。

（4）挖掘机、运土汽车进出基坑的运输道路，应尽量利用基础一侧或两侧相邻的基础（以后需开挖的）部位，使它互相贯通作为车道，或利用提前挖除土方后的地下设施部位作为相邻的几个基坑开挖地下运输通道，以减少挖土量。

（5）机械开挖应由深而浅，基底及边坡应预留一层150～300mm厚土层用人工清底、修坡、找平，以保证基底标高和边坡坡度正确，避免超挖和土层遭受扰动。

（6）做好机械的表面清洁和运输道路的清理工作，以提高挖土和运输效率。

（7）基坑土方开挖可能影响邻近建筑物、管线安全使用时，必须有可靠的保护措施。

（8）机械开挖施工时，应保护井点、支撑等不受碰撞或损坏，同时应对平面控制桩、水准点、基坑平面位置、水平标高、边坡坡度等定期进行复测检查。

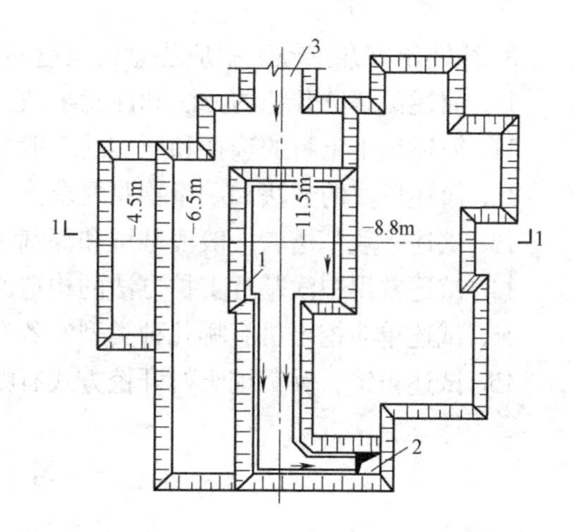

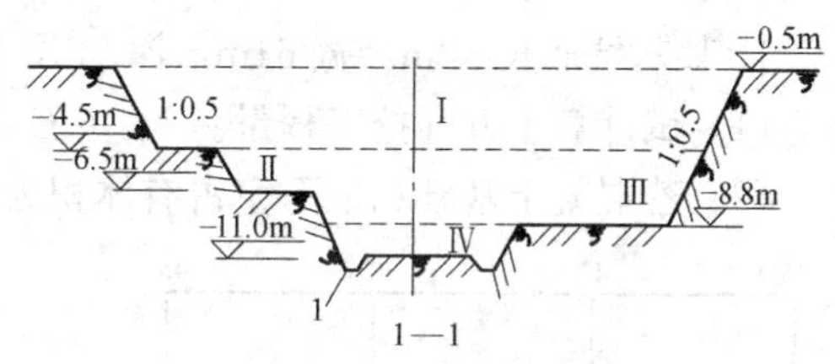

图2-44　土方开挖图

1—排水沟；2—集水井；3—土方机械进出口

Ⅰ、Ⅱ、Ⅲ、Ⅳ—开挖次序

（9）雨期开挖土方，工作面不宜过大，应逐段分期完成。如为软土地基，进入基坑行走需铺垫钢板或铺路基箱垫道。坑面、坑底排水系统应保持良好；汛期应有防洪措施，防止雨水浸入基坑。冬期开挖基坑，如挖完土隔一段时间施工基础需预留适当厚度的松土，以防基土遭受冻结。

（10）当基坑开挖局部遇露头岩石，应先采用控制爆破方法，将基岩松动、爆破成碎块，其宽度应小于铲斗宽的2/3，再用挖土机挖出，可避免破坏邻近基础和地基；对大面积较深的基坑，宜采用打竖井的方法进行松爆，使一次基本达到要求深度。此项工作一般在工程平整场地时预先完成。在基坑内爆破，宜采用打眼放炮的方法，采用多炮眼，少装药，分层松动爆破，分层清渣，每层厚1.2m左右。

思　考　题

1. 试述土的各项工程性质对土方施工有何影响。
2. 试述土方边坡的含义和边坡面保护方法。
3. 试述深层搅拌水泥土桩墙的适用范围和施工工艺。
4. 试述钢板桩的适用范围和打设方法。
5. 试述土钉墙的适用范围和施工工艺。
6. 试述集水井降水的基本要求。
7. 试述轻型井点的组成与布置方案和设计步骤。
8. 简述浅基坑、槽和管沟开挖的施工要点。

9. 简述土方开挖施工中应注意的质量问题。

10. 简述深基坑开挖的方法和注意事项。

11. 简述填土土料的选择和压实的一般要求。

12. 简述压实的方法和质量检验要求。

13. 试述一般基槽、一般浅基坑和深基坑的支护方法和适用范围。

14. 试述常用中浅基坑支护方法的构造原理、适用范围和施工工艺。

15. 试述单斗挖土机有哪几种类型？各有什么特点？

16. 试述正铲、反铲挖土机开挖方式有哪几种？挖土机和运土车辆配套如何计算？

习　题

1. 某基坑底长 82m，宽 64m，深 8m，四边放坡，边坡坡度 1∶0.5。

(1) 试计算土方开挖工程量。

(2) 若混凝土基础和地下室占有体积为 24600m^3，则应预留多少回填土？(以自然状态的土体积计)

(3) 若多余土方外运，外运土方(以自然状态的土体积计) 为多少？

(4) 如果用斗容量为 3m^3 的汽车外运，需运多少车？(已知土的最初可松性系数 $K_S=1.14$，最后可松性系数 $K_S'=1.05$)

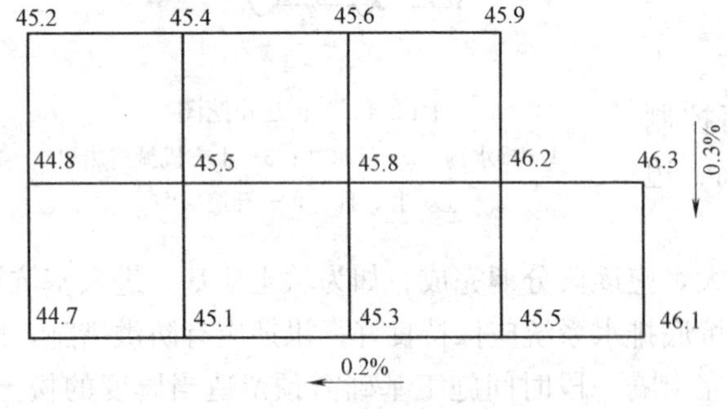

图 2-45　习题 2 图

2. 按场地设计标高确定的一般方法 (不考虑土的可松性) 计算图 2-45 所示场地方格中各角点的施工高度并标出零线 (零点位置需精确算出)，角点编号与天然地面标高如图所示，方格边长为 20m，$i_x=2‰$，$i_y=3‰$。分别计算挖填土方量。

3. 某工程基坑土方开挖，土方量为 9640m^3，现有 WY100 反铲挖土机可租，斗容量为 1 m^3，为减少基坑暴露时间挖土工期限制在 7d。挖土采用载重量 8t 的自卸汽车配合运土，要求运土车辆数能保证挖土机连续作业，已知 $K_C=0.9$，$K_S=1.15$，$K=K_B=0.85$，$t=40$s，$l=1.3$km，$V_C=20$km/h。试求：

(1) 试选择 WY100 反铲挖土机数量；

(2) 运土车辆数 N_1；

(3) 若现只有一台 WY100 液压反铲挖土机且无挖土工期限制，准备采取两班制作业，要求运土车辆数能保证挖土机连续作业，其他条件不变。

试求：(1) 挖土工期 T；

(2) 运土车辆数 N_1。

4. 某基坑底面积为 22m×34m，基坑深 4.8m，地下水位在地面下 1.2m，天然地面以下 1.0m 为杂填土，不透水层在地面下 11m，中间均为细砂土，地下水为无压水，渗透系数 $K=15$m/d，四边放坡，基坑边坡坡度为 1∶0.5。现有井点管长 6m，直径 38mm，滤管长 1.2m，准备采用环形轻型井点降低地下水位，试进行井点系统的布置和设计，包含以下两项：

（1）轻型井点的高程布置（计算并画出高程布置图）；

（2）轻型井点的平面布置（计算涌水量、井点管数量和间距并画出平面布置图）。

5. 某高校新建一栋学生公寓，该工程建筑面积 14808m^2，建筑高度 26m，为 8 层现浇框架-剪力墙结构，基础是钢筋混凝土条形基础，工程于 2004 年 3 月签约，2004 年 4 月 18 日开工，合同工期 322 日历天。建筑公司针对公司合同签约情况给项目经理部下达工程质量目标。基坑开挖后，由施工单位项目经理组织监理、设计单位进行了验槽和基坑的隐蔽。

问题：由施工单位项目经理组织监理设计单位进行了验槽和基坑的隐蔽是否合理？为什么？钢筋混凝土条形基础土方开挖和基坑（槽）验槽检查的控制要点和重点是什么？

第3章 地基处理与基础工程

3.1 地基处理

地基即指建筑物基础以下的土体，地基的主要作用是承托建筑物的基础；地基虽不是建筑物本身的一部分，但与建筑物的关系非常密切。地基问题处理恰当与否，不仅影响建筑物的造价，而且直接影响建筑物的安危。

建筑物对地基的要求可以概括为以下三个方面：可靠的整体稳定性；足够的地基承载力；在建筑物的荷载作用下，其沉降值、水平位移及不均匀沉降需要满足一定值的要求。若地基整体稳定性、承载力不能满足要求，在上部荷载作用下地基可能会产生局部或整体剪切破坏，若沉降值、水平位移及不均匀沉降超过允许值，将会影响建筑物的安全与正常使用，严重时会造成建筑物的破坏甚至倒塌。

基础直接建造在未经加固的天然土层上时，这种地基称之为天然地基。若天然地基不能满足地基强度和变形的要求，则必须事先经过人工处理后再建造基础，这种地基加固称为地基处理。

地基加固处理的原理是：将土质由松变实，将水的含水量由高变低。即可达到地基加固的目的。常用的人工地基处理方法有换填法、重锤夯实法、机械碾压法、挤密桩法、深层搅拌法、化学加固法等。本节介绍几种常用的地基处理方法。

3.1.1 换填法

对于浅层软弱土的处理，通常采用换填法。即将基础下一定范围内的软弱土层挖去，然后回填以强度较大的砂、碎石灰土等，并夯填至密实。

换填法适用于淤泥、淤泥质土、膨胀土、冻胀土、素填土、杂填土及暗沟、暗塘、古井、古墓或拆除旧基础后的坑穴等的地基处理。

常见的换填法按换填材料的不同分为砂和砂石地基垫层法以及灰土垫层法等。

1. *砂和砂石地基（垫层）*

砂和砂石地基（垫层）法：是采用级配良好、质地坚硬的中粗砂和碎石、卵石等，经分层夯实，作为基础的持力层的一种方法。

砂垫层的主要作用是：①提高浅基础下的地基承载力。通常认为地基的土体破坏是从基础底面开始的，因此用强度比较大的砂石代替土就可以避免地基的破坏。②减少沉降量。一般情况下基础下浅层的沉降量在总沉降量中所占的比例是比较大的，如条形基础。

砂石垫层应用范围广泛，施工工艺简单，用机械和人工都可以使地基密实，工期短，造价低；适用于3.0m以内的软弱、透水性强的黏性土地基，不适用于加固湿陷性黄土和不透水的黏性土地基。

(1) 材料要求

宜选用碎石、卵石、角砾、圆砾、砾砂、粗砂、中砂或石屑，并应级配良好，不含植物残体、垃圾等杂质。当使用粉细砂或石粉时，应掺入不少于总重量30%的碎石或卵石。砂石的最大粒径不宜大于50mm。对湿陷性黄土或膨胀土地基，不得选用砂石等透水性材料。

(2) 施工技术要点

1) 铺设垫层前应验槽，将基底表面浮土、淤泥、杂物等清理干净，两侧应设一定坡度，防止振捣时坍方。基坑（槽）内如发现有孔洞、沟和墓穴等，应将其填实后再做垫层。

2) 垫层底面标高不同时，土面应挖成阶梯或斜坡，并按先深后浅的顺序施工，搭接处应夯压密实。分层铺实时，接头应做成斜坡或阶梯搭接，每层错开0.5～1.0m，并注意充分捣实。

3) 人工级配的砂石材料，施工前应充分拌匀，再铺夯压实。

4) 砂石垫层压实机械首先应选用振动碾和振动压实机，其压实效果、分层填铺厚度、压实次数、最优含水量等应根据具体的施工方法及施工机械现场确定。如无试验资料，砂石垫层的每层填铺厚度及压实遍数可参考表3-1。分层厚度可用样桩控制。施工时，下层的密实度应经检验合格后，方可进行上层施工。一般情况下，垫层的厚度可取200～300mm。

砂和砂石垫层每层填铺厚度及最优含水量　　表3-1

捣实方法	每层填铺厚度(mm)	施工时最优含水量(%)	施工要点	备注
平振法	200～250	15～20	1. 用平板式振捣器往复振捣，往复次数以简易测定密实度合格为准 2. 振捣器移动时，每行应搭接三分之一，以防振动面积不搭接	不宜使用干细砂或含泥量较大的砂铺筑砂垫层
水撼法	250	饱和	1. 注水高度略超过铺设面层 2. 用钢叉摇撼捣实或用振动棒或平板振动器插捣或振捣 3. 有控制地注水和排水 4. 钢叉分四齿，齿的间距30mm，长300mm，木柄长900mm	湿陷性黄土、膨胀土、细砂地基上不得使用
夯实法	150～200	8～12	1. 用木夯或机械夯 2. 木夯重40kg，落距400～500mm 3. 一夯压半夯，全面夯实	适用于砂石垫层
碾压法	150～350	8～12	6～10t压路机往复碾压；碾压次数以达到要求密实度为准，一般不少于4遍，用振动压实机械，振动3～5min	适用于大面积的砂石垫层，不宜用于地下水位以下的砂垫层

5）当地下水位高出基础底面时，应采取排、降水措施，要注意边坡稳定，以防止塌土混入砂石垫层中影响质量。

6）当采用水撼法施工或插振法施工时，应在基槽两侧设置样桩，控制铺砂厚度，每层为250mm。铺砂后，灌水与砂面齐平，以振动棒插入振捣，依次振实，以不再冒气泡为准，直至完成。垫层接头应重复振捣，插入式振动棒振完所留孔洞应用砂填实。在振动首层垫层时，不得将振动棒插入原土层或基槽边部，以避免使软土混入砂垫层而降低砂垫层的强度。

7）垫层铺设完毕，应及时回填，并及时施工基础。

8）冬期施工时，砂石材料中不得夹有冰块，并应采取措施防止砂石内水分冻结。

（3）质量控制及质量检验

1）施工前应检查原材料，如灰土的土料、石灰以及配合比、灰土拌匀程度。

2）施工过程中应检查分层铺设厚度，分段施工时上下两层的搭接长度，夯实时加水量、夯压遍数等。

3）每层施工结束后检查灰土地基的压实系数。或逐层用贯入仪检验，以达到控制（设计要求）压实系数所对应的贯入度为合格，或用环刀取样检测灰土的干密度，除以试验的最大干密度求得。施工结束后，应检验灰土地基的承载力。

砂石垫层的施工质量检验，应随施工分层进行。检验方法主要有环刀法和贯入法。

1）环刀取样法

用容积不小于200cm^{3}的环刀压入垫层的每层2/3深处取样，测定其干密度，以不小于通过试验所确定的该砂料在中密状态时的干密度数值为合格。对于基坑每50～100m^{2}不少于一个检测点，对于基槽每10～20m不少于一个检测点。如是砂石地基，可在地基中设置纯砂检验点，在相同的试验条件下，用环刀测其干密度。

2）贯入测定法

检验前先将垫层表面的砂刮去30mm左右，再用贯入仪、钢筋或钢叉等以贯入度大小来定性地检验砂垫层的质量，以不大于通过相关试验所确定的贯入度为合格。钢筋贯入法所用的钢筋的直径为20mm、长1.25m，垂直举离砂垫层表面700mm时自由下落，测其贯入深度。

2. 灰土垫层法

灰土垫层法是将基础底面以下一定范围内的软弱土挖去，用按一定体积配合比的灰土在最优含水量情况下分层回填夯实（或压实），从而提高地基承载力的一种方法。

灰土垫层的材料为石灰和土，石灰和土的体积比一般为3∶7或2∶8。灰土垫层的强度是随用灰量的增大而提高，当用灰量超过一定值时，其强度增加很小。

灰土地基施工工艺简单，费用较低，是一种应用广泛、经济、实用的地基加固方法。适用于加固处理1～3m厚的软弱土层。

（1）材料要求

体积配合比宜为2∶8或3∶7。石灰宜选用新鲜的消石灰，其最大粒径不得大于5mm。土料宜选用粉质黏土，不宜使用块状黏土，且不得含有松软杂质，土料应过筛且最大粒径不得大于15mm。

（2）施工技术要点

1）铺设垫层前应验槽，基坑（槽）内如发现有孔洞、沟和墓穴等，应将其填实后再做垫层。

2）灰土在施工前应充分拌匀，控制含水量，一般为最优含水量 $w_{op}\pm2\%$左右，如水分过多或不足时，应晾干或洒水湿润。在现场可按经验直接判断，方法是：手握灰土成团，两指轻捏即碎，这时即可判定灰土达到最优含水量。

3）灰土垫层应选用平碾和羊足碾、轻型夯实机及压路机，分层填铺夯实。每层虚铺厚度可见表 3-2。

灰土最大虚铺厚度 **表 3-2**

夯实机具种类	重量(t)	虚铺厚度(mm)	备　注
石夯、木夯	0.04～0.08	200～250	人力送夯，落距 400～500mm，一夯压半夯，夯实后约 80～100mm
轻型夯实机械	0.12～0.4	200～250	蛙式打夯机、柴油打夯机，夯实后约 100～150mm 厚
压路机	6～10	200～300	双轮

4）分段施工时，不得在墙角、柱基及承重窗间墙下接缝，上下两层的接缝距离不得小于 500mm，接缝处应夯压密实。

5）灰土应当日铺填夯压，入槽（坑）的灰土不得隔日夯打，如刚铺筑完毕或尚未夯实的灰土遭雨淋浸泡时，应将积水及松软灰土挖去并填补夯实，受浸泡的灰土，应晾干后再夯打密实。

6）垫层施工完后，应及时修建基础并回填基坑，或作临时遮盖，防止日晒雨淋，夯实后的灰土 30 天内不得受水浸泡。

7）冬期施工，必须在基层不冻的状态下进行，土料应覆盖保温，不得使用夹有冻土及冰块的土料，施工完的垫层应加盖塑料面或草袋保温。

(3) 施工质量检验

质量检验宜用环刀取样，测定其干密度。质量标准可按压实系数 λ_c 鉴定，一般为 0.93～0.95。

如用贯入仪检查灰土质量，应先在现场进行试验，以确定贯入度的具体要求。如无设计要求，可按表 3-3 取值。

灰土质量要求 **表 3-3**

土料种类	灰土最小密度(t/m³)
粉土	1.55
粉质黏土	1.50
黏土	1.45

3.1.2 灰土桩地基

灰土挤密桩是利用锤击将钢管打入土中侧向挤密成孔，将管拔出后，在桩孔中分层回填 2∶8 或 3∶7 灰土夯实而成，与桩间土共同组成复合地基以承受上部荷载。

1. 特点及适用范围

灰土挤密桩与其他地基处理方法比较，有以下特点：灰土挤密桩成桩时为横向挤密，既可同样达到所要求加密处理后的最大干密度指标，还可消除地基土的湿陷性，提高承载力，降低压缩性；与换土垫层相比，不需大量开挖回填，可节省土方开挖和回填土方工程量，工期可缩短50%以上；处理深度较大，最大处理深度可达15m；可就地取材，使用廉价材料，降低工程造价2/3；机具简单，施工方便，工效高。适用于处理地下水位以上的粉土、黏性土、素填土、杂填土和湿陷性黄土等地基，可处理地基的厚度宜为3～15m，当地基土的含水量大于24%、饱和度大于65%时，打管成孔质量不好，且易对邻近已回填的桩体造成破坏，拔管后容易颈缩，应通过试验确定其适用性。

灰土强度较高，桩身强度大于周围地基土，可以分担较大部分荷载，使桩间土承受的应力减小，而到深度2～4m以下则与土桩地基相似。一般情况下，如为了消除地基湿陷性或提高地基的承载力或水稳性，降低压缩性，宜选用灰土桩。

2. 桩的构造和布置

（1）桩孔直径

根据工程量、挤密效果、施工设备、成孔方法及经济等情况而定，一般选用300～600mm。

（2）桩长

根据土质情况、桩处理地基的深度、工程要求和成孔设备等因素确定，一般为5～15m。

（3）桩距和排距

桩孔一般按等边三角形布置，其间距和排距由设计确定。

（4）处理宽度

处理地基的宽度一般大于基础的宽度，由设计确定。

（5）地基的承载力和压缩模量

灰土挤密桩处理地基的承载力标准值，应由设计通过原位测试或结合当地经验确定。

灰土挤密桩地基的压缩模量应通过试验或结合本地经验确定。

3. 机具设备及材料要求

（1）成孔设备

一般采用0.6t或1.2t柴油打桩机或自制锤击式打桩机，亦可采用冲击钻机或洛阳铲成孔。

（2）夯实机具

常用夯实机具有偏心轮夹杆式夯实机和卷扬机提升式夯实机两种，后者工程中应用较多。夯锤用铸钢制成，重量一般选用100～300kg，其竖向投影面积的静压力不小于20kPa。夯锤最大部分的直径应较桩孔直径小100～150mm，以便填料顺利通过夯锤4周。夯锤形状下端应为抛物线形锥体或尖锥形锥体，上段呈弧形。

（3）桩孔内的填料

桩孔内的填料应根据工程要求或处理地基的目的确定。土料、石灰质量要求和工艺要求、含水量控制等同灰土垫层。夯实质量应用压实系数λ_c控制，填料的平均压实系数不应低于0.97，其中压实系数最小值不应低于0.93。

4. 施工工艺方法要点

(1) 施工前应在现场进行成孔、夯填工艺和挤密效果试验，以确定分层填料厚度、夯击次数和夯实后干密度等要求。

(2) 桩施工一般采取先将基坑挖好，预留20～30cm土层，然后在坑内施工灰土桩。桩的成孔方法可根据现场机具条件选用沉管（振动、锤击）法、爆扩法、冲击法或洛阳铲成孔法等。沉管法是用打桩机将与桩孔同直径的钢管打入土中，使土向孔的周围挤密，然后缓慢拔管成孔。桩管顶设桩帽，下端做成锥形约呈60°角，桩尖可以上下活动（图3-1），以利空气流动，可减少拔管时的阻力，避免坍孔。成孔后应及时拔出桩管，不应在土中搁置时间过长。成孔施工时，地基土宜接近最优含水量，当含水量低于12%时，宜加水增湿至最优含水量。本法简单易行，孔壁光滑平整，挤密效果好，应用最广。但处理深度受桩架限制，一般不超过8m。爆扩法系用钢钎打入土中形成直径25～40mm孔或用洛阳铲打成直径60～80mm孔，然后在孔中装入条形炸药卷和2～3个雷管，爆扩成直径20～45cm。本法工艺简单，但孔径不易控制。冲击法是使用冲击钻钻孔，将0.6～3.2t重锥形锤头提升0.5～2.0m高后落下，反复冲击成孔，用泥浆护壁，直径可达50～60cm，深度可达15m以上，适于处理湿陷性较大的土层。

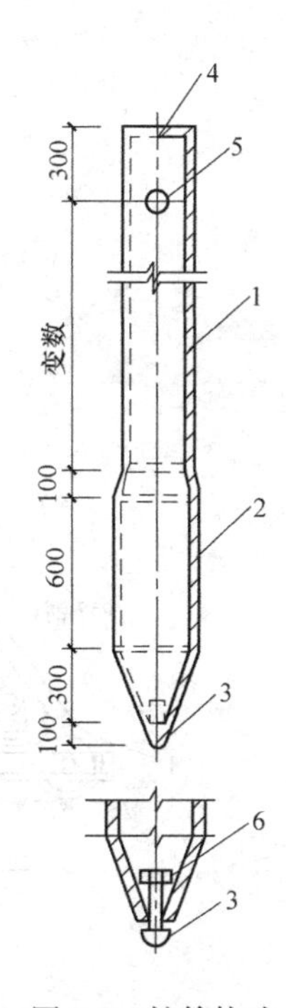

图3-1 桩管构造

1—ϕ275mm无缝钢管；2—ϕ300mm×10mm无缝钢管；3—活动桩尖；4—10mm厚封头板（设ϕ300mm排气孔）；5—ϕ45mm管焊于桩管内，穿M40螺栓；6—重块

(3) 桩施工顺序应先外排后里排，同排内应间隔1～2孔进行；对大型工程可采取分段施工，以免因振动挤压造成相邻孔缩孔或坍孔。成孔后应清底夯实、夯平，夯实次数不少于8击，并立即夯填灰土。

(4) 桩孔应分层回填夯实，每次回填厚度为250～400mm，人工夯实用重25kg，带长柄的混凝土锤，机械夯实用偏心轮夹杆或夯实机或卷扬机提升式夯实机（图3-2），或链条传动摩擦轮提升连续式夯实机，一般落锤高度不小于2m，每层夯实不少于10锤。施打时，逐层以量斗定量向孔内下料，逐层夯实。当采用连续夯实机时，则将灰土用铁锹不间断地下料，每下2锹夯2击，均匀地向桩孔下料、夯实。桩顶应高出设计标高15cm，挖土时将高出部分铲除。

(5) 若孔底出现饱和软弱土层时，可加大成孔间距，以防由于振动而造成已打好的桩孔内挤塞；当孔底有地下水流入时，可采用井点降水后再回填填料或向桩孔内填入一定数量的干砖渣和石灰，经夯实后再分层填入填料。

5. 质量控制

(1) 施工前应对土及灰土的质量、桩孔放样位置等进行检查。

(2) 施工中应对桩孔直径、桩孔深度、夯击次数、填料的含水量等进行检查。

(3) 施工结束后应对成桩的质量及地基承载力进行检验，竣工验收时，灰土挤密桩的

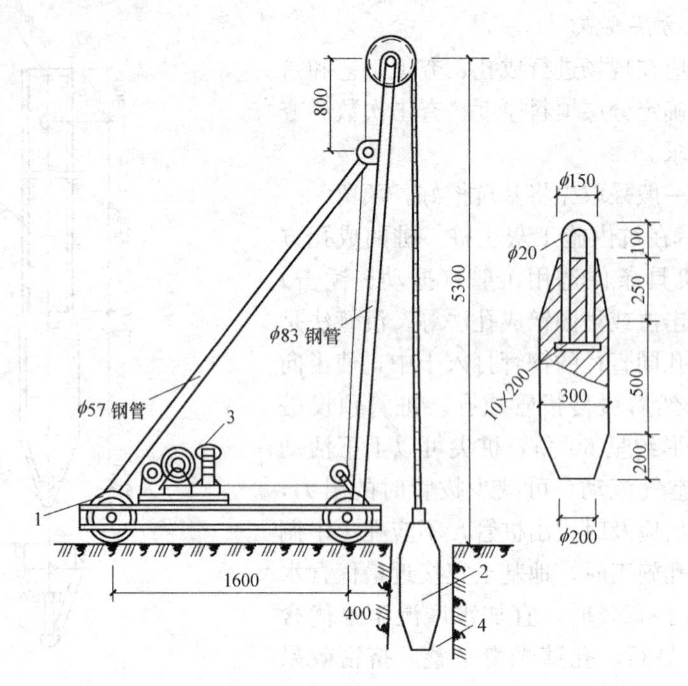

图 3-2　灰土桩夯实机构造（桩直径 350mm）

1—机架；2—铸钢夯锤，重 45kg；3—1t 卷扬机；4—桩孔

承载力检验应采用复合地基静载荷试验。

（4）灰土挤密桩地基质量检验标准如下：

1）主控项目：桩体及桩间土干密度、桩长、地基承载力、桩径。

2）一般项目：土料有机质含量、石灰粒径、桩位偏差、垂直度、桩径。

3.1.3　局部地基处理

1. 松土坑的处理

（1）松土坑在基槽中范围内

先将坑中松软土挖除，使坑底及四壁均见天然土为止，回填与天然土压缩性相近的材料。当天然土为砂土时，用砂或级配砂石回填；当天然土为较密实的黏性土，用 3∶7 灰土分层回填夯实；天然土为中密可塑的黏性土或新近沉积黏性土，可用 1∶9 或 2∶8 灰土分层回填夯实，每层厚度不大于 20cm（图 3-3*a*）。

（2）松土坑在基槽中范围较大且超过基槽边沿

因条件限制，槽壁挖不到天然土层时，则应将该范围内的基槽适当加宽，加宽部分的宽度可按下述条件确定：当用砂土或砂石回填时，基槽壁边均应按 $l_1 : h_1 = 1 : 1$ 坡度放宽；用 1∶9 或 2∶8 灰土回填时，基槽每边应按 $b : h = 0.5 : 1$ 坡度放宽；用 3∶7 灰土回填时，如坑的长度小于等于 2m，基槽可不放宽，但灰土与槽壁接触处应夯实（图 3-3*b*）。

（3）松土坑范围较大且长度超过 5m

如坑底土质与一般槽底土质相同，可将此部分基础加深，做 1∶2 踏步与两端相接。每步高不大于 50cm，长度不小于 100cm，如深度较大，用灰土分层回填夯实至坑（槽）底一平（图 3-3*c*）。

(4) 松土坑较深且大于槽宽或 1.5m

按以上要求处理挖到老土，槽底处理完毕后，还应适当考虑加强上部结构的强度，方法是在灰土基础上 1～2 皮砖处（或混凝土基础内）、防潮层下 1～2 皮砖处及首层顶板处，加配 4ϕ8～12mm 钢筋跨过该松土坑两端各 1m，以防产生过大的局部不均匀沉降（图 3-3*d*）。

(5) 松土坑下水位较高

当地下水位较高，坑内无法夯实时，可将坑（槽）中软弱的松土挖去后，再用砂土、砂石或混凝土代替灰土回填，如坑底在地下水位以下时，回填前先用粗砂与碎石（比例为 1∶3）分层回填夯实；地下水位以上用 3∶7 灰土回填夯实至要求高度（图 3-3*e*）。

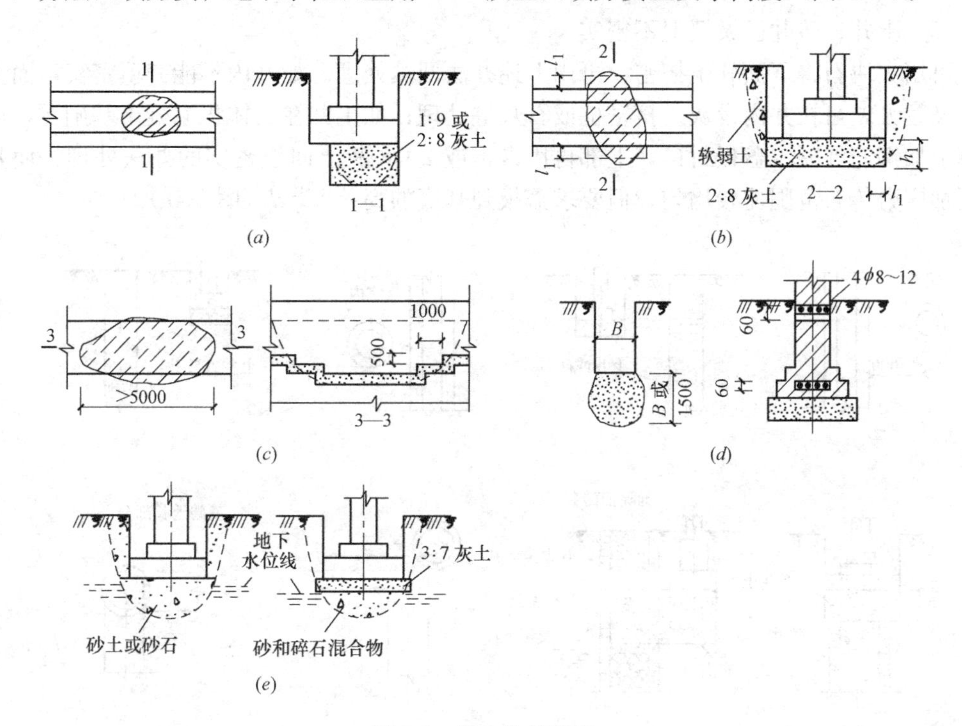

图 3-3 松土坑的处理

2. 土井、砖井的处理

(1) 土井、砖井在室外，距基础边缘 5m 以内

先用素土分层夯实，回填到室外地坪以下 1.5m 处，将井壁四周砖圈拆除或松软部分挖去，然后用素土分层回填并夯实（图 3-4*a*）。

(2) 土井、砖井在室内基础附近

将水位降低到最低可能的限度，用中、粗砂及块石、卵石或碎砖等回填到地下水位以上 50cm。并应将四周砖圈拆至坑（槽）底以下 1m 或更深些，然后再用素土分层回填并夯实，如井已回填，但不密实或有软土，可用大块石将下面软土挤紧，再分层回填素土夯实（图 3-4*b*）。

(3) 土井、砖井在基础下或条形基础 3*B* 或柱基 2*B* 范围内

先用素土分层回填夯实，至基础底下 2m 处，将井壁四周松软部分挖去，有砖井圈时，将井圈拆至槽底以下 1～1.5m。当井内有水，应用中、粗砂及块石、卵石或碎砖回填至水位以上 50cm，然后再按上述方法处理；当井内已填有土，但不密实，且挖除困难时，

可在部分拆除后的砖石井圈上加钢筋混凝土盖封口，上面用素土或 2∶8 灰土分层回填、夯实至槽底（图 3-4*c*）。

（4）土井、砖井在房屋转角处且基础部分或全部压在井上

除用以上办法回填处理外，还应对基础加固处理。当基础压在井上部分较少，可采用从基础中挑钢筋混凝土梁的办法处理。当基础压在井上部分较多，用挑梁的方法较困难或不经济时，则可将基础沿墙长方向向外延长出去，使延长部分落在天然土上，落在天然土上基础总面积应等于或稍大于井圈范围内原有基础的面积，并在墙内配筋或用钢筋混凝土梁来加强（图 3-4*d*）。

（5）土井、砖井已淤填但不密实

可用大块石将下面软土挤密，再用上述办法回填处理。如井内不能夯填密实，而上部荷载又较大，可在井内设灰土挤密桩或石灰桩处理；如土井在大体积混凝土基础下，可在井圈上加钢筋混凝土盖板封口，上部再用素土或 2∶8 灰土回填密实的办法处理，使基土内附加应力传布范围比较均匀，但要求盖板到基底的高差 $h>d$（图 3-4*e*）。

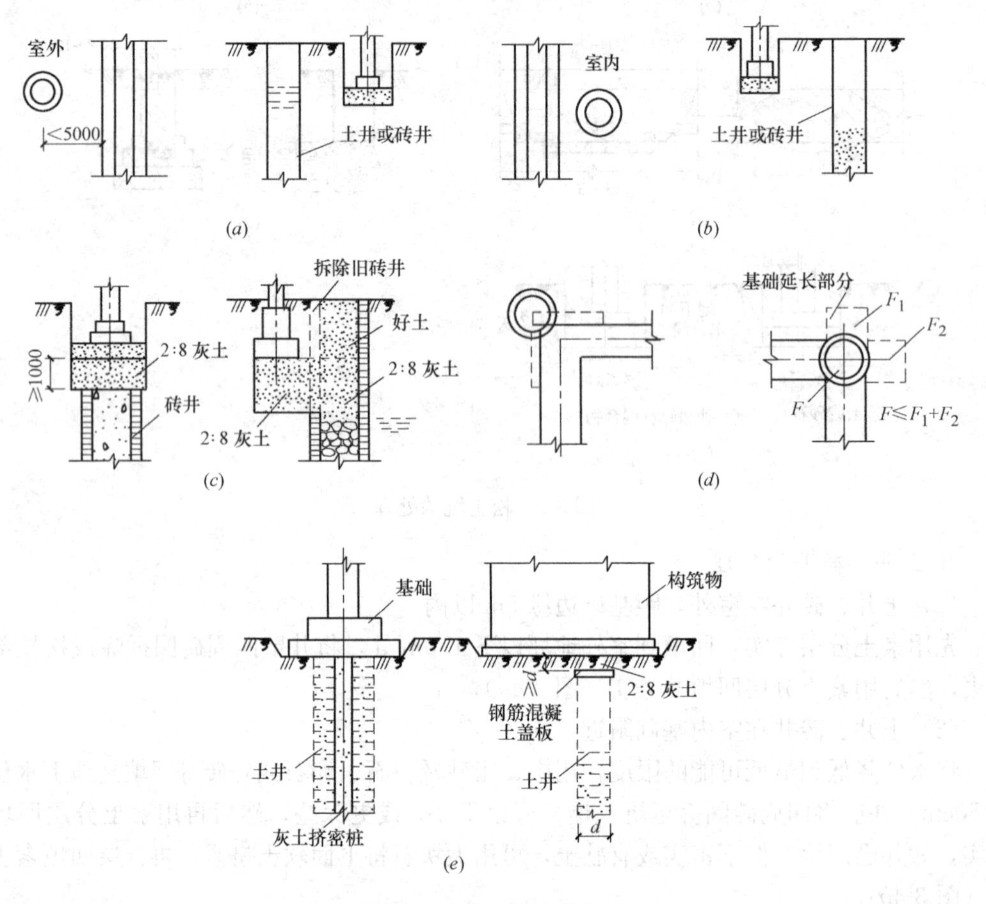

图 3-4　土井、砖井的处理

3. 局部软硬地基的处理

（1）基础下局部遇基岩、旧墙基、大孤石、老灰土或圬工构筑物

尽可能挖去，以防建筑物由于局部落于坚硬地基上，造成不均匀沉降而使建筑物开

裂；或将坚硬地基部分凿去 30～50cm 深，再回填土砂混合物或砂作软性褥垫，使软硬部分可起到调整地基变形作用，避免裂缝（图 3-5*a*）。

（2）基础一部分落于基岩或硬土层上，一部分落于软弱土层上时，在软土层上采用现场钻孔灌注桩至基岩；或在软土部位作混凝土或砌块石支承墙（或支墩）至基岩；或将基础以下基岩凿去 30～50cm 深，填以中粗砂或土砂混合物作软性褥垫，使之能调整岩土交界部位地基的相对变形，避免应力集中出现裂缝；或采取加强基础和上部结构的刚度，来克服软硬地基的不均匀变形（图 3-5*b*）。

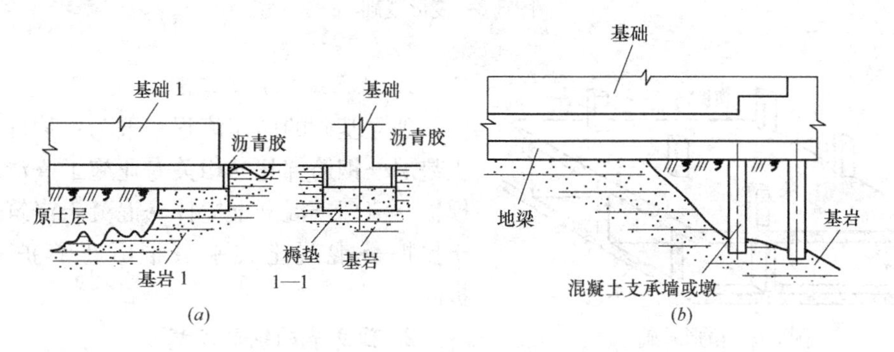

图 3-5　局部软硬地基的处理

3.2 浅 基 础

天然地基上的基础，由于埋置深度不同，采用的施工方法、基础结构形式和设计计算方法也不相同，因而分为浅基础和深基础两类。浅基础由于埋深浅，结构形式简单，施工方法简便，造价也较低，成为建筑物最常用的基础类型。

浅基础常见的形式有柱下独立基础（图 3-6）、条形基础（图 3-7）和筏形基础（图 3-8）及箱形基础（图 3-9）等。

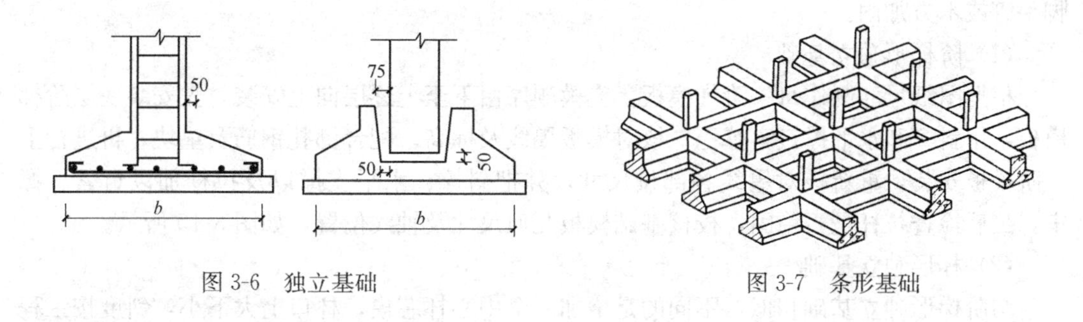

图 3-6　独立基础

图 3-7　条形基础

3.2.1　独立基础

独立基础一般分为台阶形、锥台形等，是柱基础的主要形式。

如采用装配式钢筋混凝土柱时，在基础中应预留安放柱子的孔洞，柱子放入孔洞后，周围用细石混凝土浇筑。这种基础称为杯形基础。轴心受压柱下独立基础的底面形状常为正方形；而偏心受压柱下独立基础的底面形状一般为矩形。

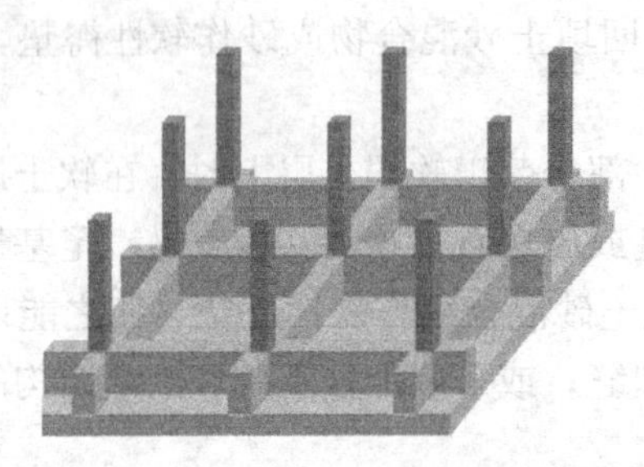
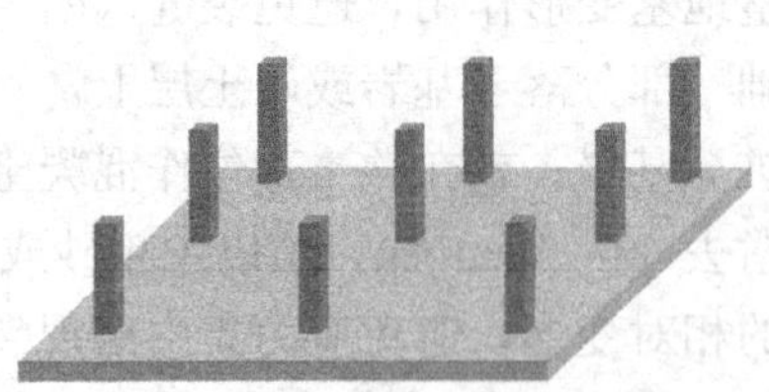

图 3-8　筏形基础

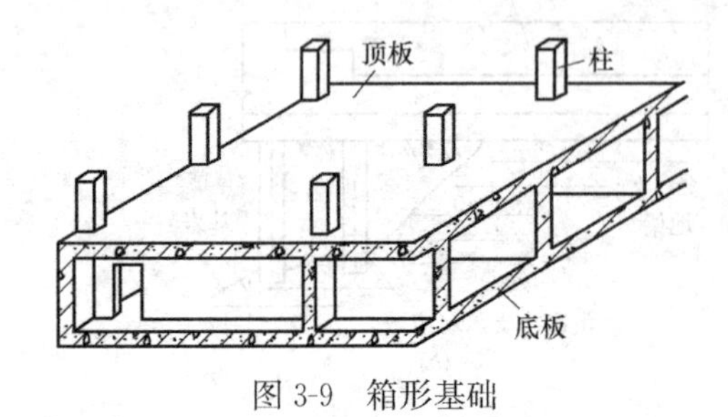

图 3-9　箱形基础

1. 独立基础施工工艺

独立基础的操作流程一般为：清理→混凝土垫层→钢筋绑扎→相关专业施工→清理→支模板→清理→混凝土搅拌→混凝土浇筑→混凝土振捣→混凝土找平→混凝土养护→模板拆除。

2. 独立基础钢筋工程

垫层浇灌完成后，混凝土达到 1.2MPa 后，表面弹线进行钢筋绑扎，底板钢筋网片四周两行钢筋交叉点应每点扎牢，中间部分交叉点可相隔交错扎牢，但必须保证受力钢筋不位移。双向主筋的钢筋网，则须将全部钢筋相交点扎牢。绑扎时应注意相邻绑扎点的铁丝扣要呈八字形，以免网片歪斜变形。柱插筋弯钩部分必须与底板筋呈 45°绑扎，连接点处必须全部绑扎，柱插筋用两个箍筋（非组合箍筋）固定。钢筋绑扎好后底面及侧面搁置保护层塑料垫块，厚度为设计保护层厚度，垫块间距不宜大于 1000mm，以防出现露筋。

3. 独立基础模板工程

钢筋绑扎及相关专业施工完成后立即进行模板安装，模板采用小钢模或木模，利用钢脚手管或木方加固。

（1）阶梯形独立基础

根据图纸尺寸制作每一阶梯模板，支模顺序由下至上逐层向上安装，先安装底层阶梯模板，用斜撑和水平撑钉牢撑稳；核对模板墨线及标高，配合绑扎钢筋及垫块，再进行上一阶模板安装，重新核对墨线各部位尺寸，并把斜撑、水平支撑以及拉杆加以钉紧、撑牢，最后检查拉杆是否稳固，校核基础模板几何尺寸及轴线位置，如图 3-10 所示。

（2）杯形独立基础

与阶梯形独立基础相似，不同的是增加一个中心杯芯模，杯口上大下小，斜度按工程设计要求制作，芯模安装前应钉成整体，轿杠钉于两侧，中心杯芯模完成后要全面校核中心轴线和标高，如图 3-11 所示。杯形基础应防止中心线不准、杯口模板位移、混凝土浇筑时芯模浮起、拆模时芯模拆不出的现象。预防措施有：

1）中心线位置及标高要准确，支上段模板时采用抬轿杠，可使位置准确，托木的作用是将轿杠与下段混凝土面隔开少许，便于混凝土面拍平。

2）杯芯模板要刨光直拼，芯模外表面涂隔离剂，底部再钻几个小孔，以便排气，减少浮力。

3）脚手板不得搁置在模板上。

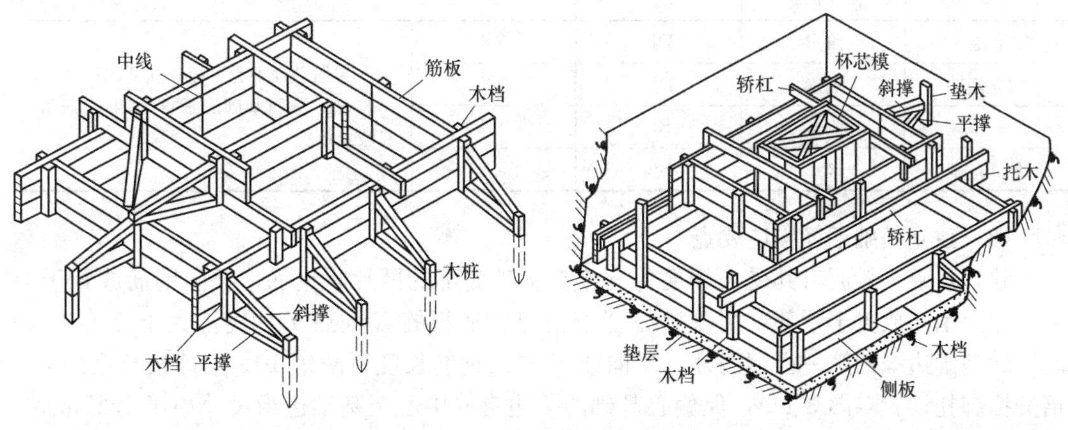

图 3-10　阶梯形独立基础支模示意图　　　　图 3-11　杯形独立基础支模示意图

4）浇筑混凝土时，在芯模四周要对称均匀下料及振捣密实。

5）拆除杯芯模板，一般在初凝前后即可用锤轻打，拨棍拨动。

4. 独立基础混凝土工程

混凝土应分层连续进行，间歇时间不超过混凝土初凝时间，一般不超过 2h，为保证钢筋位置正确，先浇一层 5～10cm 厚混凝土固定钢筋。台阶型基础每一台阶高度整体浇捣，每浇完一台阶停顿 0.5h 待其下沉，再浇上一层。分层下料，每层厚度为振动棒的有效振动长度。防止由于下料过厚，振捣不实或漏振，或吊模的根部砂浆涌出等原因造成蜂窝、麻面或孔洞。

5. 独立基础的平面识图要点及构造要点

（1）独立基础的平面识图要点

1）独立基础的平面坐标方向的表示为：

① 当两向轴网正交布置时，图面从左至右为 X 向，从下至上为 Y 向（图 3-12）；当轴网在某位置转向时，局部坐标方向顺轴网的转向角度作相应转动，转动后的坐标应加图示。

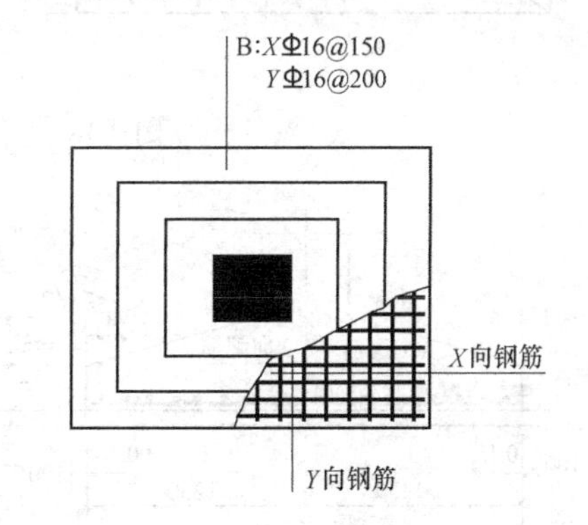

图 3-12　独立基础底板底部双向配筋示意

② 当轴网向心布置时，切向为 X 向，径向为 Y 向，并应加图示。

③ 对于平面布置比较复杂的区域，如轴网转折交界区域、向心布置的核心区域等，其平面坐标方向应由设计者另行规定并加图示。

2）注写独立基础配筋（图 3-12）

① 以 B 代表各种独立基础底板的底部配筋。

② X 方向配筋以 X 打头、Y 方向配筋以 Y 打头；当两向配筋相同时，则以 $X\&Y$ 打头注写。

3）独立基础的编号如表 3-4 所示。

独立基础编号 **表 3-4**

类型	基础底板截面形状	代号	序号	说　明
普通	阶形	DJ_J	XX	1. 单阶截面即为平板独立基础； 2. 坡形截面基础底板可为四坡、三坡、双坡及单坡
独立基础	坡形	DJ_P	XX	
杯口	阶形	BJ_J	XX	
独立基础	坡形	BJ_P	XX	

（2）独立基础钢筋构造要点

独立基础一般而言其受力钢筋为分布在基础底部的网片状钢筋，长向钢筋放置于上部，短向钢筋放置于下部（图 3-13）。当独立基础底板的 X 向或 Y 向宽度大于等于 2.5m 时，除基础边缘的第一根钢筋外，X 向或 Y 向的钢筋长度可减短 10%，即按长度的 0.9 倍交错绑扎设置（图 3-14），但偏心基础的某边自柱中心至基础边缘尺寸小于 1.25m 时，该方向的钢筋长度不应减短。

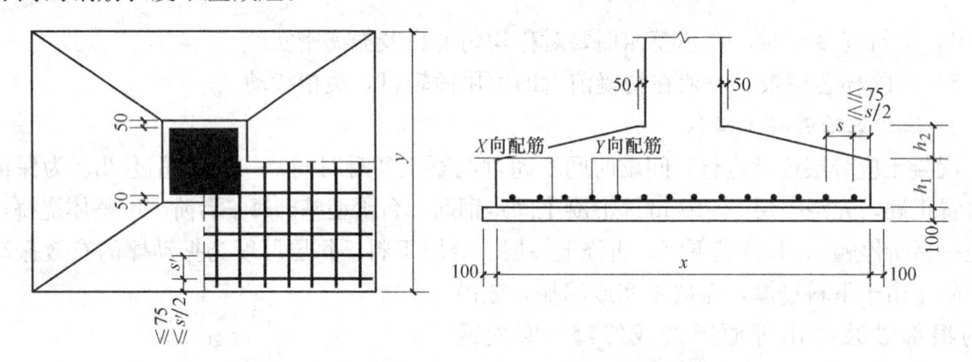

图 3-13　独立基础底板钢筋的构造

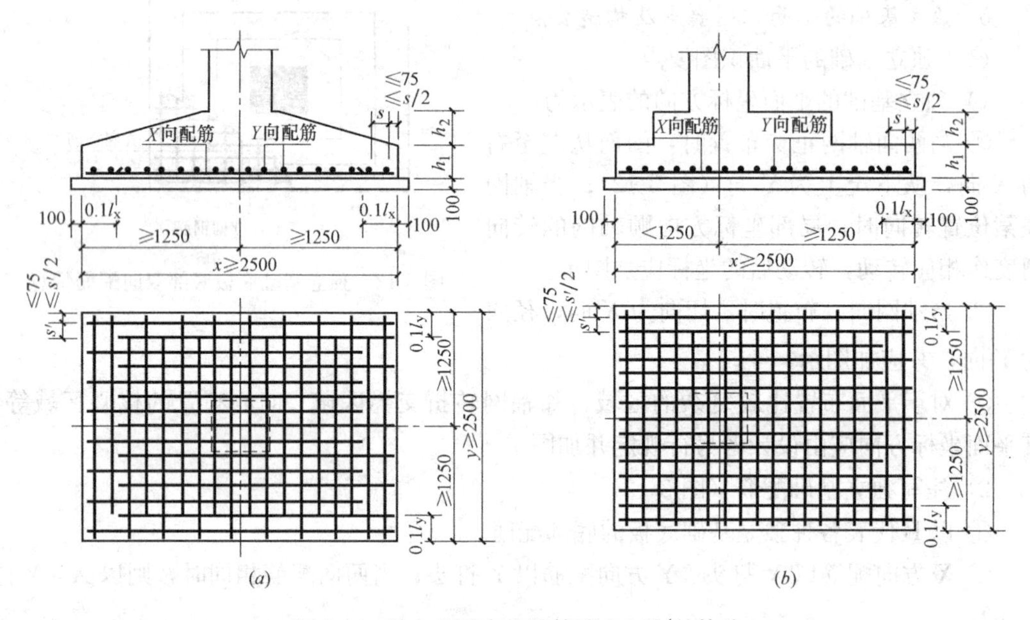

图 3-14　独立基础底板配筋减少 10%的构造

（*a*）对称独立基础；（*b*）非对称独立基础

在很多情况下，独立基础与其上部的柱子是通过现浇混凝土联系在一起的，也就是说柱子的钢筋必须在浇筑独立基础之前埋设在独立基础中，为了充分保证柱子的钢筋与独立基础之间有可靠的连接，我们在预埋柱子的钢筋的时候要注意预埋钢筋的直段、弯钩段以及箍筋的构造要求，如图 3-15 所示。

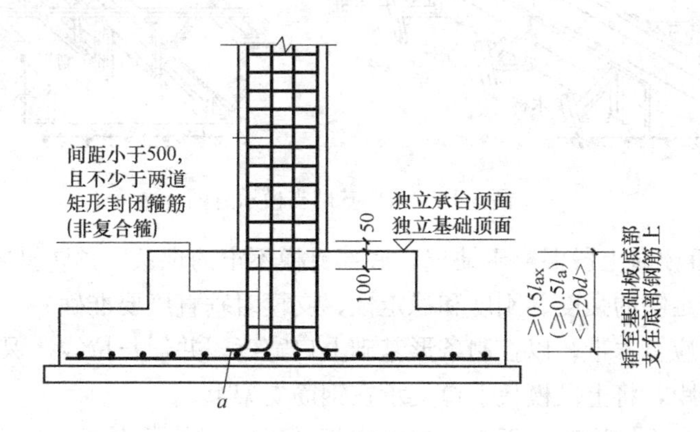

图 3-15　柱插筋在独立基础的锚固构造（基础高度满足直锚）

3.2.2　条形基础

条形基础是指基础长度远大于宽度和高度的基础形式，分为墙下钢筋混凝土条形基础和柱下钢筋混凝土条形基础。柱下条形基础又可分为单向条形基础和十字交叉条形基础。

条形基础必须有足够的刚度将柱子的荷载较均匀地分布到扩展的条形基础底面积上，并且调整可能产生的不均匀沉降。当单向条形基础底面积仍不足以承受上部结构荷载时，可以在纵、横两个方向将柱基础连成十字交叉条形基础。以增加房屋的整体性，减小基础的不均匀沉降。

1. 条形基础施工工艺

条形基础施工的工艺流程为：清理→混凝土垫层→清理→钢筋绑扎→支模板→相关专业施工→清理→混凝土搅拌→混凝土浇筑→混凝土振捣→混凝土找平→混凝土养护。

2. 条形基础钢筋工程

垫层浇灌完成达到一定强度后，在其上弹线、支模、铺放钢筋网片。

上下部垂直钢筋绑扎牢，将钢筋弯钩朝上，底板钢筋网片四周两行钢筋交叉点应每点扎牢，中间部分交叉点可相隔交错扎牢，但必须保证受力钢筋不位移。双向主筋的钢筋网，则须将全部钢筋相交点扎牢。底部钢筋网片应用与混凝土保护层同厚度的水泥砂浆或塑料垫块垫塞，以保证位置正确。柱插筋除满足搭接要求外，应满足锚固长度的要求。

当基础高度在 900mm 以内时，插筋伸至基础底部的钢筋网上，并在端部做成直弯钩；当基础高度较大时，位于柱子四角的插筋应伸到基础底部，其余的钢筋只需伸至锚固长度即可。

3. 条形基础模板工程

侧板和端头板制成后，应先在基槽底弹出中心线、基础边线，再把侧板和端头板对准边线和中心线，用水平仪抄测校正侧板顶面水平，经检测无误后，用斜撑、水平撑及拉撑钉牢，如图 3-16 所示。条形基础要防止沿基础通长方向模板上口不直，宽度不够，下口

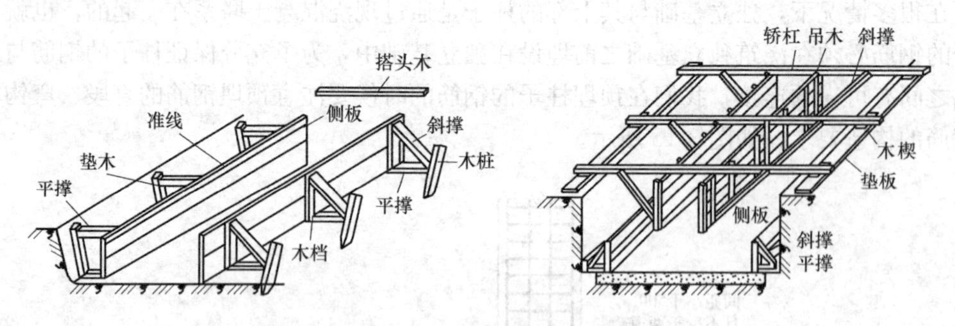

图 3-16　条形基础支模示意图

陷入混凝土内；拆模时上段混凝土缺损，底部钉模不牢的现象。预防措施有：

1）模板应有足够的强度、刚度和稳定性，支模时垂直度要准确。

2）模板上口应钉木带，以控制条形基础上口宽度，并通长拉线，保证上口平直。

3）隔一定间距，将上段模板下口支承在钢筋支架上。

4）支撑直接在土坑边时，下面应垫以木板，以扩大其承力面，两块模板长接头处应加拼条，使板面平整，连接牢固。

4. 条形基础混凝土工程

浇筑现浇柱下条形基础时，注意柱子插筋位置的正确，防止造成位移和倾斜。在浇筑开始时，先满铺一层 5～10cm 厚的混凝土，并捣实，使柱子插筋下段和钢筋网片的位置基本固定，然后对称浇筑。对于锥形基础，应注意保持锥体斜面坡度的正确，斜面部分的模板应随混凝土浇捣分段支设并顶压紧，以防模板上浮变形；边角处的混凝土必须捣实。严禁斜面部分不支模，用铁锹拍实。基础上部柱子后施工时，可在上部水平面留设施工缝。施工缝的处理应按有关规定执行。条形基础根据高度分段分层连续浇筑，不留施工缝，各段各层间应相互衔接，每段长 2～3m，做到逐段逐层呈阶梯形推进。浇筑时先使混凝土充满模板内边角，然后浇筑中间部分，以保证混凝土密实。分层下料，每层厚度为振动棒的有效振动长度。防止由于下料过厚，振捣不实或漏振，或根部砂浆涌出等原因造成蜂窝、麻面或孔洞。

5. 条形基础平面识图要点及钢筋构造要点

（1）条形基础的平面识图要点

条形基础整体上可分为梁板式条形基础和板式条形基础两类。梁板式条形基础适用于钢筋混凝土框架结构、框架-剪力墙结构、框支结构和钢结构；板式条形基础适用于钢筋混凝土剪力墙结构和砌体结构。条形基础编号分为基础梁、基础圈梁编号和条形基础底板编号，分别按表 3-5 和表 3-6 的规定。

条形基础梁、基础圈梁编号　　表 3-5

类　型	代号	序号	跨数及有否外伸
基础梁	JL	XX	(xx)端部无外伸 (xxA)一端有外伸 (xxB)两端有外伸
基础圈梁	JQL	XX	同上

条形基础底板编号 **表 3-6**

类型	基础底板截面形状	代号	序号	跨数及有否外伸
条形基础底板	坡形	TJB_P	XX	(xx)端部无外伸 (xxA)一端有外伸 (xxB)两端有外伸
	阶影	TJB_J	XX	

注：条形基础通常采用坡截面或单阶形截面。

（2）条形基础钢筋构造要点

1）条形基础基础梁 JL 纵向钢筋和箍筋的构造

条形基础基础梁纵向钢筋和箍筋的构造如图 3-17 所示。

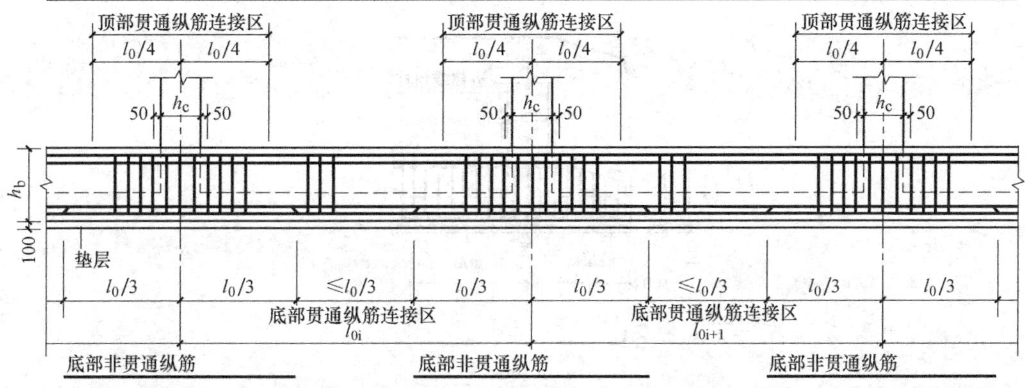

图 3-17 条形基础 JL 纵向钢筋和箍筋的构造

注：1. L_0 为 L_{0i} 和 L_{0i+1} 间较大值 $i=1$，2，3，…；

2. 当纵筋需要搭接连接时，在搭接区中受拉区箍筋间距不大于搭接纵筋较小直径的 5 倍且不大于 100mm，在搭接区中受压区箍筋间距不大于搭接纵筋较小直径的 10 倍且不大于 200mm；

3. 当两毗邻跨的底部纵筋配筋不同时应将配置较大的底部纵筋延伸至配筋较小的毗邻跨跨中进行连接。

2）条形基础端部钢筋构造

条形基础端部一般有三种形式：端部外伸、端部无外伸和端部变截面。三种形式基础梁的钢筋构造形式分别有所不同，如图 3-18 所示。

3）条形基础处底板筋的构造

条形基础基础梁底板配筋可以按 90％的设计长度进行交错分布（进入交接区和无交接底板的第一排钢筋不应减段），交接及拐角处底板筋的构造如图 3-19 所示。

3.2.3 筏形基础

当地基特别软弱，上部荷载很大，用交梁基础将导致基础宽度较大而又相互接近，或有地下室时，可将基础底板连成一片而成为筏形基础。

筏形基础也称满堂基础，采用钢筋混凝土浇筑而成。分为平板式和梁板式两种类型。平板式筏形基础是在地基上做一块钢筋混凝土底板，柱子通过柱脚支承在底板上；当柱距较大、柱荷载相差也较大时，板内会产生比较大的弯矩，应在板上（或板下）沿柱轴线纵横向布置基础梁，形成梁板式筏形基础。梁板式筏形基础分为下梁板式和上梁板式，下梁板式基础底板上面平整，可作建筑物底层地面。

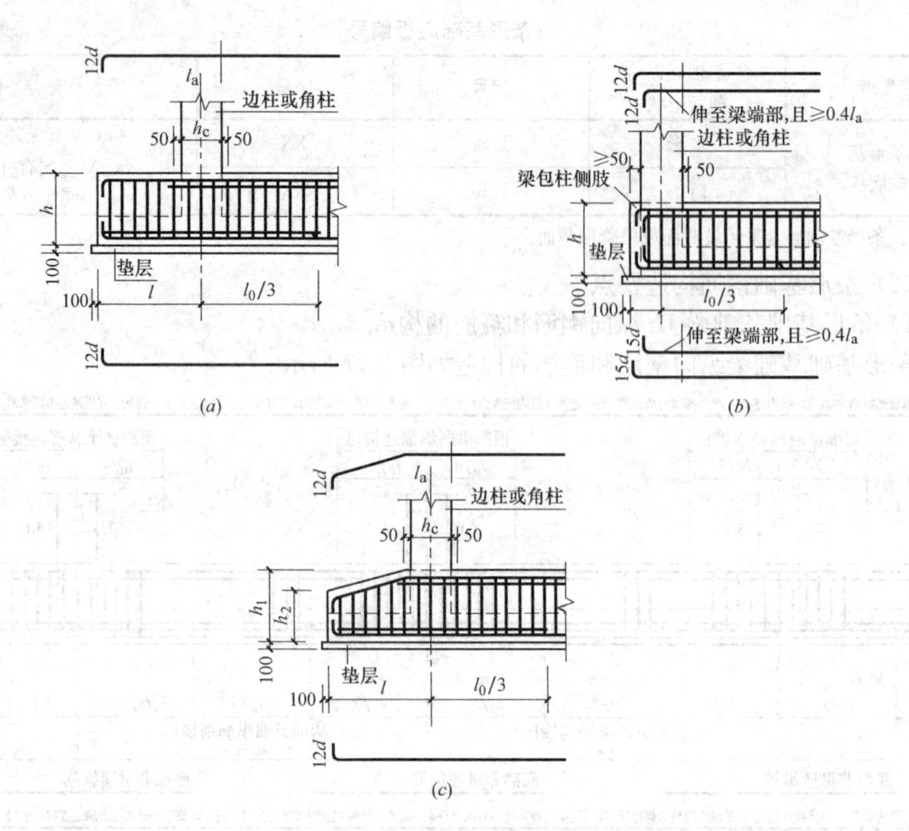

图 3-18　端部钢筋构造

（a）端部等截面外伸构造；（b）端部无外伸构造；（c）端部变截面外伸构造

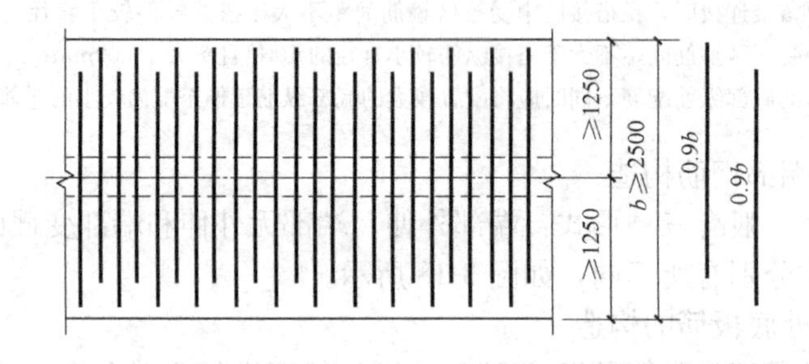

图 3-19　钢筋混凝土条形基础交接和拐角处配筋

筏形基础比十字交叉条形基础具有更大的整体刚度，有利于调整地基的不均匀沉降，能适应上部结构荷载分布的变化。筏形基础的适用范围十分广泛，在多层建筑和高层建筑中都可以采用。

1. 筏形基础工艺流程

（1）钢筋工程工艺流程

基础钢筋工艺流程：放线并预检→成型钢筋进场→排钢筋→焊接接头→绑扎→柱墙插筋定位→交接验收。

（2）模板工程工艺流程

1）240mm 砖胎模：基础砖胎模放线→砌筑→抹灰。

2）外墙及基坑：与钢筋交接验收→放线并预检→外墙及基坑模板支设→钢板止水带安装→交接验收。

（3）混凝土工程工艺流程

筏形基础混凝土施工工艺流程：钢筋模板交接验收→顶标高抄测→混凝土搅拌→现场水平垂直运输→分层振捣赶平抹压→覆盖养护。

2. 筏形基础钢筋工程施工

（1）绑底板下层网片钢筋

根据在防水保护层弹好的钢筋位置线，先铺下层网片的长向钢筋后铺下层网片上面的短向钢筋，钢筋接头尽量采用焊接或机械连接，要求接头在同一截面相互错开50%，同一根钢筋尽量减少接头。在钢筋网片绑扎完后根据图纸设计依次绑扎局部加强筋。在钢筋网的绑扎时，四周两行钢筋交叉点应每点扎牢，中间部分交叉点可相隔交错扎牢，但必须保证受力钢筋不位移。双向主筋的钢筋网，则须将全部钢筋相交点扎牢。绑扎时应注意相邻绑扎点的铁丝扣要呈八字形，以免网片歪斜变形。

（2）绑扎地梁钢筋

在放平的梁下层水平主钢筋上，用粉笔画出箍筋间距。箍筋与主筋要垂直，箍筋转角与主筋交点均要绑扎，主筋与箍筋非转角部分的相交点呈梅花交错绑扎。梁绑扎好后，根据已画好的梁位置线将梁与底板钢筋绑扎牢固。

（3）绑扎底板上层网片钢筋

1）铺设上层钢筋撑脚（铁马凳）：马凳用剩余短料制作成（图3-20），马凳短向放置，间距1.2～1.5m，其直径选用：当板厚$h \leqslant 30$cm时为8～10mm；当板厚$h=30$～

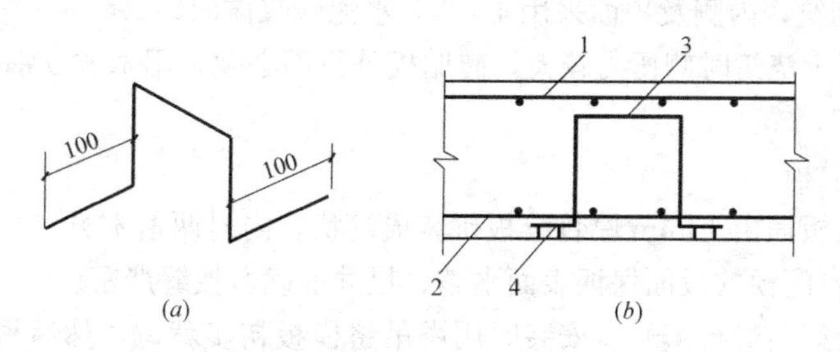

图3-20 钢筋撑脚

（a）钢筋撑脚；（b）撑脚位置

1—上层钢筋网；2—下层钢筋网；3—撑脚；4—水泥垫块

50cm时为12～14mm；当板厚$h>50$cm时为16～18mm。对于厚片筏板可以采用钢管临时支撑的方法，图3-21（a）示出了绑扎上部钢筋网片用的钢管支撑。在上部钢筋网片绑扎完毕后，需置换出水平钢管；为此另取一些垂直钢管通过直角扣件与上部钢筋网片的下层钢筋连接起来（该处需另用短钢筋段加强），替换了原支撑体系，见图3-21（b）。在混凝土浇筑过程中，逐步抽出垂直钢管，见图3-21（c）。此时，上部荷载可由附近的钢管及上、下端均与钢筋网焊接的多个拉接筋来承受。由于混凝土不断浇筑与凝固，拉接筋细长比减少，提高了承载力。

2）绑扎上层网片下铁。

3）绑扎上层网片上铁。

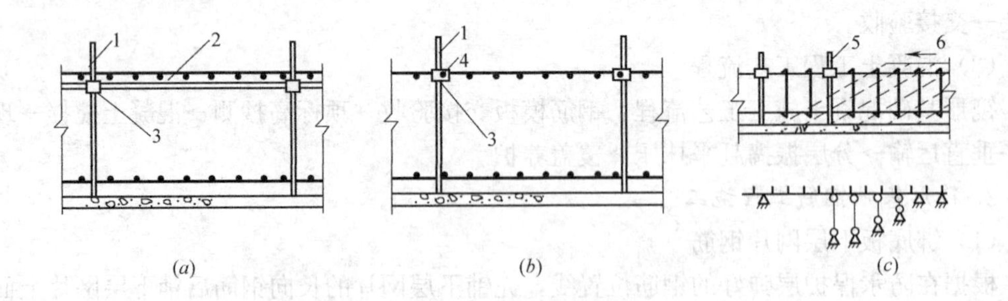

图 3-21　厚片筏上部钢筋网片的钢管临时支撑

(a) 绑扎上部钢筋网片时；(b) 浇筑混凝土前；(c) 浇筑混凝土时

1—垂直钢管；2—水平钢管；3—直角扣件；4—下层水平钢筋；

5—待拔钢管；6—混凝土浇筑方向

4) 绑扎暗柱和墙体插筋。

3. 筏形基础模板工程

(1) 240mm 砖胎模

1) 砖胎模砌筑前，先在垫层面上将砌砖线放出，比基础底板外轮廓大 40mm，砌筑时要求拉直线，采用一顺一丁“三一”砌筑方法，转角处或接口处留出接槎口，墙体要求垂直。砖模内侧、墙顶面抹 15mm 厚的水泥砂浆并压光，同时阴阳角做成圆弧形。

2) 底板外墙侧模采用 240mm 厚砖胎模，高度同底板厚度，砖胎模采用 MU7.5 砖，M5.0 水泥砂浆砌筑，内侧及顶面采用 1∶2.5 水泥砂浆抹面。

3) 考虑混凝土浇筑时侧压力较大，砖胎模外侧面必须采用木方及钢管进行支撑加固，支撑间距不大于 1.5m。

(2) 集水坑模板

1) 根据模板板面由 10mm 厚竹胶板拼装成筒状，内衬两道木方（100mm×100mm），并钉成一个整体，配模的板面保证表面平整、尺寸准确、接缝严密。

2) 模板组装好后进行编号。安装时用塔吊将模板初步就位，然后根据位置线加水平和斜向支撑进行加固，并调整模板位置，使模板的垂直度、刚度、截面尺寸符合要求。

(3) 外墙高出底板部分

1) 墙体高出部分模板采用 10mm 厚竹胶板事先拼装而成，外绑两道水平向木方（50mm×100mm）。

2) 在防水保护层上弹好墙边线，在墙两边焊或埋设竖向和斜向钢筋（用Φ12 钢筋剩余短料），以便进行加固。

3) 用小线拉外墙通长水平线，保证截面尺寸为 297mm（300m 厚外墙），将配好的模板就位，然后用架子管和铁丝与预埋铁进行加固。

4) 模板固定完毕后拉通线检查板面顺直。

4. 筏形基础混凝土施工

由于筏形基础一般为大体积混凝土，其浇筑应按照第 1 章大体积混凝土浇筑要求进行，并按规定留设后浇带。

5. 筏形基础的平法识图及构造要点

(1) 筏形基础的平面识图要点

筏形基础分为梁板式筏形基础和平板式筏形基础，下面我们以平板式筏形基础为例介绍筏形基础的平面表示方法。

平板式筏形基础由柱下板带、跨中板带构成：当设计不分板带时可按基础平板进行表达。平板式筏形基础构件编号按表 3-7 进行表示。

平板式筏形基础构件编号　　表 3-7

构件类别	代　号	序　号	跨数及有否外伸
柱下板带	ZXB	XX	(xx)或(xxA)或(xxB)
跨中板带	KZB	XX	(xx)或(xxA)或(xxB)
平板式筏形基础平板	BPB	XX	

柱下板带 ZXB（视其为无箍筋的宽扁梁）与跨中板带 KZB 的平面注写，分板带底部与顶部贯通纵筋的集中标注与板带底部附加非贯通纵筋的原位标注两部分内容。

柱下板带与跨中板带的集中标注，应在第一跨（*X* 向为左端跨，*Y* 向为下端跨）引出，规定如下：

1）注写编号。

2）注写截面尺寸，注写 b=XXX（X 表示板带宽，在图中注明基础平板厚度）。当柱下板带宽度确定后，跨中板带宽度亦随之确定（即相邻两平行柱下板带间的距离）。

3）注写底部与顶部贯通纵筋，具体内容为：

注写底部贯通纵筋（B 打头）和顶部贯通纵筋（T 打头）的规格与间距，用分号“;”将其分割开来。对柱下板带的柱下区域，通常在其底部贯通纵筋的间隔内插空设有底部附加贯通纵筋。

(2) 筏形基础的构造要点

筏形基础应满足下列要求：

① 筏形基础的混凝土强度等级不应低于 C30。

② 采用筏形基础的地下室应沿四周布置钢筋混凝土外墙，外墙厚度不应小于 250mm，内墙厚度不应小于 200mm。

③ 筏形基础的钢筋间距不应小于 150mm，宜为 200～300mm，受力钢筋直径不宜小于 12mm。

④ 梁板式筏形基础的底板与基础梁的配筋除满足计算要求外，纵横方向的底部钢筋还应有 1/3～1/2 贯通全跨，其配筋率不应小于 0.15%，顶部钢筋按计算配筋全部连通。

当筏板的厚度大于 2000mm 时，宜在板厚中间部位设置直径不小于 12mm、间距不大于 300mm 的双向钢筋网。

⑤ 筏形基础底层柱、剪力墙与梁板式筏形基础的基础梁连接的构造应符合下列要求：

a. 柱、墙的边缘至基础边缘的距离不应小于 50mm；

b. 当交叉基础梁的宽度小于柱截面的边长时，交叉基础梁连接处应设置八字角，柱角与八字角之间的净距不宜小于 50mm 如图 3-22（*a*）；

c. 单向基础梁与柱的连接，可按图 3-22（*b*）、（*c*）采用；

d. 基础梁与剪力墙的连接，可按图 3-22（*d*）采用。

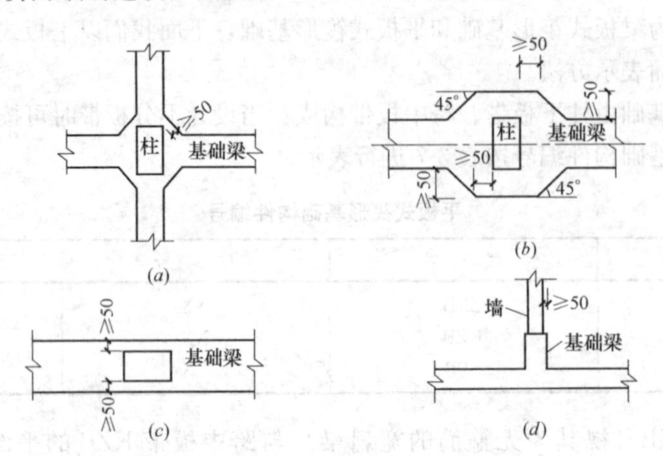

图 3-22　筏形基础底层柱、剪力墙与基础梁的连接构造

（3）筏形基础钢筋的构造要点

1）梁是筏形基础的主要受力构件，梁的钢筋配置关系到结构的安全，我们在钢筋制作与安装过程中应注意基础主梁纵向钢筋与箍筋的构造，其构造如图 3-23 所示。当具体设计采用三种箍筋时，第一种配置最高的箍筋（间距最小或直径最大）按设计注写的总道数设置在跨两端（在柱与基础梁结合部位，亦附加设置但不计入总道教），其次向跨内按设计注写的总道数设置第二种配置次高的箍筋，最后将第三种箍筋设置在跨中范围。主次梁交接处附加箍筋构造如图 3-24 所示。

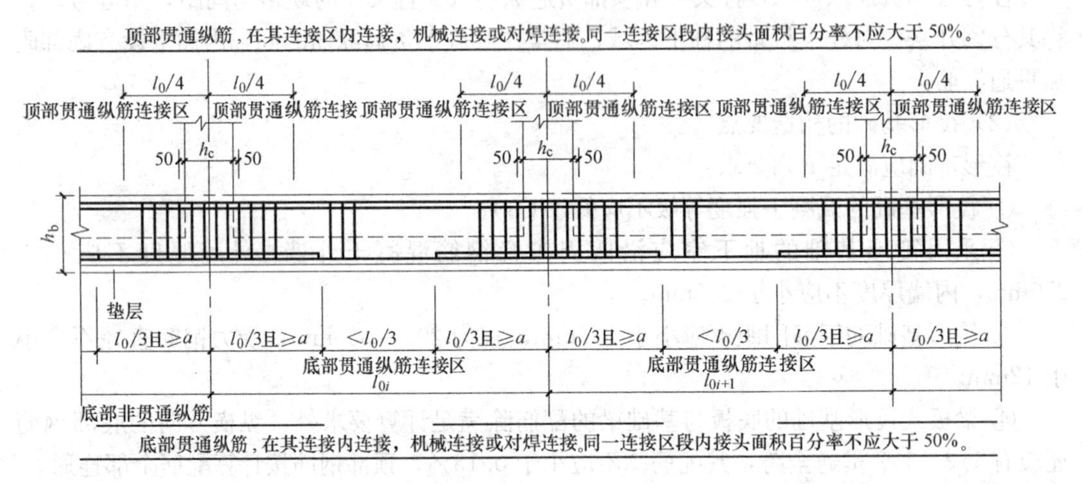

图 3-23　筏形基础主梁纵筋与箍筋的构造

2）筏形基础次梁端部伸出柱边的构造方式有如图 3-25 所示的几种形式。

3）筏形基础中各层面钢筋分层布局交错分布，特别是底板位钢筋排列比较密集，应该正确确定各层钢筋的相对位置，以保证钢筋的合理布局。底板位钢筋的布局如图 3-26 所示。

4）筏形基础中基础梁相交时基础梁箍筋的构造如图 3-27 所示。

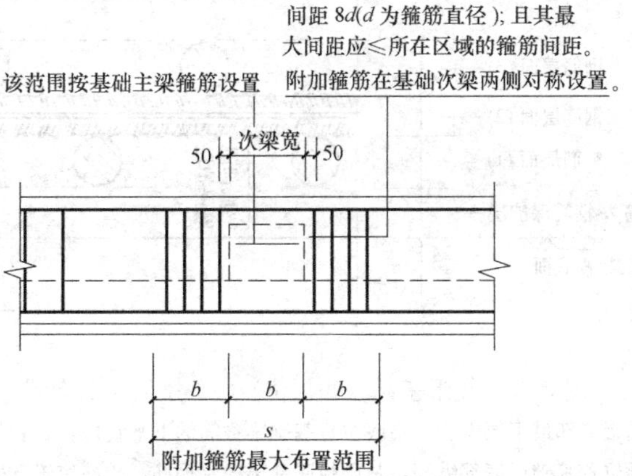

间距 8d(d 为箍筋直径); 且其最
大间距应≤所在区域的箍筋间距。
该范围按基础主梁箍筋设置
附加箍筋在基础次梁两侧对称设置。
次梁宽
50
50
b
b
b
s
附加箍筋最大布置范围

图 3-24　附加箍筋构造

50
50
基础主梁
12d
12d
垫层
100
l
50
50
基础主梁
12d
12d
垫层
100
l
(a)
(b)
50
50
基础主梁
12d
12d
垫层
100
l
(c)

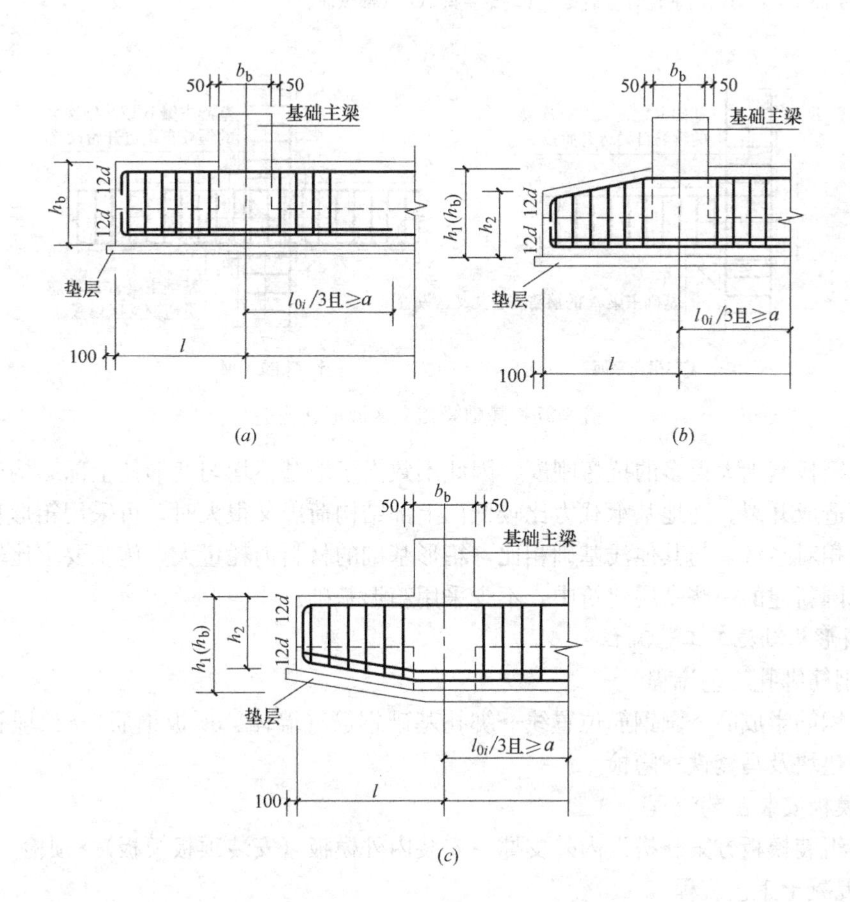

图 3-25　基础次梁端部外伸构造形式

(*a*) 端部等截面；(*b*) 梁底与底板平；(*c*) 梁顶与底板平

3.2.4　箱形基础

箱形基础形如箱子，由钢筋混凝土底板、顶板和纵、横向的内、外墙所组成。箱形基

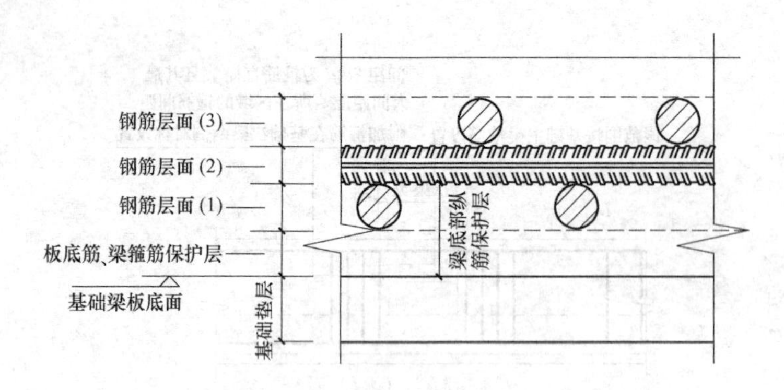

图 3-26 筏形基础（底板位）底部钢筋层面布置

注：1. 钢筋层面（1）：基础板底部最下层钢筋、最底位置基础梁箍筋的下平直段，二者相互插空，平行布置；

2. 钢筋层面（2）：最低位置基础梁底部纵筋，基础板底部第二层钢筋，较高位置基础梁箍筋的下平直段，三者相互插空，平行布置；

3. 钢筋层面（3）：与图面垂直的基础梁（如基础主梁 A）底部纵筋。

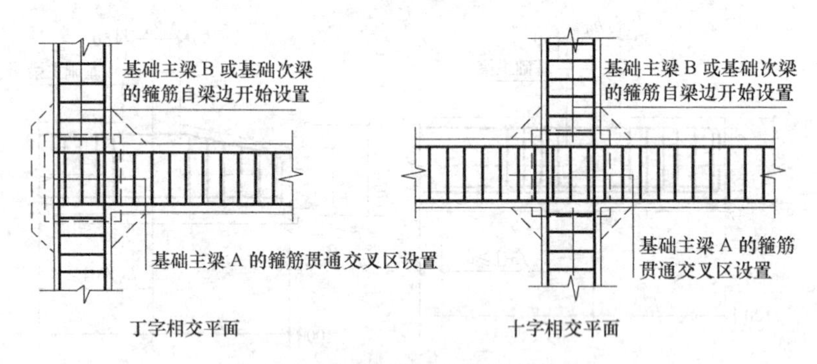

图 3-27 基础梁相交区域箍筋构造

础具有比筏板基础大得多的抗弯刚度，因此不致由于地基不均匀变形使上部结构产生较大的弯曲而造成开裂。当地基承载力比较低而上部结构荷载又很大时，可采用箱形基础，它比桩基础相对经济。与其他浅基础相比，箱形基础的材料消耗量大，施工要求比较高。近年来，我国新建的一些高层建筑中，不少采用箱形基础。

1. 箱形基础施工工艺流程

1）钢筋绑扎工艺流程

核对钢筋半成品→画钢筋位置线→绑扎基础钢筋（墙体、顶板钢筋）→预埋管线及铁件→垫好垫块及马凳铁→隐检

2）模板安装工艺流程

确定组装模板方案→搭设内外支撑→安装内外模板（安装顶板模板）→预检

3）混凝土工艺流程

搅拌混凝土→混凝土运输→浇筑混凝土→混凝土养护

2. 箱形基础钢筋工程

（1）基础钢筋绑扎

1）弹线：按照钢筋间距，从距模板端头、梁板边 5cm 起，用墨斗在混凝土垫层上弹出墨线。

2）先铺底板下层钢筋，如设计没有要求，一般情况下先铺短向钢筋，再铺长向钢筋。

3）钢筋绑扎时，靠近外围两行的相交点每点都绑扎，中间部分的相交点可相隔交错绑扎，双向受力的钢筋必须将钢筋交点全部绑扎。绑扎时采用八字扣或交错变换方向绑扎，保证钢筋不位移。

4）底板如有基础梁，可预先分段绑扎骨架，然后安装就位，或根据梁位置线就地绑扎成型。

5）基础底板采用双层钢筋时，绑完下层钢筋后，摆放钢筋马凳，间距以人踩不变形为准，一般为1m左右为宜。在马凳上摆放纵横两个方向的定位钢筋，钢筋上下次序同底板下层钢筋相反。

6）钢筋绑扎完毕后，进行垫块的码放，间距1m为宜。厚度满足钢筋保护层要求。

7）根据弹好的墙、柱位置线，将墙、柱伸入基础的插筋绑扎牢固，插入基础深度和甩出长度要符合设计及规范要求，同时用钢管或钢筋将钢筋上部固定，保证甩出钢筋位置的准确性。

（2）墙筋绑扎

1）将预埋的插筋清理干净，调整钢筋位置使其保护层厚度符合规范要求。先绑2～4根竖筋，并画好横筋分挡标志，然后在下部及齐腰处绑两根横筋定位，并画好竖筋分挡标志。一般情况横筋在外，竖筋在内，所以先绑竖筋后绑横筋。

2）墙筋为双向受力钢筋，所有钢筋交点都应绑扎，竖筋搭接范围内，水平筋不少于三道。横竖筋搭接长度和搭接位置，符合设计和施工规范要求。

3）双排钢筋之间应绑间距支撑和拉筋，以固定钢筋间距和保护层厚度。支撑或拉筋可用ϕ12和ϕ8钢筋制作，间距600mm左右，用以保证双排钢筋之间的距离。

4）各连接点的抗震构造钢筋及锚固长度，均应按设计要求进行绑扎。

（3）顶板钢筋绑扎

1）清理模板上的杂物，用墨斗弹出钢筋间距。

2）按设计要求，先摆放受力主筋，后放分布筋。绑扎板底钢筋一般用顺扣或八字扣，除外围两根筋的相交点全部绑扎外，其余各点可交错绑扎（双向板相交点须全部绑扎）。

3）板底钢筋绑扎完毕后，及时进行水电管路的附设和各种埋件的预埋工作。

4）水电预埋工作完成后，及时进行钢筋盖铁的绑扎工作。绑扎时要挂线绑扎，保证盖铁两端成行成线。盖铁钢筋相交点必须全部绑扎。

5）钢筋绑扎完毕后，及时进行钢筋保护层垫块和盖铁马凳的安装工作。垫块厚度，如设计无要求，为15mm。钢筋的锚固长度按设计要求确定。

3. 箱形基础模板工程

（1）底板模板安装

1）底板模板安装按线就位，外侧用脚手管做支撑，支撑在基坑侧壁上，支撑点处垫短块木板。

2）由于箱形基础底板与墙体分开施工，且一般具有防水要求，所以墙体施工缝一般留在距底板顶部30cm处，这样，墙体模板必须和底板模板同时安装一部分。这部分模板一般高度为600mm即可。采用吊模施工，内侧模板底部用钢筋马凳支撑，内外侧模板用穿墙螺栓加以连接，再用斜撑与基坑侧壁撑牢。如底板中有基础梁，则全部采用吊模施工，梁与梁之间用钢管加以锁定。

（2）墙体模板安装

单块墙模板就位组拼安装施工要点如下：

1）在安装模板前，按位置线安装门窗洞口模板，与墙体钢筋固定，并安装好预埋件或木砖等。

2）安装模板宜采用墙两侧模板同时安装。第一步模板边安装锁定边插入穿墙或对拉螺栓和套管，并将两侧模对准墙线使之稳定，然后用钢卡或碟形扣件与钩头螺栓固定于模板边肋上，调整两侧模的平直。

3）用同样方法安装其他若干步模板到墙顶部，内钢楞外侧安装外钢楞，并将其用方钢卡或蝶形扣件与钩头螺栓和内钢楞固定，穿墙螺栓由内外钢楞中间插入，用螺母将蝶形扣件拧紧，使两侧模板成为一体。安装斜撑，调整模板垂直，合格后，与墙、柱、楼板模板连接，如图3-28所示。

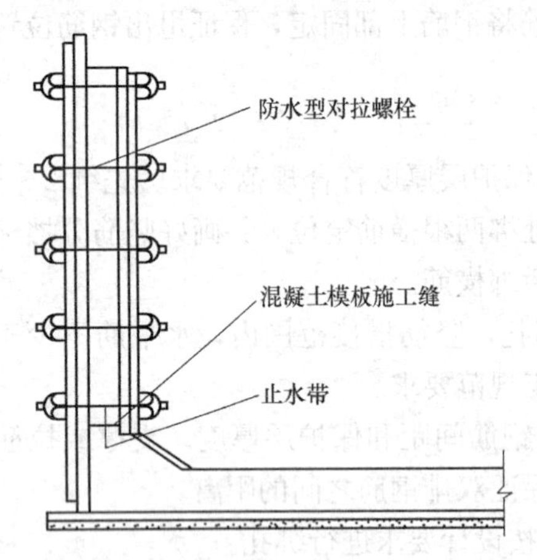

图3-28　箱形基础墙体模板支模示意图

4）钩头螺栓、穿墙螺栓、对接螺栓等连接件都要连接牢靠，松紧力度一致。

预拼装墙模板施工要点如下：

1）检查墙模板安装位置的定位基准面墙线及墙模板编号，符合图纸后，安装门窗口等模板及预埋或木砖。

2）将一侧预拼装墙模板按位置线吊装就位，安装斜撑或使工具型斜撑调整至模板与地面呈75°，使其稳定坐落于基准面上。

3）以同样方法就位另一侧墙模板，使穿墙螺栓穿过模板并在螺栓杆端戴上扣件和螺母，然后调整两块模板的位置和方向，与此同时调整斜撑角度，合格后，固定斜撑，紧固全部穿墙螺栓的螺母。

4）模板安装完毕后，全面检查扣件、螺栓、斜撑是否紧固、稳定，模板拼缝及下口是否严密。

（3）顶板模板安装工艺

1）支架的支柱可用早拆翼托支柱从边跨一侧开始，依次逐排安装，同时安装钢（木）楞及横拉模杆，其间距按模板设计的规定。一般情况下支柱间距为80～120cm，钢（木）楞间距为60～120cm，并根据板厚计算确定。需要装双层钢（木）楞时，上层钢（木）楞间距一般为49～60cm。顶板模板应考虑1/1000～3/1000的起拱量。

2）支架搭设完毕后，要认真检查板下钢（木）楞与支柱连接及支架安装的牢固与稳定，根据给定的水平线，认真调节支模翼托的高度，将钢（木）楞找平。

3）铺设竹胶板、板缝下必须设钢（木）楞，以防止板端部变形。

4）平模铺设完毕后，用靠尺、塞尺和水平仪检查平整度与楼板底标高，并进行校正。

4. 箱形基础混凝土工程

（1）基础底板混凝土施工

1）箱型基础底板一般较厚，混凝土量一般也较大，因此，混凝土施工时，必须考虑混凝土散热的问题，防止出现混凝土温度裂缝。

2）混凝土必须连续浇筑，一般不得留置施工缝，所以，各种混凝土材料和设备必须保证供应。

3）墙体施工缝处宜留置企口缝，或按设计要求留置（如止水带）。

4）墙柱甩出钢筋必须用塑料套管加以保护，避免混凝土污染钢筋。

（2）墙体混凝土施工

1）墙体浇筑混凝土前，在底部接槎处先浇筑 5cm 厚与墙体混凝土成分相同的减石子砂浆。用混凝土均匀入模，分层浇筑、振捣。混凝土下料点应分散布置，分层厚度一般控制在 40cm 左右。墙体连续进行浇筑，上下层混凝土之间时间间隔不得超过水泥的初凝时间，一般不超过 2h。墙体混凝土的施工缝宜设在门洞过梁跨中 1/3 区段。当采用平模时可留在内纵横墙的交界处，墙应留垂直缝。接槎处应振捣密实。浇筑时随时清理落地灰。

2）洞口浇筑时，使洞口两侧浇筑高度对称均匀，振捣棒距洞边 30cm 以上，宜从两侧同时振捣，防止洞口变形。大洞口下部模板应开口，并补充混凝土及振捣。

3）振捣：插入式振捣器移动间距不宜大于振捣器作用半径的 1.5 倍，一般应小于 50cm，门洞口两侧构造柱要振捣密实，不得漏振。每一振点的延续时间，以表面呈现浮浆和不再沉落为达到要求，避免碰撞钢筋、模板、预埋件、预埋管等，发现有变形、移位时，各有关工种相互配合进行处理。

4）墙上口找平：混凝土浇筑振捣完毕，将上口甩出的钢筋加以整理，用木抹子按预定标高线，按比顶板底部高出 20mm 将混凝土表面找平。

（3）顶板混凝土施工

1）浇筑顶板混凝土的虚铺厚度应略大于板厚，用平板振捣器垂直浇筑方向来回振捣，厚板可用插入式振捣器顺浇筑方向拖拉振捣，并用钢插尺检查混凝土厚度，振捣完毕后用杠尺及长抹子抹平，表面拉毛。

2）浇筑完毕后及时用塑料布覆盖混凝土，并浇水养护。

5. 箱形基础的构造要点

箱形基础是由底板、顶板、钢筋混凝土纵横隔墙构成的整体现浇钢筋混凝土结构。箱形基础具有较大的基础底面、较深的埋置深度和中空的结构形式，上部结构的部分荷载可用开挖卸去的土的重量得以补偿。与一般的实体基础比较，它能显著地提高地基稳定性，降低基础沉降量。一般来说箱形基础的钢筋及混凝土工程应满足下列要求：

（1）箱形基础的混凝土强度等级不应低于 C30。

（2）箱形基础外墙宜沿建筑物周边布置，内墙沿上部结构的柱网或剪力墙位置纵横均匀布置，墙体水平截面总面积不宜小于箱形基础外墙外包尺寸的水平投影面积的 1/10。

（3）无人防设计要求的箱形基础，基础底板不应小于 300mm，外墙厚度不应小于 250mm，内墙厚度不应小于 200mm，顶板厚度不应小于 200mm。

（4）墙体的门洞宜设在柱间居中部位。

（5）箱形基础的顶板和底板纵横方向支座钢筋尚应有1/3～1/2的钢筋连通，且连通钢筋的配筋率分别不小于0.15%（纵向）、0.10%（横向），跨中钢筋按实际需要的配筋全部连通。

（6）箱形基础的顶板、底板及墙体均应采用双层双向配筋。

（7）上部结构底层柱纵向钢筋伸入箱形基础墙体的长度应符合下列要求：

1）柱下三面或四面有箱形基础的内柱，除柱四角纵向钢筋直通到基底外，其余钢筋可伸入顶板底面以下40倍纵向钢筋直径处；

2）外柱、与剪力墙相连的柱及其他内柱的纵向钢筋应直通到基底。

3.3 桩 基 础

当天然地基上的浅基础沉降量过大或基础稳定性不能满足建筑物的要求时，常采用桩基础，它由桩和桩顶的承台组成，是一种深基础的形式。

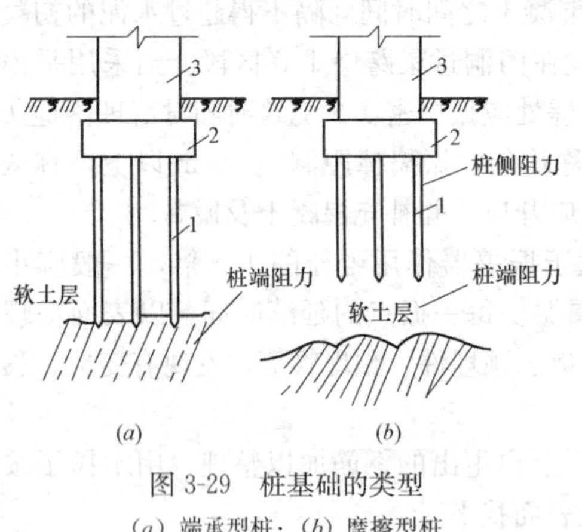

图3-29 桩基础的类型

(a) 端承型桩；(b) 摩擦型桩

1—桩；2—承台；3—上部结构

（1）按桩的受力情况，桩可分为摩擦型桩和端承型桩，如图3-29所示。

端承桩是由桩的下端阻力承担全部或主要荷载，桩尖进入岩层或硬土层；摩擦桩是指桩顶荷载全部由桩侧摩擦力或主要由桩侧摩擦力和桩端的阻力共同承担。

（2）按桩的施工方法可分成预制桩和灌注桩。

预制桩是在预制工厂或施工现场制作桩身，利用沉桩设备将其沉入（打、压）土中；灌注桩是在施工现场的桩位上用机械或人工成孔，吊放钢筋笼，然后在孔内灌注混凝土而成。

3.3.1 预制桩施工

预制桩按沉桩方法分为锤击沉桩和静力压桩两种方式。

1. 桩的制作、运输和堆放

预制桩主要有钢筋混凝土方桩、混凝土管桩和钢桩等，目前常用的为预应力混凝土管桩。

（1）预制桩制作

1）钢筋混凝土方桩

边长一般为200～550mm，可在工厂（为便于运输，一般不超过12m）或现场（一般不超过30m）制作。制作一般采用间隔、重叠生产，每层桩与桩间用塑料薄膜、油毡、水泥袋纸等隔开，邻桩与上层桩的混凝土须待邻桩或下层桩的混凝土达到设计强度的30%以后进行，重叠层数一般不宜超过四层。

预制桩钢筋骨架的主筋连接宜采用对焊，同一截面内主筋接头不得超过50%，桩顶1m内不应有接头，钢筋骨架的偏差应符合有关规定。

桩的混凝土强度等级应不低于C30，浇筑时从桩顶向桩尖进行，应一次浇筑完毕，严禁中断。制作完后应洒水养护不少于7d。

2）预应力混凝土管桩

系采用先张法预应力工艺和离心成型法，制成的一种空心圆柱体细长混凝土预制构件。主要由圆筒形桩身、端头板和钢套箍等组成，如图3-30所示。

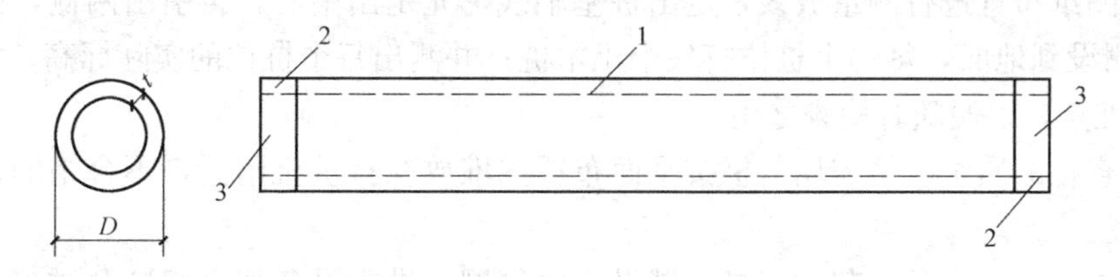

图3-30　预应力管桩示意

1—桩身；2—钢套箍；3—端头板

D—外径；t—壁厚

按混凝土强度等级和壁厚分为预应力混凝土管桩（PC）、预应力高强混凝土管桩代号为（PHC）和预应力薄壁管桩（PTC）。管桩按外径分为300～1000mm等规格，实际生产的管径以300mm、400mm、500mm、600mm，桩长8～12m为主。预应力混凝土管桩标注如图3-31所示。

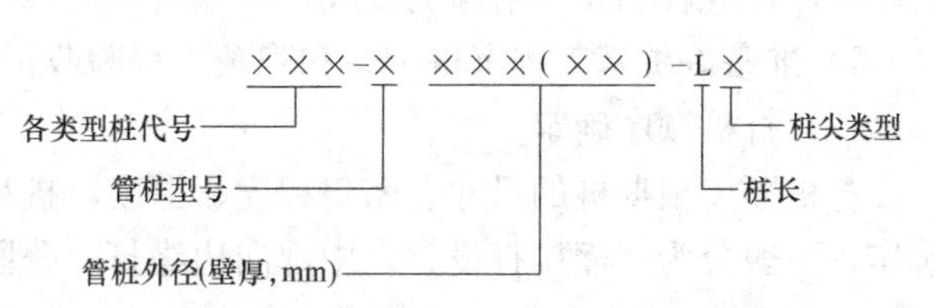

图3-31　预应力混凝土管桩标注示意图

预应力管桩具有单桩竖向承载力高（600～4500kN）、抗震性能好、耐久性好，耐打、耐压，穿透能力强（可穿透5～6m厚的密实砂夹层），造价适宜，施工工期短等优点，适用于各类工程地质条件为黏性土、粉土、砂土、碎石类土层以及持力层为强风化岩层、密实的砂层（或卵石层）等土层应用，是目前常用的预制桩桩型，本节主要介绍该桩的施工方法。

预应力管桩应有出厂合格证，进场后检查桩径（±5mm）、管壁厚度（±5mm）、桩尖中心线（<2mm）、顶面平整度（10mm）、桩体弯曲（<1mm，L/1000）等项目。

（2）预制桩起吊、运输和堆放

当桩的混凝土达到设计强度标准值的70%后方可起吊，吊点根据不同桩长设置，预应力管桩吊点设置如图3-32所示。吊索与桩间应加衬垫，起吊应平稳提升，采取措施保护桩身质量，防止撞击和受振动。

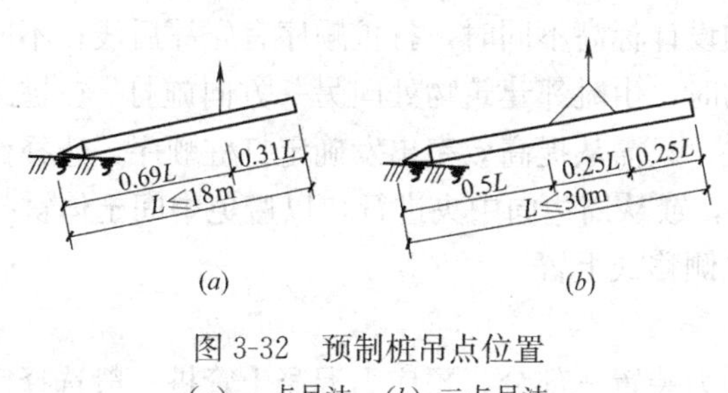

图3-32　预制桩吊点位置

（a）一点吊法；（b）二点吊法

桩运输时的强度应达到设计强度标准值的100%。堆放场地应平整坚实，排水良好。桩应按规格、桩号分层叠置，支承点应设在吊点或近旁处保持在同一横断平面上，各层垫木应上下对齐，并支承平稳，堆放层数不宜超过4层。运到打桩位置堆放，应布置在打桩架附设的起重钩工作半径范围内，并考虑到起吊方向，避免转向。

2. 锤击沉桩施工

(1) 施工准备工作

1) 整平场地，清除桩基范围内的高空、地面、地下障碍物；架空高压线距打桩架不得小于 10m；修设桩机进出、行走道路，做好排水措施。

2) 按图纸布置进行测量放线，定出桩基轴线，先定出中心，再引出两侧，并将桩的准确位置测设到地面，每一个桩位打一个小木桩；并测出每个桩位的实际标高，场地外设 2～3 个水准点，以便随时检查之用。

3) 检查桩的质量，将需用的桩按平面布置图堆放在打桩机附近，不合格的桩不能运至打桩现场。

4) 检查打桩机设备及起重工具；铺设水电管网，进行设备架立组装和试打桩。在桩架上设置标尺或在桩的侧面画上标尺，以便能观测桩身入土深度。

5) 打桩场地建（构）筑物有防震要求时，应采取必要的防护措施。

6) 学习、熟悉桩基施工图纸，并进行会审；做好技术交底，特别是地质情况、设计要求、操作规程和安全措施的交底。

7) 准备好桩基工程沉桩记录和隐蔽工程验收记录表格，并安排好记录和监理人员等。

(2) 打桩顺序确定

打桩顺序根据桩的尺寸、密集程度、深度，桩移动方便以及施工现场实际情况等因素确定，一般分为：逐排打设、自中部向边缘打、分段打等方式，如图 3-33 所示。

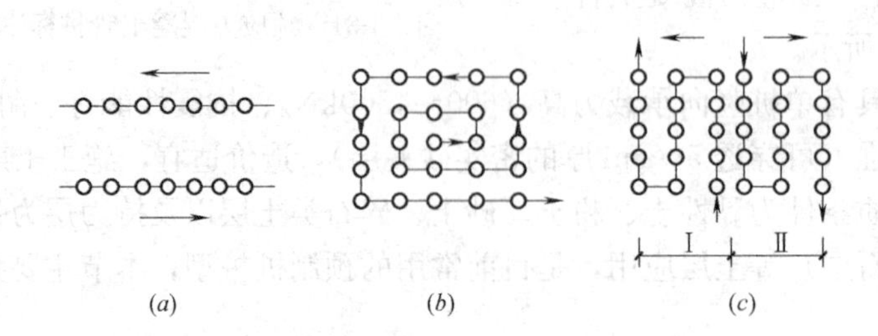

图 3-33　打桩顺序和土体挤密情况

(a) 逐排打桩；(b) 从中部向边缘打桩；(c) 分段打桩

确定打桩顺序应遵循以下原则：桩基的设计标高不同时，打桩顺序宜先深后浅；不同规格的桩，宜先大后小；当一侧毗邻建筑物时，由毗邻建筑物处向另一方向施打。在桩距大于或等于 4 倍桩径时，则与打桩顺序无关，只需从提高效率出发确定打桩顺序，选择倒行和拐弯次数最少的顺序。应避免自外向内，或从周边向中央进行，以避免中间土体被挤密，桩难以打入，或虽勉强打入，但使邻桩侧移或上冒。

(3) 打桩设备

打桩用的机具主要包括桩锤、桩架和动力装置三部分。预应力混凝土管桩一般选择筒式柴油桩锤。

(4) 锤击沉桩施工工艺流程

测量定位→桩机就位→底桩就位、对中和调直→锤击沉桩→接桩、对中、垂直度校核→再锤击→送桩→收锤。

1）测量定位：通过轴线控制点，逐个定出桩位，打设钢筋标桩，并用白灰在标桩附近地面上画上一个圆心与标桩重合、直径与管桩相等的圆圈，以方便插桩对中，保持桩位正确。桩位的放样允许偏差如下：群桩 20mm，单排桩 10mm。

2）底桩就位、对中和调直：底桩就位前，应在桩身上划出单位长度标记，以便观察桩的入土深度及记录每米沉桩击数。吊桩就位一般用单点吊将管桩吊直，使桩尖插在白灰圈内，桩头部插入锤下面的桩帽套内就位，并对中和调直，使桩身、桩帽和桩锤三者的中心线重合，保持桩身垂直，其垂直度偏差不得大于 0.5%，倾斜度的偏差不得大于倾斜角正切值的 15%（倾斜角系桩的纵向中心线与铅垂线间夹角）。桩垂直度观测包括打桩架导杆的垂直度，可用两台经纬仪在离打桩架 15m 以外呈正交方向进行观测，也可在正交方向上设置两根吊陀垂线进行观测校正。

3）锤击沉桩：锤击沉桩宜采取低锤轻击或重锤低打，以有效降低锤击应力，同时特别注意保持底桩垂直，在锤击沉桩的全过程中都应使桩锤，桩帽和桩身的中心线重合，防止桩受到偏心锤打，以免桩受弯受扭。在较厚的黏土、粉质黏土层中施打多节管桩，每根桩宜连续施打，一次完成，以避免间歇时间过长，造成再次打入困难，而需增加许多锤击数，甚至打不下而先将桩头打坏。当遇到贯入度剧变，桩身突然发生倾斜、移位或有严重回弹，桩顶或桩身出现严重裂缝、破碎等情况时，应暂停打桩，并分析原因，采取相应措施。

4）接桩、对中、垂直度校核：方桩接头数不宜超过两个，预应力管桩单桩的接头数不宜超过 4 个，应避免桩尖接近硬持力层或桩尖处于硬持力层时接桩。预应力管桩接桩方式有电焊接头和机械快速接头两种，一般多采用电焊接头。具体施工要点为：

在下节桩离地面 0.5～1.0m 的时候，在下节桩的桩头处设导向箍以方便上节桩就位，起吊上节桩插入导向箍，进行上、下节桩对中和垂直度校核，上、下节桩轴线偏差不宜大于 2mm；上、下端板表面应用铁刷子清刷干净，坡口处应刷至露出金属光泽。焊接时宜先在坡口圆周上对称点焊 4～6 点，待上、下桩节固定后拆除导向箍，由两名焊工对称、分层、均匀、连续的施焊，一般焊接层数不少于 2 层，待焊缝自然冷却 8～10min，始可继续锤击沉桩。

接桩质量检查：焊缝质量、电焊结束后停歇时间（＞1min）、下节平面偏差（10mm）、节点弯曲矢高（＜1mm，$L/1000$）。

5）送桩：当桩顶标高低于自然地面标高时，则须用钢制送桩管（长 4～6m）放于桩头上，锤击送桩将桩送入土中。

6）截桩：露出地面或未能送至设计桩顶标高的桩，即必须截桩，截桩要求用截桩器，严禁用大锤横向敲击、冲撞。

(5) 锤击沉桩收锤标准

收锤标准通常以达到的桩端持力层、最后贯入度或最后 1m 沉桩锤击数为主要控制指标。桩端持力层作为定性控制；最后贯入度（最后 10 击桩的入土深度）或最后 1m 沉桩锤击数作为定量控制，均通过试桩或设计确定。规范规定：PHC、PC、PTC 管桩的总锤击不宜超过 2500、2000、1500 击；最后 1m 的锤击数分别不宜超过 300、250、200 击；最后贯入度，最好为 20～40mm/10 击。摩擦桩以控制桩端设计标高为主，贯入度可作参考；端承桩以贯入度控制为主，桩端标高可作参考。当贯入度已达到，而桩端标高未达到时，应继续锤击3阵，按每阵10击的贯入度不大于设计规定的数值加以确认。

锤击沉桩施工过程资料包括记录桩顶状况、总锤击数和最后1m锤击数、最后三阵贯入度、垂直度、桩顶标高、桩端持力层情况等。

(6) 桩顶与承台的连接

按照桩顶的不同形式分为截桩桩顶、不截桩桩顶等方式，如图3-34所示。

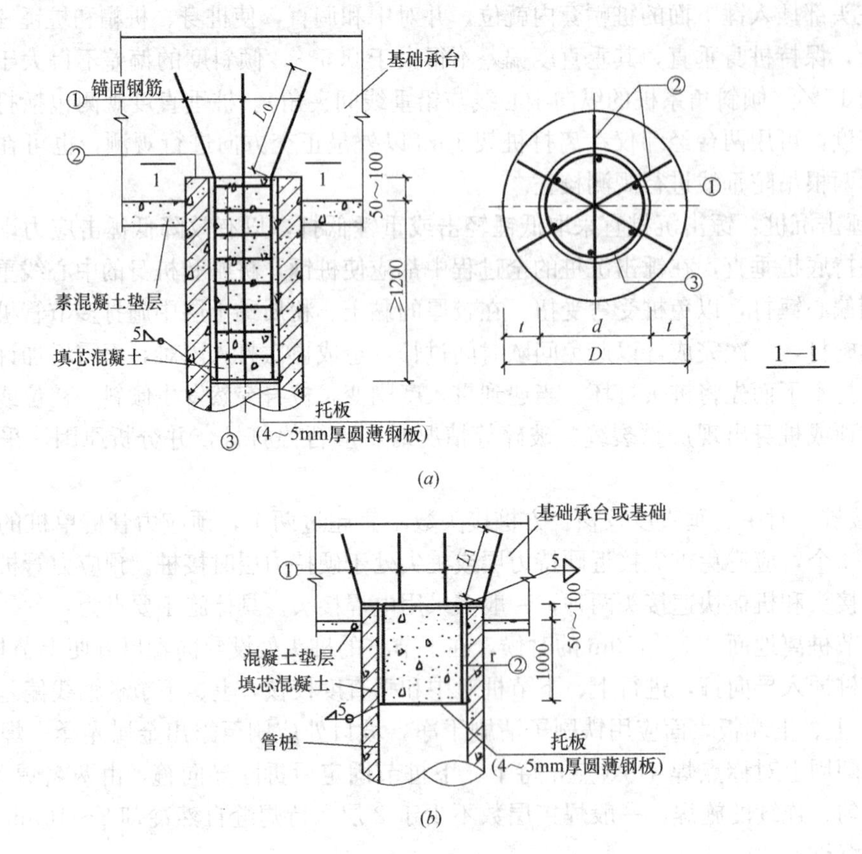

图3-34 桩顶与承台的连接

(a) 截桩桩顶与承台连接；(b) 不截桩桩顶与承台连接

3. 静力压桩施工

静压法沉桩是通过静力压桩机的压桩机构，以压桩机自重和桩机上的配重作反力而将预制钢筋混凝土桩分节压入地基土层中成桩。其特点是：桩机全部采用液压装置驱动，压力大，自动化程度高，纵横移动方便，运转灵活；桩定位精确，不易产生偏心，可提高桩基施工质量；施工无噪声、无振动、无污染；沉桩采用全液压夹持桩身向下施加压力，可避免锤击应力，打碎桩头，桩截面可以减小，混凝土强度等级可降低1~2级，配筋比锤击法可省40%；效率高，施工速度快，压桩速度每分钟可达2m，正常情况下每台班可完成15根，比锤击法可缩短工期1/3；压桩力能自动记录，可预估和验证单桩承载力，施工安全可靠，便于拆装维修、运输等。但存在压桩设备较笨重，要求边桩中心到已有建筑物间距较大，压桩力受一定限制，挤土效应仍然存在等问题。

适用于软土、填土及一般黏性土层中应用，特别适合于居民稠密及危房附近环境保护要求严格的地区沉桩；但不宜用于地下有较多孤石、障碍物或有 4m 以上硬隔离层的情况。

（1）静压法沉桩机理

静压预制桩主要应用于软土、一般黏性土地基。在桩压入过程中，系以桩机本身的重量（包括配重）作为反作用力，以克服压桩过程中的桩侧摩阻力和桩端阻力。当预制桩在竖向静压力作用下沉入土中时，桩周土体发生急速而激烈的挤压，土中孔隙水压力急剧上升，土的抗剪强度大大降低，从而使桩身很快下沉。

（2）压桩机具设备

静力压桩机分机械式和液压式两种。前者系用桩架、卷扬机、加压钢丝绳、滑轮组和活动压梁等部件组成，施压部分在桩顶端面，施加静压力约为 600～2000kN，这种桩机设备高大笨重，行走移动不便，压桩速度较慢，但装配费用较低，只有少数还有这种设备的地区还在应用；后者由压拔装置、行走机构及起吊装置等组成（图 3-35），采用液压操作，自动化程度高，结构紧凑，行走方便快速，施压部分不在桩顶面，而在桩身侧面，它是当前国内较广泛采用的一种新型压桩机械。

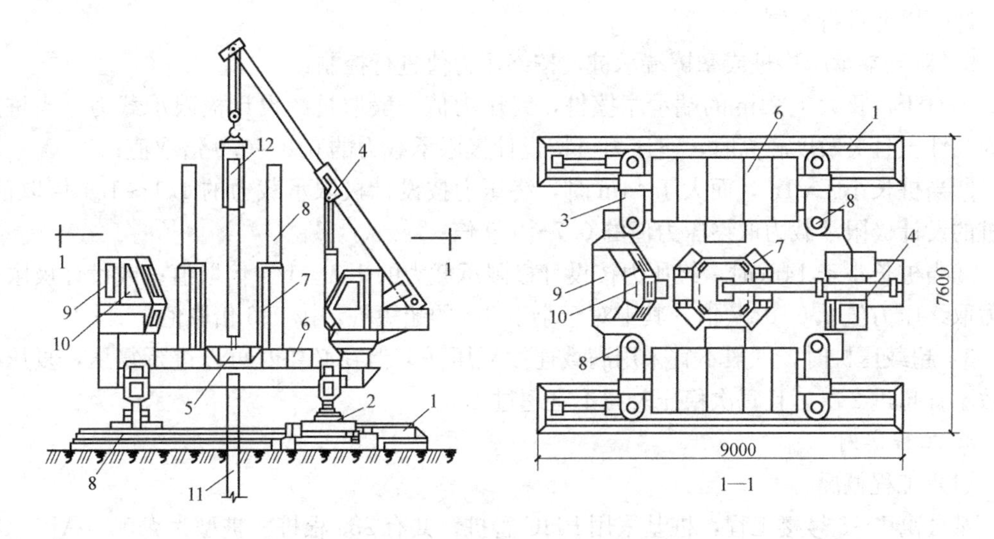

图 3-35　全液压式静力压桩机压桩

1—长船行走机构；2—短船行走及回转机构；3—支腿式底盘结构；4—液压起重机；5—夹持与压板装置；6—配重铁块；7—导向架；8—液压系统；9—电控系统；10—操纵室；11—已压入下节桩；12—吊入上节桩

（3）施工工艺流程及操作要点

静力压桩施工工艺流程为：测量定位→压桩机就位→吊桩、插桩→桩身对中调直→静压沉桩→接桩→再静压沉桩→送桩→终止压桩→切割桩头。

施工要点如下：

1）桩机就位：桩机就位系利用行走装置完成，它是由横向行走（短船行走）和回转机构组成。把船体当作铺设的轨道，通过横向和纵向油缸的伸程和回程使桩机实现步履式的横向和纵向行走。当横向两油缸一只伸程，另一只回程，可使桩机实现小角度回转，这样可使桩机达到要求的位置。

2）吊桩、插桩和压桩：利用桩机上自身设置的工作吊机将预制混凝土桩吊入夹持器中，夹持油缸将桩从侧面夹紧，即可开动压桩油缸，先将桩压入土中1m左右后停止，调正桩在两个方向的垂直度后，压桩油缸继续伸程把桩压入土中，伸长完后，夹持油缸回程松夹，压桩油缸回程，重复上述动作可实现连续压桩操作，直至把桩压入预定深度土层中。压桩应连续进行，压桩速度一般不超过2m/min，达到压桩力的要求以后，必须持荷稳定。若不能稳定，必须再持荷，一直到持荷稳定为止，持荷时间由设计人员与监理在现场试桩时确定。

在压桩过程中要认真记录桩入土深度和压力表读数的关系，以判断桩的质量及承载力。当压力表读数突然上升或下降时，要停机对照地质资料进行分析，判断是否遇到障碍物或产生断桩现象等。

（4）压桩终止条件

压桩终止条件按设计桩长和终压力进行控制。

1）对于摩擦桩，按照设计桩长进行控制，但在施工前应先按设计桩长试压几根桩，待停置24h后，用与桩的设计极限承载力相等的终压力进行复压，如果桩在复压时几乎不动，即可以此进行控制。

2）对于端承摩擦桩或摩擦端承桩，按终压力值进行控制：

①对于桩长大于21m的端承摩擦桩，终压力值一般取桩的设计极限承载力。当桩周土为黏性土且灵敏度较高时，终压力可按设计极限承载力的0.8～0.9倍取值；

②当桩长小于21m，而大于14m时，终压力按设计极限承载力的1.1～1.4倍取值；或桩的设计极限承载力取终压力值的0.7～0.9倍；

③当桩长小于14m时，终压力按设计极限承载力的1.4～1.6倍取值；或设计极限承载力取终压力值0.6～0.7倍，其中对于小于8m的超短桩，按0.6倍取值。

3）超载压桩时，一般不宜采用满载连续复压法，但在必要时可以进行复压，复压的次数不宜超过2次，且每次稳压时间不宜超过10s。

4. 工程实例

（1）工程概况

某公寓1～6号楼工程，桩基采用PHC管桩，共有283根桩。桩型为ϕ500（AB），桩长46～55m，分4节桩三个接头，每节桩长12～14m，以强风化花岗岩为桩端持力层，要求桩端全断面进入持力层大于等于0.5m，单桩竖向承载力设计值为2225kN。

（2）沉桩方法选择

根据工程地质勘察报告所揭示的情况，本场地主要土层可分为14层，各主要土层自上而下分布如下：杂填土（1），厚度1.60～2.50m；黏土（2），厚度0.40～1.50m；淤泥（3），厚度4.30～14.9m；淤泥夹砂（4），厚度1.70～11.30m；淤泥夹粉砂（5），厚度10.80～21.90m；中砂（6），厚度1.50～4.10m；淤泥夹细砂（7），厚度7.0～18.70m；粉砂（8），厚度0.60～7.50m；淤泥夹粉砂（9），厚度6.10～8.00m；粉土（10），厚度1.4～7.90m；粉砂（11），厚度0.9～6.50m；残积砾砂质黏性土（12），厚度1.85m；全风化花岗岩（13），厚度1.10～9.00m；强风化花岗岩（14），厚度2.1～2.6m。

根据以上土层分析，由于中砂层或粉砂层厚度均较薄，采用静压法施工，桩基穿透中砂层不太困难，桩端全断面要求进入强风化花岗岩大于等于0.5m，也可以办到。通过现场试桩，桩长控制在55m左右，压桩力控制在4450kN，采取双控方法，完全可以满足设计要求。

（3）管桩的施工

选用YZY-750型静压桩机，该机最大压桩力可达750t，满足本工程压桩的需要。

1）沉桩前准备工作

① 打桩前协同建设单位认真做好障碍物的清除与管线的保护工作。施工场地应平整，排水应畅通。

② 认真做好轴线的引测工作，现场必须设置两个以上的轴线控制点，用混凝土保护好，并引测到固定构筑物上。

③ 开工前认真细致地向所有参与施工人员进行技术交底、安全交底和分析相应地质条件下应采取的措施。

④ 开工前对进场的机械设备应做全面系统的检查工作，做好各部位的保养和润滑。

2）管桩的主要施工工艺与方法

① 放样定桩位：采用极坐标放样。压桩机就位时，应对准桩位，启动平台支腿油缸，校正平台处于水平状态，启动门架支持油缸，使门架作微倾15°，以便吊管桩。

② 吊桩定位，调整垂直度：先拴好吊桩用的钢丝绳及索具，启动吊车吊桩，管桩在施工中起吊，可采用一点法（位置距桩头$0.29L$处），使桩尖垂直对准桩位中心，微微启动压桩油缸，当桩入土至50cm时，启动压桩油缸，进入压桩状态。

③ 压桩：启动压桩油缸，把桩徐徐压下，控制施压进度，一般不超过2m/min，达到压桩力的要求以后，必须持荷稳定。若不能稳定，必须再持荷，一直到持荷稳定为止，持荷时间由设计人员与监理在现场试桩时确定。

④ 接桩：采用焊接法接桩，接桩前应将端板及桩套箍端板坡口处，表面的锈蚀清除干净，表面呈金属光泽后方可焊接，接桩一般在距离地面1m左右进行，上、下两块端板轴向错位量应小于2mm，坡口根部间隙应小于4mm，焊条选用E4303型，焊接道数不少于3道，焊缝应满焊，确保焊缝高度。上下节桩如有间隙应用楔形铁片全部垫实焊牢。接桩处焊缝应自然冷却15min以上方可沉桩。

（4）质量控制

完善的管理措施是质量控制技术落实的基本保证，需要有一整套质量技术保证措施。

① 严格按照设计图纸、工程合同文件、有关现行施工规范和质量标准要求制定各分项工程的实施措施。

② 高强混凝土预应力管桩质量控制：运到现场的管桩应按规定要求进行严格检查，对于不合格产品或次品，坚决退回。

③ 桩在运输过程中起吊、堆放必须保持平稳，无大振动，以保证桩身不受损伤。

④ 桩位放样：要求设置相对固定的基准点，四角大样与场地地面标高的测定必须准确，基准点一定要安全保护。

⑤ 桩机就位：桩机就位后必须用经纬仪在桩机两个方向相互垂直的地方，观测桩机，桩的中心线，设计的桩位是否在同一垂直线上，其偏差不应超过施工规范要求的允许偏差。

⑥ 压桩：工程桩正式施工前应进行试压桩，以确定压桩标准，一般情况下应以桩长

和压桩力双控进行施工。

如桩顶标高在地面以下，需要送桩，送桩器下端应设置桩垫，要求厚度均匀，并与桩全面接触，送桩轴线必须与桩轴线一致，压力表经国家法定单位检测合格，压桩前必须提供近期检测证明方可压桩。

⑦ 焊接接桩：焊条性能必须符合设计要求和有关标准的规定，并应有出厂合格证明。焊接时应在两侧对称均匀地同时施焊，焊第二道时应将浮渣彻底清除，焊缝应符合设计要求，焊缝质量由监理等相关单位进行隐蔽工程的签证。

⑧ 截桩：露出地面或未能送至设计桩顶标高的桩，即必须截桩，截桩要求用截桩器，严禁用大锤横向敲击、冲撞。

(5) 质量检查

高强混凝土预应力管桩质量必须符合《先张法预应力混凝土管桩》GB 13476—1999和设计要求及施工规范的有关规定，并有出厂合格证，打桩的标高或贯入度，桩的接头、节点处理，桩位及垂直度检查必须符合设计要求和施工规范的规定。

1) 承载力的检测

打桩结束以后，按桩基规范要求随机抽检1%且不少于3根桩进行单桩静载荷试验，以确定单桩竖向承载力极限值。本工程1～6号楼共有283根桩，共抽检6根工程桩，在最大的试验荷载作用下，桩顶沉降值均没有超过桩基规范40～60mm的要求，桩基全部满足设计要求。静载试验结果详见表3-8。

各试桩的试验结果 **表3-8**

桩　号	最大试验荷载(kN)	最大试验荷载下桩顶沉降量(mm)	残余变形量(mm)	单桩竖向极限承载力(kN)
1—31号	4450	16.26	4.12	≥4450
2—33号	4450	16.84	4.50	≥4450
3—25号	4500	15.86	3.52	≥4450
4—27号	4500	17.94	5.73	≥4450
5—6号	4450	17.84	4.21	≥4450
6—40号	4450	30.05	5.08	≥4450

2) 桩身质量检测

桩身质量采用小应变动力检测方法，按规范规定抽检不少于20%且不少于10根，本工程随机抽检276根，检测结果表明，桩身质量满足设计要求：Ⅰ类桩占95%以上，Ⅱ类桩4.5%，Ⅲ类桩1根（此桩为地下室开挖造成，由设计单位提出补强加固方案）。

3) 桩偏位检测

完工后对桩位逐一进行量测，最大桩偏位90mm，均符合设计和施工验收规范要求。

3.3.2 混凝土灌注桩

与预制桩相比，灌注桩施工具有施工噪声低、振动小、挤土影响小、无需接桩等优点。但成桩工艺复杂，施工速度较慢，质量影响因素较多。根据成孔工艺的不同，分为人工挖孔灌注桩、泥浆护壁钻孔灌注桩、沉管灌注桩和爆扩成孔灌注桩等，本节主要介绍前两种灌注桩的施工。

1. 人工挖孔灌注桩

人工挖孔灌注桩系用人工挖土成孔，吊放钢筋笼，浇筑混凝土成桩；这类桩由于其受力性能可靠，不需大型机具设备，施工操作工艺简单，在各地应用较为普遍，已成为大直径灌注桩施工的一种主要工艺方式。

(1) 人工挖孔灌注桩的特点和适用范围

人工挖孔灌注桩的特点是：单桩承载力高，结构传力明确，沉降量小，可一柱一桩，不需承台，不需凿桩头；可作支撑、抗滑、锚拉、挡土等用；可直接检查桩直径、垂直度和持力土层情况，桩质量可靠；施工机具设备较简单，都为工地常规机具，施工工艺操作简便，占场地小；施工无振动、无噪声、无环境污染，对周围建筑物无影响；可多桩同时进行，施工速度快，节省设备费用，降低工程造价；但桩成孔工艺存在劳动强度较大，单桩施工速度较慢，安全性较差等问题，这些问题一般可通过采取技术措施加以克服。

人工挖孔灌注桩适用于桩直径800mm以上，无地下水或地下水较少的黏土、粉质黏土，含少量的砂、砂卵石姜结石的黏土层采用，特别适于黄土层使用，深度一般20m左右。对有流砂、地下水位较高、涌水量大的冲积地带及近代沉积的含水量高的淤泥、淤泥质土层，不宜采用。

(2) 施工工艺方法要点

挖孔灌注桩的施工程序是：

场地整平→放线、定桩位→挖第一节桩孔土方→做第一节护壁→在护壁上二次投测标高及桩位十字轴线→第二节桩身挖土→校核桩孔垂直度和直径→做第二节护壁→重复第二节挖土、支模、浇筑混凝土护壁工序，循环作业直至设计深度→检查持力层后进行扩底→清理虚土、排除积水、检查尺寸和持力层→吊放钢筋笼就位→浇筑桩身混凝土。

1) 挖第一节桩孔土方、做第一节护壁：为防止坍孔和保证操作安全，一般按1m左右分节开挖分节支护，循环进行。施工人员在保护圈内用常规挖土工具（短柄铁锹、镐、锤、钎）进行挖土，将土运出孔的提升机具主要有人工绞架、卷扬机或电动葫芦。每节土方应挖成圆台形状，下部至少比上部宽一个护壁厚度，以利护壁施工和受力，如图3-36所示。

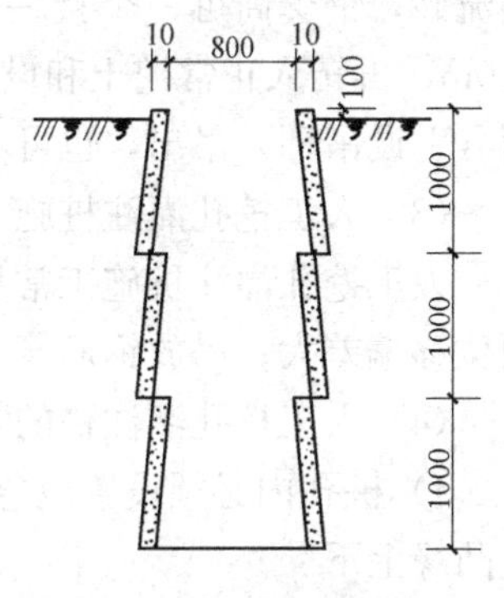

图3-36　护壁示意图

护壁一般采用C20或C25混凝土，用木模板或钢模板支设，土质较差时加配适量钢筋，土质较好时也可采用红砖护壁，厚度为1/4、1/2和1砖厚。第一节护壁一般要高出自然地面20～30cm，且高出部分厚度不小于30cm，以防止地面杂物掉入孔中。同时把十字轴线引测到护壁表面，把标高引测到护壁内壁。

2) 校核桩孔垂直度和直径：每完成一节施工，均通过第一节混凝土护壁上设十字控制点拉十字线，吊线坠用水平尺杆找圆周，保证桩孔垂直度和直径，桩径允许偏差为+50mm，垂直度允许偏差小于0.5%。

3) 扩底：采取先挖桩身圆柱体，再按扩底尺寸从上到下削土，修成扩底形状，在浇筑混凝土之前，应先清理孔底虚土、排除积水，经甲方及监理人员再次检查后，迅速进行封底。

4）吊放钢筋笼就位：钢筋笼宜分节制作，连接方式一般采用单面搭接焊；钢筋笼主筋混凝土保护层厚度不宜小于 70mm，一般在钢筋笼 4 侧主筋上每隔 5m 设置耳环或直接制作混凝土保护层垫块来控制；吊放钢筋笼入孔时，不得碰撞孔壁，防止钢筋笼变形，注意控制上部第一个箍筋的设计标高并保证主筋锚固长度。

5）浇筑桩身混凝土：因桩深度一般超过混凝土自由下落高度 2m，下料采用串筒、溜管等措施；如地下水大（孔中水位上升速度大于 6mm/min），应采用混凝土导管水中浇筑混凝土工艺（见本节）。应连续分层浇筑，每层厚不超过 1.5m。小直径桩孔，6m 以下利用混凝土的大坍落度和下冲力使密实；6m 以内分层捣实。大直径桩应分层捣实，或用卷扬机吊导管上下插捣。对直径小、深度大的桩，人工下井振捣有困难时，可在混凝土中掺水泥用量 0.25%木钙减水剂，使混凝土坍落度增至 13～18cm，利用混凝土大坍落度下沉力使之密实，但桩上部钢筋部位仍应用振捣器振捣密实。灌注桩每灌注 50m³ 应有一组试块，小于 50m³ 的桩应每根桩有一组试块。

6）地下水及流砂处理。桩挖孔时，如地下水丰富、渗水或涌水量较大时，可根据情况分别采取以下措施：

① 少量渗水可在桩孔内挖小集水坑，随挖土随用吊桶，将泥水一起吊出；

② 大量渗水，可在桩孔内先挖较深集水井，设小型潜水泵将地下水排出桩孔外，随挖土随加深集水井；

③ 涌水量很大时，如桩较密集，可将一桩超前开挖，使附近地下水汇集于此桩孔内，用 1～2 台潜水泵将地下水抽出，起到深井降水的作用，将附近桩孔地下水位降低；

④ 渗水量较大，井底地下水难以排干时，底部泥渣可用压缩空气清孔方法清孔；

⑤ 当挖孔时遇流砂层，一般可在井孔内设高 1～2m，厚 4mm 钢套护筒，直径略小于混凝土护壁内径，利用混凝土支护作支点，用小型油压千斤顶将钢护筒逐渐压入土中，阻挡流砂，钢套筒可一个接一个下沉，压入一段，开挖一段桩孔，直至穿过流砂层 0.5～1.0m，再转入正常挖土和设混凝土支护。浇筑混凝土时，至该段，随浇混凝土随将钢护筒（上设吊环）吊出，也可不吊出。

(3) 人工挖孔灌注桩施工常见问题

人工挖孔灌注桩施工常见问题主要有：孔底虚土多；成孔困难，塌孔；桩孔倾斜及桩顶位移偏差大；吊放钢筋笼与浇筑混凝土不当等。

(4) 人工挖孔灌注桩的特殊安全措施

1）桩孔内必须设置应急软爬梯供人员上下井，不得使用麻绳和尼龙绳吊挂或脚踏井壁凸缘上下。

2）每日开工前必须检测井下有无有毒有害气体，并应有足够的安全防护措施，桩孔开挖深度超过 10m 时，应有专门向井下送风设备，风量不宜少于 25L/s。

3）孔口四周必须设置不小于 0.8m 高的围护护栏。

4）挖出的土石方应及时运离孔口，不得堆放在孔口四周 1m 范围内，机动车辆的通行不得对井壁的安全造成影响。

5）孔内使用的电缆、电线必须有防磨损、防潮、防断等措施，照明应采用安全矿灯或 12V 以下的安全灯，并遵守各项安全用电的规范和规章制度。

2. 泥浆护壁钻孔灌注桩

泥浆护壁钻孔灌注桩是通过桩机在泥浆护壁条件下慢速钻进，将钻渣利用泥浆带出，并保护孔壁不致坍塌，成孔后再使用水下混凝土浇筑的方法将泥浆置换出来而成的桩。这是国内最为常用和应用范围较广的成桩方法。其特点是：可用于各种地质条件，各种大小孔径（300～2000mm）和深度（40～100m），护壁效果好，成孔质量可靠；施工无噪声、无振动、无挤压；机具设备简单，操作方便，费用较低。但成孔速度慢，效率低，用水量大，泥浆排放量大，污染环境，扩孔率较难控制。适用于地下水位较高的软、硬土层，如淤泥、黏性土、砂土、软质岩等土层应用。

（1）泥浆制备

泥浆具有排渣和护壁作用，根据泥浆循环方式，分为正循环和反循环两种施工方法，如图 3-37 所示。

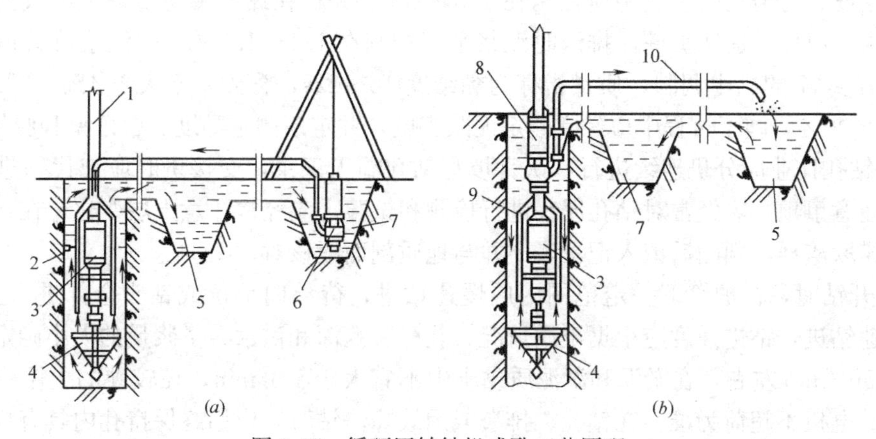

图 3-37 循环回转钻机成孔工艺原理

（a）正循环；（b）反循环

1—钻杆；2—送水管；3—主机；4—钻头；5—沉淀池；6—泥浆泵；7—泥浆池；
8—砂石泵；9—抽渣管；10—排渣胶管

正循环回转钻机成孔的工艺原理是由空心钻杆内部通入泥浆或高压水，从钻杆底部喷出，携带钻下的土渣沿孔壁向上流动，由孔口将土渣带出流入泥浆池。正循环具有设备简单，操作方便，费用较低等优点；适用于小直径孔（不宜大于 1000mm），钻孔深度一般以 40m 为限。但排渣能力较弱。

从反循环回转钻机成孔的工艺原理中可以看出，泥浆带渣流动的方向与正循环回转钻机成孔的情况相反。反循环工艺泥浆上流的速度较高，能携带大量的土渣。反循环成孔是目前大直径桩成孔的一种有效的施工方法。适用于大直径孔和孔深大于 30m 的端承桩。

（2）施工工艺流程及施工要点

泥浆护壁钻孔灌注桩施工工艺流程：

放样定位→埋设护筒→钻机就位→钻孔→第一次清孔→吊放钢筋笼→下导管→第二次清孔→灌注混凝土

1）埋设护筒：埋设护筒的作用主要是保证钻机沿着垂直方向顺利工作，同时还起着存储泥浆，使其高出地下水位和保护桩顶部土层不致因钻杆反复上下升降、机身振动而导致坍孔。

护筒一般由钢板卷制而成，钢板厚度视孔径大小采用4～8mm，护筒内径宜比设计桩径大200mm。护筒埋置深度一般要大于不稳定地层的深度，在黏性土中不宜小于1m；砂土中不宜小于1.5m；上口高出地面30～40cm或高出地下水位1.5m以上，保持孔内泥浆面高出地下水位1.0m以上。护筒中心与桩位中心线偏差不得大于50mm，筒身竖直，四周用黏土回填，分层夯实，防止渗漏。

2）钻机就位：就位前，先平整场地，铺好枕木并用水平尺校正，保证钻机平稳、牢固。移机就位后应认真检查磨盘的平整度及主钻杆的垂直度，控制垂直偏差在0.2%以内，钻头中心与护筒中心偏差宜控制在15mm以内，并在钻进过程中要经常复检、校正。桩径允许偏差为+50mm，垂直度允许偏差小于1%。

3）钻孔。

① 泥浆制备：泥浆密度在砂土和较厚的夹砂层中应控制在1.1～1.3t/m³；在穿过砂夹卵石层或容易坍孔的土层中应控制在1.3～1.5t/m³；在黏土和粉质黏土中成孔时，可注入清水，以原土造浆护壁，排渣时泥浆密度控制在1.1～1.2t/m³。泥浆可就地选择塑性指数 $I_P \geqslant 17$ 的黏土调制，质量指标为黏结度18～22s，含砂率不大于4%～8%，胶体率不小于90%，施工过程中应经常测定泥浆密度，并定期测定黏度、含砂率和胶体率。

② 钻孔作业应分班连续进行，认真填写钻孔施工记录，交接班时应交代钻进情况及下一班注意事项。应经常对钻孔泥浆进行检测和试验，应经常注意土层变化，在土层变化处均应捞取渣样，判明后记入记录表中并与地质剖面图核对。

③ 开钻时，在护筒下一定范围内应慢速钻进，待导向部位或钻头全部进入土层后，方可加速钻进，钻进速度应根据土质情况、孔径、孔深和供水、供浆量的大小确定，一般控制在5m/min左右，在淤泥和淤泥质黏土中不宜大于1m/min，在较硬的土层中以钻机无跳动、电机不超荷为准。在钻孔、排渣或因故障停钻时，应始终保持孔内具有规定的水位和要求的泥浆相对密度和黏度。

④ 钻头到达持力层时，钻速会突然减慢；这时应对浮渣取样与地质报告作比较予以判定，原则上应由地勘单位派出有经验的技术人员进行鉴定，判定钻头是否到达设计持力层深度；用测绳测定孔深做进一步判断。经判定满足设计规范要求后，可同意施工收桩提升钻头。

4）清孔：清孔分两次进行。

① 第一次清孔：在钻孔深度达到设计要求时，对孔深、孔径、孔的垂直度等进行检查，符合要求后进行第一次清孔；清孔根据设计要求和施工机械采用换浆、抽浆、掏渣等方法进行。以原土造浆的钻孔，清孔可用射水法，同时钻机只钻不进，待泥浆相对密度降到1.1左右即认为清孔合格；如注入制备的泥浆，采用换浆法清孔，置换出的泥浆密度小于1.15～1.20时方为合格。

② 第二次清孔：钢筋笼、导管安放完毕，混凝土浇筑之前，进行第二次清孔。第二次清孔根据孔径、孔深、设计要求采用正循环、泵吸反循环、气举反循环等方法进行。

第二次清孔后的沉渣厚度和泥浆性能指标应满足设计要求，一般应满足下列要求：

沉渣厚度：摩擦桩小于等于150mm，端承桩小于等于50mm。沉渣厚度的测定可直接用沉砂测定仪，但在施工现场多使用测绳。将测绳徐徐下入孔中，一旦感觉锤质变轻，在这一深度范围，上下试触几次，确定沉渣面位置，继续放入测绳，一旦锤质量发生较大减轻或测绳完全松弛，说明深度已到孔底，这样重复测试 3 次以上，孔深取其中较小值，孔深与沉渣面之差即为沉渣厚度。

泥浆性能指标：在浇筑混凝土前，孔底 500mm 以内的泥浆密度控制在 1.15～1.20。

③ 不论采用何种清孔方法，在清孔排渣时，必须注意保持孔内水头，防止塌孔。不应采取加深钻孔深度的方法代替清孔。

5）灌注混凝土：清孔合格后应及时浇筑混凝土，浇筑方法为采用导管进行水下浇筑，对泥浆进行置换。导管直径宜为 200～250mm，壁厚不小于 3mm，分节长度视工艺要求而定，一般由 2.0～2.5m。水下混凝土的砂率宜为 40%～45%；用中粗砂，粗骨料最大粒径小于 40mm；水泥用量不少于 360kg/m^3；坍落度宜为 180～220mm，配合比通过试验确定。水下浇筑法工艺流程如图 3-38 所示，施工要点如下：

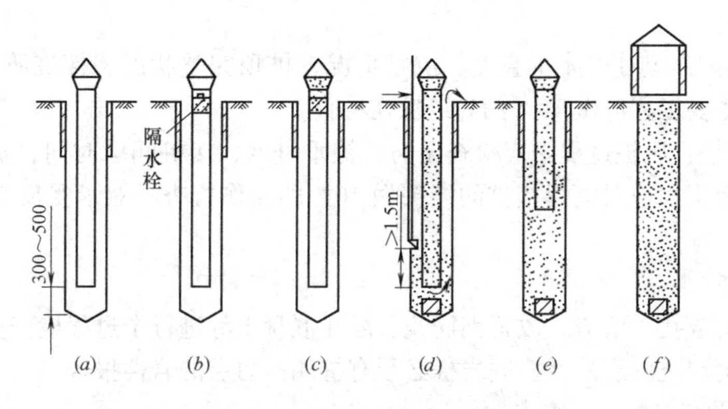

图 3-38 水下浇筑法工艺流程

(a) 安设导管；(b) 设隔水栓使其与导管内水面贴紧并用铁丝悬吊在导管下口；(c) 灌注首批混凝土；(d) 剪断铁丝使隔水栓下落；(e) 连续灌注混凝土，提升导管；(f) 拔出护筒

① 开始浇筑水下混凝土时，管底至孔底的距离宜为 300～500mm，初灌量埋管深度不小于 1m，在以后的浇筑中，导管埋深宜为 2～6m。导管应不漏气、不漏水，接头紧密；导管的上部吊装松紧适度，不会使导管在孔内发生较大的平移。

② 拔管频率不要过于频繁，导管振捣时，不要用力过猛。

③ 桩顶混凝土宜超灌 500mm 以上，保证在凿除泛浆层后，桩顶要达到设计标高。

（3）钻孔灌注桩施工记录

钻孔灌注桩施工记录一般包括：测量定位（桩位、钢筋笼、护筒安置）记录、钻孔记录、成孔测定记录、泥浆相对密度测定记录、坍落度测定记录、沉渣厚度测定记录、钢筋笼制定安装检查表、混凝土浇捣记录、导管长度验算记录等。

3.3.3 桩基工程质量检查及验收

1. 桩位偏差检查

桩位偏差检查一般在施工结束后进行；当桩顶设计标高低于施工场地标高，送桩后无法对桩位进行检查时，对打入桩可在每根桩桩顶沉至场地标高时，进行中间验收，待全部桩施工结束，承台或底板开挖到设计标高后，再做最终验收。对灌注桩可对护筒位置做中间验收。

2. 承载力检验

对于地基基础设计等级为甲级或地质条件复杂，成桩质量可靠性低的灌注桩，应采用静载荷试验的方法进行检验，检验桩数不应少于总数的1%，且不应少于3根，当总桩数不少于50根时，不应少于2根。

3. 桩身质量检验

对设计等级为甲级或地质条件复杂，成桩质量可靠性低的灌注桩，抽检数量不应少于总数的30%，且不应少于20根；其他桩基工程的抽检数量不应少于总数的20%，且不应少于10根；对混凝土预制桩及地下水位以上且终孔后经过核验的灌注桩，检验数量不应少于总桩数的10%，且不得少于10根。每个柱子承台下不得少于1根。

4. 施工过程检查

(1) 预制桩

1) 锤击沉桩：应对桩体垂直度、沉桩情况、桩顶完整状况、接桩质量等进行检查，对电焊接桩，重要工程应做10%的焊缝探伤检查。

2) 静力压桩：压桩过程中应检查压力、桩垂直度、接桩间歇时间、桩的连接质量及压入深度。重要工程应对电焊接桩的接头做10%的探伤检查。对承受反力的结构应加强观测。

(2) 灌注桩

施工中应对成孔、清渣、放置钢筋笼、灌注混凝土等进行全过程检查；人工挖孔桩尚应复验孔底持力层土（岩）性。嵌岩桩必须有桩端持力层的岩性报告。

5. 质量验收项目

(1) 锤击沉桩

主控项目：桩体质量检验；桩位偏差；承载力。

一般项目：砂、石、水泥、钢材等原材料，混凝土配合比及强度（现场预制时）；成品桩外形；成品桩裂缝（收缩裂缝或起吊、装运、堆放引起的裂缝）；成品桩尺寸（横截面边长、桩顶对角线差、桩尖中心线、桩身弯曲矢高、桩顶平整度）；电焊接桩（电焊接桩：焊缝质量、电焊结束后停歇时间、上下节平面偏差、节点弯曲矢高）；桩顶标高；停锤标准。

(2) 静力压桩

主控项目：桩体质量检验；桩位偏差；承载力。

一般项目：成品桩质量（外观、外形尺寸、强度）；硫黄胶泥质量（半成品）；接桩（电焊接桩：焊缝质量、电焊结束后停歇时间）；电焊条质量；压桩压力；接桩时上下节平面偏差接桩时节点弯曲矢高；桩顶标高。

(3) 灌注桩

主控项目：桩位、孔深、桩体质量检验；混凝土强度；承载力。

一般项目：垂直度；桩径；泥浆比重（黏土或砂性土中）；泥浆面标高（高于地下水位）；沉渣厚度；混凝土坍落度；钢筋笼安装深度；混凝土充盈系数；桩顶标高。

6. 桩基工程验收时应提交的资料

(1) 工程地质勘察报告、桩基施工图、图纸会审纪要、设计变更及材料代用单等。

(2) 经审定的施工组织设计、施工方案及执行中的变更情况。

(3) 桩位测量放线图，包括工程桩位线复核签证单。

(4) 成桩质量检查报告。

(5) 单桩承载力检测报告。

(6) 基坑挖至设计标高的基桩竣工平面图及桩顶标高图。

3.3.4 桩基础检测

为了确保基桩检测工作质量，统一基桩检测方法，为设计和施工验收提供可靠依据，基桩检测方法应根据各种检测方法的特点和适用范围，考虑地质条件、桩型及施工质量可靠性、使用要求等因素进行合理选择搭配。目前我国《建筑桩基检测规范》JGJ 106—2003 规定的桩基检测桩基承载力及桩身完整性的方法有静载实验、钻芯法、动测法（低应变法、高应变法）和声波透射法。

1. *静载试验法*

桩的静载试验，是模拟实际荷载情况，通过静载加压，得出一系列关系曲线，综合评定确定其容许承载力，它能较好地反映单桩的实际承载力。荷载试验有多种，通常采用的是单桩竖向抗压静载试验、单桩竖向抗拔静载试验和单桩水平静载试验。

(1) 单桩竖向抗压静载试验：确定单桩竖向抗压极限承载力，判定竖向抗压承载力是否满足设计要求，通过桩身内力及变形测试、测定桩侧、桩端阻力；验证高应变法的单桩竖向抗压承载力检测结果。

(2) 单桩竖向抗拔静载试验：确定单桩竖向抗拔极限承载力，判定竖向抗拔承载力是否满足设计要求。通过桩身内力及变形测试，测定桩的抗拔摩阻力。

(3) 单桩水平静载试验：确定单桩水平临界和极限承载力，推定土抗力参数判定水平承载力是否满足设计要求。通过桩身内力及变形测试，测定桩身弯矩。

预制桩在桩身强度达到设计要求的前提下，对于砂类土，不应少于 7d；对于粉土和黏性土，不应少于 15d；对于淤泥或淤泥质土，不应少于 25d，待桩身与土体的结合基本趋于稳定，才能进行试验。就地灌注桩应在桩身混凝土强度达到设计等级的前提下，对砂类土不少于 10d；对一般黏性土不少于 20d；对淤泥或淤泥质土不少于 30d，才能进行试验。

2. *动测法*

动测法，又称动力无损检测法，是检测桩基承载力及桩身质量的一项新技术，作为静载试验的补充。

动测法是相对静载试验法而言，它是对桩土体系进行适当的简化处理，建立起数学-力学模型，借助于现代电子技术与量测设备采集桩-土体系在给定的动荷载作用下所产生的振动参数，结合实际桩土条件进行计算，所得结果与相应的静载试验结果进行对比，在积累一定数量的动静试验对比结果的基础上，找出两者之间的某种相关关系，并以此作为标准来确定桩基承载力。另外，可应用波动理论，根据波在混凝土介质内的传播速度、传播时间和反射情况，用来检验、判定桩身是否存在断裂、夹层、颈缩、空洞等质量缺陷。

一般静载试验可直观地反映桩的承载力和混凝土的浇筑质量，数据可靠。但试验装置复杂笨重，装、卸、操作费工费时，成本高，测试数量有限，并且易破坏桩基。动测法试验，则仪器轻便灵活，检测快速；单桩试验时间，仅为静载试验的 1/50 左右；可大大缩短试验时间；数量多，不破坏桩基，相对也较准确，可进行普查；费用低，单桩测试费约为静载试验的1/30，可节省静载试验锚桩、堆载、设备运输、吊装焊接等大量人力、物力；据统计，国内用动测方法的试桩工程数目，已占工程总数的70%左右，试桩数约占全部试桩数的90%，有效地填补了静力试桩的不足，满足了桩基工程发展的需要，因此，社会经济效益显著，但动测法也存在需做大量的测试数据，需静载试验资料来充实完善、编制电脑软件，所测的极限承载力有时与静载荷值离散性较大等问题。

3. 钻芯法

钻芯法是用钻机钻取芯样以检测混凝土灌注桩的桩长、桩身混凝土强度、桩底沉渣厚度和桩身完整性，判定或鉴别桩端持力层岩土性状的方法。

4. 声波透射法

声波透射法是在预埋声测管之间发射并接收声波，并通过实测声波在混凝土介质中传播的声时、频率和波幅衰减等声学参数的相对变化，对桩身完整性进行判定的检测方法。

思 考 题

1. 简述地基处理的方法。
2. 砂垫层的主要作用是什么？
3. 简述砂石垫层的压实方法。
4. 灰土挤密桩与其他地基处理方法比较有什么特点？
5. 简述深层搅拌法的加固原理。
6. 松土坑下水位较高时该如何处理？
7. 简述局部软硬地基的处理。
8. 简述土井、砖井的处理。
9. 简述浅基础的分类。
10. 简述独立基础钢筋工程绑扎要点。
11. 简述条形基础端部钢筋构造方法。
12. 简述筏形基础上层钢筋的固定方法。
13. 简述箱形基础墙体模板支模方法。
14. 预制桩的制作起吊运输堆放有哪些要求？
15. 打桩前要做什么准备工作？
16. 打桩的顺序如何确定？
17. 锤击法如何施工？
18. 静力压桩如何施工？
19. 简述桩基检测频率。
20. 简述管桩的施工要点。

第 4 章　砌筑工程施工

砌体结构是指由块体和砂浆组砌而成的墙、柱作为建筑物主要受力构件的结构。是砖砌体、砌块砌体和石砌体结构的统称。砌体结构施工的主要施工过程就是砌筑工程，包括砖、石砌体砌筑，砌块砌体砌筑。其中，砖、石砌体砌筑是我国的传统建筑施工方法，有着悠久的历史。它取材方便、施工工艺简单、造价低廉，至今仍在各类建筑和构筑物工程中广泛采用。

但是砖石砌筑工程生产效率低、劳动强度高，烧砖占用农田，难以适应现代建筑工业化的需要，所以必须研究改善砌筑工程的施工工艺，合理组织砌筑施工，推广使用砌块等新型材料。

4.1 砌筑材料

砌筑材料主要包括块体和砂浆两大部分。

4.1.1 块体

块体是砌体的主要组成部分，块体包括砖、砌块、石三大类。

1. *砖*

(1) 烧结普通砖

由黏土、页岩、煤矸石或粉煤灰为主要原料，经过焙烧而成的实心或具有一定的孔洞率，外形尺寸符合规定的砖。根据烧结原材料，分为烧结页岩砖、烧结煤矸石砖、烧结粉煤灰砖等。其外形尺寸为 240mm×115mm×53mm。

(2) 烧结多孔砖

以黏土、页岩、煤矸石为主要原料经焙烧而成，孔洞率不小于 15%，孔形为圆孔或非圆孔。孔的尺寸小而数量多，主要适用于承重部位的砖，简称多孔砖。目前多孔砖分为 P 型砖和 M 型砖：

外形尺寸为 240mm×115mm×90mm 的砖简称 P 型砖；

外形尺寸为 190mm×190mm×90mm 的砖简称 M 型砖。

烧结普通砖、烧结多孔砖等的强度等级分为 MU30、MU25、MU20、MU15 和 MU10 五级。

(3) 蒸压灰砂砖

蒸压灰砂砖以石灰和砂为主要原料，经过坯料制备，压制成型，蒸压养护而成的实心砖。

(4) 蒸压粉煤灰砖

蒸压粉煤灰砖以煤灰、石灰为主要原料，掺加适量石膏和骨料经坯料制备，压制成型，高压蒸汽养护而成的实心砖。

蒸压灰砂砖、蒸压粉煤灰砖的强度等级分为 MU25、MU20、MU15 三级。

砖的抽样检验：烧结普通砖、混凝土实心砖每 15 万块，烧结多孔砖、混凝土多孔砖、蒸压灰砂砖及蒸压粉煤灰砖每 10 万块各为一验收批，在每一验收批中随机抽取 15 块进行抗压和抗折检验。

2. *砌块*

砌块的种类较多，按形状分为实心砌块和空心砌块。按规格可分为小型砌块，高度为 180～350mm；中型砌块，高度为 360～900mm。常用的有普通混凝土小型空心砌块、轻集料混凝土小型空心砌块、蒸压加气混凝土砌块、蒸压粉煤灰砖。

（1）混凝土小型空心砌块。由普通混凝土或经骨料混凝土制成，主规格尺寸为 390mm×190mm×190mm、空心率在 25%～50%的空心砌块，简称混凝土砌块或砌块。砌块的强度等级为 MU25、MU20、MU15、MU10、MU7.5 和 MU5 六个等级。

（2）轻集料混凝土小型空心砌块。轻集料混凝土小型空心砌块以水泥、砂、轻集料加水预制而成。主砌块和辅助砌块的规格尺寸与普通混凝土小型空心砌块相同。砌块孔的排数分为五类：实心（0）、单排孔（1）、双排孔（2）、三排孔（3）和四排孔（4）。根据抗压强度分为 MU15、MU10、MU7.5、MU5 和 MU3.5 五个强度等级。

（3）蒸压加气混凝土砌块。蒸压加气混凝土砌块是以水泥、矿渣、砂、石灰等为主要原料，加入发气剂，经搅拌成型、蒸压养护而成的实心砌块。其规格为长度 600mm，高度 200、240、250、300mm，宽度 100、120、125、150、180、200、240、250、300mm。砌块按强度和干密度分级，强度级别有：A1.0、A2.0 、A2.5 、A3.5 、A5.0 、A7.5 、A10.0（注：1.0 表示 1.0MPa，余同）七个级别；干密度级别有：B03、B04、B05、B06、B07、B08（注：03 表示 300kg/m^3，余同）六个级别。砌块按尺寸偏差与外观质量、干密度、抗压强度和抗冻性分为：优等品（A）、合格品（B）两个等级。

（4）蒸压粉煤灰砖。粉煤灰砌块以粉煤灰、石灰、石膏和轻集料为原料，加水搅拌，振动成型，蒸汽养护而成的密实砌块。蒸压粉煤灰砖的尺寸与普通实心黏土砖完全一致，为 240mm×115mm×53mm，所以用蒸压砖可以直接代替实心黏土砖。根据抗压强度分为 MU25、MU20、MU15 三个强度等级。

3. *石材*

砌筑用石有毛石和料石两类。所选石材应质地坚实，无风化剥落和裂纹。用于清水墙、柱表面的石材，尚应色泽均匀。

毛石分为乱毛石和平毛石。乱毛石是指形状不规则的石块；平毛石是指形状不规则，但有两个平面大致平行的石块。毛石应呈块状，其中部厚度不宜小于 150mm。

料石按其加工面的平整程度分为细料石、粗料石和毛料石三种。料石的宽度、厚度均不宜小于 200mm，长度不宜大于厚度的 4 倍。

根据抗压强度分为 MU100、MU80、MU60、MU50、MU40、MU30、MU20 七个强度等级。

4.1.2 砂浆

砂浆是由胶结料、细骨料、掺加料（为改善砂浆和易性而加入的无机材料，例如：石灰膏、电石膏、粉煤灰、黏土膏等）和水配制而成的建筑工程材料。在建筑工程中起粘结、衬垫和传递应力的作用。主要包括：水泥砂浆和水泥混合砂浆。

1. 原材料

（1）水泥：除分批对其强度、安定性进行复验外，不同品种、强度等级的水泥，不得混合使用。

（2）砂：宜选用中砂，并应过筛，不得含有草根等有害杂物。对水泥砂浆和强度等级不小于 M5 的水泥混合砂浆，含泥量不应超过 5%；强度等级小于 M5 的水泥混合砂浆，砂的含泥量不应超过 10%。

（3）石灰膏：生石灰熟化成石灰膏时，应用孔径不大于 3mm×3mm 的网过滤，熟化时间不得少于 7d，其稠度一般为 12cm；磨细生石灰粉的熟化时间不得小于 2d。沉淀池中贮存的石灰膏，应采取防止干燥、冻结和污染的措施。严禁使用脱水硬化的石灰膏。

（4）水：采用不含有害物质的洁净水，具体应符合有关规范规定。

（5）外加剂：凡在砂浆中掺入有机塑化剂、早强剂、缓凝剂、防冻剂等，应经检验和试配符合要求后，方可使用。有机塑化剂应有砌体强度的型式检验报告。

2. 质量要求

砂浆的强度等级分为 M5、M7.5、M10、M15、M20、M25、M30 六个等级，M10 及 M10 以下宜采用水泥混合砂浆。水泥砂浆可用于潮湿环境中的砌体，混合砂浆宜用于干燥环境中的砌体。为便于操作，砌筑砂浆应有较好的和易性，即良好的流动性（稠度）和保水性（分层度）。和易性好的砂浆能保证砌体灰缝饱满、均匀、密实，并能提高砌体强度。水泥砂浆保水率不低于 80% ，水泥混合砂浆保水率不低于 80%；水泥砂浆最小水泥用量不宜小于 200kg/m^3，如果水泥用量太少不能填充砂子孔隙，稠度、保水率将无法保证；M15 以下砂浆宜采用 32.5 级水泥，M15 以上砂浆宜采用 42.5 级水泥。

砌筑砂浆的稠度见表 4-1。

砌筑砂浆的稠度 **表 4-1**

砌体种类	砂浆稠度(mm)	砌体种类	砂浆稠度(mm)
烧结普通砖砌体	70～90	普通混凝土小型空心砌块砌体	50～70
轻集料混凝土小型空心砌块砌体	60～80	加气混凝土小型空心砌块砌体	60～80
烧结多孔砖、空心砖砌体	60～80	石砌体	30～50

3. 制备与使用

砌筑砂浆应通过试配确定配合比，砂浆现场拌制时，各组分材料采用重量计量。计量精度水泥为±2%，砂、灰膏控制在±5%以内。

砌筑砂浆应采用砂浆搅拌机进行拌制。自投料完算起，搅拌时间应符合下列规定：水泥砂浆和混合砂浆不得小于 2min；掺用外加剂的砂浆不得少于 3min；掺用有机塑化剂的砂浆，不应少于 210s。

掺用外加剂时，应先将外加剂按规定浓度溶于水中，在拌合水时投入外加剂溶液，外加剂不得直接投入拌制的砂浆中。

施工中当采用水泥砂浆代替水泥混合砂浆时，应重新确定砂浆强度等级。

砂浆应随拌随用，水泥砂浆和水泥混合砂浆应分别在 3h 和 4h 内使用完毕；当施工期间最高气温超过 30℃时，应分别在拌成后 2h 和 3h 内使用完毕。对掺用缓凝剂的砂浆，其使用时间可根据具体情况延长。

4. *砌筑砂浆质量验收*

砌筑砂浆立方体抗压试件每组六块，其尺寸为70.7mm×70.7mm×70.7mm。

(1) 取样：同一类型、强度等级的砂浆试块不应少于3组，每一检验批且不超过 $250m^3$ 砌体的各种类型及其强度等级的砌筑砂浆，每台搅拌机应至少抽检一次。

(2) 试件制作：

用黄油等密封材料涂抹试模的外接缝，试模内涂刷薄层机油或脱模剂，将拌制好的砂浆一次性装满砂浆试模，成型方法根据稠度而定。当稠度不大于50mm时采用人工振捣成型，当稠度小于50mm时采用振动台振实成型。

1) 人工振捣：用捣棒均匀地由边缘向中心按螺旋方式插捣25次，插捣过程中如砂浆沉落低于试模口，应随时添加砂浆，可用油灰刀插捣数次，并用手将试模一边抬高5～10mm各振动5次，使砂浆高出试模顶面6～8mm。

2) 机械振动：将砂浆一次装满试模，放置到振动台上，振动时试模不得跳动，振动5～10s或持续到表面出浆为止；不得过振。

待表面水分稍干后，将高出试模部分的砂浆沿试模顶面刮去并抹平，按规定进行养护。

(3) 试块养护至28d即送检，砌筑砂浆试块强度验收时其强度合格标准必须符合以下规定：

以三个试件测值的算术平均值作为该组试件的砂浆立方体试件抗压强度平均值（精确至0.1MPa）。

当三个测值的最大值或最小值中如有一个与中间值的差值超过中间值的15%时，则把最大值及最小值一并舍除，取中间值作为该组试件的抗压强度值；如有两个测值与中间值的差值均超过中间值的15%时，则该组试件的试验结果无效。

5. *砌筑砂浆常见的质量通病及预防*

(1) 砂浆强度不稳定

1) 现象

砂浆强度的波动性较大，匀质性差，其中低强度等级的砂浆特别严重，强度低于设计要求的情况较多。

2) 原因分析

① 影响砂浆强度的主要因素是计量不准确。对砂浆的配合比，多数工地使用体积比，用铁铲凭经验计量。由于砂子含水率的变化，可导致砂子体积变化幅度达10%～20%，这些都造成配料计量的偏差，使砂浆强度产生较大的波动。

② 水泥混合砂浆中无机掺合料的掺量，对砂浆强度影响很大，随着掺量的增加，砂浆和易性越好，但强度降低，如超过规定用量一倍，砂浆强度约降低40%。但施工时往往片面追求良好的和易性，无机掺合料的掺量常常超过规定用量，因而降低了砂浆的强度。

③ 无机掺合料材质不佳，如石灰膏中含有较多的灰渣，或运至现场保管不当，发生结硬、干燥等情况，使砂浆中含有较多的软弱颗粒，降低了强度。或者在确定配合比时，用石灰膏、黏土膏试配，而实际施工时却采用干石灰或干黏土，这不但影响砂浆的抗压强度，而且对砌体抗剪强度非常不利。

④ 砂浆搅拌不匀，人工拌合翻拌次数不够，机械搅拌加料顺序颠倒，使无机掺合料未散开，砂浆中含有多量的疙瘩，水泥分布不均匀，影响砂浆的匀质性及和易性。

⑤ 砂浆试块的制作、养护方法和强度取值等，没有执行规范的统一标准，致使测定

的砂浆强度缺乏代表性，产生砂浆强度的混乱。

3）预防措施

① 砂浆配合比的确定，应结合现场材质情况进行试配，试配时应采用重量比。在满足砂浆和易性的条件下，控制砂浆强度。

② 建立施工计量器具校验、维修、保管制度，以保证计量的准确性。

③ 无机掺合料一般为湿料，计量称重比较困难，而其计量误差对砂浆强度影响很大，故应严格控制。计量时，应以标准稠度（12cm）为准，如供应的无机掺合料的稠度小于12cm时，应调成标准稠度，或者进行折算后称重计量，计量误差应控制在±5%以内。

④ 施工中，不得随意增加石灰膏、微沫剂的掺量来改善砂浆的和易性。

⑤ 砂浆搅拌加料顺序为：用砂浆搅拌机搅拌应分两次投料，先加入部分砂子、水和全部塑化材料，通过搅拌叶片和砂子搓动，将塑化材料打开（不见疙瘩为止），再投入其余的砂子和全部水泥。用鼓式混凝土搅拌机拌制砂浆，应配备一台抹灰用麻刀机，先将塑化材料搅成稀粥状，再投入搅拌机内搅拌。人工搅拌应有拌灰池，先在池内放水，并将塑化材料打开至不见疙瘩，另在池边干拌水泥和砂子至颜色均匀时，用铁铲将拌好的水泥砂子均匀撒入池内，同时用三刺铁扒来回扒动，直至拌合均匀。

⑥ 试块的制作、养护和抗压强度取值，应按有关规范规定执行。

（2）砂浆和易性差，沉底结硬

1）现象

① 砂浆和易性不好，砌筑时铺浆和挤浆都较困难，影响灰缝砂浆的饱满度，同时使砂浆与砖的粘结力减弱。

② 砂浆保水性差，容易产生分层、泌水现象。

③ 灰槽中砂浆存放时间过长，最后砂浆沉底结硬，即使加水重新拌合，砂浆强度也会严重降低。

2）原因分析

① 强度等级低的水泥砂浆由于采用高强度等级水泥和过细的砂子，使砂子颗粒间起润滑作用的胶结材料——水泥量减少，因而砂子间的摩擦力较大，砂浆和易性较差，砌筑时，压薄灰缝很费劲。而且，由于砂粒之间缺乏足够的胶结材料起悬浮支托作用，砂浆容易产生沉淀和出现表面泛水现象。

② 水泥混合砂浆中掺入的石灰膏等塑化材料质量差，含有较多灰渣、杂物，或因保存不好发生干燥和污染，不能起到改善砂浆和易性的作用。

③ 砂浆搅拌时间短，拌合不均匀。

④ 拌好的砂浆存放时间过久，或灰槽中的砂浆长时间不清理，使砂浆沉底结硬。

⑤ 拌制砂浆无计划，在规定时间内无法用完，而将剩余砂浆捣碎加水拌合后继续使用。

3）防治措施

① 低强度等级砂浆应采用水泥混合砂浆，如确有困难，可掺微沫剂或掺水泥用量5%～10%的粉煤灰，以达到改善砂浆和易性的目的。

② 水泥混合砂浆中的塑化材料，应符合试验室试配时的质量要求。现场的石灰膏、黏土膏等，应在池中妥善保管，防止暴晒、风干结硬，并经常浇水保持湿润。

③ 宜采用强度等级较低的水泥和中砂拌制砂浆。拌制时应严格执行施工配合比，并

保证搅拌时间。

④ 灰槽中的砂浆，使用中应经常用铲翻拌、清底，并将灰槽内边角处的砂浆刮净，堆于一侧继续使用，或与新拌砂浆混在一起使用。

⑤ 拌制砂浆应有计划性，拌制量应根据砌筑需要来确定，尽量做到随拌随用、少量储存，使灰槽中经常有新拌的砂浆。

4.2 砖石与小砌块砌体施工

4.2.1 施工准备工作

(1) 砖浇水

当砌筑烧结普通砖、烧结多孔砖、蒸压灰砂砖和蒸压粉煤灰砖砌体时，砖应提前1～2d适度湿润，不得采用干砖或吸水饱和状态的砖砌筑。砖湿润程度宜符合下列规定：

1) 烧结类砖的相对含水率宜为60%～70%；

2) 混凝土多孔砖及混凝土实心砖不宜浇水湿润，但在气候干燥炎热的情况下，宜在砌筑前对其浇水湿润；

3) 其他非烧结类砖的相对含水率宜为40%～50%。

(2) 确定组砌方式

1) 基本组砌方式：砖墙根据其厚度不同，可采用全顺、两平一侧、全丁(240mm)、一顺一丁、梅花丁或三顺一丁等砌筑形式(图4-1)。

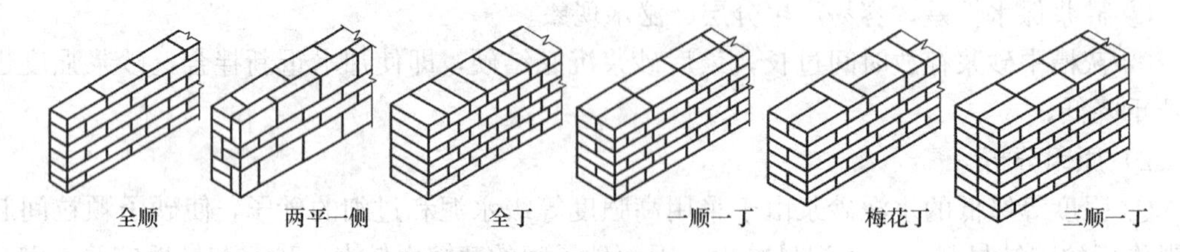

图4-1 砖墙砌筑形式

全顺：各皮砖均顺砌，上下皮垂直灰缝相互错开半砖长(120mm)，适合砌半砖厚(115mm)墙。

两平一侧：两皮顺(或丁)砖与一皮侧砖相间，上下皮垂直灰缝相互错开1/4砖长(60mm)以上，适合砌3/4砖厚(180mm或300mm)墙。

全丁：各皮砖均采用丁砌，上下皮垂直灰缝相互错开1/4砖长，适合砌一砖厚(240mm)墙。

一顺一丁：一皮顺砖与一皮丁砖相间，上下皮垂直灰缝相互错开1/4砖长，适合砌一砖及一砖以上厚墙。

梅花丁：同皮中顺砖与丁砖相间，丁砖的上下均为顺砖，并位于顺砖中间，上下皮垂直灰缝相互错开1/4砖长，适合砌一砖厚墙。

三顺一丁：三皮顺砖与一皮丁砖相间，顺砖与顺砖上下皮垂直灰缝相互错开1/2砖长；顺砖与丁砖上下皮垂直灰缝相互错开1/4砖长。适合砌一砖及一砖以上厚墙。

一砖厚承重墙的每层墙的最上一皮砖、砖墙的阶台水平面上及挑出层，应采用整砖丁砌。

2）砖墙的转角处、交接处，根据错缝需要应该加砌配砖。

图 4-2 所示是一砖厚墙一顺一丁转角处分皮砌法，配砖为 3/4 砖（俗称七分头砖），位于墙外角。

3）在墙上留置临时施工洞口，其侧边离交接处墙面不应小于 500mm，洞口净宽度不应超过 1m。临时施工洞口应做好补砌。

4）不得在下列墙体或部位设置脚手眼：

① 半砖厚墙；

② 过梁上与过梁呈 60°角的三角形范围及过梁净跨度 1/2 的高度范围内；

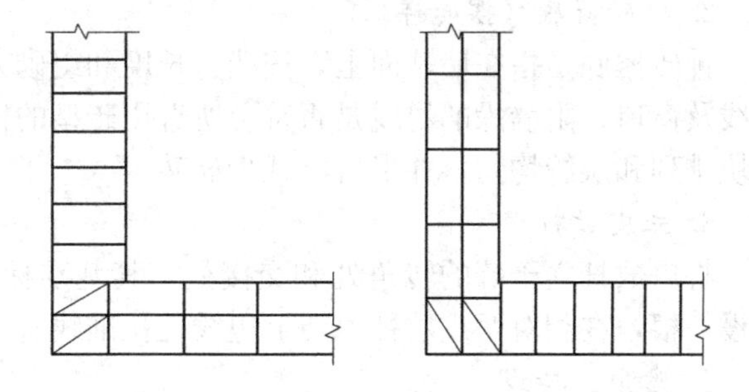

图 4-2　一砖厚墙一顺一丁转角处分皮砌法

③ 宽度小于 1m 的窗间墙；

④ 墙体门窗洞口两侧 200mm 和转角处 450mm 范围内；

⑤ 梁或梁垫下及其左右 500mm 范围内。

施工脚手眼补砌时，灰缝应填满砂浆，不得用干砖填塞。

（3）制作皮数杆

皮数杆是一种方木标志杆。立皮数杆的目的是用于控制每皮砖砌筑时的竖向尺寸，并使铺灰、砌砖的厚度均匀，保证砖缝水平。皮数杆上除画有每皮砖和灰缝的厚度外，还画出了门窗洞、过梁、楼板等的位置和标高，用于控制墙体各部位构件的标高。皮数杆长度应有一层楼高（不小于 2m），一般立于墙的转角和内外墙交接处，立皮数杆时，应使皮数杆上的±0.000 线与房屋的标高起点线相吻合。

（4）清理

清除砌筑部位处所残存的砂浆、杂物等。

4.2.2　一般砖砌体砌筑工艺流程与方法要点

一般砖砌体砌筑工艺流程：

抄平、放线→排砖撂底→立皮数杆→盘角、挂线→砌砖→勾缝→安装楼板

1. 抄平、放线

（1）底层抄平、放线：当基础砌筑到±0.000 时，依据施工现场±0.000 标准水准点在基础面上用水泥砂浆或细石混凝土找平，并在建筑物四角外墙面上引测±0.000 标高，画上符号并注明，作为楼层标高引测点；依据施工现场龙门板上的轴线钉拉通线，并沿通线挂线锤，将墙轴线引测到基础面上，再以轴线为标准弹出墙边线，定出门窗洞口的平面位置。轴线放出并经复查无误后，将轴线引测到外墙面上，画上特定的符号，作为楼层轴线引测点。

（2）轴线、标高引测：当墙体砌筑到各楼层时，可根据设在底层的轴线引测点，利用经纬仪或铅垂球，把控制轴线引测到各楼层外墙上；可根据设在底层的标高引测点，利用钢尺向上直接丈量，把控制标高引测到各楼层外墙上。

（3）楼层抄平、放线：轴线和标高引测到各楼层后，就可进行各楼层的抄平、放线。为了

保证各楼层墙身轴线的重合，并与基础定位轴线一致，引测后，一定要用钢尺丈量各轴线间距，经校核无误后，再弹出各分间的轴线和墙边线，并按设计要求定出门窗洞口的平面位置。

注意抄平时厚度在不大于 20mm 时用 1∶3 水泥砂浆，厚度在大于 20mm 时一般用 C15 细石混凝土找平。

2. 排砖撂底（摆砖样）

排砖撂底是指在墙基面上，按墙身长度和组砌方式先用砖块试摆，核对所弹的门洞位置线及窗口、附墙垛的墨线是否符合所选用砖型的模数，对灰缝进行调整，以使每层砖的砖块排列和灰缝均匀，并尽可能减少砍砖。

3. 立皮数杆

将皮数杆立于墙的转角处和交接处，其基准标高用水准仪校正。一般每隔 10～15m 再设一根，在相对两皮数杆上砖上边线处拉准线。

4. 盘角、挂线

砌砖前应先盘角，一般由经验丰富的砌筑工负责，每次盘角不要超过五层，新盘的大角，及时进行吊、靠，即三皮一吊五皮一靠。如有偏差要及时修整。盘角时要仔细对照皮数杆的砖层和标高，控制好灰缝大小，使水平灰缝均匀一致。大角盘好后再复查一次，平整和垂直完全符合要求后，再挂线砌墙。砌筑一砖半墙必须双面挂线，如果长墙几个人均使用一根通线，中间应设几个支线点，小线要拉紧，每层砖都要穿线看平，使水平缝均匀一致，平直通顺；砌一砖厚混水墙时宜采用外手挂线，可照顾砖墙两面平整，为下道工序控制抹灰厚度奠定基础。

5. 砌砖

选择砌筑方法：宜采用“三一”砌筑法，即一铲灰、一块砖、一揉压的砌筑方法。当采用铺浆法砌筑时，铺浆长度不得超过 750mm，施工期间气温超过 30℃时，铺浆长度不得超过 500mm。

砌砖时砖要放平，里手高，墙面就要张；里手低，墙面就要背。砌砖一定要跟线，“上跟线，下跟棱，左右相邻要对平”。设计要求的洞口、管道、沟槽应于砌筑时正确留出或预埋，未经设计同意，不得打凿墙体和墙体上开凿水平沟槽。宽度超过 300mm 的洞口上部，应设置钢筋混凝土过梁。砖墙每日砌筑高度不得超过 1.8m，雨天不得超过 1.2m。

（1）留槎

“留槎”是指相邻砌体不能同时砌筑而设置的临时间断，为便于先砌砌体与后砌砌体之间的接合而设置。砖砌体的转角处和交接处应同时砌筑，严禁无可靠措施的内外墙分砌施工。对不能同时砌筑而又必须留置的临时间断处应砌成斜槎，斜槎水平投影长度不应小于高度的 2/3（图 4-3）。

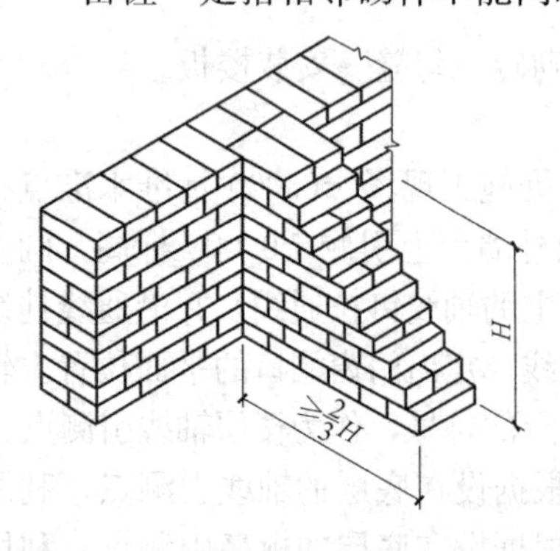

图 4-3　烧结普通砖砌体斜槎

非抗震设防及抗震设防烈度为 6 度、7 度地区的临时间断处，当不能留斜槎时，除转角处外，可留直槎，但直槎必须做成凸槎。留直槎处应加设拉结钢筋，拉结钢筋的数量为每 120mm 墙厚放置 1ϕ6 拉结钢筋，间距沿墙高不应超过 500mm；埋入长度从留槎处算起每边均不应小于 500mm，对抗震设防烈度 6 度、7 度的地区，不应小于 1000mm；末端应有 90°弯钩（图 4-4）。

（2）构造柱设置处砖墙砌法

构造柱不单独承重，因此不需设独立基础，其下端应锚固于钢筋混凝土基础或基础梁内。在施工时必须先砌墙，为使构造柱与砖墙紧密结合，墙体砌成马牙槎的形式。从每层柱脚开始，先退后进，退进不小于 60mm，每一马牙槎沿高度方向的尺寸不宜超过 300mm。沿墙高每 500mm 设 2Φ6 拉结钢筋。每边伸入墙内不宜小于 1m。预留伸出的拉结钢筋，不得在施工中任意弯折，如有歪斜、弯曲，在浇筑混凝土之前，应校正到正确位置并绑扎牢固。马牙槎构造见图 4-5。

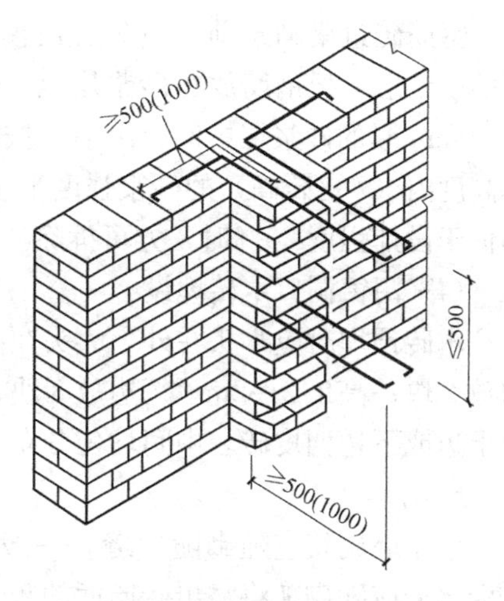

图 4-4　烧结普通砖砌体直槎

（3）安装过梁、钢筋砖过梁砌筑方法

安装过梁、梁垫时，其标高、位置及型号必须准确，坐灰饱满。如坐灰厚度超过 20mm 时，要用豆石混凝土铺垫，过梁安装时，两端支承点的长度应一致。

当洞口跨度小于 1.5m 时，可采用钢筋砖过梁。钢筋砖过梁的底面为砂浆层，砂浆层厚度不宜小于 30mm。砂浆层中应配置钢筋，钢筋直径不应小于 5mm，其间距不宜大于 120mm，钢筋两端伸入墙体内的长度不宜小于 250mm，并有向上的直角弯钩（图 4-6）。

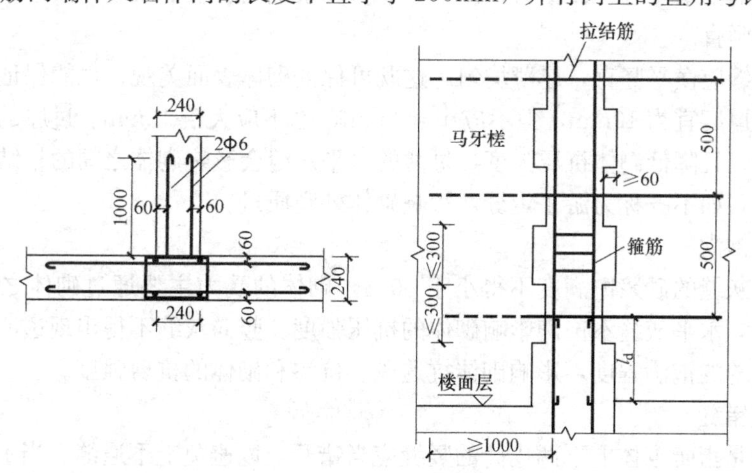

图 4-5　拉结筋布置及马牙槎示意图

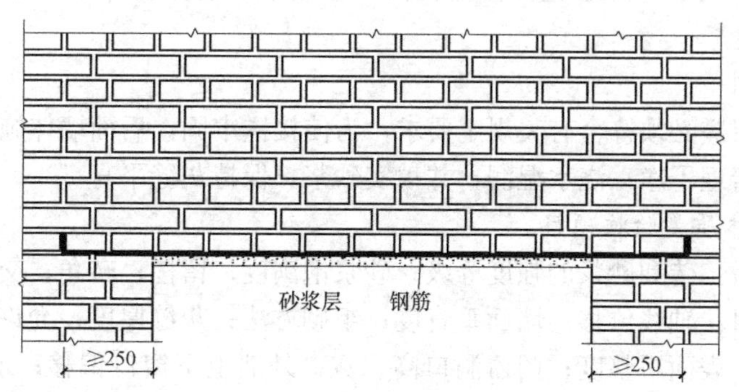

图 4-6　钢筋砖过梁

钢筋砖过梁砌筑前，应先支设模板，模板中央应略有起拱。砌筑时，宜先铺15mm厚的砂浆层，把钢筋放在砂浆层上，使其弯钩向上，然后再铺15mm砂浆层，使钢筋位于30mm厚的砂浆层中间。之后，按墙体砌筑形式与墙体同时砌砖。钢筋砖过梁截面计算高度内（7皮砖高）的砂浆强度不宜低于M5。钢筋砖过梁底部的模板，应在砂浆强度不低于设计强度50%时，方可拆除。

（4）门窗洞口木砖埋设

木砖预埋时应小头在外，大头在内，数量按洞口高度决定。洞口高在1.2m以内，每边放2块；高1.2～2m，每边放3块；高2～3m，每边放4块，预埋木砖的部位一般在洞口上边或下边四皮砖，中间均匀分布。木砖要提前做好防腐处理。

6. 勾缝

清水墙砌筑应随砌随勾缝，一般深度以6～8mm为宜，缝深浅应一致，清扫干净。砌混水墙应随砌随将溢出砖墙面的灰浆刮除。

7. 安装（浇筑）楼板

搁置预制梁、板的砌体顶面应找平，安装时采用1∶2.5的水泥砂浆坐浆。

4.2.3 一般砖砌体质量要求及验收

1. 砌筑质量的基本要求

砌筑质量的基本要求可概括为：横平竖直、砂浆饱满、上下错缝、接槎牢固。

（1）横平竖直

砖砌的灰缝应横平竖直，厚薄均匀。这既可保证砌体表面美观，也能保证砌体均匀受力。水平灰缝厚度宜为10mm，但不应小于8mm，也不应大于12mm。过厚的水平灰缝容易使砖块浮滑，且降低砌体抗压强度，过薄的水平灰缝会影响砌体之间的粘结力。竖向灰缝应垂直对齐，如不齐称为游丁走缝，影响砌体外观质量。

（2）砂浆饱满

砌体水平灰缝的砂浆饱满度不得小于80%，砌体的受力主要通过砌体之间的水平灰缝传递到下面，水平灰缝不饱满影响砌体的抗压强度。竖向灰缝不得出现透明缝、瞎缝和假缝，竖向灰缝的饱满程度，影响砌体抗透风、抗渗和砌体的抗剪强度。

（3）上下错缝

上下错缝是指砖砌体上下两皮砖的竖缝应当错开，以避免上下通缝。当上下两皮砖搭接长度小于25mm时，即为通缝。在垂直荷载作用下，砌体会由于“通缝”而丧失整体性，影响砌体强度。

（4）接槎牢固

临时间断处留槎必须符合有关规定要求，为使接槎牢固，后面墙体施工前，必须将留设的接槎处表面清理干净，浇水湿润，并填实砂浆，保持灰缝平直。

2. 一般砖砌体质量验收项目

（1）主控项目：砖和砂浆的强度等级；砂浆饱满度；留槎；转角；交接处砌筑等。

（2）一般项目：轴线位移；墙面垂直度；组砌方法；灰缝厚度；允许偏差项目（基础顶面和楼面标高；表面平整度；门窗洞口高、宽；外墙上下窗口偏移；水平灰缝平直度；清水墙游丁走缝）等。

4.2.4 砌筑工程质量通病及预防

1. 砌体组砌方法错误

砌墙面出现数皮砖同缝（通缝、直缝）、里外两张皮，砖柱采用包心法砌筑，里外皮砖层互不相咬，形成周围通天缝等，影响砌体强度，降低结构整体性。预防措施是：对工人加强技术培训，严格按规范方法组砌，缺损砖应分散使用，少用半砖，禁用碎砖。

2. 墙面灰缝不平直、游丁走缝、墙面凹凸不平

水平灰缝弯曲不平直，灰缝厚度不一致，出现“螺丝”墙，垂直灰缝歪斜，灰缝宽窄不匀，丁不压中（丁砖未压在顺砖中部），墙面凹凸不平。预防措施是：砌前应摆底，并根据砖的实际尺寸对灰缝进行调整；采用皮数杆拉线砌筑，以砖的小面跟线，拉线长度（15～20m）超长时，应加腰线；竖缝，每隔一定距离应弹墨线找齐，墨线用线锤引测，每砌一步架用立线向上引申，立线、水平线与线锤应“三线归一”。

3. 墙体留槎错误

砌墙时随意留直槎，甚至是阴槎，构造柱马牙槎不标准，槎口以砖渣填砌，接槎砂浆填塞不严，影响接槎部位砌体强度，降低结构整体性。预防措施是：施工组织设计中应对留槎作统一考虑，严格按规范要求留槎。

4. 拉结钢筋被遗漏

构造柱及接槎的水平拉结钢筋常被遗漏，或未按规定布置；配筋砖缝砂浆不饱满，露筋年久易锈。预防措施是：拉结筋应作为隐检项目对待，应加强检查，并填写检查记录存档。施工中，对所砌部位需要的配筋应一次备齐，以备检查有无遗漏。适当增加灰缝厚度（以钢筋网片厚度上下各有 2mm 保护层为宜）。

5. 层高超高

层高实际高度与设计高度的偏差超过允许偏差。预防措施是：保证配置砌筑砂浆的原材料符合质量要求，并且控制铺灰厚度和长度；砌筑前应根据砌块、梁、板的尺寸和规格，计算砌筑皮数，绘制皮数杆，砌筑时控制好每皮砌块的砌筑高度，对于原楼地面的标高误差，可在砌筑灰缝或圈梁、楼板找平层的允许误差内逐皮调整。

4.2.5 构造柱、圈梁施工

多层砌体结构主体标准层施工顺序一般为：施工准备→构造柱钢筋绑扎→砌筑（一步架）→搭脚手架→砌筑（二步架）→过梁底模支设→圈梁、过梁钢筋绑扎→构造柱、圈梁模板→构造柱、圈梁混凝土浇筑→楼板等构件安装→……

通过对汶川地震灾区未倒建筑物的仔细考察，发现地震中砖混结构建筑物结构破坏主要发生在圈梁、构造柱与墙体交界处，所以圈梁、构造柱的设计和施工十分重要。

1. 构造柱施工要点

（1）钢筋绑扎

修整底层伸出的构造柱搭接筋→安装构造柱钢筋骨架→修整

1）修整底层伸出的构造柱搭接筋。根据已放好的构造柱位置线，检查搭接筋位置及搭接长度是否符合设计和抗震规范的要求，底层构造柱竖筋锚固应符合规范要求。

2）安装构造柱钢筋骨架。先在搭接处的钢筋套上箍筋，注意箍筋应交错布置。然后再将预制构造柱钢筋骨架立起来，对正伸出的搭接筋，对好标高线，在竖筋搭接部位各绑3个扣，两端中间各一扣。骨架调整后，从根部加密区箍筋开始往上绑扎。

3）砌完砖墙后，应对构造柱钢筋进行修整，以保证钢筋位置及间距准确。

4）构造柱钢筋构造：底层构造柱纵筋必须锚入基础，顶层构造柱纵筋必须锚入顶层圈梁，锚固长度一般取 $40d$。柱顶、柱脚与圈梁钢筋交接处 500mm 范围内箍筋应加密，加密间距取 100mm。与墙体拉结筋为Φ6 每隔 500mm 进行设置，离墙边 60mm 各设一根，每边伸入墙 1m，末端弯 40mm 直钩。

（2）模板支设

支模板前将构造柱、圈梁及板缝内的杂物全部清理干净。

1）构造柱模板采用定型组合钢模板或竹胶板模板，柱箍用 50mm×100mm 的方木（如果有成套的角钢柱箍，也可使用）。

2）外墙转角部位：外侧用阳角模板与平模拼装，模板与墙交接处的宽度不应少于 50mm。用 50mm×100mm 方木做柱箍，用木楔子楔紧。每根构造柱的柱箍不得少于 3 道。内侧模用阴角模板，“U”形钢筋钉固定。模板与墙面接触部分，加密封条，防止漏浆。

3）内墙十字交点部位：用阴角模板拼装。先用“U”形钢筋钉临时固定，再调整模板的垂直度，符合要求后，用“U”形钢筋钉固定。固定用钢筋钉每侧不少于 3 个。

（3）混凝土浇筑

在浇筑砖砌体构造柱混凝土前，必须将砌体和模板浇水润湿，并将模板内的落地灰、砖碴和其他杂物清除干净。构造柱混凝土可分段浇筑，每段高度不宜大于 2m。在施工条件较好并能确保浇筑密实时，亦可每层浇筑一次。浇筑混凝土前，在结合面处先注入适量水泥砂浆（构造柱混凝土配比相同的去石子水泥砂浆），再浇筑混凝土。振捣时，振捣器应避免触碰砖墙，严禁通过砖墙传递振动。

对于填充墙中设置构造柱混凝土的浇筑，由于构造柱顶部的梁已浇筑，可采取距离梁顶 15cm 处支成斜模高出梁底 10cm，混凝土浇筑也高出 10cm，振捣密实，等混凝土上满足拆模条件后拆模剔凿干净，并在梁底处预留 50mm 空隙（构造柱主筋不断），待主体工程完工后，用 1∶2 水泥砂浆浇筑密实。

2. 圈梁施工要点

（1）钢筋安装

1）圈梁与构造柱钢筋交叉处，圈梁钢筋放在构造柱受力钢筋内侧。圈梁钢筋在构造柱部位搭接时，其搭接倍数或锚入柱内长度要符合设计要求。

2）圈梁钢筋应互相交圈，在内墙交接处、墙大角转角处的锚固长度，均要符合设计要求。

3）楼梯间、附墙烟囱、垃圾道及洞口等部位的圈梁钢筋被切断时，应搭接补强，构造方法应符合设计要求，标高不同的高低圈梁钢筋，应按设计要求搭接或连接。

4）圈梁钢筋绑扎后，应加钢筋保护层垫块，以控制受力钢筋的保护层。

5）钢筋下料应严格按照《建筑物抗震构造详图》（砖混结构楼房）04G329-3 图集要求设置；拐角处及丁字墙处附加筋应严格按要求设置。

6）圈梁节点构造，圈梁节点通常有以下两种情况：

① 无构造柱节点：在节点处，因为没有构造柱，应将圈梁的纵筋锚入相邻圈梁内，分为 L 形、T 形和十字形三种节点，锚固长度满足受拉锚固长度，如图 4-7、图 4-8 所示。

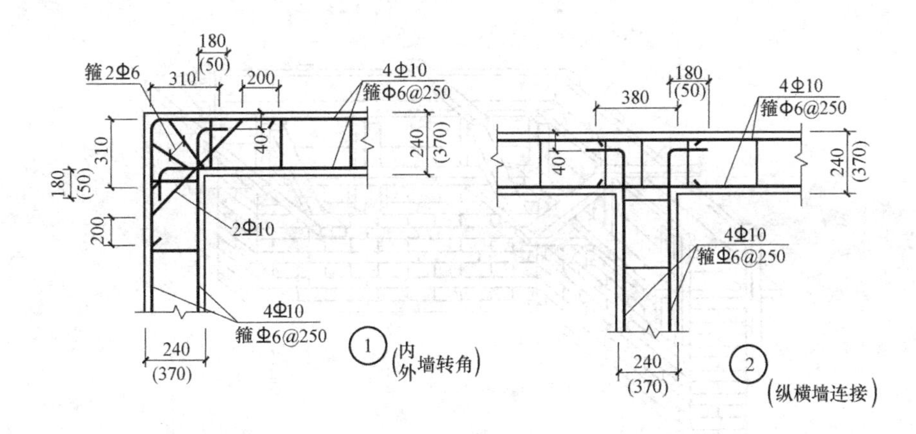

图 4-7　板底圈梁无构造柱节点（6、7 度设防）

①—L 形转角；②—T 形纵横墙连接

② 有构造柱节点：在节点处，将圈梁的纵筋锚固构造柱内，锚固长度满足受拉锚固长度，一般取 38d，如图 4-9、图 4-10 所示。

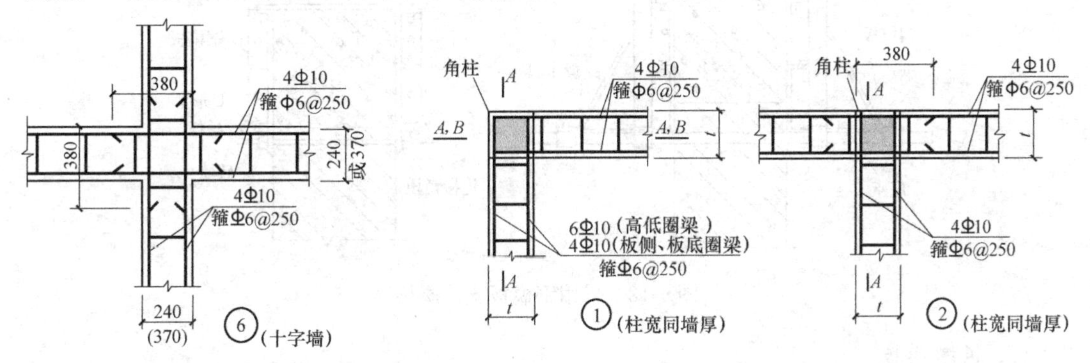

图 4-8　板底圈梁无构造柱十字形墙节点（6、7 度设防）

图 4-9　有构造柱节点圈梁钢筋锚固平面图

（2）模板安装

圈梁模板是由横楞（托木）、侧模、夹木、斜撑和搭头木等组成。以砖墙顶面为底模，侧模高度一般是圈梁高度加一皮砖厚度，以便支模时两侧侧模夹住顶皮砖。安装模板前，在离圈梁底第二皮砖，每隔 0.9～1.2m 放置楞木（楞木截面 50mm×100mm，或脚手架钢管），也称挑扁担。侧木立于横楞上，在横楞上钉夹木，使侧模夹紧墙面。斜撑下端钉在横楞上，上端钉在侧模的木挡上。搭头木上划出圈梁宽度线，依线对准侧模里口，隔一定距离钉在侧模上（或用铁丝拉固），如图 4-11 所示。

圈梁模板也可采用钢模板，以适当布置的梁卡具作支撑和加固，如图 4-12 所示。

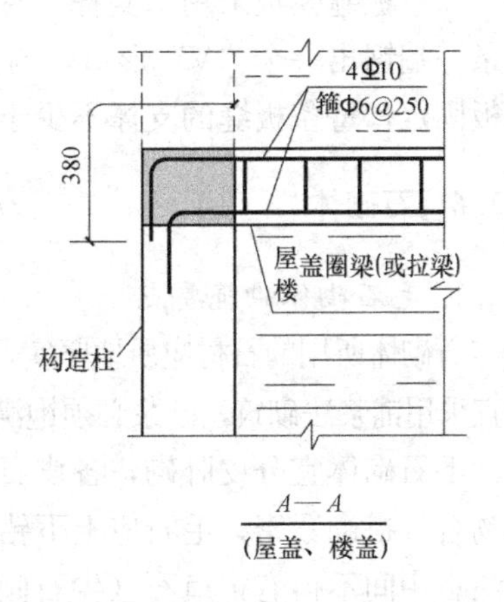

图 4-10　有构造柱节点圈梁钢筋锚固剖面图

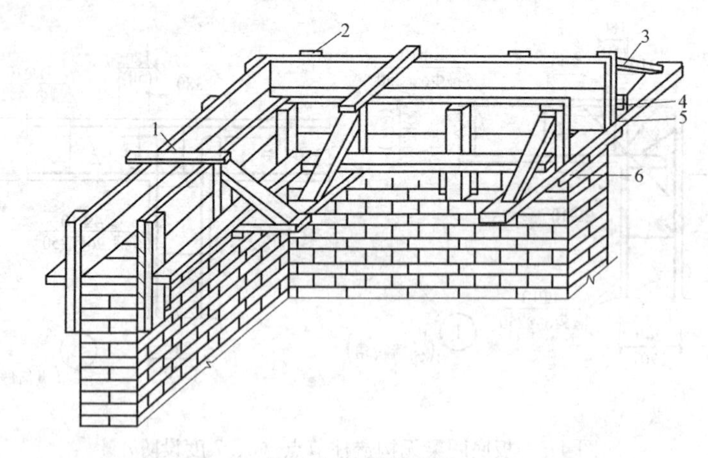

图 4-11　圈梁模板

1—搭头木；2—木挡；3—斜撑；4—夹木；5—横楞；6—木楔

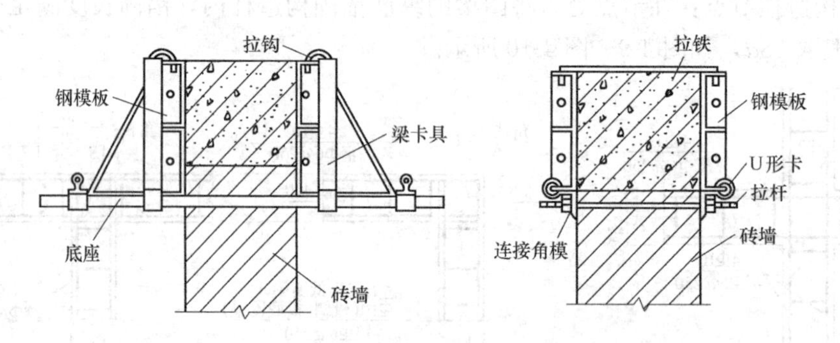

图 4-12　采用钢模板支设圈梁

3. 板缝模板

(1) 板缝宽度 4cm，用 50mm×50mm 方木作底（或 $\phi48\sim\phi50$ 的钢管）。大于 4cm 的用竹胶板作底模，伸入板底 5～10mm，留出凹槽。

(2) 板缝模板采用木支撑，尽量避免采用吊杆方法。将 20mm×40mm×2500mm 的木条一端锯出一个“V”形口，与 50mm×50mm 的木条卡住，利用木支撑的弹力将板缝模板固定，每条板缝的支撑不少于 2 个。

4.2.6　石砌体

1. 毛石砌体砌筑要点

石砌体所用的石材应质地坚实，无风化剥落和裂纹，且石材表面应无水锈和杂物。毛石砌体宜采用铺浆法砌筑，砂浆必须饱满，叠砌面的粘灰面积（即砂浆饱满度）应大于 80%。

毛石砌体宜分皮卧砌，各皮石块间应利用毛石自然形状经敲打修整使能与先砌毛石基本吻合、搭砌紧密；毛石应上下错缝，内外搭砌，不得采用外面侧立毛石中间填心的砌筑方法；中间不得有铲口石（尖石倾斜向外的石块）、斧刃石（尖石向下的石块）和过桥石（仅在两端搭砌的石块），如图 4-13 所示。

石砌体的灰缝厚度：毛料石和粗料石砌体不宜大于 20mm；细料石砌体不宜大于

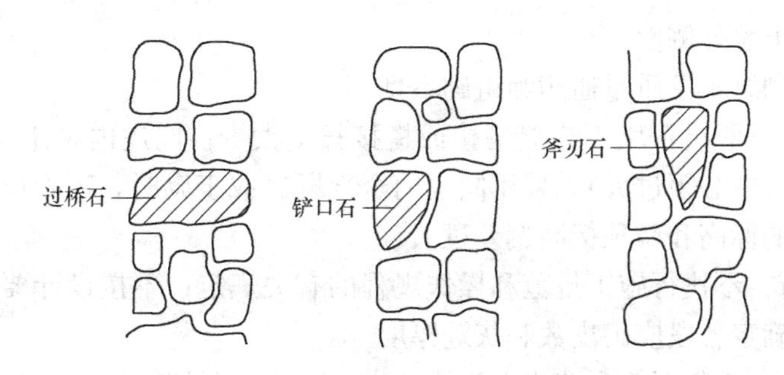

图 4-13　铲口石、斧刃石、过桥石

5mm。石块间不得有相互接触现象。石块间较大的空隙应先填塞砂浆后用碎石块嵌实，不得采用先摆碎石块后塞砂浆或干填碎石块的方法。砂浆初凝后，如移动已砌筑的石块，应将原砂浆清理干净，重新铺浆砌筑。

2. 毛石基础

砌筑毛石基础的第一皮毛石时，应先在基坑底铺设砂浆，并将大面向下。阶梯形毛石基础的上级阶梯的石块应至少压砌下级阶梯的 1/2（图 4-14），相邻阶梯的毛石应相互错缝搭砌。毛石基础的转角处、交接处应用较大的平毛石砌筑。

毛石基础水平灰缝厚度不宜大于 20mm，大石缝中，先填 1/3～1/2 的水泥砂浆，再用小石子、石片塞入其中，轻轻敲实。砌筑时，上下皮石间一定要用拉结石，把内外层石块拉接成整体，在立面看时呈梅花形，上下左右错开。同皮内每隔 2m 左右设置一块，拉结石长度：如基础宽度等于或小于 400mm，应与基础宽度相等；如基础宽度大于 400mm，可用两块拉结石内外搭接，搭接长度不应小于 150mm，且其中一块拉结石长度不应小于基础宽度的 2/3。

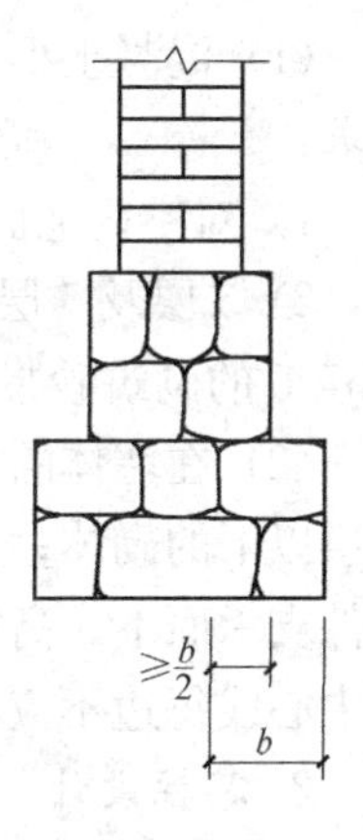

图 4-14　阶梯形毛石基础

3. 石挡土墙

石挡土墙可采用毛石或料石砌筑。

砌筑毛石挡土墙应符合下列规定（图 4-15）：

（1）每砌 3～4 皮毛石为一个分层高度，每个分层高度应找平一次。

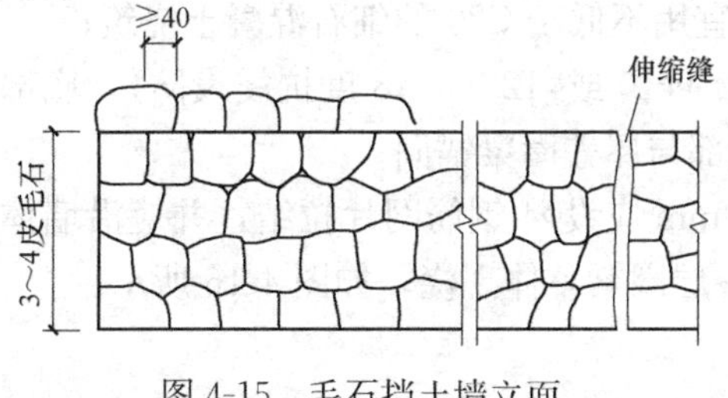

图 4-15　毛石挡土墙立面

（2）外露面的灰缝厚度不得大于 40mm，两个分层高度间分层处的错缝不得小于 80mm。

（3）料石挡土墙宜采用丁顺组砌的砌筑形式。当中间部分用毛石填砌时，丁砌料石伸入毛石部分的长度不应小于 200mm。石挡土墙的泄水孔当设计无规定时，施工应符合下列规定：

1）泄水孔应均匀设置，在每米高度上间隔 2m 左右设置一个泄水孔；

2）泄水孔与土体间铺设长宽各为 300mm、厚 200mm 的卵石或碎石作疏水层。

（4）挡土墙内侧回填土必须分层夯填，分层厚度应为 300mm。墙顶土面应有适当坡度使流水流向挡土墙外侧面。

(5) 挡土墙砌筑常见质量通病为组砌不良。

1) 现象：上下两层石块不错缝搭接或搭接长度太少；同皮内采用丁顺相间组砌时，丁砌石数量太少（中心距过大）；采用同皮内全部顺砌或丁砌时，丁砌层层数太少；阶梯形挡土墙各阶梯的标高和墙顶标高偏差过大。

2) 原因分析：不执行施工规范和操作规程的有关规定；不按设计要求和石料的实际尺寸，预先计算确定各段应砌皮数和灰缝厚度。

3) 防治措施：毛料石挡土墙应上下错缝搭砌。阶梯形挡土墙的上阶梯料石至少压砌下阶梯料石宽的1/3；同皮内采用丁顺组砌时，丁砌石应交错设置，其中心距不应大于2m；毛料石挡土墙厚度大于或等于两块石块宽度时，可以采用同皮内全部顺砌，但每砌两皮后，应砌一皮丁砌层；按设计要求、石料厚度和灰缝允许厚度的范围，预先计算出砌完各段、各皮的灰缝厚度，如果上述三项要求不能同时满足时，应提前办理技术核定或设计修改。

4.2.7 混凝土小型空心砌块

1. 一般构造要求

(1) 混凝土小型空心砌块砌体所用的材料，除满足强度计算要求外，尚应符合下列要求：

1) 对室内地面以下的砌体，应采用普通混凝土小砌块和不低于Mb7.5的水泥砂浆。

2) 5层及5层以上民用建筑的底层墙体，应采用不低于MU7.5的混凝土小砌块和Mb7.5的砌筑砂浆。

(2) 在墙体的下列部位，应用Cb20混凝土灌实砌块的孔洞：底层室内地面以下或防潮层以下的砌体；无圈梁的楼板支承面下的一皮砌块；没有设置混凝土垫块的屋架、梁等构件支承面下，高度不应小于600mm，长度不应小于600mm的砌体；挑梁支承面下，距墙中心线每边不应小于300mm，高度不应小于600mm的砌体。

2. 芯柱设计

芯柱是按设计要求设置在小型混凝土空心砌块墙的转角处、纵横墙交接处和楼梯间四角的孔洞中插入钢筋并浇筑混凝土而成。芯柱的构造要求如下：

(1) 芯柱截面不宜小于120mm×120mm，宜用不低于C20的细石混凝土浇筑；

(2) 钢筋混凝土芯柱每孔内插竖筋不应小于1Φ10或Φ12（6～8度抗震设防），底部应伸入室内地面下500mm或与基础圈梁锚固，顶部与屋盖圈梁锚固；

(3) 在钢筋混凝土芯柱处，沿墙高每隔600mm应设Φ4钢筋网片拉结，并应沿墙体水平通长设置；芯柱应沿房屋的全高贯通，并与各层圈梁整体现浇，如图4-16所示。

3. 施工要点

(1) 施工准备：

1) 进入施工现场的小砌块必须从持有产品合格证明书的同一厂家购入。合格证书应包括型号、规格、产品等级、强度等级、密度等级、生产日期等项内容。同时，小砌块在厂内的自然养护龄期或蒸汽养护后的停放时间应确保28d。轻骨料小砌块的厂内自然养护龄期宜延长至45d。

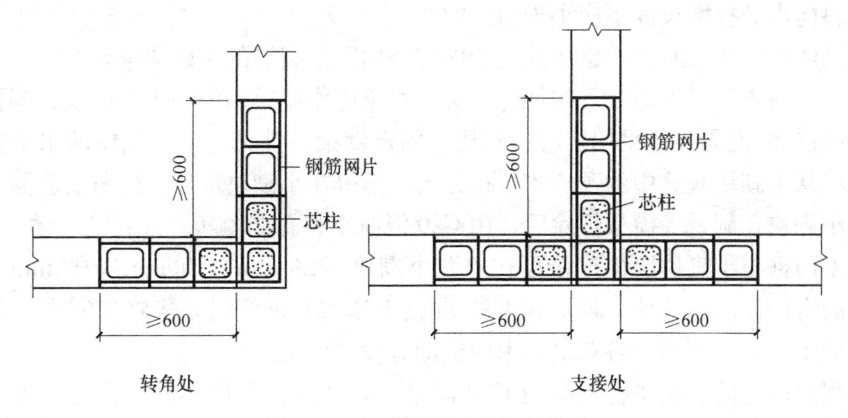

图 4-16　钢筋混凝土芯柱处拉筋

2）墙体施工前必须按房屋设计图编绘小砌块平、立面排块图。排块时应根据小砌块规格、灰缝厚度和宽度、门窗洞口尺寸、过梁与圈梁或连系梁的高度、芯柱或构造柱位置、预留洞大小、管线、开关、插座敷设部位等进行对孔、错缝搭砌排列，并以主规格小砌块为主，辅以配套的辅助块。

3）堆放小砌块的场地应预先夯实平整，并应有防潮和防雨、雪等排水设施。不同规格型号、强度等级的小砌块应分别覆盖堆放；堆置高度不宜超过 1.6m，且不得着地堆放；堆垛上应有标志，垛间宜留适当宽度的通道。装卸时，不得翻斗卸车和随意抛掷。

（2）操作技术要点：

1）砌块上墙前湿度控制。

由混凝土制成的砌块与一般烧结材料不同，湿度变化时体积也会变化，通常表现为湿胀干缩。如果干缩变形过大，超过了砌块块体或灰缝允许的极限，砌块墙就可能产生裂缝。因此，用砌块砌墙时须控制砌块上墙前的湿度。混凝土砌块和黏土砖的显著差别是前者不能浸水或浇水，以免砌块吸水膨胀。在气候特别干热的情况下，因砂浆水分蒸发过快，不便施工时，可在砌筑前稍加喷水湿润。

2）砌块砌筑要点。

小砌块砌筑应采用不低于 M5 的细砂混合浆，此砂浆能保证和易性和粘结度，立缝碰头灰若采用中粗砂，碰头灰很难刮上。

砌块应进行反砌，即小砌块生产时的底面朝上砌筑于墙体上，易于铺放砂浆和保证水平灰缝砂浆的饱满度。小砌块应对孔错缝搭砌，个别情况当无法对孔砌筑时，普通混凝土小砌块错缝长度不应小于 90mm，轻骨料混凝土小砌块错缝长度不应小于 120mm；当不能保证此规定时，应在水平灰缝中设置 2Φ4 钢筋网片，钢筋网片每端均应超过该垂直灰缝，其长度不得小于 400mm（图 4-17）。

水平灰缝的砂浆饱满度，应按净面积计算不得低于 90%；竖向灰缝饱满度不得小于 80%，竖缝凹槽部位应用砌筑砂浆填实；不得出现瞎缝、透明缝。灰缝厚度与砖砌体一致。

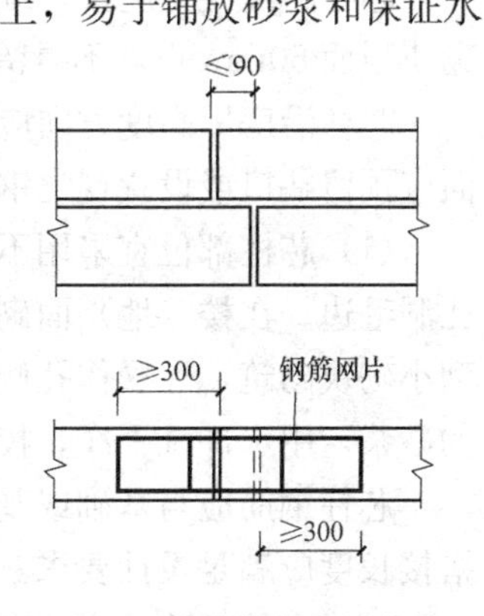

图 4-17　水平灰缝中拉结筋

墙体转角处和纵横交接处应同时砌筑。临时间断处应砌成斜槎，斜槎水平投影长度不应小于高度的 2/3。

承重砌体严禁使用断裂小砌块或壁肋中有竖向凹形裂缝的小砌块砌筑。

(3) 墙上现浇混凝土圈梁等构件时，必须将梁底作底模用的一皮小砌块孔洞预先填实 140mm 高的 C20 混凝土或采用实心小砌块。固定圈梁、挑梁等构件侧模的水平拉杆、扁铁或螺栓应从小砌块灰缝中的预留 ϕ10 孔穿入，不得在小砌块块体上打凿安装洞。但可利用侧砌的小砌块孔洞，等模板拆除后，用 C20 混凝土将孔洞填实。

(4) 木门框与小砌块墙体连接可在单孔小砌块（190mm×190mm×190mm）孔洞内埋入满涂沥青的楔形木砖块，四周用 C20 混凝土填实。砌筑时，应将显露木砖的一面砌于门洞两侧上、中、下部位各 3 块，木门框即钉设木砖上。

门窗洞口两侧的小砌块孔洞灌填 C20 混凝土，其门窗与墙体的连接方法可按实心混凝土墙体施工。

(5) 严禁在墙体上剔凿

设计规定或施工所需的孔洞、沟槽与预埋件等，应在砌筑时预留或预埋，不得在已砌筑的墙体上打洞和凿槽。设计更改或施工遗漏的少量孔洞、沟槽宜用石材切割机开设。管线应随墙体砌筑埋设在小砌块孔洞内或在墙内水平钢筋与小砌块孔洞内壁之间。管线出口处应采用 U 形小砌块（190mm×190mm×190mm）竖砌或用石材切割机开出槽口，内埋安装开关、插座的接线盒等配件，四周应用水泥砂浆填实且凹进墙面 2mm。

4. 芯柱施工

每根芯柱的柱脚部位应采用带清扫口的 U 形、E 形或 C 形等异型小砌块砌筑。

砌筑中应及时清除芯柱孔洞内壁及孔道内掉落的砂浆等杂物。

芯柱的纵向钢筋应采用带肋钢筋，并从每层墙（柱）顶向下穿入小砌块孔洞，通过清扫口与从圈梁（基础圈梁、楼层圈梁）或连系梁伸出的竖向插筋绑扎搭接。搭接长度应符合设计要求。

用模板封闭清扫口时，应有防止混凝土漏浆的措施。

灌筑芯柱的混凝土前，应先浇 50mm 厚与灌孔混凝土成分相同不含粗骨料的水泥砂浆。

芯柱的混凝土应待墙体砌筑砂浆强度等级达到 1MPa 及以上时，方可浇灌。

芯柱的混凝土坍落度不应小于 90mm；当采用泵送时，坍落度不宜小于 160mm。

芯柱的混凝土应按连续浇灌、分层捣实的原则进行操作，直浇至离该芯柱最上一皮小砌块顶面 50mm 止，不得留施工缝。振捣时，宜选用微型行星式高频振动棒。

芯柱沿房屋高度方向应贯通。当采用预制钢筋混凝土楼板时，其芯柱位置处的每层楼面应预留缺口或设置现浇钢筋混凝土板带。

(1) 芯柱部位宜采用不封底的通孔小砌块，当采用半封底小砌块时，砌筑前必须打掉孔洞毛边。在楼（地）面砌筑第一皮小砌块时，应用带清扫口的 U 形、E 形或 C 形等异型小砌块砌筑，在操作孔侧面宜预留连通孔，必须清除芯柱孔洞内的杂物及削掉孔内凸出的砂浆，用水冲洗干净，校正钢筋位置并绑扎或焊接固定后，方可浇灌混凝土。

芯柱钢筋应与基础或基础梁中的预埋钢筋连接，上下楼层的钢筋可在楼板面上搭接，搭接长度应满足设计要求。

(2) 砌筑砂浆强度达到 1.0MPa 以上方可浇筑芯柱混凝土。浇筑混凝土前不用浇水湿润（即使浇水湿润，往往只对上面几层砌块有作用），芯柱以采用塑性混凝土为宜，坍落度在100mm以上，这样既便于浇筑又能使孔洞周围的砌块吸收一部分水分，从而起到浇水湿润砌块的作用。每浇筑400～500mm高度混凝土捣实一次。灌孔所用混凝土内宜加一定量的膨胀剂，以保证混凝土不因失水收缩而降低与周围砌块的粘结力。浇筑后的芯柱应低于最上面一层砌块表面至少50mm，利于上、下芯柱的连接，增加芯柱抗剪能力并保证芯柱连成整体。芯柱、底圈梁、上圈梁的钢筋应相互连接，混凝土同时灌注。

5. 混凝土小砌块砌体质量

（1）主控项目：小砌块和砂浆的强度等级；砌体水平灰缝的砂浆饱满度和竖缝；留槎；轴线偏移和垂直度偏差。

（2）一般项目：水平灰缝厚度和竖向灰缝宽度；一般尺寸允许偏差（基础顶面和楼面标高；表面平整度；门窗洞口高、宽；外墙上下窗口偏移；水平灰缝平直度）。

4.3 填充墙砌体

4.3.1 填充墙砌体施工的一般问题

填充墙主要是在框架、框剪结构或钢结构中，用于维护或分隔区间的墙体。大多采用烧结多孔砖、混凝土小型空心砌块或加气混凝土砌块等。要求有一定的强度、轻质、隔声、隔热等效果。尤其是加气混凝土砌块在近年来得到了广泛的应用，但在目前使用情况并不理想，其原因主要为：①设计单位未能掌握加气混凝土砌块的有关设计要点，构造补强措施未能在图纸上标明；②建设单位对构造补强措施认识不足，为降低工程造价，取消挂网等构造补强措施；③监理和施工单位现场管理人员未掌握加气混凝土砌块的施工要点，砌筑工人不熟悉工艺，仍按黏土实心砖的施工工艺进行砌筑；④砌块生产企业为加速周转，将产品龄期未到28d的加气混凝土砌块运至施工现场并用于工程。

在汶川地震灾区倒塌破坏房屋调查中，填充墙的破坏较为普遍，所以填充墙的施工除应满足一般砖砌体和各类砌块等相应技术、质量、工艺标准外，主要应注意以下几方面的问题：

1. 与结构的连接问题

（1）墙两端与结构连接

砌体与混凝土柱或剪力墙的连接一般有三种方式：第一种是预留拉结筋法（图4-18①）；第二种方法是预埋铁件加焊拉结钢筋（图4-18②）；另一种方法是植筋法（图4-18③）。不管采用哪种方法，都应注意预留位置和砌块灰缝对齐。

（2）墙顶与结构件底部

为保证墙体的整体性、稳定性，填充墙顶部应采取相应的措施与结构挤紧。通常采用砌筑“滚砖”（实心砖）或在梁底做预墙铁件等方式与填充墙连接，具体构造见图4-19。不论采用哪种连接方式，都应分两次完成一片墙体的施工，其中时间间隔不少于7天。这是为了让砌体砂浆有一个完成压缩变形的时间，保证墙顶与构件连接的效果。

（3）施工注意事项

填充墙施工最好从顶层向下层砌筑，防止因结构变形量向下传递而造成早期下层先砌

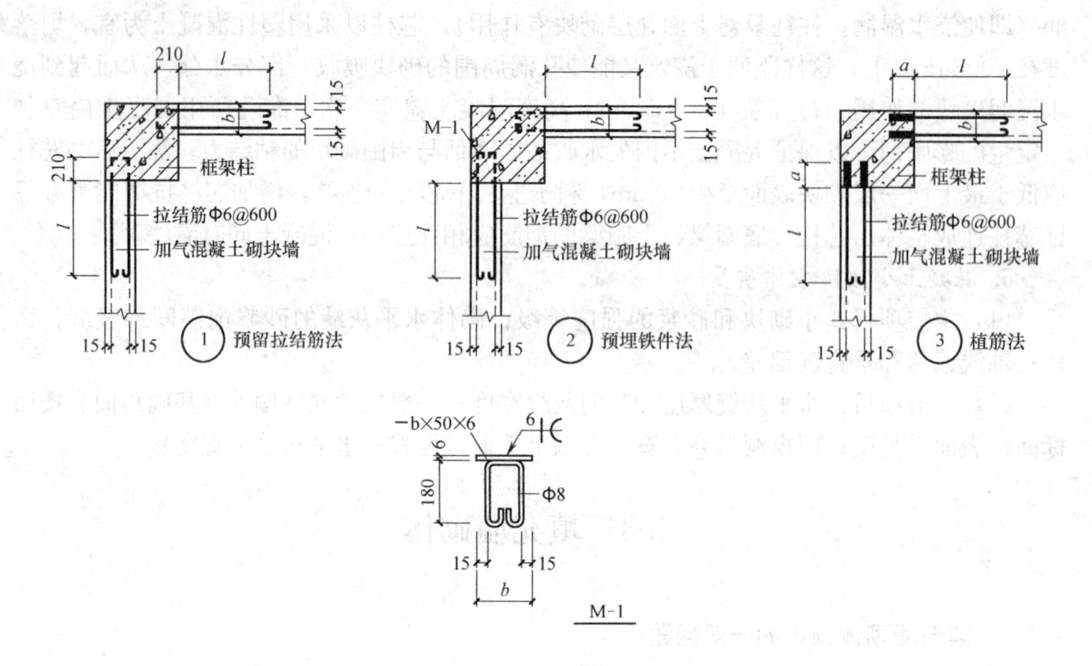

图 4-18　填充墙两端与结构连接

注：1. 拉结筋伸入墙内长度 l：非抗震为 500mm，6、7 度设防为墙长的 1/5 且≥700mm，8、9 度设防沿墙全长贯通；

2. 植筋锚固长度 a 根据胶的粘结力由抗拔试验结果确定并不得小于 100mm。

筑的墙体产生裂缝。特别是空心砌块，此裂缝的发生往往是在工程主体完成 3～5 个月后，通过墙面抹灰在跨中产生竖向裂缝得以暴露。因而质量问题的滞后性给后期处理带来困难。

如果工期太紧，填充墙施工必须由底层逐步向顶层进行时，则墙顶的连接处理需待全部砌体完成后，从上层向下层施工，此目的是给每一层结构一个完成变形的时间和空间。

2. 门窗的连接问题

由于空心砌块与门窗框直接连接不易达到要求，特别是门窗较大时，施工中通常采用在洞口两侧做混凝土构造柱、预埋混凝土预制块及镶砖的方法。空心砌块在窗台顶面应做成混凝土压顶，以保证门窗框与砌体的可靠连接。

3. 防潮防水问题

空心砌块用于外墙面涉及防水问题，在墙的迎风迎雨面，在风雨作用下易产生渗漏现象，主要发生在灰缝处。因此，在砌筑中，应注意灰缝饱满密实，其竖缝应灌砂浆插捣密实。外墙面的装饰层采取适当的防水措施，如在抹灰层中加 3%～5%的防水粉、面砖勾缝或表面刷防水剂等，确保外墙的防水效果。目前，市场上有多种防水砂浆材料，其工艺特点是靠砂浆材料自身在养护条件下产生较好的防水效果，以满足外墙防水要求。特别是对高孔隙率的墙体材料。

用于室内隔墙时，砌体下应用实心混凝土块或实心砖砌 200mm 高的底座。也可采用混凝土现浇。

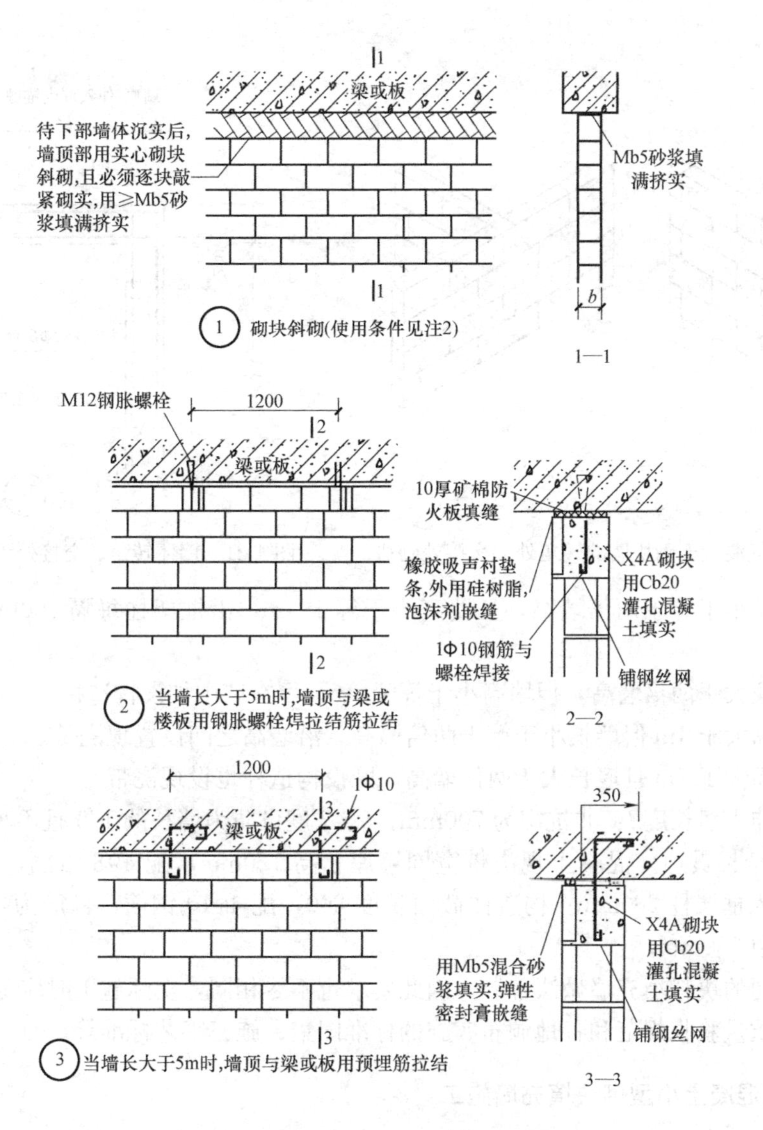

图 4-19　填充墙顶与结构件底部连接

注：节点①只适用于非抗震设防或 6、7 度抗震设防且墙长小于 5m 的内隔墙。

4. 墙体转角构造

墙体转角、交接处（L、T 和十字形）属于填充墙薄弱环节，应使纵横墙的砌块相互搭砌，隔皮砌块露端面。加气混凝土砌块墙的 T 字交接处，应使横墙砌块隔皮露端面，并坐中于纵墙砌块（图 4-20）；还应沿墙高每 600mm，在水平灰缝中放置拉结钢筋，拉结钢筋为 2ϕ6，钢筋伸入墙内长度 l：非抗震为 700mm，6、7 度设防为墙长的 1/5 且不小于 700mm，8、9 度沿墙全长贯通（图 4-21）。

5. 单片面积较大的填充墙施工问题

大空间的框架结构填充墙，应在墙体中根据墙体长度、高度需要设置构造柱和水平现浇混凝土带，以提高砌体的稳定性。当大面积的墙体有洞口时，在洞口处应设置混凝土现浇带并沿洞口两侧设置混凝土边框。施工中注意预埋构造柱钢筋的位置应正确。具体情况如下：

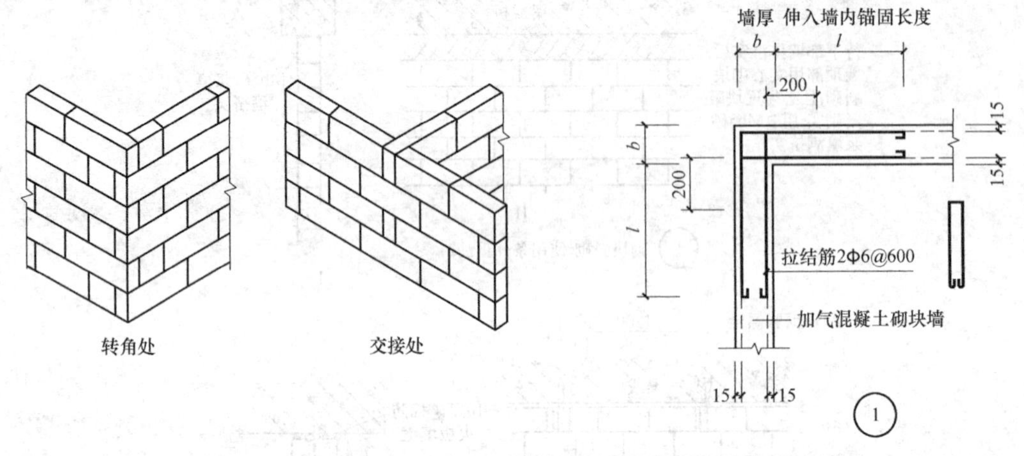

图 4-20　加气混凝土砌块墙的转角处、交接处砌法　　图 4-21　墙体转角、交接处预留拉结钢筋

（1）墙长小于等于两倍墙高，且墙高小于等于 4m，沿框架柱每隔 600mm 间距预留拉结筋即可。

（2）墙长大于两倍墙高，但墙高小于等于 4m，可在墙中加设构造柱。

（3）墙高大于 4m 但墙长小于等于两倍墙高，沿墙高之间设置现浇带。

（4）墙高大于 4m 且墙长大于两倍墙高，既设构造柱也设现浇带。

拉结筋伸入墙长度 l：非抗震为 700mm，6、7 度设防为墙长的 1/5 且不小于 700mm，8、9 度沿墙全长贯通；混凝土现浇带宽同墙厚，高 120mm，配 4Φ8 钢筋，箍筋为Φ6@200mm，锚入框架柱 280mm；构造柱截面长度 200，配 4Φ10 钢筋，箍筋为Φ6@200mm，锚入下部梁中 380mm。

由于不同的块料填充墙做法各异，因此要求也不尽相同，实际施工时应参照相应设计要求及施工质量验收规范和各地颁布实施的标准图集、施工工艺标准等。

4.3.2　加气混凝土小型砌块填充墙施工

1. 工艺流程

弹出墙身及门窗洞口位置墨线→预留拉结筋→楼面找平→选砌块、摆砌块→摺底→砌一步架墙→砌二步架墙（砌筑过程中留槎、下拉结网片、安装混凝土过梁）→勾缝或斜砖砌筑与框架顶紧→检查验收

2. 加气混凝土小型砌块填充墙施工要点

（1）严格控制好加气混凝土砌块上墙砌筑时的相对含水率，控制在 40%～50%比较适宜，即砌块含水深度以表层 8～10mm 为宜，可通过刀刮或敲断砌块的小边观察规律，按经验判定。通常情况下在砌筑前 24h 浇水，浇水量应根据当时的施工季节和干湿温度情况决定，由表面湿润度控制。禁止直接使用饱含雨水或浇水过量的砌块。

（2）砌筑前应弹好墙身墨线、地墨线、转角留位留洞指示墨线等，注意墙身墨线一定要到楼板或梁底，地面墨线要正角对准。将砌筑墙部位的楼地面，剔除高出底面的凝结灰浆，并清扫干净。砌筑前应将预砌墙与原结构相接处，洒水湿润以保砌体粘结，但注意地

面不能有积水。

（3）为减少施工现场切割砌块工作，砌筑墙体前必须进行排块设计。由于不同干密度和强度等级的加气混凝土砌块的性能指标不同，所以不同干密度和强度等级的加气混凝土砌块不应混砌，加气混凝土砌块也不应与其他砖、砌块混砌。

排块设计主要根据砌筑时应上下错缝，搭结长度不宜小于砌块长度的1/3，且不应小于150mm，水平灰缝厚度及竖向灰缝宽度分别宜为15mm和20mm。最下一层砌块的灰缝大于20mm时，应用细石混凝土找平铺砌。砌好的砌体不能撬动、碰撞、松动，否则应重新砌筑。

（4）砌筑时灰缝要做到横平竖直，上下层十字错缝，转角处应相互咬槎，砂浆要饱满，水平灰缝不大于15mm，垂直灰缝不大于20mm，砂浆饱满度要求在80%以上，垂直缝宜用内外临时夹板灌缝，砌筑后应立即用原砂浆内外勾灰缝，以保证砂浆的饱满度。墙体的施工缝处必须砌成斜槎，斜槎长度应不小于高度的2/3。

（5）在墙面上凿槽敷管时，应使用专用工具，不得用斧或瓦刀任意砍凿，管道表面应低于墙面4～5mm，并将管道与墙体卡牢，不得有松动、反弹现象，然后浇水湿润，填嵌强度等同砌筑所用的砂浆，与墙面补平，并沿管道敷设方向铺10mm×10mm钢丝网，其宽度应跨过槽口，每边不小于50mm，绷紧钉牢。

（6）墙体砌筑后，做好防雨遮盖，避免雨水直接冲淋墙面；外墙向阳面的墙体，也要做好遮阳处理，避免高温引起砂浆中水分挥发过快，必要时应适当用喷雾器喷水养护。每日砌筑高度控制在1.4m以内，春季施工每日砌筑高度控制在1.2m以内，下雨天停止砌筑。因砌体自重较轻，容易造成与砂浆的胶结不充分而产生裂缝，故在停砌时，最高一皮砌块用一皮浮砖压顶。

3. 加气混凝土填充墙质量通病及预防

加气混凝土填充墙砌筑及后续抹灰常见的质量通病为墙体裂缝。加气混凝土砌块填充墙体裂缝的产生因素是多样而复杂的，水泥制品的干缩变形特性及受潮后二次收缩变形的特性是墙体裂缝产生的主要因素，温度变形和施工操作不当也会加剧墙体裂缝的形成和发展。因此要彻底解决裂缝问题，必须在材料、设计、施工等各个环节严格遵守规范、规程、技术标准的有关规定，精心施工，严格监督。

预防措施：

产品龄期未到28d不能上墙砌筑，严禁不同级别加气混凝土砌块混砌，严格按有关构造规定和质量验收要求进行砌筑。为确保加气混凝土墙面抹灰与基层粘结牢固，抹灰前应满刷界面剂，界面剂涂刷前，应在加气混凝土砌块填充墙管道沟槽处和填充墙与钢筋混凝土柱、墙、梁等接缝处贴紧墙面满钉加强网且不同材质抹灰基体灰沟槽两侧搭接宽度不小于150mm；外墙抹灰前采用聚合物水泥砂浆进行第一道抹灰，抹灰厚度6mm，内墙抹灰采用聚合物混合砂浆，底层与饰面层不得一次成型。

4.3.3 填充墙质量要求

1. 一般规定

（1）蒸压加气混凝土砌块、轻骨料混凝土小型空心砌块砌筑时，其产品龄期应超过28d。

（2）空心砖、蒸压加气混凝土砌块、轻骨料混凝土小型空心砌块等的运输、装卸过程中，严禁抛掷和倾倒。进场后应按品种、规格分别堆放整齐，堆置高度不宜超过 2m。加气混凝土砌块应防止雨淋。

（3）填充墙砌体砌筑前块材应提前 2d 浇水湿润。蒸压加气混凝土砌块砌筑时，应向砌筑面适量浇水。

（4）用轻骨料混凝土小型空心砌块或蒸压加气混凝土砌块砌筑墙体时，墙底部应砌烧结普通砖或多孔砖，或普通混凝土小型空心砌块，或现浇混凝土坎台等，其高度不宜小于 200mm。

2. 主控项目

砖、砌块和砌筑砂浆的强度等级应符合设计要求。

3. 一般项目

（1）填充墙砌体一般尺寸的允许偏差应符合表 4-2 的规定。

填充墙砌体一般尺寸允许偏差　　表 4-2

项次	项目		允许偏差(mm)	检验方法
1	轴线位移		10	用尺检查
	垂直度	小于或等于 3m	5	用 2m 托线板或吊线、尺检查
		大于 3m	10	
2	表面平整度		8	用 2m 靠尺和楔形塞尺检查
3	门窗洞口高、宽(后塞口)		±10	用尺检查
4	外墙上、下窗口偏移		20	用经纬仪或吊线检查

（2）蒸压加气混凝土砌块砌体和轻骨料混凝土小型空心砌块砌体不应与其他块材混砌。

（3）填充墙砌体的砂浆饱满度及检验方法应符合表 4-3 的规定。

填充墙砌体的砂浆饱满度及检验方法　　表 4-3

砌体分类	灰缝	饱满度及要求	检验方法
空心砖砌体	水平	≥80%	采用百格网检查块材底面砂浆的粘结痕迹面积
	垂直	填满砂浆，不得有透明缝、瞎缝、假缝	
加气混凝土砌块和轻骨料混凝土小砌块砌体	水平	≥80%	
	垂直	≥80%	

（4）填充墙砌体留置的拉结钢筋或网片的位置应与块体皮数相符合。拉结钢筋或网片应置于灰缝中，埋置长度应符合设计要求，竖向位置偏差不应超过一皮高度。

（5）填充墙砌筑时应错缝搭砌，蒸压加气混凝土砌块搭砌长度不应小于砌块长度的 1/3；轻骨料混凝土小型空心砌块搭砌长度不应小于 90mm；竖向通缝不应大于 2 皮。

（6）填充墙砌体的灰缝厚度和宽度应正确。空心砖、轻骨料混凝土小型空心砌块的砌体灰缝应为 8～12mm。蒸压加气混凝土砌块砌体的水平灰缝厚度及竖向灰缝宽度分别宜为 15mm 和 20mm。

（7）填充墙砌至接近梁、板底时，应留一定空隙，待填充墙砌完并应至少间隔 7d 后，再将其补砌挤紧。

思 考 题

1. 论述砌筑砂浆原材料的质量要求、质量指标、搅拌、使用等要求及常见质量通病预防。

2. 论述一般砖砌体的施工流程和操作要点（包含构造柱、留槎、钢筋砖过梁）。

3. 简述小型空心砌块的施工要点。

4. 简述填充墙砌体施工的一般问题。

5. 简述加气混凝土填充墙砌筑的工艺流程和砌筑要点。

案 例 题

某住宅建筑，建筑层高为 3.0m，240mm×115mm×90mm 标准多孔砖砌筑。其中楼面采用现浇板 120mm 厚，现浇板与承重墙体的现浇圈梁整体浇筑。圈梁设计截面高度为 240mm，底层地圈梁已完成，其面标高为－0.02m，楼地面装饰层预留 40mm 厚面层，门窗洞口高度为 2700mm，试确定底层墙和二层标准层墙体的砌筑高度和组砌层(皮）数。

第5章　预应力混凝土工程

混凝土的抗拉极限应变值只有0.0001～0.00015mm，即相当于每米只能拉长0.1～0.15mm，超过这个数值就会开裂，要保证混凝土不开裂，钢筋的应力只能达到20～30N/mm²；即使允许出现裂缝的构件，当裂缝宽度限制在0.2～0.3mm时，钢筋应力也只能达到150～250N/mm²，使高强钢筋的强度无法充分利用。预应力混凝土是在结构构件承受荷载之前，对受拉混凝土施加预压应力，可提高构件的抗裂度和刚度，推迟裂缝出现的时间，减轻自重，节约材料，增加构件的耐久性，降低造价。

近年来，随着预应力混凝土设计理论和施工工艺与设备的不断完善和发展，高强材料性能的不断改进，预应力混凝土得到进一步的推广应用。预应力混凝土与普通混凝土相比，具有抗裂性好、刚度大、材料省、自重轻、结构寿命长等优点，为建造大跨度结构创造了条件。预应力混凝土已由单个预应力混凝土构件发展到整体预应力混凝土结构，广泛用于土建、桥梁、路面、管道、水塔、电杆和轨枕等领域。

预应力混凝土按施工方式不同分为：预制预应力混凝土、现浇预应力混凝土和叠合预应力混凝土等。对混凝土施加预应力，一般是通过张拉预应力筋利用预应力筋的回弹来挤压混凝土，使混凝土受到预压应力，根据张拉钢筋与混凝土浇筑的先后关系，张拉预应力筋的方法可分为先张法和后张法两大类。先张法是在混凝土浇筑前张拉钢筋，预应力靠钢筋与混凝土之间的粘结力传递给混凝土。后张法是在混凝土达到一定强度后张拉钢筋，预应力靠锚具传递给混凝土。在后张法中，按预应力筋粘结状态又分为：有粘结和无粘结两种。前者在张拉后通过孔道灌浆使预应力筋与混凝土相互粘结，后者由于预应力筋涂有油脂，预应力只能永久地靠锚具传递给混凝土。

5.1　预应力筋、预应力设备及预应力计算

5.1.1　预应力钢材

预应力筋的基本要求是高强度、较好的塑性以及较好的粘结性能，主要种类有钢绞线、消除应力钢丝和热处理钢筋。

1. 钢绞线

钢绞线一般由三股、七股的高强钢丝用绞盘拧成螺旋状（图5-1），再经低温回火制成，具体规格见表5-1。钢绞线是目前预应力混凝土结构中采用较多的预应力筋。

2. 预应力钢丝

消除应力钢丝按下述一次性连续处理方法之一生产的钢丝：

（1）钢丝在塑性变形下（轴应变）进行短时热处理，得到的是低松弛钢丝。

钢绞线公称直径、公称截面面积及理论重量 **表 5-1**

种类	公称直径(mm)	公称截面积(mm^2)	理论重量(kg/m)
1×3	8.6	37.4	0.295
	10.8	59.3	0.465
	12.9	85.4	0.671
1×7	9.5	54.8	0.432
	11.1	74.2	0.580
	12.7	98.7	0.774
	15.2	140	1.101
	17.8	191	1.500
	21.6	285	2.237

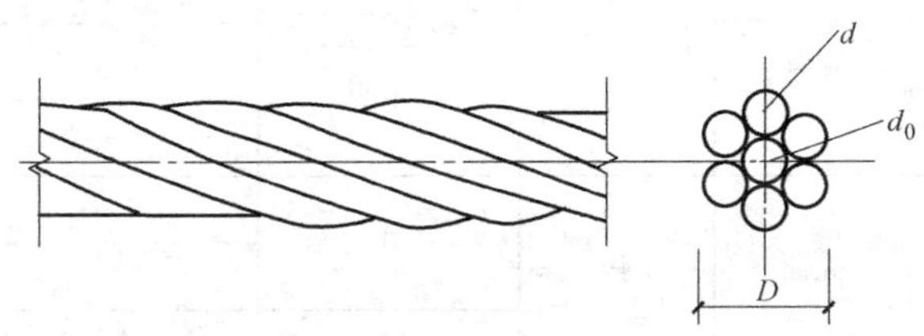

图 5-1 预应力钢绞线的截面

D—钢绞线公称直径（外接圆直径）；d_0—中心钢丝直径；d—外层钢丝直径

(2) 钢丝通过矫直工序后在适当温度下进行的短时热处理，得到的应是普通松弛钢丝。

所谓松弛是指在恒定长度下应力随时间而减小的现象，预应力筋一般采用低松弛钢丝。按外形分为光面、螺旋肋和刻痕三种。

3. 预应力螺纹钢筋

预应力混凝土用螺纹钢筋也称精轧螺纹钢筋，如图 5-2 所示，是一种特殊形状带有不连续的外螺纹的直条钢筋，该钢筋在任意截面处，均可以用带有内螺纹的连接器或锚具进行连接。常用材质分为 PSB500、PSB785、PSB830、PSB930、PSB1080。精轧螺纹钢筋以屈服强度划分级别，其代号为“PSB”加上规定屈服强度最小值表示。例如：PSB830 表示屈服强度最小值为 830MPa 的钢筋。高强度精轧螺纹钢筋是在整根钢筋上滚轧有外螺纹的大直径、高强度、高精度尺寸的直条钢筋。该钢筋在任意截面都能拧上带有内螺纹的连接器进行连接或拧上带螺纹的螺帽进行锚固。

图 5-2 预应力螺纹钢筋

预应力筋强度标准值及弹性模量见表 5-2。

5.1.2 预应力设备

1. 夹具和锚具

在张拉钢筋和混凝土成型过程中夹持和临时固定预应力筋，待混凝土达到一定强度后取下并再重复使用的称为夹具，用代号“J”表示，夹具多用在先张法生产的构件中。通常锚固在构件端部，与构件联成一体共同受力，不再取下的称为锚具，锚具多用在后张法生产的构件中，用代号“M”表示。锚具、夹具是保证预应力混凝土结构安全可靠的关键因素之一。

预应力筋强度标准值（N/mm²） **表 5-2**

种类		符号	公称直径 d(mm)	屈服强度标准值 f_{pyk}	极限强度标准值 f_{ptk}
中强度预应力钢丝	光面 螺旋肋	ϕ^{PM} ϕ^{HM}	5、7、9	620	800
				780	970
				980	1270
预应力螺纹钢筋	螺纹	ϕ^{T}	18、25、32、40、50	785	980
				930	1080
				1080	1230
消除应力钢丝	光面	ϕ^{P}	5	—	1570
				—	1860
			7	—	1570
	螺旋肋	ϕ^{H}	9	—	1470
				—	1570
钢绞线	1×3 （三股）	ϕ^{S}	8.6、10.8、12.9	—	1570
				—	1860
				—	1960
	1×7 （七股）		9.5、12.7、15.2、17.8	—	1720
				—	1860
				—	1960
			21.6	—	1860

预应力筋用锚具、夹具和连接器按锚固方式不同，可分为夹片式（多孔夹片锚具、JM锚具等）、支承式（镦头锚具、螺栓端杆锚具等）、锥塞式（钢质锥形锚具、槽销锚具等）和握裹式（压花锚具、挤压锚具等）等。夹片式和锥塞式锚具的主要优点是预应力束下料方便、长度尺寸要求不严；缺点是在锚固过程中，预应力钢材滑动回缩量较大，约3～6mm，产生应力损失值较大。支承式锚具的主要优点是在锚固过程中钢材拉伸变形的回缩量小，约1mm；主要缺点是预应力束要有准确的下料长度，对下料尺寸要严格控制。因此前者用于10～50m的长束，后者用于6～12m的短束。握裹式只用于张拉的固定埋入端。锚具、夹具和连接器代号可见表5-3。

锚具的选用可根据预应力筋品种和锚固部位的不同，参考表5-4选定。

锚具的静载锚固性能由预应力锚具组装件静载试验测定的锚具效率系数和达到实测极限拉力时的总应变确定，分为Ⅰ、Ⅱ类锚具。

锚具、夹具和连接器代号 **表 5-3**

分类代号		锚具	夹具	连接器
夹片式	圆形	YJM	YJL	YJL
	扁形	BJM	BJL	BJL
支承式	镦头	DTM	DTJ	DTL
	螺母	LMM	LMJ	LML
组合式	冷铸	LZM	—	—
	热铸	RZM	—	—
握裹式	挤压	JYM	—	JYL
	压花	YHM	—	—

注：连接器的代号以续接段端部锚固方式命名。

锚具选用 **表 5-4**

预应力筋品种	选用锚具形式和锚固部位		
	张拉端	固定端	埋入端
钢绞线	夹片锚具 压接锚具	夹片锚具 挤压锚具 压接锚具	压花锚具
			挤压锚具
单根钢丝	夹片锚具	夹片锚具	镦头锚具
	镦头锚具	镦头锚具	
钢丝束	冷(热)铸锚	冷(热)铸锚	镦头锚具
	镦头锚具	镦头锚具	
精轧螺纹钢筋	螺母锚具	螺母锚具	螺母锚具

(1) 常用的锚具、夹具介绍

1) 单根粗钢筋锚具

① 精轧螺纹钢筋锚具：由精轧螺纹钢筋、螺母和垫片三部分组成，钢筋的接长采用连接器，不需要焊接，端头锚具直接采用螺母，无需另加螺栓端杆。这种钢筋作预应力筋使用，连接可靠，锚固方便，施工简单。图 5-3 所示为精轧螺纹钢筋及其螺母连接器示意图。

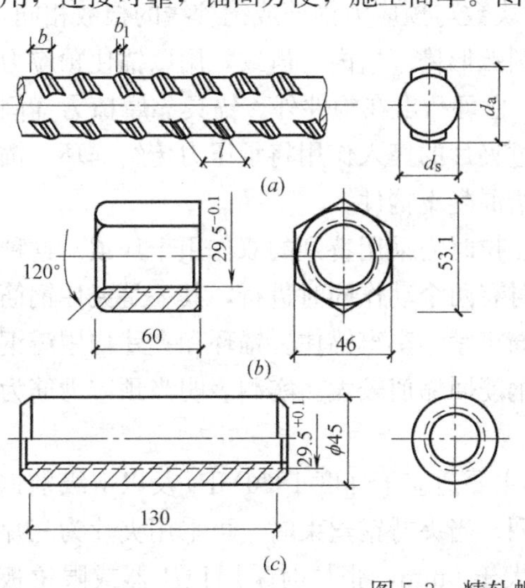

图 5-3 精轧螺纹钢筋及其螺母连接器

(a) 精轧螺纹钢筋外形；(b) 螺母；(c) 连接器

② 镦头锚具。镦头锚具其镦头一般是直接在预应力筋端部热镦、冷镦或锻打成型，其形式如图 5-4 所示。

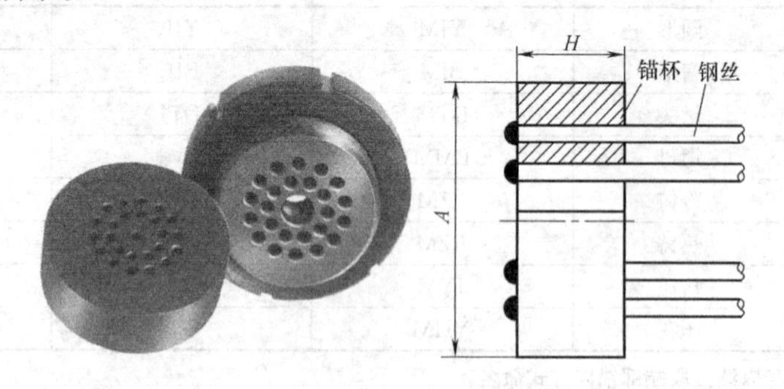

图 5-4 墩头锚具

2）钢筋束、钢绞线锚具

① 夹片式锚具：夹片式锚具分为单孔夹片和多孔夹片锚固体系两类。其中多孔夹片锚固体系在后张法有粘结预应力混凝土结构中用途最广，见图 5-5。

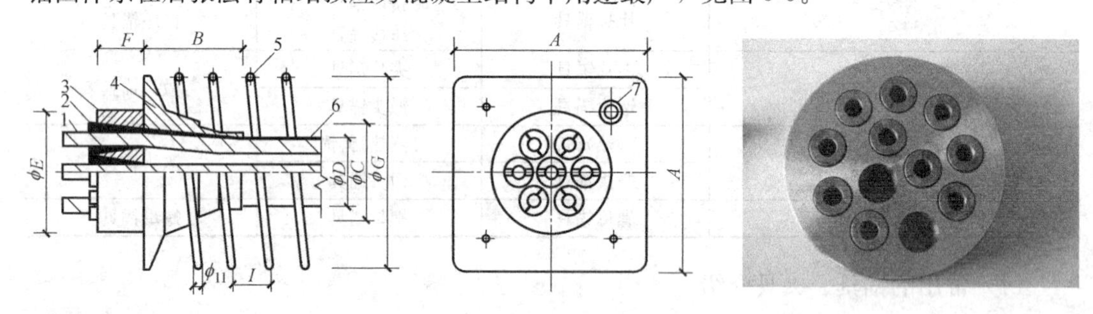

图 5-5 多孔夹片锚固体系

1—钢绞线；2—夹片；3—锚板；4—锚垫板（铸铁喇叭管）；
5—螺旋筋；6—金属波纹管；7—灌浆孔

这种锚具由锚环和 3～6 个夹片组成，夹片的块数与预应力钢筋或钢绞线的根数相同，夹片呈楔形，其截面为扇形。每一块夹片有两个圆弧形槽，槽内有齿纹，用以锚住预应力钢筋。锚环如图 5-9 所示，可嵌入混凝土构件中，也可凸出在构件外。锚具靠摩擦力锚固预应力筋，依靠摩擦力将预拉力传给夹片。再通过夹片的楔入作用将承压力传给锚环，锚环挤压混凝土（或垫板）通过承压力将张拉力传给混凝土构件。

这种锚具可用于张拉端，也可用于固定端。张拉时需采用特别的双作用千斤顶。这种千斤顶有两个油缸。所谓双作用，即千斤顶操作时有两个动作同时进行，其一是夹住钢筋进行张拉，其二是将夹片顶入锚环，将预应力钢筋挤紧，牢牢锚住。锚环和夹片均用铸钢制成，加工的精度要求较高。这种锚具的缺点是钢筋回缩值较大。实测表明当预应力筋为钢筋时可达 3mm，钢绞线可达 5mm。

a）QM（QMX）系列锚具：QM 型系列锚具主要适应于强度 1860MPa 及以下级别钢绞线，夹片为三片直分式，锚孔分布为同心圆排列。当夹持钢丝束时，可采用夹片为三片斜分式的 QMX 系列产品。该系列锚具回缩值不大于 6mm，张拉时采用顶压器或限位板限位，限位尺寸为 9mm。针对不同直径的预应力筋，夹片分为 $\phi12$、$\phi13$、$\phi15$ 和 $\phi16$ 四种规格：QM12(QMX12) 适用于直径为 ϕ12.0～12.5mm 预应力筋；QM13(QMX13) 适用于直径为 ϕ12.6～13.1mm 预应力筋；QM15(QMX15) 适用于直径为 ϕ15.0～15.5mm 预应力筋；QM16(QMX16) 适用于直径为 ϕ15.6～16.1mm 预应力筋，如图 5-6 所示。

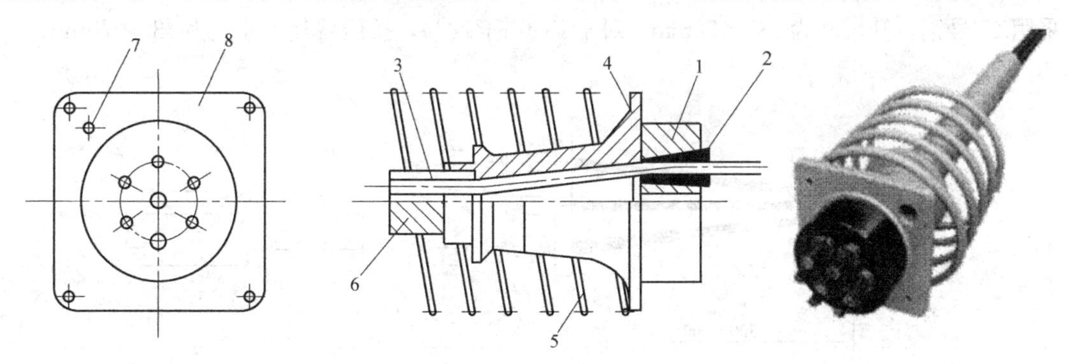

图 5-6　QM 锚具

1—锚板；2—夹片；3—钢绞线；4—喇叭形铸铁垫板；5—弹簧管；
6—预留孔道用的螺旋管；7—灌浆孔；8—锚垫板

b) OVM 锚具：OVM 锚具适用于强度 1860MPa、直径 12.7～15.7mm、3～55 根钢绞线。采用带弹性槽的二片式夹片。后又在此基础上研制出了 OVM（A）型锚具，可锚固强度为 1960MPa 的钢绞线，并具有优异的抗疲劳性能。

② 扁锚（BM)：BM 扁锚由扁形夹片锚具、扁形锚垫板等组成，见图 5-7。其优点为：张拉槽口偏小，可减少混凝土板厚，如其他类型锚具（QM、XM、OVM 等）的使用中，底板厚度最小均在 150mm 以上，而采用扁锚锚具只需 100mm。既可以 4～5 根钢绞线一组同时张拉，也可以单根逐一张拉，给施工单位选择张拉机带来了方便。主要适用于楼板、低高度箱梁以及桥面横向预应力等。

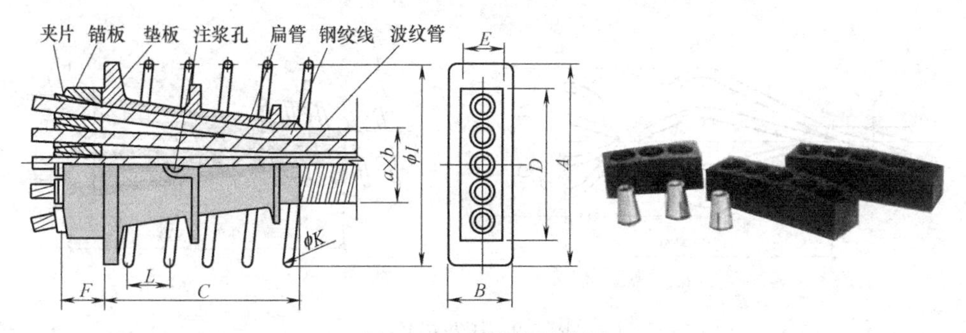

图 5-7　扁锚结构示意图

③ 固定端锚具：固定端锚具有以下几种类型：挤压锚具、压花锚具、环形锚具等。其中挤压锚具既可埋在混凝土内，也可安装在结构之外，对有粘结、无粘结钢绞线都适用，应用范围最广。压花锚具仅用于固定端空间较大且具有足够的粘结长度的情况，但成本最低。环形锚具仅用于薄板结构以及大型建筑物墙、墩等。

固定端锚具也可用张拉端夹片锚具，但必须安装在构件外，不得埋在混凝土内，以免浇筑混凝土时夹片松动。

a) 挤压锚具：挤压锚具是在钢绞线端部安装异形钢丝衬圈和挤压套，采用专用挤压机将挤压套挤过模孔后，使其产生塑性变形而紧握钢绞线，形成可靠锚固，见图 5-8。将挤压锚具切开后看出：异形钢丝已全部脆断，一半嵌入挤压套，一半压入钢绞线，从而增加钢套筒与钢绞线之间的摩阻力；挤压套与钢绞线之间没有任何空隙，紧紧握住。挤压套采用 45 号钢，其尺寸为 ϕ35×58mm（对 ϕ^{s}15.0 钢绞线），挤压后其尺寸变为 ϕ30×70mm。

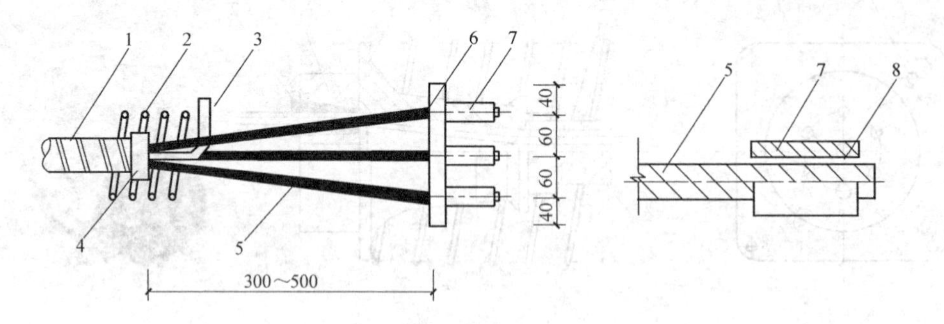

图 5-8　挤压锚具

1—金属波纹管；2—螺旋筋；3—排气管；4—约束环；5—钢绞线；6—锚垫板；7—挤压头；8—异形钢丝衬圈

b）压花锚具：压花锚具是利用专用压花机将钢绞线端头压成梨形散花头的一种握裹式锚具，见图 5-9。

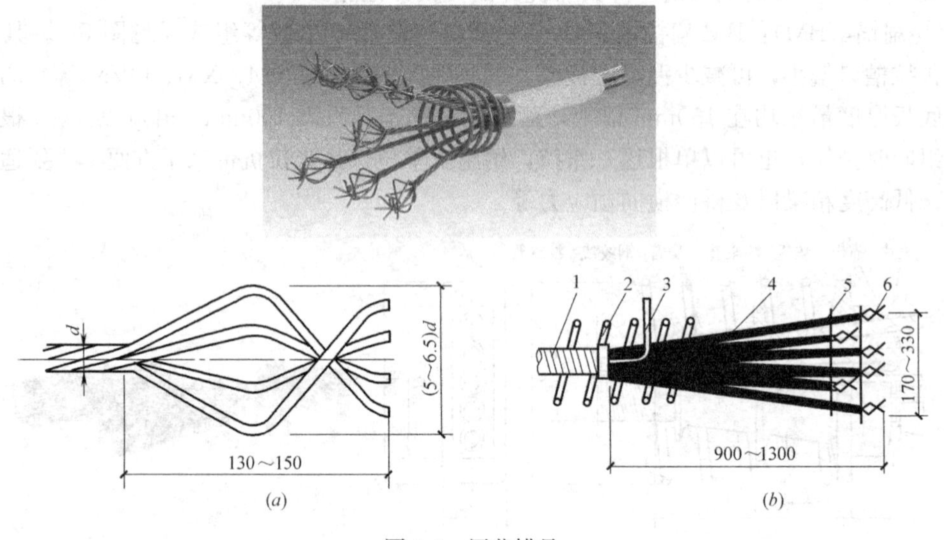

图 5-9　压花锚具

1—波纹管；2—螺旋筋；3—排气管；4、5—钢绞线；6—梨形自锚头

梨形头尺寸：对 ϕ^{s}15.0 钢绞线不小于 ϕ95×150mm，多根钢绞线的梨形头应分排埋置在混凝土内。为提高压花锚四周混凝土及散花头根部混凝土抗裂强度，在散花头头部配置构造钢筋，在散花头根部配置螺旋筋。混凝土强度等级低于 C30，压花锚具距构件截面边缘部小于 30mm，第一排压花锚的锚固长度，对 ϕ^{s}15.0 钢绞线部小于 900mm，每排相隔至少 300mm。

3）钢丝束锚具

① 钢质锥形锚具：可锚固标准强度为 1570MPa 的 ϕ5 高强钢丝束，配用 YZ85 型千斤

顶张拉顶压锚固，每套包含锚圈和锚塞，如图 5-10 所示。

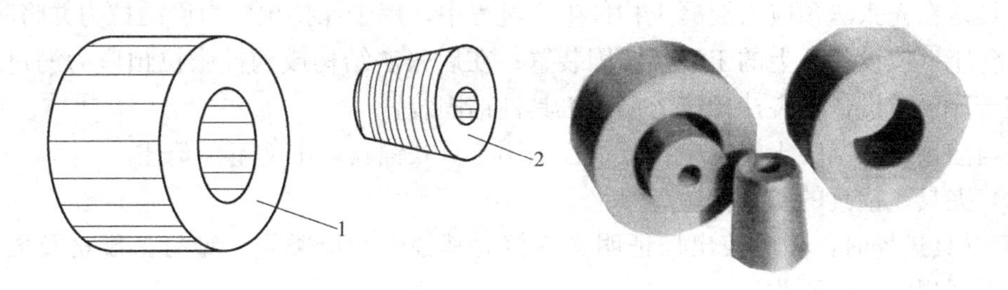

图 5-10　钢质锥形锚具

1—锚塞；2—锚环

② 锥形螺杆锚具：锥形螺杆锚具由锥形螺杆、套筒、螺母等组成，如图 5-11 所示，适用于锚固14～28 根直径 5mm 的钢丝束。与之配套的张拉设备为 YL-60、YL-90 拉杆式千斤顶，YC-60、YC-90 穿心式千斤顶亦可应用。

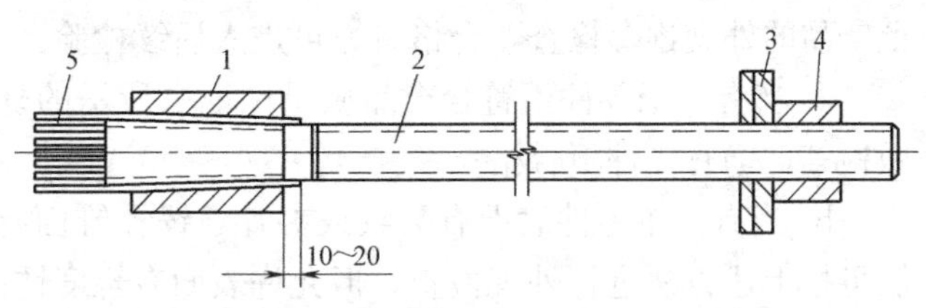

图 5-11　锥形螺杆锚具

1—套筒；2—锥形螺杆；3—垫板；4—螺母；5—钢丝束

③ 镦头锚具：镦头锚具适用于锚固任意根数 ϕ^s5 与 ϕ^s7 钢丝束。镦头锚具的形式与规格，可按照需要进行设计，常用的镦头锚具分为 A 型和 B 型。A 型由锚环和螺母组成，用于张拉端；B 型为锚板，用于非张拉端，构造见图 5-12。

锚环的内外壁均有丝扣，内丝扣用于连接张拉螺栓杆，外丝扣用于拧紧螺母锚固钢丝束。锚环和锚板上均钻空，以固定镦头的钢丝，孔数和间距由钢丝根数而定。钢丝用 LD-10 型液压冷镦器进行镦头。钢丝束一端在制束时镦头好，另一端待穿束后镦头，所以构件孔到端部要进行适当的扩孔。

张拉时，张拉螺杆一端与锚环内丝扣连接，另一端与千斤顶的拉头连接，当张拉到控制应力时，锚环被拉出，则拧紧锚环外丝扣上的螺母加以固定。

镦头锚具用穿心式千斤顶或拉杆式千斤顶张拉。

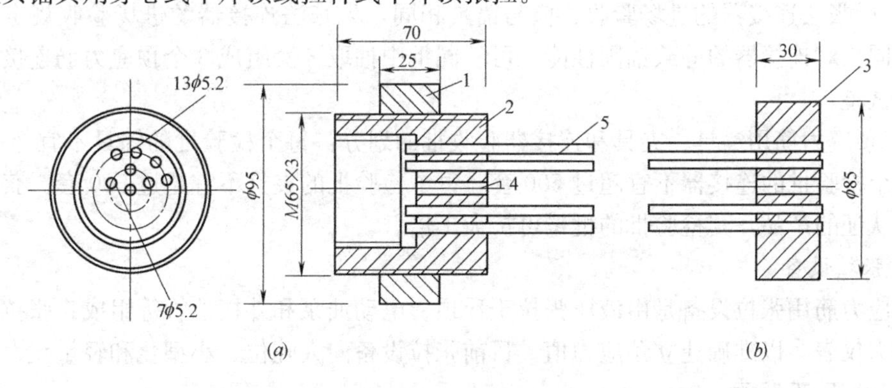

图 5-12　钢丝束镦头锚具

（*a*）DM5A 型锚具；（*b*）DM5B 型锚具

1—螺母；2—锚杯；3—锚板；4—排气孔；5—钢丝

4）夹具

夹具是在先张法预应力混凝土构件生产过程中，用于保持预应力筋的拉力并将其固定在生产台座（或设备）上的工具性锚固装置；在后张法结构或构件张拉预应力筋过程中，在张拉千斤顶或设备上夹持预应力筋的工具性锚固装置。

在当前预应力混凝土施工中夹具往往采用工具式锚具，本文不再赘述。

（2）夹具、锚具的质量检验

1）锚具进场时，除应按出厂证明文件核对其锚固性能类别、型号、规格及数量外，尚应按下列规定进行验收：

① 外观检查：应从每批产品中抽取2%且不应少于10套样品，其外形尺寸应符合产品质量保证书所示的尺寸范围，且表面不得有裂纹及锈蚀；当有下列情况之一时，应对本批产品的外观逐套检查，合格者方可进入后续检验：

a. 当有1个零件不符合产品质量保证书所示的外形尺寸，应另取双倍数量的零件重做检查，仍有1件不合格；

b. 当有1个零件表面有裂纹或夹片、锚孔锥面有锈蚀。对配套使用的锚垫板和螺旋筋可按上述方法进行外观检查，但允许表面有轻度锈蚀。

② 硬度检验：对有硬度要求的锚具零件，应从每批产品中抽取3%且不应少于5套样品（多孔夹片式锚具的夹片，每套应抽取6片）进行检验，硬度值应符合产品质量保证书的规定；当有1个零件不符合时，应另取双倍数量的零件重做检验；在重做检验中如仍有1个零件不符合，应对该批产品逐个检验，符合者方可进入后续检验。

③ 静载锚固性能试验：应在外观检查和硬度检验均合格的锚具中抽取样品，与相应规格和强度等级的预应力筋组装成3个预应力筋-锚具组装件，进行静载锚固性能试验，如有一个试件不符合要求，则应另取双倍数量的锚具重做试验；如仍有一个试件不符合要求，则该批锚具为不合格品。

对于锚具用量较少的一般工程，如由锚具供应商提供有效的锚具静载锚固性能试验合格的证明文件，可仅进行外观检查和硬度检验。

2）夹具的进场验收应进行外观检查、硬度检验和静载锚固性能试验，静载锚固性能试验结果应符合规范规定。硬度检验和静载锚固性能试验方法应与锚具相同。

3）后张法连接器的进场验收：应与锚具相同，先张法连接器的进场验收规定，应与夹具相同。对连接器的静载锚固性能，可从同批中抽取3套组成3个预应力筋连接器组装件进行试验。

4）预应力筋用锚具、夹具和连接器验收批的划分：每个检验批的锚具不宜超过2000套，每个检验批的连接器不宜超过500套，每个检验批的夹具不宜超过500套。获得第三方独立认证的产品，其检验批的批量可扩大1倍。

2. 张拉设备

预应力筋用张拉设备是由液压张拉千斤顶、电动油泵和外接油管等组成。张拉设备应装有测力仪表，以准确建立预应力值。目前张拉设备向大吨位、小型化和轻量化发展。

（1）液压千斤顶

液压张拉千斤顶，按其构造特点可分为：穿心式千斤顶、拉杆式千斤顶和锥锚式千斤顶等。一般配合锚、夹具组成相应的张拉体系，各种锚具都有各自适用的张拉千斤顶，应用时可根据锚具型号，选择与锚具配套的千斤顶设备。

1）穿心式千斤顶：穿心式千斤顶是一种具有穿心孔，利用双液缸张拉预应力筋和顶压锚具的双作用千斤顶。目前常用的是大孔径穿心式千斤顶，又称群锚千斤顶，是一种具有一个大口径穿心孔，利用单液缸张拉预应力筋的单作用千斤顶。这种千斤顶广泛用于张拉大吨位钢绞线束；配上撑脚与拉杆后也可作为拉杆式穿心千斤顶。根据千斤顶构造上的差异与生产厂不同，可分为三大系列产品：YCQ 型、YCW 型、YDC 型千斤顶；每一系列产品又有多种规格。

YCW 千斤顶简介：YCW 通用型预应力穿心式千斤顶是一种通用性较强的张拉机具，以主机为主，当配用不同的附件时，可适用于张拉 FVM 夹片群锚、DM 型镦头锚等。该系列产品的技术性能，见表 5-5。

常用 YCW 型千斤顶参数 **表 5-5**

项　目	单位	YCW100B	YCW150B	YCW250B	YCW400B
公称张拉力	kN	973	1492	2480	3956
公称油压力	MPa	51	50	54	52
张拉活塞面积	cm^2	191	298	459	761
回程活塞面积	cm^2	78	138	280	459
回程油压力	MPa	<25	<25	<25	<25
穿心孔径	mm	78	120	140	175
张拉行程	mm	200	200	200	200
主机重量	kg	65	108	164	270
外形尺寸 $\phi D \times L$	mm	ϕ214×370	ϕ285×370	ϕ344×380	ϕ432×400

千斤顶与配件装置顺序：安装工作锚板→夹片→限位板→千斤顶→工具锚→工具锚夹片；操作顺序见图 5-13。图 5-13（*a*）准备工作：清理锚垫板与钢绞线表面污物，安装工作锚具与限位板；图 5-13（*b*）千斤顶就位并安装工具锚；图 5-13（*c*）张拉：向张拉缸供油，直至设计油压值，测量伸长值；图 5-13（*d*）锚固：张拉缸油压降至零，千斤顶活塞回程，拆去工具锚。

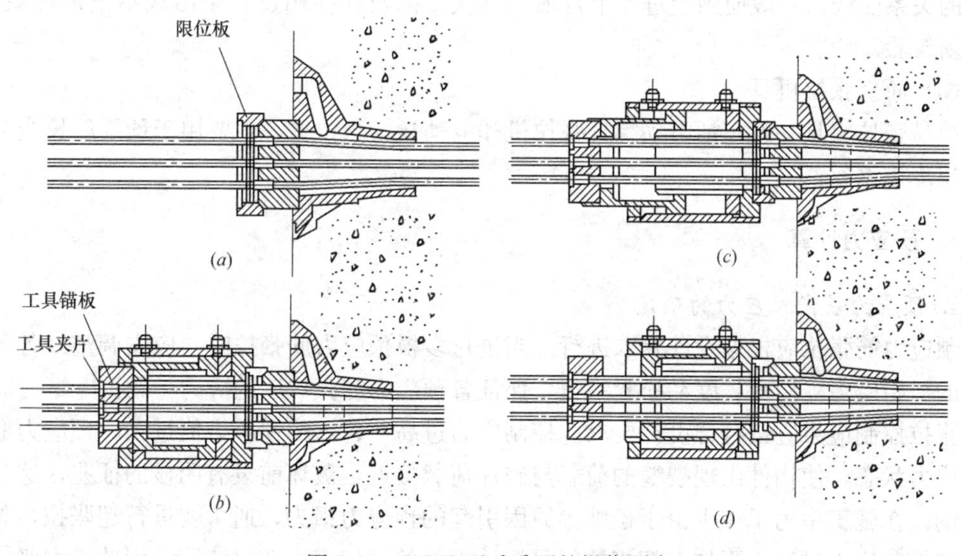

图 5-13　YCW 型千斤顶的操作顺序

（*a*）准备工作；（*b*）就位并安装工具锚；（*c*）张拉；（*d*）锚固

2）拉杆式千斤顶：属于单作用千斤顶，主要用于张拉带有螺栓端杆锚具的单根粗钢筋、精轧螺级钢筋或配有锚杯式镦头锚具的钢丝束。

3）锥锚式千斤顶：锥锚式千斤顶是一种具有张拉、顶锚和退楔三种功能的千斤顶，仅用于带钢质锥形锚具的钢丝束。

4）前卡式千斤顶：仅用于张拉单根预应力筋。其特点是在千斤顶前端设备的工具锚不仅能自动夹紧和松开预应力筋，而且能使张拉端预应力筋外露长度由一般的700mm减至250mm。

（2）电动油泵

预应力用电动油泵是用电动机带动与阀式配流的一种轴向柱塞泵。油泵的额定压力应等于或大于千斤顶的额定压力。

ZB4-500型电动油泵是目前通用的预应力油泵，主要与额定压力不大于50MPa的中等吨位的预应力千斤顶配套使用，也可供对流量无特殊要求的大吨位千斤顶和对油泵自重无特殊要求的小吨位千斤顶使用，表5-6列出ZB4-500型电动油泵技术性能。

ZB4-500型电动油泵技术性能 表5-6

柱塞	直径	mm	$\phi 10$	电动机	功率	kW	3
	行程	mm	6.8		转数	r/min	1420
	个数	个	2×3	用油种类		10号或20号机械油	
额定油压		MPa	50	油箱容量		L	42
额定流量		L/min	2×2	外形尺寸		mm	745×494×1052
出油嘴数		个	2	重量		kg	120

张拉设备校核与标定：配用预应力千斤顶的额定张拉值宜比预应力筋的控制张拉力大30%以上，每台千斤顶及压力表应视为一个单元且同时校验，以确定张拉力与压力表读数之间的关系曲线。一般使用超过6个月或200次，以及在使用过程中出现不正常现象时，应重新校验。

（3）简易张拉机具

简易张拉机具一般包括电动螺杆张拉机和电动卷扬张拉机，主要用于预制厂长线台座上张拉冷拔钢丝。

5.1.3 预应力计算

1. 预应力筋张拉应力的确定

预应力筋张拉应根据设计要求进行。当进行多根预应力筋张拉时，应先调整好各预应力筋的初始应力，使其长度和松紧一致，保证各预应力筋张拉后的应力一致。

张拉控制应力应按符合设计要求。控制应力过高，建立的预应力值过大，预应力筋处于高应力状态，使构件出现裂缝的荷载与破坏荷载接近，破坏前没有明显的征兆，这是不允许的。在施工中为了减少由于松弛等原因引起的预应力损失，通常要进行超张拉，如果原定的控制应力过高，再加上超张拉就可能使钢筋的张拉应力超过流限。因此最大张拉控制应力不得超过表5-7的规定。

张拉控制应力值 σ_{con} 允许值　　表 5-7

钢　种	控制应力
消除应力钢丝、钢绞线	$0.75f_{ptk}$
中强度预应力钢丝	$0.70f_{ptk}$
预应力螺纹钢筋	$0.85f_{pyk}$

注：1. f_{ptk}为预应力筋极限抗拉强度标准值，f_{pyk}为预应力筋屈服强度标准值。

2. 表中所列 σ_{con} 值，在下列情况下允许提高 $0.05f_{ptk}$ 和 $0.05f_{pyk}$：

（1）要求提高构件在施工阶段的抗裂性能而在使用阶段受压区内设置的预应力筋；

（2）要求部分抵消由于应力松弛、摩擦、钢筋分批张拉以及预应力筋与张拉台座之间的温差等因素产生的预应力损失。

为了获得必要的预应力效果，避免将 σ_{con} 定得过低，造成有效预加力过低，《混凝土结构设计规范》规定对消除应力钢丝、钢绞线、中强度预应力钢丝的张拉控制应力值不应小于 $0.4f_{ptk}$；预应力螺纹钢筋的张拉应力控制值不宜小于 $0.5f_{pyk}$。

2. 预应力筋有效预应力值

预应力筋中建立的有效预应力值 σ_{pe}，可按下式计算：

$$\sigma_{pe}=\sigma_{con}-\sum\sigma_{li} \tag{5-1}$$

式中　σ_{li}——第 i 项预应力损失值。

如设计上仅提供有效预应力值，则需计算预应力损失值，两者叠加，即得所需的张拉力。

3. 预应力筋张拉力的计算

预应力筋张拉力 P_j 按下式计算：

$$P_j=\sigma_{con}\cdot A_P \tag{5-2}$$

式中　σ_{con}——预应力筋的张拉控制应力；

A_P——预应力筋的截面面积。

4. 预应力损失计算

根据预应力筋应力损失发生的时间可分为：瞬间损失和长期损失。张拉阶段瞬间损失包括孔道摩擦损失、锚固损失、弹性压缩损失等；张拉以后长期损失包括预应力筋应力松弛损失和混凝土收缩徐变损失等。对先张法施工，有时还有热养护损失；对后张法施工，有时还有锚口摩擦损失、变角张拉损失等；对平卧重叠生产的构件，有时还有叠层摩阻损失。

上述预应力损失的主要项目（孔道摩擦损失、锚固损失、应力松弛损失、收缩徐变损失等），设计时都计算在内。当施工条件变化时，应复算预应力损失值，调整张拉力。

在后张法施工中预应力筋伸长值计算通常应考虑孔道摩擦损失，本章主要介绍其计算思路。

预应力筋与孔道壁之间的摩擦引起的预应力损失 σ_{l2}（简称孔道摩擦损失），可按下列公式计算（图 5-14）：

$$\sigma_{l2}=\sigma_{con}\left(1-\frac{1}{e^{Kx+\mu\theta}}\right) \tag{5-3}$$

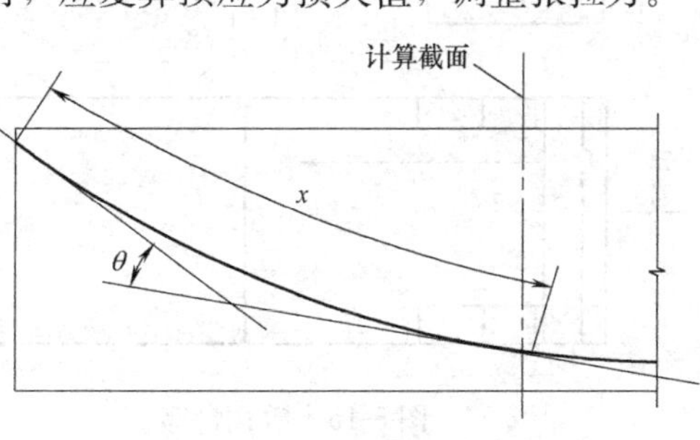

图 5-14　孔道摩擦损失计算简图

式中　K——考虑孔道（每米）局部偏差对摩擦影响的系数，按表 5-8 取用；

x——从张拉端至计算截面的孔道长度（以“m”计），也可近似地取该段孔道在纵轴上的投影长度；

μ——预应力筋与孔道壁的摩擦系数，按表 5-8 取用；

θ——从张拉端至计算截面曲线孔道部分切线的夹角（以弧度计），$\theta=\frac{4H}{L}$。

当 $Kx+\mu\theta\leqslant 0.2$ 时，σ_{l2} 可按下列近似公式计算：

$$\sigma_{l2}=\sigma_{con}(Kx+\mu\theta) \tag{5-4}$$

对不同曲率组成的曲线束，宜分段计算孔道摩擦损失，较为精确。

系数 K 与 μ 值　　**表 5-8**

项次	孔道成型方式	K	μ	
			钢绞线、钢丝束	预应力螺纹钢
1	预埋金属波纹管	0.0015	0.25	0.5
2	预埋塑料管	0.0015	0.15	—
3	预埋钢管	0.0010	0.30	—
4	抽芯成型	0.0014	0.55	0.6
5	无粘结预应力钢纹线	0.0040	0.09	—

注：本表数据根据混凝土结构设计规范及工程实测数据综合确定。

5.2 先 张 法

先张法是在浇筑混凝土构件前，张拉预应力钢筋（丝），将其临时锚固在台座（在固定的台座上生产时）或钢模（机组中流水生产时）上，然后浇筑混凝土构件，待混凝土达到一定（约 75%标准）强度，使预应力钢筋（丝）与混凝土之间有足够粘结力时，放松预应力，预应力钢筋（丝）弹性缩回，借助混凝土与预应力钢筋（丝）之间的粘结，对混凝土产生预压应力。先张法适用于预制构建生产厂家进行批量生产小型预制构件。

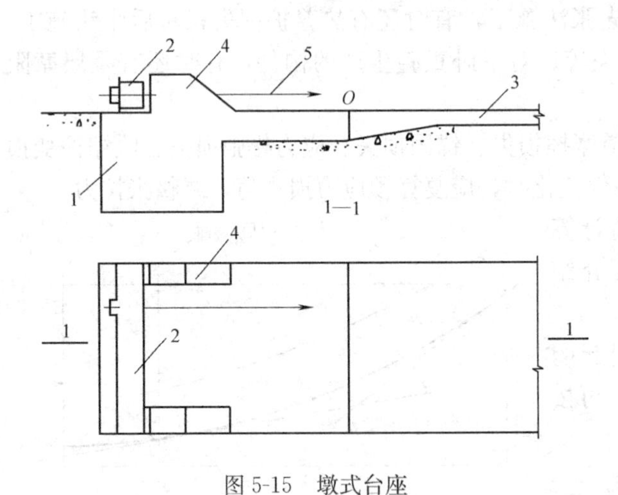

图 5-15　墩式台座

1—台墩；2—横梁；3—台面；4—牛腿；5—预应力筋

5.2.1　先张法施工设备-台座

台座是先张法施工张拉和临时固定预应力筋的支撑结构，它承受预应力筋的全部张拉力，因此要求台座具有足够的强度、刚度和稳定性。台座按构造形式分为：墩式台座和槽式台座，选用时根据构件种类、张拉吨位和施工条件确定。

1. 墩式台座

墩式台座由台墩、台面与横梁组成，见图 5-15，是目前常用的台座。台座的长度一般为 100～150m，一条线上可生产的构件数量可根据单个构件长度，考虑两构件相邻端头距离 0.5m、台座横梁到第一个构件端头距离 1.5m 左右进行计算。台座宽度取决于构件的布筋宽度、张拉与现浇混凝土是否方便，在台座端部应留出张拉操作用地和通道，两侧要有构件运输和堆放场地。

台墩一般由现浇钢筋混凝土制作，应有合适的外伸部分，以增大力臂而减少台墩自重。台墩应具有足够的强度、刚度和稳定性。稳定性验算一般包括抗倾覆验算与抗滑移验算。台墩横梁的挠度不应大于 2mm，并不得产生翘曲。预应力筋的定位板必须安装准确，其挠度不大于 1mm。

台面一般是在夯实的碎石垫层上浇筑一层厚度为 60～100mm 的混凝土而成，台面需要进行承载力验算。台座表面应光滑平整，2m 长度内表面平整度不应大于 2mm，在气温变化较大的地区宜设置伸缩缝。台面伸缩缝一般约为 10m 设置一条，也可采用预应力混凝土滑动台面，不留施工缝。

2. 槽式台座

槽式台座由端柱、传力柱、柱垫、横梁和台面等组成，既可承受张拉力，又可作蒸汽养护槽，适用于张拉吨位较大的构件，如吊车梁、屋架、薄腹梁等。槽式台座构造见图 5-16，其长度一般不大于 76m，宽度随构件外形及制作方式而定；台座宜低于地面，以便运送混凝土和蒸汽养护，但需考虑排水和地下水位等问题；端柱、传力柱的端面必须平整，对接接头必须紧密，柱与柱垫连接必须牢靠。

槽式台座也需要进行强度和稳定性验算。

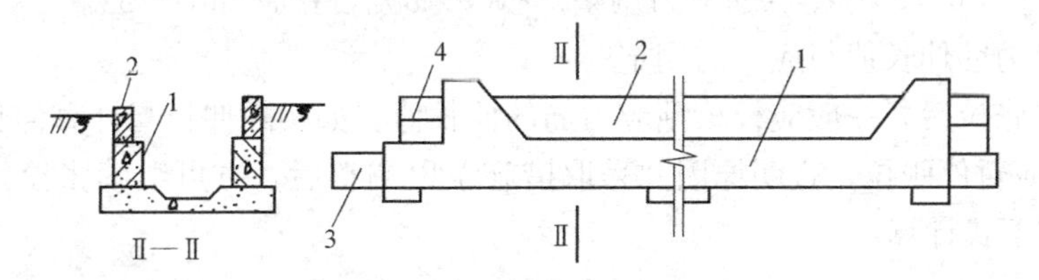

图 5-16　槽式台座

1—传力柱；2—砖墙；3—下横梁；4—上横梁

5.2.2　先张法施工工艺及施工要点

先张法施工工艺流程见图 5-17。

1. 预应力筋铺设

预应力筋铺设前应在台面涂隔离剂，隔离剂不得使预应力筋受污，以免影响预应力筋与混凝土的粘结。如果预应力筋受到污染，应使用适宜的溶剂加以清洗，在生产过程中，应防止雨水冲刷台面上的隔离剂。

2. 预应力张拉

(1) 预应力筋张拉

1) 预应力钢丝由于张拉工作量大，宜采用一次张拉程序。

$$0 \rightarrow (1.03 \sim 1.05)\sigma_{con} \text{锚固}$$

其中，$(1.03\sim1.05)\sigma_{con}$是考虑弹簧测力计的误差、温度影响、台座横梁或定位板刚

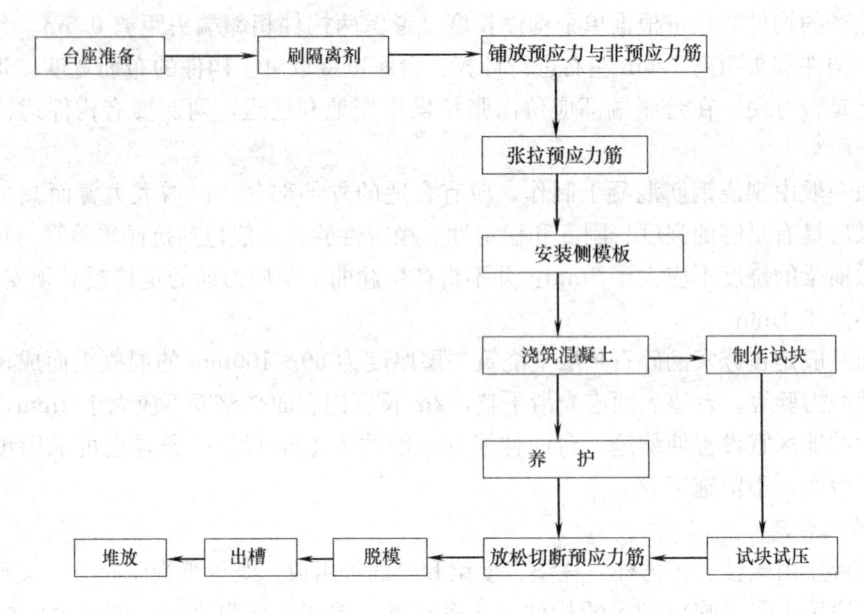

图 5-17　先张法施工工艺流程

度不足、台座长度不符合设计取值、工人操作影响等。

2）钢绞线张拉程序

采用低松弛钢绞线时，可采取一次张拉程序。张拉程序为：

$$0 \rightarrow 20\%\sigma_{con}(\text{初应力调整}) \rightarrow 105\%\sigma_{con}(\text{持荷2min}) \rightarrow \sigma_{con}$$

（2）预应力筋伸长值与应力的测定

预应力筋张拉后，一般应校核预应力筋的伸长值。如实际伸长与计算伸长值的偏差超过±6%时，应暂停张拉，查明原因并采取措施予以调整后，方可继续张拉。预应力筋的伸长值 ΔL 按下式计算：

$$\Delta L = P_j \times L / A_p \times E_s \tag{5-5}$$

式中　P_j——预应力筋张拉力；

L——预应力筋长度；

A_p——预应力筋截面面积；

E_s——预应力筋的弹性模量。

预应力筋的实际伸长值，宜在初应力约为 10%控制应力时开始量测（初应力取值应不低于 10%的 σ_{con}，以保证预应力筋拉紧），但必须加上初应力以下的推算伸长值。预应力筋初应力以下的推算伸长值可根据弹性范围内张拉力与伸长值成正比的关系，用计算法或图解法确定。

计算法是根据张拉时预应力筋应力与伸长值的关系来推算的。如某预应力筋张拉应力从 $0.2\sigma_{con}$ 增加到 $0.4\sigma_{con}$ 钢筋伸长量 4mm，若初应力确定为 $10\%\sigma_{con}$，则其 ΔL 为 4mm。

图解法是建立直角坐标，伸长值为横坐标，张拉应力为纵坐标，将各级张拉力的实测伸长值标在图上，绘制张拉力与伸长值关系曲线 CAB，然后延长此线与横坐标交于 O_1 点，则 O-O_1 段即为推算伸长值，如图 5-18 所示。

预应力筋的位置不允许有过大偏差，对设计位置的偏差不得大于 5mm，也不得大于构件截面最短边长的4%。

多根钢丝同时张拉时，必须事先调整初应力使其相互间的应力一致。断丝和滑脱钢丝的数量不得大于钢丝总数的3%，一束钢丝中只允许断丝一根。构件在浇筑混凝土前发生断丝或滑脱的预应力钢丝必须予以更换。

采用钢丝作为预应力筋时，不做伸长值校核，但应在钢丝锚固后，用钢丝内力测定仪检查钢丝的预应力值。其偏差不得大于或小于设计规定相应阶段预应力值的6%。

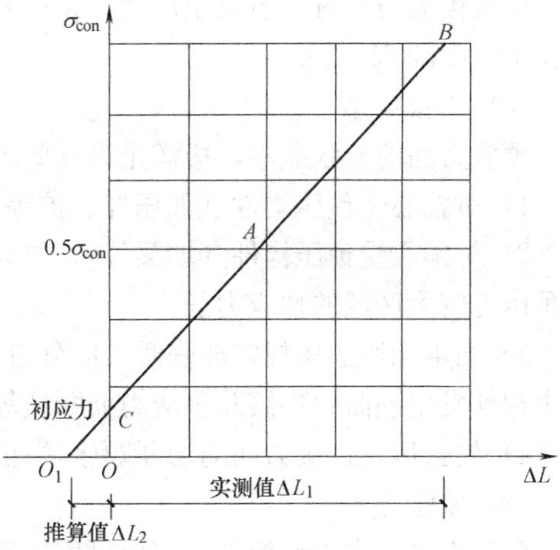

图5-18 预应力筋实际伸长值图解法

(3) 张拉注意事项

1) 台座法张拉时，应从台座中间向两侧对称进行，防止过大偏心损坏台座；多根成组张拉时，各预应力钢筋的初应力应一致；张拉时拉速应平稳，锚固松紧一致，敲击楔块不得过猛，设备缓慢放松。

2) 张拉时，张拉机具与预应力筋应在一条直线上；同时在台面上每隔3～4m放一根圆钢筋头或相当于保护层厚度的其他垫块，防止预应力筋因自重而下垂，污染预应力筋。

3) 张拉完的预应力筋位置偏差不大于5mm，且不大于构件截面短边的4%；冬季张拉时，环境温度不低于－15℃。

4) 在张拉过程中发生断丝或钢丝滑脱，应予以更换。

5) 台座两端应有防护设施。张拉时沿台座长度方向每隔4～5m放一个防护架，张拉时严禁正对钢筋张拉的两端站立人员，也不准进入台座，防止断筋回弹伤人。

3. 混凝土浇筑与养护

为了减少预应力损失，在设计配合比时应考虑减少混凝土的收缩和徐变。应采用低水灰比，控制水泥用量，采用良好的级配及振捣密实。

浇筑混凝土时，宜用插入式，附着式及平板式等振捣器进行振动。预应力筋锚固端及其他钢筋密集部位应振捣密实，并避免振动器直接触碰预应力管道、无粘结预应力筋及锚具预埋件。混凝土未达到一定强度前也不允许碰撞和踩动预应力筋，以保证预应力筋与混凝土有良好的粘结力。

预应力混凝土可采用自然养护和湿热养护。当采用湿热养护时应采取正确的养护制度，减少由于温差引起的预应力损失。在台座生产的构件采用湿热养护时，由于温度升高后，预应力筋膨胀而台座长度并无变化，因而预应力筋的应力减少。在这种情况下混凝土逐渐硬结，则在混凝土硬化前预应力筋由于温度升高而引起的应力降低将无法恢复，形成温差应力损失。因此，为了减少温差应力损失，应使混凝土达到一定强度（$10N/mm^2$）前，将温度升高限制在一定范围内（一般不超过20℃）。用机组流水法钢模制作预应力构件，因湿热养护时钢模与预应力筋同样伸缩，所以不存在因温差引起的预应力损失。

4. 预应力筋的放张

(1) 放张要求

放张预应力筋时，混凝土应达到设计要求的强度。如设计无要求时，应不得低于设计混凝土强度的75%。

（2）放张顺序

预应力筋的放张顺序，应满足设计要求，如设计无要求时应满足下列规定：

1）对轴心受预压构件（如压杆、桩等），所有预应力筋应同时放张。

2）对偏心受预压构件（如梁等），先同时放张预压力较小区域的预应力筋，再同时放张预压力较大区域的预应力筋。

3）如不能按上述规定放张时，应分阶段、对称、相互交错的放张，以防止在放张过程中构件发生翘曲、裂纹及预应力筋断裂等现象。

4）放张后，预应力筋的切断顺序，宜从张拉端开始依次切向另一端。

（3）放张方法

配筋不多的中小型构件，钢丝可用砂轮锯或切断机等方法放张。配筋多的钢筋混凝土构件，钢丝应同时放张，如逐根放张，最后几根钢丝将由于承受过大的拉力而突然断裂，使得构件端容易开裂。放张的常用方法有千斤顶放张、砂箱放张、楔块放张、预热熔割、钢丝钳或氧炔焰切割等放张方法。

5.3 后 张 法

后张法是先制作构件或结构，待混凝土达到一定强度后，在构件或结构上张拉预应力筋的方法。后张法预应力施工，不需要台座设备，灵活性大，广泛用于施工现场生产大型预制预应力混凝土构件和就地浇筑预应力混凝土结构。后张法预应力施工，又可分为有粘结预应力施工和无粘结预应力施工两类。

有粘结预应力施工过程：混凝土构件或结构制作时，在预应力筋部位预先留设孔道，然后浇筑混凝土并进行养护；制作预应力筋并将其穿入孔道；待混凝土达到设计要求的强度后，张拉预应力筋并用锚具锚固；最后进行孔道灌浆与封锚。这种施工方法通过孔道灌浆，使预应力筋与混凝土相互粘结，减轻了锚具传递预应力作用，提高了锚固可靠性与耐久性，广泛用于主要承重构件或结构。

无粘结预应力施工过程：混凝土构件或结构制作时，预先铺设无粘结预应力筋，然后浇筑混凝土并进行养护；待混凝土达到设计要求的强度后，张拉预应力筋并用锚具锚固；最后进行封锚。这种施工方法不需要留孔灌浆，施工方便，但预应力只能永久地靠锚具传递给混凝土，宜用于分散配置预应力筋的楼板与墙板、次梁及低预应力度的主梁等。

5.3.1 有粘结预应力施工要点

有粘结预应力施工的工艺流程见图5-19。

1. 预留孔道

预应力筋孔道形状有直线、曲线和折线三种类型。其曲线坐标应符合设计图纸要求。

（1）预应力筋线型数据计算

在预应力混凝土构件和结构中，常见的预应力筋布置有以下几种形状：

1）单抛物线形（图5-20）

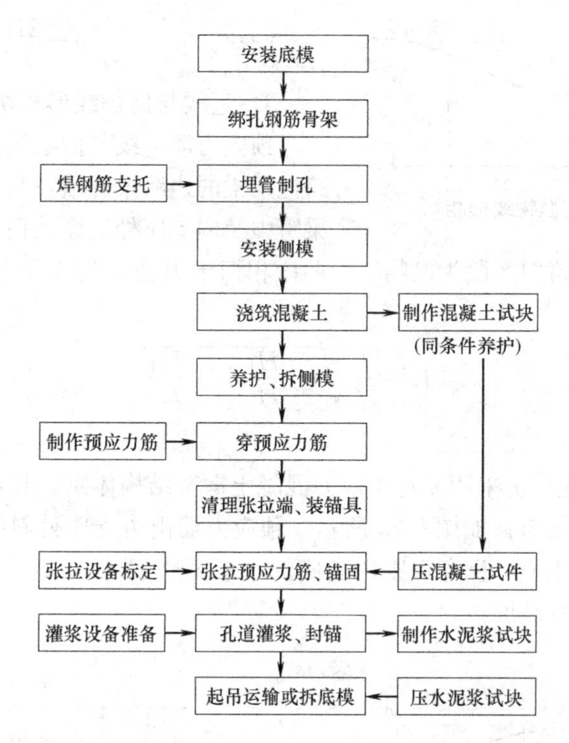

图 5-19　后张法有粘结预应力施工工艺流程（穿预应力筋也可在浇筑混凝土前进行）

预应力筋单抛物线形布置适用于简支梁。

$$\theta=\frac{4H}{L},\ L_{\mathrm{T}}=\left(1+\frac{8H^2}{3L^2}\right)L \tag{5-6}$$

$$Y=Ax^2,\ A=\frac{4H}{L^2} \tag{5-7}$$

2）正反抛物线形（图 5-21）

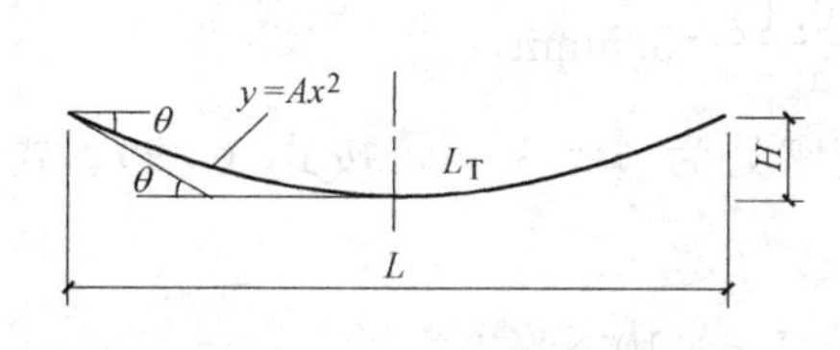

图 5-20　单抛物线形

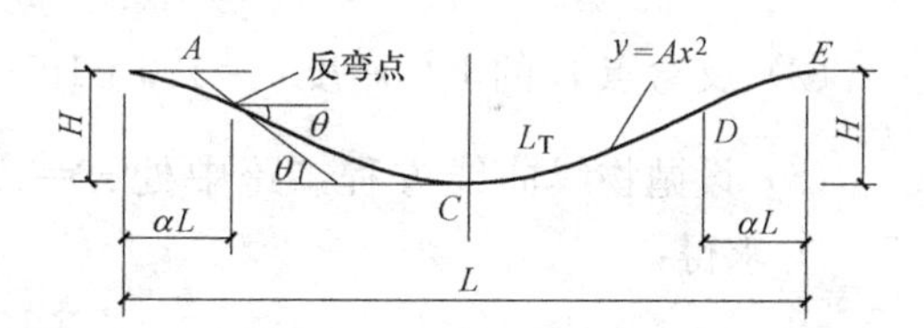

图 5-21　正反抛物线形

预应力筋正、反抛物线形布置适用于框架梁，其优点是与荷载弯矩图相吻合。预应力筋外形从跨中 C 点至支座 A（或 E）点采用两段曲率相反的抛物线，在反弯点 B（或 D）处相接并相切，A（或 E）点与 C 点分别为两抛物线的顶点。反弯点求法：先定出反弯点的位置线至梁端的距离 αL 为 $(0.1\sim0.2)L$，再连接 A（或 E）点与 C 点的直线，两者交点即为反弯点。图 5-21 中抛物线方程为：

$$y=Ax^2 \tag{5-8}$$

跨中区段：

$$A=\frac{2H}{(0.5-\alpha)L^2} \tag{5-9}$$

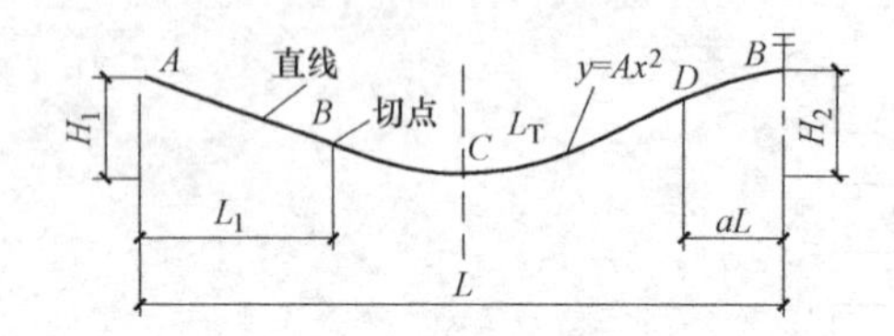

图 5-22　直线与抛物线形相切

梁端区段：　　$A=\dfrac{2H}{\alpha L^2}$　　(5-10)

3）直线与抛物线形相切（图 5-22）

预应力筋直线与抛物线形相切布置适用于多跨框架梁的边跨梁外端，其优点是可以减少框架梁跨中及内支座处的摩擦损失。预应力筋外形在梁端区段为直线而在跨中区段为抛物线，两段相切于 B 点，切点至梁端的距离 L_1，可按下式计算：

$$L_1=\frac{L}{2}\sqrt{1-\frac{H_1}{H_2}+2\alpha\frac{H_1}{H_2}} \tag{5-11}$$

当 $H_1=H_2$，$L_1=0.5L\sqrt{2\alpha}$。

［**例 5-1**］　某工业厂房采用双跨预应力混凝土框架结构体系。其双跨预应力混凝土框架梁的尺寸与预应力筋布置如图 5-23 所示。预应力筋由边支座处斜线、跨中处抛物线与内支座处反向抛物线组成，反弯点距内支座的水平距离 $\alpha L=0.15\times20000=3000$mm。试确定预应力筋各点坐标高度。

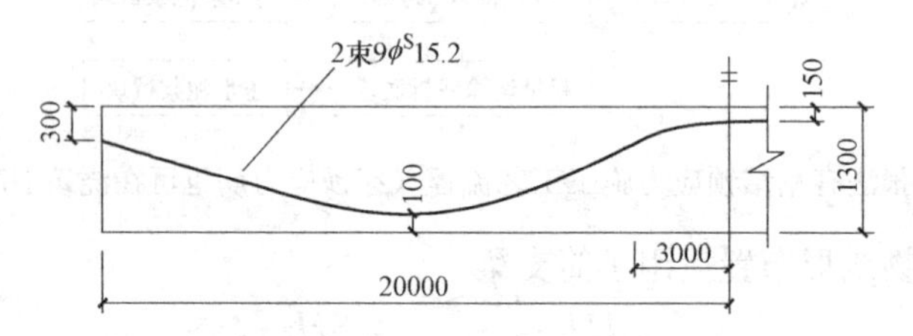

图 5-23　双跨框架梁预应力筋布置

［**解**］　(1) 直线段 AB 的投影长度 L_1，按式（5-19）计算：

$$L_1=\frac{20000}{2}\sqrt{1-\frac{900}{1050}+2\times0.15\times\frac{900}{1050}}=6352\text{mm}$$

(2) 反弯点 D 的坐标高度 $h=100+1050\times\dfrac{0.5-0.15}{0.5}=835$mm

(3) 设抛物线曲线方程：跨中处 $y=A_1x^2$；支座处为 $y=A_2x^2$，按式（5-9）、式（5-10）求得：

$$A_1=\frac{2\times1050}{(0.5-0.15)2000^2}=1.5\times10^{-5}$$

$$A_2=\frac{2\times1050}{0.15\times2000^2}=3.5\times10^{-5}$$

当 $x=5000$mm，$y=1.5\times10^{-5}\times5000^2=375$mm，则该点坐标高度$=375+100=475$mm。该梁预应力筋各点坐标高度见图 5-24。

(2) 金属螺旋管安装

金属螺旋管又称波纹管，是用冷轧钢带或镀锌钢带在卷管机上压波后螺旋咬合而成。按照截面形状分为圆形和扁形；金属螺旋管的长度一般为 4～6m，内径 40～130mm。

金属波纹管或塑料波纹管安装前，应按设计要求在箍筋上标出预应力筋的曲线坐标位置，点焊钢筋支托。支托间距：对圆形金属波纹管宜为 1.0～1.2m，对扁形金属波纹管和

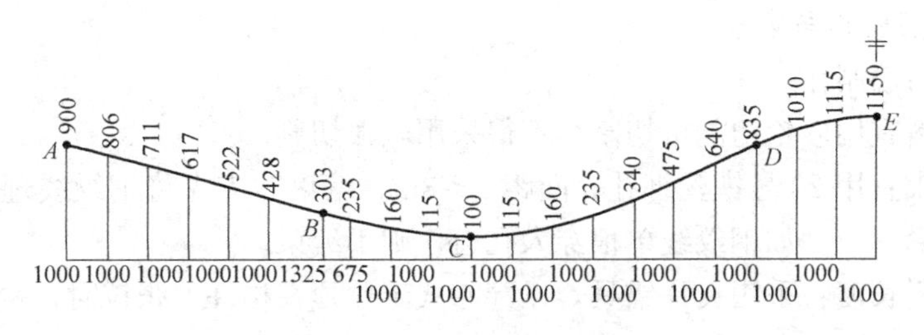

图 5-24　预应力筋坐标高度

塑料波纹管宜为 0.8～1.0m。波纹管安装后，应与钢筋支托可靠固定。

金属波纹管接长时，可采用大一号同型波纹管作为接头管。接头管的长度宜取管径的 3～4 倍。波纹管接口面应平整，两管靠紧对齐。接头管的两端应采用热塑管或粘胶带密封。塑料波纹管接长时，可采用塑料焊接机热熔焊接或采用专用连接管。

灌浆管或泌水管与波纹管连接时，可在波纹管上开洞，覆盖海绵垫和塑料弧形压板并与波纹管扎牢，再用增强塑料管插在弧形压板的接口上，且伸出构件顶面不宜小于 500mm。

波纹管安装后，应检查曲线标高、平面位置、固定松紧、接头密封和有无破损，及时纠正偏差，破损处应用波纹管片覆盖修补。端口处应防止灰浆进入。

螺旋管安装就位过程中，应尽量避免反复弯曲，以防管壁开裂。同时，还应防止电焊火花烧伤管壁。

此外还有抽拔芯管留设孔道（胶管抽芯法和钢管抽芯法），这种方法已逐步被淘汰。

（3）灌浆孔和排气孔

在预应力筋孔道两端，应设置灌浆孔和排气孔。灌浆孔可设置在锚垫板上或利用灌浆管引至构件外，孔径应能保证浆液畅通，一般不宜小于 20mm。

曲线预应力筋孔道的每个波峰处，应设置排气管。泌水管伸出梁面的高度不宜小于 0.5m，排气管也可兼作灌浆孔用。

灌浆孔的做法，对一般预制构件，可采用木塞留孔。木塞应抵紧螺旋管，并应固定，严防混凝土振捣时脱开，见图 5-25。对现浇预应力结构金属螺旋管留孔，其做法是在螺旋管上开口，用带嘴的塑料弧形压板与海绵垫片覆盖并用铁丝扎牢，再接增强塑料管（外径 20mm，内径 16mm），见图 5-26。为保证留孔质量，金属螺旋管上可先不开孔，在外接塑料管内插一根钢筋；待孔道灌浆前，再用钢筋打穿螺旋管。

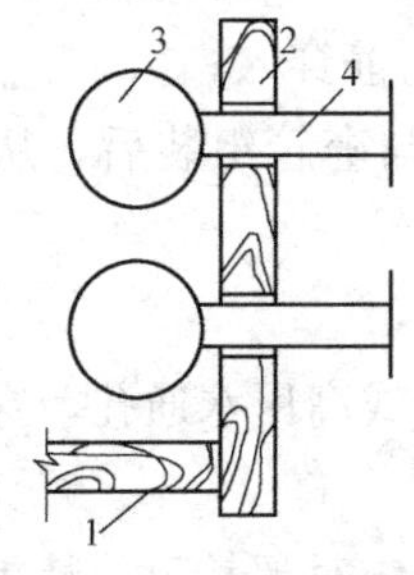

图 5-25　用木塞留灌浆孔图

1—底模；2—侧模；3—抽芯管；4—ϕ20 木塞

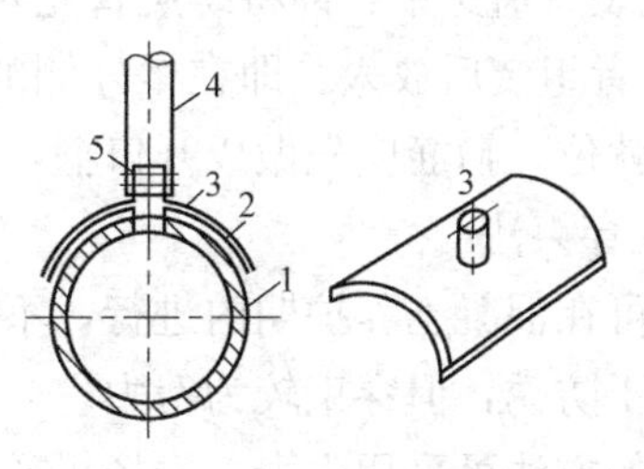

图 5-26　螺旋管上留灌浆孔

1—螺旋管；2—海绵垫；3—塑料弧形压板；4—塑料管；5—铁丝扎紧

2. 预应力筋制作与穿束

(1) 预应力筋制作

钢绞线下料宜用砂轮切割机切割，不得采用电弧切割。

钢绞线编束宜用20号铁丝绑扎，间距2～3m。编束时应先将钢绞线理顺，并尽量使各根钢绞线松紧一致。如钢绞线单根穿入孔道，则不编束。

钢绞线下料长度：采用夹片锚具，以穿心式千斤顶在构件上张拉时，钢绞线的下料长度L按图5-27计算。

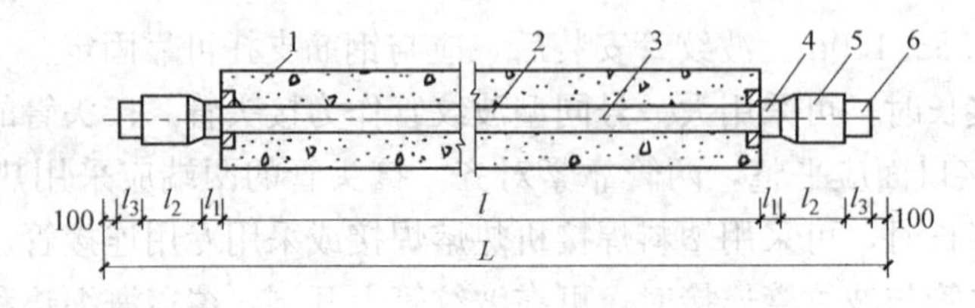

图5-27 钢绞线下料长度计算简图

1—混凝土构件；2—孔道；3—钢绞线；4—夹片式工作锚；5—穿心式千斤顶；6—夹片式工具锚

① 两端张拉

$$L=l+2(l_1+l_2+l_3+100) \tag{5-12}$$

② 一端张拉

$$L=l+2(l_1+100)+l_2+l_3 \tag{5-13}$$

式中 l——构件的孔道长度；

l_1——夹片式工作锚厚度；

l_2——穿心式千斤顶长度；

l_3——夹片式工具锚厚度。

(2) 预应力筋穿束

根据穿束与浇筑混凝土之间的先后关系，可分为先穿束和后穿束两种。

1) 先穿束法

该法穿束省力，但穿束占用工期，束的自重引起的波纹管摆动会增大摩擦损失，束端保护不当易生锈。按穿束与预埋波纹管之间的配合，又可分为以下三种情况：

① 先穿束后装管：即将预应力筋先穿入钢筋骨架内，然后将螺旋管逐节从两端套入并连接；

② 先装管后穿束：即将螺旋管先安装就位，然后将预应力筋穿入；

③ 二者组装后放入：即在梁外侧的脚手架上将预应力筋与套管组装后，从钢筋骨架顶部放入就位，箍筋应先做成开口箍，再封闭。

2) 后穿束法

该法可在混凝土养护期内进行，不占工期，便于用通孔器或高压水通孔，穿束后即行张拉，易于防锈，但穿束较为费力。

穿束的方法可采用人力、卷扬机或穿束机单根穿或整束穿。对超长束、特重束、多波曲线束等宜采用卷扬机整束穿，束的前端应装有穿束网套或特制的牵引头。穿束机适用于穿大批量的单根钢绞线，穿束时钢绞线前头宜套一个子弹头形壳帽。采用人工先穿束时在梁的中部留设约3m长的穿束助力段。助力段的波纹管应加大一号，在穿束前套接在原波纹管上留出穿束空间，待钢绞线穿入后再将助力段波纹管旋出接通，该范围内的箍筋暂缓绑扎。

3. 预应力筋的张拉与锚固

（1）张拉准备工作

张拉前准备工作包括：混凝土强度达到设计强度的75%以上且先张法预应力筋放张时，预应力构件的混凝土强度不应低于30MPa；张拉设备已送法定计量部门进行标定，锚具已经按规定进行检验；锚具及千斤顶安装。

（2）张拉方式

根据预应力筋形状与长度以及施工方法的不同，预应力筋张拉方式有以下两种：

1）一端张拉方式

张拉设备放置在预应力筋一端的张拉方式。适用于长度不大于30m的直线预应力筋与锚固损失影响长度$L_f \geqslant L/2$（L——预应力筋长度）的曲线预应力筋；如设计人员根据计算资料或实际条件认为可以放宽以上限制的话，也可采用一端张拉，但张拉端宜在构件两端分别设置。

2）两端张拉方式

张拉设备放置在预应力筋两端的张拉方式。适用于长度大于30m的直线预应力筋与锚固损失影响长度$L_f < L/2$的曲线预应力筋。当张拉设备不足或由于张拉顺序安排关系，也可先在一端张拉完成后，再移至另端张拉，补足张拉力后锚固。

（3）张拉顺序

预应力筋的张拉顺序，应使混凝土不产生超应力、构件不扭转与侧弯、结构不变位等；因此，对称张拉是一项重要原则。同时，还应考虑到尽量减少张拉设备的移动次数。

预应力筋的张拉步骤：应从零应力加载至初拉力，测量伸长值初读数，再以均匀速度分级加载分级测量伸长值至终拉力。钢绞线束张拉至终拉力时，宜持荷2min，当成孔管道为塑料波纹管时，达到张拉控制力后，宜持荷2～5min。

图5-28表示了预应力混凝土屋架下弦杆钢丝束的张拉顺序。钢丝束的长度不大于30m，采用一端张拉方式。图5-28（*a*）所示预应力筋为2束，用两台千斤顶分别设置在构件两端，对称张拉，一次完成。图5-28（*b*）所示预应力筋为4束，需要分两批张拉，用两台千斤顶分别张拉对角线上的2束，然后张拉另2束。由于分批张拉引起的预应力损失，统一增加到张拉力内。

图5-29表示了双跨预应力混凝土框架梁钢绞线束的张拉顺序。钢绞线束为双跨曲线筋，长度达40m，采用两端张拉方式。图5-29中4束钢绞线分为两批张拉，两台千斤顶分别设置在梁的两端，按左右对称各张拉1束，待两批4束均进行一端张拉后，再分批在另一端补张拉。这种张拉顺序，还可减少先批张拉预应力筋的弹性压缩损失。

上述构件预应力筋如仅用一台千斤顶张拉或两台千斤顶同时在一束预应力筋上张拉，引起构件不对称受力，则对称2束预应力筋张拉时拉力相差应不大于设计拉力的50%，即先将第1束张拉至50%终拉力，再将第2束张拉至100%终拉力，最后将第1束张拉至100%终拉力。

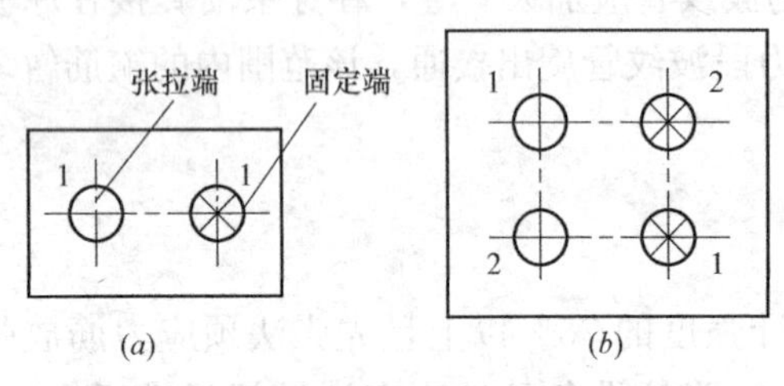

图 5-28 屋架下弦杆预应力筋张拉顺序

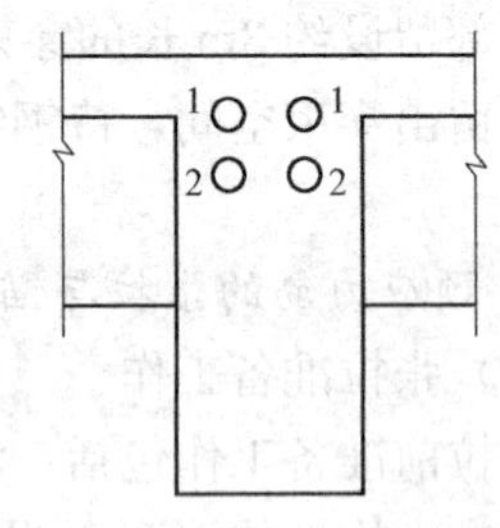

图 5-29 框架梁预应力筋的张拉顺序

(4) 张拉程序

预应力筋的张拉操作程序，主要根据构件类型、张拉锚固体系、松弛损失等因素确定。

1) 采用低松弛钢丝和钢绞线时，张拉操作程序为：

0→初应力→2 倍初应力→张拉力→持荷 2min

2) 采用普通松弛预应力筋时，按下列超张拉程序进行操作：

螺纹支承可调式锚具

0→初应力→2 倍初应力→1.05 张拉力→持荷 2min→张拉力

普通松弛预应力钢材

0→初应力→2 倍初应力→1.03 张拉力→持荷 2min→张拉力

各种张拉操作程序，均可分级加载。对曲线预应力束，一般以 $0.2\sim0.25\sigma_{con}$ 为量测伸长起点，分 3 级加载 $0.2\sigma_{con}$（$0.6\sigma_{con}$ 及 $1.0\sigma_{con}$）或 4 级加载（$0.25\sigma_{con}$，$0.50\sigma_{con}$，$0.75\sigma_{con}$ 及 $1.0\sigma_{con}$），每级加载均应量测张拉伸长值。

当预应力筋长度较大，千斤顶张拉行程不够时，应采取分级张拉、分级锚固。第二级初始油压为第一级最终油压。

预应力筋张拉到规定油压后，持荷复验伸长值，合格后进行锚固。

(5) 伸长值校核

采用应力控制方法张拉时，应校核预应力筋的张拉伸长值。实测伸长值与计算伸长值的偏差不应超过±6%。如超过允许偏差，应查明原因并采取措施后方可继续张拉。

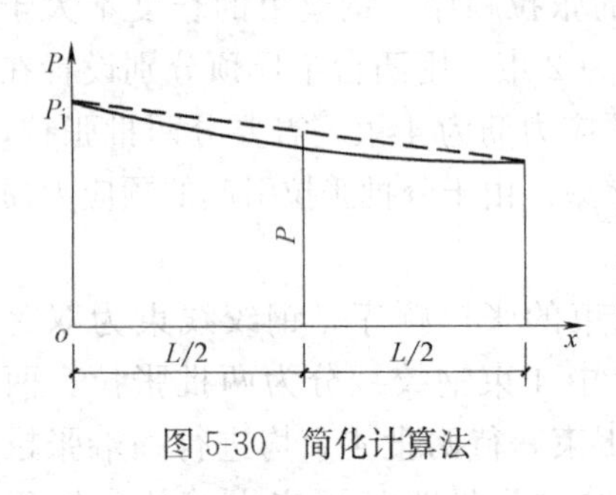

图 5-30 简化计算法

1) 伸长值计算

后张法预应力钢绞线在张拉过程中，主要受到以下两方面的因素影响：一是管道弯曲影响引起的摩擦力，二是管道偏差影响引起的摩擦力，导致钢绞线张拉时，锚下控制应力沿着管壁向梁跨中逐渐减小，因而每一段的钢绞线的伸长值也是不相同的。曲线筋的张拉伸长值计算一般采用简化计算法，如图 5-30 所示。

$$\Delta L=P\times L/A_p\times E_s \tag{5-14}$$

式中 P——预应力筋平均张拉力，取张拉端拉力与计算截面处扣除孔道摩擦损失后的拉力平均值，即：

$$P=P_j\left(1-\frac{KL_T+\mu\theta}{2}\right) \tag{5-15}$$

L_T——预应力筋实际长度。

对多曲线段或直线段与曲线段组成的曲线预应力筋，张拉伸长值应分段计算，然后累加，即：

$$\Delta L=\sum\frac{(\sigma_{i1}+\sigma_{i2})L_i}{2E_s} \tag{5-16}$$

式中 L_i——第 i 线段预应力筋长度；

σ_{i1}、σ_{i2}——分别为第 i 线段两端的预应力筋拉应力。

预应力筋的弹性模量取值，对张拉伸长值的影响较大。其理论值一般为（1.90～1.95）$\times10^5$MPa，而将钢绞线进行检测试验，弹性模量则常出现（1.96～2.04）$\times10^5$MPa的结果。因此，对重要的预应力混凝土结构，预应力筋的弹性模量应事先测定。同时根据有关试验认为：钢丝束与钢绞线束的弹性模量比单根钢丝和钢纹线的弹性模量低2%～3%。所以，在弹性模量取值时应考虑这一因素。

2）伸长值的量测

伸长值的量测应在建立初应力（0.2σ_{con}）之后进行，量测方法一般采用量测千斤顶活塞伸出量或使用一个标尺固定在钢绞线上量测钢绞线绝对伸长值的方法（如图5-31所示），按前述分级加载分别进行量测。初应力以下的推算伸长值参见先张法。

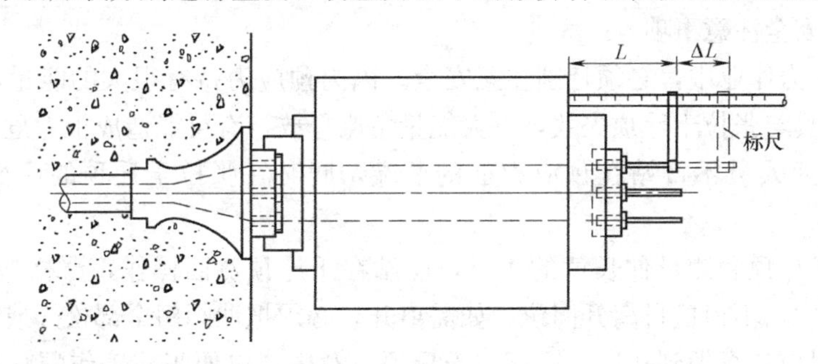

图5-31 标尺量测伸长值示意图

［例5-2］ 工业厂房双跨预应力混凝土框架，其屋面连续梁的尺寸与预应力筋布置见图5-32。采用2束28ϕ^s5钢丝束，张拉控制应力$\sigma_{con}=0.75\times1600=1200$N/mm²。每束张拉力658kN，$A_P=5.49$cm²，$E_s=2\times105$N/mm²，预应力筋孔道采用$\phi$55波纹管，$\kappa=0.003$，$\mu=0.3$，求屋面连续梁的张拉伸长值。

［解］ $\alpha=\frac{680}{5500}=0.124$；$\theta=\frac{4\times594}{9000}=0.264$rad

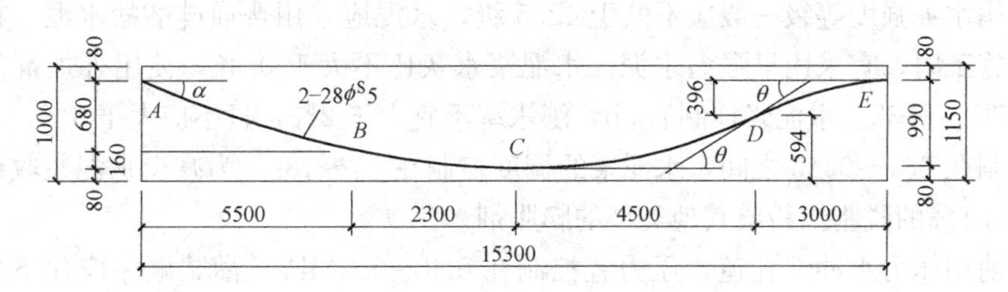

图5-32 双跨屋面连续梁尺寸及预应力筋布置

直线段：$L_{T(A-B)}=\sqrt{5500^2+680^2}=5542$mm

抛物线段：$L_{T(D-E)}=\left(1+\frac{8\times396^2}{3\times600^2}\right)\times3000=1.0116\times300=3035\text{mm}$

$$L_{T(C-D)}=1.0116\times4500=4552\text{mm}$$

$$L_{T(B-C)}=1.0116\times2300=2327\text{mm}$$

各段终点应力计算表 **表 5-9**

线段	L_T(mm)	θ	$\kappa L_T+\mu\theta$	$e^{-(\kappa L_T+\mu\theta)}$	终点应力 (N/mm^2)
AB	5542	0	0.0165	0.9836	1180
BC	2327	0.124	0.0441	0.9565	1129
CD	4552	0.264	0.0927	0.9115	1030
DE	3035	0.264	0.0882	0.9156	943

预应力筋张拉伸长值，按式（5-16）与表 5-9 的数据，分段计算至支座处得出：

$$\Delta L=\frac{1}{2\times2\times10^5}\begin{bmatrix}(1200+1180)5542+(1180+1129)2327+(1129+1030)4552\\+(1030+943)3035\end{bmatrix}\times2$$

$$=85.92\times2=172\text{mm}$$

（6）张拉安全注意事项

1）在预应力作业中，必须特别注意安全。因为预应力持有很大的能量，万一预应力筋被拉断或锚具与张拉千斤顶失效，巨大能量急剧释放，有可能造成很大危害。因此，在任何情况下作业人员不得站在预应力筋的两端，同时在张拉千斤顶的后面应设立防护装置。

2）操作千斤顶和测量伸长值的人员，应站在千斤顶侧面操作，严格遵守操作规程。油泵开动过程中，不得擅自离开岗位。如需离开，必须把油阀门全部松开或切断电路。

3）张拉时应认真做到孔道、锚环与千斤顶三对中，以便张拉工作顺利进行，不致增加孔道摩擦损失。

4）多根钢绞线束夹片锚固体系如遇到个别钢绞线滑移，可更换夹片，用小型千斤顶单根张拉。

4. 孔道灌浆

孔道灌浆是后张法预应力工艺的重要环节，预应力筋张拉完毕后，应立即进行孔道灌浆，以防止预应力筋锈蚀和改善构件的受力性能。

灌浆用水泥强度等级一般应不低于 42.5 级，水泥应采用普通硅酸盐水泥。在寒冷地区或低温施工时，宜采用早强型水泥。水泥浆水灰比不大于 0.45，使用外加剂的水灰比可降为 0.35～0.38。水泥浆拌制后 3h，泌水率不宜大于 2%，且不应大于 3%，水泥浆水灰比例控制在 0.4～0.45 之间，水泥浆的稠度控制在 14～18s。为减少水泥浆收缩，可掺 0.05%～0.1%的脱脂铝粉或其他类型的膨胀剂。

灌浆前用压力水冲洗孔道，压力宜控制在 0.3～0.5MPa。灌浆顺序应先下后上，直线孔道灌浆可以从构件一端到另一端，曲线孔道应从最低点开始向两端进行，在最高点设排气管。孔道末端应设置排气孔，灌浆时待排气孔溢出浓浆后，才能将排气孔堵住继续加压到 0.5～0.7MPa，并稳定 2min，关闭控制闸，保持孔道内压力。每条孔道应一次灌成，中途不应停顿，否则将已压的水泥浆冲洗干净，从头开始灌浆。

灌浆时留取标准水泥浆试块一组，每组六块。标准养护28d后检查其抗压强度作为水泥浆质量的评定依据。

灌浆后，切割外露部分预应力钢绞线（留30～50mm左右）并将其分散，锚具应采用混凝土封头保护。封头混凝土尺寸应大于预埋钢板，厚度不小于100mm，封头内应配钢筋网片，细石混凝土强度等级为C30～C40。

5.3.2 无粘结预应力施工要点

无粘结预应力是指在预应力构件中的预应力筋与混凝土没有粘结力，预应力筋张拉力完全靠构件两端的锚具传递给构件。具体做法是预应力筋表面刷涂料并包塑料布（管）后，将其铺设在支好的构件模板内，并浇筑混凝土，待混凝土达到规定强度后进行张拉锚固。它属于后张法施工。

无粘结预应力具有不需要预留孔道、穿筋、灌浆等复杂工作，施工程序简单，可加快施工速度。同时摩擦力小，且易弯成多跨曲线形，特别适用于大跨度的单、双向连续多跨曲线配筋梁板结构和屋盖。

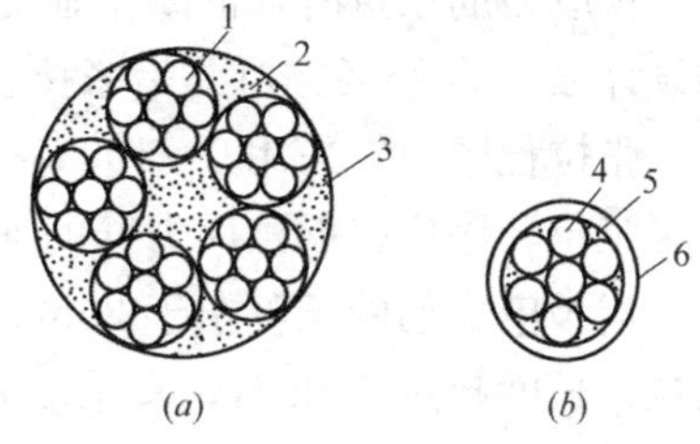

图5-33 无粘结筋横截面示意图

(a) 无粘结钢绞线束；(b) 无粘结钢丝束或单根钢绞线

1—钢绞线；2—沥青涂料；3—塑料布外包层；4—钢丝；5—油脂涂料；6—塑料管、外包层

1. 无粘结预应力筋制作

无粘结预应力筋主要有预应力钢材、涂料层、外包层组成，如图5-33所示。

无粘结预应力筋所用钢材主要有消除应力钢丝和钢绞线。钢丝和钢绞线不得有死弯，有死弯时必须切断，每根钢丝必须通长，严禁有接点。预应力筋的下料长度计算，应考虑构件长度、千斤顶长度、镦头的预留量、弹性回弹值、张拉伸长值、钢材品种和施工方法等因素。具体计算方法与有粘结预应力筋计算方法基本相同。

预应力筋下料时，宜采用砂轮锯或切断机切断，不得采用电弧切割。钢丝束的钢丝下料应采用等长下料。钢绞线下料时，应在切口两侧用20号或22号钢丝预先绑扎牢固，以免切割后松散。

涂料层的作用是使预应力筋与混凝土隔离，减少张拉时的摩擦损失，防止预应力筋腐蚀等。常用涂料主要有防腐沥青和防腐油脂。涂料应有较好的化学稳定性和韧性；在－20～＋70℃温度范围内应不开裂、不变脆、不流淌，能较好地粘附在钢筋上；涂料层应不透水、不吸湿、润滑性好、摩阻力小。

外包层主要由塑料带或高压聚乙烯塑料管制作而成。外包层应具有在－20～＋70℃温度范围内不脆化、化学稳定性高，具有抗破性强和足够的韧性，防水性好且对周围材料无侵蚀作用。塑料使用前必须烘干或晒干，避免在成型过程中由于气泡引起塑料表面开裂。

无粘结预应力筋存放时，严禁放置在受热影响的场所，且不得直接堆放在地面上。装卸堆放时，应采用软钢绳绑扎并在吊点处垫上橡胶衬垫，避免塑料套管外包层遭到损坏。

2. 无粘结预应力施工

无粘结预应力构件制作工艺中的几个主要问题。

（1）预应力筋的铺设

无粘结预应力筋铺设前应检查外包层完好程度，对护套轻微破损处应采用防水聚乙烯胶带进行修补。每圈胶带搭接宽度不应小于胶带宽度的1/2，缠绕层数不应小于2层，缠绕长度超过破损长度30mm。严重破损的无粘结预应力筋应予报废。双向预应力筋铺设时，应先铺设下面的预应力筋，再铺设上面的预应力筋相互穿插。

无粘结预应力筋应严格按设计要求的曲线形状就位，固定牢固。可用短钢筋或混凝土垫块等架起控制标高，再用铁丝绑扎在非预应力筋上。绑扎点间距不大于1m，钢丝束的曲率控制可用铁马凳控制，马凳间距不宜大于2m。

（2）预应力筋的张拉

预应力筋张拉时，混凝土强度应符合设计要求，当设计无要求时，混凝土的强度应达到设计强度的75%方可开始张拉。

张拉程序一般采用0→103%σ_{con}以减少无粘结预应力筋的松弛损失。

张拉顺序应根据预应力筋的铺设顺序进行，先铺设的先张拉，后铺设的后张拉。

当预应力筋的长度小于25m时，宜采用一端张拉，若长度大于25m时，宜采用两端张拉；长度超过50m时，宜采取分段张拉。

预应力平板结构中，预应力筋往往很长，如何减少其摩阻损失值是一个重要的问题。

影响摩阻损失值的主要因素是润滑介质、外包层和预应力筋截面形式。其中润滑介质和外包层的摩阻损失值，对一定的预应力束而言是个定值，相对稳定。而截面形式则影响较大，不同截面形式其离散性不同，但如能保证截面形状在全长内一致，则其摩阻损失值就能在很小范围内波动。否则，因局部阻塞就可能导致其损失值无法测定。摩阻损失值，可用标准测力计或传感器等测力装置进行测定。施工时，为降低摩阻损失值，可用标准测力计或传感器等测力装置进行测定。在施工时，为降低摩阻损失值，宜采用多次重复张拉工艺。成束无粘结筋正式张拉前，一般先用千斤顶往复抽动1～2次。张拉过程中，严防钢丝被拉断，要控制同一截面的断裂根数不得大于2%。

预应力筋张拉长值应按设计要求进行控制。

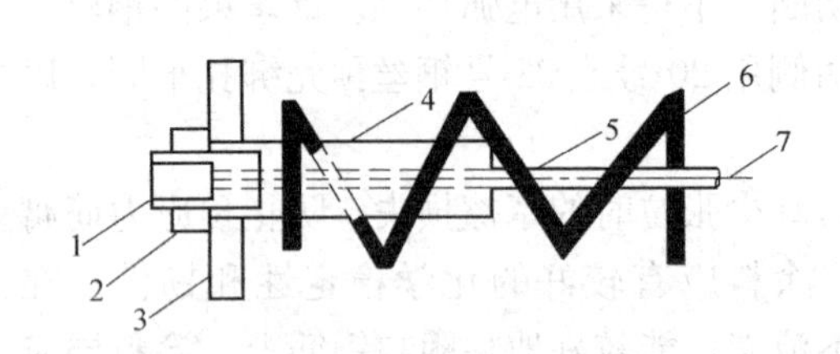

图5-34　镦头锚固系统张拉端处理

1—锚环；2—螺母；3—承衬板；
4—塑料套筒；5—软塑料管；6—螺旋筋；
7—无粘结筋

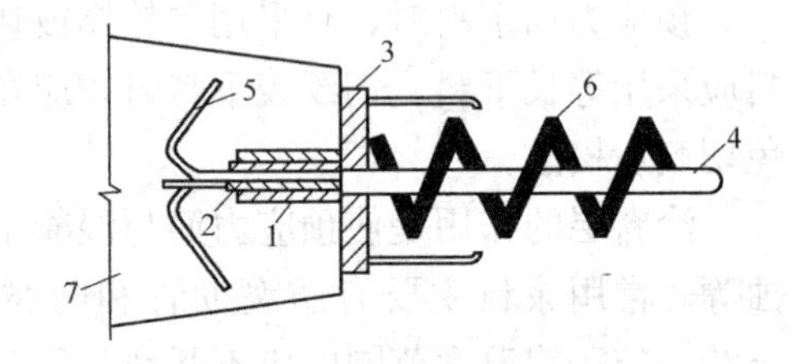

图5-35　夹片式锚具张拉端处理

1—锚环；2—夹片；3—承压板；
4—无粘结筋；5—散开打弯钢丝；
6—螺旋筋；7—后浇混凝土

（3）预应力筋端部处理

1）张拉端部处理

预应力筋端部处理取决于无粘结筋和锚具种类。

锚具的位置通常混凝土的端面缩进一定的距离，前面做成一个凹槽，待预应力筋张拉锚固后，将外伸在锚具外的钢绞线切割到规定的长度，即要求露出夹片锚具外长度不小于30mm，然后在槽内壁涂以环氧树脂类粘结剂，以加强新老材料间的粘结，再用后浇膨胀混凝土或低收缩防水砂浆或环氧砂浆密封。

在对凹槽填砂浆或混凝土前，应预先对无粘结筋端部和锚具夹持部分进行防潮、防腐封闭处理。

无粘结预应力筋采用钢丝束镦头锚具时，其张拉端头处理如图 5-34 所示，其中塑料套筒供钢丝束张拉时锚环从混凝土中拉出来用，软塑料管是用来保护无粘结钢丝末端因穿锚筒内产生空隙，必须用油枪通过锚环的注油孔向套筒内注满防腐油脂，灌油后将外露锚具封闭好，避免长期与大气接触造成锈蚀。

采用无粘结钢绞线夹片锚具时，张拉端头构造简单，无须另加设施。张拉端头钢绞线预留长度不小于150mm，多余割掉，然后在锚具及承压板表面涂以防水涂料，再进行封闭。锚固区可以用后浇的钢筋混凝土圈梁封闭，将锚具外伸的钢绞线散开打弯，埋在圈梁内加强，如图 5-35 所示。

2）固定端处理

无粘结筋的固定端可设置在构件内。当采用无粘结钢丝束时固定端可采用扩大的镦头锚板，并用螺旋筋加强，如图 5-36（*a*）所示。施工中如端头无粘结构配筋时，需要配置构造钢筋，使固定端板与混凝土之间有可靠锚固性能。当采用无粘结钢绞线时，锚固端可采用压花成型，使固定端板与混凝土之间有可靠锚固性能。当采用无粘结钢绞线时，锚固端可采用压花成型，如图 5-36（*b*）所示，埋置在设计部位。这种做法的关键是张拉前锚固端的混凝土强度等级必须达到设计强度（≥C30）才能形成可靠的粘强式锚头。

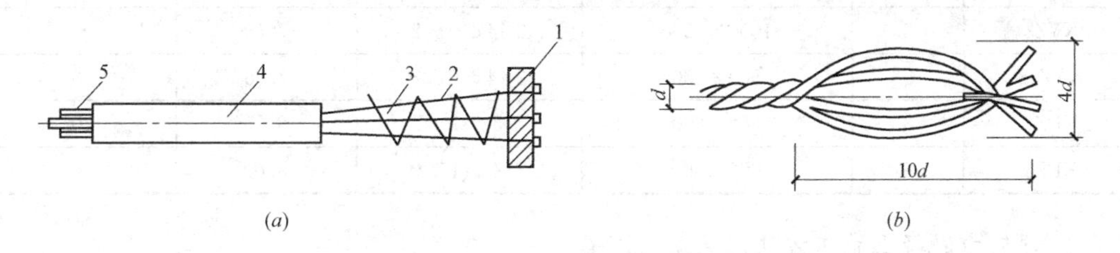

图 5-36　无粘结筋固定端详图

（*a*）无粘结钢丝束固端；（*b*）钢绞线固定端

1—锚板；2—钢丝；3—螺旋筋；4—软塑料管；5—无粘结钢丝束

5.3.3　工程案例

1. 工程概况

某体育馆 3.500m 标高处③～⑧×A～B 为 45.000m×42.000m 双向预应力框架结构，另有 28 根预应力柱。全部采用后张法有粘结预应力。其中除预应力柱为一端张拉外，双向框架梁均为两端张拉。张拉端采用夹片式锚具，固定端采用挤压 P 型锚具。有粘结预应力采用预埋金属波纹管成孔，钢绞线穿束，C40 混凝土浇筑，张拉完毕灌水泥浆工艺。该工程的难点：①预应力梁跨度大，预应力筋单孔束数多且长，张拉用千斤顶吨位大，张拉设备自重大移动困难。实际施工时需要塔吊配合。②预应力柱及部分预应力梁为变角度张拉，张拉端节点复杂。③单层预应力工程量大而工作面有限。对设备、人员组织调配要求高。④锚具、波纹管为非常用规格，首先要预定且时间长价格偏高。⑤对模板及支撑系统要求高。工程工期紧，施工准备时间有限。

预应力梁、柱束形定位图、施工节点大样图附后（施工时以批准的施工方案附图为准）。预应力梁特征见表 5-10。

预应力梁特征 **表 5-10**

梁编号	数量	截面尺寸(mm)	预应力筋	孔道包外长度(m)	波纹管内径(mm)
KYL202(1B)	1	400(800)×1700	2-6 ϕ^{s}15.2	56.40	7
KYL204(1B)	1	400(800)×1700	2-12 ϕ^{s}15.2	56.40	90
KYL205(1B)	2	400(800)×1700	2-14 ϕ^{s}15.2	56.40	90
KYL206(1B)	3	400(800)×1700	2-14 ϕ^{s}15.2	49.80	90
KYL207(1B)	1	400(800)×1700	2-12 ϕ^{s}15.2	49.80	90
YL202(1B)	1	400(800)×1700	2-6 ϕ^{s}15.2	49.80	70
YL201(1)	2	400(800)×1700	2-6 ϕ^{s}15.2	54.50	70
KYL201(1)	2	400(800)×1700	2-12 ϕ^{s}15.2	54.50	90
KYL202(1)	2	400(800)×1700	2-14 ϕ^{s}15.2	54.50	90
KYL202a(1)	2	400(800)×1700	2-14 ϕ^{s}15.2	54.50	90
KYL203(1)	1	400(800)×1700	2-14 ϕ^{s}15.2	54.50	90
KYZ1	4	1000×1300	2-14 ϕ^{s}15.2	7.65	90
KYZ1a	4	1000×1300	2-14 ϕ^{s}15.2	7.65	90
KYZ2	3	1000×1300	2-14 ϕ^{s}15.2	7.65	90
KYZ2a	3	1000×1300	2-14 ϕ^{s}15.2	7.65	90
KDZ1	8	600×600	1-8 ϕ^{s}15.2	8.00	80
KDZ2	6	600×600	1-4 ϕ^{s}15.2	8.00	55

2. 预应力混凝土施工方法

（1）模板及支撑系统

根据设计和施工规范要求，结合本工程跨度大、层高高的特点，模板及支撑要注意以下几点：

1）支撑系统要进行施工计算且基础牢固可靠。

2）有预应力的范围内，梁底模及支撑与梁侧模、板底模及支撑之间在确保混凝土浇筑的前提下，方便各自单独拆除。

3）在混凝土达到设计要求准备张拉之前，应拆除板底模、梁侧模及悬挑部分的预应力梁底模，保留预应力框架梁底模。

4）预应力框架梁底模及支撑的拆除条件：预应力梁张拉灌浆完毕，且灌浆强度达到20MPa；支撑于该梁上的上部结构能够自承重；连续梁后浇部分施工完毕且强度达到设计要求。

5）预应力框架梁应按施工规范要求起拱。

（2）预应力混凝土浇筑

在浇筑混凝土前，对模板内的杂物和钢筋上油污等应清理干净，对模板的缝隙和孔洞应予堵住，并在浇筑前用清水湿润。浇筑混凝土时，用插入式振捣器进行振动。预应力筋锚固端及其他钢筋密集部位应认真振捣，确保密实，并避免振捣器接触和碰弹预应力管道、锚具、排气孔等预埋件。浇筑过程中，注意检查模板、管道、锚固端钢板及锚垫板预埋件的位置及尺寸，发现松动，及时整修。

每层楼面在一个台班内完成，且要做 4 组混凝土试块，以保证张拉和试验时提供资料用。

(3) 混凝土的养护

高强度混凝土必须加强养护，特别在干风下浇灌的高强度混凝土，应派专人负责浇水，昼夜不断，不少于 7d，并在大梁表面，覆盖草包，28d 内保持湿润，防止干燥收缩开裂。已浇筑的混凝土强度未达到 1.5N/mm^2 以上，不得在其上踩踏或安装模板及支撑。在张拉预应力框架的下层大梁时，上一层梁的混凝土强度不得小于 1.5N/mm^2。

3. 施工工序

(1) 预应力柱施工工序

绑扎基础梁及承台→(锚具制作、预应力筋制成束) 将预应力束置于基础→安装灌浆管道→绑扎柱子钢筋→安装固定柱模板→浇筑柱混凝土 (制作混凝土试块)→养护→预应力筋张拉 (张拉机具标定、压混凝土试块)→切除多余绞线、灌浆→封锚→压水泥浆试块。

(2) 预应力梁施工工序

安装底模→安装钢筋骨架→整体卡子、埋管→清理孔道→(锚具制作、预应力筋制成束) 预应力筋穿束→安装侧模→浇筑梁混凝土 (制作混凝土试块)→养护→预应力筋张拉 (张拉机具标定、压混凝土试块)→灌浆 (灌浆机具准备、制作水泥浆试块)→切除多余绞线、封锚→压水泥浆试块。

4. 预应力材料及设备

(1) 本工程全部采用有粘结预应力钢绞线，ϕ^s15.2 低松弛（Ⅱ级松弛）钢绞线，强度标准值 f_{ptk}=1860N/mm^2。预应力筋应符合现行国家标准《预应力混凝土钢绞线》GB/T 5224，并按有关规定进新行抽检，检测钢绞线的力学性能，检测不合格不得使用。穿束前应逐根理顺，钢绞线下料采用砂轮机切断，不得使用电弧焊切割。

(2) 锚具：本工程采用Ⅰ类金属锚具，其性能应满足现行国家标准《预应力筋用锚具、夹具和连接器》GB/T 14370，张拉端采用夹片锚具：包括夹片、锚板、锚垫板、螺旋筋。张拉端的锚垫板、螺旋筋先预埋。锚环及夹片配套预应力张拉时使用。固定端由挤压套、约束圈、锚板、螺旋筋组成，先预埋。锚具进厂应进行复检，不合格不得使用。

(3) 波纹管采用普通金属波纹管，规格性能符合现行行业标准《预应力混凝土金属螺旋管》JT/T 529 的规定。

(4) 设备选用 YCW400、YCW 250、YCW 150 型千斤顶和 YDC 260 Q 型千斤顶配套。ZB4-500 高压油泵，其各性能参数如表 5-11 所示。

YCW 型千斤顶是一种通用性较强的张拉设备，以主机为主，配用不同的工具锚和附件时，可适用于张拉各种锚固体系。YDC 型千斤顶是前卡式穿心式张拉千斤顶，适用于高空作业，便于携带。用千斤顶张拉预应力钢绞线前，千斤顶必须在标准计量器具上标定，并有书面报告作张拉依据。

张拉设备选用　　表 5-11

性能 / 名称	张拉吨位	行距	穿心孔直径	外形尺寸	重量
YCW400B	400	200	175	400×Φ432	270 公斤
YCW250B	250	200	140	380×Φ344	164 公斤
YCW150B	150	200	120	370×Φ285	108 公斤
YDC260Q	26	200	18	Φ108×480	18 公斤

（5）本工程使用的主要设备及机具如表 5-12 所示。

主要机具设备一览表　　表 5-12

设备、机具名称	规格型号	数量	备注
挤压机	QYJA	1 台	用于挤固定端 P 锚
高压油泵	ZB4-500	4 台	配套挤压机、千斤顶使用
千斤顶	YCW400	2 台	预应力张拉用
千斤顶	YCW250	2 台	预应力张拉用
千斤顶	YCW150	2 台	预应力张拉用
千斤顶	YDC260Q	2 台	预应力张拉用
灌浆机	UB3	1 台	张拉完毕灌浆用
拌浆机	PJ-400	1 台	搅拌水泥浆用
电焊机	BX6-250	3 台	焊支架及固定锚板用
切割机	3kW	1 台	钢绞线下料用
角磨机		2 台	张拉完成切除多余绞线
手动葫芦	1t	4 台	起重用

5. *有粘结后张预应力筋的预埋*

（1）预应力筋下料，按实际孔道长度加张拉端所需工作长度下料。钢绞线成盘送到现场，需要制作固定笼，并由内圈放线，逐根用砂轮切割机下料，定长度的钢绞线编织成束。一端张拉的还需要提前挤压 P 锚。逐根穿入钢筋大梁或柱中波纹管内，编束后绑扎成型，防止绞股。

（2）孔道支架，对预应力梁来说垂直矢高应按设计抛物线坐标，减 1/2 金属波纹管直径架设，并焊接牢固。其中最高点、最低点必须重点控制好。支撑位置要求准确，允许垂直偏差控制在±15mm，固定波纹管的支撑间距按施工图上的尺寸定位。钢筋支撑应焊在箍筋上，箍筋底座应垫实。预应力柱波纹管为直线布置，要保证固定端和张拉端的定位准确。

（3）预埋圆形金属波纹管，采用内径为 $\phi50 \sim \phi130$ 的波纹管成孔。孔道在梁、柱截面中水平方向对称均匀布置，施工中应做好波纹管的连接接头与密封处理，波纹管接口处采用大一号的金属波纹管作接头套管，接头管长度取 250～300mm。波纹管接口面应平整，二管靠紧对齐。接头管的两端应用水密性胶带密封，不得漏浆。水密性胶带在接口处缠包长度不小于 50mm。整根金属波纹管应保持平顺，转折处圆弧线过渡。张拉端平滑过渡到直线段，且直线长度应大于 300mm，并与锚具端面垂直，端部接头处要密实处理，不渗水、不流浆，而灌浆孔、泌水管、排气孔一定要保持通畅。束形①定位见图 5-37，预应力柱波纹管定位见图 5-38。

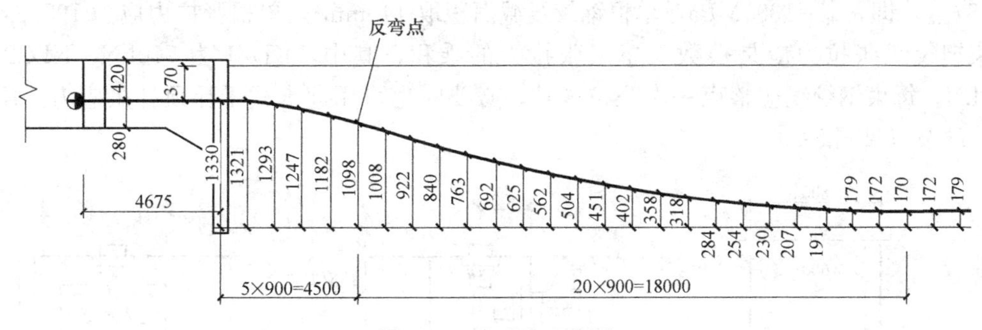

图 5-37　束形①定位图

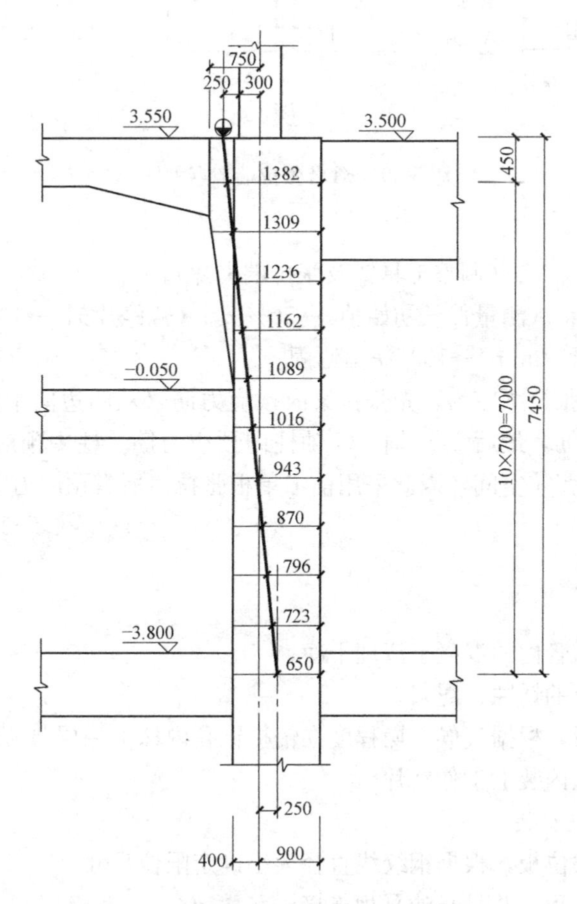

图 5-38　预应力柱波纹管定位图

(4) 穿束，本工程采用先穿法穿束。对于预应力柱将挤好 P 锚的钢绞线从固定端逐根穿入波纹管内。预应力梁钢绞线较长，为保证穿束顺利，可在梁垮的中部处留设穿束助力段，待穿束完后将助力段用波纹管链接好。

(5) 固定端、张拉端的锚垫板要用电焊焊接牢固，并合理放置配套的螺旋筋、约束圈。

6. 预应力筋张拉

施加预应力时，混凝土应达到设计强度的80%。1860MPa级钢绞线，控制应力为$0.75f_{ptk}$，即$\sigma_{con}=1395MPa$，单根钢绞线截面积取$140mm^2$，单根张拉力应为195.3kN。每束钢绞线张拉力应是根数与单根张拉力的乘积，其中，KDZ1为770kN，KDZ2为385kN。每束钢绞线应整束一次张拉成功，必要时也可用前卡式千斤顶补足应力。KDZ张拉端节点见图5-39。

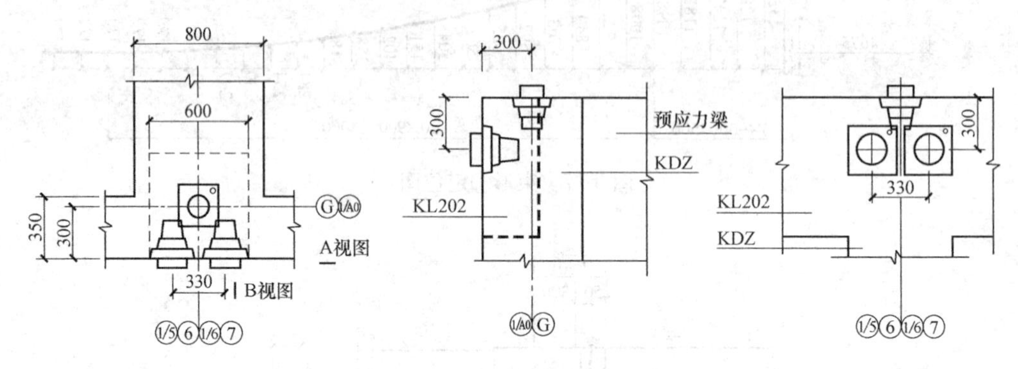

图5-39　KDZ张拉端节点大样

张拉顺序为：

首先：0→10%σ_{con}→0（调整工具锚及张拉端夹片）。

然后：0→20%σ_{con}（测量伸长初始值）→50%σ_{con}（暂停片刻）→100%σ_{con}（测量伸长终止值）→103%σ_{con}（停留2min）→100%σ_{con}锚固。

预应力梁、柱的张拉顺序为：先张拉梁内预应力筋（从两边向中间对称进行），后③轴、⑧轴柱内预应力筋，最后1/A轴、G轴柱内预应力筋。柱中预应力筋为直线筋且较短，未考虑配套大顶张拉空间，因此采用前卡单根张拉。所有预应力梁的预应力筋均采用整束一次张拉。

具体步骤如下：

1）准备工作

① 将锚垫板喇叭管内的混凝土清理干净；

② 清除钢绞线上的锈蚀、泥浆；

③ 套上工作锚板，根据气候干燥程度在锚板锥孔内抹上一层薄薄的黄油；

④ 锚板每个锥孔内装上工作夹片。

2）千斤顶的定位安装

① 套上相应的限位板，根据钢绞线直径大小确定限位尺寸；

② 装上张拉千斤顶，并且与油泵相连接；

③ 装上可重复使用的工具锚板；

④ 装上工具夹片（夹片表面涂上退锚灵）。

3）张拉

① 向千斤顶张拉油缸慢慢送油，直至达到设计值；

② 测量预应力筋伸长量；

③ 做好张拉详细记录。

4）锚固

① 松开送油油路截止阀，张拉活塞在预应力筋回缩力带动下回程若干毫米，工作夹片锚固好预应力筋；

② 关闭回油油路截止阀，向回程油缸送油，活塞慢慢回程到底；

③ 按顺序取下工具夹片、工具锚板、张拉千斤顶、限位板。

7. 孔道灌浆及封锚

预应力张拉后要及时灌浆，灌浆要求密实。水泥采用 42.5 级普通硅酸盐水泥，水泥浆强度为 M40，水灰比为 0.38～0.40，搅拌后 3h 泌水率不大于 2%。为保证灌浆质量，在搅拌时可掺入适量无腐蚀性微膨胀剂和减水剂。

孔道灌浆前，要对孔道进行清洗，用空气泵检查通气情况。孔道灌浆顺序为先灌下面孔道，后灌上面孔道，集中一处的孔道应一次完成，以免孔道串浆。同一孔道灌浆作业应一次完成，不得中断。灰浆泵内不得缺浆，在灌浆暂停时，输浆管喷嘴与灌浆孔不得脱开，以免空气进入孔道影响灌浆质量。如遇机械故障，不能迅速修复，则应安装水管冲掉灌入水泥浆，并疏通灌浆孔预留孔，待第二次重新灌浆。

灌浆时留取标准水泥浆试块一组，每组 6 块。标准养护 28d 后检查其抗压强度作为水泥浆质量的评定依据。待孔道灌浆强度达到 20MPa，且梁混凝土强度等级达到设计要求，预应力梁底模及部分支撑才能拆除。

灌浆后，宜采用机械方法切割外露部分预应力钢绞线，严禁采用电弧切割，外露部分长度切至 50mm，将其分散，在锚具及承压板表面涂以防水涂料，并及时采用 C40 补偿收缩细石混凝土后密封。

8. 预应力筋伸长值计算

测量张拉伸长值时应使用测量精度不大于±1mm 的标尺测量。实际伸长值按量测千斤顶缸伸长的方法进行测量。伸长值的实测值与理论计算值之间的误差应在±6%之间，如果误差超过规范规定的范围，应分析查明原因，解决后再继续张拉。

张拉理论伸长值 ΔL 按下列公式计算

$$\Delta L=\sum(\sigma_{初}+\sigma_{末})L_i/2E_s$$

式中 $\sigma_{初}$、$\sigma_{末}$——分别为第 i 线段两端预应力筋的应力（N/mm^2）；

L_i——第 i 段预应力筋长度（m）；

E_s——预应力筋的弹性模量（N/mm^2）。

其中，计算截面处的损失应力按下式计算：

$$\sigma_{l2}=\sigma_{con}[1-1/e^{-\kappa x+\mu\theta}]$$

式中 σ_{con}——张拉控制应力（N/mm^2）；

κ——每米钢绞线与孔道偏差影响系数，取 0.0015；

μ——摩阻系数，取 0.25；

θ——张拉点至计算截面处的曲线切线夹角之和（rad）；

x——张拉点至计算截面处的孔道长度（m）。

预应力伸长值分段计算见图 5-40。预应力张拉时应做好记录，张拉完后及时整理归档。伸长值计算见表 5-13。

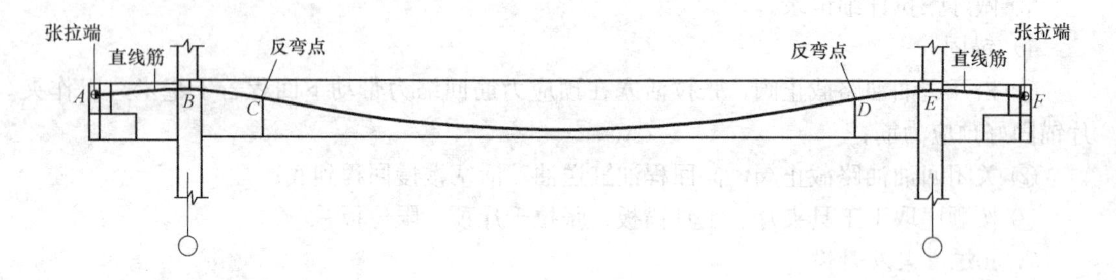

图 5-40　预应力伸长值计算分段图

束形①应力及伸长值　　表 5-13

曲线段	x(m)	θ(rad)	σ_{l2}(MPa)	$\sigma_{初}$(MPa)	$\sigma_{末}$(MPa)	ΔL(mm)	$\Delta L_{补}$(mm)
AB	4.675	0	9.8	1395.0	1385.2	33	34
BC	4.500	0.103	45.0	1385.2	1340.2	31	
CD	36.000	0.206	141.4	1340.2	1198.8	234	
DE	4.500	0.103	39.0	1198.8	1159.8	27	
EF	4.675	0	8.1	1159.8	1151.7	28	
Σ	54.350					353	387

9. 质量保证措施

(1) 由于预应力工程在结构中占有很重要的地位，所以预应力施工必须建立一个完整的项目管理机构，由项目负责人全权负责预应力施工，选用经验丰富的工程师担任各专业施工负责人，并承担相应责任。

(2) 预应力项目负责人和技术负责人，协助工程项目经理负责预应力具体施工安排和技术指导，领导各专业施工工长做好施工各项工作。

(3) 各专业施工工长必须对施工人员做好技术交底工作，组织工人进行必要的技术培训，确保工程质量。

(4) 所有原材料进场必须按相应的规范、标准进行：钢绞线按《预应力用混凝土钢绞线》GB 5224—2014 执行，具体施工按《混凝土结构工程施工质量验收规范》GB 50204—2015 执行；锚具、夹具按《预应力用锚具、夹具和连接器》GB/T 14370—2015 执行。

(5) 钢绞线成盘堆放要切实做好防潮、防雨措施，避免钢绞线锈蚀。

(6) 钢绞线及有关的各种锚夹具的加工必须符合相应规范要求。

(7) 预应力筋下料应采用高速砂轮机切割，不可采用气割或电焊烧割。

(8) 预埋成型各控制点矢高、水平位置必须满足设计要求，允许垂直偏差±15mm，水平偏差±10mm，且预埋波纹管走势应平滑顺直，绑点应牢固，避免浇筑混凝土时孔道上浮、位置偏移。波纹管应仔细检查有无破漏点，发现后要及时修补。

(9) 部分预应力筋放置时间较长，要切实做好防锈工作。

(10) 浇筑混凝土时，振捣器不得触及孔道埋管及端头构件，严禁振捣预应力束定位马凳，以防预应力束位置发生偏差；张拉端混凝土必须振捣密实，严禁出现空洞、蜂窝、麻面。

（11）施加预应力时，混凝土应达到设计强度。

（12）张拉前必须对所有构件进行编号，按设计要求的张拉顺序记录张拉数值。

（13）张拉机具必须在高一精度等级的设备上配套校验，经过修理后必须重新校验。

（14）张拉操作人员要经过技术培训，并由专职负责人进行技术交底，不得随意提高或降低张拉应力，无关人员不得开启张拉机具。

（15）装锚具夹具时，将锚杯紧贴垫板，夹片敲紧，并使其平齐；张拉过程中加载和卸载的速度应适中，不能太快，使预应力筋充分伸长，同时减小锚固回缩损失。

（16）张拉严格按双控法施工，严格控制油压表的读数，应尽量减小读数误差；张拉记录要认真、准确、及时，发现张拉伸长值异常时应立即停机检查，处理后方可继续张拉。

（17）封头工作要及时，避免水汽进入腐蚀锚夹具。

10. 安全措施

（1）严格执行各项安全操作规程，施工前要有安全交底，施工中应有安全措施，完工后应有安全小结及事故备案，职工要定期进行安全教育。

（2）工作人员须经安全培训和考核合格后，方可以进行张拉施工作业。

（3）操作平台要挂好防护网，绑好高度适宜的安全挡板。

（4）预应力张拉开始前，张拉区应设置明显的标志，禁止非预应力张拉人员进入张拉区域。

（5）张拉设备使用前，应对高压油泵、千斤顶等进行空载试运转，无异常情况方可正式使用。

（6）高空张拉作业中，锚具、工具设备、机具等严防高空坠落伤人。

（7）操作高压油泵要平稳、均匀，张拉时两端预应力筋轴线方向不得站人，以防断丝、滑丝伤人，张拉设备在持荷情况下，严禁拆除液压系统的任何零件。

（8）张拉完成后，及时切断电源，锁好电闸箱。将拉伸设备放在指定地点保养。

11. 质量验收

预应力张拉验收，应有钢绞线、锚具出厂合格证，钢绞线的现场取样试验报告，高压油表、千斤顶校验标定报告，预应力张拉施工方案及张拉记录，灌浆记录等资料。

思考题

1. 简述不同预应力筋配套的常用的锚具。锚具质量检验的内容包括哪些？
2. 简述液压千斤顶的分类和适用条件。
3. 预应力损失包括哪些方面？
4. 简述先张法施工工艺流程及操作要点。
5. 简述后张法施工工艺流程及操作要点。
6. 简述孔道灌浆的作用、灌浆材料的要求和灌浆施工要点。
7. 简述无粘结预应力施工工艺。

习 题

1. 30m 预应力折线形屋架，预应力筋采用 $1\times7\phi^{S}9.5$ 钢绞线；钢管抽芯成孔，$\kappa=0.0015$；一端张拉。钢绞线长度 $l=30.5$m，分别按考虑和不考虑孔道摩阻力影响计算其张拉伸长值。

2. 12m 梁的预应力筋为 $5\phi^{H}9$，长度：直线段 $l_2=8$m，曲线段 $l_1=l_3=2.1$m，$\theta=30°$；一端张拉，$P=380$kN，量测伸长的初始拉力取 38kN；胶管抽芯成孔，$\kappa=0.0015$，$\mu=0.60$，试求此预应力筋张拉伸长值（图 5-41）。

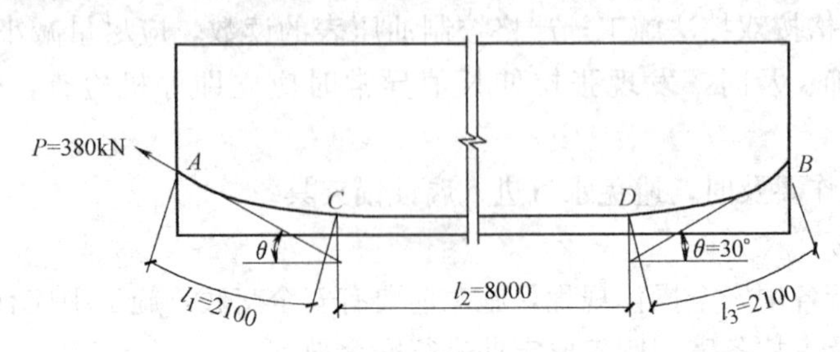

图 5-41　12m 梁张拉伸长值计算简图

第6章　结构安装工程

结构安装工程是用各种类型的起重机械将预制的结构构件（混凝土构件或钢结构构件）安装到设计位置（轴线和标高）的施工过程，是装配式结构工程施工的主导施工过程，它直接影响装配式结构工程的施工进度、工程质量和成本。

结构安装工程的特点是：

(1) 受预制构件类型和质量影响较大。预制构件的外形尺寸、预埋件位置是否准确、构件强度是否达到设计要求、预制构件类型的多少等，都直接影响施工进度和质量。

(2) 正确选用起重机械是完成结构安装工程施工的主导因素。选择起重机械的依据是：构件的尺寸、重量、安装高度以及位置，且吊装的方法及吊装进度亦取决于起重机械的选择。

(3) 构件在施工现场的布置（摆放）随起重机械的变化而不同。

(4) 构件在吊装过程中的受力情况复杂。必要时还要对构件进行吊装强度、稳定性的验算。

(5) 高空作业多，应注意采取安全技术措施。

因此，在制定结构安装工程施工方案时，必须充分考虑具体工程的工期要求、场地条件、结构特征、构件特征及安装技术要求等，做好安装前的各项准备工作：明确构件加工制作计划任务和现场平面布置；合理选择起重、运输机械；合理选择构件的吊装工艺；合理确定起重机开行路线与构件吊装顺序。达到缩短工期、保证质量、降低工程成本的目的。

6.1　索具设备和起重机械

6.1.1　索具设备

结构安装工程常用的索具设备主要包括：钢丝绳、吊具、滑轮组和卷扬机等。

1. 钢丝绳

钢丝绳强度高、韧性好、耐磨性好，磨损后外表产生毛刺，易发现，便于事故预防，是结构吊装的常用绳索。

(1) 钢丝绳的分类

钢丝绳是六股钢丝和一根绳芯（一般为麻芯）捻成。常用钢丝绳一般为6×19＋1、6×37＋1、6×61＋1三种（6股，每股分别由19、37、61根钢丝捻成），其钢丝的抗拉强度为1400、1550、1700、1850、2000MPa五种，如图6-1所示。钢丝绳的种类很多，按钢丝股的搓捻方向和钢丝绳的搓捻方向不同分为：

1) 顺捻绳：每根钢丝股的搓捻方向与钢丝绳的搓捻方向相同，这种钢丝绳柔性好，

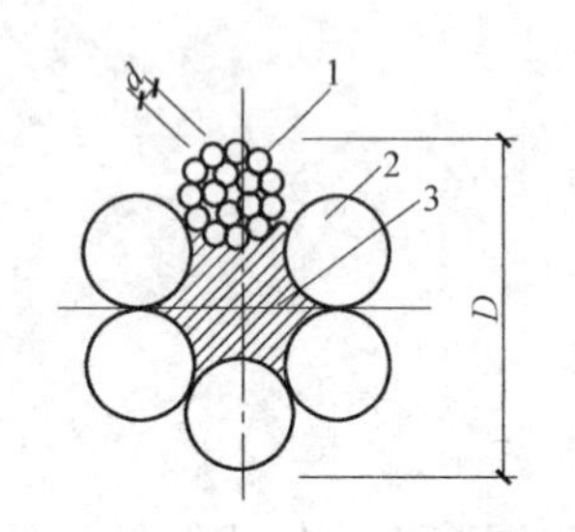

图 6-1 普通钢丝绳的截面
1—钢丝；2—由钢丝绕成的绳股；3—绳芯

表面平整，不易磨损；但容易松散和扭结卷曲，吊重物时，易使重物旋转，一般多用于拖拉或牵引装置。

2）反捻绳：每根钢丝股的搓捻方向与钢丝绳的搓捻方向相反，这种钢丝绳较硬，强度较高，不易松散，吊重时不会扭结和旋转，多用于吊装工作。

（2）钢丝绳的计算和使用

1）钢丝绳计算

钢丝绳允许应力按下列公式计算：

$$[S_G]=\frac{\alpha S_G}{k} \tag{6-1}$$

式中 $[S_G]$——钢丝绳的允许应力（kN）；

S_G——钢丝绳的钢丝破断力总和（kN）；

α——换算系数，按表 6-1 取用；

k——钢丝绳的安全系数，按表 6-2 取用。

钢丝绳破断拉力换算系数　　表 6-1

钢丝绳结构	换算系数
6×19	0.85
6×37	0.82
6×61	0.80

钢丝绳的安全系数　　表 6-2

用途	安全系数	用途	安全系数
作缆风绳	3.5	作吊索、无弯曲时	6～7
用于手动起重设备	4.5	作捆绑吊索	8～10
用于机动起重设备	5～6	用于载人的升降机	14

2）使用注意事项

① 应经常对钢丝绳进行检查，达到报废标准必须报废；定期对钢丝绳加润滑油（一般以工作时间 4 个月左右加一次）。

② 钢丝绳穿过滑轮时，滑轮槽的直径应比绳的直径大 1～2.5mm，滑轮槽过大钢丝绳容易压扁，过小则容易磨损；滑轮的直径不得小于钢丝绳直径的 10～12 倍，以减小绳的弯曲应力。

③ 存放在仓库里的钢丝绳应成卷排列，避免重叠堆置，库中应保持干燥，以防钢丝绳锈蚀。

④ 在使用中，如绳股间有大量的油挤出，表明钢丝绳的荷载已相当大，这时必须勤加检查，以防发生事故。

2. 吊具

吊具包括吊钩、卡环、钢丝绳卡扣、吊索、横吊梁等，是吊装时的辅助工具，如图 6-2 所示。卡环用于吊索之间或吊索与构件吊环之间的连接。钢丝绳卡扣主要用来固定钢丝绳端。使用卡扣的数量和钢丝绳的粗细有关，粗绳用得较多。吊索根据形式不同，可分为环形吊索（万能索）和开口索。横吊梁（铁扁担）可减小起吊高度，满足吊索水平夹角要求，使构件保持垂直、平衡。

3. 滑轮组

滑轮组是由一定数量的定滑轮和动滑轮及绕过它们的绳索所组成，其作用是省力和改变力的方向。

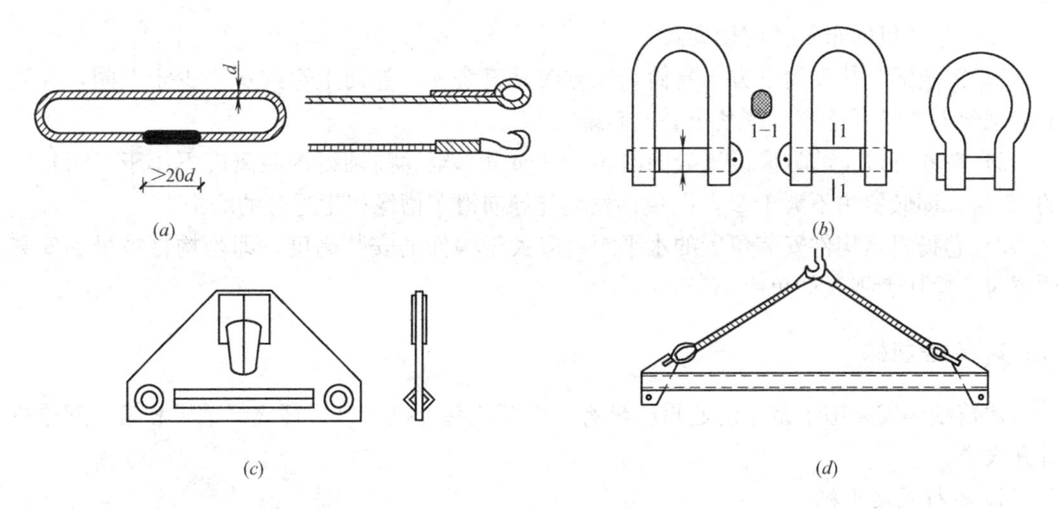

图 6-2　吊具

(*a*) 吊索；(*b*) 卡环；(*c*) 钢板横吊梁；(*d*) 钢铁扁担

4. 卷扬机

卷扬机有快速和慢速两种。快速卷扬机有单筒、双筒，设备能力 40～80kN，用于垂直、水平运输及打桩作业。慢速卷扬机为单筒式，设备能力 50～100kN，用于吊装结构、冷拉钢筋和张拉预应力筋。卷扬机的安装使用要求如下：

(1) 卷扬机的固定

卷扬机使用时必须予以固定，以防工作时产生滑动或倾覆。根据受力大小，固定方式有螺栓锚固法、水平锚固法、立桩锚固法和压重锚固法四种，如图 6-3 所示。

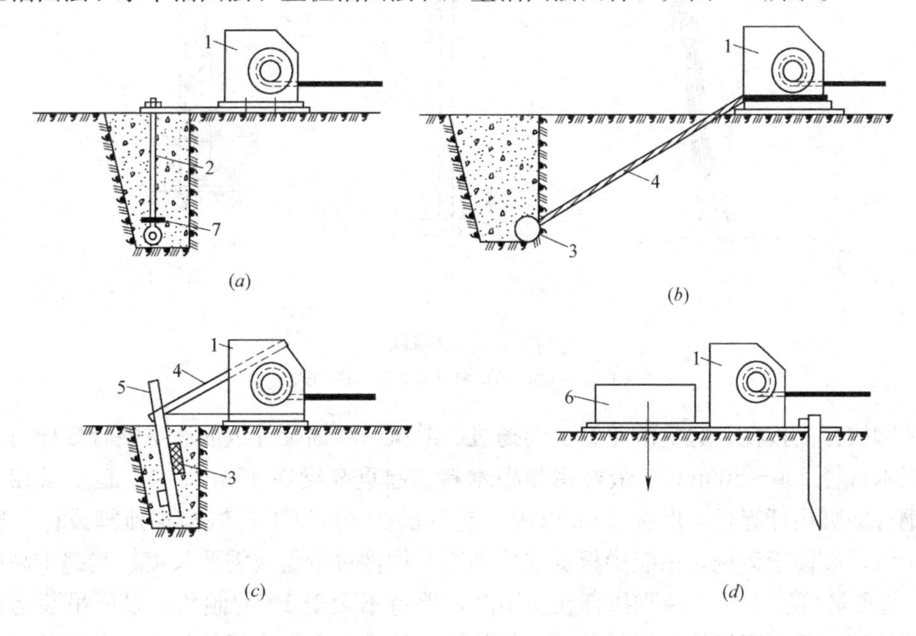

图 6-3　卷扬机的固定方法

(*a*) 螺栓锚固法；(*b*) 水平锚固法；(*c*) 立桩锚固法；(*d*) 压重锚固法

1—卷扬机；2—地脚螺栓；3—横木；4—拉索；5—木桩；6—压重；7—压板

（2）卷扬机的布置及使用要点

1）钢丝绳应从卷筒下方与卷筒轴线方向垂直绕入，卷筒上存绳量不少于四圈，卷筒上的钢丝绳应排列整齐，严禁重叠或斜绕。

2）在卷扬机正前方应设置导向滑轮，导向滑车至卷筒轴线的距离应不小于卷筒长度的15倍，即倾斜角不大于2°，以免钢丝绳与导向滑车槽缘产生过分的磨损。

3）卷扬机至构件安装位置的水平距离应大于构件的安装高度，即当构件被吊到安装位置时，操作者视线仰角应小于45°。

6.1.2 起重机械

建筑结构安装施工常用的起重机械有：桅杆式起重机、自行杆式起重机和塔式起重机等几大类。

1. 桅杆式起重机

桅杆式起重机是用木材或金属材料制作的起重设备，具有制作简单、装拆方便、起重量大（可达200t以上）、受地形限制小等特点，宜在大型起重设备不能进入时使用。但是其起重半径小、移动较困难，需要设置较多的缆风绳。它一般适用于安装工程量集中、结构重量大、安装高度大以及施工现场狭窄的构件安装。常用的有独脚拔杆、人字拔杆、悬臂拔杆和牵缆式桅杆起重机等。

（1）独脚拔杆

独脚拔杆有木独脚拔杆和钢管独脚拔杆以及格构式独脚拔杆三种，如图6-4所示。

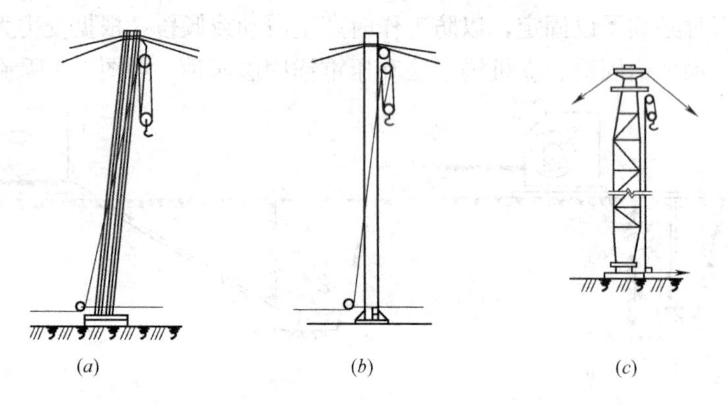

(*a*)　(*b*)　(*c*)

图6-4　独脚拔杆

（*a*）木制；（*b*）钢管式；（*c*）格构式

独脚拔杆由拔杆、起重滑轮组、卷扬机、缆风绳和锚碇等组成。木独脚拔杆由圆木做成，圆木直径200～300mm，最好用整根木料。起重高度在15m以内，起重量在10t以下。钢管独脚拔杆起重高度在20m以内，起重量在30t以下；格构式独脚拔杆一般制作成若干节，以便于运输，吊装中根据安装高度及构件重量组成需要长度。其起重高度可达70m，起重量可达100t。独脚拔杆在使用时，保持不大于10°的倾角，以便吊装构件时不至碰撞拔杆，底部要设拖子以便移动，拔杆主要依靠缆风绳来保持稳定，其根数应根据起重量、起重高度以及绳索强度而定，一般为6～12根，但不少于4根。缆风绳与地面的夹角α一般取30°～45°，角度过大则对拔杆产生较大的压力。

(2) 人字拔杆

人字拔杆是由两根圆木或钢管、缆风绳、滑轮组、导向轮等组成。在人字拔杆的顶部交叉处，悬挂滑轮组。拔杆下端两脚的距离约为高度的1/3～1/2。缆风绳一般不少于5根，如图6-5所示。人字拔杆顶部相交呈20°～30°夹角，以钢丝绳绑扎成铁件铰接。人字拔杆的特点是侧向稳定性好、缆风绳用量少。但起吊构件活动范围小，一般仅用于安装重型柱，也可作辅助起重设备用于安装厂房屋盖上的轻型构件。

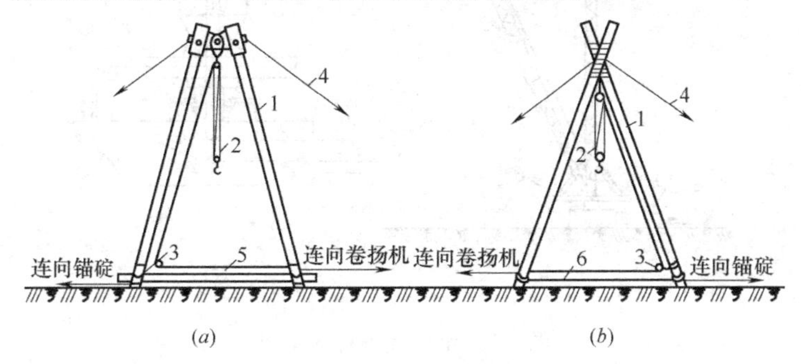

图6-5 人字拔杆

(a) 顶端用铁件铰接；(b) 顶端用绳索捆扎

1—拔杆；2—起重滑轮组；3—导向轮；4—缆风绳；5—拉杆；6—拉绳

(3) 悬臂拔杆

在独脚拔杆中部或2/3高度处装上一根起重臂成悬臂拔杆，如图6-6所示。

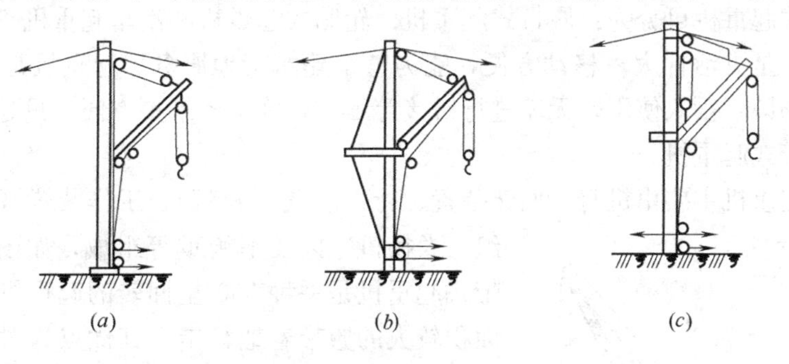

图6-6 悬臂拔杆

(a) 一般形式；(b) 带加劲杆；(c) 起重臂可沿拔杆升降

悬臂拔杆的特点是有较大的起重高度和起重半径，起重臂还能左右摆动120°～270°，这为吊装工作带来较大的方便。但其起重量较小，多用于起重高度较高的轻型构件的吊装。

(4) 牵缆式桅杆起重机

牵缆式桅杆起重机是在独脚拔杆的下端装上一根可以回转和起伏的吊杆而成，如图6-7所示。这种起重机不仅起重臂可以起伏，而且整个机身可作360°回转，因此，能把构件吊送到有效起重半径内的任何空间位置。具有较大的起重量和起重半径，灵活性好。

起重量在5t以下的桅杆式起重机，大多用圆木做成，用于吊装小构件；起重量在10t左右的桅杆式起重机，起重高度可达25m，多用于一般工业厂房的结构安装；用格构式截面的拔杆和起重臂，起重量可达60t，起重高度可达80m，常用于重型厂房的吊装，缺点

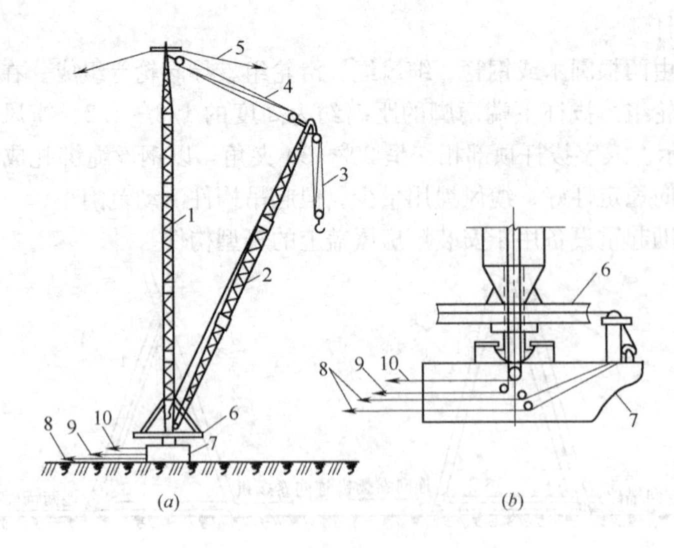

图 6-7　牵缆式桅杆起重机

（a）全貌图；（b）底座构造示意图

1—拔杆；2—起重臂；3—起重滑轮组；4—变幅滑轮组；5—缆风绳；

6—回转盘；7—底座；8—回转索；9—起重索；10—变幅索

是使用缆风绳较多。

2. 自行杆式起重机

自行杆式起重机可分为：履带式起重机、轮胎式起重机和汽车起重机三种。自行杆式起重机的优点是灵活性大，移动方便，能为整个建筑工地服务。起重机是一个独立的整体，一到现场即可投入使用，无需进行拼接等工作，施工起来更方便，只是稳定性稍差。

（1）履带式起重机

履带式起重机主要由机身、回转装置、行走装置（履带）、工作装置（起重臂、滑轮组、卷扬机）以及平衡重等组成，如图 6-8 所示。履带式起重机是一种 360°全回转的起重机，它利用两条面积较大的履带着地行走。其优点为对场地、路面要求不高，臂杆可以接长或更换，有较大的起重能力及工作速度，在平整坚实的道路上还可负载行驶。但其行走速度较慢，稳定性差，履带对路面破坏性较大。一般用于单层工业厂房结构安装工程中。

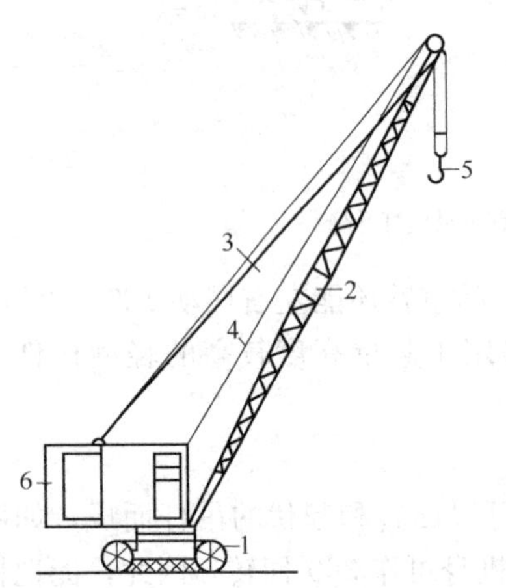

图 6-8　履带式起重机

1—履带；2—起重臂；3—起落起重臂钢丝绳；4—起落吊钩钢丝绳；5—吊钩；6—机身

履带式起重机主要技术性能包括 3 个主要参数：起重量 Q、起重半径 R 和起重高度 H。起重量是指安全工作所允许的最大起重重物的质量；起重半径是指起重机回转中心至吊钩的水平距离；起重高度是指起重吊钩中心至停机面的距离。三个工作参数之间存在着互相制约的关系。即起重量、回转半径和起重高度的数值，取决于起重臂长度及其仰角。当起重臂长度一定时，随着起重臂仰角的增大，则起重量和起重高度增大，而回转半径则减小。当起重臂仰角不变时随着起重臂的长度的增加，则回转半径和起重高度都增加，而起重量变小。

常用履带起重机型号有机械式（QU）、液压式（QUY）和电动式（QUD）三种。目前国产履带起重机已经形成 30～300t 的产品系列（QUY35、QUY50、QUY100、QUY150、QUY300），品种较少，中小吨位重复较多，而国外公司产品型谱的覆盖面很大，最大起重量已达到 1600t。

（2）汽车式起重机

汽车式起重机是装在普通汽车底盘上或特制汽车底盘上的一种起重机，也是一种自行式全回转起重机。其行驶的驾驶室与起重操作室是分开的，它具有行驶速度高、机动性能好的特点。但吊重时需要打支腿，因此不能负载行驶，也不适合在泥泞或松软的地面上工作。

常用的汽车式起重机（图 6-9）有 Q1 型（机械传动和操纵）、Q2 型（全液压式传动和伸缩式起重臂）、Q3 型（多电动机驱动各工作机构）以及 YD 型随车起重机和 QY 系列等。

重型汽车式起重机 Q2-32 型起重臂长 30m，最大起重量 32t，可用于一般厂房的构件安装和混合结构的预制板安装工作。目前引进的大型汽车式起重机最大起重量达 120t，最大起重高度可达 75.6m，能满足吊装重型构件的需要。

在使用汽车式起重机时不准负载行驶或不放下支腿就起重，在起重工作之前要平整场地，以保证机身基本水平（一般不超过 3°），支腿下要垫硬木块。支腿伸出应在吊臂起升之前完成，支腿的收入应在吊臂放下、搁稳之后进行。

3. 轮胎式起重机

轮胎式起重机（图 6-10）是把起重机构安装在加重型轮胎和轮轴组成的特制底盘上的一种自行式全回转起重机。随着起重量的大小不同，底盘下装有若干根轮轴，配备有 4～10 个或更多轮胎。吊装时一般用四个支腿支撑以保证机身的稳定性；构件重量在不用支腿允许荷载范围内也可不放支腿起吊。轮胎式起重机与汽车式起重机的优缺点基本相似，其行驶均采用轮胎，故可以在城市的路面上行走，不会损伤路面。轮胎式起重机可用于装卸和一般工业厂房的安装及低层混合结构预制板的安装工作。

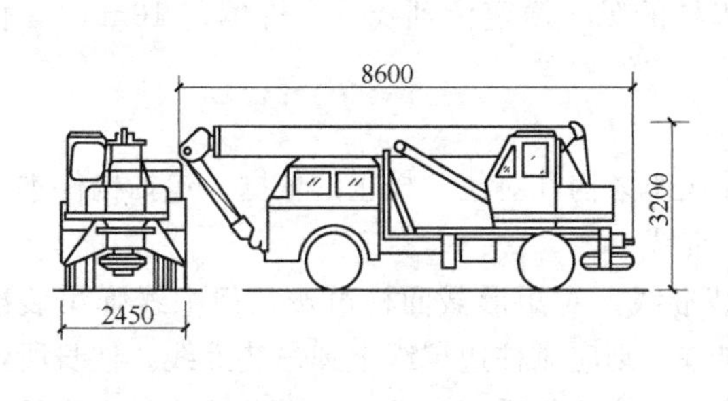

图 6-9　汽车式起重机

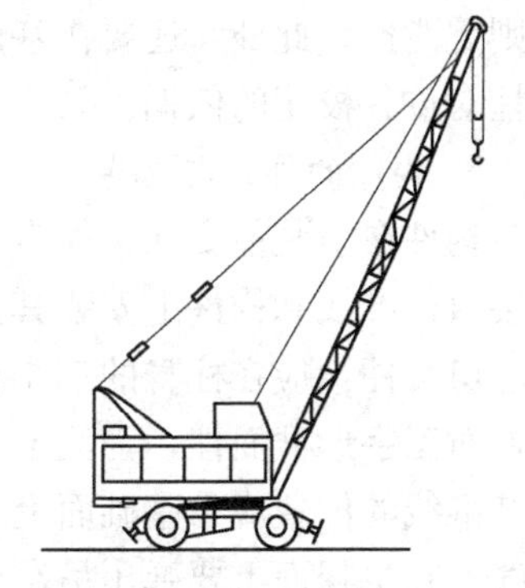
图 6-10　轮胎式起重机

6.2　钢筋混凝土单层工业厂房结构吊装

单层工业厂房构件除基础为现浇杯口基础，柱、吊车梁、连系梁、屋架、天窗架、屋面板及支撑系统（柱间支撑、屋盖支撑）等构件均需要进行吊装。其中，吊车梁、连系梁、天窗架和屋面板等小型构件一般在预制厂进行制作，柱和屋架则在施工现场进行制作。

6.2.1 吊装前的准备工作

1. 场地清理与铺设道路

按照现场平面布置图，标出起重机的开行路线和构件堆放位置，注意保证足够的路面宽度和转弯半径，路宽一般为3.5～6m，转弯半径10～20m；清理道路上的杂物，进行平整压实，松软土铺枕木、厚钢板。

2. 构件的运输和堆放

一般构件混凝土强度达到设计强度的75%以上才能运输；构件在运输时要固定牢靠，必要时应采用支架支撑；注意控制运输车辆行驶速度；注意构件的垫点和装卸车时的吊点都应按设计要求进行，垫点要在同一条垂直线上，且厚度相等。构件堆放场地应平整压实，有排水措施，重叠堆放梁不超过4层，大型屋面板不超过6块。

3. 构件的检查与清理

检查型号数量是否与设计相符；构件的混凝土强度必须满足设计要求，一般应不低于混凝土设计强度的75%，对屋架等大跨度构件应达到设计强度的100%；检查构件的外形尺寸、预埋件的位置和尺寸等是否符合设计要求；检查构件有无缺陷、损伤、变形、裂缝等。

4. 基础的准备

装配式钢筋混凝土柱基础一般设计成杯形基础。为了保证柱子安装后牛腿面的标高符合设计要求（柱在制作过程中牛腿面到柱脚距离可能存在误差），在柱吊装前需要对杯底标高进行一次调整（或称抄平）。调整的方法是测出杯底实际标高 h_1（现浇杯形基础时标高应控制比设计标高略低50mm），再量出柱脚底面至牛腿面的实际长度 h_2，则杯底标高的调整值 $\Delta h=(h_1+h_2)-h_3$（牛腿面的设计标高），若为正值则需用细石混凝土垫平，负值则需凿掉。此外，还要在基础杯口上弹出柱的纵、横定位轴线（允许偏差10mm），作为柱对位、校正的依据。

5. 构件的弹线与编号

构件在吊装前要在构件表面弹出吊装准线作为构件对位、校正的依据。包括构件本身安装对位准线和构件上安装其他构件的对位准线。

（1）柱：应在柱身的三个面上弹出吊装准线。对矩形截面柱可按几何中线弹吊装准线，对工字形截面柱，为便于观测及避免视差，则应靠柱边翼缘上弹吊装准线。柱身所弹吊装准线的位置应与基础面上所弹柱的吊装准线位置相适应。此外，在柱顶要弹出截面中心线，在牛腿面上要弹出吊车梁的吊装准线。

（2）屋架：在屋架的两个端头应弹出纵、横吊装准线；在屋架上弦顶面应弹出几何中心线，并从跨度中央向两端分别弹出天窗架、屋面板或檩条的吊装准线。

（3）梁：在梁的两端及顶面应弹出几何中心线，作为梁的吊装准线。

在弹线的同时，应根据设计图纸将构件编号写在明显易见的部位。对不易辨别上下、左右的构件，还应在构件上加以注明，以免吊装时弄错。

6.2.2 构件吊装工艺

构件吊装的一般工艺：绑扎→起吊→就位、临时固定→校正、最后固定。

1. 柱的吊装

（1）柱的绑扎

柱子的绑扎位置和绑扎点数，应根据柱的形状、断面、长度、配筋部位和起重机性能等情况确定。

绑扎点数和位置：因为柱的吊升过程中所承受的荷载与使用阶段荷载不同，因此绑扎点应高于柱的重心，柱吊起后才不致摇晃倾翻。吊装时应对柱的受力进行验算，其最合理的绑扎点应在柱产生的正负弯矩绝对值相等的位置。一般的中、小型柱（长 12m 或重 13t 以下），大多绑扎一点，绑扎点在牛腿根部，工字形断面柱的绑扎点应选在矩形断面处，否则应在绑扎位置用方木垫平；重型或配筋小而细长的柱则需要绑扎两点，甚至三点，绑扎点合力作用线高于柱重心。在吊索与构件之间还应垫上麻袋、木板等，以免吊索与构件之间摩擦造成损伤。

绑扎方法：按柱起吊后柱身是否垂直分为斜吊绑扎法（图 6-11、图 6-13*a*）和直吊绑扎法（图 6-12、图 6-13*b*）。

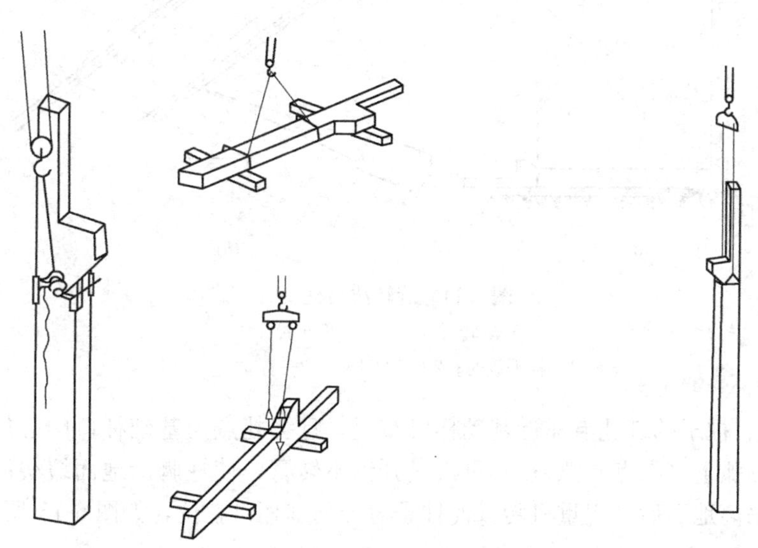

图 6-11　一点绑扎斜吊绑扎法　　　　图 6-12　一点绑扎直吊绑扎法

当柱平卧起吊抗弯能力满足要求时，可采用斜吊法，其特点是不需翻身，起重高度小，抗弯差，起吊后对位困难。当柱平卧起吊抗弯能力不足时，吊装前需对柱先翻身后再绑扎起吊。吊索从柱的两侧引出，上端通过卡环或滑轮组挂在横吊梁上，这种方法称为直吊法，其特点是翻身后两侧吊，抗弯好，不易开裂，易对位，但需用铁扁担，吊索长，需较大起重高度。

（2）柱的吊升

工业厂房中的预制柱子安装就位时，常用旋转法和滑行法两种形式吊升到位。

1）旋转法：布置柱子时使柱脚靠近柱基础，柱的绑扎点、柱脚和基础中心位于以起

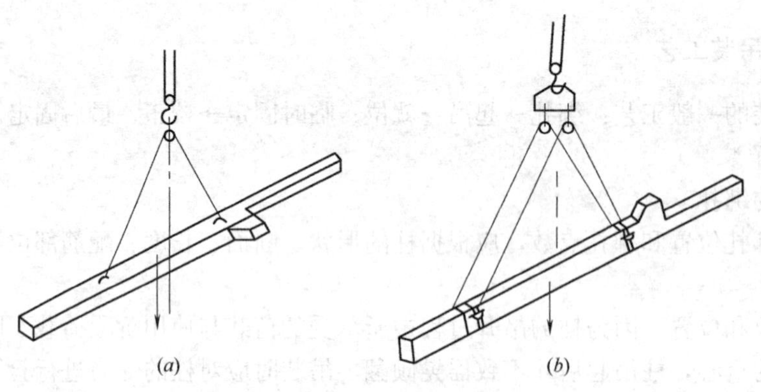

图 6-13　柱的两点绑扎

(a) 斜吊绑扎；(b) 直吊绑扎

重半径为半径的圆弧上（三点共弧）。起重机边升钩边转臂，柱脚不动而立起，吊离地面后继续转臂，插入基础杯口内，如图 6-14 所示。

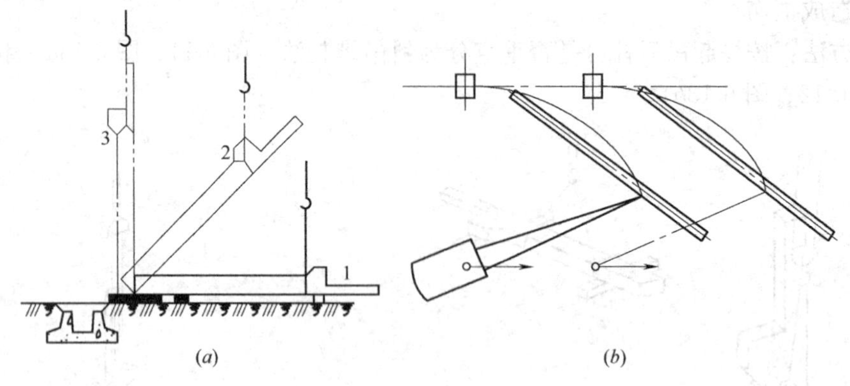

图 6-14　旋转法吊柱

(a) 旋转过程；(b) 平面布置

1—柱平放时；2—起吊中途；3—直立

2）滑行法：柱子的绑扎点靠近基础杯口布置，且绑扎点与基础杯口中心位于以起重半径为半径的圆弧上（二点共弧）；起重机只升钩不转臂，使柱脚沿地面缓缓滑向绑扎点下方、立直；吊离地面后，起重机转臂使柱子对准基础杯口就位，如图 6-15 所示。

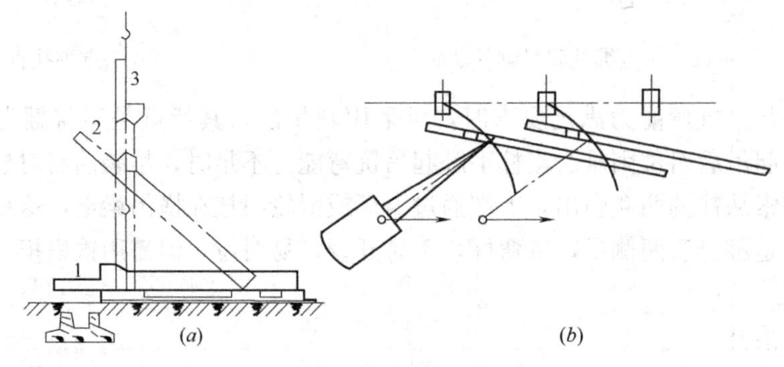

图 6-15　滑行法吊柱

(a) 滑行过程；(b) 平面布置

1—柱平放时；2—起吊中途；3—直立

旋转法相对滑行法的特点是：柱在吊装立直过程中振动较小，生产率较高；但对起重机的机动性要求高，现场布置柱的要求较高。两台起重机进行“抬吊”重型柱时，也可采用两点抬吊旋转法和一点抬吊滑行法。

(3) 柱的对位与临时固定

柱脚插入杯口后，应悬离杯底适当距离进行对位，对位时从柱子四周放入 8 只楔块（距杯底 30～50mm），并用撬棍拨动柱脚，使柱的吊装准线对准杯口上的吊装准线，并使柱基本保持垂直。柱子对位后，应先将楔块略为打紧，经检查符合要求后，方可将楔块打紧，这就是临时固定。重型柱或细长柱除做上述临时固定措施外，必要时可加缆风绳，如图 6-16 所示。

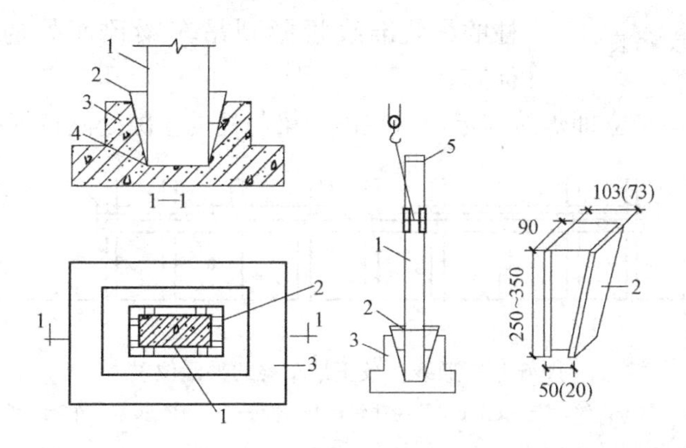

图 6-16　柱的对位与临时固定

1—柱子；2—楔块（括号内的数字表示另一种规格钢楔的尺寸）；3—杯形基础；4—石子；5—安装缆风绳或挂操作台的夹箍

(4) 柱的校正与最后固定

柱的校正，包括平面位置和垂直度的校正。平面位置在临时固定时多已校正好，因此柱校正的主要内容是垂直度的校正。其方法是用两台经纬仪从柱的相邻两面来测定柱的安装中心线是否垂直。垂直度的校正直接影响吊车梁、屋架等吊装的准确性，必须认真对待。要求垂直度偏差的允许值为：柱高小于等于 5m 时为 5mm；柱高大于 5m 时为 10mm；柱高大于等于 10m 时为 1/1000 柱高，但不得大于 20mm。

校正方法：有敲打楔块法、千斤顶校正法、钢管撑杆斜顶法及缆风绳校正法等。

柱子校正后应立即进行最后固定。方法是在柱脚与杯口的空隙中浇筑比柱混凝土强度等级高一级的细石混凝土，浇筑分两次进行：第一次浇筑至原固定柱的楔块底面，待混凝土强度达到 25%时拔去楔块，再将混凝土灌满杯口。待第二次浇筑的混凝土强度达到 75%后，方可安装其上部构件。

2. 吊车梁的吊装

吊车梁的类型，通常有 T 形、鱼腹形和组合形等，长一般为 6m、12m，重 3～5t。吊车梁吊装时，应两点绑扎，对称起吊。起吊后应基本保持水平，两端设拉绳（溜绳）控制，对位时不宜用撬棍在纵轴方向撬动吊车梁，以防使柱身受挤动产生偏差；用垫铁垫平，一般不需要临时固定，如图 6-17 所示。

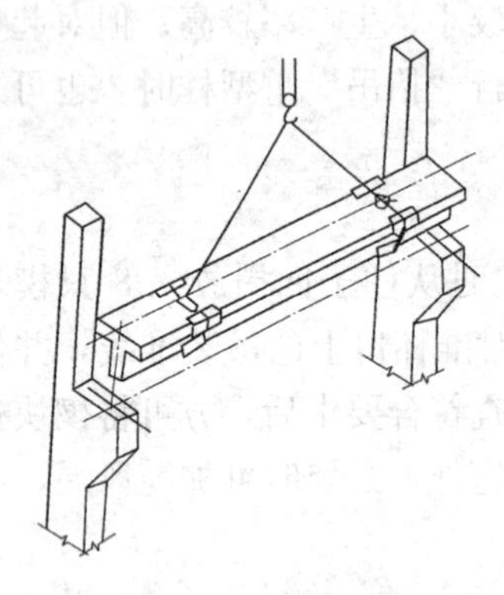

图 6-17　吊车梁吊装

吊车梁校正：主要包括平面位置和垂直度。中小型吊车梁宜在厂房结构校正和固定后进行，以免屋架安装时引起柱子变位。对于重型吊车梁则边吊装边校正。

吊车梁垂直度用靠尺逐根进行，平面位置的校正常用通线法与平移轴线法，如图6-18和图 6-19 所示。通线法是根据柱子轴线用经纬仪和钢尺准确地校核厂房两端的四根吊车梁位置，对吊车梁的纵轴线和轨距校正好之后，再依据校正好的端部吊车梁，沿其轴线拉上钢丝通线，逐根拨正。平移轴线法：在柱列边设置经纬仪，逐根将杯口中柱的吊装准线投影到吊车梁顶面处的柱身上，并做出标志。

吊车梁校正后，应立即焊接固定，并在吊车梁与柱的空隙处浇筑细石混凝土。

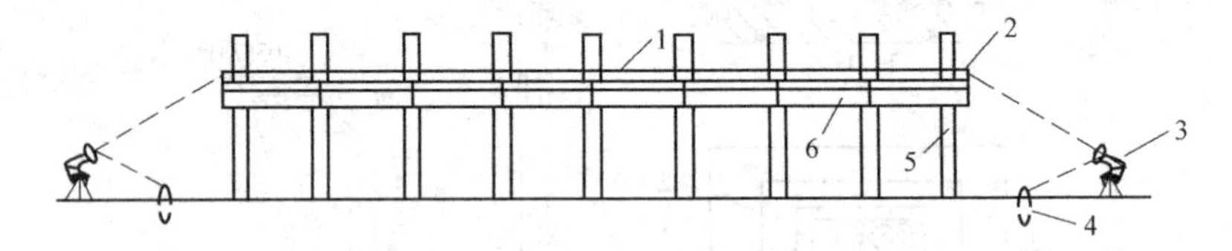

图 6-18　通线法校正吊车梁的平面位置

1—钢丝；2—支架；3—经纬仪；4—木桩；5—柱；6—吊车梁

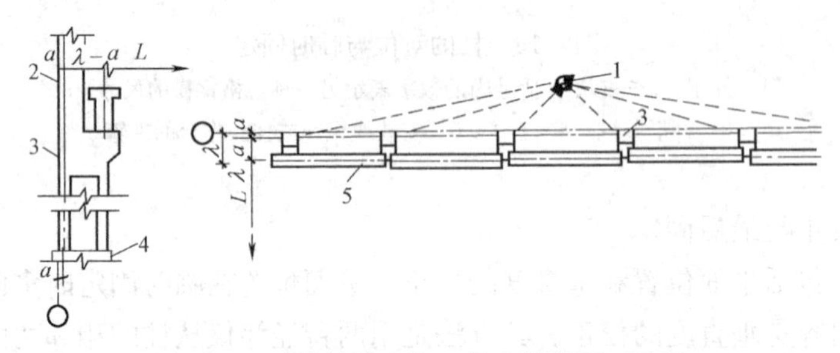

图 6-19　平移轴线法校正吊车梁的平面位置

1—经纬仪；2—标志；3—柱；4—柱基础；5—吊车梁

3. 屋架的吊装

屋盖系统包括有：屋架、屋面板、天窗架、支撑、天窗侧板及天沟板等构件。屋盖系统一般采用按节间进行综合安装，即每安装好一榀屋架，就随即将这一节间的全部构件安装上去。这样做可以提高起重机的利用率，加快安装进度，有利于提高质量和保证安全。在安装起始的两个节间时，要及时安好支撑，以保证屋盖安装中的稳定。

（1）屋架的扶直与就位

钢筋混凝土屋架一般在施工现场平卧浇筑，吊装前应将屋架扶直就位。屋架是平面受力构件，侧向刚度差。扶直时由于自重会改变杆件的受力性质，容易造成屋架损伤，所以必须采取有效措施或合理的扶直方法。按照起重机与屋架相对位置的不同，屋架扶直分为正向扶直和反向扶直两种方法。

1）正向扶直：起重机位于屋架下弦一侧，吊钩对准屋架上弦中心。收紧吊钩，略起臂使屋架脱模，随后升钩升臂，屋架绕下弦为轴转为直立状态。一般将构件在操作中升臂比降臂安全，故应尽量采用正向扶直，如图 6-20（*a*）所示。

2）反向扶直：起重机位于屋架上弦一侧，吊钩对准屋架上弦中心，升钩降臂，屋架绕下弦为轴转为直立状态，如图 6-20（*b*）所示。

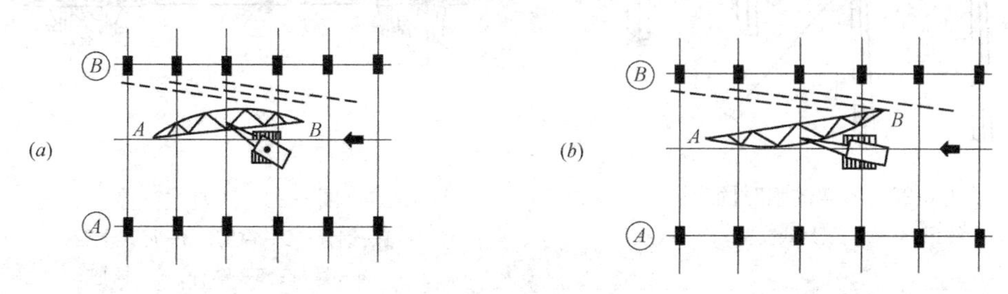

图 6-20 屋架扶直示意图

（*a*）正向扶直；（*b*）反向扶直

屋架扶直时，应注意吊索与水平线的夹角不宜小于 60°。屋架扶直后，应立即进行就位。就位指将屋架移放在吊装前最近的便于操作的位置。屋架就位位置应在事先加以考虑，它与屋架的安装方法，起重机械的性能有关，还应考虑到屋架的安装顺序，两端朝向，尽量少占场地，便利吊装。就位位置一般靠柱边斜放或以 3～5 榀为一组平行于柱边。屋架就位后，应用 8 号铁丝、支撑等与已安装的柱或其他固定体相互拉接，以保持稳定。

（2）屋架的绑扎

屋架的绑扎点应选在上弦节点处左右对称，并高于屋架重心，以免屋架起吊后晃动和倾翻，吊装时吊索与水平线的夹角不宜小于 45°，以免屋架承受过大的横向压力。必要时，为了减小绑扎高度及所受横向压力可采用横吊梁。吊点的数目及位置与屋架的形式和跨度有关，应经吊装验算确定。一般情况：跨度小于等于 18m 采用两点绑扎；跨度大于 18m 采用四点绑扎；跨度大于 30m 和组合屋架，应增设铁扁担，以降低吊装高度和减小吊索对屋架上弦的轴向压力，如图 6-21 所示。

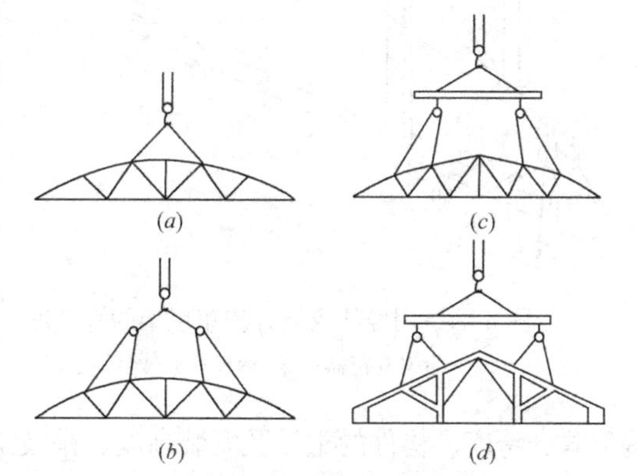

图 6-21 屋架的绑扎方法

（*a*）跨度小于等于 18m；（*b*）跨度大于 18m；（*c*）跨度大于 30m；（*d*）组合屋架

（3）屋架的吊升、对位与临时固定

中、小型屋架，一般均用单机吊装，当屋架跨度大于 24m 或重量较大时，应采用双机抬吊。

在屋架吊离地面约 300mm 时，将屋架引至吊装位置下方，然后再将屋架吊升超过柱顶一些，进行屋架与柱顶的对位。

屋架对位应以建筑物的定位轴线为准，对位成功后，立即进行临时固定。第一榀屋架的临时固定，可利用屋架与抗风柱连接，也可用缆风绳固定；以后每榀屋架可用工具式支撑（屋架校正器，图 6-23）与前一榀屋架连接，如图 6-22 所示。

（4）屋架的校正和最后固定

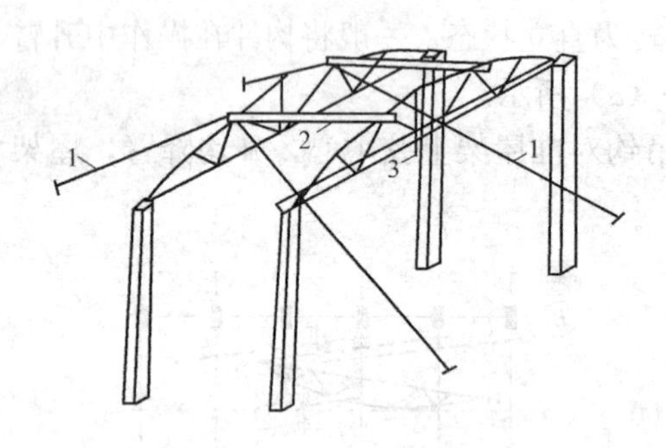

图 6-22　屋架的临时固定图

1—缆风绳；2—工具式支撑；3—线坠

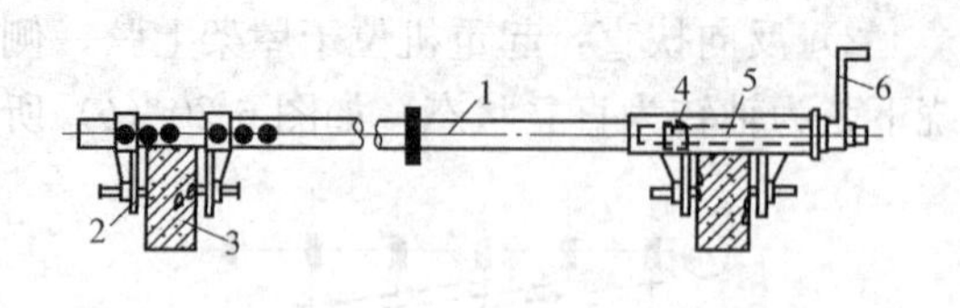

图 6-23　工具式支撑

1—钢管；2—撑脚；3—屋架上弦；
4—螺母；5—螺杆；6—摇把

屋架的垂直度应用垂球或经纬仪检查校正，如图 6-24 所示，有偏差时采用工具式支撑纠正，并在柱顶加垫铁片稳定。屋架校正完毕后，应立即按设计规定用螺母或电焊固定，待屋架固定后，起重机方可松卸吊钩。

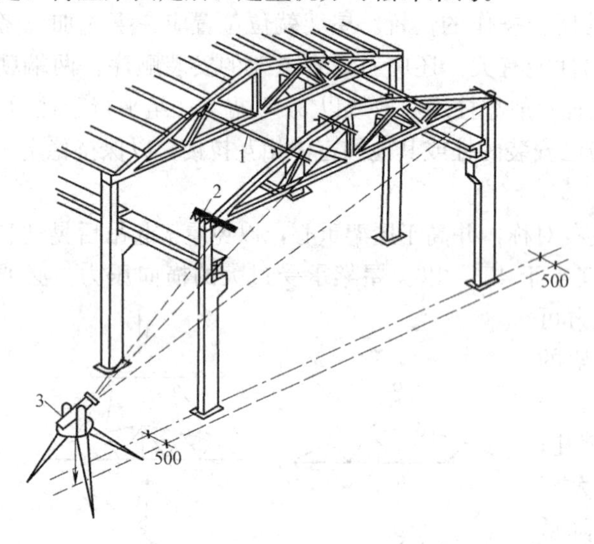

图 6-24　用经纬仪检查校正屋架的垂直度

1—屋架校正器；2—标尺；3—经纬仪

4. 屋面板的吊装

单层工业厂房的屋面板，一般为大型的槽形板，板四角吊环就是为起吊时用的，可单块起吊，也可多块叠吊或平吊。为了避免屋架承受半边荷载，屋面板吊装的顺序应自两边檐口开始，对称地向屋架中点铺放；在每块板对位后应立即电焊固定，必须保证有三个角点焊接。

6.2.3　单层工业厂房结构吊装方案

单层工业厂房结构吊装方案内容包括：结构吊装方法、起重机的选择、起重机的开行路线及构件的平面布置等。确定施工方案时应根据厂房的结构形式、跨度、构件的重量及安装高度、吊装工程量及工期要求，并考虑现有起重设备条件等因素综合确定。

1. 结构吊装方法

(1) 分件安装法

分件安装法即起重机每开行一次仅安装一种或两种构件，第一次开行吊柱，第二次开行吊地梁、吊车梁、连梁等，第三次开行吊屋盖系统（屋架、支撑、天窗架、屋面板）。分件安装法的优点是能按构件特点灵活选用起重机具；索具更换少，工人熟练程度高；构件布置容易，现场不拥挤。但其缺点是起重机开行线路长，不能进行围护、装饰等工序流水作业。分件安装法是单层工业厂房结构安装常采用的方法。

(2) 综合安装法

综合安装法即起重机在车间内的一次开行中，分节间（先安装 4～6 根柱子）安装所有各种类型的构件。其优点是起重机开行路线短，停机点少；利于围护、装饰等后续工序的流水作业。但存在一种起重机械同时吊装多种类型的构件，起重机的工作性能不能充分发挥；吊具更换频繁，施工速度慢；校正时间短，给校正工作带来困难；施工现场构件繁多，构件布置复杂，构件供应紧张等缺点。主要用于已安装了大型设备等，不便于起重机多次开行的工程，或要求某些房间先行交工等。

2. 起重机的选择

起重机的选择包括类型、型号的选择。一般中小型厂房选择自行式起重机；起重量较大且缺乏自行式起重机时，可选用桅杆式起重机；大跨度、重型厂房，应结合设备安装选择起重机；一台起重机不能满足吊装要求时，可考虑选择两台抬吊。

起重机的类型选定后，要根据构件的尺寸、重量及安装高度来确定起重机型号。当起重半径受场地安装位置限制时，先定起重半径再选能满足起重量、起重高度要求的机械；当起重半径不受限制时，据所需起重量、起重高度选择机型后，查出相应允许的起重半径。

（1）起重量 Q

起重机的起重量必须大于或等于所安装构件的重量与索具重量之和。

（2）起重高度 H（图 6-25）

$$H=h_1+h_2+h_3+h_4 \tag{6-2}$$

式中 h_1——停机面至安装支座高度；

h_2——安装间隙（不小于 0.3m）或安全距离（不小于 2.5m）；

h_3——绑扎点至构件底面尺寸；

h_4——吊索高度。

（3）起重半径 R（如图 6-26 所示）

当起重机可以不受限制地开到吊装位置附近时，对起重机的起重半径没有要求。当起重机受限制不能靠近安装位置去吊装构件时，按下式进行计算：

$$R_{\min}=F+D+0.5b \tag{6-3}$$

式中 F——起重机枢轴中心距回转中心的距离；

b——构件宽度（m）；

D——起重机枢轴中心距所吊构件边沿的距离。

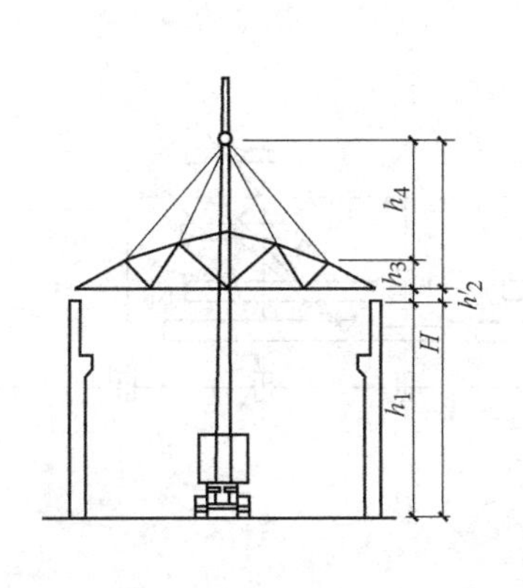

图 6-25　起重高度计算简图

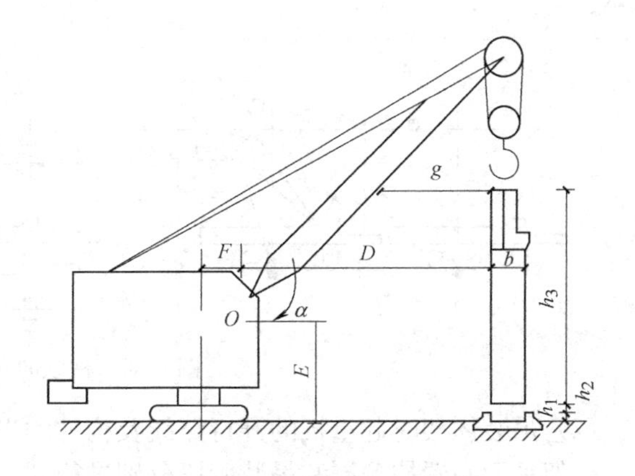

图 6-26　起重半径计算简图

3. 起重机的开行路线、停机位置和构件的平面布置

构件的平面布置与起重机的性能、安装方法、构件的制作方法有关。

(1) 吊装柱时起重机的开行路线及平面位置

1) 起重机的开行路线：根据厂房的跨度、柱的尺寸、重量及起重机的性能，有跨中开行和跨边开行两种。当$R \geqslant L/2$时（L为厂房跨度），跨中开行，一个停机点可吊2或4根柱；当$R < L/2$时，跨边开行，一个停机点可吊1或2根柱。如图6-27所示。

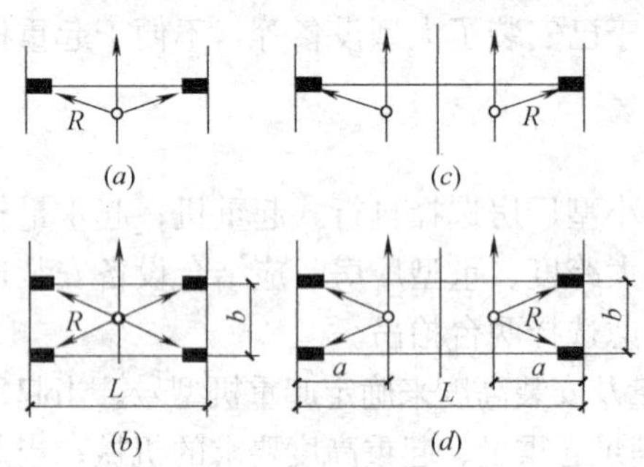

图6-27 起重机吊柱时的开行路线及停机位置

(a)、(b) 跨中开行；(c)、(d) 跨边开行

2) 柱的平面布置：柱的平面布置位置既可在跨内也可在跨外，布置方向分为斜向和纵向。

斜向布置：根据吊装时采用旋转法还是滑行法，可按三点或二点共弧斜向布置，确定步骤：确定起重机开行路线（$R_{min} \leqslant a \leqslant R_{选}$）→以柱基中心$M$为圆心$R_{选}$为半径画弧，与起重机开行路线的交点即为起重机停机点O→以O为圆心定出圆弧SKM（SM），确定A、B、C、D尺寸即为柱预制位置，如图6-28，图6-29所示。

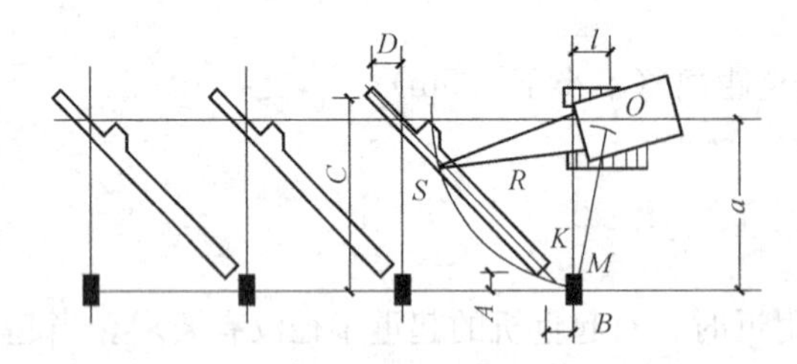

图6-28 采用旋转法吊装柱斜向布置图

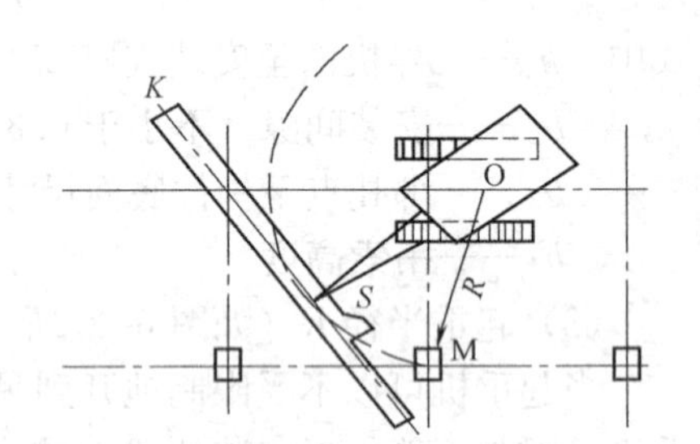

图6-29 采用滑行法吊装柱斜向布置图

纵向布置：用于滑行法吊装，该布置占地少，制作方便，但不便于起吊。确定步骤：确定起重机开行路线（$R_{min} \leqslant a \leqslant R_{选}$）→相邻两柱基中心线与起重机开行路线的交点即为起重机停机点O→确定柱预制位置，一般采用平行和重叠制作。如图6-30所示。

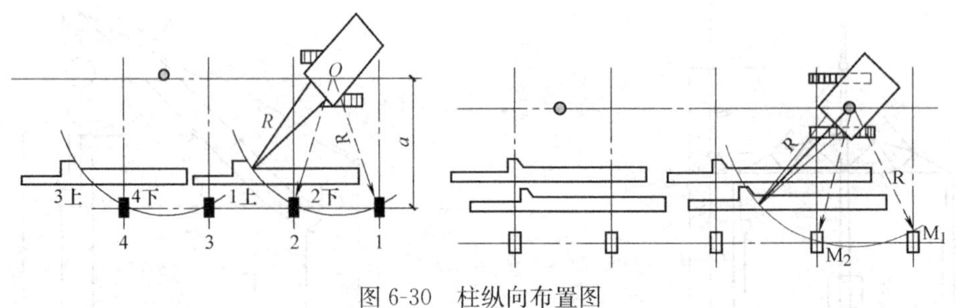

图6-30 柱纵向布置图

(2) 吊装屋架时起重机的开行路线及构件的平面布置

屋架平面布置按预制和吊装阶段分别进行：

1) 预制阶段平面布置：一般在跨内平卧叠浇预制，每叠3～4榀；布置方式分为斜

向、正反斜向和正反纵向布置三种，应优先采用正面斜向布置，它便于屋架扶直就位，只有当场地限制时，才采用其他方式，如图 6-31 所示。布置时应注意以下几点：

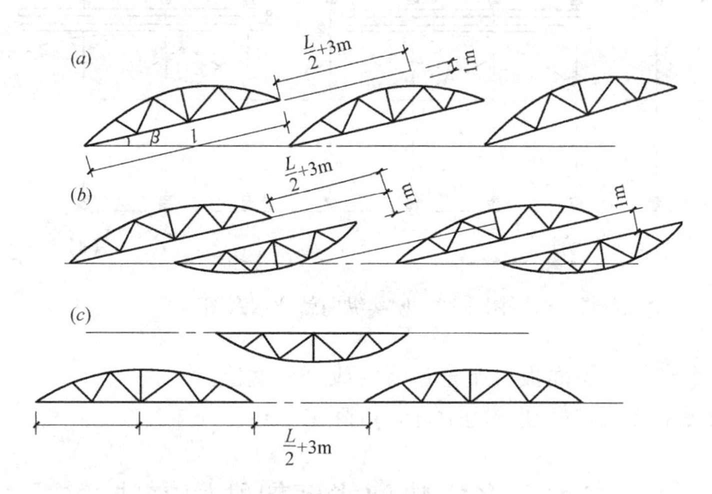

图 6-31 屋架的布置方式

（a）正面斜向布置；（b）正、反斜向布置；（c）正、反纵向布置

① 斜向布置时，屋架下弦与纵轴线夹角为 10°～20°；

② 预应力屋架两端均应留出抽管、穿筋、张拉操作所需场所 $L/2+3m$；

③ 每两垛之间留不小于 1.0m 的间隙；

④ 每垛先扶直者放于上面，放置方向与埋件位置要准确（标出轴号、端号）。

2）安装阶段构件的就位布置：安装屋架时首先进行屋架扶直，扶直后靠柱边斜向或纵向排放（立放）。

① 斜向就位：确定步骤：起重机安装屋架时的开行路线及停机位置→屋架的就位范围→屋架就位的位置，如图 6-32 所示。

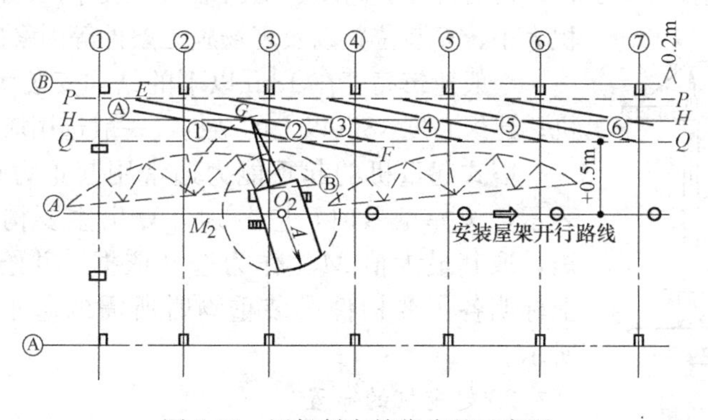

图 6-32 屋架斜向就位步骤示意图

② 纵向就位：一般以 4～5 榀为一组靠柱边顺轴线纵向排列，每组最后一榀中心距前一榀安装轴线不小于 2m。这种方式需起重机负重行驶，但占地少，如图 6-33 所示。

（3）吊车梁、连系梁、屋面板的运输和就位堆放

1）构件在预制厂或现场预制成型，后运至工地吊装。

2）运至现场后，按施工组织设计规定位置、编号及顺序，就位或堆放。

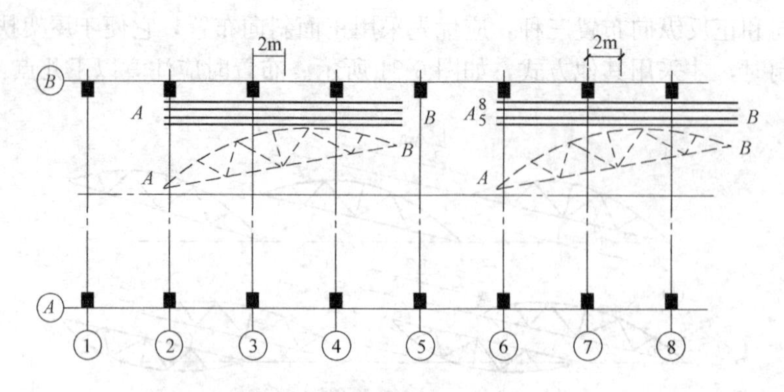

图 6-33　屋架纵向就位示意图

3）根据起重半径，屋面板可布置在跨内或跨外就位。

4）构件已集中堆放在吊装现场附近，可随吊随运。

6.3　多层装配式框架结构安装

多层装配式框架结构在工业和民用建筑中占有很大比例，其结构构件均为预制，用起重机在施工现场装配成整体。其施工特点是结构高度较大，占地面积相对较小，构件种类多、数量大，各类构件的接头处理复杂，技术要求高。

在结构安装施工中，需要重点解决的问题是吊装机械与布置，吊装方法、吊装顺序、构件节点连接施工、构件布置与吊装工艺等。

6.3.1　吊装机械的选择和布置

1. 吊装机械的选择

吊装机械的选择应按工程结构的特点、高度、平面形状、尺寸，构件长短、轻重、体积大小、安装位置以及现场施工条件等因素确定。

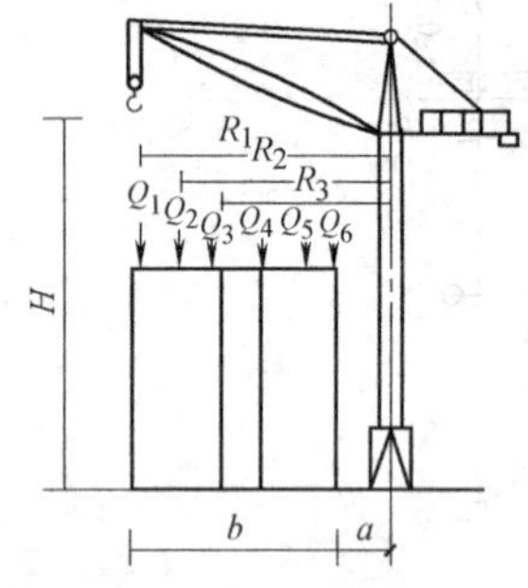

图 6-34　塔式起重机工作参数示意

一般建筑高度在 18m 以下的结构安装多选用自行式起重机；建筑高度 18m 以上的结构，一般选用塔式起重机。

塔式起重机的起重能力通常用起重力矩 M（$M=Q_iR_i$）表示，选择型号时，应分别计算出主要构件所需的起重力矩，取其最大值 M_{max} 作为选择依据，并绘制剖面图，在图上标明各主要构件吊装重物时所需的起重半径，如图 6-34 所示。

2. 起重机的布置

起重机的布置主要应考虑结构平面形状和构件重量、起重机性能、施工现场条件等因素，一般有下列两种方式。

（1）单侧布置

当结构宽度较小、构件较轻时采用单侧布置，如图 6-35（a）所示。

同时，起重半径应满足：

$$R \geqslant b+a \tag{6-4}$$

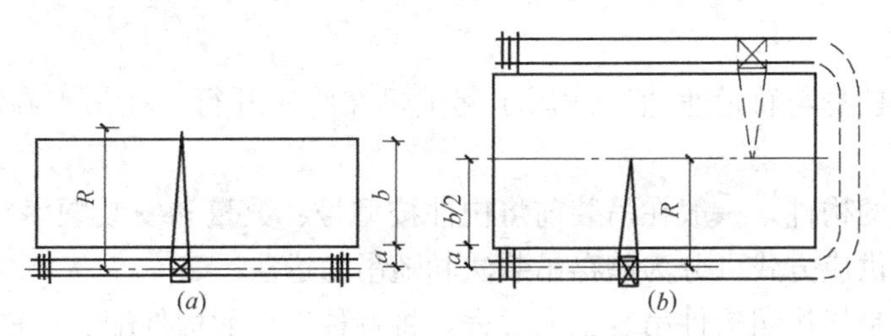

图 6-35　塔式起重机沿建筑物布置

（a）单侧布置；（b）双侧（或环形）布置

式中　b——结构宽度；

a——结构外侧边至起重机轨道中心线间的距离（一般取 3～5m）。

（2）双侧布置（环形布置）

当结构宽度较大、构件较重，采用单侧布置起重机的起重力矩不能满足结构吊装要求，起重机可采用双侧布置，如图 6-35（b）所示。

双侧布置时，起重半径应为：

$$R \geqslant \frac{b}{2} + a \quad (6\text{-}5)$$

若受场地限制，起重机不能布置在跨外，或由于构件重、结构宽，采用外侧布置时，起重机的起重力矩不满足吊装要求时，可将起重机布置在跨内。其布置有单行布置及环形布置两种方式，如图 6-36（a）、（b）所示。跨内布置时，起重机只能采用竖向综合吊装，结构稳定性差，构件二次搬运量大。因此，应优先采用跨外布置方案。

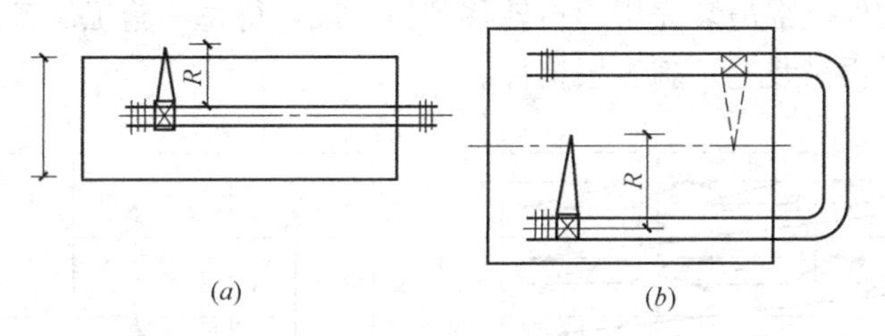

图 6-36　塔式起重机在跨内布置

（a）跨内单行布置；（b）跨内环行布置

6.3.2　构件的平面布置和堆放

多层装配式结构构件，除重量较大的柱在现场就地预制外，其余构件一般在预制厂制作，运至工地安装。因此，构件平面布置要着重解决柱在现场预制布置问题。其布置方式一般有下列三种：

1. 平行布置

平行布置即柱身与轨道平行，是常用的布置方案。柱可叠浇，将几层高的柱通长预制，能减少柱接头偏差。

2. 斜向布置

斜向布置即柱身与轨道呈一定角度。柱吊装时，可用旋转法起吊，它适用于较长柱。

3. 垂直布置

垂直布置即柱身与轨道垂直。适用于起重机在跨中开行，柱吊点在起重机起重半径之内。

加工厂制作的构件，一般在吊装前将构件按型号、数量和安装顺序等运进施工现场，吊装时，按构件供应方式可分为储存吊装法和随吊随运法。

储存吊装法是指按照构件吊装工艺过程，将各种类型的构件配套运输至施工现场并保持一定的储备量。储存吊装法可提高起重机的工作效率。

随吊随运也称为直接吊装法，构件按吊装顺序配套运往施工现场，直接由运输车辆上吊到设计安装位置上。这种方法需要较多的运输车辆和严密的施工组织。

楼面板等构件的堆放方式有插放法和靠放法两种。插放法是构件插在插放架上，堆放时不受型号限制，可按吊装顺序放置。这种方法便于查找构件型号，但占用场地较多。靠放法是将同型号构件放在靠放架上，占用场地较少。构件必须对称靠放，其倾角应保持大于80°，构件上部用木块隔开。

6.3.3 结构的吊装方法和吊装顺序

多层装配式结构的吊装方法有分件吊装法和综合吊装法两种。

1. 分件吊装

按流水方式不同，有分层分段流水和分层大流水两种吊装方法。

分层分段流水吊装法（图6-37*a*）是将多层结构划分为若干施工层，每个施工层再划分为若干吊装段。起重机在每一吊装段内按吊装顺序分次进行吊装，每次开行吊装一种构件，直至该段的构件全部吊装完毕，再转移到另一段，待每一施工层各吊装段构件全部吊装完并最后固定后再吊装上一施工层构件。

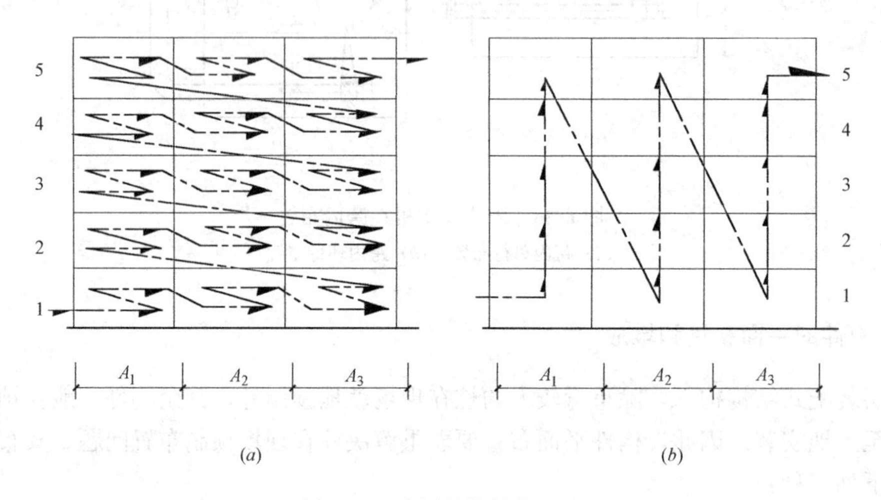

图6-37　多层结构吊装方法

（*a*）分层分段流水吊装法；（*b*）综合吊装法

A_1，A_2，A_3—施工段；1，2，3，4，5—施工层

通常施工层的划分与预制柱的长度有关，当柱的长度为一个结构层高时，以一个结构层高为一个施工层。如果柱子高度是两个结构层高时，则以两个结构层高为一个施工层，

施工层数越多，则柱子接头越多，吊装速度越慢，因此应加大柱的预制长度，以减少施工层。

吊装的划分取决于结构的平面尺寸、形状、起重机性能及开行路线等。划分时应保证结构安装的吊装、校正、固定各工序的协调，同时保证结构安装时的稳定。

分件安装的优点是，容易组织吊装、校正、焊接、固定等工序的流水作业，容易安排构件的供应及现场布置。

分层大流水吊装是每个施工层不再划分流水段，而按一个楼层组织各个工序的流水作业，这种方法适用于每层面积不大的工程。

2. 综合吊装

综合吊装是以一个柱网（节间）或若干个柱网（节间）为一个吊装段，以房屋全高为一个施工层组织各工序流水施工，起重机把一个吊装段的构件吊装至房屋的全高，然后转入下一个吊装段施工，如图 6-37（*b*）所示。

当结构宽度大而采用起重机跨内开行时，由于结构被起重机的通道暂时分割成几个从上到下的独立部分，所以，综合吊装法特别适用于起重机在跨内开行时的结构吊装。

6.3.4 结构吊装工艺

多层装配式框架结构安装的主要施工过程包括：柱的吊装、墙板结构构件吊装、梁柱接头浇筑等。

1. 柱的吊装

为了便于预制和吊装，各层柱截面应尽量保持不变，而以改变配筋或混凝土强度等级来适应荷载的变化。柱长度一般 1～2 层楼高为一节，也可 3～4 层为一节，视起重机性能而定。当采用塔式起重机进行吊装时，以 1～2 层楼高为宜；对 4～5 层框架结构，采用履带式起重机进行吊装时，柱长可采用一节到顶的方案。柱与柱的接头宜设在弯矩较小位置或梁柱节点位置，同时要照顾到施工方便。每层楼的柱接头宜布置在同一高度，便于统一构件规格，减少构件型号。

（1）绑扎起吊

多层框架柱，由于长细比较大，吊装时必须合理选择吊点位置和吊装方法，必要时应对吊点进行吊装应力和抗裂度验算。一般情况下，当柱长在 12m 以内时可采用一点绑扎，旋转法起吊；对 14～20m 的长柱则应采用两点绑扎起吊。应尽量避免采用多点绑扎，以防止在吊装过程中构件受力不均而产生裂缝或断裂。

（2）柱的临时固定和校正

框架底柱与基础杯口的连接与单层厂房相同。上下两节柱的连接是多层框架结构安装的关键。其临时固定可用管式支撑。柱的校正需要进行 2～3 次。首先在脱钩后电焊前进行初校；在电焊后进行二校，观测钢筋因电焊受热收缩不均而引起的偏差；在梁和楼板吊装后再校正一次，消除梁柱接头电焊产生的偏差。

在柱校正过程中，当垂直度和水平位移均有偏差时，如垂直度偏差较大，则应先校正垂直度，然后校正水平位移，以减少柱倾覆的可能性。柱的垂直度偏差允许值为 $H/1000$（H 为柱高），且不大于 15mm。水平位移允许偏差值应控制在±5mm 以内。

多层框架长柱，由于阳光照射的温差对垂直度有影响，使柱产生弯曲变形，因此，在校正中须采取适当措施。例如：①可在无强烈阳光时（阴天、早晨、晚间）进行校正；②同一轴线上的柱可选择第一根柱在无温差影响下校正，其余柱均以此柱为标准；③柱校正时预留偏差。

（3）柱子接头

柱子接头形式有榫式、插入式、浆锚式等三种，如图 6-38 所示。

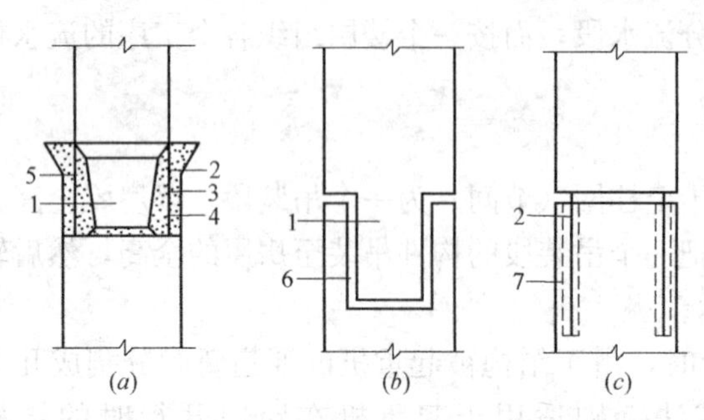

图 6-38 柱与柱的接头

（a）榫式接头；（b）插入式接头；（c）浆锚式接头

1—榫头；2—上柱外伸钢筋；3—剖口焊；4—下柱外伸钢筋；5—后浇接头混凝土；6—下柱杯口；7—下柱预留孔

榫式接头上柱下部有一榫头，承受施工荷载，上下柱外露的受力钢筋采用剖口焊接，配置一定数量箍筋，浇筑混凝土后形成整体。

插入式接头是将上柱下端制成榫头，下柱顶端制成杯口，上柱榫头插入下柱杯口后用水泥砂浆填实，这种接头不需焊接。

浆锚式接头是将上柱伸出的钢筋插入下柱的预留孔中，用水泥砂浆锚固形成整体。

2. 梁柱接头

梁柱接头的形式很多，常用的有明牛腿式刚性接头、齿槽式接头、浇筑整体式接头等。

（1）明牛腿式刚性接头，如图 6-39（a）所示，在梁端预埋一块钢板，牛腿上也预埋一块钢板，焊接好以后起重机方可脱钩。再将梁、柱的钢筋，用坡口焊接，最后灌以混凝土，使之成为刚度大、受力可靠的刚性接头。

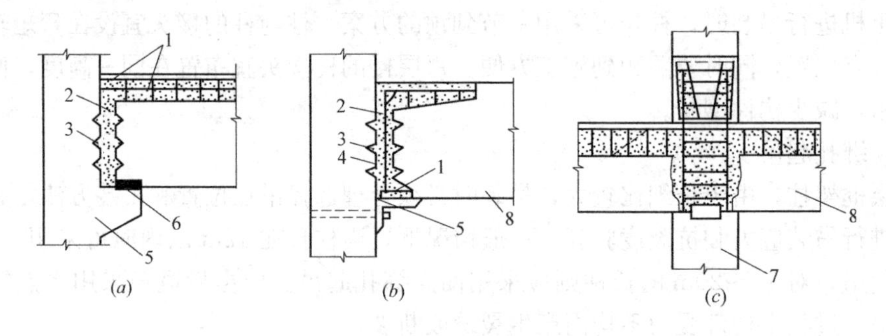

图 6-39 梁与柱的接头

（a）明牛腿式刚性接头；（b）齿槽式接头；（c）浇筑整体式接头

1—剖口钢筋；2—浇捣细石混凝土；3—齿槽；4—附加钢筋；5—牛腿；6—垫板；7—柱；8—梁

（2）齿槽式接头，如图 6-39（b）所示，在梁、柱接头处设置角钢，作临时牛腿，以支撑梁，角钢支撑面积小，不大安全，只有在将钢筋配上箍筋后，浇筑混凝土，当混凝土强度达到 10MPa 时才允许吊装上柱。

（3）浇筑整体式接头，如图 6-39（c）所示，柱为每层一节，梁搁在柱上，梁底钢筋按锚固长度要求弯上或焊接，将节点核心区加上箍筋后即可浇筑混凝土。先浇筑至楼板面高度，当混凝土强度大于10MPa后，再吊装上柱，上柱下端同榫式柱，上下柱钢筋搭接长度大于$20d$（d为钢筋直径）。第二次浇筑混凝土到上柱榫头部，留35mm左右的空隙，用细石混凝土捻缝。

3. 墙板结构构件吊装

装配式墙板结构是将墙壁、楼板、楼梯等房屋构件，在现场或预制厂预制，然后在现场装配成整体的一种建筑。目前在住宅建筑中，一般墙板的宽度与开间或进深相当，高度与层高相当，墙壁厚度和所采用的材料、当地气候以及构造要求有关。

墙板所用的材料有普通混凝土、轻骨料混凝土、粉煤灰、矿渣等工业废料混凝土以及加气混凝土等。墙板按其构造可分为单一材料墙板（实心及空心墙板）和复合墙板两大类。复合材料墙板是将不同功能的材料复合在一起，分别起承重、保温、装饰作用，以提高墙板的技术经济指标。对于外墙板应具有保温、隔热和防水功能，并可事先做好外饰面（如贴面瓷砖、纤维板等）和装上门窗。室内墙面不用抹灰；安装后喷浆或贴墙纸。

墙板的连接一般采取预留钢筋互相搭接，然后用混凝土灌缝连成整体。在装配式框架结构多层建筑中，墙板与框架采用预埋件焊接。装配式墙板房屋由于连接节点的整体性、强度和延性较差，抗震性能较低，所以目前仅用于12层以下的住宅建筑。

墙板的安装方法主要有储存安装法和直接安装法（即随运随吊）两种。储存安装法系将构件从生产场地或构件厂运至吊装机械工作半径范围内储存，储存量一般为1～2层构件，目前采用较多。

墙板安装前应复核墙板轴线、水平控制线，正确定出各楼层标高、轴线、墙板两侧边线，墙板节点线，门窗洞口位置线，墙板编号及预埋件位置。

墙板安装顺序一般采用逐间封闭法。当房屋较长时，墙板安装宜由房屋中间开始，先安装两间，构成中间框架，称标准间；然后再分别向房屋两端安装。当房屋长度较小时，可由房屋一端的第二开间开始安装，并使其闭合后形成一个稳定结构，作为其他开间安装时的依靠。

墙板安装时，应先安内墙，后安外墙，逐间封闭，随即焊接。这样可减少误差累计，施工结构整体性好，临时固定简单方便。

墙板安装的临时固定设备有操作平台、工具式斜撑、水平拉杆、转角固定器等。在安装标准间时，用操作平台或工具式斜撑固定墙板和调整墙的垂直度。其他开间则可用水平拉杆和转角器进行临时固定，用木靠尺检查墙板垂直度和相邻两块墙板板面的接缝。

6.4 钢结构高层建筑安装

钢结构具有强度高、抗震性能好、施工速度快等优点，因而广泛用于高层和超高层建筑。其缺点是用钢量大、造价高、防火要求高。

6.4.1 钢构件的预检和配套工作

结构安装单位对钢构件预检的项目主要有构件的外形几何尺寸、螺栓孔大小和间距、连接件位置、焊缝剖口、高强度螺栓节点摩擦面、构件数量规格等。构件的内在制作质量以制造厂质量报告为准。至于构件预检的数量，一般情况下关键构件全部检查，其他构件抽查10%～20%，预检时应记录一切预检的数据。

构件的配套应按安装流水顺序进行，以一个结构安装流水段（一般高层钢结构工程的安装是以一节钢柱框架为一个安装流水段）为单元，将所有钢构件分别由堆场整理出来，集中到配套场地。在数量和规格齐全之后进行构件预检和处理修复，然后根据安装顺序，分批将合格的构件由运输车辆供应到工地现场。配套中应特别注意附件（如连接板等）的配套，否则小小的零件将会影响到整个安装进度，一般对零星附件是采用螺栓或铁丝直接临时捆扎在安装节点上。

6.4.2 安装方法

1. 安装流水段

（1）由于钢构件制作和吊装的需要，对高层或超高层建筑钢结构需要从高度方向须划分若干节（钢柱吊装单划分），每一节可作为一个安装流水段，通常可以按2～3层作为一节进行划分。

（2）一个流水段内的钢构件安装顺序为：竖向应由下向上逐层安装，平面上宜遵循对称吊装的原则，当采用两台或两台以上的塔式起重机施工时，应对不同的塔式起重机划分各自的作业范围，尽量减少塔式起重机跨区域吊装，以避免塔式起重机交叉作业带来的危险。

2. 钢框架流水段安装流程

每个流水段内钢框架安装流程如图6-40所示。考虑到施工阶段的构件稳定，在施工流程的安排上应及时将钢柱、钢梁等主要构件形成稳定的框架，然后再对框架进行整体校正。

3. 钢框架安装方法

对于标准节框架，可采用节间综合安装法和按构件分类的大流水安装法安装。

（1）节间综合安装法是针对标准节框架而言，施工时首先选择一个节间作为标准间。安装若干根钢柱后立即安装框架梁、次梁和支撑等构件，由下而上逐间构成空间标准间，并进行校正和固定。然后以此标准间为依靠，按规定方向进行安装，逐步扩大框架，直至该施工流水段完成。

（2）按构件分类的大流水安装法是在标准节框架中先安装所有的钢柱，再安装所有的框架梁安装法，然后安装其他构件，按层进行，从下到上，最终形成框架。这种方法是目前的主流，其优点一是对构件配套供应要求低，二是管理工作相对容易。

（3）标准节框架的安装应符合下列规定：

1）每节框架吊装时，必须尽早形成主框架，避免单柱长时间处于悬臂状态。

2）每节框架在高强度螺栓和焊接施工时，宜先连接上层梁，其次下层梁，最后中间层梁。

3）每节框架梁焊接时，应对垂直度偏差较大的钢柱部位的梁先进行焊接，此法有助于减少柱子的垂直度偏差。

4）每节框架内的钢楼板或金属压型板，应尽量随框架吊装同步安装，一方面可解决局部垂直登高和水平通道问题，另一方面可起到安全隔离层的作用，可给高空作业带来许多方便。

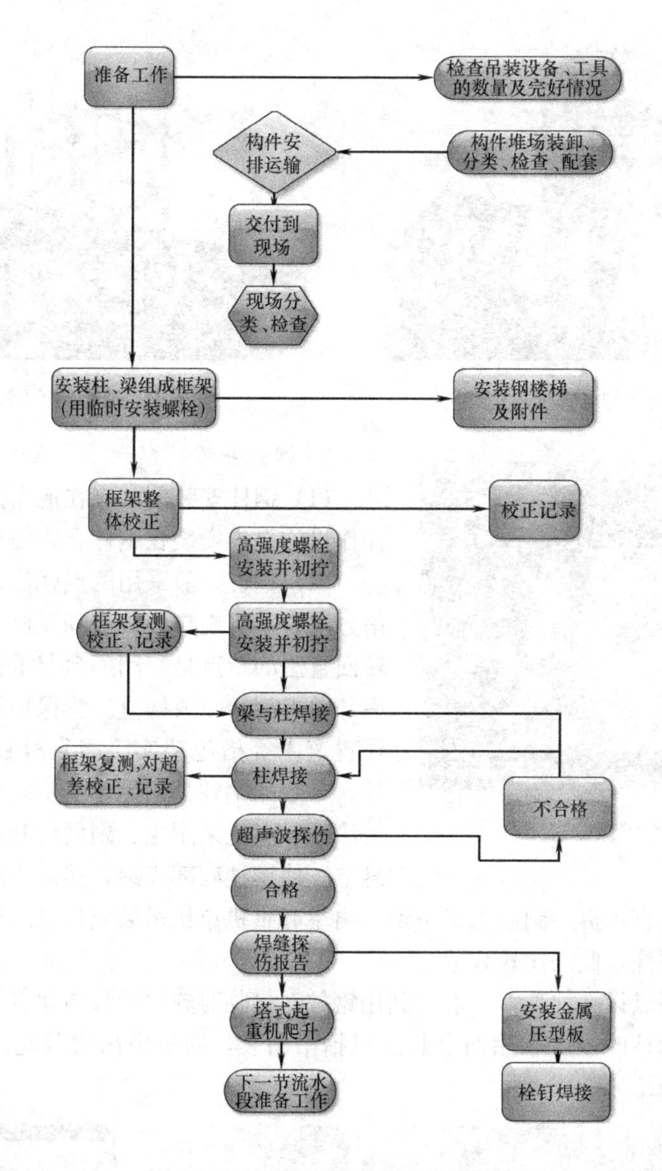

图 6-40　每节框架流水段的安装流程图

6.4.3　钢框架安装

1. 地脚螺栓埋设

高层或超高层建筑中首节钢柱与混凝土底板之间通常采用地脚螺栓连接，如图 6-41 所示。地脚螺栓在混凝土底板钢筋绑扎施工时穿插埋设，埋设时需注意以下几点：①在搬运过程中需要注意避免地脚螺栓螺纹处受到碰撞。②宜采用支架辅助固定地脚螺栓，如图 6-42 所示。③地脚螺栓埋设好后宜用塑料纸或塑料套管对顶部的螺纹进行保护，如图 6-43 所示。④在混凝土浇筑之前，应对所有的地脚螺栓进行复测，发现偏差及时纠正。混凝土浇筑完后（初凝前）再次复测地脚螺栓偏位情况，对于超出允许偏差范围的地脚螺栓及时修正。

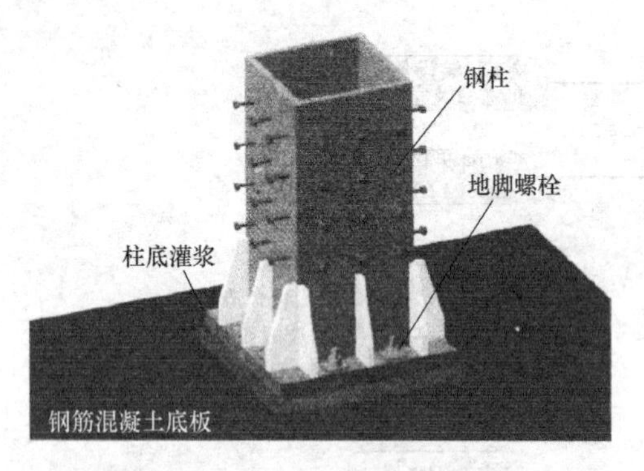

图 6-41　钢柱与地脚螺栓连接

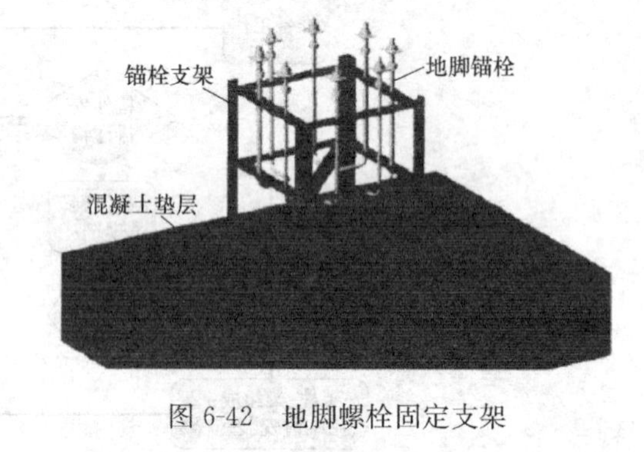

图 6-42　地脚螺栓固定支架

图 6-43　地脚螺栓的保护

2. 钢柱安装

(1) 钢柱安装前，应在地面把钢爬梯等安全操作设施事先安装在钢柱上，便于高空作业。

(2) 钢柱一般采用两点就位，一点吊装。起吊方法有单机旋转回直法和双机抬吊法。单机旋转回直法的特点是采用一台起重机起吊，钢柱绕底部单点旋转完成回直。为保护钢柱，其底部宜设置道木等措施垫实。回直过程中不可拖拉钢柱，一般的钢柱都采用单机旋转法回直。双机抬吊法的特点是采用主、副两台起重机将钢柱抬起悬空，使钢柱底部离地，然后主起重机起钩，使钢柱从平躺姿态回直；拆除副起重机吊索，由主起重机单机吊装就位。对于重量较重或带有比较大挑翼的钢柱，此法比较合适。

(3) 钢柱的吊点设在柱顶，一般多利用钢柱对接临时连接板设置吊孔如图 6-44 所示，当单机不能吊装钢柱时，可采用两台起重机抬吊吊装，通过横吊梁分配两台起重机的载荷，如图 6-45 所示。

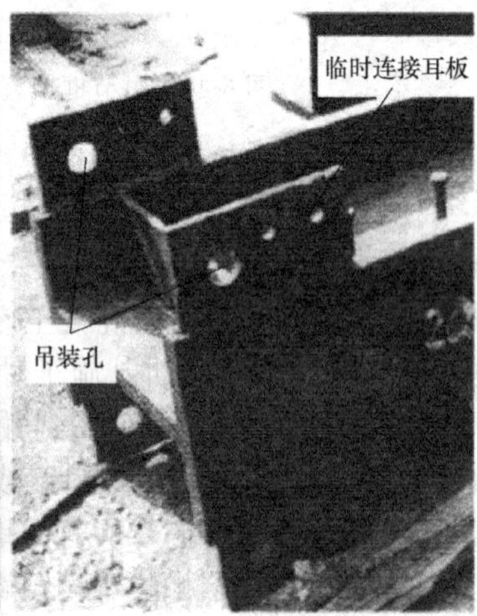

图 6-44　钢柱吊点及吊孔

（4）钢柱安装到位后，采用边吊边校的方法及时校正。底节钢柱利用地脚螺栓固定，上层接柱利用临时连接板作临时固定如图 6-46 所示，待钢柱永久对接连接完成后，再割除临时连接板。

图 6-45　双机抬吊吊装钢柱

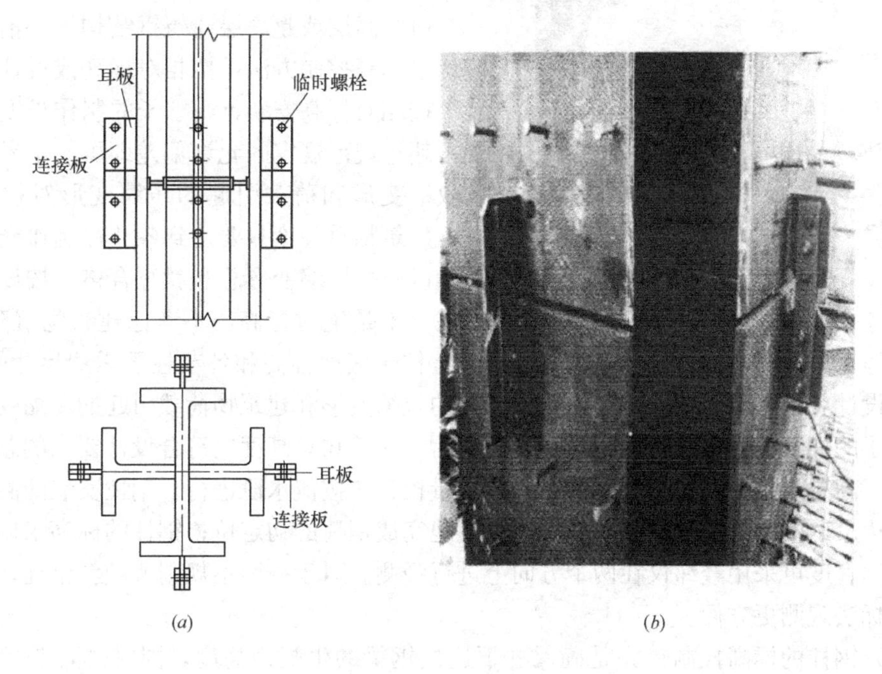

图 6-46　临时连接板固定

3. 劲性钢柱安装

劲性钢柱是指在暗埋在钢筋混凝土柱体内的钢柱，钢柱与钢筋混凝土连成一体、共同作用。劲性钢柱的安装工艺基本同普通钢柱。对于无钢梁连接的劲性钢柱，为保证钢柱的空间位置，施工时宜增设临时支撑，确保独立钢柱在吊装、焊接及混凝土浇筑过程中的稳定。此外，劲性钢柱与混凝土钢筋之间关系复杂，常用的处理方法有钢柱留洞（便于钢筋穿越）、环绕钢筋设计（钢筋绕过钢柱）、设置钢筋连接板（或接驳器）等。

4. 钢梁安装

（1）钢梁起吊前，沿钢梁梁面安装通长扶手杆和扶手绳（生命线）等安全操作设施。

（2）钢梁一般采用两点吊装，吊索与钢梁一般采用捆扎、工具式吊具或吊耳连接。捆扎法相对简便，但吊索直径过大时捆扎比较困难；捆扎法吊装时，需要在吊索与钢梁的棱角处设置护角器，以防止吊索被钢梁的快口割伤（甚至切断）。工具式吊具装拆方便，工效高，对构件与索具的磨损较小，但需设置防松脱保险装置，此法应用较少。吊耳也是常用的一种连接方法。

（3）对于小型钢梁的吊装，可采用多头吊索或多副吊索，一次起吊多根钢梁，如图6-47所示，在超高层建筑中这种方法对加快吊装速度是非常有利的。一次起吊的钢梁数量根据起重机的能力控制，但也不宜太多。

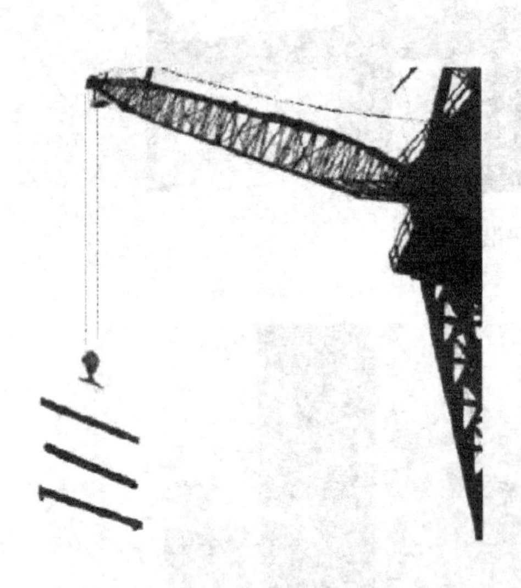

图6-47　多头或多副吊索吊装小梁

（4）钢梁吊装到位后，先用与螺孔相符的冲钉定位，然后用与永久螺栓同直径的普通螺栓（或高强度螺栓）临时固定，临时固定螺栓的数量不少于节点螺栓总数的1/3，且不少于两只。临时固定完成后，起重机方可松钩。

5. 钢框架校正

（1）高层或超高层建筑钢结构安装前，首先应确定标高控制方法：按相对标高或设计标高安装。按相对标高安装，则柱子的制作长度偏差只要不超过规范规定的允许偏差即可，不考虑焊缝的收缩变形和荷载引起的压缩变形对柱子的影响，建筑物总高度只要达到各节柱制作允许偏差总和以及柱压缩变形总和就算合格：按设计标高安装（不是绝对标高，不考虑建筑物沉降），则按土建施工单位提供的基础标高安装，第一节柱子底面标高和各节柱子累加尺寸的总和，应符合设计要求的总尺寸，每节柱接头产生的收缩变形和建筑物荷载引起的压缩变形，应加到柱子的加工长度中去，钢结构安装完成后。建筑物总高度应符合设计要求的总高度。

（2）高层或超高层建筑钢结构的安装测量校正应按流水段进行。钢柱安装的测量校正宜采用边吊边校的方法进行，以便快速方便地完成钢柱的初定位；钢柱的标高采用水准仪观测，垂直度可采用经纬仪在两个方向上进行观测。对于截面不规则或倾斜钢柱，采用全站仪坐标法观测更方便。

（3）钢柱的标高控制首先是确保柱下连接钢梁的牛腿面高度，同时需要兼顾柱顶标高。首节钢柱的标高可采用地脚螺栓标高调节螺母进行调整，待钢柱各向偏差调整完毕并做好钢柱侧向稳定措施拧紧地脚螺栓紧固螺母，进行柱底灌浆，如图6-48所示。对于重型钢柱，也可以通过设置标高块的方法进行钢柱标高的控制。

（4）对于上节柱，可利用钢楔或千斤顶进行调整，如图6-49所示。钢柱的垂直度可用缆风绳、校正支撑、千斤顶、钢锲和神仙葫芦等校正，如图6-50和图6-51所示。除了用缆风绳或支撑校正外，应在钢框架安装并临时固定后进行，确保钢柱校正时有侧向支撑，从而确保钢柱在校正过程中不会倾翻。

（5）钢柱柱顶的标高误差主要产生原因有以下几方面：①钢柱制作误差，规范规定每节柱 长度方向允许有±3mm的偏差；②吊装后垂直度偏差造成；③钢柱电焊对接造成

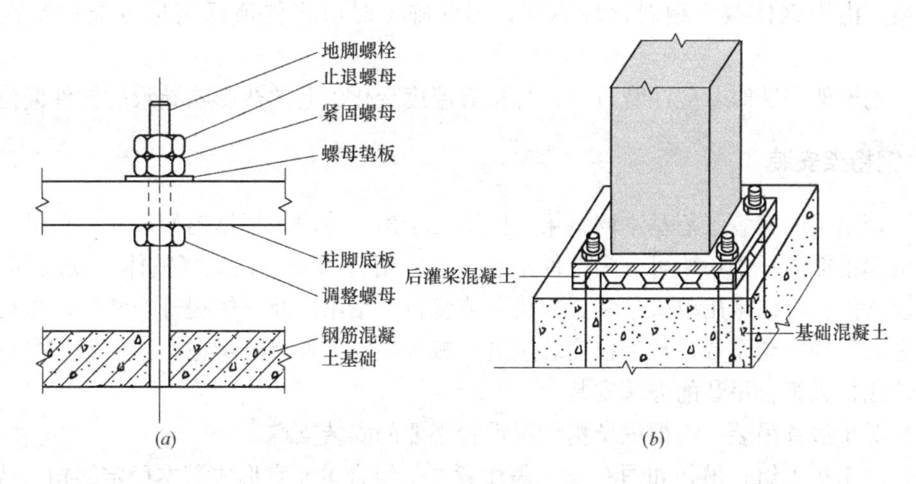

图 6-48　标高调节螺母示意图

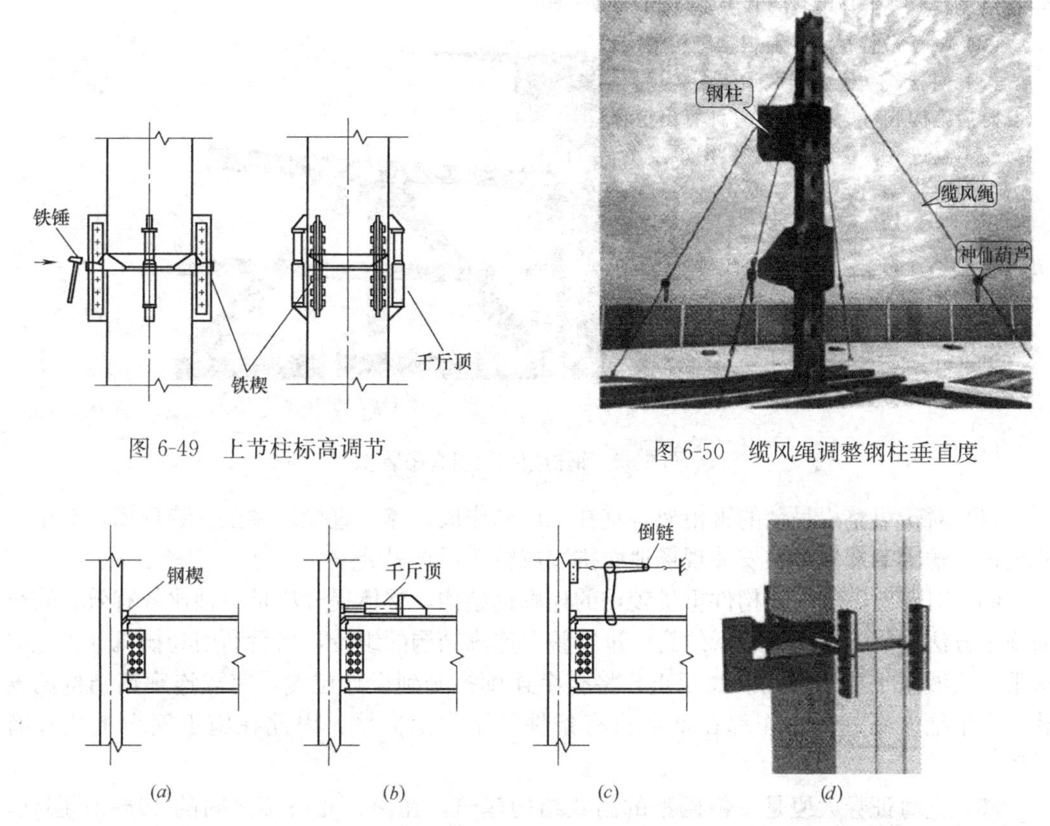

图 6-49　上节柱标高调节

图 6-50　缆风绳调整钢柱垂直度

图 6-51　钢柱垂直度调节的其他方法

焊接收缩；④钢柱与混凝土结构的压缩变形；⑤基础的沉降。

（6）为避免钢柱柱顶标高误差的累积，每安装完一节钢柱及相应钢梁后，一次标高实测，标高偏差值超过 5mm 时应进行调整。调整的方法是：如果标高偏高，必须在后节柱上截去相应的误差长度；如果标高偏低，须采用填塞相应厚度的钢板，钢板必须与原钢柱同种材质。由于钢柱截短相对比较麻烦，因此施工时应将柱顶标高尽可能控制在负公差内。

(7) 钢框架安装时，应注意日照、焊接等温度变化引起的热影响导致的构件偏位。

6.4.4 钢桁架安装

(1) 钢桁架的安装工艺基本同钢梁，区别在于吊装分段。根据桁架尺寸、重量以及塔式起重机起重能力，钢桁架可分为散件吊装、扩大组合吊装、整榀（整体）安装等方法，对起重设备而言可以采用单机吊装、双机（或多机）抬吊以及整体提升安装等。多机抬吊时需考虑必要的安全系数。从加快安装进度、减少高空作业风险考虑，钢桁架宜尽量采用整榀吊装或扩大组合吊装的方法安装。

(2) 对于散件吊装，需根据结构情况设置必要的安装支撑。

(3) 对于扩大组合吊装如图 6-52，需注意：①组合单元宜形成基本稳定结构（或采取临时措施构成稳定结构）；②计算出组合单元的重心位置，便于吊点设计；③单元之间对接接头不宜过多，否则高空对位困难。

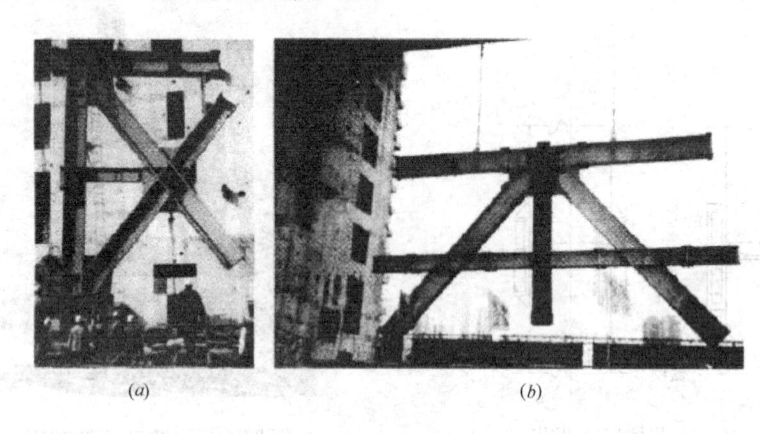

(*a*) (*b*)

图 6-52 钢桁架扩大组合吊装

(4) 对于可整榀吊装的钢桁架，宜在工厂制作成整体后直接运输至安装现场，对于尺寸超过运输限制的，可在安装现场地面拼装成整体后再吊装。

(5) 对于跨度较大、构件重量较重的连廊钢结构，整体提升法是一种比较有效、安全的施工方法。该方法即在较低的高度进行整个连廊结构的组装，然后利用卷扬机（钢丝绳承重）或液压千斤顶（钢绞线承重）将整个连廊提升到设计位置，完成连廊钢结构的安装。由于绝大部分的工作都在低空或有条件的平台上完成，因此在施工安全上比较有保障。

(6) 上海证券大厦是一幢巨型的门式结构建筑，在南、北塔楼之间的 19～27 层处，有一个跨度达 63m、高度为 31m 的钢天桥，安装面标高达 105m，整个钢天桥钢结构重约 1240t。采用整体提升法安装，即利用南、北两塔楼作为天桥整体提升的支架，将组装在裙房地下室顶板上的巨型钢天桥整体提升到位，与两侧的塔楼进行高空对接。提升设备选用了钢绞线承重的液压提升装置，对长距离、大吨位的建筑物的提升，采用这种设备与工艺是非常理想的，与传统的卷扬机滑轮组施工工艺相比，在安全性、可操作性以及精度控制上明显占优。天桥提升历时 6 天，其中累计提升的实际时间仅 20h，如图 6-53 所示。

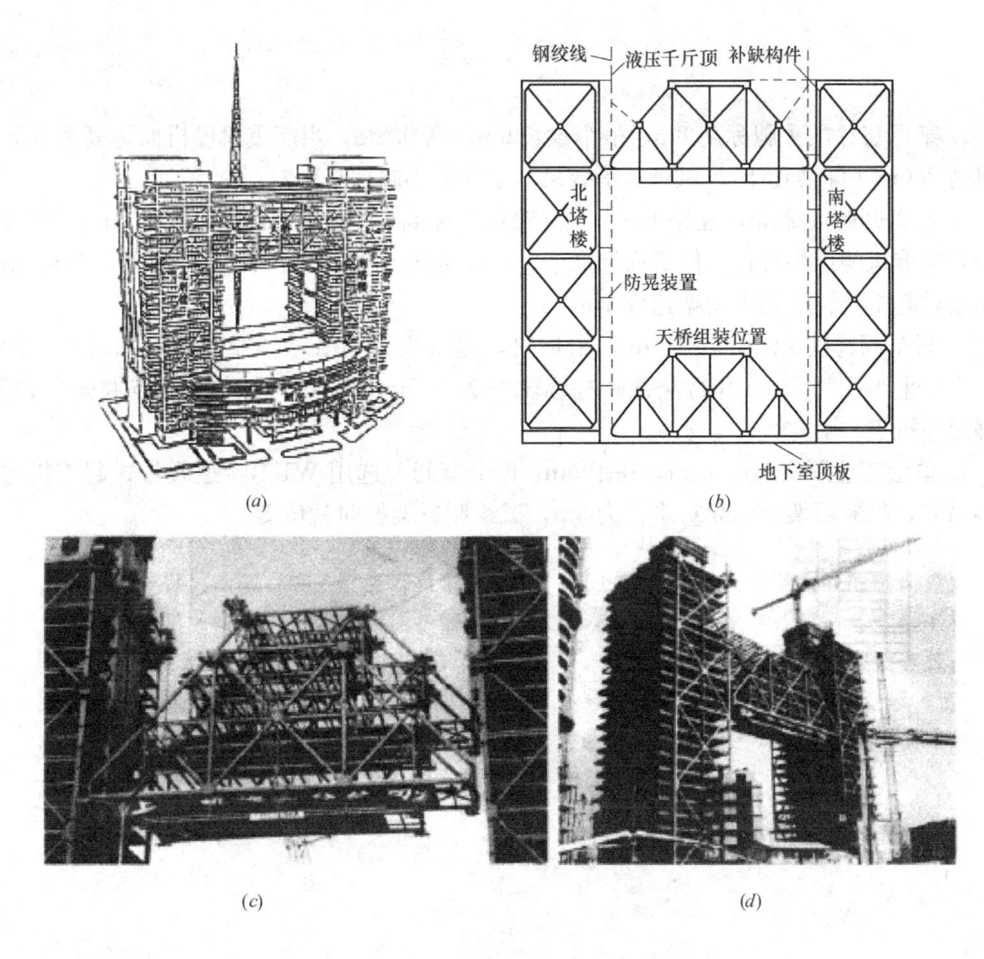

(a) (b) (c) (d)

图 6-53　上海证券大厦钢天桥整体提升安装

思　考　题

1. 常用的起重机械有哪些？试说明各自的优缺点。
2. 常用的索具设备有哪些？
3. 单层工业厂房结构吊装前的准备工作包括哪些内容？有什么具体要求？
4. 简述单层工业厂房柱吊装的施工过程及要点。
5. 简述单层工业厂房屋架吊装的施工过程及要点。
6. 单层工业厂房结构的安装方法有哪两种？简述各自优缺点及过程。
7. 单层工业厂房结构安装方案中怎样进行起重机的选择？
8. 简述柱、屋架的平面布置要点。
9. 简述装配式框架结构梁柱接头的形式及施工要点。
10. 简述装配式框架结构柱的吊装要点。

习　题

1. 某厂房柱的牛腿标高 8m，吊车梁长 6m，高 0.8m，当起重机停机面标高为 0.3m，锁具高 2.0m（自梁底计）。试计算吊装吊车梁的最小起重高度？

2. 某车间跨度 24m，柱距 6m，天窗架顶面标高 18m，屋面板厚度 240mm，试选择履带式起重机的最小臂长（停机面标高－0.2m，起重臂枢轴中心距地面高度 2.1m，吊装屋面板时起重臂轴线距天窗架边缘 1m）。

3. 某车间跨度 21m，柱距 6m，吊柱时，起重机分别沿纵轴线的跨内和跨外一侧开行。当起重半径为 7m，开行路线距柱纵轴线为 5.5m 时，试对柱作“3 点共弧”布置，并确定停机点。

4. 单层工业厂房跨度 18m，柱距 6m，9 个节间，选用 W1-100 型履带式起重机进行结构吊装，吊装屋架时的起重半径为 9m，试绘制屋架斜向就位图。

第7章　钢结构工程

本章包括钢结构的特点、材料选择、构件制作、焊接、连接、预拼装共五部分内容。根据现行的新规范、新技术规程等要求进行编制。钢结构工程侧重于介绍钢结构构件的制作施工方法、工艺流程；钢结构焊接方法、质量检验要求；高强度螺栓连接的施工方法、质量要求；构件安装的程序、质量要求。

钢结构工程从广义上讲是指以钢铁为基材，经过机械加工组装而成的结构。一般意义上的钢结构主要用于工业厂房、高层建筑、大跨屋面结构、塔桅、桥梁等。由于钢结构具有强度高、结构轻、施工周期短和精度高等特点，因而在其他土木工程中也被广泛采用。

钢结构的构件一般在工厂加工制作，然后运至工地进行结构安装。钢结构制作的工序较多，因此，对加工顺序要周密安排，避免工件倒流，以减少往返运输时间。

7.1　钢结构的特点及应用范围

7.1.1　钢结构的特点

钢结构是由钢构件制成的工程结构，所用钢材主要是钢板和型钢。与其他结构相比，它具有以下特点：强度高；自重小；材质均匀；抗震能力好；施工速度快，工期短；密闭性好，拆迁方便；造价高；耐腐蚀性和耐火性较差。

7.1.2　钢结构的应用范围

钢结构的应用范围除需要根据钢结构的特点做出合理选择外，还需要结合我国国情针对具体情况进行综合考虑。目前，在工业与民用建筑方面，钢结构应用范围如下：

（1）重型厂房结构。

（2）受动力荷载作用的厂房结构。

（3）大跨结构。

（4）多层、高层、超高层结构。

（5）塔桅结构。

（6）可拆卸、装配式房屋。

（7）构筑物。

7.2　钢结构用钢

7.2.1　钢材

在钢结构中采用的钢材主要有两种，即碳素结构钢和低合金高强度结构钢。

1. 碳素结构钢

我国生产的碳素结构钢的牌号主要有 Q195、Q215、Q235、Q275 四个牌号。Q235 分为 A、B、C、D 四个质量等级，由 A 到 D 表示质量由低到高，工程中应用最广泛的是 Q235 钢。

2. 低合金高强度结构钢（GB/T 1591）

低合金结构钢的化学成分与碳素结构钢相似，但加入了少量的合金元素。合金元素总量低于 5%的钢，称为低合金结构钢，高于 5%的钢，称为高合金结构钢。建筑结构中仅用低合金高强度结构钢。

由于受生产和使用经验的影响，《钢结构设计规范》GB 50017 推荐使用的低合金高强度结构钢有：Q345 钢、Q390 钢、Q420 钢、Q460 钢。

7.2.2 钢材的选择

1. 钢材选择的原则

钢材选择的原则是：既能够使结构安全可靠地满足使用要求，又要尽最大可能节约钢材，降低造价。对于不同的使用条件，应当有不同的质量要求。钢材的力学性质中，屈服点、抗拉强度、伸长率、冷弯性能、冲击韧性等各项指标是从不同方面来衡量钢材的质量。

2. 钢材选择时应考虑的因素

(1) 结构的类型和重要性

结构构件，按其用途、部位和破坏后果的严重性，可分为重要的，一般的和次要的三类，相应的安全等级则为一级、二级和三级。大跨度屋架、重型工作制吊车梁等按一级考虑，采用质量好的钢材；一般的屋架、梁和柱按二级考虑；梯子、平台和栏杆按三级考虑，可选择质量较低的钢材。

(2) 荷载的性质

按结构所承受荷载的性质，荷载可分为静力荷载和动力荷载两种受力状态。承受动力荷载的结构或构件中，又有经常满载（重级工作制）和不经常满载（中、轻级工作制）的区别。因此，荷载性质不同，应选用不同的钢材，并提出不同的质量保证项目。

(3) 连接的方法

钢结构的连接方法有焊接和非焊接（紧固件）连接之分。焊接结构时会产生焊接应力、焊接变形和焊接缺陷，导致构件产生裂纹和裂缝，甚至发生脆性断裂。因此，在焊接钢结构中对钢材的化学成分、力学性能和可焊性都有较高的要求，钢材的碳、硫、磷的含量要低，塑性、韧性要好等。

(4) 工作条件

结构所处的工作环境和工作条件，如室内外的温度变化、腐蚀作用等，对钢材有很大的影响，故应对其塑性、韧性和抗腐蚀性提出相应的要求。

3. 钢材规格

钢结构所用的钢材主要为钢板、型钢。型钢又分为热轧成型和冷弯成型两种。

(1) 热轧钢板

钢板分为厚钢板、薄钢板和扁钢（或带钢），规格如下：

厚钢板：厚度13～200mm，宽度600～3000mm，长度4～12m；

薄钢板：厚度1.8～13mm，宽度500～1500mm，长度0.4～5m；

扁钢：厚度3.0～60mm，宽度12～200mm，长度3～9m。

(2) 热轧型钢

角钢：有等边和不等边两种。等边角钢（等肢角钢），以边宽和厚度表示，如∟100×10为肢宽100mm、厚10mm的角钢。不等边角钢（不等肢角钢）则以两边宽度和厚度表示，如∟100×80×8等。中国目前生产的等边角钢，肢宽为20～200mm，不等边角钢的宽为25mm×16mm～200mm×125mm。

槽钢：国产槽钢有两种尺寸系列，即热轧普通槽钢与普通低合金钢热轧轻型槽钢。前者用Q235号钢轧制，表示法如［30a，指槽钢外廓高度为30cm且腹板厚度为最薄的一种；后者的表示法例如［25Q，表示外廓高度为25cm，Q是汉语拼音“轻”的字首。同样号数时，轻型者由于腹板薄及翼缘宽而薄，故截面积小但回转半径大，能节约钢材，减小自重。

工字钢：与槽钢相同，也分为上述的两个尺寸系列。普通型的工字钢由Q235号钢热轧而成。与槽钢一样，工字钢外廓高度的厘米数即为型号。轻型的由于壁厚薄而不再按厚度划分。两种工字钢表示为：I32a，I32Q等。

此外，还有H型钢和T字钢。H型钢又称宽翼缘工字钢，其翼缘较一般工字钢宽，因此在宽度方向的惯性矩和回转半径大大增加。且其内、外表面平行，便于和其他构件连接。

(3) 薄壁型钢

薄壁型钢是采用1.5～5mm的薄钢板或带钢冷弯加工而成的各种截面的型钢，其特点为：1）用钢量一般较普通热轧钢结构节省25%左右，有时还可以做到比同等条件下的钢筋混凝土结构（如大型屋面板）的用钢量少。2）结构重量轻，运输安装方便，可降低结构及基础的造价。3）与截面面积相同的热轧型钢相比，薄壁型钢回转半径要大50%～60%，惯性矩和截面抵抗矩也大为加大，因而更能充分地利用材料的力学物理性能，增加了结构的刚度和稳定性。4）成型灵活性大，可根据不同需要设计出最佳的截面形状。薄壁型钢结构的缺点是其刚度和稳定性较差，防腐要求较严，维护费用较高。此种结构一般用于民用建筑和跨度不大、屋面荷载较小、设备较轻的工业厂房。除用做承重结构构件外，也可用于楼、屋面板、幕墙结构等。使用时构件均需彻底除锈和涂刷防腐性能良好的涂料。

7.3 钢结构构件的制作

7.3.1 钢材的储存

1. 钢材储存的场地条件

钢材的储存可以采取露天堆放的方式，也可以堆放于有顶棚的仓库里。露天堆放时，场地要平整，并应高于周围地面，四周留出排水沟；堆放要尽量使钢材截面的背面向上或向外，以免积雪、积水，两端应有高差，以利排水。堆放于有顶棚的仓库内时，可直接搁置在地坪上，下垫楞木。

2. 钢材的堆放要求

钢材的堆放要尽量减少钢材的变形和锈蚀；钢材堆放时每隔 5～6 层放置楞木，其间距以不引起钢材明显的弯曲变形为宜，楞木上、下要对齐，且处于同一垂直面内；考虑材料堆放之间留有一定宽度的通道以便运输。

3. 钢材的标识

钢材端部应树立标牌，标牌要标明钢材的规格、钢号、数量和材质验收证明书编号。钢材端部根据其钢号涂以不同颜色的油漆，油漆的颜色可按表 7-1 选择。钢材的标牌应定期检查。

钢材钢号和色漆对照　　表 7-1

钢号	Q235	Q345	Q390	Q420	Q460
油漆颜色	黄色	蓝色	白色	粉色	紫色

4. 钢材的检验

钢材在正式入库前必须严格执行检验制度，经检验合格的钢材可办理入库手续。钢材检验的主要内容有：核查钢材的数量、品种与订货合同是否相符；核查钢材的质量保证书与钢材上打印的记号是否符合；核对钢材的规格尺寸；检验钢材表面质量。

7.3.2 钢结构构件的加工制作的工艺流程

(1) 样杆、样板的制作

样板可采用厚度 0.50～0.75mm 的薄钢板或塑料板制作，其精度要求见表 7-2。样杆一般采用薄钢板或扁钢制作，当长度较短时可用木尺杆。样杆、样板应注明工号、图号、零件号、数量及加工边、坡口部位、弯折线和弯折方向、孔径和滚圆半径等。样杆、样板应妥善保存，直至工程结束后方可处理。

放样和样板（样杆）的允许偏差　　表 7-2

项　目	允 许 偏 差
平行线距离和分段尺寸	±0.5mm
对角线差	1.0mm
宽度、长度	±0.5mm
孔距	±0.5mm
加工样板的角度	±20′

(2) 号料

号料（也称划线），即利用样板、样杆或根据图纸，在板料及型钢上画出孔的位置和零件形状的加工界线。号料的一般工作内容包括：检查核对材料；在材料上划出切割、铣、刨、弯曲、钻孔等加工位置，打冲孔，标注出零件的编号等。

号料一般先根据料单检查清点样板和样杆、点清号料数量、准备号料的工具、检查号料的钢材规格和质量，然后依据先大后小的原则依次号料，号料工作的内容包括：检查核对材料；在材料上划出切割、铣、刨、弯曲、钻孔等加工位置；打冲孔；标出零件编号等。号料完毕，应在样板、样杆上注明并记下实际数量。

为了合理使用和节约原材料，必须最大限度地提高原材料的利用率。常用以下几种号料方法：

1）集中号料法

把同厚度的钢板零件和相同规格的型钢零件，集中在一起进行号料。

2）套料法

精心安排板料零件的形状位置，把同厚度的各种不同形状的零件，组合在同一材料上，进行“套料”。

3）统计计算法

在线形材料（如型钢）下料时将所有同规格零件归纳在一起。按零件的长度，先长后短的顺序排列，根据最长零件号料算出余料的长度，排上次长的零件，直至整根料被充分利用为止。

4）余料统一号料法

在号料后剩下的余料上进行较小零件的号料。

若表面质量满足不了质量要求，钢材应进行矫正，钢材和零件的矫正应采用平板机或型材矫直机进行，较厚钢板也可用压力机或火焰加热进行，尽量避免用手工锤击的矫正法。碳素结构钢在环境温度低于－16℃，低合金结构钢在低于－12℃时，不应进行冷矫正和冷弯曲。

修正后的钢材表面，不应有明显的凹面和损伤，表面划痕深度不得大于0.5mm，且不应大于该钢材厚度正负允许偏差的1/2。

（3）画线

利用加工制作图、样杆、样板及钢卷尺进行画线。目前已有一些先进的钢结构加工厂采用程控自动画线机，不仅效率高，而且精确、省料。

（4）切割

钢材的切割包括气割、等离子切割类高温热源的方法，也有使用剪切、切削等机械力的方法。要考虑切割能力、切割精度、切剖面的质量及经济性。

（5）边缘加工和端部加工

方法主要有：铲边、刨边、铣边、碳弧气刨、气割和坡口机加工等。

铲边：有手工铲边和机械铲边两种。铲边后的棱角垂直误差不得超过弦长的$L/3000$，且不得大于2mm。

刨边：使用的设备是刨边机。刨边加工有刨直边和刨斜边两种。一般的刨边加工余量2～4mm。

铣边：使用的设备是铣边机，工效高，能耗少。

碳弧气刨：使用的设备是气刨枪。效率高，无噪声，灵活方便。

坡口加工：一般可用气体加工和机械加工，在特殊的情况下采用手动气体切割机的方法，但必须进行事后处理，如打磨等。现在坡口加工专用机已开始普及，最近又出现了H型钢坡口及弧形坡口的专用机械，效率高、精度高。焊接质量与坡口加工的精度有直接关系，如果坡口表面粗糙有尖锐且深的缺口，就容易在焊接时产生不熔部位，将在事后产生焊接裂缝。又如，在坡口表面粘附油污，焊接时就会产生气孔和裂缝，因此，要重视坡口质量。

边缘加工允许偏差见表 7-3。

边缘加工允许偏差 **表 7-3**

项　目	允 许 偏 差
零件宽度、长度	±1.0mm
加工边直线度	L/3000，且不应大于 2.0mm
相邻两边夹角	±6′
加工面垂直度	0.025t，且不应大于 0.5

（6）制孔

1）在焊接结构中，不可避免地将会产生焊接收缩和变形，因此在制作过程中，把握好什么时候开孔将在很大程度上影响产品精度。特别是对于柱及梁的工程现场连接部位的孔群，其尺寸精度直接影响钢结构的安装精度，因此把握好开孔的时间是十分重要的，一般有四种情况：

第一种：在构件加工时先画上孔位，待拼装、焊接及变形矫正完成后，再画线确认进行打孔加工。

第二种：在构件一端先进行打孔加工，待拼接、焊接及变形矫正完成后，再对另一端进行打孔加工。

第三种：待构件焊接及变形矫正后，对端面进行精加工，然后以精加工面为基准，画线，打孔。

第四种：在画线时，考虑了焊接收缩量、变形的余量、允许公差等，直接进行打孔。

2）钻模和板叠套钻制孔。这是目前国内尚未流行的一种制孔方法，应用夹具固定，钻套应采用碳素钢或合金钢。如 T8、GCr13、GCr15 等制作，热处理后钻套硬度应高于钻头硬度 HRC2～HRC3。

钻模板上下两平面应平行，其偏差不得大于 0.2mm，钻孔套中心与钻模板平面应保持垂直，其偏差不得大于 0.15mm，整体钻模制作允许偏差应符合有关规定。

3）数控钻孔：近年来数控钻孔的发展更新了传统的钻孔方法，无需在工件上画线，打样冲眼，整个加工过程自动进行，高速数控定位，钻头行程数字控制，钻孔效率高，精度高。

制孔的允许偏差：

A、B 级螺栓孔（Ⅰ类孔）应具有 H12 的精度，孔壁表面粗糙度 R_a 不应大于 12.5μm，其孔径的允许偏差应符合表 7-4 的规定。

A、B 级螺栓孔径的允许偏差（mm） **表 7-4**

序　号	螺栓公称直径、螺栓孔直径	螺栓公称直径允许偏差	螺栓孔直径允许偏差
1	10～18	0.00 −0.18	+0.18 0.00
2	18～30	0.00 −0.21	+0.21 0.00
3	30～50	0.00 −0.25	+0.25 0.00

C级螺栓孔（Ⅱ类孔），孔壁表面粗糙度 R_a 不应大于 25μm，其孔径的允许偏差应符合表 7-5 的规定。

C级螺栓孔径的允许偏差（mm）　　表 7-5

项　目	允许偏差
直径	+1.0 0.0
圆度	2.0
垂直度	0.03t，且不应大于 2.0

零件、部件孔的位置，在编制施工图时，可按照国家标准《形状和位置公差》的计算标准；如设计无要求时，孔距的允许偏差应符合表 7-6 的规定。

4）孔位超过偏差的解决方法。螺栓孔的偏差超过表 7-6 所规定的允许值时，允许采用与母材材质相匹配的焊条补焊后重新制孔。

5）制孔后应用磨光机清除孔边毛刺，并不得损伤母材。

螺栓孔孔距的允许偏差（mm）　　表 7-6

螺栓孔孔距范围	≤500	501～1200	1201～3000	>3000
同一组内任意两孔间距离	±1.0	±1.5	—	—
相邻两组的端孔间距离	±1.5	±2.0	±2.5	±3.0

注：孔的分组应符合下列规定：

（1）在节点中连接板与一根杆件相连的所有螺栓为一组；

（2）对接接头在拼接板的一侧的螺栓孔为一组；

（3）在两相邻节点或接头间的螺栓孔为一组，但不包括上述两款规定的螺栓孔；

（4）受弯构件翼缘上的连接螺栓孔，每米长度范围内的螺栓孔为一组。

（7）组装

1）钢结构组装的方法包括地样法、仿形复制装配法、立装法、卧装法、胎模装配法。

地样法是用 1∶1 的比例在装配平台上放出构件实样，然后根据零件在实样上的位置，分别组装起来成为构件。此装配方法适用于桁架、构架等小批量结构的组装。

仿形复制装配法先用地样法组装成单面（单片）的结构，然后定位点焊牢固，将其翻身，作为复制胎模，在其上面装配另一单面的结构，往返两次组装。此种装配方法适用于横断面互为对称的桁架结构。

立装是根据构件的特点及其零件的稳定位置，选择自上而下或自下而上的装配。此法用于放置平稳、高度不大的结构或者大直径的圆筒。

卧装是将构件放置卧的位置进行的装配。卧装适用于断面不大，但长度较大的细长构件。

胎模装配法是将构件的零件用胎模定位在其装配位置上的组装方法。此种装配法适用于制造构件批量大、精度高的产品。

2）组装的零件、部件应经检验合格，零件、部件连接接触面和沿焊缝边缘约 30～50mm 范围内的铁锈、毛刺、污垢、冰雪、油迹等应清除干净。

（8）矫正

由于材料内部的残余应力及存放、运输、吊运不当等原因，会引起钢结构原材料变形；再加上成型过程中，由于操作和工艺原因会引起成型件变形；构件连接过程中会存在焊接变形等。为了保证钢结构的制作及安装质量，必须对不符合技术标准的材料、构件进行矫正。

钢结构矫正就是通过外力或加热作用，使钢材较短部分的纤维伸长；或使较长部分的纤维缩短，最后迫使钢材反变形，以使材料或构件达到平直及一定几何形状要求，并符合技术标准的工艺方法。

矫正的主要形式有矫直、矫平及矫形矫直。矫正是利用钢材的塑性、热胀冷缩的特性，以外力或内应力作用迫使钢材反变形，消除钢材的弯曲、翘曲、凹凸不平等缺陷。

矫正按加工工序分为原材料矫正、成型矫正、焊后矫正等。矫正可采用机械矫正、火焰矫正、手工矫正等。根据矫正时的温度分为冷矫正、热矫正。

1） 火焰矫正

钢材的火焰矫正是利用火焰对钢材进行局部加热，被加热处理的金属由于膨胀受阻而产生压缩塑性变形，使较长的金属纤维冷却后缩短而完成的。

影响火焰矫正效果的因素有三个：火焰加热位置、加热的形式和加热的热量。火焰加热的位置应选择在金属纤维较长的部位。加热的形式有点状加热、线状加热和三角形加热三种。用不同的火焰热量加热，可获得不同的矫正变形的能力。低碳钢和普通低合金结构钢构件用火焰矫正时，常采用600～800℃的加热温度。

2） 机械矫正

钢材的机械矫正是在专用矫正机上进行的。

机械矫正的实质是使弯曲的钢材在外力作用下产生过量的塑性变形，以达到平直的目的。它的优点是作用力大、劳动强度小、效率高。

钢材的机械矫正有拉伸机矫正、压力机矫正、多辊矫正机矫正等。拉伸机矫正适用于薄板扭曲、型钢扭曲、钢管、带钢和线材等的矫正。压力机矫正适用于板材、钢管和型钢的局部矫正；多辊矫正机可用于型材、板材等的矫正。

3） 手工矫正

手工矫正是采用锤击或小型工具进行矫正的方法，其操作简单灵活，但矫正力较小，仅适用于矫正尺寸较小的钢材，有时在缺乏或不便使用矫正设备时也可采用。

7.4 钢结构构件的焊接

7.4.1 焊接接头及焊缝形式

焊缝连接是现代钢结构最主要的连接方式，它适用于任何形状的结构，连接构造简单，省钢省工，能实现自动化操作，但焊接质量受材料、操作影响较大。建筑钢结构焊接时应考虑以下问题：焊接方法的选择应考虑焊接构件的材质和厚度、接头的形式和焊接设备；焊接工艺及作业程序；焊接质量检验。

焊缝连接常用的有三种形式：电弧焊、电阻焊及气焊。电弧焊是工程中应用最普遍的焊接形式。

1. 焊接接头

电弧焊分为手工电弧焊与自动或半自动电弧焊。根据焊件的厚度、使用条件、结构形状的不同又分为对接接头、角接接头、T形接头和搭接接头等形式。在各种形式的接头中，为了提高焊接质量，较厚的构件往往要开坡口。开坡口的目的是保证电弧能深入焊缝的根部，使根部能焊透，以便清除熔渣，获得较好的焊缝形态。常用的焊接接头形式见表7-7所示。

2. 焊缝形式

按施焊的空间位置分，焊缝形式可分为平焊缝、横焊缝、立焊缝及仰焊缝四种。平焊的熔滴靠自重过渡，操作简单，质量稳定；横焊时，由于重力作用，熔化金属容易下淌，而使焊缝上侧产生咬边，下侧产生焊瘤或未焊透等缺陷；立焊焊缝成型更加困难，易产生咬边、焊瘤、夹渣、表面不平等缺陷；仰焊施工最为困难，施焊时易出现未焊透、凹陷等质量问题。

7.4.2 焊接前的准备

焊前准备包括坡口制备、预焊部位清理、焊条烘干、预热、预变形及高强度钢切割表面探伤等。

焊接接头形式　　表7-7

序号	名　称	图　示	接头形式	特　点
1	对焊接头		不开坡口 V、X、U形坡口	应力集中较小，有较高的承载力
2	角焊接头		不开坡口	适用厚度在8mm以下
			V、K形坡口	适用厚度在8mm以下
			卷边	适用厚度在2mm以下
3	T形接头		不开坡口	适用厚度在30mm以下的不受力构件
			V、K形坡口	适用厚度在30mm以上的只承受较小剪应力构件
4	搭接接头		不开坡口	适用厚度在12mm以下的钢板
			塞焊	适用双层钢板的焊接

焊条、焊剂使用前必须烘干。一般酸性焊条的烘焙温度为75～150℃，时间为1～2h；碱性低氢型焊条的烘焙温度为350～400℃，时间为1～2h。烘干的焊条应放在100～150℃的保温箱内，低氢型焊条在常温下超过4h应重新烘焙，重复烘焙的次数不宜超过两次。焊条烘焙时，应注意随箱逐步升温。

7.4.3 焊接施工

1. 引弧和熄弧

引弧有碰击法和划擦法两种。碰击法是将焊条垂直于工件进行碰击，然后迅速保持一定距离；划擦法是将焊条端头轻轻划过工件，然后保持一定距离。施工中，严禁在焊缝区以外的母材上打火引弧。在坡口内引弧的局部面积应熔焊一次，不得留下弧坑。

2. 运条方法

电弧点燃之后，就进入正常的焊接过程。焊接过程中焊条同时有三个方向的运动：沿其中心线向下送进；沿焊缝方向移动；横向摆动。由于焊条被电弧熔化逐渐变短，为保持一定的弧长，就必须使焊条沿其中心线向下送进，否则会发生断弧。焊条沿焊缝方向移动速度的快慢要根据焊条直径、焊接电流、工件厚度和接缝装配情况及所在位置而定。移动速度太快，焊缝熔深太小，易造成未透焊；移动速度太慢，焊缝过高，工件过热，会引起变形增加或烧穿。为了获得一定宽度的焊缝，焊条必须横向摆动。在作横向摆动时，焊缝的宽度一般是焊条直径的1.5倍左右。以上三个方向的动作密切配合，根据不同的接缝位置、接头形式、焊条直径和性能、焊接电流、工件厚度等情况，采用合适的运条方式，就可以在各种焊接位置得到优质的焊缝。

3. 完工后的处理

焊接结束后的焊缝及两侧，应彻底清除飞溅物、焊渣和焊瘤等。无特殊要求时，应根据焊接接头的残余应力、组织状态、熔敷金属含氢量和力学性能决定是否需要焊后热处理。

7.4.4 焊接质量检查

由于焊缝连接受材料、操作影响很大，施工后应进行认真的质量检查。钢结构焊缝质量检查分为三级，检查项目包括外观检查、超声波探伤以及X射线探伤等。

所有焊缝均应进行外观检查，检查其几何尺寸和外观缺陷。焊缝感观应达到：外形均匀、成型较好，焊道与焊道、焊道与基本金属间过渡较平滑，焊渣和飞溅物基本清除干净。焊缝表面不得有裂纹，焊瘤等缺陷，一级、二级焊缝不得有表面气孔、夹渣、弧坑裂纹、电弧擦伤等缺陷，且一级焊缝不得有咬边、未焊满、根部收缩等缺陷。

设计要求全焊透的一、二级焊缝应采用超声波探伤进行内部缺陷的检验，超声波探伤不能对缺陷作出判断时，应采用射线探伤。

7.5 钢结构构件的螺栓连接

7.5.1 螺栓连接的类型

螺栓作为钢结构连接紧固件，通常用于构件间的连接、固定、定位等。钢结构中的连接螺栓一般分普通螺栓和高强度螺栓两种。采用普通螺栓或高强度螺栓而不施加紧固力，该连接即为普通螺栓连接；采用高强度螺栓并对螺栓施加紧固力，该连接称高强度螺栓连接。

图7-1为两种螺栓连接工作机理的示意。普通螺栓连接在受外力后，节点连接板即产生滑动，外力通过螺栓杆受剪和连接板孔壁承压来传递，如图7-1（*a*）所示。摩擦型高强度螺栓连接，通过对高强度螺栓施加紧固轴力，将被连接的连接钢板夹紧产生摩擦效应，受外力作用时，外力靠连接板层接触面间的摩擦来传递，应力流通过接触面平滑传递，无应力集中现象如图7-1（*b*）。

螺栓按照性能等级分3.6、4.6、4.8、5.6、5.8、6.8、8.8、9.8、10.9、12.9等十

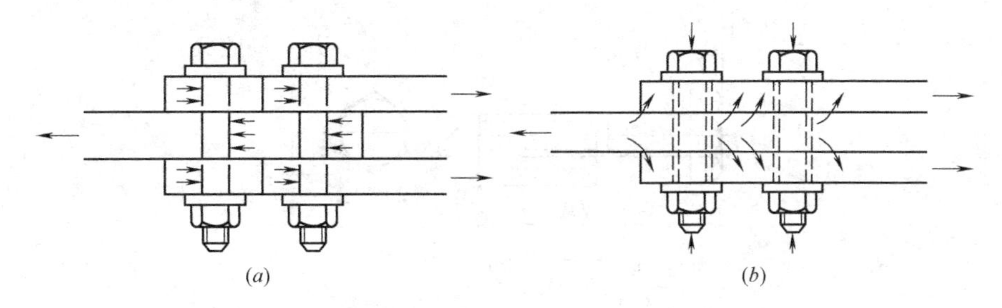

图 7-1　螺栓连接工作机理示意

(a) 普通螺栓连接；(b) 高强度螺栓摩擦连接

个等级，其中 8.8 级以上螺栓材质为低碳合金钢或中碳钢并经热处理（淬火、回火），通称为高强度螺栓，8.8 级以下（不含 8.8 级）通称普通螺栓。

螺栓性能等级标号由两部分数字组成，分别表示螺栓的公称抗拉强度和材质的屈强比。例如性能等级 4.6 级的螺栓其含意为：第一部分数字（4.6 中的“4”）为螺栓材质公称抗拉强度（N/mm^2）的 1/100。第二部分数字（4 .6 中的“6”）为螺栓材质屈强比的 10 倍；两部分数字的乘积（4×6＝“24”）为螺栓材质公称屈服点（N/mm^2）的 1/10。

7.5.2　普通螺栓的施工

钢结构普通螺栓连接是将普通螺栓、螺母、垫圈和连接件连接在一起形成的一种连接形式。

1. 普通螺栓的种类

A 级螺栓通称精制螺栓，B 级螺栓为半精制螺栓。A、B 级适用于拆装式结构或连接部位需传递较大剪力的重要结构安装中。C 级螺栓通称为粗制螺栓，钢结构用连接螺栓，除特殊注明外，一般均为普通粗制 C 级螺栓，如图 7-2（*a*）、（*b*）所示，图中螺纹规格 d，通常有 8mm、10mm、12mm，直至 95mm，也表示为 M8、M10、M12 等。

双头螺栓一般又称双头螺柱，图 7-2（*c*）为等长双头螺柱 C 级的外形图。双头螺柱多用于连接厚板和不便使用六角螺栓连接的地方，如混凝土屋架、屋面梁悬挂单轨梁吊挂件等。

地脚螺栓分为一般地脚螺栓、直角地脚螺栓、锤头螺栓和锚固地脚螺栓。

一般地脚螺栓和直角地脚螺栓是浇筑混凝土基础时，预埋在基础之中用以固定钢柱的。锤头螺栓是基础螺栓的一种特殊形式，一般在混凝土基础浇筑时将特制模箱（锚固板）预埋在基础内，用以固定钢柱。锚固地脚螺栓是在已成形的混凝土基础上经钻机制孔后，再浇筑固定的一种地脚螺栓。

2. 普通螺栓的施工

(1) 连接上的要求

普通螺栓在连接时应符合下列要求：

1）永久螺栓的螺栓头和螺母的下面应放置平垫圈。垫置在螺母下面的垫圈不应多于 2 个，垫置在螺栓头部下面的垫圈不应多于 1 个。

2）螺栓头和螺母应与结构构件的表面及垫圈密贴。

3）对于槽钢和工字钢翼缘之类倾斜面的螺栓连接，则应放置斜垫片垫平，以使螺母

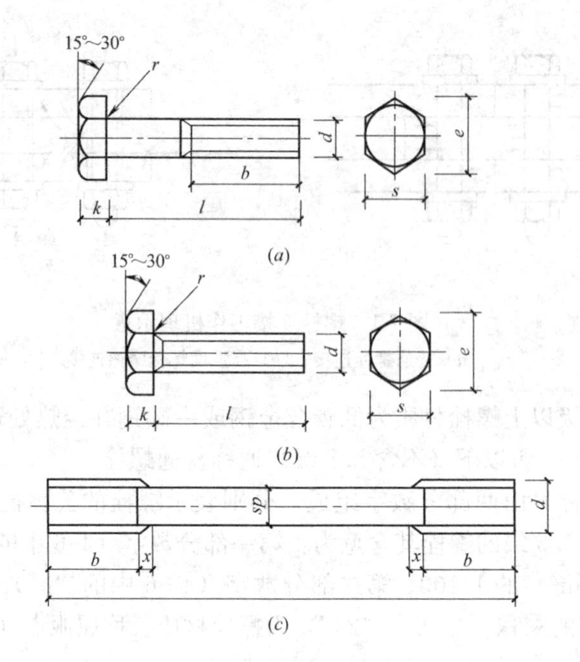

图 7-2　普通螺栓

(*a*) 六角头螺栓；(*b*) 六角头-全螺栓；(*c*) 等长双头螺栓

和螺栓的头部支承面垂直于螺杆，避免螺栓紧固时螺杆受到弯曲力。

4) 永久螺栓和锚固螺栓的螺母应根据施工图纸中的设计规定，采用有防松装置的螺母或弹簧垫圈。

5) 对于动荷载或重要部位的螺栓连接，应在螺母的下面按设计要求放置弹簧垫圈。

6) 各种螺栓连接，从螺母一侧伸出螺栓的长度应保持在不小于两个完整螺纹的长度。

7) 同一个连接接头螺栓数量不应少于 2 个。

(2) 紧固轴力

普通螺栓连接对螺栓紧固轴力没有要求，因此螺栓的紧固施工以操作者的手感及连接接头的外形控制为准。为了使连接接头中螺栓受力均匀，螺栓的紧固次序应从中间开始，对称向两边进行；对大型接头应采用复拧，即两次紧固方法，保证接头内各个螺栓能均匀受力。

普通螺栓连接螺栓紧固检验比较简单，一般采用锤击法。用质量为 3kg 的小锤，一手扶螺栓（或螺母）头，另一手用锤敲，要求螺栓头（螺母）不偏移、不颤动、不松动。若锤声比较干脆，否则说明螺栓紧固质量不好，需要重新紧固施工。

7.5.3　高强度螺栓的施工

1. 高强度螺栓的种类

高强度螺栓连接已经发展成为与焊接并举的钢结构主要连接形式之一，它具有受力性能好、耐疲劳、抗震性能好、连接刚度大、施工简便等优点，被广泛地应用在建筑钢结构和桥梁钢结构中。

高强度螺栓连接按其受力状况，可分为摩擦型连接、摩擦—承压型连接、承压型连接和张拉型连接等几种类型，其中摩擦型连接是目前广泛采用的基本连接形式。

摩擦型连接接头处用高强度螺栓紧固，使连接板层夹紧，利用由此产生于连接板层之间接触面的摩擦力来传递外荷载。高强度螺栓在连接接头中不受剪，只受拉并由此给连接件之间施加了接触压力，这种连接应力传递圆滑，接头刚性好，通常所指的高强度螺栓连接，就是这种摩擦型连接，其极限破坏状态即为连接接头滑移。

承压型高强度螺栓连接接头，当外力超过摩擦阻力后，接头发生明显的滑移，高强度螺栓杆与连接板孔壁接触并受力，这时外力靠连接接触面间的摩擦力、螺栓杆剪切及连接板孔壁承压三方共同传递，其极限破坏状态为螺栓剪断或连接板承压破坏，该种连接承载力高，可以利用螺栓和连接板的极限破坏强度，经济性能好，但连接变形大，可应用在非重要的构件连接中。

(1) 高强度六角头螺栓

钢结构用高强度大六角头螺栓，分为 8.8 和 10.9 两种等级，一个连接副为一个螺栓、一个螺母和两个垫圈。高强度螺栓连接副应为同批制造，保证扭矩系数稳定，同批连接副扭矩系数平均值为 0.110～0.150，其扭矩系数标准偏差不大于 0.010。

(2) 扭剪型高强度螺栓

钢结构用扭剪型高强度螺栓一个螺栓连接副为一个螺栓、一个螺母和一个垫圈，它适用于摩擦型连接的钢结构。连接副紧固轴力见表 7-8。

扭剪型高强度螺栓连接副紧固轴力（kN） **表 7-8**

螺纹规格		M16	M20	M22	M24
每批紧固轴力的平均值	公称	109	170	211	245
	最小	99	154	191	222
	最大	120	186	231	270
紧固轴力标准偏差		≤1.01	≤1.57	≤1.95	≤2.27

2. 高强度螺栓的施工

(1) 大六角头高强度螺栓

1) 扭矩法施工

对大六角头高强度螺栓连接副来说，当扭矩系数 K 确定之后，由于螺栓的预拉力 P 是由设计规定的，则螺栓应施加的扭矩值 M 就可以容易地计算确定，根据计算确定的施工扭矩值，使用扭矩扳手（手动、电动、风动）按施工扭矩值进行终拧。

在采用扭矩法终拧前，应首先进行初拧，对螺栓多的大接头，还需进行复拧。初拧的目的就是使连接接触面密贴，一般常用规格螺栓（M20、M22、M24）的初拧扭矩在 200～300N·m，螺栓轴力达到 10～50kN 即可。

初拧、复拧及终拧一般都应从中间向两边或四周对称进行，初拧和终拧的螺栓都应做不同的标记，避免漏拧、超拧等安全隐患，同时也便于检查人员检查紧固质量。

2) 转角法施工

转角法施工分初拧和终拧两步进行（必要时需增加复拧），初拧的要求比扭矩法施工要严，因为起初连接板间隙的影响，螺母的转角大都消耗于板缝，转角与螺栓轴力关系不稳定。初拧的目的是为消除板缝影响，使终拧具有一致的基础。转角法施工在我国已有

30多年的历史，但对初拧扭矩尚没有一定的标准，各个工程根据具体情况确定，一般地讲，对于常用螺栓（M20、M22、M24）初拧扭矩定在200～300N·m比较合适，初拧应该使连接板缝密贴为准。终拧是在初拧的基础上，再将螺母拧转一定的角度，使螺栓轴向力达到施工预拉力。图7-3为转角法施工示意。

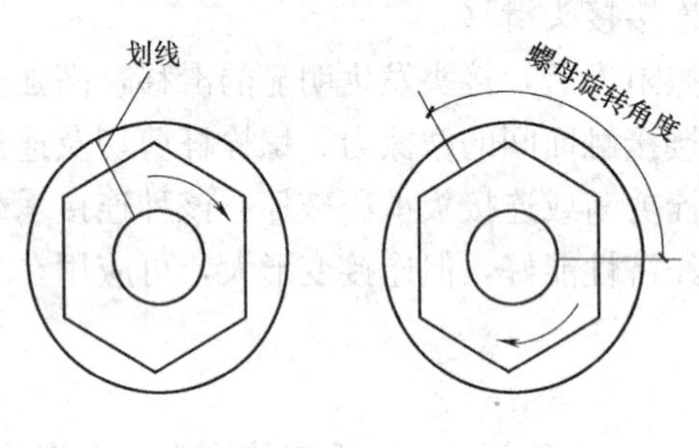

图7-3 转角施工方法

转角法施工步骤为：从栓群中心顺序向外拧紧螺栓（初拧），然后用小锤逐个检查，防止螺栓漏拧，对螺栓逐个进行划线，再用专用扳手使螺母再旋转一个额定角度，螺栓群终拧紧固的顺序与初拧相同。高强大六角头螺栓终拧完成1h后、48h内进行终拧检查，按节点数抽查10%，且不少于10个；每个被抽节点按螺栓数检查10%，且不少于2个。

（2）扭剪型高强度螺栓

扭剪型高强度螺栓连接副紧固施工比大六角头高强度螺栓连接副紧固施工要简便得多，正常的情况采用专用的电动扳手进行终拧，梅花头拧掉标志着螺栓终拧的结束。

为了减少接头中螺栓群间相互影响及消除连接板面间的缝隙，紧固也要分初拧和终拧两个步骤进行，对于超大型的接头还要进行复拧。

扭剪型高强度螺栓连接副的初拧扭矩可适当加大，一般初拧螺栓轴力可以控制在螺栓终拧轴力值的50%～80%，对常用规格的高强度螺栓（M20、M22、M24）初拧扭矩可以控制在400～600N·m，若用转角法初拧，初拧角度控制在45°～75°，一般以60°为宜。

图7-4为扭剪型高强度螺栓紧固过程。先将扳手内套筒套入梅花头上，再轻压扳手，再将外套筒套在螺母上；按下扳手开关，外套筒旋转，使螺母拧紧、切口拧断；关闭扳手开关，将外套筒从螺母上卸下，将内套筒中的梅花头顶出。

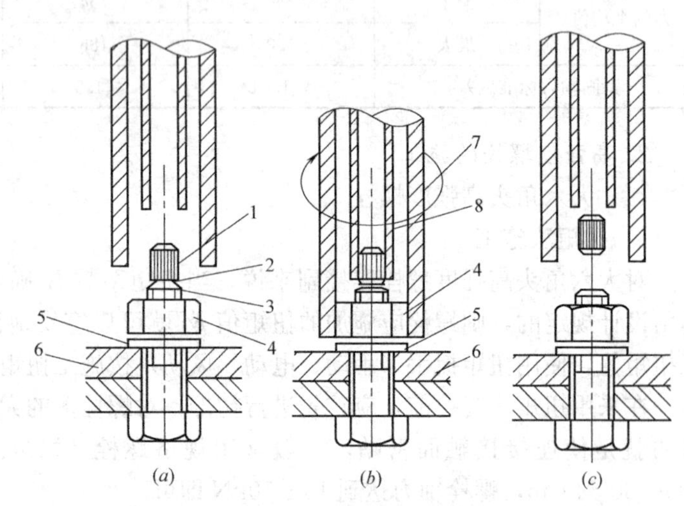

图7-4 扭剪型高强度螺栓紧固过程

（a）紧固前；（b）紧固中；（c）紧固后

1—梅花头；2—断裂切口；3—螺栓；4—螺母；5—垫圈；6—被紧固的构件；7—扳手外套筒；8—扳手内套筒

除因构造原因无法使用专用扳手终拧掉梅花头者外，未在终拧中拧掉梅花头的螺栓数不应大于该节点螺栓数的5%，扭矩检查按节点数抽查10%，但不少于10个节点，被抽查节点中梅花头未拧掉的螺栓个数进行终拧扭矩检查。检查方法亦可采用扭矩法和转角法，试验方法同大六角头高强度螺栓。

7.6 钢结构的预拼装

为保证安装的顺利进行，应根据构件或结构的复杂程度、设计要求或合同协议规定，在构件出厂前进行预拼装。另外，由于受运输条件、现场安装条件等因素的限制，大型钢结构构件不能整件出厂，必须分成两段或若干段出厂时，也要进行预拼装。

预拼装一般分为立体预拼装和平面预拼装两种形式，除管结构为立体预拼装外，其他结构一般均为平面预拼装。预拼装所用的支承凳或平台应测量找平，检查时应拆除全部临时固定架和拉紧装置，预拼装的构件应处于自由状态，不得强行固定。

钢构件应按场地放样尺寸进行预拼装吊装定位。场地放样应符合下列规定：

（1）放样尺寸应包含施工图控制尺寸、要求的起拱值、焊接接头的焊接收缩余量及其他要求的控制尺寸；

（2）场地放样应与预拼装垂直投影相对应，包括杆件中心线和节段端面基准线；

（3）预拼装前，对场地放样进行尺寸检查；

（4）放样的点和线标识应清晰。

预拼装时，构件与构件的连接形式为螺栓连接，其连接部位的所有节点连接板均应装上，除检查各部位尺寸外，还应用试孔器检查板叠孔的通过率，并应符合下列规定：当采用比孔公称直径小 1.0mm 的试孔器检查时，每组孔的通过率不应小于 85%，当采用比螺栓公称直径大 0.3mm 的试孔器检查时，通过率应为 100%。

当预装单元中构件与构件、部件与构件之间的连接为摩擦面连接时，对摩擦面连接处各板之间的密贴度进行检查，查方法为以塞尺插入板边缘深度 20mm，量板件间的间隙应小于 0.2mm；当深度内的间隙为 0.2～0.3mm，其长不宜超过板边长的 10%；当深度内的间隙为 0.3～1mm，其长不宜超过板边长的 5%。

节点的各部件在拆开之前必须予以编号，做出必要的标记。预拼装检验合格后，应在构件上标注上下定位中心线、标高基准线、交线中心点等标记，必要时焊上临时撑件和定位器等，以便于根据预拼装的状况进行最后安装。

7.7 钢网架安装

钢网架适用于大跨度结构，如飞机库、体育馆、展览馆等。建筑工程中常用的为平板型钢网架结构。

钢网架根据其结构形式和施工条件的不同，可选用高空拼装法、整体安装法或高空滑移法进行安装。

7.7.1 高空拼装法

钢网架用高空拼装法进行安装，是先在设计位置处搭设拼装支架，然后用起重机把网架构件分件（或分块）吊至空中的设计位置，在支架上进行拼装。此法有时不需大型起重设备，但拼装支架用量大，高空作业多。因此，对高强度螺栓连接的、用型钢制作的钢联方网架或螺栓球节点的钢管网架较适宜，目前仍有一些钢网架用此法施工。

7.7.2 整体安装法

整体安装法就是先将网架在地面上拼装成整体，然后用起重设备或千斤顶将其整体提升到设计位置上加以固定。这种施工方法不需高大的拼装支架，高空作业少，易保证焊接质量，但需要起重量大的起重设备，安装技术较复杂。根据所用设备的不同，整体安装法又分为多机抬吊法、拔杆提升法、千斤顶提升法与千斤顶顶升法等。

1. *多机抬吊法*

此法适用于高度和重量都不大的中、小型网架结构。安装前先在地面上对网架进行错位拼装（即拼装位置与安装轴线错开一定距离，以避开柱子的位置）。然后用多台起重机（多为履带式起重机或汽车式起重机）将拼装好的网架整体提升到柱顶以上在空中移位后落下就位固定。

（1）网架拼装

为防止网架整体提升时与柱子相碰，错开的距离取决于网架提升过程中网架与柱子或柱子牛腿之间的净距，一般不得小于10～15cm，同时要考虑网架拼装的方便和空中移位时起重机工作的方便。需要时可与设计单位协商，将网架的部分边缘杆件留待网架提升后再焊接，或变更部分影响网架提升的柱子牛腿。

钢网架在金属结构厂加工之后，将单件拼成小单元的平面桁架或立体桁架运至工地，工地拼装即在拼装位置将小单元桁架拼成整个网架。工地拼装所用的临时支柱可为小钢柱或小砖墩（顶面做10cm厚的细石混凝土找平层）。临时支柱的数量和位置，取决于小单元桁架的尺寸和受力特点。为保证拼装网架的稳定，每个立体桁架小单元下设4个临时支柱。此外，在框架轴线的支座处必须设临时支柱，待网架全部拼装和焊接之后。框架轴线以内的各个临时支柱先拆除，整个网架就支承在周边的临时支柱上。为便于焊接，框架轴线处的临时支柱高约80cm，其余临时支柱的高度按网架的起拱要求相应提高。

网架拼装的关键，是控制好网架框架轴线支座的尺寸（要预放焊接收缩量）和起拱要求。

网架的尺寸根据柱轴线量出（要预放焊接收缩量），标在临时支柱上。

网架焊接主要是球体与钢管的焊接。一般采用等强度对接焊，为安全起见，在对焊处增焊6～8mm的贴角焊缝。管壁厚度大于4mm的焊件，接口宜做成坡口。为使对接焊缝均匀和钢管长度稍可调整，可加用套管。拼装时先装上、下弦杆，后装斜腹杆，待两榀桁架间的钢管全部放入并矫正后，再逐根焊接钢管。

（2）网架吊装

这类中、小型网架多用四台履带式起重机（或汽车式、轮胎式起重机）抬吊。如网架重量较小，或四台起重机的起重量都满足要求时，宜将四台起重机布置在网架两侧（图7-5），这样只要四台起重机同时回转即完成网架空中移位的要求。

多机抬吊的关键是各台起重机的起吊速度一致，否则有的起重机会超负荷，网架受扭，焊缝开裂。为此，起吊前要测量各台起重机的起吊速度，以便起吊时掌握。

当网架抬吊到比柱顶标高高出30cm左右时，进行空中移位，将网架移至柱顶之上。网架落位时，为使网架支座中线准确地与柱顶中线吻合，事先在网架四角各拴一根钢丝绳，利用倒链进行对线就位。

2. 拔杆提升法

球节点大型钢管网架的安装，可用拔杆提升法。施工时，网架宜先在地面上错位拼装，然后用多根独脚拔杆将网架整体提升到柱顶以上，在空中移位，落位安装。

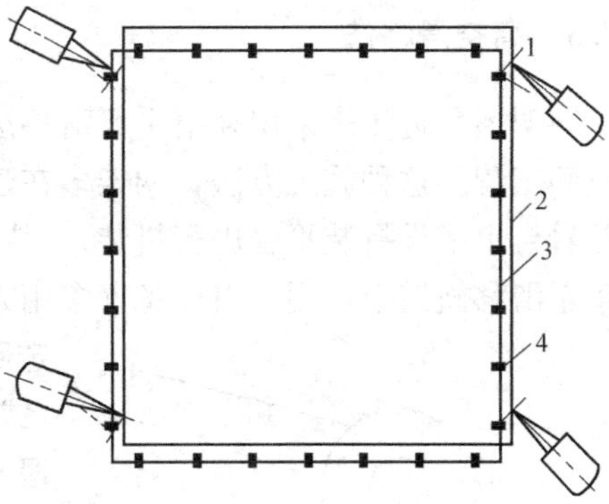

（1）起重设备的选择与布置

起重设备的选择与布置是网架拔杆提升施工中的一个重要问题。内容包括：拔杆选择与吊点布置、缆风绳与地锚布置、起重滑轮组与吊点索具的穿法、卷扬机布置等。

图 7-5　起重机在两侧抬吊网架
1—起重机；2—网架拼装位置；
3—网架安装位置；4—柱子

拔杆的选择取决于其所承受的荷载和吊点布置。

网架吊点的布置不仅与吊装方案有关，还与提升时网架的受力性能有关。在网架提升过程中，不但某些杆件的内力可能会超过设计时的计算内力，而且对某些杆件还可能引起内力符号改变而使杆件失稳。因此，应经过网架吊装验算来确定吊点的数量和位置。一般来说，在起重能力、吊装应力和网架刚度满足的前提下，应当尽量减少拔杆和吊点的数量。

缆风绳的布置，应使多根拔杆相互连成整体，以增加整体稳定性。每根拔杆至少要有 6 根缆风绳（有平缆风绳与斜缆风绳之分，用平缆风绳将几根拔杆连成整体）。地锚要可靠，缆风绳的地锚可合用。

缆风绳要根据风荷载、吊重、拔杆偏斜、缆风绳初应力等荷载，按最不利情况组合后计算选择。地锚亦需计算确定。

卷扬机的规格，要根据起重钢丝绳的内力大小确定。为减少提升差异，尽量采用相同规格的卷扬机。起重用的卷扬机宜集中布置，以便于指挥和缩短电气线路。校正用的卷扬机宜分散布置，以便就位安装。

（2）轴线控制

网架拼装支柱的位置，应根据已安装好的柱子的轴线精确量出，以消除基础制作与柱子安装时轴线误差的积累。

柱子安装后若先灌浆固定，应选择阳光温差影响最小的时刻测量柱子的垂直偏差，绘出柱顶位移图，再结合网架的制作误差来分析网架支座轴线与柱顶轴线吻合的可能性和纠正措施。

如柱子安装后暂不灌浆固定，则网架提升前，将 6 根控制柱先校正灌浆固定，待网架吊上去对准 6 根控制柱的轴线后，其他柱顶轴线则根据网架支座轴线来校正，并抢吊柱间梁，以增加柱子的稳定性。然后再将网架落位固定。

（3）拔杆拆除

网架吊装后，拔杆被围在网架中，宜采用倒拆法拆除。在网架上弦节点处挂两副起重滑轮组吊住拔杆，然后由最下一节开始逐一拆除拔杆。

7.7.3 高空滑移法

网架屋盖近年来采用高空平行滑移法施工的逐渐增多，它尤其适用于影剧院、礼堂等大空间工程。这种施工方法，网架多在建筑物前厅顶板上设拼装平台进行拼装（亦可在观众厅看台上搭设拼装平台进行拼装），待第一个拼装单元（或第一段）拼装完毕，即将其下落至滑移轨道上，用牵引设备（多用人力绞磨）通过滑轮组将拼装好的网架向前滑移一定距离。接下来在拼装平台上拼装第二个拼装单元（或第二段），拼好后连同第一个拼装单元（或第一段）一同向前滑移，如此逐段拼装不断向前滑移，直至整个网架拼装完毕并滑移至就位位置。

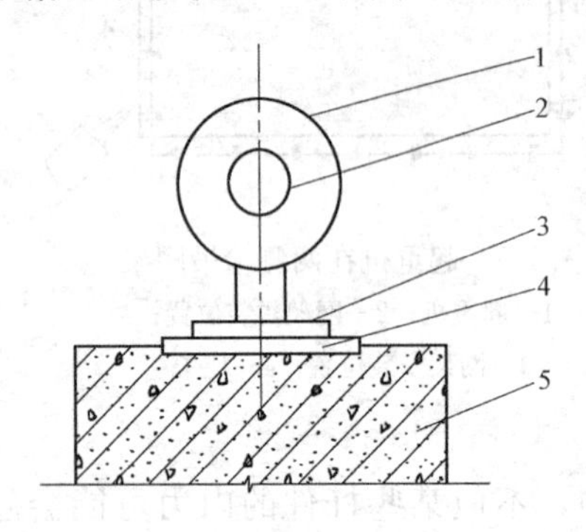

图 7-6 钢板滑动支座

1—球节点；2—杆件；3—支座钢板；4—预埋钢板；5—钢筋混凝土框架梁

拼装好网架的滑移，可在网架支座下设滚轮，使滚轮在滑动轨道上滑动，亦可在网架支座下设支座底板，使支座底板沿预埋在钢筋混凝土框架梁上的预埋钢板滑动（图 7-6）。

网架滑移可用卷扬机或手扳葫芦牵引。根据牵引力大小及网架支座之间的系杆承载力，可采用一点或多点牵引。牵引速度不宜大于 1.0m/min。网架滑移时，两端不同步值不应大于 50mm。

采用滑移法施工网架时，在滑移和拼装过程中，对网架应进行下列验算：

（1）当跨度中间无支点时，验算杆件内力和跨中挠度值；

（2）当跨度中间有支点时，验算杆件内力、支点反力和挠度值；

（3）当网架滑移单元由于增设中间滑轨引起杆件内力变化时，应采取临时加固措施以防失稳。

7.7.4 钢网架安装的允许偏差

钢网架安装的允许偏差应符合表 7-9 的规定。

钢网架结构安装的允许偏差（mm）　　表 7-9

项　目	允 许 偏 差	检 验 方 法
纵向、横向长度	$L/2000$,且不大于 30.0 $-L/2000$,且不小于−30.0	用钢尺实测
支座中心偏移	$L/3000$,且不大于 30.0	用钢尺和经纬仪实测
周边支承网架相邻支座高差	$L/400$,且不大于 15.0	用钢尺和水准仪实测
支座最大高差	30.0	用钢尺和水准仪实测
多点支承网架相邻支座高差	$L_1/800$,且不大于 30.0	用钢尺和水准仪实测

注：1. L 为纵向、横向长度；

2. L_1 为相邻支座间距。

7.8 钢结构门式刚架吊装

门式刚架一般跨度较大、坡度陡、侧向刚度小、容易变形，因此施工安装前应选择合理的吊装方案。目前国内经常采用的吊装方案有：半榀刚架就地平拼，单机安装或双机抬吊安装，同时合拢；半榀刚架在基础上立拼，单机扳起，同时合拢；两个半榀刚架在基础上组装，双机或多机整榀扳起等。本节主要介绍第一种吊装方案。

图 7-7 为用半榀平拼、单机吊装、同时合拢的方案吊装门式刚架。图中塔式起重机的作用是吊装临时工作台，用于高空对铰，同时进行刚架中间部位的桁条、支撑等的吊装。履带式起重机宜增设鹅头架以扩大屋盖构件的吊装范围。

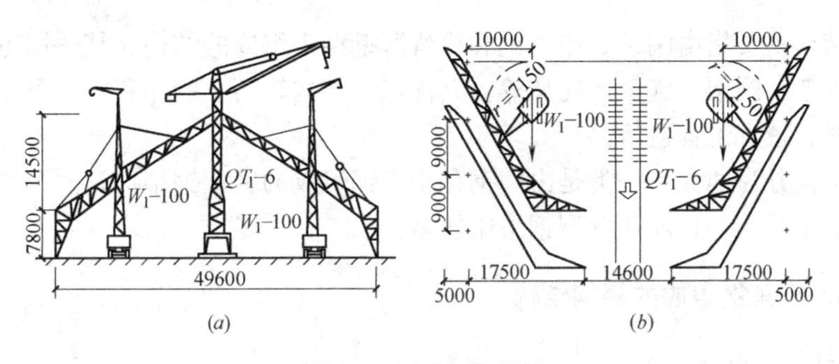

图 7-7　门式刚架吊装

(*a*) 吊装情况；(*b*) 构件平面布置

半榀刚架就位位置，应根据履带式起重机的回转半径和场地条件而定。履带式起重机的开行路线距建筑物纵轴线 10m，即正好在半榀刚架的重心位置处。

要正确选择门式刚架的绑扎点，由于门式刚架上弦节点极易变形，如绑扎点选择不当，在扶直和起吊过程中刚架会产生很大的变形。图 7-8 所示的门式刚架绑扎方法，是用四点扶直（上、下弦各两点）、两点起吊、钩头滑动的绑扎方法。这种绑扎方法的特点是，上、下弦两吊点的吊索用滑轮穿过，以便扶直时旋转；同时使钩头吊索套在滑轮上，以适应从扶直过渡到吊升时钩头位置的变化，并用保险索拉住，以免滑过。绑扎刚架中，刚架扶直时钩头的投影位置处于柱脚 A 和刚架重心 G（需事先经计算求出）连线的延长线与刚架斜臂中线的交点 O 之上，吊点左右基本上对称。这样，在刚架扶直时斜臂就水平地均匀离地，半榀刚架能绕柱脚扶直。同时，在扶直过程中钩头上滑，使刚架吊升时钩头能处于刚架重心线之上。

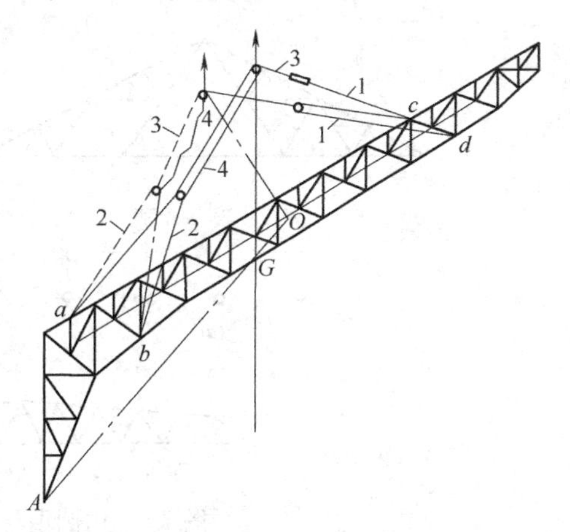

图 7-8　半榀钢桁架式门式刚架绑扎示意图

1、2—绑扎吊索；3—钩头吊索；4—保险索

a、*b*、*c*、*d*—绑扎点

在刚架吊装过程中，钩头高度、吊索长度和吊索内的拉力，均按刚架吊直状态进行计算。

吊装时，左右两半榀刚架同时起吊，待起吊到设计位置后，先将柱脚固定，然后人站在用塔式起重机吊着的临时工作台上安装固定两个半刚架用的顶铰销子。

刚架吊装后，第一榀刚架用缆风绳临时固定（每半榀两侧各拉两根），待第二榀刚架吊装好后，先不要松吊钩，须待装好全部檩条和水平支撑，同时进行刚架校正，使两榀刚架形成一个整体后再松去吊钩。从第三榀刚架开始，只要安装几根檩条临时固定刚架即可。刚架的校正，主要是校正刚架顶铰处和柱脚的中间、垂直于柱脚的横向轴线及刚架上弦的直线度。

7.9 轻型钢结构安装

轻型钢结构主要指由圆钢、小角钢和冷弯薄壁型钢组成的结构。其适用范围一般是檩条、屋架、刚架、网架、施工用托架等。其优点是结构轻巧、制作和安装可用较简单的设备、节约钢材、减少工程造价。

轻型钢结构分为两类，一类是由圆钢和小角钢组成的轻型钢结构；另一类是由薄壁型钢组成的轻型钢结构。目前薄壁型钢采用较多。

7.9.1 圆钢、小角钢组成的轻钢结构

1. 结构形式和构造要求

圆钢、小角钢组成的轻钢结构，主要用于屋架、檩条和托架。

(1) 屋架

屋架的形式主要有：三角形屋架、三铰拱屋架和梭形屋架，如图 7-9 所示。

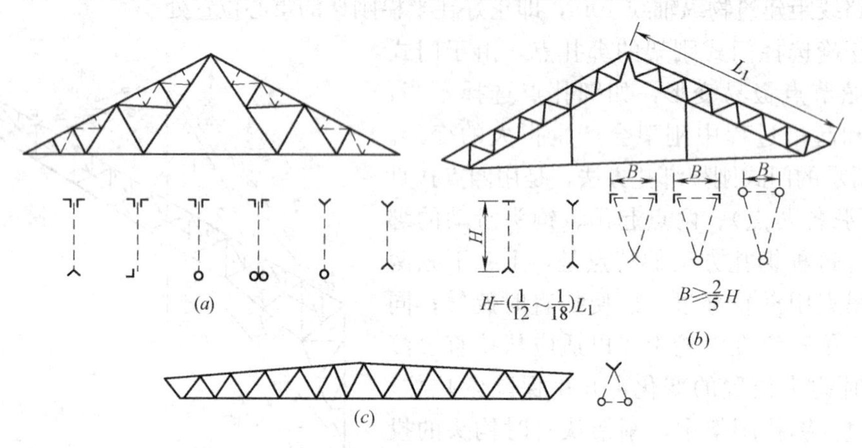

图 7-9 由圆钢与小角钢组成的轻型钢屋架

(a) 三角形屋架；(b) 三铰拱屋架；(c) 梭形屋架

三角形屋架用钢量较省，跨度 9～18m 时，用钢量为 4～6t/m^2，节点构造简单，制作、运输、安装方便，适用于跨度和吊车吨位不太大的中、小型工业建筑。

三铰拱屋架用钢量与三角形屋架相近，能充分利用圆钢和小角钢，但节点构造复杂，制作较费工。由于整体刚度较差，不宜用于有桥式吊车和跨度超过 18m 的工业建筑中。

梭形屋架是由角钢和圆钢组成的空间桁架，属于小坡度的无檩屋盖结构体系。截面重心低，空间刚度较好，但节点构造复杂，制作费工。多用于跨度 9～15m、柱距 3.0～4.2m 的民用建筑中。

(2) 檩条

檩条的形式有实腹式、空腹式和桁架式等。桁架式檩条制作比较麻烦，宜用于荷载和檩距较大的情况。轻型钢结构的桁架，应使杆件重心线在节点处交于一点，节点构造偏心对结构承载力影响较大，制作时应注意。

常用的节点构造，如图 7-10、图 7-11、图 7-12 所示。

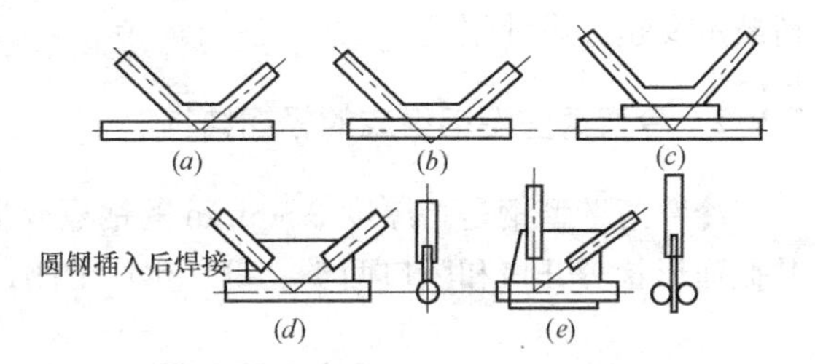

图 7-10 圆钢和圆钢的连接构造

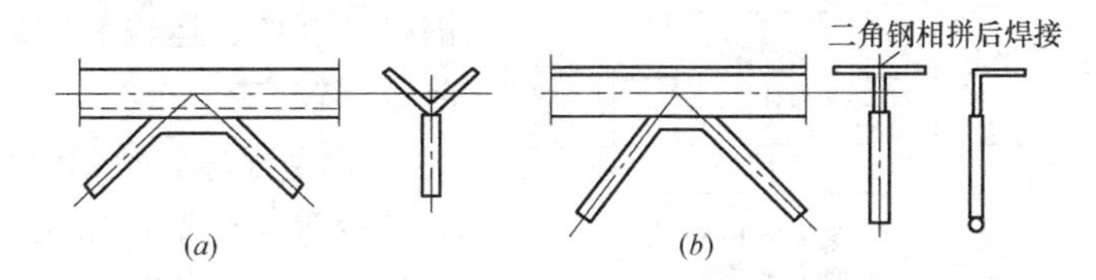

图 7-11 圆钢与角钢的连接构造

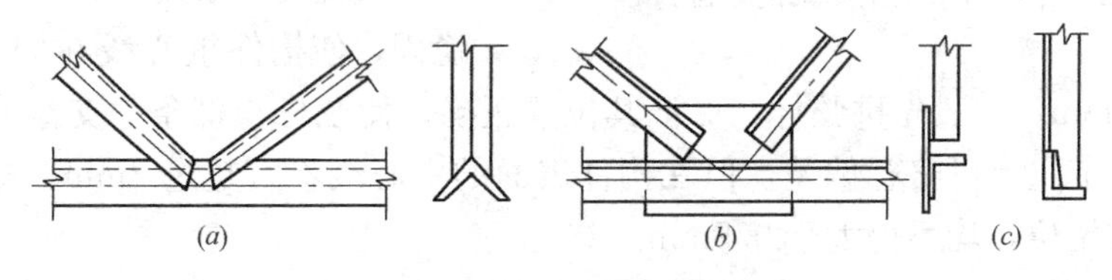

图 7-12 单肢角钢的连接构造

2. 制作和安装要点

(1) 构件平整。小角钢和圆钢等在运输和堆放过程中容易发生弯曲和翘曲等变形，备料时应该进行平直整理，使其达到合格要求。

(2) 圆钢筋弯曲。宜用热弯加工圆钢筋的弯曲部分，应在炉中加热至 900～1000℃，从炉中取出锻打成型。也可用烘枪（氧炔焰）烘烤至上述温度后锻打成型。弯曲的钢筋腹杆（蛇形钢筋）通常以两节以上为一个加工单件，但也不宜太长，太长弯成的构件不易平整，太短会增加节点焊缝，小直径圆钢有时也用冷弯加工；较大直径的圆钢若用冷弯加工，曲率半径不能过小，否则会影响结构精度，并增加结构偏心。

(3) 结构装配。宜用胎模以保证结构精度，杆件截面如为有三根杆件的空间结构（如梭形桁架），可先装配成单片平面结构，然后用装配点焊进行组合。

(4) 结构焊接。宜用小直径焊条（2.5～3.5mm）和较小电流进行。为防止发生未焊透和咬肉等缺陷，对用相同电流强度焊接的焊缝可同时焊完，然后调整电流强度焊另一种焊缝。用直流电机焊接时，宜用反极连接（即被焊构件接负极）。对焊缝不多的节点，应一次施焊完毕，中途停熄后再焊易发生缺陷，焊接次序宜由中央向两侧对称施焊。对于檩条等小构件可用固定夹具以保证结构的几何尺寸。

(5) 安装要求。屋盖系统的安装顺序一般是屋架、屋架间垂直支撑、檩条、檩条拉条、屋架间水平支撑。檩条的拉条可增加屋面刚度，并传递部分屋面荷载，应先予张紧，但不能张拉过紧而使檩条侧向变形。屋架上弦水平支撑通常用圆钢筋，应在屋架与檩条安装完毕后拉紧。这类柔性支撑只有张紧才对增强屋盖刚度起作用。施工时，还应注意施工荷载不要超过设计规定。

7.9.2 冷弯薄壁型钢组成的轻钢结构

冷弯薄壁型钢是指厚度 2～6mm 的钢板或带钢经冷弯或冷拔等方式弯曲而成的型钢，其截面形状分开口和闭口两类。钢厂生产的闭口截面是圆管形或矩形截面，冷弯的开口截面宜用高频焊焊接而成。

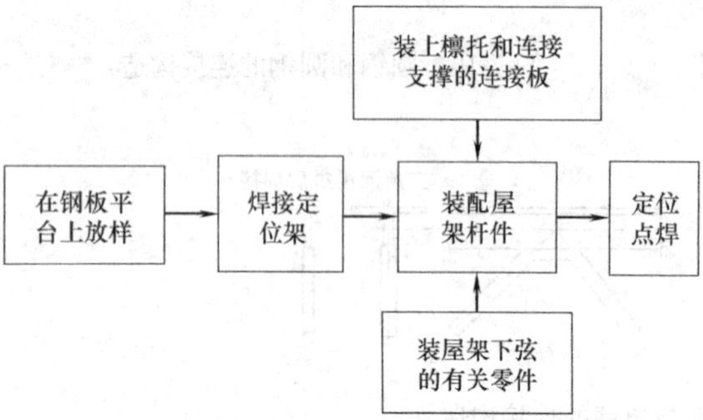

装上檩托和连接支撑的连接板
在钢板平台上放样
焊接定位架
装配屋架杆件
定位点焊
装屋架下弦的有关零件

图 7-13 冷弯薄壁型钢屋架的装配过程

冷弯薄壁型钢可用来制作檩条、屋架、刚架等轻型钢结构，能有效地节约钢材，制作、运输和安装亦较方便，目前应用较广。

1. 冷弯薄壁型钢结构的装配和焊接

冷弯薄壁型钢屋架的装配一般用一次装配法，其装配流程如图 7-13 所示。

装配时，装配平台（图 7-14）必须稳固，使构件重心线在同一水平面上，高差不大于 3mm。一般先拼弦杆，保证其位置正确，使弦杆与檩条、支撑连接处的位置正确。腹杆在节点上可略有偏差，但在构件表面的中心线不宜超过 3mm。杆件搭接和对接时的错缝或错位，均不得大于 0.5mm。

檩托
I
I
楔形铁 下弦
定位架
I—I
腹杆
楔形铁上弦
屋架中心平面
定位架
300～500
钢板平台

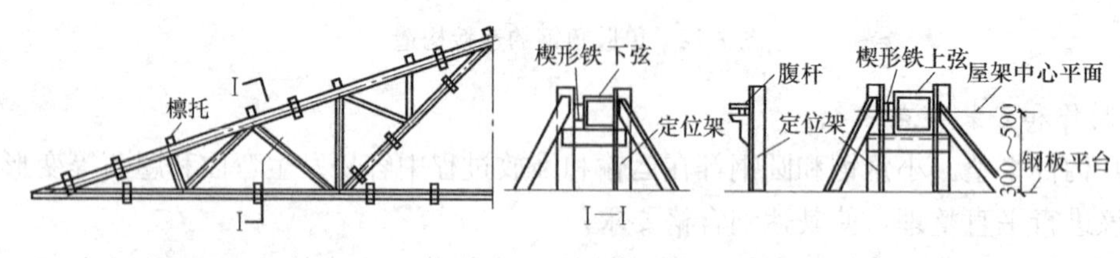

图 7-14 装配平台

三角形屋架由三个运输单元组成时，应注意三个单元间连接螺孔位置的正确，以免安装时连接困难。为此，可先把下弦中间一段运输单元固定在胎模的小型钢支架上，随后进行其左右两个半榀屋架的装配。连接左右两个半榀屋架的屋脊节点也应采取措施保证螺孔位置正确，连接孔中心线的误差不得大于 1.5mm。

为减少冷弯薄壁型钢焊接接头的焊接变形，杆端顶接缝隙宜控制在 1mm 左右。薄壁型钢的工厂接头，开口截面可采用双面焊的对接接头；用两个槽形截面拼合的矩形管，横缝可用双面焊，纵缝用单面焊，并使横缝错开 2 倍截面高度（图 7-15*a*、*b*）。一般管子的接头，受拉杆最好用有衬垫的单面焊，对接缝接头，衬垫可用厚度大于 1.5～2mm 左右的薄钢板或薄钢管。圆管也可用于同直径的圆管接头，纵向切开后镶入圆钢管中（图 7-15*c*）。受压杆允许用隔板连接（图 7-15*d*）。杆件的工地连接可用焊接或螺栓连接（图 7-15*e*、*f*），对受拉杆件的焊接质量，应特别注意。

薄壁杆件装配点焊应严格控制壁厚方向的错位，不得超过板厚的 1/4 或 0.5mm。

为保证焊接质量，对薄壁截面焊接处附近的铁锈、污垢和积水要清除干净，焊条应烘干，并不得在非焊缝处的构件表面起弧或灭弧。

薄壁型钢屋架节点的焊接，常因装配间隙不均匀而使一次焊成的焊缝质量较差，故可

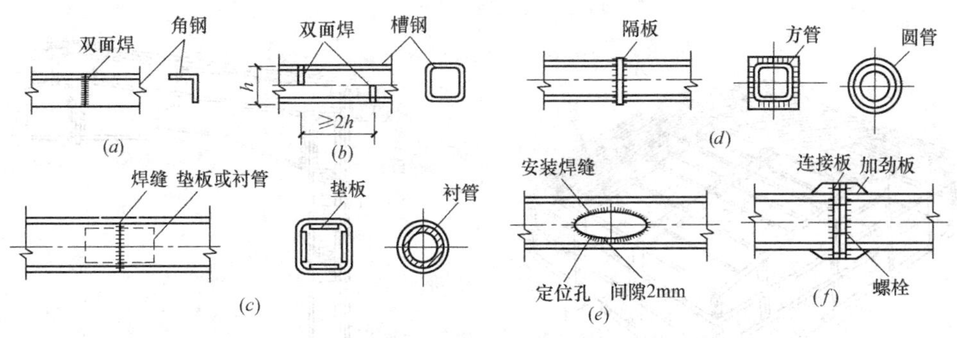

图 7-15 冷弯薄壁型钢的焊接接头

采用两层焊，尤其对冷弯型钢，因弯角附近的冷加工变形较大。焊后热影响区的塑性较差，对主要受力节点宜用两层焊，先焊第一层，待冷却后再焊第二层，不使构件过热，以提高焊缝质量。

2. 冷弯薄壁型钢构件矫正

薄壁型钢及其结构在运输和堆放时应轻吊轻放，尽量减少局部变形。规范规定薄壁方管的 $\delta/b \leqslant 0.01$，b 为局部变形的量测标距，取变形所在的截面宽度，δ 为纵向量测的变形值（图 7-16）。如超过此值，对杆件的承载力会有明显影响，且局部变形的矫正也困难。

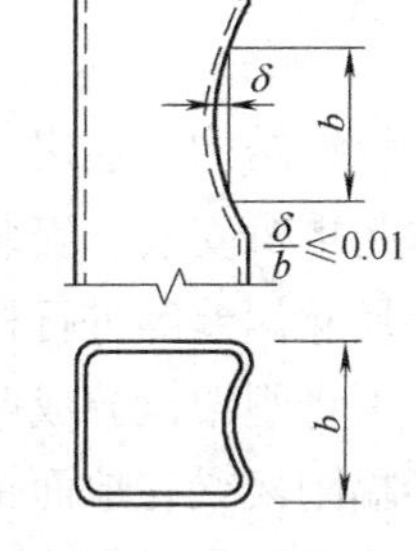

图 7-16 局部变形量测

采用撑直机或锤击调直型钢，且在成品整理时，也要防止局部变形。整理时最好逐步顶撑调直，接触处应设垫模，宜在型钢弯角处加力。如用锤击方法整理，注意设锤垫。成品用火焰矫正时，不宜浇水冷却。构件和杆件矫直后，挠曲矢高不应超过 $L/1000$，且不得大于 10mm。

3. 冷弯薄壁型钢结构安装

冷弯薄壁型钢结构安装前要检查和校正构件相互之间的关系尺寸、标高和构件本身安装孔的关系尺寸，检查构件的局部变形，如发现问题，可在地面预先矫正或妥善解决。吊装时要采取适当措施防止产生过大的弯扭变形，应垫好吊索与构件的接触部位，以免损伤构件。不宜利用已安装就位的冷弯薄壁型钢构件起吊其他重物，以免引起局部变形，不得在主要受力部位加焊其他物件。安装屋面板之前，应采取措施保证拉条拉紧和檩条的正确位置，檩条的扭角不得大于 30°。

下面以轻钢结构单层房屋的安装为例，简要说明冷弯薄壁型钢结构的安装方法。

如图 7-17 所示，轻钢结构单层房屋主要由钢柱、屋盖细梁、檩条、墙梁（檩条）、屋盖和柱间支撑、屋面和墙面的彩钢板等组成。钢柱一般为 H 型钢，其通过地脚螺栓与混凝土基础连接，通过高强度螺栓与屋盖梁连接，连接形式有直面连接（图 7-18）或斜面连接。屋盖梁为工字形截面，根据内力情况亦可呈变截面，各段由高强度螺栓连接。屋面檩条和墙梁多采用高强度镀锌彩色钢板辊压成型的 C 型或 Z 型檩条。檩条可由高强度螺栓直接与屋盖梁的翼缘连接。屋面和墙面多用彩钢板，是优质高强度薄钢卷板（镀锌钢板、镀铝锌钢板）经热浸合金镀层和烘涂彩色涂层经机器辊压而成。其厚度有 0.5、0.7、0.8、1.0、1.2mm 等几种，其表面涂层材料有普通双性聚酯、高分子聚酯、硅双性聚酯、金属 PVDF、PVF 贴膜、丙烯溶液等。

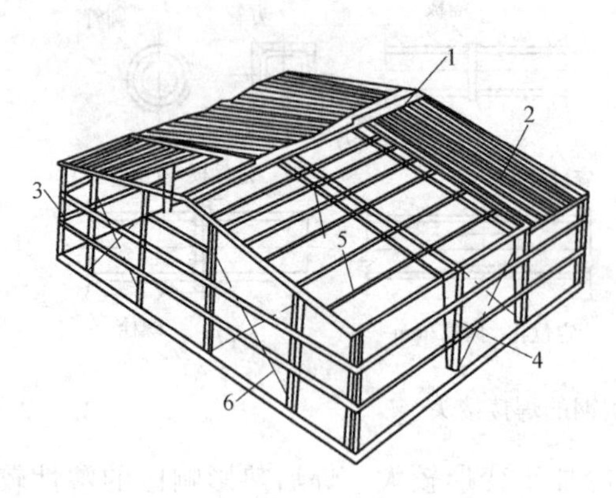

图 7-17　轻钢结构单层房屋构造示意图

1—屋脊盖板；2—彩色屋面板；3—墙筋；4—钢刚架；5—C 型檩条；6—钢支撑

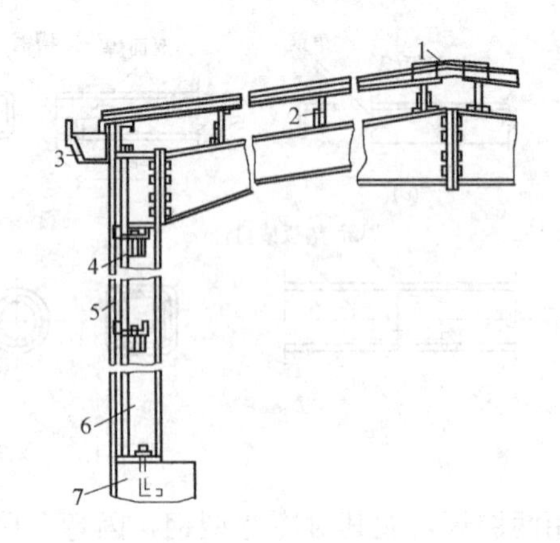

图 7-18　轻钢构件连接图

1—屋脊盖板；2—檩条；3—天沟；4—墙筋托板；5—墙面板；6—钢柱；7—基础

轻钢结构单层房屋由于构件自重轻，安装高度不大，多利用自行式（履带式、汽车式）起重机安装。安装前与普通钢结构一样，亦需对基础的轴线、标高、地脚螺栓位置及构件尺寸偏差等进行检查。刚架梁如跨度大、稳定性差，为防止吊装时出现下挠和侧向失稳，可将刚架梁分成两段，一次吊装半榀，在空中对接。在有支撑的跨间，亦可将相邻两个半榀刚架梁在地面拼装成刚性单元进行一次吊装。轻钢结构单层房屋安装，可采用综合吊装法或单件吊装法。采用综合吊装法时，先吊装一个节间的钢柱，经校正固定后立即吊装刚架梁和檩条等。屋面彩钢板由于重量轻可在轻钢结构全部或部分安装完成后进行。

4. 冷弯薄壁型钢结构防腐蚀

防腐蚀是冷弯薄壁型钢加工中的重要环节，它影响维修和使用年限。事实证明，如制造时除锈彻底、底漆质量好，一般的厂房冷弯薄壁型钢结构可 8～10 年维修一次，与普通钢结构相同。否则，容易腐蚀并影响结构的耐久性。闭口截面构件经焊接封闭后，其内壁可不作防腐处理。

冷弯薄壁型钢结构必须进行表面处理，要求彻底清除铁锈、污垢及其他附着物。除锈方法有以下几种：

1）喷砂、喷丸除锈，应除至露出金属灰白色为止，并应注意喷匀，不得有局部黄色存在。

2）酸洗除锈，应除至钢材表面全部呈铁灰色为止，并应清除干净，保证钢材表面无残余酸液存在，酸洗后宜作磷化处理或涂磷化底漆。

3）手工或半机械化除锈，应除去露出钢材表面为止。

7.10　现场防火涂装

钢结构防火涂料是施涂于建筑物或构筑物的钢结构表面，能形成耐火隔热保护层以提高钢结构耐火极限的涂料。防火涂料的分类方法很多，但应用最为广泛的是按厚度分类及按应用场合分类这两种方法。

7.10.1 防火涂料的选用

钢结构防火涂料必须有国家检测机构的耐火性能检测报告和理化性能检测报告，有消防监督机关颁发的生产许可证，方可选用。选用的防火涂料质量应符合国家有关标准的规定，有生产厂方的合格证，并应附有涂料品名、技术性能、制造批号、贮存期限和使用说明等。

室内裸露钢结构、轻型屋盖钢结构及有装饰要求的钢结构，当规定其耐火极限在1.5h及以下时，宜选用薄涂型钢结构防火涂料。

室内隐蔽钢结构、高层全钢结构及多层厂房钢结构，当规定其耐火极限在2h及以上时。应选用厚涂型钢结构防火涂料。

露天钢结构，如石油化工企业的油（气）罐支撑、石油钻井平台等钢结构，应选用符合室外钢结构防火涂料产品规定的厚涂型或薄型钢结构防火涂料。

对不同厂家的同类产品进行比较选择时，宜查看近两年内产品的耐火性能和理化性能检测报告、产品定型鉴定意见、产品在工程中的应用情况和典型实例，并了解厂方技术力量、生产能力及质量保证条件等。

7.10.2 防火涂料施工工艺

1. 超薄型防火涂料施工工艺

（1）施工工具与方法

1）喷涂底层（包括主涂层，以下相同）涂料，宜采用重力（或喷斗）式喷枪，配能够自动调压的 0.6～0.9m^3/min 的空压机，喷嘴直径为 4～6mm，空气压力为 0.4～0.6MPa。

2）面层装饰涂料，可以刷涂、喷涂或滚涂，一般采用喷涂施工。喷底层涂料的喷枪，将喷嘴直径换为1～2mm，空气压力调为0.4MPa左右，即可用于喷面层装饰涂料。

3）局部修补或小面积施工，或者机器设备已安装好的厂房，不具备喷涂条件时，可用抹灰刀等工具进行手工抹涂。

（2）底层施工操作与质量

1）底涂层一般应喷2～3遍，每遍间隔4～24h，待前遍基本干燥后再喷后一遍。头遍喷涂以盖住基底面70%即可，二、三遍喷涂以每遍厚度不超过2.5mm为宜。每喷1mm厚的涂层，约耗湿涂料1.2～1.5kg/m^2。

2）喷涂时手握喷枪要稳，喷嘴与钢基材面垂直呈70°角，喷嘴到喷面距离为40～60mm。要求回旋转喷涂，注意搭接处颜色一致，厚薄均匀。确保涂层完全闭合，轮廓清晰。

3）喷涂过程中，操作人员要携带测厚计随时检测涂层厚度，确保各部位涂层达到设计的厚度要求。

4）喷涂形成的涂层是粒状表面，当设计要求涂层表面要平整光滑时，待喷完最后一遍应采用抹灰刀或其他适用的工具作抹平处理，使外表面均匀平整。

（3）面层施工操作与质量

1）当底层厚度符合设计规定，并基本干燥后，方可进行面层喷涂料施工。

2）面层喷涂料一般涂饰 1～2 遍。如头遍是从左至右喷，第二遍则应从右至左喷，以确保全部覆盖住底涂层。面涂用料为 0.5～1.0kg/m²。

3）对于露天钢结构的防火保护，喷好防火的底涂层后，也可选用适合建筑外墙用的面层涂料作为防水装饰层，用量为 1.0kg/m² 即可。

4）面层施工应确保各部分颜色均匀一致，接槎平整。

2. 薄型防火涂料施工工艺

薄型防火涂料施工工艺与超薄型防火涂料的施工工艺基本一致（只是每遍的涂装厚度要求不同，薄型防火涂料每遍施工厚度不超过 2.5mm 即可），可参照执行。

3. 厚型防火涂料施工工艺

（1）施工方法与机具

一般是采用喷涂施工，机具可为压送式喷涂机或挤压泵，配能自动调压的 0.6～0.9m³/min 的空压机，喷枪口径为 6～12mm，空气压力为 0.4～0.6MPa。局部修补可采用抹灰刀等工具手工抹涂。

（2）施工操作

1）喷涂应分若干次完成，第一次喷涂以基本盖住钢基材面即可，以后每次喷涂厚度为 5～10mm，一般以 7mm 左右为宜。必须在前次涂层基本干燥或固化后再接着喷，通常情况下，每天喷一遍即可。

2）喷涂保护方式、喷涂次数与涂层厚度应根据防火设计要求确定。耐火极限 1～3h，涂层厚度 10～40mm，一般需喷 2～5 次。

3）喷涂时，应紧握喷枪，注意移动速度，不能在同一位置久留，造成涂料堆积流淌；配料及往挤压泵加料均要连续进行，不得停顿。

4）施工过程中，应采用测厚针检测涂层厚度，直到符合设计规定的厚度，方可停止喷涂。

5）喷涂后的涂层要适当维修。对明显的突起，应采用抹灰刀等工具剔除，以确保涂层表面均匀。

（3）质量要求

1）涂层应在规定时间内干燥固化，各层间粘结牢固，不出现粉化、空鼓、脱落和明显裂纹。

2）钢结构的接头、转角处的涂层应均匀一致，无漏涂出现。

3）涂层厚度应达到设计要求。如某些部位的涂层厚度未达到规定厚度值的 85%以上，或者虽达到规定厚度值的 85%以上，但未达到规定厚度值的部位的连续长度超过 1m 时，应补喷，使之符合规定的厚度。

思 考 题

1. 钢结构的特点及应用范围有哪些？

2. 常见的钢材缺陷有哪几种？

3. 焊接变形有哪些类型？

4. 简述高强度螺栓连接中转角法施工的特点。
5. 扭剪型高强度螺栓的紧固过程是如何进行的？
6. 试述钢结构构件加工的工艺流程。
7. 试述整体安装法的工艺流程。
8. 简述冷弯薄壁型钢组成的轻钢结构的安装方法。
9. 简述厚型防水涂料施工工艺。

第8章 防水工程

防水工程的优劣，不仅关系到建筑物或构筑物的使用寿命，而且直接关系到它们的使用功能。影响防水工程质量的因素有防水设计的合理性、防水材料的选择、施工工艺及施工质量、保修与维修管理等。其中，防水工程的施工质量是关键因素。

本章主要介绍建筑屋面防水、建筑地下工程防水和卫生间防水的施工。

8.1 屋面防水工程

建筑屋面防水的原则是"以排为主，防排结合"，根据排水坡度分为平屋面和坡屋面两类，排水组织方式分为有组织排水和无组织排水。屋面防水工程应根据建筑物的类别、重要程度、使用功能要求确定防水等级，并应按相应等级进行防水设防；对防水有特殊要求的建筑厦面，应进行专项防水设计。屋面防水等级和设防要求应符合表8-1的规定。

屋面防水等级和设防要求 **表8-1**

防水等级	建筑类别	设防要求
Ⅰ级	重要建筑和高层建筑	两道防水设防
Ⅱ级	一般建筑	一道防水设防

根据防水层材料不同，主要分为卷材防水屋面、涂膜防水屋面和刚性防水屋面。

8.1.1 卷材防水屋面

卷材防水屋面的防水层是用胶粘剂将防水卷材逐层粘贴在找平层的表面而成的，属于柔性防水层。其特点是防水层的柔韧性较好，能适应一定程度的结构振动和胀缩变形，但卷材易老化、易起鼓、耐久性差、施工工序多、工效低，产生渗漏水时，修补较困难。

卷材防水屋面包括保温层、找平层、卷材防水层、细部构造四个分项工程。构造层次依次为：钢筋混凝土承重层→隔气层→保温层→找平层-基层处理剂结合层→卷材防水层→保护层，具体施工时，包括哪些层次应根据设计要求而定。

1. 卷材防水屋面常用材料

（1）卷材

主要有高聚物改性沥青防水卷材和合成高分子防水卷材三大系列。

1）卷材简介

① 高聚物改性沥青防水卷材：高聚物改性沥青防水卷材是指以合成高分子聚合物改性沥青为涂盖层，用纤维织物或纤维毡为胎体，以粉状、片状为覆面材料制成的可卷曲的防水材料。常用的有SBS改性沥青防水卷材、APP改性沥青防水卷材、再生胶改性沥青防水卷材、PVC改性沥青防水卷材等。该类卷材具有较好的低温柔性和延伸率，抗拉强度好，可单层铺贴。

② 合成高分子防水卷材：合成高分子防水卷材是指以合成橡胶、合成树脂或两者的混合体为基料，加入适量的化学助剂和填充料，经混炼、压延或挤出等工序加工而成的可卷曲片状防水材料。常用的有三元乙丙橡胶防水卷材、丁基橡胶防水卷材、聚氯乙烯防水卷材、氯化聚乙烯防水卷材等。此类卷材具有良好的低温柔性和适应基层变形的能力，耐久性好，使用年限较长，一般为单层铺贴。

2）防水卷材的质量验收

首先检查出厂质量合格证（应有生产厂家质量检验部门的盖章及防伪认证标志）和试验报告单（应有试验编号），材质证明和实物应物证相符。并抽样进行外观检验和物理性能实验。同一品种、牌号、规格的卷材抽样：大于1000卷的抽5卷；500～1000卷抽4卷；100～499卷抽3卷；小于100卷抽2卷。进场卷材的物理性能检验项目：

① 高聚物改性沥青防水卷材：可溶物含量、拉力、最大拉力时延伸率、耐热度、低温柔度、不透水性。

② 合成高分子防水卷材：断裂拉伸强度、扯断伸长率、低温弯折、不透水性。

（2）基层处理剂

防水层施工之前，预先涂刷在基层上的涂料称为基层处理剂。基层处理剂是为了增强防水材料与基层之间的粘结力。

不同种类的卷材应选用与其材性相容的基层处理剂。沥青防水卷材用的基层处理剂可选用冷底子油；高聚物改性沥青防水卷材用的基层处理剂可选用氯丁胶沥青乳液、橡胶改性沥青溶液和冷底子油等材料；合成高分子防水卷材用的基层处理剂可选用聚氨酯二甲苯溶液、氯丁橡胶溶液和氯丁胶沥青乳液等材料。

（3）胶粘剂

防水卷材用的胶粘剂，选用时应与所用卷材的材性相容。粘贴沥青防水卷材，可选用沥青胶。粘贴高聚物改性沥青防水卷材时，可选用橡胶或再生橡胶改性沥青的汽油溶液或水乳液作胶粘剂，应检验其粘接剥离强度。粘贴合成高分子防水卷材时，可选用以氯丁橡胶和丁酚醛树脂为主要成分的胶粘剂，或以氯丁橡胶乳液制成的胶粘剂，应检验粘结剥离强度和浸水168h粘结剥离强度保持率等。

2. 找平层施工

找平层是防水层基层，可采用水泥砂浆和细石混凝土。其中水泥砂浆（1∶2.5）找平层适用的基层为整体现浇混凝土板（厚度15～20mm）和整体材料保温层（厚度20～25mm）；细石混凝土找平层适用的基层为装配式混凝土板（C20混凝土，厚度30～35mm，宜加钢筋网片）和板状材料保温层（C20混凝土，厚度30～35mm）。

其基本要求：

（1）找平层的基层采用装配式钢筋混凝土板时，板端、侧缝应用C20细石混凝土灌缝；板缝宽大于40mm或上窄下宽时，板缝内应设置构造钢筋；板端缝应进行密封处理。

（2）找平层的排水坡度应符合设计要求。平屋面采用结构找坡不应小于3%，采用材料找坡宜为2%；天沟、檐沟纵向找坡不应小于1%，沟底水落差不得超过200mm。

（3）保温层上的找平层应留设分格缝，分格缝纵横间距不宜大于6m，分格缝的宽度宜为5～20mm。

（4）基层与突出屋面结构（女儿墙、山墙、天窗壁、变形缝、烟囱等）的交接处和基层的转角处，找平层均应做成圆弧形。高聚物改性沥青防水卷材圆弧半径为 50mm，合成高分子防水卷材圆弧半径为 20mm。

3. 卷材防水层施工

卷材防水层的施工流程：基层表面清理、修整→喷、涂基层处理剂→节点附加层处理→定位、弹线、试铺→铺贴卷材→收头处理、节点密封→保护层施工。

（1）基层处理

检查基层质量是否符合规定和设计要求，并进行清理、清扫。若存在凹凸不平、起砂、起皮、裂缝、预埋件固定不牢等缺陷，应及时进行修补。检查基层干燥度是否符合要求，干燥程度的简易检验方法为用 $1m^2$ 卷材平坦地干铺在找平层上，静置 3～4h 后掀开检查，找平层覆盖部位与卷材上未见水印即可铺设。

（2）喷、涂基层处理剂

用长把滚刷均匀涂刷于基层表面上，要求涂刷均匀，厚薄一致，不能漏刷、露底，干燥后（常温经过 4h），开始铺贴卷材。

（3）节点附加层处理

节点即细部构造，是屋面工程中最容易出现渗漏的薄弱环节。据调查表明，在渗漏的屋面工程中，70%以上是节点渗漏。主要包括天沟、泛水、水落口、管根、檐口、阴阳角等处，在节点处首先铺贴 1～2 层卷材附加层，附加的范围应符合设计和屋面工程技术规范的规定。

1）天沟、檐沟防水构造

在天沟、檐沟与屋面交接处空铺宽度不应小于 200mm 的附加层；对外檐封口的防水层应收头固定密封，上面用水泥砂浆抹压，如图 8-1 所示。

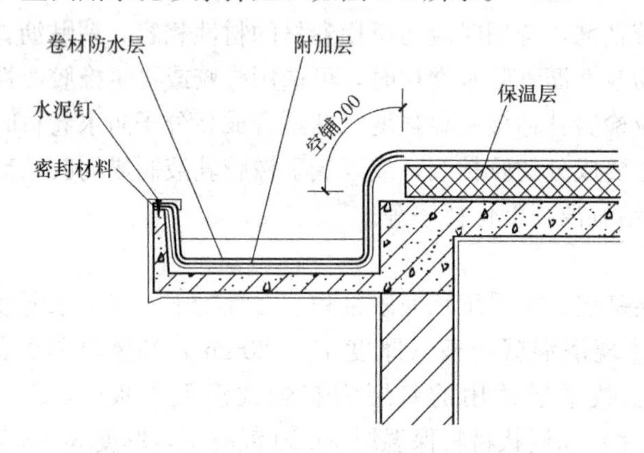

图 8-1　檐沟防水构造示意图

2）泛水防水构造

铺贴泛水处的卷材应采用满粘法。墙体为砖墙时，卷材收头可直接铺至女儿墙压顶下，用压条钉压固定并用密封材料封闭严密，压顶应做防水处理（图 8-2*a*）；卷材收头也可压入砖墙凹槽内固定密封，凹槽距屋面找平层高度不应小于 250mm，凹槽上部的墙体应做防水处理（图 8-2*b*）。墙体为混凝土时，卷材收头可采用金属压条钉压，并用密封材料封固（图 8-2*c*）。

3）变形缝防水构造

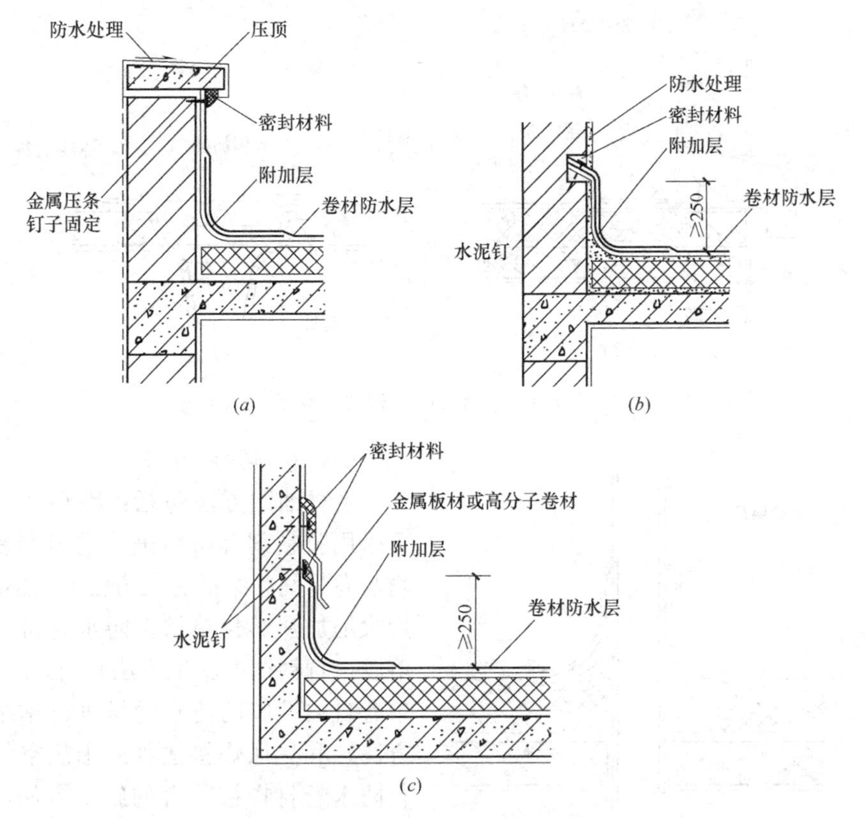

图 8-2 泛水防水构造示意图

变形缝处的泛水高度不小于250mm，变形缝内宜填充泡沫塑料，上部填放衬垫材料，并用卷材封盖，顶部应加扣混凝土盖板或金属盖板，如图 8-3 所示。

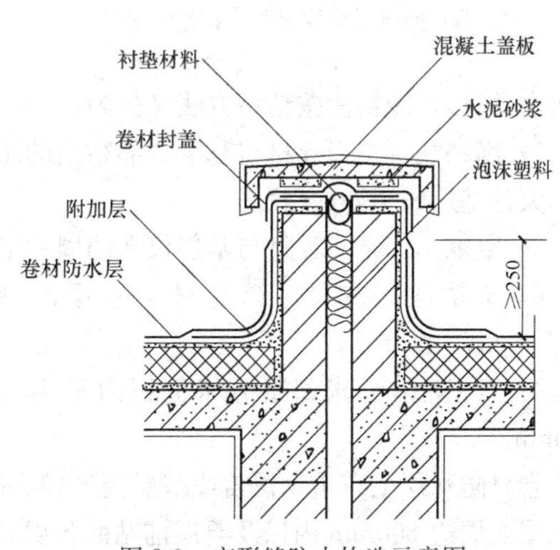

图 8-3 变形缝防水构造示意图

4）水落口防水构造

水落口埋设标高，应考虑水落口设防时增加的附加层和柔性密封层的厚度及排水坡度加大的尺寸；水落口周围直径 500mm 范围内坡度不应小于 5%，并应用防水涂料涂封，其厚度不应小于2mm。水落口与基层接触处，应留宽20mm、深 20mm 凹槽，嵌填密封材料（图 8-4*a*、*b*）。

5）伸出屋面管道防水构造

管道根部直径 500mm 范围内，找平层应抹出高度不小于 30mm 的圆台，管道与找平层间应留 20mm×20mm 凹槽，并嵌填密封材料；防水层收头处应用金属箍箍紧，并用密封材料填严，如图 8-5 所示。

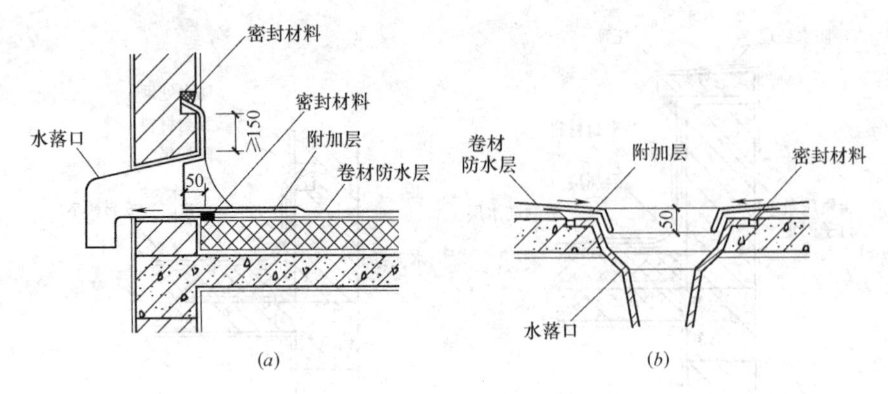

图 8-4　水落口防水构造示意图

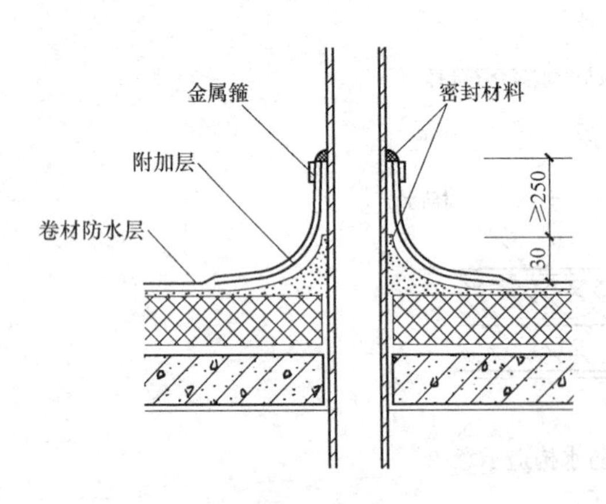

图 8-5　伸出屋面管道防水构造示意图

(4) 卷材铺贴方法

卷材铺贴方法包括：冷粘法（在常温下采用胶粘剂等材料进行卷材与基层、卷材与卷材间粘结的施工方法）、热熔法（采用火焰加热熔化热熔型防水卷材底层的热溶胶进行粘结的施工方法）、自粘法（采用带有自粘性胶的防水卷材进行粘结的施工方法）和热风焊接法（采用热空气焊枪进行防水卷材搭接粘合的施工方法，只适用于合成高分子卷材）。

其中最常用的为冷粘法（适用于所有卷材）和热熔法（只适用于高聚物改性沥青防水卷材），冷粘法按粘贴方法又分为：

1) 满粘法：是指卷材与基层全部粘结的施工方法，适用于屋面面积小、屋面结构变形不大且基层较干燥的情况。

2) 空铺法：是指卷材与基层仅在四周一定宽度内粘结，其余部分不粘结的施工方法。

3) 条粘法：要求每幅卷材与基层的粘结面不得少于两条，每条宽度不应小于 150mm。

4) 点粘法：要求每平方米面积内至少有 5 个粘结点，每点面积不小于 100mm×100mm。

卷材防水层上有重物覆盖或基层变形较大时，应优先采用空铺法、点粘法、条粘法，但距屋面周边 800mm 内以及叠层铺贴的各层卷材之间应满粘。立面或大坡面铺贴防水卷材时，应采用满粘法。

(5) 铺贴大面积卷材

1) 铺设方向：应根据屋面坡度和屋面是否有振动来确定。当屋面坡度小于 3%时，卷材宜平行于屋脊铺贴；屋面坡度在 3%～15%之间时，卷材可平行或垂直于屋脊铺贴；屋面坡度大于 15%或屋面受振动时，沥青防水卷材应垂直于屋脊铺贴。上下层卷材不得相互垂直铺贴。

卷材屋面的坡度不宜超过25%，当坡度超过25%时应采取防止卷材下滑的措施。

2）施工顺序：同一屋面铺贴时先做好节点、附加层和屋面排水比较集中等部位的处理，然后由屋面最低处向上进行。铺贴天沟、檐沟卷材时，宜顺天沟、檐沟方向，减少卷材的搭接。多跨和有高低跨的屋面时，应按先高后低、先远后近的顺序进行。

3）搭接方法及宽度要求：上下层及相邻两幅卷材的搭接缝应错开。平行于屋脊的搭接缝，应顺流水方向搭接；垂直于屋脊的搭接缝，应顺年最大频率风向搭接。叠层铺贴的各层卷材，在天沟与屋面的交接处，应采用叉接法搭接，搭接缝应错开；搭接缝宜留在屋面或天沟侧面，不宜留在沟底。

搭接宽度根据卷材的分类和粘贴方法不同，高聚物改性沥青防水卷材采用胶粘剂为100mm，自粘80mm；合成高分子防水卷材：采用胶粘剂为80mm，胶粘带为50mm。

4）冷粘法施工要点：

① 胶粘剂涂刷应均匀，不露底，不堆积。卷材空铺、点粘、条粘时，应按规定的位置及面积涂刷胶粘剂。

② 根据胶粘剂的性能，应控制胶粘剂涂刷与卷材铺贴的间隔时间。

③ 铺贴的卷材下面的空气应排尽，并辊压粘结牢固。

④ 铺贴卷材应平整顺直，搭接尺寸准确，不得扭曲、皱折。

⑤ 接缝口应用密封材料封严，宽度不应小于10mm。

5）热熔法施工要点：

① 火焰加热器加热卷材应均匀，不得过分加热或烧穿卷材。

② 卷材表面热熔后应立即滚铺卷材，卷材下面的空气应排尽，并辊压粘结牢固，不得空鼓。

③ 卷材接缝部位必须溢出热熔的改性沥青胶。

④ 铺贴的卷材应平整顺直，搭接尺寸准确，不得扭曲、皱折。

6）严禁在雨天、雪天施工；五级风及其以上时不得施工；环境气温低于5℃时不宜施工。

4. 保护层施工

卷材在冷热交替作用下会伸长和收缩，同时在阳光、空气、水分等长期作用下，沥青胶结材料会不断老化，应采用保护层提高防水层寿命。上人屋面保护层包括：水泥砂浆保护层、细石混凝土保护层（刚性保护层）和块体材料保护层；不上人屋面保护层有：绿豆砂、云母或蛭石保护层和浅色涂料保护层。其质量要求为：

（1）绿豆砂保护层：绿豆砂应清洁、预热、铺撒均匀，并使其与沥青玛𤧛脂粘结，不得有未粘结的绿豆砂。

（2）细砂、云母及蛭石保护层不得有粉料，撒铺应均匀，不得露底，多余的云母或蛭石应清除。

（3）水泥砂浆保护层的表面应抹平压光，并设表面分格缝，分格面积宜为36m^2。

（4）块体材料保护层应留设分格缝，分格面积不宜大于100m^2，分格缝宽度不宜小于20mm。

（5）细石混凝土保护层，混凝土应密实，表面抹平压光，并留设分格缝，分格面积不大于36m^2。

(6) 浅色涂料保护层应与卷材粘结牢固，厚薄均匀，不得漏涂。

(7) 水泥砂浆、块材或细石混凝土保护层与防水层之间应设置隔离层。

(8) 刚性保护层与女儿墙、山墙之间应预留宽度为 30mm 的缝隙，并用密封材料嵌填严密。

5. 卷材防水屋面的质量验收

(1) 主控项目

1) 防水卷材及其配套材料的质量，应符合设计要求（检查出厂合格证、质量检验报告和进场检验报告）。

2) 卷材防水层不得有渗漏和积水现象（雨后观察或淋水、蓄水检验）。

3) 卷材防水层在檐口、檐沟、天沟、水落口、泛水、变形缝和伸出屋面管道的防水构造，应符合设计要求（观察检查）。

(2) 一般项目

1) 卷材的搭接缝应粘（焊）结牢固，密封严密，不得有皱折、翘边和鼓泡等缺陷；

2) 防水层的收头应与基层粘结，钉压应牢固，密封应严密。

3) 卷材防水层的铺贴方向应正确，卷材搭接宽度的允许偏差为－10mm。

4) 排汽屋面的排汽道应纵横贯通，不得堵塞。排汽管应安装牢固，位置正确，封闭严密。

8.1.2 涂膜防水屋面

涂膜防水屋面是在屋面基层上涂刷防水涂料，经固化后形成一层有一定厚度和弹性的整体涂膜从而达到防水目的的一种防水屋面形式。这种屋面具有施工操作简便，无污染，冷操作，无接缝，能适应复杂基层，防水性能好，温度适应性强，容易修补等特点。

1. 涂膜防水屋面常用材料

(1) 防水涂料

1) 高聚物改性沥青防水涂料

以沥青为基料，由合成高分子聚合物进行改性，配制而成的水乳型或溶剂型防水涂料，称为高聚物改性沥青防水材料。常用的有水乳型阳离子氯丁胶乳改性沥青防水涂料、溶剂型氯丁胶改性沥青防水涂料、再生胶改性沥青防水涂料、SBS（APP）改性沥青防水涂料等。

2) 合成高分子防水涂料

以合成橡胶或合成树脂为主要成膜物质，配制成的水乳型或溶剂型防水涂料，称为合成高分子防水涂料。常用的有聚合物水泥防水涂料、丙烯酸酯防水涂料、单组分（双组分）聚氨酯防水涂料等。

防水涂料的物理性能实验项目包括：固体含量、耐热度、柔性、不透水性、延伸率。

(2) 胎体增强材料

在涂膜防水层中增强用的聚酯无纺布、化纤无纺布等材料，用胎体增强节点适应变形能力和涂膜防水层的抗裂性能。其物理性能实验项目包括拉力和延伸率。

2. 涂膜防水施工

涂膜防水施工的一般工艺为：基层表面清理→喷涂基层处理剂（底涂料）→节点附加

增强处理→涂布防水涂料（共3遍）＋铺贴胎体增强材料（第2遍时）→收头密封处理。

（1）涂刷基层处理剂

基层表面清理同卷材防水层。对于溶剂型防水涂料可用相应的溶剂稀释后使用，以利于渗透。先对屋面节点、周边、拐角等部位进行涂布，然后再大面积涂布。注意均匀涂布、厚薄一致，不得漏涂，以增强涂层与找平层间的粘结力。

（2）节点附加增强处理

天沟、檐沟、檐口、泛水等节点部位，先在基层上涂布涂料，然后铺设胎体增强材料，宽度不小于200mm，上面再涂布涂料至少两遍，分格缝、变形缝、裂缝部位空铺胎体增强材料200～300mm。水落口、管根周围与屋面交接处留凹槽做密封处理，并铺贴两层胎体增强材料附加层，涂膜伸入水落口的深度不得小于50mm。

（3）涂布防水涂料、铺贴胎体增强材料

涂布防水涂料应先涂立面、节点，后涂平面。涂布时应根据防水涂料的品种分层分遍涂布，不宜一遍过厚，每遍涂布量约0.6kg/m^2，后一遍应在前一遍干后再涂，干燥时间依环境温度和厚度而定，最长间隔24h，热季一般6～8h，每遍涂布方向应相互垂直。每遍涂布量依防水层厚度而定，涂膜厚度1mm需涂料约2.0kg/m^2。

需铺设胎体增强材料时，屋面坡度小于15%时可平行屋脊铺设，屋面坡度大于15%时应垂直于屋脊铺设。胎体长边搭接宽度不应小于50mm，短边搭接宽度不应小于70mm。采用二层胎体增强材料时，上下层不得相互垂直铺设，搭接缝应错开，其间距不应少于幅度的1/3。

铺设胎体增强材料应在涂布第二遍涂料的同时或在第三遍涂料涂布前进行。前者为湿铺法，即：边涂布防水涂料边铺展胎体增强材料边用滚刷均匀滚压，后者为干铺法，即在前一遍涂层成膜后，直接铺设胎体增强材料，并在其已展平的表面用橡胶刮板均匀满刮一遍防水涂料。根据设计要求可按前面所叙的方法铺贴第二层或第三层胎体增强材料，最后表面加涂一遍防水涂料，胎体上涂膜厚度不应小于1.0mm。

（4）收头密封处理

所有涂膜收头均应采用防水涂料多遍涂刷密实或用密封材料压边封固，压边宽度不得小于10mm；收头处的胎体增强材料应裁剪整齐，如有凹槽应压入凹槽，不得有翘边、皱折、露白等缺陷。

3. 涂膜防水屋面的质量要求

（1）主控项目

1）防水涂料及胎体增强材料的质量，应符合设计要求（检查出厂合格证、质量检验报告和进场检验报告）。

2）涂膜防水层不得有渗漏和积水现象（雨后观察或淋水、蓄水检验）。

3）涂膜防水层在檐口、檐沟、天沟、水落口、泛水、变形缝和伸出屋面管道的防水构造，应符合设计要求（观察检查）。

4）涂膜防水层的平均厚度应符合设计要求，每道涂膜防水层最小厚度应符合表8-2的规定，并且不应小于设计厚度的80%。

每道涂膜防水层最小厚度（单位：mm）　　表 8-2

屋面防水等级	合成高分子防水涂膜	聚合物水泥防水涂膜	高聚物改性沥青防水涂膜
Ⅰ级	1.5	1.5	2.0
Ⅱ级	2.0	2.0	3.0

（2）一般项目

1）涂膜防水层与基层应粘结牢固，表面平整，涂刷均匀，无流淌、皱折、鼓泡、露胎体和翘边等缺陷。

2）涂膜防水层上的收头应用防水涂料多遍涂刷。

3）铺贴胎体增强材料应平整顺直，搭接尺寸应准确，应排除气泡，并应于涂料粘接牢固；胎体增强材料的搭接宽度的允许偏差为－10mm。

8.2 地下防水工程

地下防水工程是指对工业与民用建筑地下工程、防护工程、隧道及地下铁道等建（构）筑物，进行防水设计、防水施工和维护管理等各项技术工作的工程实体。

由于地下工程常年受到潮湿和地下水的影响，所以，对地下工程防水的处理比屋面工程要求更高、更严，防水技术难度更大，因此要确保良好的防水效果，满足使用要求。在进行地下工程防水设计时，应遵循“防排结合，刚柔并用，多道防水，综合治理”的原则，并根据建筑物的使用功能及使用要求，结合地下工程的防水等级，选择合理的防水方案。地下工程的防水等级标准按围护结构允许渗漏水量的多少划分为四级，地下工程的防水方案有下列几种：

一是采用防水混凝土结构，它是利用提高混凝土结构本身的密实性来达到防水要求的。防水混凝土结构既能承重又能防水，应用较广泛。

二是排水方案，即利用盲沟、渗排水层等措施，把地下水排走，以达到防水要求，此法多用于重要的、面积较大的地下防水工程。

三是在地下结构表面设附加防水层，如在地下结构的表面抹水泥砂浆防水层、贴卷材防水层或涂膜防水层等。

8.2.1 防水混凝土

防水混凝土是在普通混凝土的基础上，通过调整配合比、掺外加剂或掺混合料等方法配制而成，具有一定防水能力的特殊混凝土。防水混凝土具有取材容易、施工简便、工期较短、耐久性好、工程造价低等优点，因此，在地下工程中得到了广泛应用。

1. 防水混凝土的分类

目前常用的防水混凝土，主要有普通防水混凝土、外加剂或掺合料防水混凝土和膨胀水泥防水混凝土。

（1）普通防水混凝土

普通防水混凝土是以调整配合比的方法，提高混凝土自身的密实性和抗渗性。

（2）外加剂或掺合料防水混凝土

外加剂防水混凝土是在混凝土拌合物中加入少量改善混凝土抗渗性的有机或无机物，

如减水剂、防水剂、引气剂等外加剂；掺合料防水混凝土是在混凝土拌合物中加入少量硅粉、磨细矿渣粉、粉煤灰等无机粉料，以增加混凝土密实性和抗渗性。防水混凝土中的外加剂和掺合料均可单掺，也可复合掺用。

（3）膨胀水泥防水混凝土

膨胀水泥防水混凝土是利用膨胀水泥在水化硬化过程中形成大量体积增大的结晶（如钙矾石），主要是改善混凝土的孔结构，提高混凝土抗渗性能。同时，膨胀后产生的自应力使混凝土处于受压状态，提高混凝土的抗裂能力。

2. 防水混凝土的材料及配制

（1）防水混凝土所用的材料要求

水泥品种应按设计要求选用，其强度等级不应低于 32.5 级，不得使用过期或受潮结块的水泥；碎石或卵石的粒径宜为 5～40mm，含泥量不得大于 1.0%，泥块含量不得大于 0.5%；砂宜用中砂，含泥量不得大于 3.0%，泥块含量不得大于 1.0%；外加剂的技术性能，应符合国家或行业标准一等品及以上的质量要求；粉煤灰的级别不应低于二级，掺量不宜大于 20%；硅粉掺量不应大于 3%，其他掺合料的掺量应通过试验确定。

（2）防水混凝土配制

防水混凝土与普通混凝土配制原则不同，普通混凝土是根据所需强度要求进行配制，而防水混凝土则是根据工程设计所需抗渗等级要求进行配制。通过调整配合比，使水泥砂浆除满足填充和粘结石子骨架作用外，还在粗骨料周围形成一定数量良好的砂浆包裹层，从而提高混凝土抗渗性。作为防水混凝土首先必须满足设计的抗渗等级要求，同时适应强度要求。一般能满足抗渗要求的混凝土，其强度往往会超过设计要求。

1）抗渗等级

混凝土的抗渗性用抗渗等级（P）来表示，按埋置深度确定（表 8-3），但最低不得小于 P6（抗渗压力 $0.6N/mm^2$）。

防水混凝土设计抗渗等级 **表 8-3**

工程埋置深度 H(m)	$H<10$	$10\leqslant H<20$	$20\leqslant H<30$	$H\geqslant 30$
设计抗渗等级	P6	P8	P10	P12

抗渗等级是以 28d 龄期的标准试件，按标准试验方法进行试验时所能承受的最大水压力来确定。根据混凝土试件在抗渗试验时所能承受的最大水压力，混凝土的抗渗等级划分为 P4、P6、P8、P10、P12 等五个等级，相应表示混凝土抗渗试验时一组 6 个试件中 4 个试件未出现渗水时不同的最大水压力。

2）防水混凝土的配合比应符合下列规定

试配要求的抗渗水压值应比设计值提高 0.2MPa；水泥用量不得少于 $300kg/m^3$；掺有活性掺合料时，水泥用量不得少于 $280kg/m^3$；砂率宜为 35%～45%，灰砂比宜为 1∶2～1∶2.5；水灰比不得大于 0.55；普通防水混凝土坍落度不宜大于 50mm，泵送时入泵坍落度宜为 100～140mm。

3. 防水混凝土的施工

防水混凝土工程质量除精心设计、合理选材外，关键还要保证施工质量。对施工中的各主要环节，如混凝土的搅拌、运输、浇筑振捣、养护等，均应严格遵循施工及验收规范和操作规程的规定进行施工，以保证防水混凝土工程的质量。

(1) 施工要点

防水混凝土工程的模板应平整，拼缝严密，不得漏浆，并有足够的强度和刚度，吸水率要小。一般不宜用螺栓或铁丝贯穿混凝土墙固定模板，当墙高需要用螺栓贯穿混凝土墙固定模板时，应采取专用止水螺栓，阻止渗水通路，如图 8-6 所示。

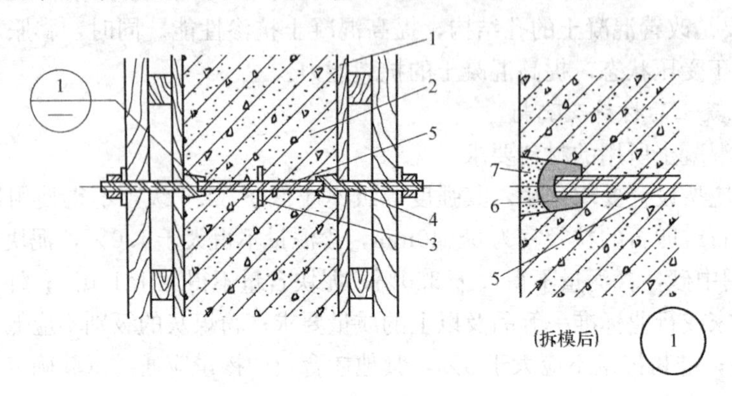

图 8-6　穿墙止水螺栓示意图

1—模板；2—结构混凝土；3—止水环；4—工具式螺栓；5—固定模板用螺栓；6—嵌缝材料；7—聚合物水泥砂浆

为了阻止钢筋的引水作用，迎水面防水混凝土的钢筋保护层厚度不得小于 50mm，底板钢筋不能接触混凝土垫层。墙体的钢筋不能用铁钉或铁丝固定在模板上。严禁用钢筋充当保护层垫块，以防止水沿钢筋浸入。

防水混凝土应用机械搅拌、机械振捣，浇筑时应严格做到分层连续进行，每层厚度不宜超过 300～400mm。两层浇筑时间间隔不应超过 2h，夏季适当缩短。混凝土进入终凝（一般浇后 4～6h）即应覆盖，浇水湿润养护不少于 14d。

(2) 施工缝、变形缝、后浇带、穿管道、埋设件等设置和构造

1) 施工缝是防水薄弱部位之一，施工中应尽量不留或少留。底板的混凝土应连续浇筑，墙体不得留垂直施工缝。墙体水平施工缝不应留在剪力与弯矩最大处或底板与墙体交接处，最低水平施工缝距底板面不少于 200mm，距穿墙孔洞边缘不少于 300mm。施工缝的形式有平口缝、凸缝、高低缝、金属止水缝等，如图 8-7 所示。

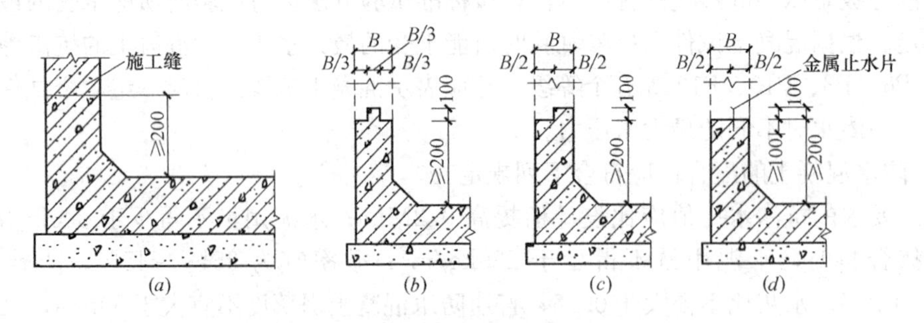

图 8-7　施工缝接缝形式

(a) 平口缝；(b) 凸缝；(c) 高低缝；(d) 金属止水缝

在施工缝上继续浇筑混凝土前，应将施工缝处松散的混凝土凿除，清除浮料和杂物，用水清洗干净，保持润湿，铺上 10～20mm 厚水泥砂浆，再浇筑上层混凝土。施工缝采

用遇水膨胀橡胶止水条时，应将胶条牢固地安装在缝表面预留槽内。采用中埋式止水带时，应确保止水带位置准确、固定牢靠。

2）变形缝处混凝土结构的厚度不应小于300mm，变形缝的宽度宜为20～30mm。变形缝处防水构造一般采用中埋式橡胶止水带（图8-8）或金属止水带与外贴防水层或遇水膨胀橡胶条复合使用的方式，遇水膨胀橡胶条是由高分子无机吸水膨胀材料和橡胶混练而成的一种新型建筑防水材料，遇水后能吸水膨胀，最大膨胀率250%～550%倍（可调），挤密新老混凝土之间缝隙形成不透水的可塑性胶体，规格30mm(宽)×5mm(厚)×延长米。常见防水构造形式见图8-9、图8-10。全埋式地下防水工程的变形缝应为环状；半地下防水工程的变形缝应为U字形，U字形变形缝的设计高度应超出室外地坪150mm以上。

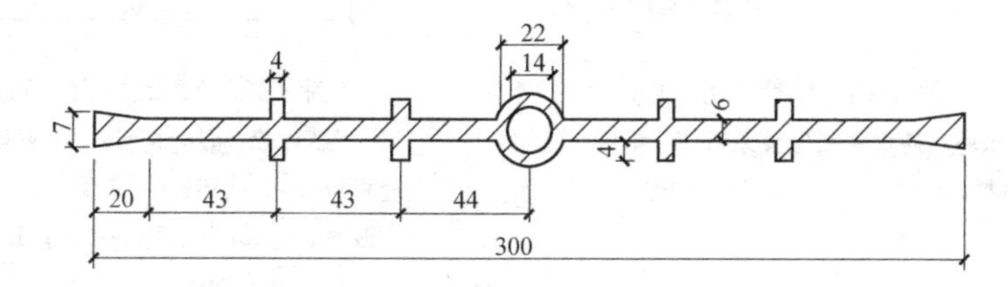

图8-8　橡胶止水带断面形式

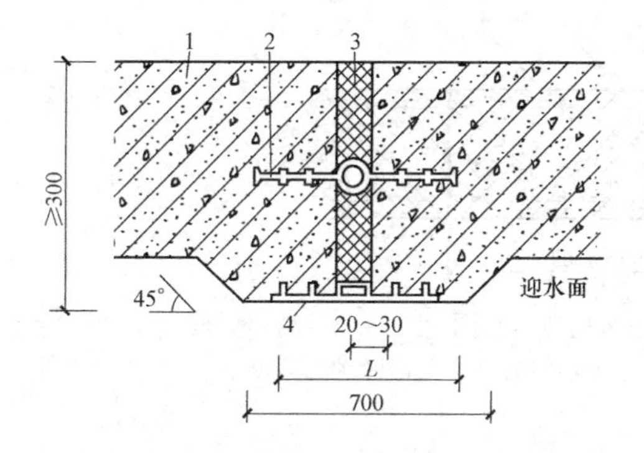

图8-9　中埋式止水带与外贴防水层复合使用

1—混凝土结构；2—中埋式止水带（≥300mm）；3—填缝材料；4—外贴防水层（防水卷材和防水涂层均≥400mm）

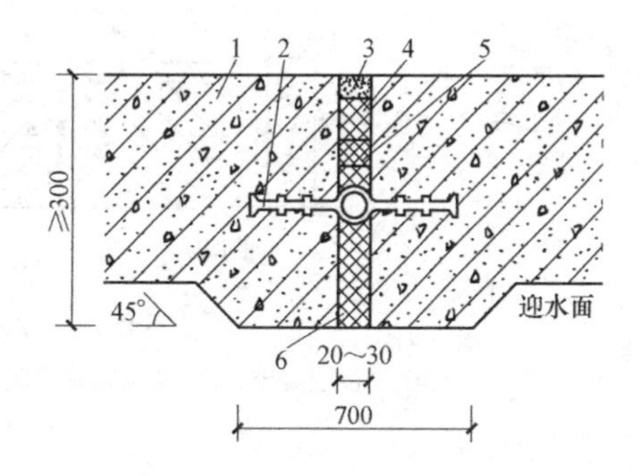

图8-10　中埋式止水带与遇水膨胀橡胶条和嵌缝材料复合使用

1—混凝土结构；2—中埋式止水带（≥300mm）；3—嵌缝材料；4—背衬材料；5—遇水膨胀橡胶条；6—填缝材料

3）穿墙管道应在浇筑混凝土前预埋。结构变形或管道伸缩量较小时，穿墙管可采用主管外焊止水板或粘遇水膨胀橡胶圈直接埋入混凝土内的固定式防水法，并应预留凹槽，槽内用嵌缝材料嵌填密实，采用遇水膨胀止水圈的穿墙管，管径宜小于50mm，止水圈应用胶粘剂满粘固定于管上，并应涂缓胀剂，其防水构造见图8-11；结构变形或管道伸缩量较大或有更换要求时，应采用套管式防水法，套管应加焊止水环，金属止水环应与主管满焊密实，翼环与套管应满焊密实，并在施工前将套管内表面清理干净，见图8-12。穿墙管线较多时，宜相对集中，采用穿墙盒方法。穿墙盒的封口钢板应与墙上的预埋角钢焊严，并从钢板上的预留浇筑孔注入改性沥青柔性密封材料或细石混凝土处理。

4）后浇带一般留设平直缝（图8-13）和阶梯缝（图8-14）。平直缝也可在底板缝处贴宽度为300mm的外贴式止水带。

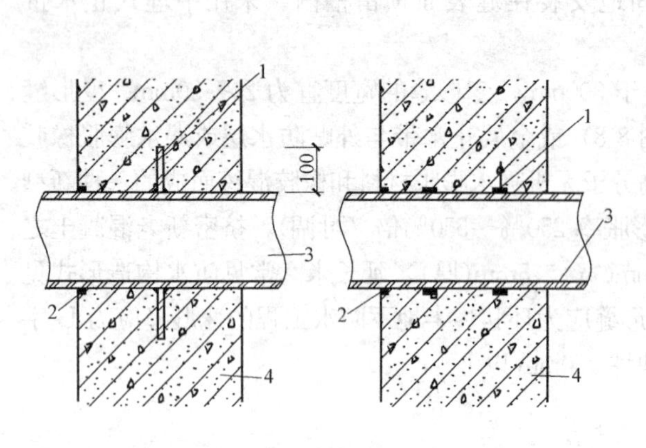

图 8-11　固定式穿墙管防水构造

1—止水环（遇水膨胀橡胶条）；2—嵌缝材料；3—主管；4—混凝土结构

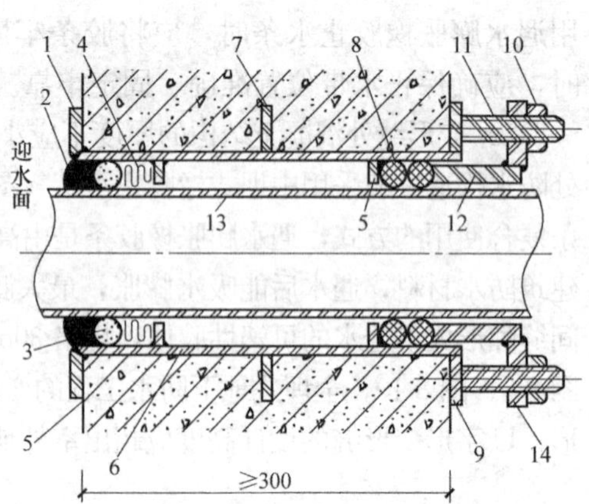

图 8-12　套管式穿墙管防水构造

1—翼环；2—嵌缝材料；3—背衬材料；4—填缝材料；5—挡圈；6—套管；7—止水环；8—橡胶圈；9—翼盘；10—螺母；11—双头螺栓；12—短管；13—主管；14—法兰盘

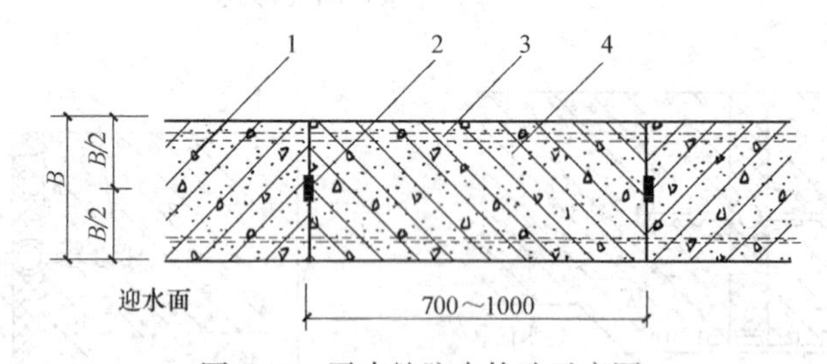

图 8-13　平直缝防水构造示意图

1—先浇混凝土；2—遇水膨胀橡胶条；3—结构主筋；4—后浇补偿收缩混凝土

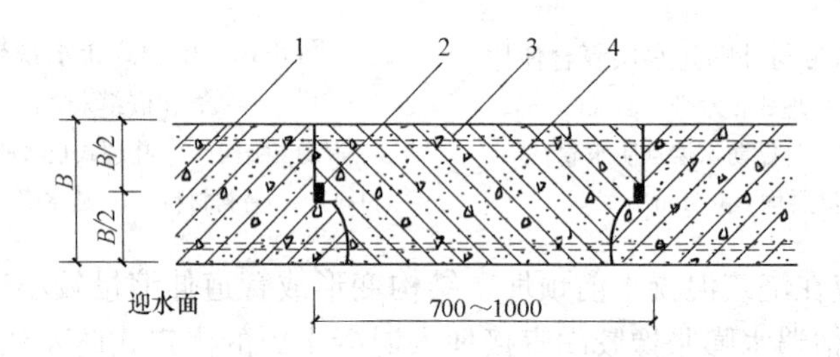

图 8-14　阶梯缝防水构造示意图

1—先浇混凝土；2—遇水膨胀橡胶条；3—结构主筋；4—后浇补偿收缩混凝土

5）埋设件端部或预留孔（槽）底部的混凝土厚度不得小于 250mm；当厚度小于 250mm 时，应采取局部加厚或加焊止水钢板的防水措施（图 8-15）。

6）桩头防水应按设计要求将桩顶剔凿至混凝土密实处，并应清洗干净；破桩后如发现渗漏水，应及时采取堵漏措施；涂刷水泥基渗透结晶型防水涂料时，应连续、均匀，不得少涂或漏涂，并应及时进行养护；应对遇水膨胀止水条（胶）进行保护。桩头防水构造形式如图 8-16 所示。

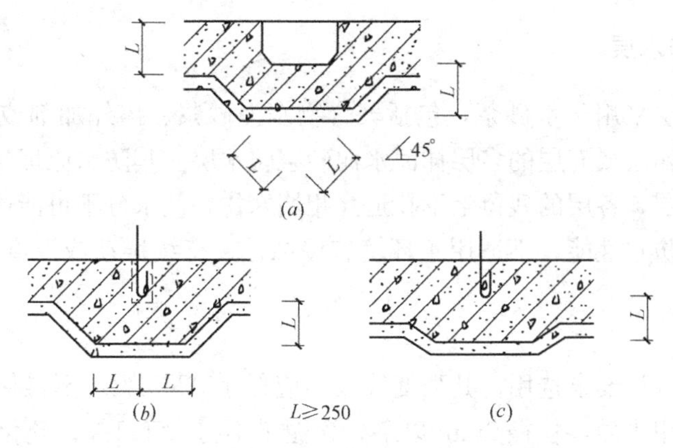

图 8-15　埋设件或预留孔（槽）处理示意图

（a）预留槽；（b）预留孔；（c）预埋件

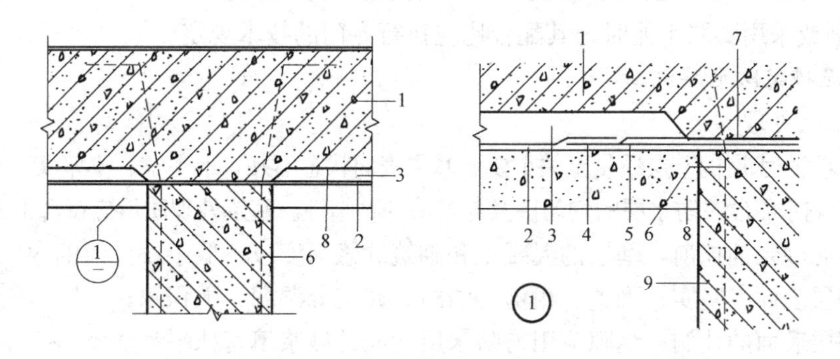

图 8-16　桩头防水构造

1—结构底板；2—底板防水层；3—细石混凝土保护层；4—防水层；5—水泥基渗透结晶型防水涂料；6—桩基受力筋；7—遇水膨胀止水条（胶）；8—混凝土垫层；9—桩基混凝土

7）地下工程通向地面的各种孔口应采取防地面水倒灌的措施。人员出入口高出地面的高度宜为500mm，汽车出入口设置明沟排水时，其高度宜为150mm，并应采取防雨措施。窗井的底部在最高地下水位以上时，窗井的底板和墙应做防水处理，并宜与主体结构断开，如图 8-17 所示。

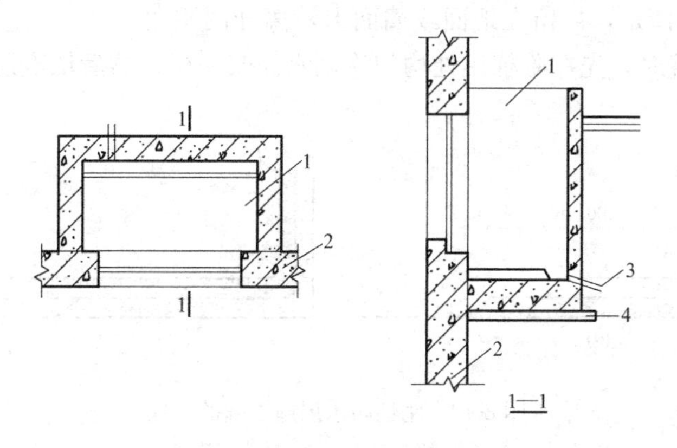

图 8-17　窗井防水构造

1—窗井；2—主体结构；3—排水管；4—垫层

8.2.2 水泥砂浆防水层

水泥砂浆防水层采用防水砂浆，包括聚合物水泥砂浆、掺外加剂或掺合料的防水砂浆，交替抹压涂刷四层或五层的多层抹面水泥砂浆防水层。其防水原理是分层闭合，构成一个多层整体防水层，各层的残留毛细孔道互相堵塞住，使水分不可能透过其毛细孔，从而具有较好的抗渗防水性能。不适用于环境有侵蚀性、持续振动或温度高于 80℃的地下工程。

1. 材料要求

水泥品种应按设计要求选用，其强度等级不应低于 32.5 级，不得使用过期或受潮结块的水泥；砂宜采用中砂，粒径 3mm 以下，含泥量不得大于 1%，硫化物和硫酸盐含量不得大于 1%；水泥净浆的水灰比：0.37～0.40（第三、五层）或 0.55～0.60（第一层）范围内。水泥砂浆灰砂比：1∶1.5～2.0，其水灰比为 0.6～0.65（第二、四层）之间。如掺外加剂或采用膨胀水泥时，其配合比应执行专门的技术规定。

2. 水泥砂浆防水层施工

（1）基层处理

水泥砂浆防水层的基层质量至关重要。基层表面状态不好，不平整、不坚实，有孔洞和缝隙，则会影响水泥砂浆防水层的均匀性及与基层的粘结性。基层处理质量应符合下列要求：

1）水泥砂浆铺抹前，基层的混凝土和砌筑砂浆强度应不低于设计值的 80%；

2）基层表面应坚实、平整、粗糙、洁净，并充分湿润，无积水；

3）基层表面的孔洞、缝隙应用与防水层相同的砂浆填塞抹平。

（2）水泥砂浆防水层施工

防水层的第一层是在基面抹素灰，厚 2mm，分两次抹成。第二层抹水泥砂浆，厚 4～5mm，在第一层初凝时抹上，以增强两层粘结。第三层抹素灰，厚 2mm，在第二层凝固并有一定强度，表面适当洒水湿润后进行。第四层抹水泥砂浆，厚 4～5mm，同第二层操作。若采用四层防水时，则此层应表面抹平压光。若用五层防水时，第五层刷水泥浆一遍，随第四层抹平压光。

采用水泥砂浆防水层时，结构物阴阳角、转角均应做成圆角。防水层的施工缝需留斜坡阶梯形，层次要清楚，可留在地面或墙面上，离开阴阳角 200mm 左右，其接头方法如图 8-18 所示。接缝时，先在阶梯形处均匀涂刷水泥浆一层，然后依次层层搭接。

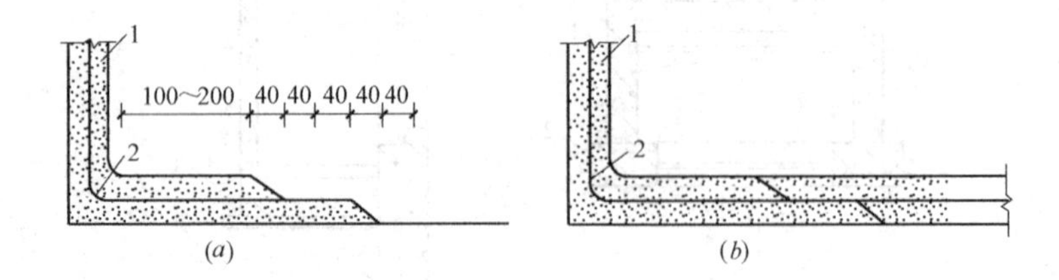

图 8-18　刚性防水层施工缝的处理

（*a*）留头方法；（*b*）接头方法

1—砂浆层；2—素灰层

水泥砂浆终凝后应及时进行养护，养护温度不宜低于5℃并保持湿润，养护时间不得少于14d。

8.2.3 卷材防水层

地下工程卷材防水层适用于在混凝土结构或砌体结构迎水面铺贴，一般采用外防外贴和外防内贴两种施工方法。由于外防外贴法的防水效果优于外防内贴法，所以在施工场地和条件不受限制时一般均采用外防外贴法。

卷材防水层应采用高聚物改性沥青防水卷材和合成高分子防水卷材。所选用的基层处理剂、胶粘剂、密封材料等配套材料，均应与铺贴的卷材材性相溶。

其中基层处理、涂刷基层处理剂等工序均与屋面卷材铺贴相同。卷材铺贴方法，主要采用冷粘法和热溶法。底板垫层混凝土平面部位的卷材宜采用空铺法、点粘法或条粘法，其他与混凝土结构相接触的部位应采用满铺法。

1. 外防外贴法施工

外防外贴法（简称外贴法）是先在垫层上铺贴底层卷材，四周留出接头，待底板混凝土和立面混凝土浇筑完毕，将立面卷材防水层直接铺设在防水结构的外墙外表面，见图8-19。其优点是结构及防水层质量易检查，可靠性强，宜优先采用。但需要支护结构与混凝土墙之间有较大的工作面。具体施工顺序如下：

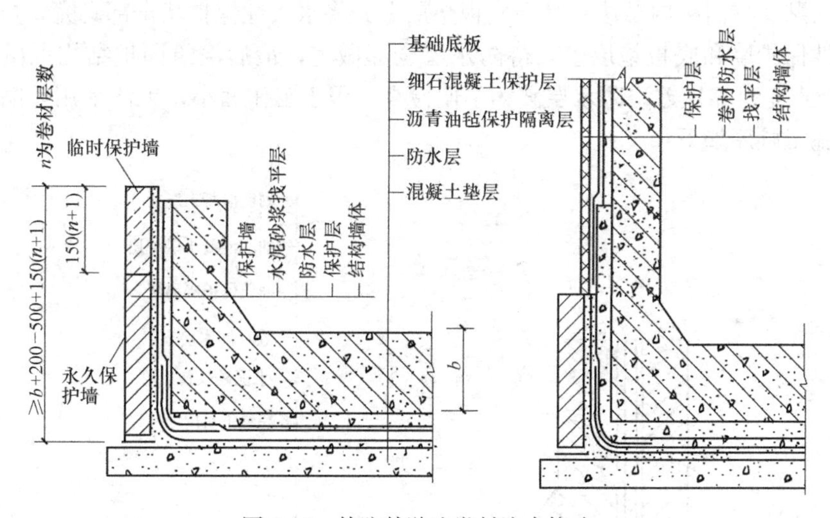

图8-19 外防外贴法卷材防水构造

（1）浇筑防水结构底板混凝土垫层，在垫层上抹1∶3水泥砂浆找平层，抹平压光。

（2）然后在底板垫层上砌永久性保护墙，保护墙的高度为b+（200～500mm）（b为底板厚度），墙下平铺油毡条一层。

（3）在永久性保护墙上砌临时性保护墙，保护墙的高度为150×（油毡层数+1）。临时性保护墙应用石灰砂浆砌筑。

（4）在永久性保护墙上和垫层上抹1∶3水泥砂浆找平层，转角要抹成圆弧形。在临时性保护墙上抹石灰砂浆做找平层，并刷石灰浆。若用模板代替临时性保护墙，应在其上涂刷隔离剂。

(5) 保护墙找平层基本干燥后，满涂冷底子油一道，但临时性保护墙不涂冷底子油。

(6) 在垫层及永久性保护墙上铺贴卷材防水层，转角处加贴卷材附加层，铺贴时应先底面、后立面，四周接头甩槎部位应交叉搭接（错开长度 150mm），并贴于保护墙上，从垫层折向立面的卷材与永久性保护墙的接触部位，应用胶结材料紧密贴严，与临时性保护墙（或围护结构模板接触部位）应分层临时固定在该墙（或模板）上。

(7) 油毡铺贴完毕，在底板垫层和永久性保护墙卷材面上抹热沥青或玛琋脂，并趁热撒上干净的热砂，冷却后在垫层、永久性保护墙和临时性保护墙上抹 1∶3 水泥砂浆，作为卷材防水层的保护层。

(8) 浇筑防水结构的混凝土底板和墙身混凝土时，保护墙作为墙体外侧的模板。

(9) 防水结构混凝土浇筑完工并检查验收后，拆除临时保护墙，清理出甩槎接头的卷材，如有破损应进行修补后，再依次分层铺贴防水结构外表面的防水卷材。此处卷材可错槎接缝，上层卷材盖过下层卷材不应小于 150mm，接缝处加盖条。

(10) 卷材防水层铺贴完毕，立即进行渗漏检验，有渗漏立即修补，无渗漏时砌永久性保护墙，永久性保护墙每隔 5～6m 及转角处应留缝，缝宽不小于 20mm，缝内用油毡或沥青麻丝填塞。保护墙与卷材防水层之间缝隙，随砌砖随用 1∶3 水泥砂浆填满。保护墙施工完毕，随即回填土。

2. 外防内贴法施工

外防内贴法（简称内贴法）是在底板垫层上先将永久性保护墙全部砌完，再将卷材铺贴在永久性保护墙和底板垫层上，待防水层全部做完，最后浇筑围护结构混凝土，见图 8-20。其缺点是可靠性差，防水层破坏不便检查。用于工作面小，无法采用外贴法的情况下。具体施工顺序如下：

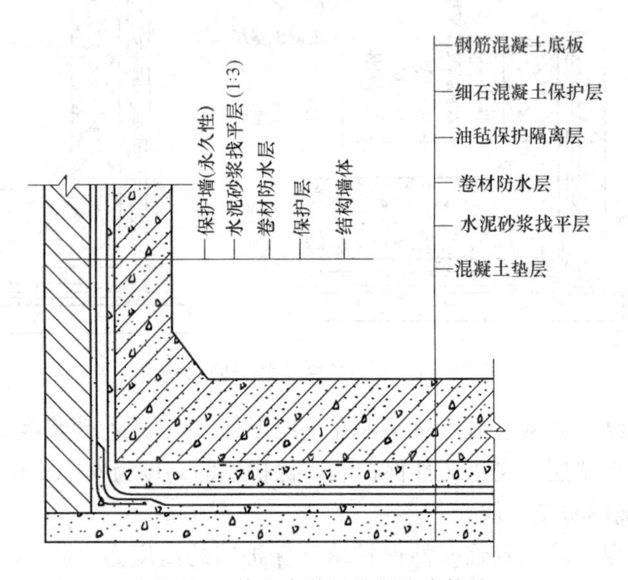

图 8-20 外防内贴法卷材防水构造

(1) 做混凝土垫层，如保护墙较高，可采取加大永久性保护墙下垫层厚度的做法，必要时可配置加强钢筋。

(2) 在混凝土垫层上砌永久性保护墙，保护墙厚度采用一砖墙，其下干铺油毡一层。

(3) 保护墙砌好后，在垫层和保护墙表面抹 1∶3 水泥砂浆找平层，阴阳角处应抹成钝角或圆角。

(4) 找平层干燥后，刷冷底子油 1～2 遍，冷底子油干燥后，将卷材防水层直接铺贴在保护墙和垫层上，铺贴卷材防水层时应先铺立面，后铺平面。铺贴立面时，应先转角，后大面。

(5) 卷材防水层铺贴完毕，及时做好保护层，平面上可浇一层 30～50mm 的细石混凝土或抹一层 1∶3 水泥砂浆，立面保护层可在卷材表面刷一道沥青胶结料，趁热撒一层热砂，冷却后再在其表面抹一层 1∶3 水泥砂浆保护层，并搓成麻面，以利于与混凝土墙体的粘结。

(6) 浇筑防水结构的底板和墙体混凝土，回填土。

8.2.4 涂料防水层

涂料防水层应包括无机防水涂料和有机防水涂料。无机防水涂料可选用掺外加剂、掺合料的水泥基防水涂料、水泥基渗透结晶型防水涂料。有机防水涂料可选用反应型、水乳型、聚合物水泥等涂料。

无机防水涂料宜用于结构主体的背水面，有机防水涂料宜用于地下工程主体结构的迎水面，用于背水面的有机防水涂料应具有较高的抗渗性，且与基层有较好的粘结性。

1. 防水涂料品种的选择应符合下列规定：

(1) 潮湿基层宜选用与潮湿基面粘结力大的无机防水涂料或有机防水涂料，也可采用先涂无机防水涂料而后再涂有机防水涂料构成复合防水涂层；

(2) 冬期施工宜选用反应型涂料；

(3) 埋置深度较深的重要工程、有振动或有较大变形的工程，宜选用高弹性防水涂料；

(4) 有腐蚀性的地下环境宜选用耐腐蚀性较好的有机防水涂料，并应做刚性保护层；

(5) 聚合物水泥防水涂料应选用Ⅱ型产品。

2. 涂料防水层选用的涂料应符合下列规定：

(1) 应具有良好的耐水性、耐久性、耐腐蚀性及耐菌性；

(2) 应无毒、难燃、低污染；

(3) 无机防水涂料应具有良好的湿干粘结性和耐磨性，有机防水涂料应具有较好的延伸性及较大适应基层变形能力。

3. 防水涂料宜采用外防外涂或外防内涂方法，如图 8-21 和图 8-22 所示。

施工中应注意：

(1) 无机防水涂料基层表面应干净、平整、无浮浆和明显积水。

(2) 有机防水涂料基层表面应基本干燥，不应有气孔、凹凸不平、蜂窝麻面等缺陷。涂料施工前，基层阴阳角应做成圆弧形。

(3) 涂料防水层严禁在雨天、雾天、五级及以上大风时施工，不得在施工环境温度低于 5℃及高于 35℃或烈日暴晒时施工。涂膜固化前如有降雨可能时，应及时做好已完涂层的保护工作。

(4) 防水涂料的配制应按涂料的技术要求进行。

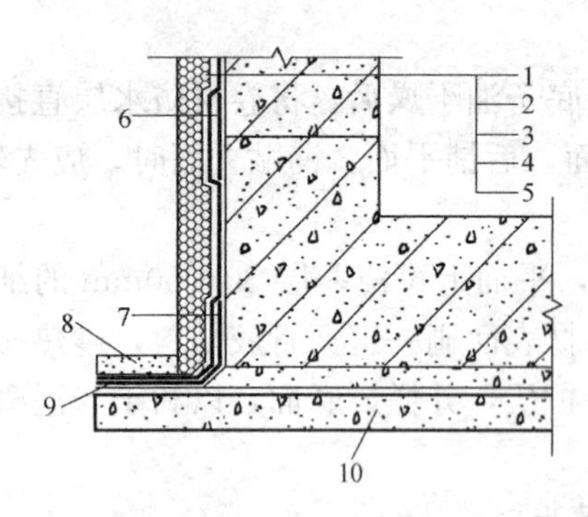

图 8-21　防水涂料外防外涂构造

1—保护墙；2—砂浆保护层；3—涂料防水层；
4—砂浆找平层；5—结构墙体；6—涂料防水层加强层；
7—涂料防水加强层；8—涂料防水层搭接部位保护层；
9—涂料防水层搭接部位；10—混凝土垫层

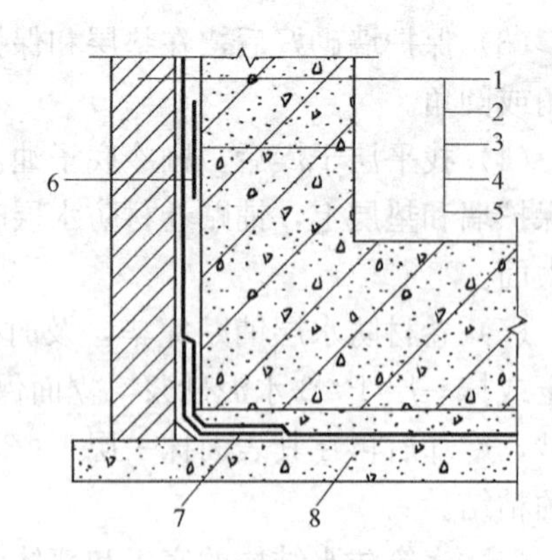

图 8-22　防水涂料外防内涂构造

1—保护墙；2—涂料保护层；3—涂料防水层；
4—找平层；5—结构墙体；6—涂料防水层加强层；
7—涂料防水加强层；8—混凝土垫层

（5）防水涂料应分层刷涂或喷涂，涂层应均匀，不得漏刷漏涂；接槎宽度不应小于 100mm。

（6）铺贴胎体增强材料时，应使胎体层充分浸透防水涂料，不得有露槎及褶皱。

（7）有机防水涂料施工完成后应及时做保护层，保护层应符合：①底板、顶板应采用 20mm 厚 1∶2.5 水泥砂浆层和 40～50mm 厚的细石混凝土保护层，防水层与保护层之间设置隔离层；②侧墙背水面保护层应采用 20mm 厚 1∶2.5 水泥砂浆；③侧墙迎水面保护层宜选用软质保护材料或 20mm 厚 1∶2.5 水泥砂浆。

8.3　建筑外墙防水

建筑外墙防水是为保障建筑物的正常使用功能和结构安全性，在正常使用的情况下，为抵御雨雪对外墙的渗透，而设置的阻水措施。

外墙是建筑物的竖向围护结构，其防水部位包括：墙面、女儿墙、门窗、设备孔洞、变形缝、悬挂件或悬挑埋件、阳台雨篷等水平构件、外保温系统等。

8.3.1　维护结构的形式

外墙围护结构的形式根据结构承重性能要求、建筑使用功能要求、建筑立面要求和建筑饰面要求分为混凝土墙结构、承重墙砌体结构、非承重砌体围护结构、预制板块围护结构、钢结构、玻璃幕墙、保温外墙结构等。

在这些围护结构中，预制板块围护结构、钢结构、玻璃幕墙的防水主要以构造防水为主，采用以导为主的排堵结合的防水方法。而砌体外墙和混凝土结构的建筑，应采用以防为主的设计方案。

8.3.2　砌体外墙的防水要求

砌体工程包括了砖砌体工程、混凝土小型空心砌块工程、石砌体工程、配筋砌体工程和填充墙砌体工程等。砌体外墙的防水基本要求应做到：

（1）墙体不渗水；

（2）门、窗等孔洞不渗漏水；

（3）变形缝不渗漏水；

（4）雨篷、阳台等水平构件节点不渗漏水；

（5）设备挂件不得造成墙面渗漏水。

同时防水设计要满足多台风地区、梅雨多雨地区、超高层建筑等特别情况和特殊建筑的外墙防水要求。

8.3.3 墙面防水构造

1. 水泥砂浆（涂料）外墙防水设计

水泥砂浆外墙的防水层应设置在砌体基面上，用聚合物水泥防水砂浆做底层抹灰，如图 8-23 所示。也可在 1∶3 水泥砂浆底层抹灰的基础上，单独做一道聚合物防水砂浆防水层，然后再进行面层砂浆施工，如图 8-24 所示。

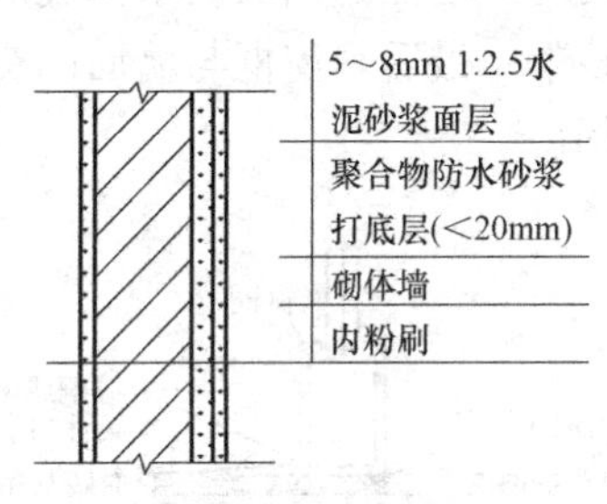

图 8-23 水泥砂浆墙面防水一

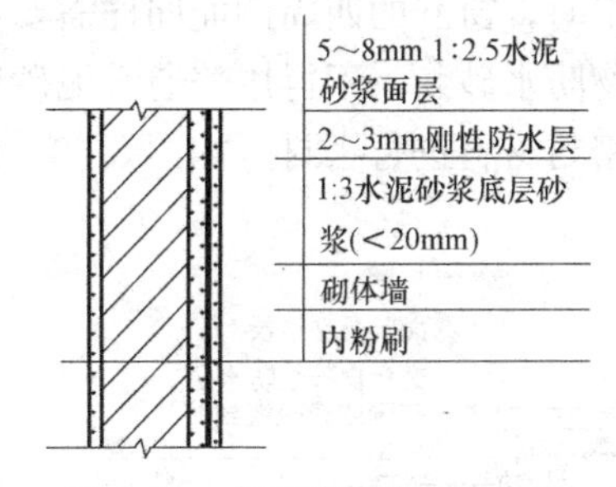

图 8-24 水泥砂浆墙面防水二

2. 面砖（锦砖）外墙防水设计

面砖外墙防水层设置，除了与水泥砂浆外墙的方案相同外，如图 8-25、图 8-26 所示，还可以选用有防水功能的胶粘剂铺贴面砖的防水方法，如图 8-27 所示。但这种方案用单一使用的防水保证率不高，可在少雨地区和不重要建筑的外墙防水中使用。无论哪种方案，面砖缝必须采用具有防水功能的聚合物防水砂浆进行勾缝。

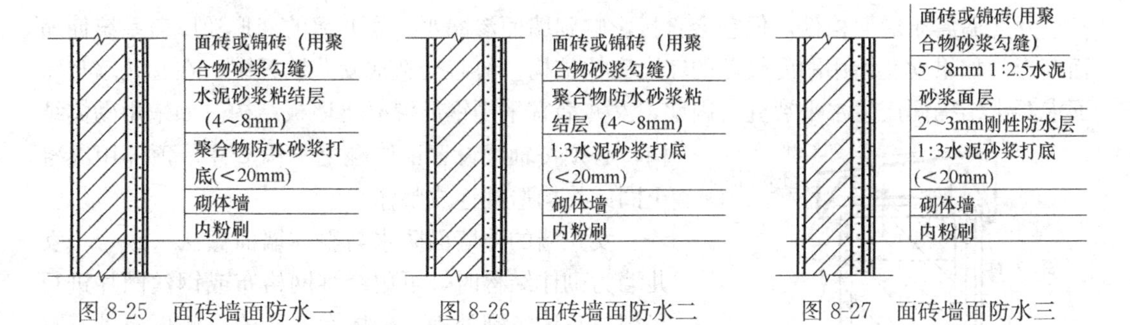

图 8-25 面砖墙面防水一　　图 8-26 面砖墙面防水二　　图 8-27 面砖墙面防水三

3. 干挂花岗岩外墙防水设计

干挂花岗岩外墙的主要防水部位是型钢构架与墙体的连接件。整体防水可用聚合物防水砂浆等刚性防水方案，也可用柔性防水涂料防水如图 8-28、图 8-29 所示。

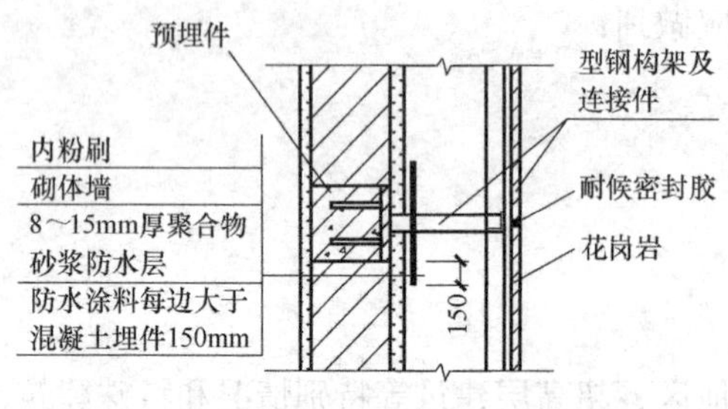

图 8-28　干挂花岗岩墙面防水一

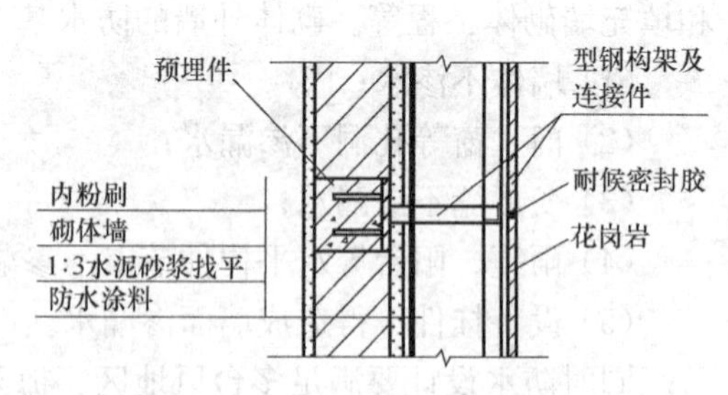

图 8-29　干挂花岗岩墙面防水二

4. 窗洞防水设计

窗洞渗水原因主要有三方面：①窗体自身构造不完善，拼管、接口没有防水措施，排防水构造不合理，以及安装固定的钉孔没有密封等造成由窗体自身原因产生的渗漏水；②由于墙面没有设置防水层，墙面大量吸水，通过窗框与墙体间透水的砂浆层进入室内；③雨水直接通过窗框与墙体间的缝隙进入室内。

窗体必须保证自身防水的完善性，窗体不渗漏水是保证窗洞不渗漏的前提。在外墙整体防水施工时，窗洞的四周侧面同样需要进行防水处理，窗框的四周用来塞缝的砂浆必须要用聚合物防水砂浆，不得用普通水泥砂浆或混合砂浆。最后，窗框与墙面的交接处要求用高分子密封材料进行密封，如图 8-30、图 8-31 所示。

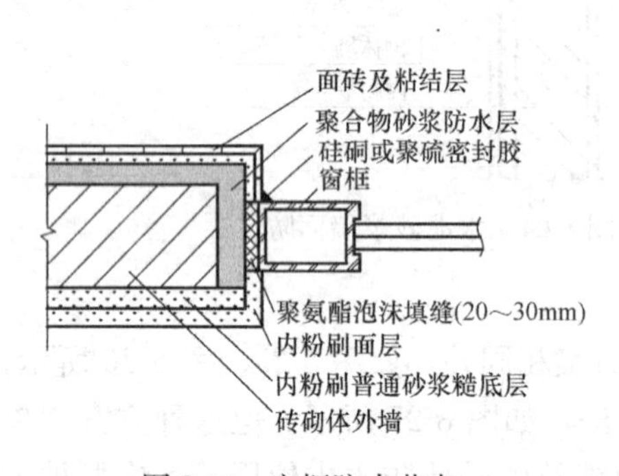

图 8-30　窗框防水节点一

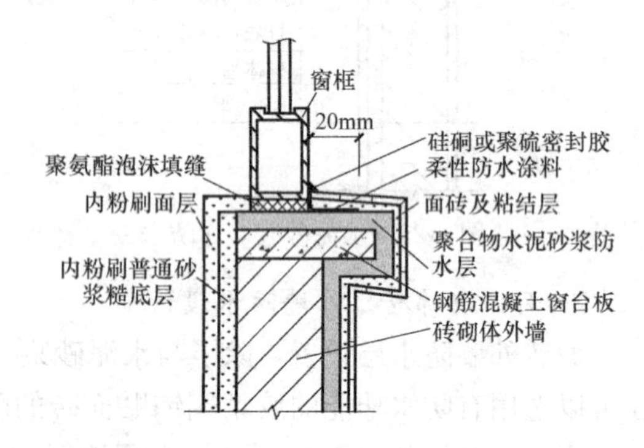

图 8-31　窗台防水节点二

5. 女儿墙防水设计

女儿墙属于屋面构件，但它会直接影响到墙面渗漏水。女儿墙的变形随屋盖系统伸缩而变形，如果女儿墙用刚度较差的完全砌体结构，势必会造成女儿墙开裂，在女儿墙与屋面混凝土结构间产生水平裂缝。因此，女儿墙宜采用钢筋混凝土墙板结构。如采用砌体结构，必须按轴线设置钢筋混凝土构造柱，顶部用混凝土圈梁将构造柱连成整体。

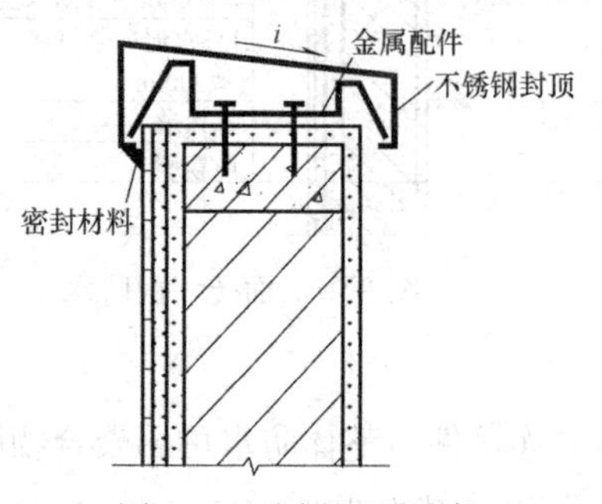

图 8-32　金属压顶示意

女儿墙的外墙面防水与整体墙面做法一致。当女儿墙为砌体结构时，可用纤维网格布或钢丝网片进行局部或整体抗裂处理。砌体女儿墙的内侧也应进行整体防水，女儿墙内侧防水可以与外墙防水方案相同，也可以利用屋面防水层延伸至女儿墙顶部滴水线下，如图 8-32～图 8-34 所示。

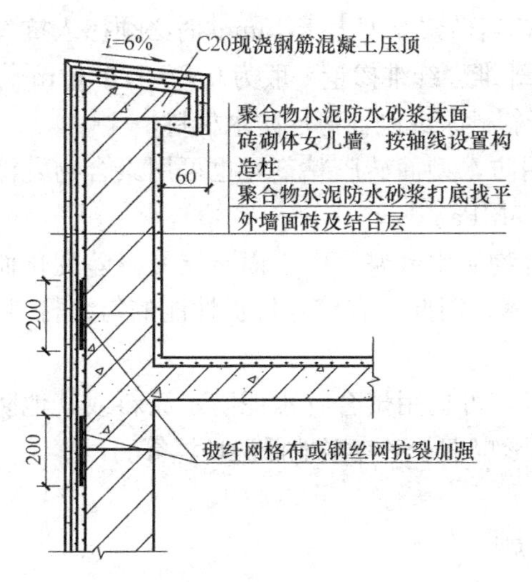

图 8-33　砖砌女儿墙防水构造

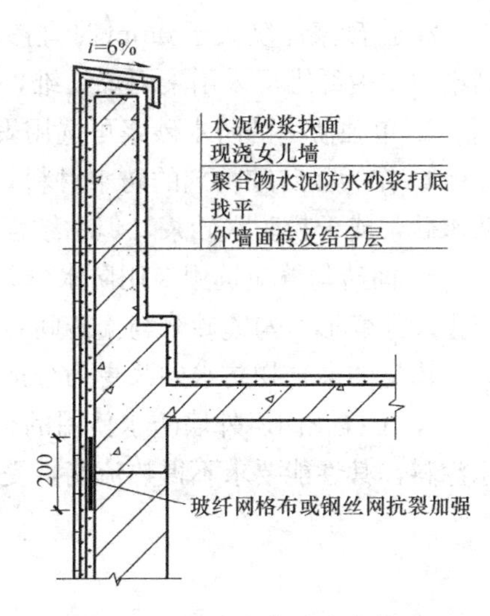

图 8-34　现浇女儿墙防水构造

6. 墙面防排水构造节点

在排板、窗眉等部位，要做滴水老鹰嘴或滴水凹线，以引导墙面水外滴。滴水线宽度与深度均应大于 10mm。室外阳台与室内地坪高差不应小于 20mm 如图 8-35、图 8-36 所示。

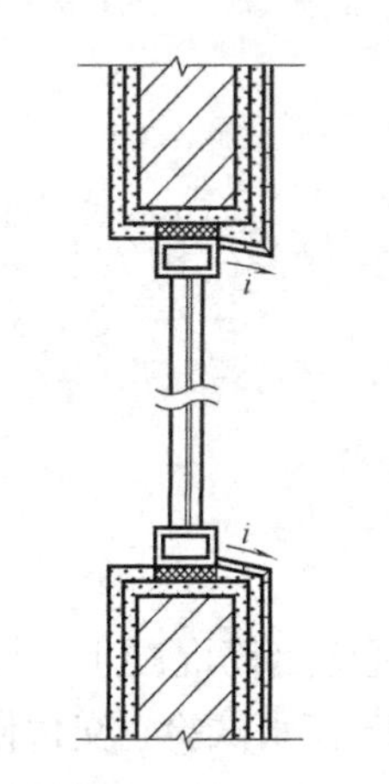

图 8-35　窗眉及窗台排水

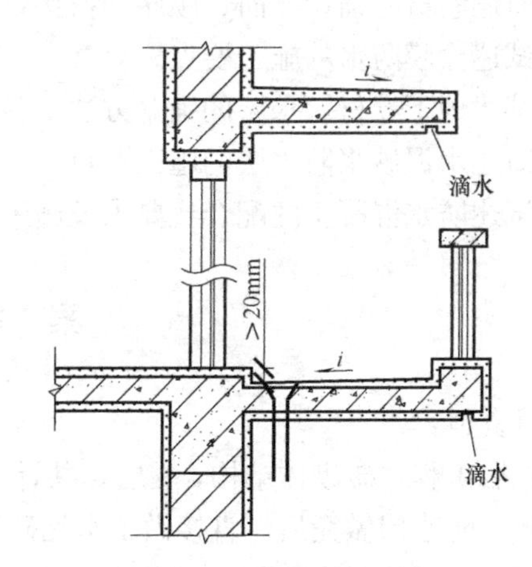

图 8-36　雨篷及阳台排水

8.3.4　防水材料

1. 打底层的防水砂浆可选用掺胶乳的现场拌制砂浆或掺外加剂的现场拌制砂浆，有条件可采用防水干粉砂浆，主要性能指标见表 8-4。

主要性能指标　　表 8-4

名　称	粘结强度(MPa)	抗渗性(MPa)	抗折强度(MPa)	干缩率(%)	冻融循环(次)
外加剂防水砂浆	>0.5	≥1.2	≥4.5	≤0.5	>D50
聚合物乳液防水砂浆	>1.0		≥7.0	≤0.15	

2. 当砂浆厚度大于8mm时宜掺入抗裂纤维，当砂浆厚度大于15mm时必须掺入抗裂纤维。抗裂纤维可采用聚丙烯纤维，也可用聚酯纤维。纤维掺量一般为0.8～1.0kg/m^3。

3. 单独使用的防水砂浆可选用聚合物防水干粉砂浆或刚性薄层防水材料。

4. 作为面砖胶粘剂的防水材料，可选用专用防水型面砖胶粘剂，也可用聚合物乳液防水砂浆或干粉防水砂浆，但粘结强度不小于0.5MPa。

5. 面砖勾缝应选用专用防水型勾缝剂或聚合物防水砂浆。由于面砖层受温差变化而产生尺寸变形，勾缝砂浆与面砖间容易产生微裂缝，因此，有较好抗折性能的勾缝材料，如高掺量的聚合物防水砂浆更为合适。

6. 干挂花岗岩外墙防水使用的柔性防水涂料，可选用聚合物水泥防水涂料或其他防水涂料，其性能要求不得热流淌，受紫外线破坏影响小，适应当地低温环境等。

思 考 题

1. 试述卷材屋面的组成及对材料的要求。
2. 试述找平层施工的基本要求。
3. 简述屋面防水节点的构造要求。
4. 简述卷材的铺贴方法。
5. 简述卷材的铺设方向、顺序和搭接要求。
6. 试述涂膜防水的施工要点。
7. 试述地下卷材防水层的铺贴方法，各有何特点？
8. 简述水泥砂浆防水层的施工要点。
9. 试述防水混凝土的配合比要求及施工要点。

案 例 题

背景资料：

某安居工程，砖砌体结构，6层，共计18栋。卫生间楼板现浇钢筋混凝土，楼板嵌固墙体内；防水层做完后，直接做了水泥砂浆保护层后进行了24h蓄水试验。交付使用不久，用户普遍反映卫生间漏水。现象：卫生间地面与立墙交接部位积水，防水层渗漏，积水沿管道壁向下渗漏。问题：

（1）试分析渗漏原因。

（2）卫生间蓄水试验的要求是什么？

第9章 脚手架工程及垂直运输设备

本章包含主体工程、砌筑工程、装饰装修工程、设备安装工程中所用的扣件式钢管脚手架、碗扣式钢管脚手架、门式脚手架、升降式脚手架、里脚手架以及安全网的搭设等内容。根据现行的新规范、新技术规程等要求进行编制。脚手架工程侧重于介绍扣件式钢管脚手架和升降式脚手架的基本形式和搭设方法，介绍在施工中常用的垂直运输设备。

脚手架是土木工程施工的重要辅助设施，是为保证高处作业安全、顺利进行施工而搭设的工作平台或作业通道。在结构施工、装修施工和设备管道的安装施工中，都需要按照操作要求搭设脚手架。

脚手架的种类很多，按其搭设位置分为外脚手架和里脚手架两大类；按其构造形式分为多立杆式、框式、桥式、吊式、挂式、升降式以及用于层间操作的工具式脚手架。其所用材料有木、竹与金属材料，目前脚手架的发展趋势是采用金属制作的、具有多种功用的组合式脚手架，可以适用不同情况作业的要求。

对脚手架的基本要求是：其宽度应满足工人操作、材料堆置和运输的需要；坚固稳定；装拆简便；能多次周转使用。

9.1 扣件式钢管脚手架

扣件式钢管脚手架通过扣件将立杆、水平杆、剪刀撑、抛撑、扫地杆、连墙件以及脚手板等连接，如图9-1所示。其特点是可根据施工需要灵活布置、构配件品种少、利于施工操作、装卸方便，坚固耐用。

9.1.1 扣件式钢管脚手架的构配件

1. 钢管

脚手架钢管宜采用外径48.3mm、壁厚3.6mm的焊接钢管，其钢管应采用现行国家标准《直缝电焊钢管》GB/T 13793或《低压流体输送用焊接钢管》GB/T 3091中规定的Q235普通钢管，并且钢管的材质应符合现行国家标准《碳素结构钢》GB/T 700中Q235级钢的规定。用于横向水平杆的钢骨最大长度不应大于2m；其他杆不应大于6.5m，每根钢管最大质量不应超过25.8kg，以便适合人工搬运。

2. 扣件

扣件式钢管脚手架应采用铸铁锻造的扣件，其质量和性能应符合现行国家标准《钢管脚手架扣件》GB 15831的规定。其基本形式有三种，如图9-2所示，用于垂直交叉杆件间连接的直角扣件，用于平行或斜交杆件间连接的旋转扣件以及用于杆件对接连接的对接扣件。此外，根据抗滑要求增设的非连接用途的防滑扣件。

扣件质量应符合有关的规定，当扣件螺栓拧紧力矩达65N·m时扣件不得发生破坏。

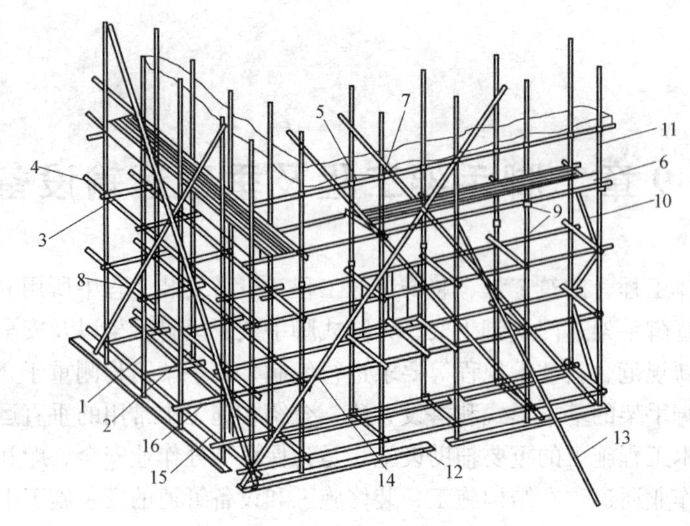

图 9-1　扣件式钢管脚手架

1—外立杆；2—内立杆；3—横向水平杆；4—纵向水平杆；5—栏杆；6—挡脚板；7—直角扣件；8—旋转扣件；9—对接扣件；10—横向斜撑；11—主立杆；12—垫板；13—抛撑；14—剪刀撑；15—纵向扫地杆；16—横向扫地杆

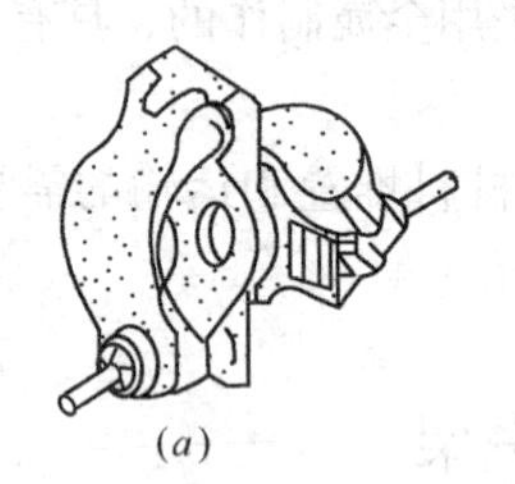
(*a*)

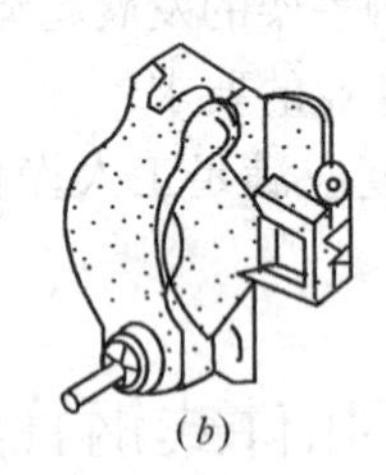
(*b*)

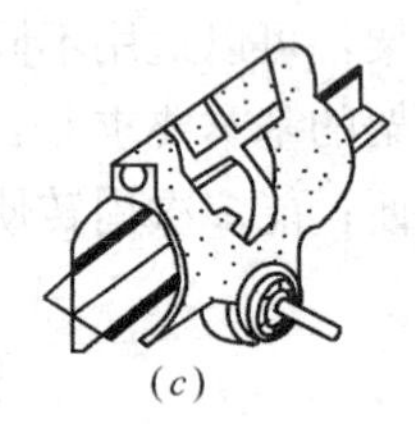
(*c*)

图 9-2　扣件形式

(*a*) 直角扣件；(*b*) 旋转扣件；(*c*) 对接扣件

3. 脚手板

脚手板可用钢、木、竹等材料制作，每块质量不宜大于 30kg。冲压钢脚手板是常用的一种脚手板，一般用厚 2mm 的钢板压制而成，长度 2～4m，宽度 250mm，表面应有防滑措施。木脚手板材质应符合现行国家标准《木结构设计规范》GB 50005 中 IIa 级材质的规定。脚手板厚度不应小于 50mm，两端宜各设置直径不小于 4mm 的镀锌钢丝箍两道。竹脚手板，则应用毛竹或楠竹制成竹串片板及竹笆板。

4. 连墙杆

连墙杆将立杆与主体结构连接在一起，可用钢管、扣件或预埋件组成刚性连墙杆，也可采用钢筋作拉接筋的柔性连墙杆。连墙杆其间距见表 9-1 所示。

连墙杆布置的最大间距 (mm)　　　　**表 9-1**

脚手架高度(m)		竖向间距(h)	水平间距(l_a)	每根连墙杆覆盖面积(m²)
双排	≤50	$3h$	$3l_a$	≤40
	>50	$2h$	$3l_a$	≤27
单排	≤24	$3h$	$3l_a$	≤40

注：h—步距；l_a—纵距。

5. 底座

底座一般采用厚 8mm，边长 150～200mm 的钢板作底板，上焊 150mm 高的钢管。底座形式有内插式和外套式两种，如图 9-3 所示，内插式的外径 D_1 比立杆内径小 2mm，外套式的内径 D_2 比立杆外径大 2mm。

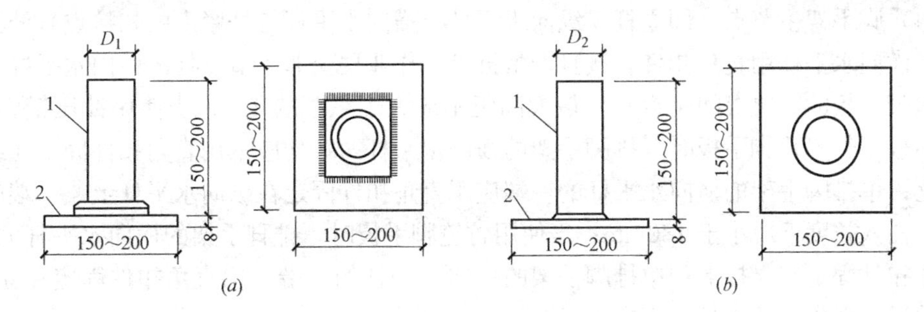

图 9-3　扣件式钢管脚手架底座

（a）内插式底座；（b）外套式底座

1—承插钢管；2—钢板底座

9.1.2　扣件式钢管脚手架的搭设构造要求

（1）钢管扣件脚手架搭设中应注意地基平整坚实，设置底座和垫板，并有可靠的排水措施，防止积水浸泡地基。

（2）常用密目式安全网全封闭双排脚手架结构的设计尺寸，可按表 9-2 采用。

常用密目式安全立网全封闭式双排脚手架的设计尺寸（m）　　表 9-2

连墙杆设置	立杆横距 l_b	步距 h	下列荷载时的立杆纵距 l_a(m)				脚手架允许搭设高度 [H]
			2+0.35(kN/m²)	2+2+2×0.35(kN/m²)	3+0.35(kN/m²)	3+2+2×0.35(kN/m²)	
二步三跨	1.05	1.5	2.0	1.5	1.5	1.5	50
		1.8	1.8	1.5	1.5	1.5	32
	1.30	1.5	1.8	1.5	1.5	1.5	50
		1.8	1.8	1.2	1.5	1.2	30
	1.55	1.5	1.8	1.5	1.5	1.5	38
		1.8	1.8	1.2	1.5	1.2	22
三步三跨	1.05	1.5	2.0	1.5	1.5	1.5	43
		1.80	1.8	1.2	1.5	1.2	24
	1.30	1.5	1.8	1.5	1.5	1.5	30
		1.80	1.8	1.2	1.5	1.2	17

（3）纵向水平杆宜设置在立杆的内侧，其长度不宜小于 3 跨，纵向水平杆可采用对接扣件，也可采用搭接，并应符合下列规定：

1）两根相邻纵向水平杆的接头不应设置在同步或同跨内；不同步或不同跨两个相邻

接头在水平方向错开的距离不应小于 500mm；各接头中心至最近主节点的距离不应大于纵距的 1/3。

2）搭接长度不应小于 1m，应等间距设置 3 个旋转扣件固定；端部扣件盖板边缘至搭接纵向水平杆杆端的距离不应小于 100mm。

（4）脚手架主节点（即立杆、纵向水平杆、横向水平杆三杆紧靠的扣接点）处必须设置一根横向水平杆用直角扣件扣接且严禁拆除。作业层上非主节点处的横向水平杆，宜根据支承脚手板的需要等间距设置，最大间距不应大于纵距的 1/2；当使用冲压钢脚手板、木脚手板、竹串片脚手板时，排脚手架的横向水平杆两端均应采用直角扣件固定在纵向水平杆上；单排脚手架的横向水平杆的一端应用直角扣件固定在纵向水平杆上，一端应插入墙内，插入长度不应小于 180mm；当使用竹笆脚手板时，排脚手架的横向水平杆的两端，用直角扣件固定在立杆上；单排脚手架的横向水平杆的一端，用直角扣件固定在立杆上，另一端插入墙内，插入长度不应小于 180mm。

（5）作业层脚手板应铺满、铺稳、铺实，冲压钢脚手板、木脚手板、竹串片脚手板等，设置在三根横向水平杆上。当脚手板长度小于 2m 时，采用两根横向水平杆支承，应将脚手板两端与横向水平杆可靠固定，防倾翻。脚手板的铺设应采用对接平铺或搭接铺设。脚手板对接平铺时，头处应设两根横向水平杆，手板外伸长度应取 130～150mm，两块脚手板外伸长度的和不应大于 300mm，如图 9-4（*a*）所示；脚手板搭接铺设时，头应支在横向水平杆上，搭接长度不应小于 200mm，伸出横向水平杆的长度不应小于 100mm，如图 9-4（*b*）所示；竹笆脚手板应按其主竹筋垂直于纵向水平杆方向铺设，应对接平铺，四个角应用直径不小于 1.2mm 的镀锌钢丝固定在纵向水平杆上；作业层端部脚手板探头长度应取 150mm，板的两端均应固定于支承杆件上。

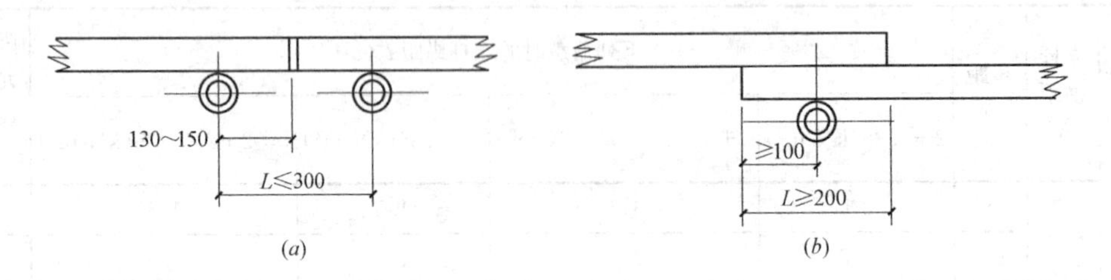

图 9-4　脚手板对接、搭接构造
（*a*）脚手板对接；（*b*）脚手板搭接

（6）每根立杆底部应设置底座或垫板。脚手架必须设置纵、横向扫地杆。纵向扫地杆应采用直角扣件固定在距底座上皮不大于 200mm 处的立杆上。横向扫地杆亦应采用直角扣件固定在紧靠纵向扫地杆下方的立杆上。当立杆基础不在同一高度上时，必须将高处的纵向扫地杆向低处延长两跨与立杆固定，高低差不应大于 1m。靠边坡上方的立杆轴线到边坡的距离不应小于 500mm，如图 9-5 所示。当立杆采用对接接长时，杆的对接扣件应交错布置，两根相邻立杆的接头不应设置在同步内，步内隔一根立杆的两个相隔接头在高度方向错开的距离不宜小于 500mm；各接头中心至主节点的距离不宜大于步距的 1/3；当立杆采用搭接接长时，接长度不应小 1m，应采用不少于 2 个旋转扣件固定。端部扣件盖板的边缘至杆端距离不应小于 100mm；脚手架立杆顶端栏杆宜高出女儿墙上端 1m，高出檐口上端 1.5m。

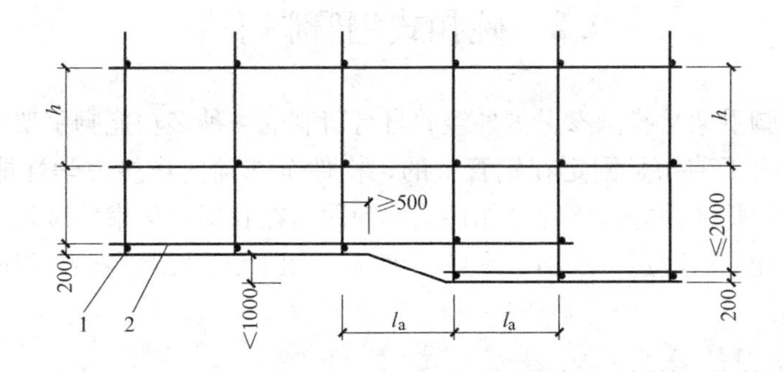

图 9-5　纵、横向扫地杆构造

1—横向扫地杆；2—纵向扫地杆

（7）连墙件的布置宜靠近主节点设置，偏离主节点的距离不应大于 300mm；应从底层第一步纵向水平杆处开始设置；一字形、开口形脚手架的两端必须设置连墙件，这种脚手架连墙件的垂直间距不应大于建筑物的层高，并不应大于 4m（2 步），连墙件布置最大间距可按表 9-3 设置。对高度 24m 以上的双排脚手架，必须采用刚性连墙件与建筑物可靠连接。

连墙件布置最大间距　　　　**表 9-3**

搭设方法	高度	竖向间距(h)	水平间距(l_a)	每根连墙件覆盖面积(m^2)
双排落地	≤50m	$3h$	$3l_a$	≤40
双排悬挑	＞50m	$2h$	$3l_a$	≤27
单排	≤24m	$3h$	$3l_a$	≤40

注：h—步距；l_a—纵距。

（8）当脚手架下部暂不能设连墙件时应采取防倾覆措施。当搭设抛撑时，撑应采用通长杆件，用旋转扣件固定在脚手架上，地面的倾角应在 45°～60°之间；连接点中心至主节点的距离不应大于 300mm。抛撑应在连墙件搭设后再拆除。

（9）双排脚手架应设剪刀撑与横向斜撑，单排脚手架应设剪刀撑。

1）每道剪刀撑跨越立杆的根数，当剪刀撑斜杆与地面的倾角为 45°时，不应超过 7 根；当剪刀撑斜杆与地面的倾角为 50°时不应超过 6 根；当剪刀撑斜杆与地面的倾角为 60°时不应超过 5 根。每道剪刀撑宽度不应小于 4 跨，且不应小于 6m，斜杆与地面的倾角宜在 45°～60°之间，高度在 24m 以下的单、双排脚手架，均必须在外侧立面的两端各设置一道剪刀撑，并应由底至顶连续设置；中间各道剪刀撑之间的净距不应大于 15m；高度在 24m 以上的双排脚手架应在外侧立面整个长度和高度上连续设置剪刀撑；剪刀撑斜杆应用旋转扣件固定在与之相交的横向水平杆的伸出端或立杆上，转扣件中心线至主节点的距离不应大于 150mm。

2）横向斜撑应在同一节间，底至顶层呈之字形连续布置；高度 24m 以下的封闭型双排脚手架可不设横向斜撑，度在 24m 以上的封闭型脚手架，拐角应设置横向斜撑外，应每隔 6 跨距设置一道开间；开口形双排脚手架的两端均必须设置横向斜撑。

9.2 碗扣式钢管脚手架

碗扣式钢管脚手架是我国参考国外经验自行研制的一种多功能脚手架，其杆件节点处采用碗扣连接，由于碗扣是固定在钢管上的，构件全部轴向连接力学性能好，其连接可靠，组成的脚手架整体性好，不存在扣件丢失问题。在我国近年来发展较快，现已广泛用于房屋、桥梁、涵洞、隧道、烟囱、水塔、大坝、大跨度棚架等多种工程施工中，取得了显著的经济效益。

9.2.1 碗扣式钢管脚手架的基本构造

碗扣式钢管脚手架由钢管立杆、横杆、碗扣接头等组成。其基本构造和搭设要求与扣件式钢管脚手架类似，不同之处主要在于碗扣接头。

碗扣接头如图 9-6 所示，是由上碗扣、下碗扣、横杆接头和上碗扣的限位销等组成。在立杆上焊接下碗扣和上碗扣的限位销，将上碗扣套入立杆内。在横杆和斜杆上焊接插头。组装时，将横杆和斜杆插入下碗扣内，压紧和旋转上碗扣，利用限位销固定上碗扣。碗扣间距 600mm，碗扣处可同时连接 4 根横杆，可以互相垂直或偏转一定角度。

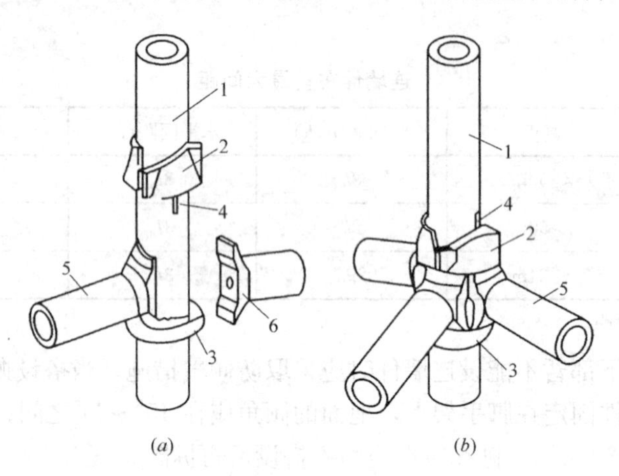

图 9-6 碗扣接头

(*a*) 连接前；(*b*) 连接后

1—立杆；2—上碗扣；3—下碗扣；4—限位销；5—横杆；6—横杆接头

碗扣式钢管脚手架的基本构配件有立杆、水平杆、底座等，辅助构件有脚手板、斜道板、挑梁架梯、托撑等，此外它还有一些专用构件，包括支撑柱的各种垫座、提升滑轮、爬升挑梁等，如图 9-7 所示。通过各种组合以适应工程需要，如利用支撑柱的垫座，组合重载荷的支架；在脚手架上装上提升滑轮可以在脚手架上提升零星小材料、小工具等；利用爬升挑梁可使碗扣式脚手架沿结构墙体进行爬升，组成爬升式脚手架等。

9.2.2 碗扣式钢管脚手架的搭设要求

碗扣式钢管脚手架立柱横距为 1.2m，纵距根据脚手架荷载可为 1.2m、1.5m、1.8m、2.4m，步距为 1.8m、2.4m。搭设时立杆的接长缝应错开，第一层立杆应用长

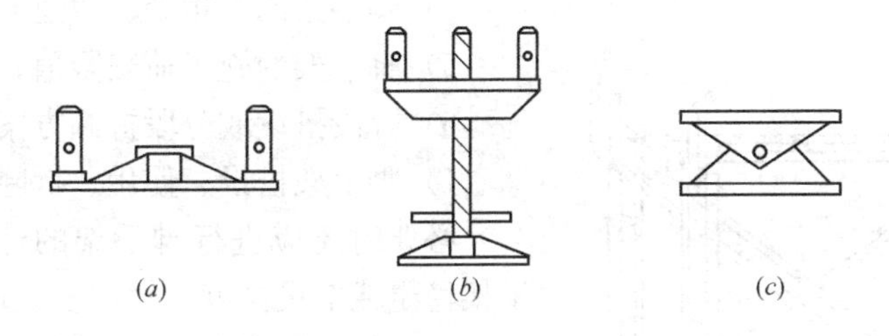

图 9-7　支撑柱的各种垫座

(a) 普通垫座；(b) 可调垫座；(c) 转角垫座

1.8m 和 3.0m 的立杆错开布置，往上均用 3.0m 长杆，至顶层再用 1.8m 和 3.0m 两种长度找平。高 30m 以下脚手架垂直度偏差应控制在总高度的 1/200 以内，高 30m 以上脚手架应控制在总高度的 1/500，且总高垂直度偏差应不大于 100mm。

9.3　门式钢管脚手架

门式钢管脚手架是一种工厂生产、现场搭设的脚手架，是当今国际上应用最普遍的脚手架之一。它是以门架、交叉支撑、连接棒、挂扣式脚手板或水平架、锁臂等组成基本结构，再设置水平加固杆、剪刀撑、扫地杆、封口杆、托座与底座，并采用连墙件与建筑物主体结构相连的一种标准化钢管脚手架。门式钢管脚手架不仅可作为外脚手架，也可作为内脚手架或满堂脚手架。因其几何尺寸标准化、结构合理、受力性能好、施工中装拆容易、安全可靠、经济实用等特点，广泛应用于建筑、桥梁、隧道、地铁等工程施工，若在门架下部安放轮子，也可以作为机电安装、油漆粉刷、设备维修、广告制作的活动工作平台。

门式钢管脚手架搭设高度当施工荷载标准值为 3.0～5.0kN/m^2 时，限制在 45m 以内，当施工荷载标准值小于等于 3.0kN/m^2 时，限制在 60m 以内。

9.3.1　门式钢管脚手架的基本构造

门式钢管脚手架是用普通钢管材料制成工具式标准件，在施工现场组合而成。其基本单元是由一副门式框架、二副剪刀撑、一副水平梁架和四个连接器组合而成。若干基本单元通过连接器在竖向叠加，扣上臂扣，组成一个多层框架。在水平方向，用加固杆和水平梁架使相邻单元连成整体，加上斜梯、栏杆柱等部件构成整片脚手架，如图 9-8 所示。

9.3.2　门式钢管脚手架的搭设要求

(1) 门式钢管脚手架一般可根据产品目录所列的使用荷载及搭设规定进行施工，而不必进行结构验算，但施工前仍必须进行施工设计。施工设计的内容应包括：

1) 脚手架的平、立、剖面图；

2) 脚手架基础作法；

3) 连墙件的布置及构造；

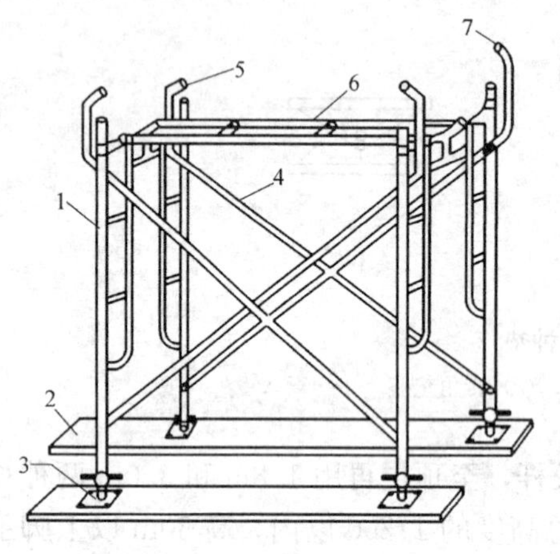

图 9-8　门式钢管脚手架基本单元

1—门架；2—垫板；3—螺旋基脚；4—交叉撑；5—连接棒；6—水平架；7—扣臂

4）脚手架的转角处、通道洞口处构造；

5）脚手架的施工荷载限值；

6）分段搭设或分段拆卸方案的设计计算；

7）脚手架搭设、使用、拆除等的安全措施。

必要时还应进行脚手架的计算，一般包括脚手架稳定或搭设高度计算以及连墙件的计算。

(2) 门架跨距应符合有关规定，并与交叉支撑规格配合；门架立杆离墙面净距不宜大于150mm；大于150mm时应采取内挑架板或其他离口防护的安全措施。

(3) 门架的内外两侧均应设置交叉支撑并应与门架立杆上的锁销锁牢；上、下榀门架的组装必须设置连接棒及锁臂，连接棒直径应小于立杆内径1～2mm。在脚手架的操作层上应连续满铺与门架配套的挂扣式脚手板，并扣紧挡板，防止脚手板脱落和松动。

(4) 当脚手架搭设高度 $H \leqslant 45$m 时，沿脚手架高度，水平架应至少两步一设；当脚手架搭设高度 $H > 45$m 时，水平架应每步一设；不论脚手架多高，均应在脚手架的转角处、端部及间断处的一个跨距范围内每步一设，水平架在其设置层面内应连续设置；当脚手架高度超过 20m 时，应在脚手架外侧每隔 4 步设置一道水平加固杆，并宜在有连墙件的水平层设置；设置纵向水平加固杆应连续，并形成水平闭合圈；在脚手架的底部门架下端应加封口杆，门架的内、外两侧应设通长扫地杆；水平加固杆应采用扣件与门架立杆扣牢。

(5) 施工中应注意不配套的门架与配件不得混合使用于同一脚手架。门架安装时应自一端向另一端延伸，并逐层改变搭设方向，不得相对进行。搭完一步架后，应检查并调整其水平度与垂直度。脚手架应沿建筑物周围连续、同步搭设升高，在建筑物周围形成封闭结构；如不能封闭时，在脚手架两端应增设连墙件。

9.4　升降式脚手架

扣件式钢管脚手架、碗扣式钢管脚手架及门式钢管脚手架一般都是沿结构外表面满搭的脚手架，在结构和装修工程施工中应用较为方便，但费料耗工，一次性投资大，工期亦长。因此，近年来在高层建筑施工中发展了多种形式的外挂脚手架，其中应用较为广泛的是升降式脚手架，包括自升降式、互升降式、整体升降式三种类型。

升降式脚手架主要特点是：脚手架不需满搭，只搭设满足施工操作及安全各项要求的高度；地面不需做支承脚手架的坚实地基，也不占施工场地；脚手架及其上承担的荷载传给与之相连的结构，对这部分结构的强度有一定要求；随施工进程，脚手架可随之沿外墙升降，结构施工时由下往上逐层提升，装修施工时由上往下逐层下降。

9.4.1 自升降式脚手架

自升降脚手架的升降运动是通过手动或电动倒链交替对活动架和固定架进行升降来实现的。从升降架的构造来看，活动架和固定架之间能够进行上下相对运动。当脚手架工作时，活动架和固定架均用附墙螺栓与墙体锚固，两架之间无相对运动；当脚手架需要升降时，活动架与固定架中的一个架子仍然锚固在墙体上，使用倒链对另一个架子进行升降，两架之间便产生相对运动。通过活动架和固定架交替附墙，互相升降，脚手架即可沿着墙体上的预留孔逐层升降，如图 9-9 所示。

施工前按照脚手架的平面布置图和升降架附墙支座的位置，在混凝土墙体上设置预留孔。为使升降顺利进行，预留孔中心必须在一直线上，并检查墙上预留孔位置是否正确，如有偏差，应预先修正。

脚手架的安装一般在起重机配合下按脚手架平面图进行。

爬升可分段进行，视设备、劳动力和施工进度而定，每个爬升过程提升 1.5～2m，每个爬升过程分两步进行：即爬升活动架和爬升固定架。脚手架完成了一个爬升过程，重新设置上部连接杆，脚手架进入上面一个工作状态，以后按此循环操作，脚手架即可不断爬升，直至结构到顶。

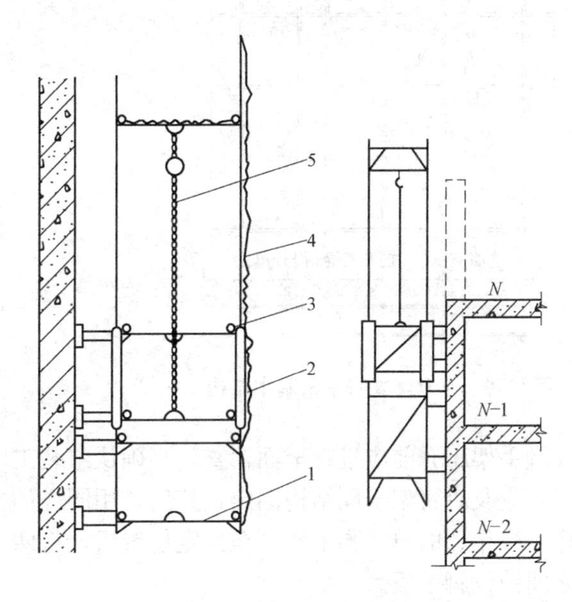

图 9-9　自升降式脚手架
1—脚手板；2—剪刀撑；3—纵向水平杆；4—安全网；5—提升设备

在结构施工完成后，脚手架顺着墙体预留孔倒行，其操作顺序与爬升时相反，逐层下降，最后返回地面进行拆除。

9.4.2 互升降式脚手架

互升降式脚手架将脚手架分为甲、乙两种单元，通过倒链交替对甲、乙两单元进行升降，如图 9-10 所示。当脚手架需要工作时，甲单元与乙单元均用附墙螺栓与墙体锚固，两架之间无相对运动；当脚手架需要升降时，一个单元仍然锚固在墙体上，使用倒链对相邻一个架子进行升降，两架之间便产生相对运动，如图 9-11 所示。通过甲、乙两单元交替附墙，相互升降，脚手架即可沿着墙体上的预留孔逐层升降。互升降式脚手架的性能特点是：结构简单，易于操作控制；架子搭设高度低，用料省；操作人员不在被升降的架体上，增加了操作人员的安全性；脚手架结构刚度较大；附墙的跨度大。它适用于框架剪力墙结构的高层建筑、水坝、筒体等施工。

互升降式脚手架施工前的准备与自升降式类似。其组装可有两种方式：在地面组装好单元脚手架，再用塔吊吊装就位；或是在设计爬升位置搭设操作平台，在平台上逐层安装。

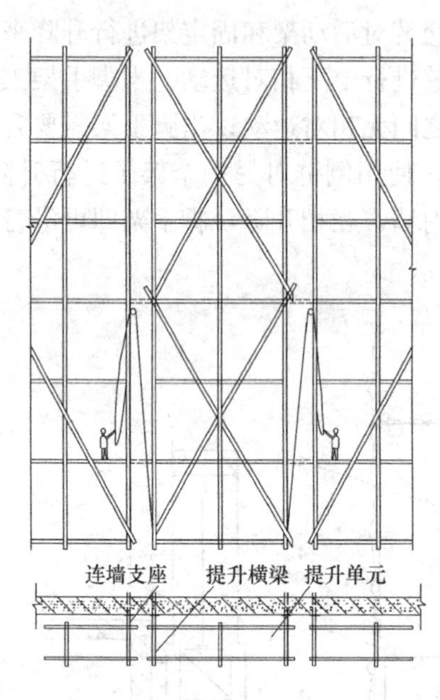

图 9-10　互升降式脚手架基本结构

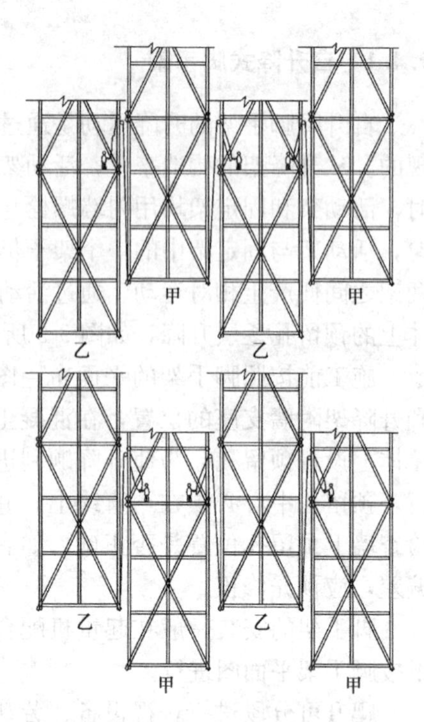

图 9-11　互升降式脚手架爬升过程

脚手架爬升前应进行全面检查，当确认组装工序都符合要求后方可进行爬升，提升到位后，应及时将架子同结构固定；然后，用同样的方法对与之相邻的单元脚手架进行爬升操作，待相邻的单元脚手架升至预定位置后，将两单元脚手架连接起来，并在两单元操作层之间铺设脚手板。

与爬升操作顺序相反，利用固定在墙体上的架子对相邻的单元脚手架进行下降操作，最后脚手架返回地面。

9.4.3　整体升降式脚手架

在超高层建筑的主体施工中，整体升降式脚手架有明显的优越性，它结构整体性好、升降快捷方便、机械化程度高、经济效益显著，是一种很有推广使用价值的超高建（构）筑外脚手架，被建设部列入重点推广的 10 项新技术之一。

整体升降式外脚手架以电动倒链为提升机，使整个外脚手架沿建筑物外墙或柱整体向上爬升，如图 9-12 所示。搭设高度依建筑物施工层的层高而定，一般取建筑物标准层 4 个层高加 1 步安全栏的高度为架体的总高度。脚手架为双排，宽以 0.8～1m 为宜，里排杆离建筑物净距 0.4～0.6m。脚手架的横杆和立杆间距都不宜超过 1.8m。可将 1 个标准层高分为 2 步架，以此步距为基数确定架体横、立杆的间距。

架体设计时可将架子沿建筑物外围分成若干单元，每个单元的宽度参考建筑物的开间而定，一般在 5～9m 之间。

施工过程如下：

1. 施工前的准备

按平面图先确定承力架及电动倒链挑梁安装的位置和个数，在相应位置上的混凝土墙

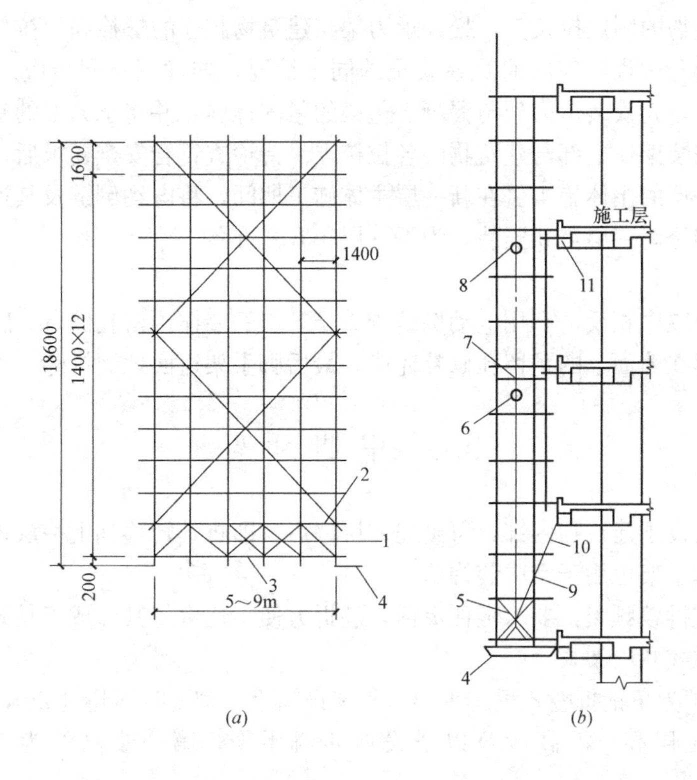

图 9-12　整体升降式脚手架

（a）立面图；（b）侧立面图

1—承力桁架；2—上弦杆；3—下弦杆；4—承力架；5—斜撑；
6—电动倒链；7—挑梁；8—倒链；9—花篮螺栓；10—拉杆；11—螺栓

或梁内预埋螺栓或预留螺栓孔。各层的预留螺栓或预留孔位置要求上下相一致，误差不超过 10mm。

加工制作型钢承力架、挑梁、斜拉杆。准备电动倒链、钢丝绳、脚手管、扣件、安全网、木板等材料。

因整体升降式脚手架的高度一般为 4 个施工层层高，在建筑物施工时，由于建筑物的最下几层层高通常与标准层不一致，且平面形状也往往与标准层不同，所以一般在建筑物主体施工到 3～5 层时开始安装整体脚手架。下面几层施工时往往要先搭设落地外脚手架。

2. 安装

先安装承力架，承力架内侧用 M25～M30 的螺栓与混凝土边梁固定，承力架外侧用斜拉杆与上层边梁拉接固定，用斜拉杆中部的花篮螺栓将承力架调平；再在承力架上面搭设架子，安装承力架上的立杆；然后搭设下面的承力桁架。再逐步搭设整个架体，随搭随设置拉接点，并设斜撑。在比承力架高两层的位置安装工字钢挑梁，挑梁与混凝土边梁的连接方法与承力架相同。电动倒链挂在挑梁下，并将电动倒链的吊钩挂在承力架的花篮挑梁上。在架体上每个层高满铺厚木板，架体外面挂安全网。

3. 爬升

短暂开动电动倒链，将电动倒链与承力架之间的吊链拉紧，使其处在初始受力状态。

松开架体与建筑物的固定拉接点，松开承力架与建筑物相连的螺栓和斜拉杆，开动电动倒链开始爬升，爬升过程中应随时观察架子的同步情况，如发现不同步应及时停机进行调整。爬升到位后，先安装承力架与混凝土边梁的紧固螺栓，并将承力架的斜拉杆与上层边梁固定，然后安装架体上部与建筑物的各拉接点。待检查符合安全要求后，脚手架可开始使用，进行上一层的主体施工。在新一层主体施工期间，将电动倒链及其挑梁摘下，用滑轮或手动倒链转至上一层重新安装，为下一层爬升做准备。

4. 下降

与爬升操作顺序相反，利用电动倒链顺着爬升用的墙体预留孔倒行，脚手架即可逐层下降，同时把留在墙面上的预留孔修补完毕，最后脚手架返回地面拆除。

9.5 里脚手架

里脚手架搭设于建筑物内部，每砌完一层墙后，即将其转移到上一层楼进行新的一层墙体砌筑。里脚手架也用于室内装饰施工。

里脚手架装拆较频繁，要求轻便灵活，装拆方便。通常将其做成工具式的，结构形式有折叠式、支柱式和门架式。

图 9-13 所示为角钢折叠式里脚手架，其架设间距，砌墙时不超过 2m，粉刷时不超过 2.5m。根据施工层高，沿高度可以搭设两步脚手架，第一步高约为 1m，第二步高约 1.6m。

图 9-14 所示为套管式支柱，它是支柱式里脚手架的一种，将插管插入立管中，以销孔间距调节高度，在插管顶端的凹形支托内搁置方木横杆，横杆上铺设脚手架。架设高度为 1.5～2.1m。

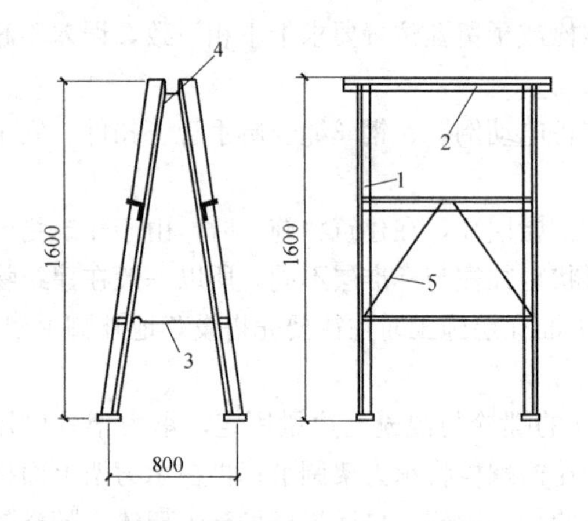

图 9-13　折叠式里脚手架

1—立柱；2—横楞；3—挂钩；4—铰链；5—斜撑

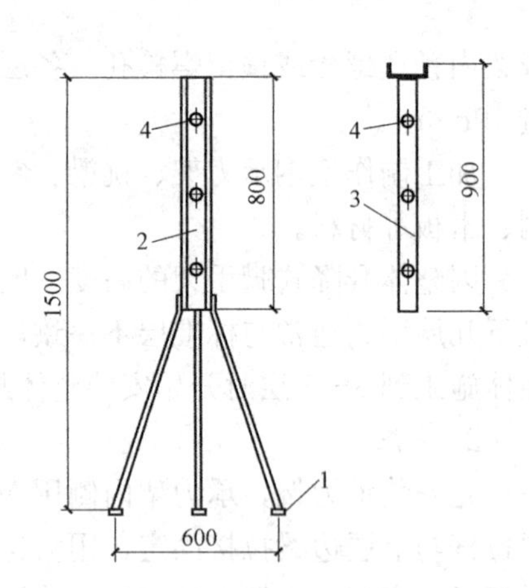

图 9-14　套管式支柱里脚手架

1—立脚；2—立管；3—插管；4—销孔

门架式里脚手架由两片 A 形支架与门架组成，如图 9-15 所示。其架设高度为 1.5～2.4m，两片 A 形支架间距 2.2～2.5m。

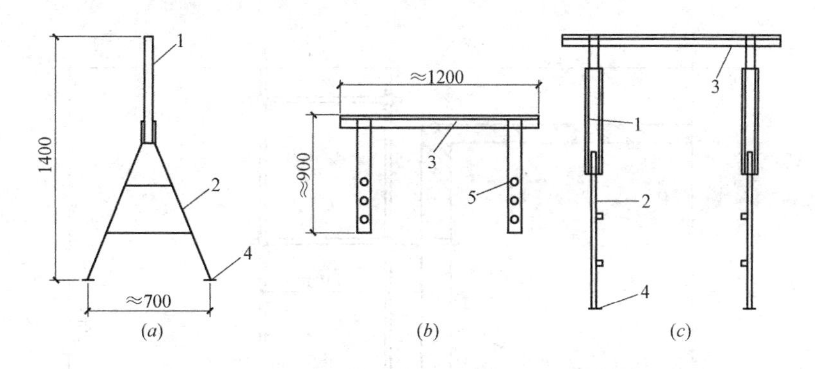

图 9-15　门架式里脚手架
(a) A 形支架；(b) 门架；(c) 安装示意
1—立管；2—支脚；3—门架；4—垫板；5—销孔

9.6　其他类型脚手架及安全网的搭设

9.6.1　悬挑脚手架

悬挑式脚手架是利用建筑结构边缘向外伸出的悬挑结构来支承外脚手架，将脚手架的荷载全部或部分传递给建筑结构。悬挑脚手架的关键是悬挑支承结构，它必须有足够的强度、稳定性和刚度，并能将脚手架的荷载传递给建筑结构，通常采用型钢作为悬挑式脚手架的支承结构。

型钢悬挑梁宜采用双轴对称截面的型钢。悬挑钢梁型号及锚固件应按设计确定，梁截面高度不应小于 160mm。悬挑梁尾端应在两处及以上固定于钢筋混凝土梁板结构上。锚固型钢悬挑梁的 U 形钢筋拉环或锚固螺栓直径不宜小 16mm，型钢悬挑脚手架构造如图 9-16 所示。用于锚固的 U 形钢筋拉环或螺栓应采用冷弯成型。U 形钢筋拉环、锚固螺栓与型钢间隙应用钢楔或硬木楔楔紧。

每个型钢悬挑梁外端宜设置钢丝绳或钢拉杆与上一层建筑结构斜拉结。钢丝绳、钢拉杆不参与悬挑钢梁受力计算；钢丝绳与建筑结构拉结的吊环应使用 HPB300 级钢筋，直径不宜小于 20mm。悬挑钢梁悬挑长度应按设计确定，定段长度不应小于悬挑段长度的 1.25 倍。型钢悬挑梁固定端应采用 2 个（对）及以上 U 形钢筋拉环或锚固螺栓与建筑结构梁板固定，型钢筋拉环或锚固螺栓应预埋至混凝土梁、板底层钢筋位置，应与混凝土梁、板底层钢筋焊接或绑扎牢固。

型钢悬挑梁悬挑端应设置能使脚手架立杆与钢梁可靠固定的定位点，位点离悬挑梁端部不应小于 100mm。锚固位置设置在楼板上时，板的厚度不宜小于 120mm。如果楼板的厚度小于 120mm 应采取加固措施。悬挑梁间距应按悬挑架架体立杆纵距设置，一纵距设置一根。锚固型钢的主体结构混凝土强度等级不得低于 C20。

架体可用扣件式钢管脚手架、碗扣式钢管脚手架或门式脚手架搭设，一般为双排脚手架，架体高度可依据施工要求、结构承载力和塔吊的提升能力确定，最高可搭设至 12 步架，约 20m 高，可同时进行 2～3 层施工。

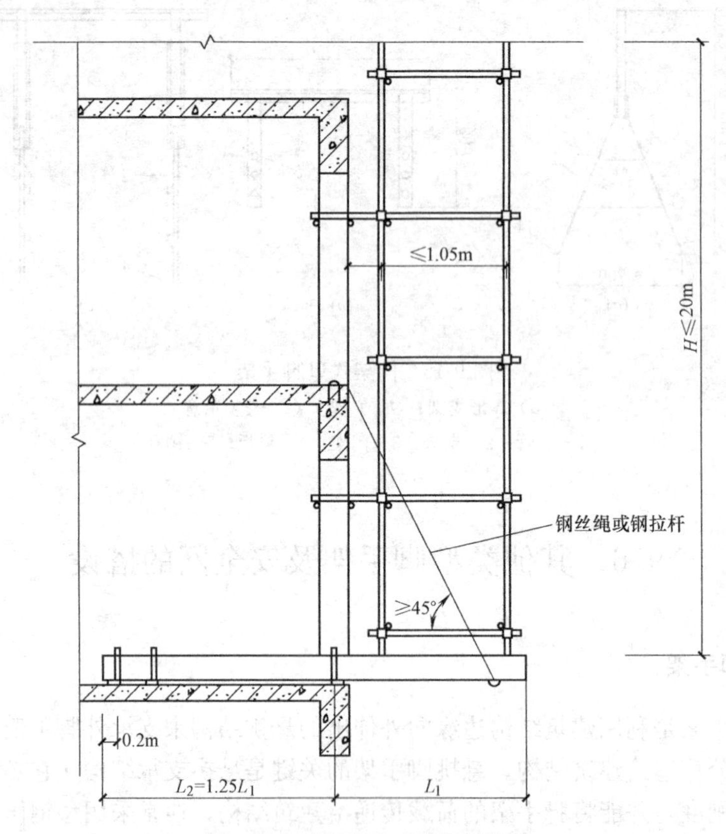

图 9-16　型钢悬挑式脚手架构造

9.6.2　悬吊式脚手架

悬吊式脚手架是通过特设的支承点，利用吊索悬吊吊架或吊篮进行砌筑或装修工程操作的一种脚手架。其主要组成部分为吊架（包括桁架式工作台）或吊篮、支承设施（包括支承挑架和挑梁）、吊索（包括钢丝绳、铁链、钢筋）及升降装置等，如图 9-17 所示。对于高层建筑的外装修作业和平时的维修保养，都是一种极为方便、经济的脚手架形式。

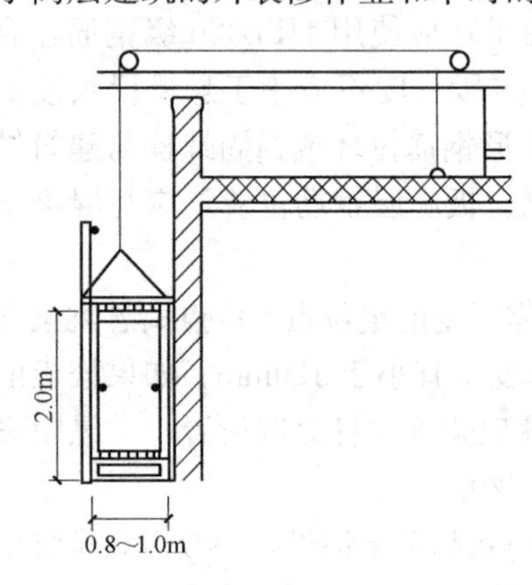

图 9-17　小型吊篮的构造形式

9.6.3　安全网的搭设

当外墙砌砖高度超过 4m 或立体交叉作业时，必须设置安全网，以防材料下落伤人和高空操作人员坠落。安全网一般是用直径 9mm 的麻绳、棕绳或尼龙绳编织而成的，一般规格为宽 3m、长 6m、网眼 50mm 左右，每块织好的安全网应能承受不小于 1.6kN 的冲击荷载。

架设安全网时，其伸出墙面宽度应不小于 2m，外口要高于里口 500mm，两网搭接应扎接牢固，每隔一定距离应用拉绳将斜杆与地面锚桩拉牢。

在无窗口的山墙上，可在墙角设立柱来挂安全网；

也可在墙体内预埋钢筋环以支撑斜杆；还可用短钢管穿墙，用回转扣件来支设斜杆。

当用里脚手架施工外墙时，要沿墙外架设安全网；多层建筑用外脚手架时，亦需在脚手架外侧设安全网。安全网要随楼层施工进度逐层上升。多层建筑除一道逐步上升的安全网外，尚应在第二层和每隔三～四层加设固定的安全网。

对于高层建筑施工中，安全网的搭设常有以下几种方式：

(1) 在外墙面满搭外脚手架的情况下，应在脚手架的外表面满挂安全网（或塑料编制篷布）；在作业层的脚手板下平挂安全网（或篷布）；第一步架应满铺脚手板或篷布，每隔四～六层加设一层水平安全网。

(2) 在不设外脚手架的情况下，作外装修所使用的悬吊式或悬挑式脚手架，除顶面和靠墙一面外，其他各面均应满挂安全网或塑料篷布，以避免从作业面向下坠物。同时每隔四～六层挑出一层安全网，并在首层架设宽度不小于 4m 的安全网。

(3) 采用悬挑式脚手架时，当脚手架升高后，保留悬挑支架，并加绑斜杆改挂安全网；若为挑平台时，可在平台上加设一道安全网。

钢脚手架（包括钢井架、钢龙门架、钢独脚拔杆提升架等）不得搭设在距离 35kV 以上的高压线路 4.5m 以内的地区和距离 1～10kV 高压线路 2m 以内的地区，否则使用期间应断电或拆除电源。过高的脚手架必须有防雷措施，钢脚手架的防雷措施是用接地装置与脚手架连接，一般每隔 50m 设置一处。最远点到接地装置间脚手架上的过渡电阻不应超过 10m。

9.7 垂直运输设施

垂直运输设施指担负垂直运送材料和施工人员上下的机械设备和设施。在建筑工程中不仅要运输大量的钢筋、混凝土砖（或砌块）、砂浆，而且还要运输模板、脚手架、脚手板和各种预制构件；不仅有垂直运输，而且有地面和楼面的水平运输。其中垂直运输是影响建筑工程施工速度的重要因素。

目前建筑工程采用的垂直运输设施有井架、龙门架、塔式起重机和施工电梯等。

9.7.1 井架

井架是砌筑工程垂直运输的常用设备之一。它的特点是：稳定性好、运输量大，可以搭设较高的高度。井架可为单孔、两孔和多孔，常用单孔，井架内设吊盘。井架上可根据需要设置拔杆，供吊运长度较大的构件，其起重量为 5～15kN，工作幅度可达 10m。

井架除用型钢或钢管加工的定型井架外，也可用脚手架材料搭设而成，搭设高度可达 50m 以上。图 9-18 是用角钢搭设的单孔四柱井架，主要由立柱、平撑和斜撑等杆件组成。井架搭设要求垂直（垂直偏差小于等于总高的 1/400），支承地面应平整，各连接件螺栓须拧紧，缆风绳一般每道不少于 4 根，高度在 15m 以下时设一道，15m 以上时每增高 10m 增设一道，缆风绳宜采用 9mm 的钢丝绳，与地面呈 45°，安装好的井架应有避雷和接地装置。

9.7.2 龙门架

龙门架是由两根立柱及天轮梁（横梁）组成的门式架，如图 9-19 所示。龙门架上装设滑轮、导轨、吊盘、缆风绳等，进行材料、机具、小型预制构件的垂直运输。龙门架构造简单，制作容易，用材少，装拆方便，起升高度为15～30m，起重量为0.6～1.2t，适用于中小型工程。

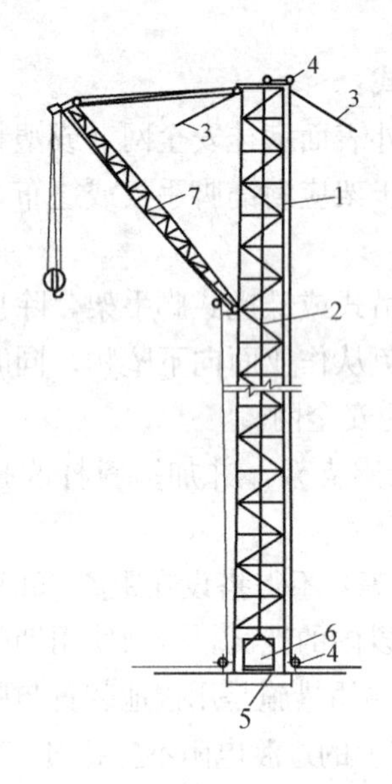

图 9-18 钢井架

1—井架；2—钢丝绳；3—缆风绳；4—滑轮；5—垫木；6—吊盘；7—辅助吊臂

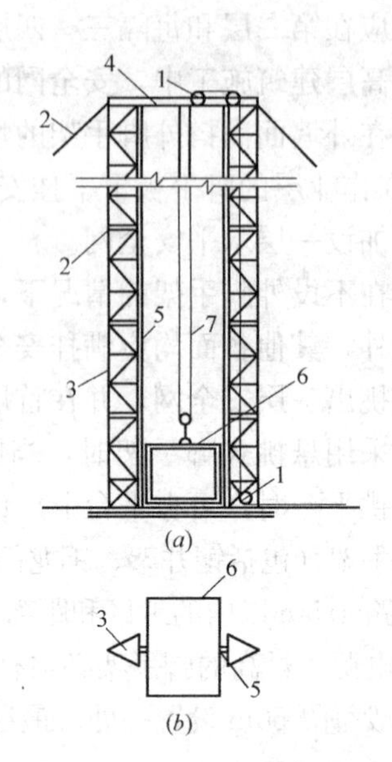

图 9-19 龙门架

(*a*) 立面；(*b*) 平面

1—滑轮；2—缆风绳；3—立柱；4—横梁；5—导轨；6—吊盘；7—钢丝绳

9.7.3 塔式起重机

塔式起重机是指起重臂安装在塔身顶部且可作360°回转的起重机。它具有较高的起重高度、工作幅度和起重能力，提升材料速度快、生产效率高，且机械运转安全可靠，使用和装拆方便等优点，因此，广泛地用于多层和高层工业与民用建筑的结构安装。塔式起重机按起重能力可分为轻型塔式起重机，起重量为0.5～3.0t，一般用于六层以下的民用建筑施工；中型塔式起重机，起重量为3～15t，适用于一般工业建筑与民用建筑施工；重型塔式起重机，起重量为20～40t，一般用于重工业厂房的施工和高炉等设备的吊装。

由于塔式起重机具有提升、回转和水平运输的功能，且生产效率高，一般在吊运长、大、重的物料时有明显的优势，故在有可能的条件下宜优先采用。

塔式起重机的布置应保证其起重高度与起重量满足工程的需求，同时起重臂的工作范围应尽可能地覆盖整个建筑，以使材料运输切实到位。此外，主材料的堆放、搅拌站的出料口等均应尽可能地布置在起重机工作半径之内。

塔式起重机一般分为轨道（行走）式、爬升式、附着式、固定式等几种，如图9-20所示。

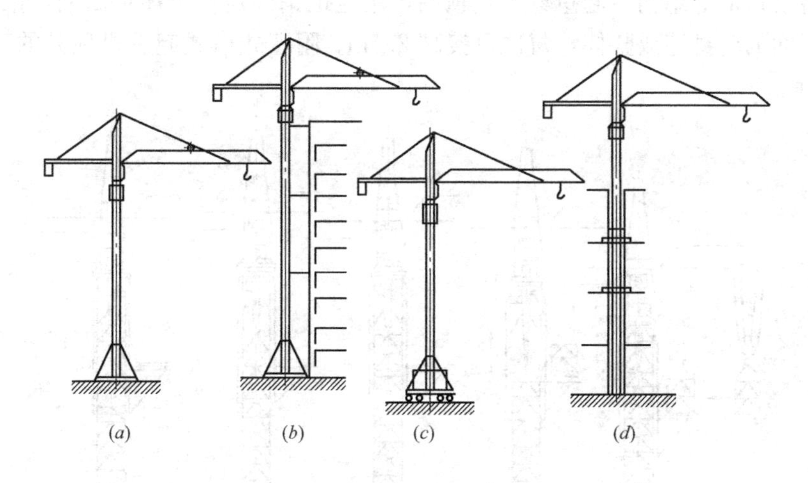

图 9-20　各种类型的塔式起重机

(a) 固定式；(b) 附着式；(c) 行走式；(d) 内爬式

1. 轨道（行走）式塔式起重机

轨道（行走）式塔式起重机是一种能在轨道上行驶的起重机。这种起重机可负荷行走，有的只能在直线轨道上行驶，有的可沿“L”形或“U”形轨道上行驶。有塔身回转式和塔顶旋转式两种。

轨道（行走）式塔式起重机使用灵活，活动范围大，为结构安装工程的常用机械。

2. 附着式塔式起重机

附着式塔式起重机是固定在建筑物近旁混凝土基础上的起重机械，它可以借助顶升系统随着建筑施工进度而自行向上接高。为了减少塔身的计算高度，规定每隔 20m 左右将塔身与建筑物用锚固装置连接起来。这种塔式起重机宜用于高层建筑的施工。

附着式塔式起重机的外形如图 9-21 所示。

附着式塔式起重机的顶部有套架和液压顶升装置，需要接高时，利用塔顶的行程液压

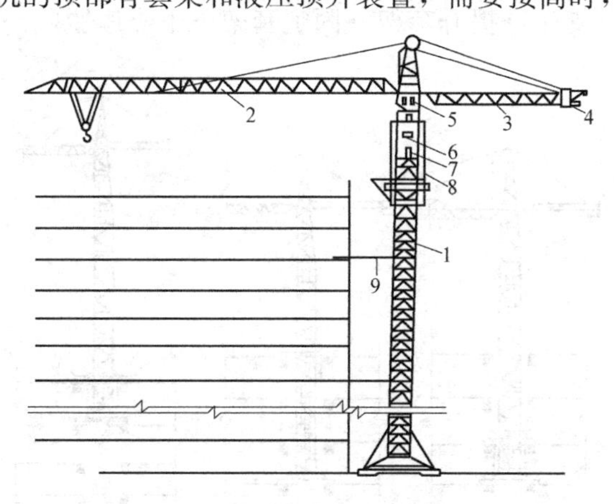

图 9-21　附着式塔式起重机

1—塔身；2—起重臂；3—平衡臂；4—平衡重；5—操纵室；6—液压千斤顶；7—活塞；8—顶升套架；9—锚固装置

千斤顶，将塔顶上部结构（起重臂等）顶高，用定位销固定；千斤顶回油，推入标准节，用螺栓与下面的塔身连成整体，每次可接高 2.5m。附着式塔式起重机顶升的五个步骤如图 9-22 所示。

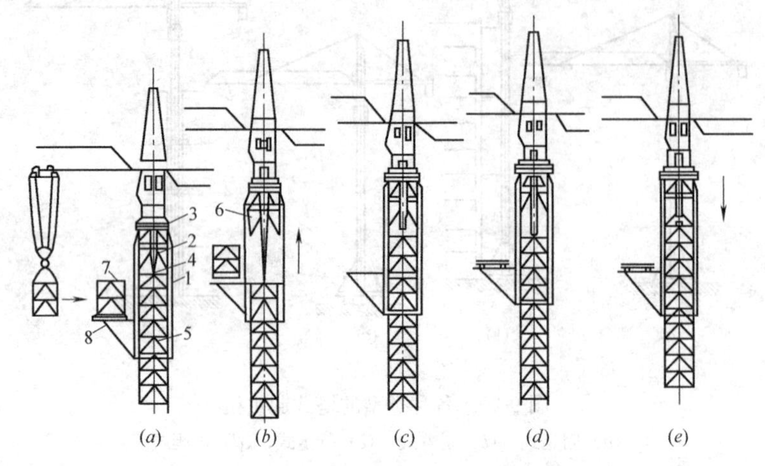

图 9-22　附着式塔式起重机顶升过程

（a）准备状态；（b）顶升塔吊；（c）推入塔身标准节；（d）安装塔身标准节；（e）塔顶与塔身连成整体

1—顶升套架；2—液压千斤顶；3—承座；4—顶升横梁；

5—定位销；6—过渡节；7—标准节；8—摆渡小车

3. 固定式塔式起重机

固定式塔式起重机的底架安装在独立的混凝土基础上，塔身不与建筑物拉接。这种起重机适用于安装大容量的油罐、冷却塔等特殊构筑物。

4. 爬升式塔式起重机

爬升式塔式起重机是一种安装在建筑物内部（电梯井或特设的开间）的结构上，借助套架托梁和爬升系统自己爬升的起重机械。一般每隔 1～2 层楼便爬升一次。这种起重机主要用于高层建筑的施工。

爬升过程：固定下支座→提升套架→固定套架→下支座脱空→提升塔身→固定下支座，如图 9-23 所示。

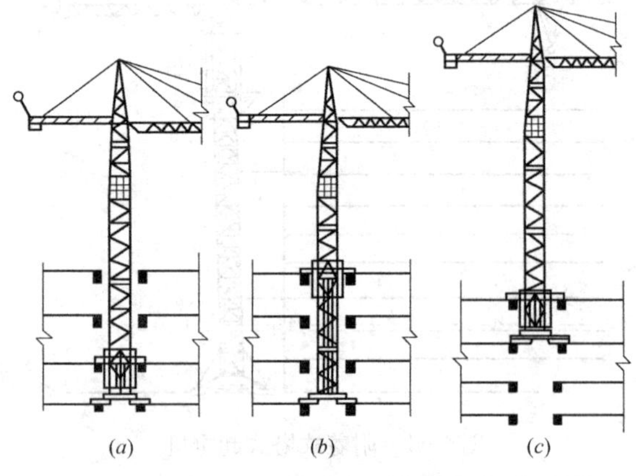

图 9-23　爬升过程示意图

（a）固定下支座；（b）提升、固定套架；（c）提升塔身

9.7.4 建筑施工电梯

建筑施工电梯是人货两用梯，也是高层建筑施工设备中唯一可以运送人员上下的垂直运输设备，它对提高高层建筑施工效率起着关键作用。

建筑施工电梯的吊笼装在塔架的外侧。按其驱动方式建筑施工电梯可分为齿轮齿条驱动式和绳轮驱动式两种。齿轮齿条驱动式电梯是利用安装在吊箱（笼）上的齿轮与安装在塔架立杆上的齿条相咬合，当电动机经过变速机构带动齿轮转动式吊箱（笼）即沿塔架升降。齿轮齿条驱动式电梯按吊箱（笼）数量可分为单吊箱式和双吊箱式。该电梯装有高性能的限速装置，具有安全可靠，能自升接高的特点，作为货梯可载重 10kN，亦可乘 12～15 人。其高度随着主体结构施工而接高可达 100～150m 以上。适用于建造 25 层特别是 30 层以上的高层建筑，如图 9-24 所示。

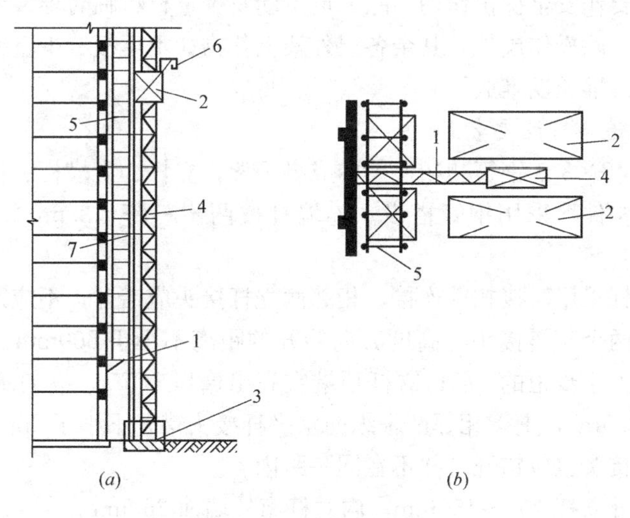

图 9-24 无配重双梯笼

(a) 立面；(b) 平面

1—附着装置；2—梯笼；3—缓冲机构；4—塔架；5—脚手架；6—小吊杆；7—钢丝绳

绳轮驱动式是利用卷扬机、滑轮组，通过钢丝绳悬吊吊箱升降。该电梯为单吊箱，具有安全可靠、构造简单、结构轻巧、造价低的特点。适用于建造 20 层以下的高层建筑使用。

9.8 脚手架工程实例

某办公大楼工程位于某市临城新区，主楼高 56.4m，其中地上 14 层，地下室一层，裙房高 12m。

根据该工程的现场及周边环境，结合项目自身特点，编制如下外脚手架施工方案，主要从架体和卸料平台的搭设，架体稳定性验算、架体的拆除及安全等方面进行考虑。

9.8.1 搭设参数

立杆纵距 L=1.5m，横距 B=1.2m（挑架 B=1.0m），步距高 H=1.8m，内立杆离

建筑物外边线 B=0.25m，外立杆里侧设置 1.2m 高的防护栏和 300mm 高的踢脚杆，两者中间加一道。主楼三层以下脚手架立杆采用双管搭设，脚手架与主体结构连接点竖向间距 3.6m，水平距离 4.5m（两步三跨），设计挑架高度 H=29.4m，须计算脚手架的稳定性及杆件抗弯强度。

9.8.2 脚手架的构造与搭设要求

1. 基本要求

用扣件式钢管搭设的脚手架是施工临时结构，它承受施工过程中各种垂直和水平荷载，因此脚手架必须有足够的承载能力、刚度和稳定性，在施工过程中，不产生失稳、倒塌，并不超过允许强度、变形、倾斜、摇晃或扭曲现象，以确保安全。

2. 受荷情况

本工程外架主要作安全保护作用，除人员走动及少量材料临时堆放外，基本上不考虑脚手架堆载。因此，除操作层外，其余各层外架上什物如木模板、少量钢筋、混凝土碎屑等均要及时清理，不准长期堆放。

3. 脚手架的构造与搭设要求

本工程采用中 48×3.5 钢管和扣件等构成脚手架，立杆、大横杆、小横杆主要受力杆件和剪刀撑，斜撑构件均采用钢管搭设。连墙杆按两步三跨（3.6m×4.5m）进行刚性拉接。

（1）脚手架立杆采用对接扣件连接，相邻两立杆接头应错开，不应设置在同步内，同步内隔一根立杆的两个相隔接头在高度方向错开的距离不小于 500mm，各接头中心点至主节点的距离不宜大于步距的 1/3；立杆顶端宜高出檐口 1.5m。纵向水平杆接采用搭接（搭接长度不小于 0.5m），上下相邻两根纵向水平杆接头错开不小于 2m，同一步内外两根纵向水平，水平杆接头也应错开，并不在同一跨内。

（2）横杆伸出外立杆 100～150mm，内立杆离外墙面 250mm。

（3）脚手架纵向两端和转角处起，在脚手架外面每隔 9m（水平距离）左右用斜杆撑成剪刀撑，自上而下循序连续设置（五步一隔）。斜杆材质必须无变形无损伤，斜杆用旋转扣件与立杆和纵向水平杆扣牢。

（4）脚手架每隔 3 步，应在里立杆与墙面之间设通长安全竹片笆支承在两根钢管上，用 18 号铁丝捆绑在两道水平钢管口，作隔断处理。

（5）脚手架与主体结构必须采用刚性连接（钢管用扣件一端同主体结构预埋钢管连接，另一端用扣件同外架立杆扣牢），不允许采用一顶一拉的柔性连接，钢筋连墙杆与框架连接时，混凝土强度等级不低于 C15 才能使用。在东西两面剪力墙处设预埋铁，后焊钢管与外架连接。

（6）扣件同杆件连接时坚固力在 45～55kN·m 范围内，不得低于 45kN·m，小横杆为“背对背，面对面，交错设置”。

（7）裙房钢管立杆基础应平整，分层夯实，并浇混凝土带，主楼西南面 12m 以上脚手架支承在裙房屋面上，在混凝土屋面上的立杆应下垫 20 号槽钢，杆件必须无弯曲、无变形。

（8）脚手架必须设置纵横向扫地杆。纵向扫地杆应采用直角扣件固定在距底座上皮不大于200mm的立杆上。横向扫地杆应采用直角扣件固定在紧靠纵向扫地杆下方的立杆上。

(9) 防电、避雷措施：在雷雨季节搭建筑物的脚手架，应与地相连，以防雷击。设避雷针和建筑物的避雷系统接通，脚手架和建筑物的接地系统单独引线相接以防漏电伤人。

(10) 通道搭设。底层大门入口处，设立人员出入安全通道，做法如下：在脚手架外侧用钢管搭设防护棚，跨度3m，深2m，上部设双层道防护棚，上、下两道防护棚之间距离大于0.5m，用脚手片铺满。

(11) 脚手架每搭设三步，由公司质量安全员请安检站检查验收，有书面记录，履行验收签字手续，验收合格后，张挂《脚手架验收合格证》后方可使用。脚手架的搭设与拆除的架子工须取得"特种作业人员安全操作证"后才能进行脚手架的搭设与拆除，通道口处搭设双层防护棚。

9.8.3 脚手架拆除

1. 拆除脚手架前先请安检站验收合格后，方可进行。首先对脚手架进行整体架固，设置好警戒区，并有专人负责警戒。

2. 拆除脚手架前，应将脚手架上的留存材料、杂物等清除干净。

3. 脚手架拆除顺序一般为脚手板—栏杆—剪刀撑—牵杠—横杆—立杆，按自上而下先搭后拆，逐步拆除，一步一清，不得采用踏步式拆法，不准上下同时作业，剪刀撑先拆中间扣再拆两头扣，由中间操作人往下递杆子。

4. 拆下的杆件与零配件，应按类分堆（零配件装入容器内），用吊车吊下，严禁高空抛掷。

9.8.4 挑架设计及搭接处的施工方法

1. 因主楼高度大于50m，按照《建筑施工扣件式钢管脚手架安全技术规范》的要求，采用分段悬挑措施在七层顶板（27m）预埋钢板设置挑架。七层以下原则上采用落地架。

2. 经验算，主楼西侧的裙房屋面承载力不够，因此设置一排挑架。

3. 挑架的钢板预埋、槽钢尺寸、连接方法采用多种方案。

4. 槽钢架总长大于2500mm的，采用双拉杆，对应铁脚应增加。

5. 在放槽钢位置放两根横杆，然后把槽钢放在横杆上，再把立杆竖在槽钢上，接下来按普通的搭设方法搭设，并按挑架的安装方法安装完挑架底座，等到混凝土强度达到设计要求后再拆除一根横杆，使上部挑架和下面架子脱离。

9.8.5 卸料平台

1. 卸料平台采用型钢上铺40mm厚的松木片子板组成。

2. 卸料平台外侧设置密目式安全网封闭，底部封闭要严密。

3. 搭设时须按设计计算书及卸料平台附图要求进行。

4. 料台在建筑物的垂直方向应错开设置，不得设置在同一平面位置。

5. 料台的三面均应设置防护栏。

6. 在使用期间应加强检查，确保安全。

9.8.6 安全措施

1. 搭设脚手架须由已安全教育持岗位证的架子工承担，凡患有高血压、心脏病者不得上脚手架操作。

2. 搭设脚手架时，工人必须戴好安全帽，佩好安全带，工具及零配件要放在工具袋内，穿防滑鞋工作，袖口、裤口要扎紧。

3. 施工现场带电线路如无可靠的安全措施，一律不准通过脚手架，非电工不准擅自拉接电线和电器装置。

4. 脚手架与主体结构连墙杆采用钢管，一端用扣件与主体结构预埋钢管扣件连接，另一端用扣件同立杆连接。

5. 严禁在脚手架上堆放钢管、木材及施工多余的物件等，以确保脚手架畅通及防止超载。

6. 吊运脚手架、钢管等须用专用保险吊钩，严禁单点起吊，要准平衡，并严格控制脚手架上的施工荷载。

7. 脚手架封顶，里立杆应低于檐口 0.5m，外立杆高出檐口 1.5m。

8. 脚手片必须满铺三步（包括操作层），绑扎牢固，脚手片铺设交接处要平整、牢固，无空头跳板。

9. 走人斜道（直上、三字形）坡度不得大于三分之一，设防滑条，两侧应设两道防护栏杆，斜道平台小于 $3m^2$，临边围脚手片防护，斜道纵向距外侧及横向两终端应设剪刀撑或设两道栏杆，难以设斜道的，应采取其他有效措施。

10. 严禁搭单排脚手架，严禁主要受力杆件用钢竹或钢木混搭。

11. 脚手架搭拆前应有书面安全技术交底。使用前必须经过验收（可分层、分段）合格后挂牌使用，并有验收签字手续；拆除时严格按安全技术操作规程要求进行。

12. 施工班组应按专项方案施工，不得擅自更改。

13. 检查进场木工、架子工有无登高架设特种作业上岗证。

14. 书面交底须履行签字手续。

15. 承重支架搭设、验收、拆除必须按有关规定，搭设质量必须由质量检查部门验收。质检部门应配力矩扳手一副。

16. 进场钢管、扣件必须有产品合格证书和检验报告。

17. 落实到人，加强对钢管、扣件的管理、检测、维修保养。

18. 建立钢管、扣件的专用堆放场地，钢管、扣件按品种、规格分类堆放，堆放场地不得积水。

思 考 题

1. 扣件式钢管脚手架的构配件有哪些？

2. 扣件式钢管脚手架剪刀撑搭设有哪些要求？

3. 简述扣件式钢管脚手架的搭设方法。

4. 碗扣式钢管脚手架与扣件式钢管脚手架的区别有哪些？

5. 门式钢管脚手架搭设时有哪些要求？

6. 升降式脚手架有哪些类型？

7. 简述整体升降式脚手架的施工工序。

8. 悬挑式脚手架的支撑类型有哪些？

9. 高层建筑施工时安全网的搭设有哪些要求？

10. 垂直运输工具有哪几种？各有何特点？

案 例 题

某企业一大型试验室施工现场，在拆卸成捆网架杠杆时，15 名操作工人所在的脚手架平台突然因东北角脚手架屈曲变形而倒塌，15 人坠落，10 人死亡，5 人重伤。事故调查中发现：

（1）项目经理为抢工期，事故当天上班时，命令这 15 名工人立即支拆网架杠杆，现场没有施工技术和安全管理人员。

（2）拆网架前，项目部未做施工安全技术交底，也无书面交底材料。

（3）脚手架设计荷载远比 15 人集中在局部脚手架时的小，也未考虑 15 人操作时的附加动荷载和发生变形、屈曲的可能。

问题：

（1）项目经理的这种做法对吗？为什么？

（2）项目部这种做法违反了什么原则？

（3）脚手架坍塌还说明了哪个安全控制重点被忽视？

第10章 建筑装饰装修工程

建筑装饰装修工程是为保护建筑物主体结构、完善建筑物的使用功能和美化建筑物，采用适当的装饰装修材料或饰物，对建筑物的内外表面及空间进行的各种处理过程。建筑装饰装修工程的作用是：保护建筑物主体结构免受有害介质的侵蚀；延长建筑物的使用寿命；保证建筑物的使用功能；美化环境，增强建筑物的艺术效果；此外还有隔热、隔声、防潮等作用。

建筑装饰装修工程施工范围很广，涉及建筑物的各个部位。室外装饰部位通常为外墙面、门窗、屋顶、檐口、入口、台阶、建筑小品；室内装饰部位有内墙面、顶棚、楼地面、隔墙、隔断等。建筑装饰装修工程施工的特点是：工程项目多，工艺复杂，同一部位多工种、多道工序顺序操作，用工量大（一般多于结构用工），工期长（一般装修占总工期30%～40%，高级装修占50%以上）；装饰材料较贵，造价高（一般占30%，高者50%以上）；装饰材料和施工技术更新快，施工管理复杂。因此施工人员必须提高技术和管理水平，不断改革施工工艺，以保证工程施工质量，缩短工期和降低工程造价。

装饰装修工程施工过程中，施工顺序极为重要，是保证施工质量必须遵守的原则。室外抹灰和饰面工程施工，一般应自上而下进行；室内装饰工程施工，应在屋面防水工程完工后，并在不致被后续工程所损坏和污染的条件下进行；室内吊顶、隔断、罩面板和花饰等工程，应在室内地（楼）面湿作业完工后进行。

10.1 抹灰工程

抹灰工程系指将各种砂浆、装饰性水泥石子浆等涂抹在建筑物的墙面、顶棚等表面上以形成连续均匀抹灰层的做法。

10.1.1 抹灰工程的分类和组成

1. 抹灰工程的分类

根据使用要求和装饰效果的不同，抹灰工程可分为一般抹灰和装饰抹灰。

（1）一般抹灰

一般抹灰系指用石灰砂浆、水泥砂浆、水泥混合砂浆、聚合物水泥砂浆、麻刀石灰、纸筋石灰和石灰膏等材料进行的抹灰施工，是装饰工程中最基本的一个分项工程。根据质量要求和主要工序的不同，一般抹灰又分为普通抹灰和高级抹灰两级。

（2）装饰抹灰

装饰抹灰系指利用材料特点和工艺处理，使抹灰面具有不同的质感、纹理及色泽效果的抹灰类型和施工方法。装饰抹灰的底层和中层与一般抹灰做法基本相同，其面层有水刷石、斩假石（剁斧石）、干粘石、假面砖等。随着生活水平的提高，目前这种装饰已较少采用。

2. 抹灰的组成

抹灰层一般由底层、中层和面层组成。底层主要起与基层粘结的作用，其使用材料根据基层不同而异；中层主要起找平作用，使用材料同底层；面层主要起装饰美化作用。

3. 抹灰层的厚度

（1）每层抹灰厚度

若一层抹灰厚度太大，由于抹灰层内外干燥速度不一致，容易造成面层开裂，甚至起鼓脱落，因此抹灰工程应采用分层进行。每层抹灰厚度一般控制如下：水泥砂浆：5～7mm；混合砂浆：7～9mm；麻刀灰：≤3mm；纸筋灰：≤2mm。

（2）抹灰层的平均总厚度

抹灰层的平均总厚度，应根据工程部位、基层材料和抹灰等级来确定。普通抹灰20mm厚，高级抹灰25mm。内墙：20～25mm；外墙：20mm；勒脚、踢脚、墙裙：25mm。顶棚、混凝土空心砖、现浇混凝土表面：15mm。

10.1.2 一般抹灰工程施工工艺

1. 一般抹灰的材料

一般抹灰砂浆的基本要求是粘结力好、易操作，无明确的强度要求，其配合比一般采用体积比，水泥砂浆的配合比一般为1∶2、1∶3（水泥∶砂）；混合砂浆的配合比一般为1∶1∶4、1∶1∶6（水泥∶石灰∶砂）。其材料要求为：

（1）水泥：抹灰常用的水泥其强度等级不小于32.5级。水泥的品种、强度等级应符合设计要求。不同品种不同强度等级的水泥不得混合使用。

（2）石灰膏和磨细生石灰粉：块状生石灰须经熟化成石灰膏才能使用，在常温下，熟化时间不应少于15d；用于罩面的石灰膏，熟化的时间不得少于30d。将块状生石灰碾碎磨细后的成品，即为磨细生石灰粉。罩面用的磨细生石灰粉的熟化时间不得少于3d。使用磨细生石灰粉粉饰，不仅具有节约石灰，适合冬期施工的优点，而且粉饰后不易出现膨胀、臌皮等现象。

（3）砂：抹灰用砂，最好是中砂，或粗砂与中砂混合掺用。可以用细砂，但不宜用特细砂。抹灰用砂要求颗粒坚硬、洁净，使用前需要过筛（筛孔不大于5mm），不得含有黏土（不超过2%）、草根、树叶、碱质及其他有机物等有害杂质。

（4）麻刀、纸筋、稻草、玻璃纤维：麻刀、纸筋、稻草、玻璃纤维在抹灰层中起拉结和骨架作用，提高抹灰层的抗拉强度，增加抹灰层的弹性和耐久性，使抹灰层不易裂缝脱落。

2. 施工准备

为确保抹灰工程的施工质量，在正式施工之前，必须满足作业条件和做好基层处理等准备工作。

（1）作业条件

1）主体结构已经检查验收，并达到了相应的质量标准要求。

2）屋面防水或上层楼面面层已经完成，不渗不漏。

3）门窗框安装位置正确，与墙体连接牢固，连接处缝隙填嵌密实。连接处缝隙可用1∶3水泥砂浆或1∶1∶6水泥混合砂浆分层嵌塞密实。缝隙较大时，可在砂浆中掺入少量麻刀嵌塞，并用塑料贴膜或铁皮将门窗框加以保护。

4）接线盒、配电箱、管线、管道套管等安装完毕，并检查验收合格。管道穿越的墙洞和楼板洞已填嵌密实。

5）冬期施工环境温度不宜低于5℃。

（2）基层处理

抹灰工程施工前，必须对基层表面作适当的处理，使其坚实粗糙，以增强抹灰层的粘结。基层处理包括以下内容：

1）基层表面的灰尘、污垢、砂浆、油渍和碱膜等应清除干净，并洒水湿润（提前1～2天浇水1～2遍，渗水深度8～10mm）。

2）检查基层表面平整度，对凹凸明显的部位，应事先剔平或用1∶3水泥砂浆补平。

3）平整光滑的混凝土表面要进行毛化处理，一般采用凿毛或用铁抹子满刮$W/C=0.37\sim0.4$（内掺水重的3%～5%的108胶）水泥浆一遍，亦可用YJ-302混凝土界面处理剂处理。

4）不同基层材料（如砖石与混凝土）相接处应铺钉金属网并绷紧牢固，金属网与各结构的搭接宽度从相接处起每边不少于100mm。

3. 抹灰施工工艺及操作要点

（1）内墙抹灰

内墙一般抹灰的工艺流程为：找规矩、做灰饼、抹标筋（冲筋）→做护角→抹底层和中层灰→抹窗台板、踢脚板（墙裙）→抹面层灰。操作要点如下：

1）找规矩、做灰饼、抹标筋（冲筋）：

其作用是为后续抹灰提供参照，以控制抹灰层的平整度、垂直度和厚度。根据设计图纸要求的抹灰质量等级，根据基层表面平整垂直情况，用一面墙做基准，吊垂直、套方、找规矩，确定抹灰厚度，抹灰厚度不应小于7mm。当墙面凹度较大时应分层衬平。每层厚度不大于7～9mm。操作时应先抹上灰饼（距顶棚150～200mm，水平方向距阴角100～200mm，间距1.2～1.5m），再抹下灰饼（距地面150～200mm）。抹灰饼时应根据室内抹灰要求，确定灰饼的正确位置，再用靠尺板找好垂直与平整。灰饼宜用1∶3水泥砂浆抹成5cm见方形状。

房间面积较大时应先在地上弹出十字中心线，然后按基层面平整度弹出墙角线，随后在距墙阴角100mm处吊垂线并弹出铅垂线，再按地上弹出的墙角线往墙上翻引弹出阴角两面墙上的墙面抹灰层厚度控制线，以此做灰饼。然后根据灰饼充筋（宽度为10cm左右，呈梯形，厚度与灰饼相平），可充横筋也可充立筋，根据施工操作习惯而定。

2）做护角

室内墙面、柱面和门窗洞口的阳角抹灰要求线条清晰、挺直，且能防止破坏。因此这些部位的阳角处，都必须做护角。同时护角亦起到标筋的作用。护角应采用1∶2水泥砂浆，一般高度不低于2m，护角每侧宽度不小于50mm。

做护角时，以墙面灰饼为依据，先将墙面阳角用方尺规方，靠门框一边，以门框离墙面的空隙为准，另一边以灰饼厚度为准。将靠尺在墙角的一面墙上用线坠找直，然后在靠尺板的另一边墙角面分层抹1∶2水泥砂浆，护角线的外角与靠尺板外口平齐；一边抹好后，再把靠尺板移到已抹好护角的一边，用钢筋卡子稳住，用线坠吊直靠尺板，把护角的另一面分层抹好。再轻轻地将靠尺板拿下，待护角的棱角稍干时，用阳角抹子和水泥浆捋出小圆角。最后在墙面用靠尺板按要求尺寸沿角留出50mm，将多余砂浆以40°斜面切掉，以便于墙面抹灰与护角的接槎。

3）抹底层和中层灰

一般情况下充完筋2h左右就可以进行。抹底层灰时，可用托灰板盛砂浆，在两标筋之间用力将砂浆推抹到墙上，一般从上向下进行，再用木抹子压实搓毛。待底层灰6～7成干后（用手指按压不软，但有指印和潮湿感），即可抹中层灰，抹灰厚度以垫平标筋为准，操作时先应稍高于标筋，然后用木杠按标筋刮平，不平处补抹砂浆，再刮至平直为止，紧接着用木抹子搓压，使表面平整密实，并用托线板检查墙面的垂直与平整情况。抹灰后应及时将散落的砂浆清理干净。

墙面阴角处，先用方尺上下核对方正（水平标筋则免去此道工艺），然后用阴角器上下抽动搓平，使室内四角方正。

4）抹窗台板、踢脚板（墙裙）

窗台板抹灰，应先用1∶3水泥砂浆抹底层，表面划毛，隔一天后，用素水泥浆刷一道，再用1∶2.5水泥砂浆涂抹面层。面层原浆压光，上口小圆角，下口平直，浇水养护4天。窗台板抹灰要求是：平整光滑、棱角清晰、排水通畅、不渗水、不湿墙。

抹踢脚板（墙裙）时，先于墙面弹出其上口水平线。用1∶3水泥砂浆或水泥混合砂浆抹底层。隔一天后，用1∶2水泥砂浆抹面层，面层应比墙面抹灰层凸出3～5mm，上口切齐，原浆压光抹平。

5）抹面层灰

面层抹灰俗称罩面。它应在底灰稍干后进行，底灰太湿会影响抹灰面平整度，还可能“咬色”；底灰太干，容易使面层灰脱水太快而影响其粘结，造成面层空鼓。

纸筋石灰、麻刀石灰砂浆面层：在中层灰6～7成干后进行，罩面灰应二遍成活（二遍互相垂直），厚度约2mm，最好两人同时操作，一人先薄薄刮一遍，另一人随即抹平。按先上后下顺序进行，再赶光压实，然后用铁抹子压一遍，最后用塑料抹子压光，随后用毛刷蘸水将罩面灰污染处清刷干净。

石灰砂浆面层：在中层灰5～6成干后进行，厚度6mm左右，操作时先用铁抹子抹灰，再用刮尺由下向上刮平，然后用抹子搓平，最后用铁抹子压光成活，压光不少于2遍。

（2）外墙抹灰

外墙一般抹灰施工工艺流程为：浇水湿润基层→找规矩、做灰饼、抹标筋→抹底层、中层灰→弹分格线、嵌分格条→抹面层灰→拆除分格条，勾缝→做滴水线→养护。

外墙抹灰应注意涂抹顺序，一般先上部后下部，先檐口再墙面（包括门窗周围、窗台、阳台、雨篷等）。大面积外墙可分片、分段施工，一次抹不完可在阴阳角交接处或分格线处留设施工缝。

外墙抹灰一般面积较大，施工质量要求高，因此外墙抹灰必须找规矩、做灰饼、抹标筋，其方法与内墙抹灰相同。此外，外墙抹灰中的底层、中层、面层抹灰与内墙抹灰基本相同。

1）弹分格线、嵌分格条

外墙抹灰时，为避免罩面砂浆收缩后产生裂缝，防止面层砂浆大面积膨胀而空鼓脱落，应待中层灰6～7成干后，按设计要求弹分格线，并嵌分格条。

分格线用墨斗或粉线包弹出，竖向分格线可用线坠或经纬仪矫正其垂直度，横向分格线以水平线检验。

木质分格条在使用前应用水泡透，其作用是便于粘贴，防止分格条在使用时变形，本身水分蒸发后产生收缩而易于起出，且使分格条两侧灰口整齐。粘分格条时，用铁抹子将素水泥浆抹在分格条的背面，将水平分格条粘在水平分格线的下口，垂直分格条粘在垂直分格线的左侧，以便于观察。每粘贴好一条竖向（横向）分格条，应用直尺校正使其平整，并将分格条两侧用水泥浆抹成八字形斜角（水平分格条应先抹下口）。当天就抹面的分格条，两侧八字形斜角可抹成45°，如图10-1（*a*）所示；当天不抹面的“隔夜条”，两侧八字形斜角应抹得陡一些，可抹成60°，如图10-1（*b*）所示。分格条要求横平竖直、接头平整、无错缝或扭曲现象，其宽度和厚度应均匀一致。

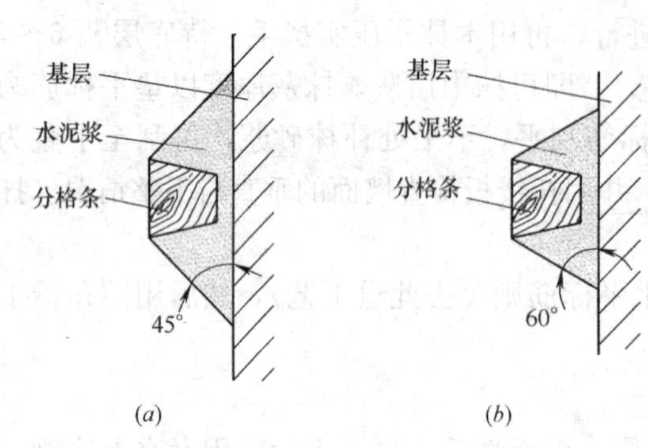

图10-1　分格条两侧斜角示意

（*a*）当日起条者做45°角；（*b*）“隔夜条”做60°角

除木质分格条外，亦可采用PVC槽板作分格条，将其钉在墙上即可，面层灰抹完后，亦不用将其拆除。

2）拆除分格条，勾缝

分格条粘好，面层灰抹完后，应拆除分格条，并用素水泥浆将分格缝勾平整。

当天粘的分格条在面层抹完后即可拆除。操作时一般从分格线的端头开始，用抹子轻轻敲动，分格条即自动弹出。若拆除困难，可在分格条端头钉一小钉，轻轻将其向外拉出。采用“隔夜条”的抹灰面层不宜当时拆除，必须待面层砂浆达到强度后方可拆除。

3）做滴水线

毗邻外墙面的窗台、雨篷、压顶、檐口等部位的抹灰，应先抹立面，后抹顶面，再抹底面。顶面应抹出流水坡度，一般以10％为宜，底面外沿边应做滴水槽，滴水槽宽度和深度均不应小于10mm。窗台抹灰层应伸入窗框下坎的裁口内，堵塞密实。

4）养护

面层抹完24h后，应浇水养护，时间不少于7d。

（3）顶棚抹灰

顶棚抹灰的施工工艺流程为：基层处理→弹水平线→抹底层灰、中层灰→抹面层灰。

顶棚抹灰的顺序应从房间里面开始，向门口进行，最后从门口退出。其底层灰、中层灰和面层灰的涂抹方法与墙面抹灰基本相同。不同的是：顶棚抹灰不用做灰饼和标筋，只需按抹灰层厚度用墨线在四周墙面上弹出水平线，作为控制抹灰层厚度的基准线。此水平线应从室内50cm水平线，从下向上量出，不可从顶棚向下量。

4．一般抹灰质量验收

（1）主控项目（表10-1）

一般抹灰质量验收主控项目一览表　　表 10-1

项次	项　　目	检验方法
1	抹灰前基层表面的尘土、污垢、油渍等应清除干净，并应洒水润湿	检查施工记录
2	一般抹灰所用材料的品种和性能应符合设计要求。水泥的凝结时间和安定性复验应合格。砂浆的配合比应符合设计要求	检查产品合格证书、进场验收记录、复验报告和施工记录
3	抹灰工程应分层进行。当抹灰总厚度大于或等于 35mm 时，应采取加强措施。不同材料基体交接处表面的抹灰，应采取防止开裂的加强措施，当采用加强网时，加强网与各基体的搭接宽度不应小于 100mm	检查隐蔽工程验收记录和施工记录
4	抹灰层与基层之间及各抹灰层之间必须粘结牢固，抹灰层应无脱层、空鼓，面层应无爆灰和裂缝	观察；用小锤轻击检查；检查施工记录

(2) 一般项目

1) 一般抹灰工程的表面质量应符合下列规定：

① 普通抹灰表面应光滑、洁净、接槎平整，分格缝应清晰。

② 高级抹灰表面应光滑、洁净、颜色均匀、无抹纹，分格缝和灰线应清晰美观。

2) 护角、孔洞、槽、周围的抹灰表面应整齐、光滑；管道后面抹灰表面应平整。

3) 抹灰层的总厚度应符合设计要求；水泥砂浆不得抹在石灰砂浆层上；罩面石膏灰不得抹在水泥砂浆上。

4) 抹灰分格缝的设置应符合设计要求，宽度和深度应均匀，表面应光滑，棱角应整齐。

5) 有排水要求的部位应做滴水线（槽）。滴水线（槽）应整齐顺直，滴水线应内高外低，滴水槽的宽度和深度均不应小于 10mm。

6) 一般抹灰工程质量的允许偏差和检验方法应符合表 10-2 的规定。

一般抹灰的允许偏差和检验方法　　表 10-2

项次	项　目	允许偏差(mm)		检　查　方　法
		普通抹灰	高级抹灰	
1	立面垂直度	4	3	用 2m 垂直检查尺检查
2	表面平整度	4	3	用 2m 靠尺和塞尺检查
3	阴阳角方正	4	3	用直角检查尺检查
4	分格条(缝)直线度	4	3	拉 5m 线，不足 5m 拉通线，用钢直尺检查
5	墙裙、勒脚上口直线度	4	3	拉 5m 线，不足 5m 拉通线，用钢直尺检查

注：1. 普通抹灰，本表第 3 项阴角方正可不检查；
　　2. 顶棚抹灰，本表第 2 项表面平整度可不检查，但应平顺。

5. 一般抹灰常见质量通病及预防

(1) 砖墙、混凝土基层抹灰空鼓、裂缝

1) 现象

墙面抹灰后过一段时间，往往在不同基层墙面交接处，基层平整度偏差较大的部位，墙裙、踢脚板上口，以及线盒周围、砖混结构顶层两山头、圈梁与砖砌体相交等处出现空鼓、裂缝情况。

2）原因分析

① 基层清理不干净或处理不当。墙面浇水不透，抹灰后砂浆中的水分很快被基层或底灰吸收，影响粘结力。

② 配制砂浆和原材料质量不好，使用不当。

③ 基层偏差较大，一次抹灰层过厚，干缩率较大。

④ 线盒往往是由电工在墙面抹灰后自己安装，由于没有按抹灰操作规程施工，过一段时间易出现空裂。

⑤ 拌合后的水泥或水泥混合砂浆不及时使用完，停放时间过长，砂浆逐渐失去流动性而凝结。为了操作方便，重新加水拌合，以达到一定稠度，从而降低了砂浆强度和粘结力产生空鼓、裂缝。

⑥ 在石灰砂浆及混合砂浆墙面上，后抹水泥踢脚板、墙裙时，在上口交接处，石灰砂浆未清理干净，水泥砂浆罩在残留的石灰浆上，大部分工程会出现抹灰裂缝和空鼓。

3）防治措施

① 抹灰前的基层处理是确保抹灰质量的关键之一，必须认真做好。

② 抹灰前分别针对砖墙、加气混凝土、混凝土墙体的特点进行浇水湿润。如果各层抹灰相隔时间较长，应将底层浇水润湿，避免刚抹的砂浆中的水分被底层吸走，产生空鼓。此外，基层墙面浇水程度，还与施工季节、气候和室内外操作环境有关，应根据实际情况酌情掌握。

③ 如果抹灰较厚时，应挂钢丝网分层进行抹灰，一般每次抹灰厚度应控制在 8～10mm 为宜。中层抹灰必须分若干次抹平。

④ 全部墙面上接线盒的安装时间应在墙面找点冲筋后进行，并应进行技术交底，作为一道工序，由抹灰工配合电工安装，安装后线盒面同冲筋面平，牢固、方正，一次到位。

⑤ 抹灰用的原材料和使用砂浆应符合质量要求，砂浆应随拌随用并在规定时间内使用完毕，应控制好砂浆稠度，可掺入石灰膏、粉煤灰、加气剂或塑化剂，以提高其保水性。

⑥ 墙面抹灰底层砂浆与中层砂浆配合比应基本相同。一般混凝土、砖墙底层砂浆不宜高于基层墙体，中层砂浆不能高于底层砂浆，以免在凝结过程中产生较强的收缩应力，破坏底层灰或基层而产生空鼓、裂缝等质量问题。

（2）抹灰面层起泡、开花、有抹纹

1）现象

抹灰面层施工后，由于某些原因易产生面层起泡和有抹纹现象，经过一段时间有的出现面层开花现象。

2）原因分析

① 抹完罩面灰后，压光工作跟得太紧，灰浆没有收水，压光后产生起泡。

② 底子灰过分干燥，罩面前没有浇水湿润，抹罩面灰后，水分很快被底层吸收，压光时易出现抹纹。

③ 淋制石灰膏时，对慢性灰、过火灰颗粒及杂质没有滤净，灰膏熟化时间不够，未完全熟化的石灰颗粒掺在灰膏内，抹灰后继续熟化，体积膨胀，造成抹灰表面炸裂，出现

开花和麻点。

3）预防措施

① 纸筋灰罩面，须待底子灰五六成干后进行。如底子灰过干应先浇水湿润。当底层较湿不吸水时，罩面灰收水慢，当天如不能压光成活，可撒上1∶1干水泥砂浆粘在罩面灰上吸水，待干水泥吸水后，把这层水泥砂浆刮掉后再压光。

② 纸筋灰用的石灰膏，淋灰时最好先将石灰块粉化后再装入淋灰机中，并经过不大于3mm×3mm的筛子过滤。石灰熟化时间不少于30d。严禁使用含有未熟化颗粒的石灰膏。采用磨细生石灰粉时也应提前3d熟化成石灰膏。

4）治理方法

墙面开花有时需经过1个多月的过程，才能使掺在灰浆内未完全熟化的石灰颗粒继续熟化膨胀完，因此，在处理时应待墙面确实没有再开花情况时，才可以挖去开花处松散表面，重新用腻子找补刮平，最后喷浆。

（3）抹灰面不平，阴阳角不垂直、不方正

1）现象

墙面抹灰后，经质量验收，抹灰面平整度、阴阳角垂直或方正达不到要求。

2）原因分析

抹灰前没有事先按规矩找方、挂线、做灰饼和冲筋，冲筋用料强度较低或冲筋后过早进行抹面施工。冲筋离阴阳角距离较远，影响了阴阳角的方正。

3）防治措施

① 抹灰前按规矩找方，横线找平，立线吊直，弹出准线和墙裙线。

② 先用托线板检查墙面平整度和垂直度，决定抹灰厚度，在墙面的两上角用1∶3砂浆（水泥或水泥混合砂浆墙面）或1∶3∶9混合砂浆各做一个灰饼，利用托线板在墙面的两下角做出灰饼，拉线，间隔1.2～1.5m做墙面灰饼，冲纵筋（宽10cm）同灰饼平，再次利用托线板和拉线检查，无误后方可抹灰。

③ 冲筋较软时抹灰易碰坏灰筋，抹灰后墙面不平。但也不宜在冲筋过干后再抹灰，以免抹面干后灰筋高出墙面。

④ 经常检查修正抹灰工具，尤其避免刮杠变形后再使用。

⑤ 抹阴阳角时应随时检查角的方正，及时修正。

⑥ 罩面灰施抹前应进行一次质检验收，验收标准同面层，不合格处必须修正后再进行面层施工。

10.1.3 保温层薄抹灰

薄抹灰保温系统是指在建筑主体结构完成后，将保温板用专用粘结砂浆按要求粘贴于外墙外表面作为建筑物的外保温层，然后在保温板表面抹聚合物砂浆，其中压入耐碱涂塑玻纤网格布，形成聚合物砂浆抹灰层。在此基础之上施工建筑物最外表面装饰面层。薄抹灰层是外墙保温施工过程中的一道重要工序，其施工工艺与一般抹灰基本相同。

1. 准备工作

（1）施工人员应进行技术培训，了解材料性能，掌握施工要领，经考核合格后方准上岗；

（2）施工方应编制专项施工方案，并对施工人员进行书面技术交底；

（3）专项施工方案应包括施工防火措施；

（4）作业条件：施工时环境温度和基墙温度不应低于5℃，风力不大于5级。雨天不得施工。夏季施工时施工面应避免阳光直射，必要时可在脚手架上搭设防晒布遮挡。如施工中突遇降雨，应采取有效措施，防止雨水冲刷施工面。

2. 保温层薄抹灰施工要点

（1）抹抹面砂浆前，如保温板需要进行界面处理时，应在保温板上涂刷界面剂。

（2）抹面胶浆应按照比例配制，应做到计量准确、机械搅拌，搅拌均匀。一次的配制量宜在60min内用完，超过可操作时间后不得再用。

（3）抹灰施工宜在保温板粘结完毕24h且经检查验收合格后进行，如采用乳液型界面剂，应在表干后、实干前进行。底层抹面胶浆应均匀涂抹于板面，厚度为2～3mm，同时将翻包玻纤网压入抹面胶浆中。在抹面胶浆可操作时间内，将玻纤网贴于抹面胶浆上。玻纤网应从中央向四周抹平，铺贴遇有搭接时，搭接宽度不得小于100mm。

（4）在隔离带位置应加铺增强玻纤网，增强玻纤网应先于大面玻纤网铺设，上下超出隔离带宽度不应小于100mm，左右可对接，对接位置离隔离带拼缝位置不应小于100mm。

3. 外保温墙面抹面层的允许偏差和检验方法

外保温墙面抹面层允许偏差和检验方法见表10-3。

外保温墙面抹面层允许偏差和检验方法 **表10-3**

项次	项目	允许偏差(mm)	检查方法
1	表面平整度	4	用2m靠尺和塞尺检查
2	立面垂直度	4	用2m垂直检查尺检查
3	直线度	3	拉5m线,不足5m拉通线,用钢直尺检查
4	阴、阳角方正	3	用直角检查尺检查

10.2 饰面板（砖）工程

饰面工程是指将块料面层镶贴或安装在墙、柱表面的装饰工程。块料面层的种类分为饰面砖和饰面板两类。

饰面板工程采用的石材有花岗石、大理石、青石板和人造石材；采用的瓷板有抛光和磨边板两种，面积不大于1.2m²，不小于0.5m²；金属饰面板有钢板、铝板等品种；木材饰面板主要用于内墙裙。陶瓷面砖主要包括釉面瓷砖、外墙面砖、陶瓷锦砖、陶瓷壁画、劈裂砖等；玻璃面砖主要包括玻璃锦砖、彩色玻璃面砖、釉面玻璃等。

10.2.1 饰面砖粘贴施工工艺

饰面砖粘贴的构造组成为：基层、找平层、结合层和面砖。由于找平层做法亦是一般抹灰砂浆，因此饰面砖的作业条件、基层处理、浇水湿润等施工准备工作与一般抹灰工程基本相同。其找平层做法，仍是找规矩、做灰饼、抹标筋、抹底层灰和中层灰。

1. 内墙饰面砖镶贴施工工艺要点

(1) 施工工艺流程

内墙饰面砖一般采用釉面砖，其施工工艺流程为：找平层验收合格→弹线分格→选砖、浸砖→做标准点→预排面砖→垫木托板→铺贴面砖→嵌缝、擦洗。

(2) 施工操作要点

1) 弹线分格

弹线分格是在找平层上用粉线弹出饰面砖的水平和垂直分格线。弹线前可根据镶贴墙面的长度和高度，以纵、横面砖的皮数划出皮数杆，以此为标准弹线。

弹水平线时，对要求面砖贴到顶棚的墙面，应先弹出顶棚边标高线；对吊顶天棚应弹出其龙骨下边的标高线，按饰面砖上口伸入吊顶线内 25mm 计算，确定面砖铺贴的上口线。然后按整块饰面砖的尺寸由上向下进行分划。当最下一块面砖的高度小于半块砖时，应重新分划，使最下面一块面砖高度大于半块砖，重新排饰面砖出现的超出尺寸，应伸入到吊顶内。

弹竖向线时，应从墙面阳角或墙面显眼的一侧端部开始，宜将不足整块砖模数的面砖贴于阴角或墙面不显眼处。弹线分格示意如图 10-2 所示。

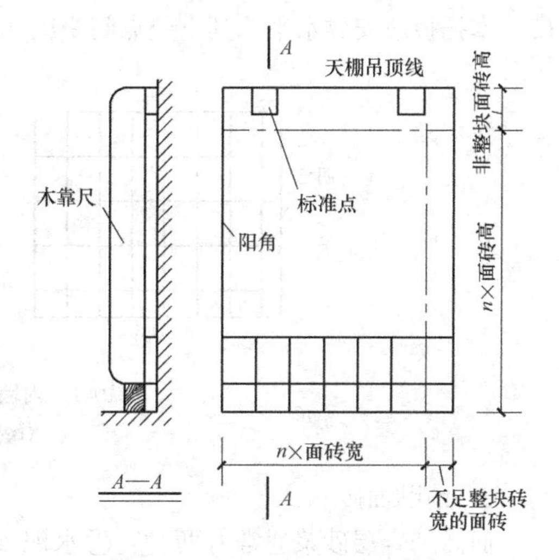

图 10-2 饰面砖弹线分格示意图

2) 选砖、浸砖

为保证镶贴效果，必须在面砖镶贴前按颜色的深浅不同进行挑选，然后按其标准几何尺寸进行分选，分别选出符合标准尺寸、大于或小于标准尺寸三种规格的饰面砖。同一类尺寸的面砖应用于同一层或同一面墙上，以做到接缝均匀一致。分选面砖的同时，亦应挑选阴角条、阳角条、压顶条等配砖。

釉面砖镶贴前应清扫干净，然后置于清水中充分浸泡，以防干砖镶贴后，吸收砂浆中的水分，致使砂浆结晶硬化不全，造成面砖粘贴不牢或面砖浮滑。一般浸水时间为 2～3h，以水中不冒气泡为止；取出后应阴干 6h 左右，以釉面砖表面有潮湿感，手按无水迹为准。

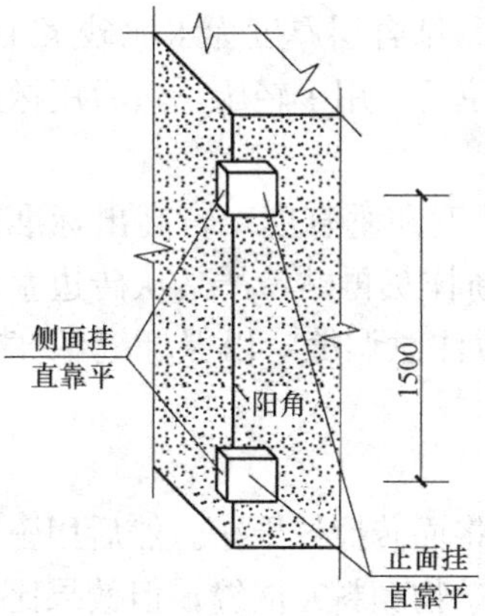

图 10-3 标准点双面吊直示意图

3) 做标准点

为控制整个镶贴釉面砖的平整度，在正式镶贴前应在找平层上做标准点。标准点用废面砖按铺贴厚度，在墙面上、下、左、右用砂浆粘贴，上、下用靠尺吊直，横向用细线拉平，标准点间的间距一般为 1500mm。阳角处正面的标准点，应伸出阳角线之外，并进行双面吊直，如图 10-3 所示。

4）预排面砖

釉面砖镶贴前应进行预排。预排时以整砖为主，为保证面砖横竖线条的对齐，排砖时可调整砖缝的宽度（1～1.5mm），且同一墙面上面砖的横竖排列，均不得有一行以上的非整砖。非整砖应排在阴角处或最不显眼的部位。

釉面砖的排列方法有对缝排列和错缝排列两种，如图10-4所示。面砖尺寸相差不大时宜采用对缝排列；若面砖尺寸偏差较大，可采用错缝排列，采用对缝排列则应调整缝宽。

5）垫木托板

以找平层上弹出的最下一皮砖的下口标高线为依据，垫放好木托板以支撑釉面砖，防止釉面砖因自重下滑。木托板上皮应比装饰完的地面低10mm左右，以便地面压过墙面砖。木托板应安放水平，其下垫点间距应在400mm以内，以保证木托板稳固。

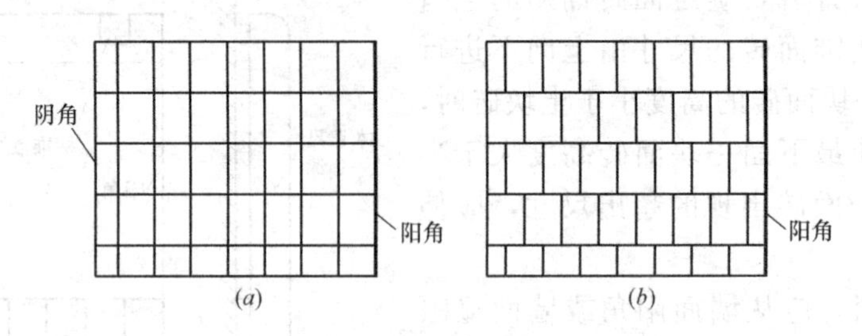

图10-4　内墙面砖排砖示意图

(*a*) 对缝；(*b*) 错缝

6）铺贴面砖

面砖结合层砂浆通常有两种：①水泥砂浆。其体积比为1：2，另掺水泥重量3%～4%的108胶水。②素水泥浆。其质量比为，水泥：108胶水：水＝100：5：26。

面砖铺贴的顺序是：由下向上，从阳角开始沿水平方向逐一铺贴，第一排饰面砖的下口紧靠木托板。镶贴时，先在墙面两端最下皮控制瓷砖上口外表挂线，然后，将结合层水泥砂浆或素水泥浆用铲子满刮在釉面砖背面，四周刮成斜面，结合层厚度为水泥砂浆4～8mm，素水泥浆3～4mm。满刮结合层材料的釉面砖按线就位后，用手轻压，然后用橡皮锤或铁铲木柄轻轻敲击，使瓷砖面对齐拉线，镶贴牢固。

在镶贴中，应随贴、随敲击、随用靠尺检查面砖的平整度和垂直度。若高出标准砖面，应立即敲砖挤浆；如已形成凹陷（亏灰），必须揭下重新抹灰再贴，严禁从砖边塞砂浆，以免造成空鼓。若饰面砖几何尺寸相差较大，铺贴中应注意调缝，以保证缝隙宽窄一致。

7）嵌缝、擦洗

饰面砖铺贴完毕后，应用棉纱头（不锈钢清洁球）蘸水将面砖擦拭干净。然后用瓷砖填缝剂嵌缝。亦可用与饰面砖同色水泥（彩色面砖应加同色矿物颜料）嵌缝，但效果比填缝剂差。

2. 外墙面砖镶贴施工工艺要点

（1）施工工艺流程

外墙面砖镶贴工艺流程为：找平层验收合格→弹线分格→选砖、浸砖→做标准点→预排面砖→铺贴面砖→嵌缝、擦洗。

（2）施工操作要点

外墙面砖镶贴施工中，除预排面砖和弹线分格的方法不同外，其他工艺操作均同内墙面砖。

1）预排面砖

外墙面砖排列方法有错缝、通缝、竖通缝（横密缝）、横通缝（竖密缝）等多种，如图 10-5 所示。密缝缝宽 1～3mm，通缝缝宽 4～20mm。

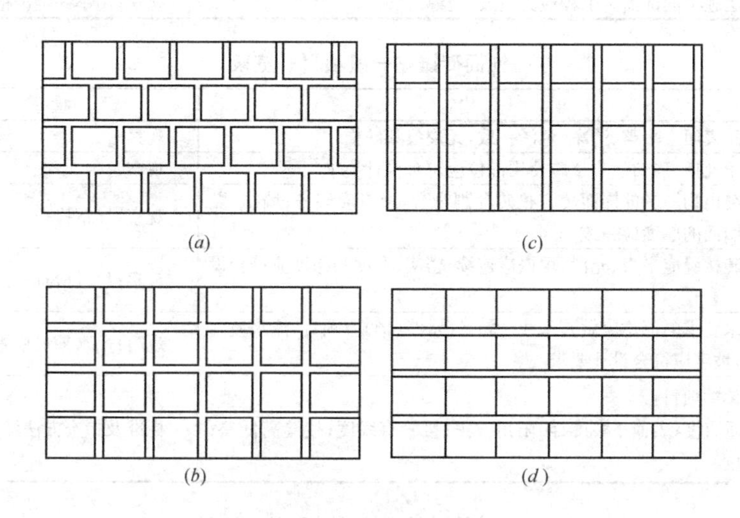

图 10-5　外墙面砖排砖示意图

（*a*）错缝；（*b*）通缝；（*c*）竖通缝；（*d*）横通缝

预排时，应从上向下依层（或 1m）分段；凡阳角部位必须为整砖，且阳角处正立面砖应盖住侧立面砖的厚度，仅柱面阳角处可留成方口；阴角处应使面砖接缝正对阴角线；墙面以整砖为主，除不规则部位外，其他不得裁砖。

2）弹线分格

弹线时，先在外墙阳角处吊钢丝线锤，用经纬仪校核钢丝的垂直度，再用螺栓将钢丝固定在墙上，上下绷紧，作为弹线的基准。以此基准线为度，在整个墙面两端各弹一条垂直线，墙较长时可在墙面中间部位再增设几条垂直线，垂直线间的距离应为面砖宽度的整数倍（包括面砖缝宽），墙面两端的垂直线应距墙阳角（或阴角）为一块面砖宽度。

弹水平线时，应在各分段分界处各弹一条，各水平线间的距离应为面砖高度（包括面砖缝高）的整数倍。

3. 饰面砖镶贴质量要求

（1）主控项目（表 10-4）

（2）一般项目（表 10-5、表 10-6）

4. 饰面砖粘贴的质量通病与防治

饰面砖粘贴的施工质量通病与防治措施见表 10-7。

饰面砖镶贴主控项目一览表 **表 10-4**

项次	项目	检验方法
1	饰面砖的品种、规格、图案、颜色和性能应符合设计要求	观察；检查产品合格证书、进场验收记录、性能检测报告和复验报告
2	饰面砖粘贴工程的找平、防水、粘结和勾缝材料及施工方法应符合设计要求及国家现行产品标准和工程技术标准的规定	检查产品合格证书、复验报告和隐蔽工程验收记录
3	饰面砖粘贴必须牢固（按《建筑工程饰面砖粘结强度检验标准》JGJ 110—97 检验）	检查样板件粘结强度检测报告和施工记录
4	满粘法施工的饰面砖工程应无空鼓、裂缝	观察；用小锤轻击检查

饰面砖镶贴一般项目一览表 **表 10-5**

项次	项目	检验方法
1	饰面砖表面应平整、洁净、色泽一致，无裂痕和缺损	观察
2	阴阳角处搭接方式、非整砖使用部位应符合设计要求	观察
3	墙面突出物周围的饰面砖应整砖套割吻合，边缘应整齐；墙裙、贴脸突出墙面的厚度应一致	观察；尺量检查
4	饰面砖接缝应平直、光滑，填嵌应连续、密实；宽度和深度应符合设计要求	观察；尺量检查
5	有排水要求的部位应做滴水线（槽），滴水线（槽）应顺直，流水坡向应正确，坡度应符合设计要求	观察；用水平尺检查
6	允许偏差项目： 立面垂直度；表面平整度；阴阳角方正；接缝直线度；接缝高低差；接缝宽度	标准及检查方法详见质量验收规范

饰面砖粘贴的允许偏差和检验方法 **表 10-6**

项次	项目	允许偏差(mm)		检查方法
		外墙面砖	内墙面砖	
1	立面垂直度	3	2	用 2m 垂直检查尺检查
2	表面平整度	4	3	用 2m 靠尺和塞尺检查
3	阴阳角方正	3	3	用直角检查尺检查
4	接缝直线度	3	2	拉 5m 线，不足 5m 拉通线，用钢直尺检查
5	接缝高低差	1	0.5	用钢直尺和塞尺检查
6	接缝宽度	1	1	用钢直尺检查

饰面砖粘贴工程常见质量通病与防治 **表 10-7**

质量通病	原因分析	防治措施
面砖空鼓、脱落	1. 基层表面光滑，铺贴前基层没有湿水或湿水不透，水分被基层吸掉而影响粘结力 2. 基层偏差大，铺贴时抹灰 1 次过厚，干缩过大 3. 面砖未用水浸透，或铺贴前面砖未阴干 4. 砂浆配合比不当，砂浆过干或过稀，粘贴不密实 5. 粘贴灰浆初凝后，拨动面砖 6. 门窗框边封堵不严，开启引起木砖松动，产生面砖空鼓 7. 使用质量不合格的面砖，面砖破裂而脱落	1. 基层凿毛，铺贴前墙面应浇水充分湿润，水应渗入基层 8～10mm，混凝土墙面应提前 2d 浇水，基层刷素水泥浆或胶粘剂、界面剂 2. 基层凸出部位剔平、凹处用 1∶3 水泥砂浆补平。脚手眼、管线穿墙处用砂浆封填密实。不同材料墙面接头处，应先铺钉金属网，并绷紧牢固，金属网与各基体的搭接宽度不小于 100mm，然后用水泥砂浆抹平，再铺贴面砖 3. 面砖使用前浸泡时间不小于 2h，使用前需阴干，不见表面水时方可粘贴 4. 砂浆应具有良好的和易性和稠度，操作中用力要均匀，嵌缝应密实 5. 面砖铺贴应随时纠偏，粘贴砂浆初凝后严禁拨动面砖 6. 门窗边应用水泥砂浆封严 7. 严把面砖、水泥、砂子等原材料质量关，杜绝不合格材料在施工中使用

续表

质量通病	原 因 分 析	防 治 措 施
面砖接缝不平直、不均匀，墙面凹凸不平	1. 找平层垂直度、平整度超出允许偏差规定的要求 2. 面砖厚薄、平面尺寸相差较大，面砖发生变形 3. 面砖预选砖、预排砖不认真，排砖未弹线，操作不跟线 4. 面砖镶贴未及时调缝和检查	1. 找平层垂直度、平整度超出允许偏差限值，未经处理的，不得镶贴面砖 2. 面砖应选砖，按规格、颜色分类码放，变形、裂纹面砖严禁使用 3. 镶贴前应进行找规矩，并认真预排砖、弹线，选用技术熟练的工人进行操作 4. 面砖铺贴应立即拔缝，调直拍实，使面砖接缝平直
面砖裂缝、变色或表面污染	1. 面砖材质松脆、吸水率大、抗拉、抗折性差 2. 面砖在运输、操作中有暗伤，成品保护不好 3. 面砖材质疏松，施工前浸泡了不洁净的水而变色 4. 粘贴后被灰尘污染变色	1. 选材时应挑选材质密实，吸水率不大于10%的面砖，抗冻地区吸水率应不大于8% 2. 操作中将有暗伤的面砖剔出，铺贴时不得用力敲击砖面，防治暗伤 3. 泡砖需用清洁水 4. 选用材质密实的砖，污染灰尘应擦拭净

10.2.2 石饰面板安装工艺

小规格的饰面板（一般指边长不大于400mm，安装高度不超过3m时）通常采用与釉面砖相同的粘贴方法安装。而大规格饰面板则通过采用连接件的固定方式来安装，其安装方法有传统的湿作业法、改进的湿作业法、干挂法和胶粘结法四种。

1. 施工准备

饰面板安装前的施工准备工作，包括放施工大样图、选板与预拼、基层处理。其中，基层处理的方法与一般抹灰相同。

(1) 放施工大样图

饰面板安装前，应根据设计图纸，在实测墙、柱等构件实际尺寸的基础上，按饰面板规格（包括缝宽）确定板块的排列方式，绘出大样详图，作为安装的依据。

(2) 选板与预拼

绘好施工大样详图后，应依其检查饰面板几何尺寸，按饰面板尺寸偏差、纹理、色泽和品种的不同，对板材进行选择和归类。再在地上试拼，校正尺寸且四角套方，以符合大样图要求。

预拼好的板块应编号，一般由下向上进行编排，然后分类立码备用。对有缺陷的板材可采用剔除、改成小规格料、用在阴角、靠近地面不显眼处等方法处理。

2. 湿作业法施工工艺要点

湿作业法亦称为挂贴法，系一种传统的铺贴工艺，适用于厚度为20～30mm的板材。

(1) 施工工艺流程

绑扎钢筋网→打眼、开槽、挂丝→安装饰面板→板材临时固定→灌浆→嵌缝、清洁→抛光。

(2) 施工操作要点

1) 绑扎钢筋网

绑扎钢筋网是按施工大样图要求的板块横竖距离弹线，再焊接或绑扎安装用的钢筋骨架。

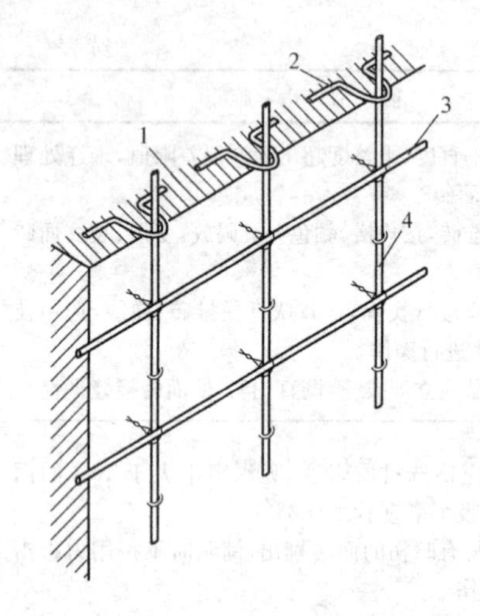

图 10-6　墙、柱面绑扎钢筋图

1—墙（柱）基层；2—预埋钢筋；3—横向钢筋；4—竖向钢筋

先剔凿出墙、柱内施工时预埋的钢筋，使其裸露于墙、柱外，然后焊接或绑扎 $\phi6\sim\phi8$mm 竖向钢筋（间距可按饰面石材板宽设置），再电焊或绑扎 $\phi6$ 的横向钢筋（间距为板高减 80～100mm），如图 10-6 所示。

基层内未预埋钢筋时，绑扎钢筋网之前可在墙面植入 M10～M16 的膨胀螺栓为预埋件，膨胀螺栓的间距为板面宽度；亦可用冲击电钻在基层（砖或混凝土）钻出 $\phi6\sim\phi8$mm、深度大于 60mm 的孔，再向孔内打入 $\phi6\sim\phi8$mm 的短钢筋，短钢筋应外露基层 50mm 以上并做弯钩，短筋间距为板面宽度。上、下两排膨胀螺栓或短钢筋距离为饰面板高度减去 80～100mm。再在同一标高的膨胀螺栓或短钢筋上焊接或绑扎水平钢筋，如图 10-7 所示。

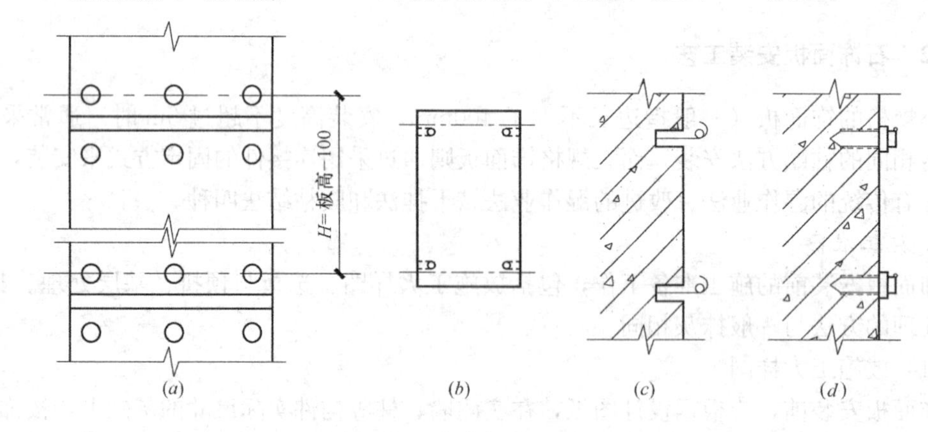

图 10-7　绑扎钢筋网构造

(a) 多层挂板时，布置钢筋网及板上钻孔；(b) 单层挂板时，布置钢筋网及板上钻孔；(c) 墙上埋入短钢筋；(d) 墙上埋入膨胀螺栓

2）打眼、开槽、挂丝

安装饰面板前，应于板材上钻孔，常用方法有以下两种：

传统的方法：将饰面板固定在木支架上，用手电钻在板材侧面上钻孔打眼，孔径 5mm 左右，孔深 15～20mm，孔位一般距板材两端 1/4～1/3，且应在位于板厚度中线上垂直钻孔。然后在板背面垂直孔位置，距板边 8～10mm 钻一水平孔，使水平、垂直孔连通成“牛轭孔”。为便于挂丝，使石材拼缝严密，钻孔后用合金钢錾子在板材侧面垂直孔所在位置剔出 4mm 小槽，如图 10-8 所示。

另一种方法是功效较高的开槽扎丝法。用手把式石材切割机在板材侧面上距离板背面 10～12mm 位置开 10～15mm 深度的槽，再在槽两端、板背面位置斜着开两个槽，其间距为 30～40mm，如图 10-9 所示。槽开好后，把铜丝或不锈钢丝（18 号或 20 号）剪成 300mm 长，并弯成 U 形，将其套入板背面的横槽内，钢丝或铜丝的两端从两条斜槽穿出并在板背面拧紧扎牢。

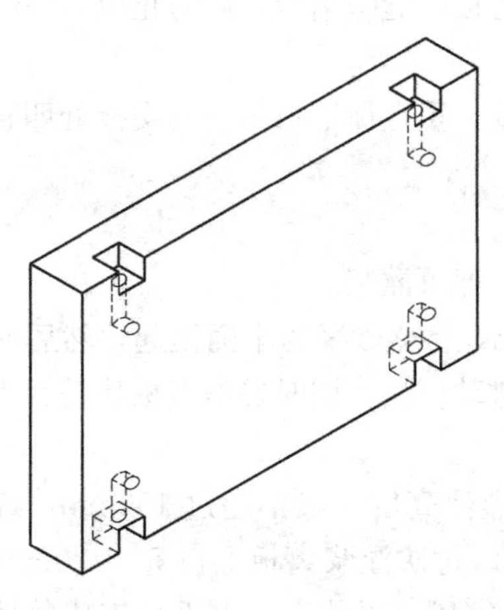
图 10-8　板材钻牛鼻孔示意图

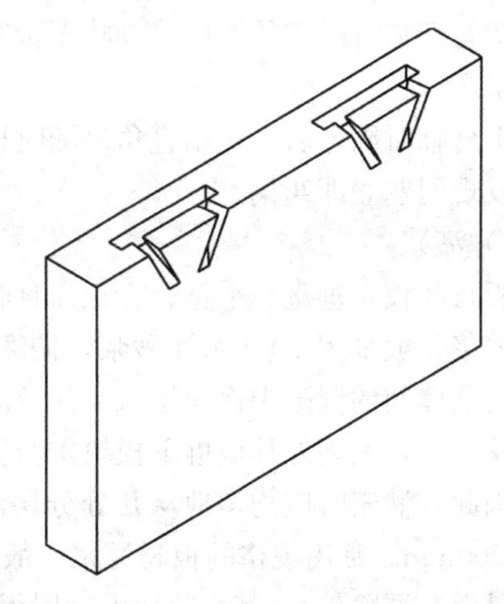
图 10-9　饰面板开槽示意图

3）安装饰面板

饰面板安装顺序一般自下向上进行，墙面每层板块从中间或一边开始，柱面则先从正面开始顺时针进行。

首先弹出第一层板块的安装基线。方法是根据板材排版施工大样图，在考虑板厚、灌浆层厚度和钢筋网绑扎（焊接）所占空间的前提下，用吊线锤的方法将石材板看面垂直投影到地面上，作为石材板安装的外轮廓尺寸线。然后弹出第一层板块下沿标高线，如有踢脚板，则应弹好踢脚板上沿线。

安装石材板时，应根据施工大样图的预排编号依次进行。先将最下层板块，按地面轮廓线、墙面标高线就位，若地面未完工，则需用垫块将板垫高至墙面标高线位置。然后使板块上口外仰，把下口用绑丝绑牢于水平钢筋上，再绑扎板块上口绑丝，绑好后用木楔垫稳，随后用靠尺板检查调正后，最后系紧铜丝或不锈钢丝，如图 10-10 所示。

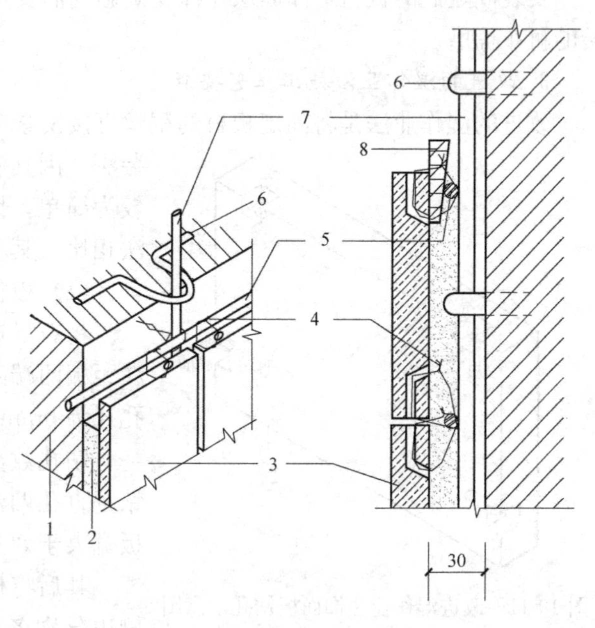

图 10-10　饰面板钢筋网片固定及安装方法

1—基体；2—水泥砂浆；3—饰面板；4—铜（钢）丝；5—横向钢筋；6—预埋铁环；7—竖向钢筋；8—定位木楔

最下层板完全就位后，再拉出垂直线和水平线来控制安装质量。上口水平线应待以后灌浆完成方可拆除。

4）板材临时固定

为避免灌浆时板块移位，石板材安装好后，应用石膏对其进行临时固定。

先在石膏中掺入 20%的水泥，混合后将其调成浓糊状，在石板材安装好一层后，将其贴于板间缝隙处，石膏固化成一饼后，成为一个个支撑点，即起到临时固定的作用。糊状石膏浆还应同时将板间缝隙堵严，以防止以后灌浆时板缝漏浆。

板材临时固定后，应用直角尺随时检查其平整度，重点保证板与板的交接处四直角平整，发现问题立即纠偏。

5）灌浆

板材经校正垂直、平整、方正，且临时固定后，即可灌浆。

灌浆一般采用 1∶3 水泥砂浆，稠度 80～150mm，将盛砂浆的小桶提起，然后向板材背面与基体间的缝隙中徐徐注入。注意灌注时不要碰动板块，同时要检查板块是否因漏浆而外移，一旦发现外移应拆下板块重新安装。

因此，灌浆时应均匀地从几处分层灌入，每次灌注高度一般不超过 150mm，最多不超过 200mm。常用规格的板材灌浆一般分三次进行，每次灌浆离板上口 50～80mm 处为止（最上一层除外），其余留待上一层板材灌浆时来完成，以使上、下板材连成整体。为防止空鼓，灌浆时可轻轻地钎插捣固砂浆。每层灌注时间要间隔 1～2h，即待下层砂浆初凝后才可灌上一层砂浆。

安装白色或浅色板块，灌浆应用白水泥和白石屑，以防透底而影响美观。

第三次灌浆完毕，砂浆初凝后，应及时清理板块上口余浆，并用棉纱擦净。隔一天再清除上口的木楔和有碍上一层板材安装的石膏，并加强养护和成品保护。

6）嵌缝与清洁

全部板材安装完毕后，应将其表面清理干净，然后按板材颜色调制水泥色浆嵌缝，边嵌边擦干净，使缝隙密实干净，颜色一致。

7）抛光

安装固定后的板材，如面层光泽受到影响需要重新上蜡抛光。方法是擦拭或用高速旋转的帆布擦磨。

3. 改进的湿作业法施工工艺要点

改进的湿作业法是将固定板材的钢丝直接楔紧在墙、柱基层上，所以亦称为楔固定安装法。因其省去了绑扎钢筋网工艺，操作过程亦较为简单，因此应用较广。与传统的湿作业安装法相比，其不同的施工操作要点如下：

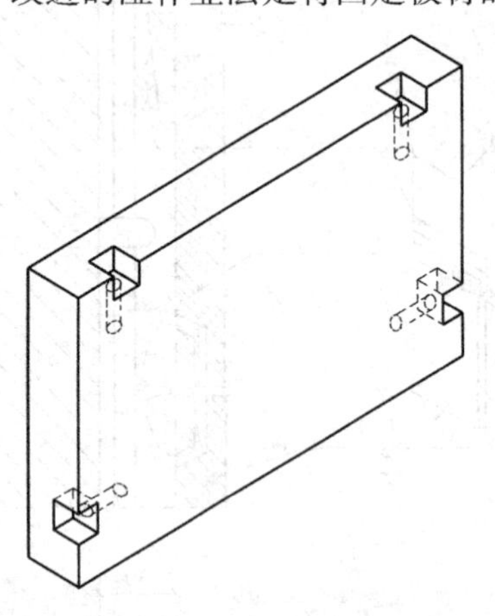

图 10-11　改进湿作业法饰面板钻孔示意图

(1) 板材钻孔

将石材饰面板直立固定于木架上，用手电钻在距板两端四分之一处，位于板厚度的中心钻孔，孔径为 6mm，孔深为 35～40mm。

钻孔数量与板材宽度相关。板宽小于 500mm 钻垂直孔两个，板宽大于 500mm 钻垂直孔 3 个，板宽大于 800mm 钻垂直孔 4 个。

其后将板材旋转 90°固定于木架上，于板材两侧边分别各钻一水平孔，孔位距板下端 100mm，孔径 6mm，孔深 35～40mm。再在板材背面上下孔处剔出 7mm 深小槽，以便安装钢丝，如图 10-11 所示。

（2）基层钻斜孔

用冲击钻按板材分块弹线位置，对应于板材上孔及下侧孔位置钻出与板材平面成 45°的斜孔，孔径 6mm，孔深 40～50mm。

（3）板材安装与固定

基层钻孔后，将饰面板安放就位，按板材与基体相距的孔距，用加工好的直径为 5mm 不锈钢“U”形钉，将其一端勾进石板材直孔内，另一端勾进基体斜孔内，并随即用硬木小楔楔紧，用拉线或靠尺板及水平尺校正板上下口及板面垂直度和平整度，以及与相邻板材接合是否严密，随后将基体斜孔内 U 形钉楔紧。接着将大木楔楔入板材与基体之间，以紧固 U 形钉，如图 10-12 所示。最后分层灌浆、清理表面和擦缝等，其方法与传统的湿作业法相同。

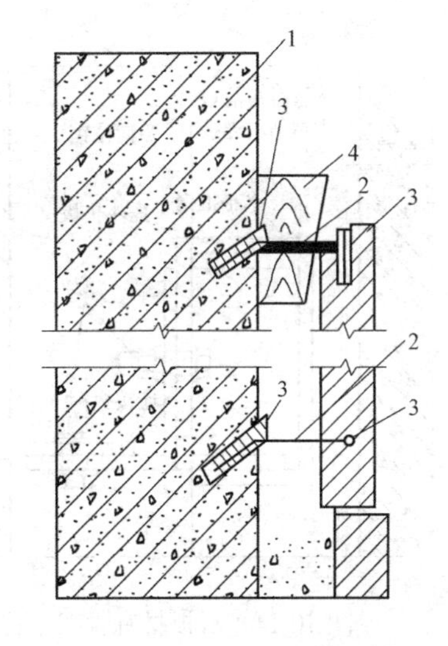

图 10-12　石板材用 U 形钉就位固定示意图
1—混凝土墙；2—U 形钉；3—硬木小楔；4—大木楔块

4. *干作业法施工工艺要点*

干作业法亦称为干挂法。系利用高强、耐腐蚀的连接固定件把饰面板挂在建筑物结构的外表面上，中间留出 40～100mm 空隙。其具有安装精度高、墙面平整、取消砂浆粘结层、减轻建筑用自重、提高施工效率等优点。

干挂法分为有骨架干挂法和无骨架干挂法两种，无骨架干挂法是利用不锈钢连接件将石板材直接固定在结构表面上，如图 10-13 所示，此法施工简单，但抗震性能差。有骨架干挂法是先在结构表面安装竖向和横向型钢龙骨，要求横向龙骨安装要水平，然后利用不锈钢连接件将石板材固定在横向龙骨上，如图 10-14 所示。

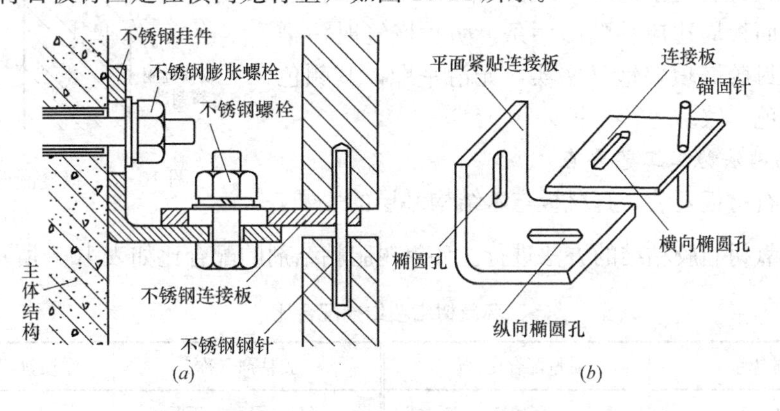

图 10-13　石板材无骨架干挂法
(*a*) 板材的固定；(*b*) L 形连接件

此处以无骨架干挂法为例说明其施工工艺要点。

（1）施工工艺流程

其施工工艺流程为：基层处理→墙面分格弹线→板材钻孔开槽、固定锚固件→安装固定板材→嵌缝。

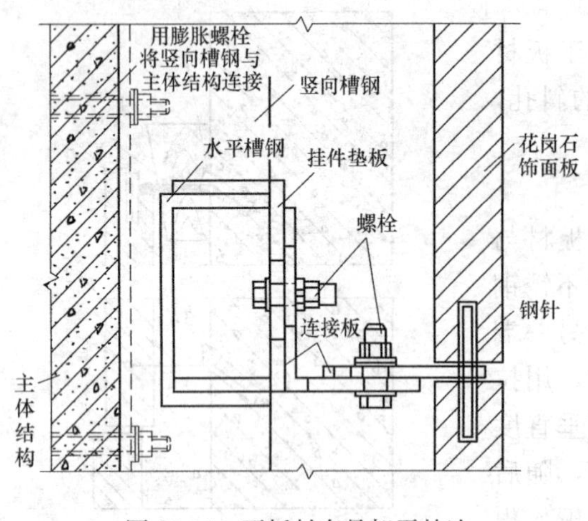

图 10-14　石板材有骨架干挂法

(2) 施工操作要点

1) 墙面分格弹线

墙面分格弹线应根据排板设计要求执行，板与板之间可考虑1～2mm缝隙。弹线时先于基层上引出楼面标高和轴线位置，再由墙中心向两边在墙面上弹出安装板材的水平线和垂直线。

2) 板材钻孔开槽、固定锚固件

先在板材的上下端钻孔开槽，孔位距板侧面80～100mm，孔深20～25mm（一般由厂家加工好）。再在相对于板材的基层墙面上的相应位置钻ϕ8～10mm的孔，将不锈钢螺栓一端插入孔中固定好，另一端挂上L形连接件（锚固件），如图10-13所示。

3) 安装固定板材

将饰面板材就位、对正、找平，确定无误后，把连接件上的不锈钢针插入到板材的预留连接孔中，调整连接件和钢针位置，当确定板材位置正确无误即可固紧L形连接件。然后用环氧树脂或水泥麻丝纤维浆填塞连接插孔或其周边。

4) 嵌缝

干挂法工艺由于取消了灌浆，因此为避免板缝渗水，板缝间应采用密封胶嵌缝，如图10-15所示。嵌缝时先在缝内塞入泡沫塑料圆条，然后嵌填密封胶。嵌缝前，饰面板周边应粘贴防污条，防止嵌缝时污染饰面板；密封胶嵌填要饱满密实，光滑平顺，其颜色应与石材颜色一致。

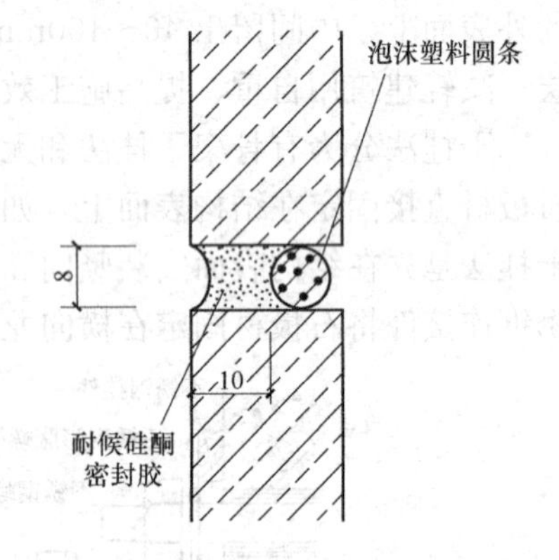

图 10-15　板缝嵌缝做法

5. 胶粘结法施工工艺要点

小规格石材板安装，石材板与木结构基层的安装，亦可采用环氧树脂胶粘结的方法进行。环氧树脂粘结剂的配合比如表10-8所示。

环氧树脂粘结剂配合比　　**表 10-8**

胶粘剂名称	质量配合比(%)	胶粘剂名称	质量配合比(%)
环氧树脂	100	邻苯二甲酸二丁酯	20
乙二胺	6～8	颜料	适量

(1) 施工工艺流程

基层处理→弹线、分格→选板、预排→粘结→清洁。

(2) 施工操作要点

板材胶粘结法中的弹线、分格、预排、选板等工艺同湿作业法。

1）基层处理要求

粘结法施工中，基层处理的主要要求是基层的平整度。基层应平整但不应压光，其平整控制标准为：表面平整偏差、阴阳角垂直偏差及立面垂直偏差均为±2mm。

2）粘结

先将胶粘剂分别刷抹在墙、柱面和板块背面上，刷胶应均匀、饱满，胶粘剂用量以粘牢为原则，再准确地将板块粘贴于基层上。随即挤紧、找平、找正，并进行顶、卡固定。对于挤出缝外的胶粘剂应随时清除。对板块安装后的不平、不直现象，可用扁而薄的木楔作调整，木楔应涂胶后再插入。

3）清洁

一般粘贴两天后，可拆除顶、卡支撑，同时检查接缝处粘结情况，必要时进行勾缝处理，多余的胶粘剂应清除干净，并用棉纱将板面擦净。

6. 质量通病及预防

石材饰面常见的质量通病为：墙面饰面不平整，接缝不顺直。

（1）现象

板块墙面镶贴之后，大面凹凸不平，板块接缝横不水平、竖不垂直，板缝大小不一，板缝两侧相邻板块高低不平，严重影响外观。

（2）原因分析

1）板块外形尺寸偏差大。加工设备落后或生产工艺不合理，以及操作人为因素多，导致石材制作加工精度差，质量很难保证。

2）弯曲面或弧形平面板块，在施工现场用手提切割机加工，尺寸偏差失控。

3）施工无准备。对板块来料未作检查、挑选、试拼，板块编排无专项设计，施工标线不准确或间隔过大。

4）干缝安装，无法利用板缝宽度适当调整板块加工制作偏差，导致面积较大的墙面板缝积累偏差过大。

5）操作不当。采用粘贴法施工的墙面，基层找抹不平整。采用灌浆法施工的墙面凹凸过大，灌浆困难，板块支撑固定不牢，或一次灌浆过高，侧压力大，挤压板块外移。

（3）预防措施

1）批量板块应由石材厂加工生产，禁止在施工现场批量生产板块的落后做法。弯曲面或弧形平面板块应由石材专用设备加工制作。石材进场应按标准规定检查外观质量，检查内容包括规格尺寸、平面度、角度、外观缺陷等。超出允许偏差者，应退货或磨边修整。

2）对墙面板块进行专项装修设计：

① 有关方面认真会审图纸，明确板块的排列方式、分格和图案，伸缩缝位置、接缝和凹凸部位的构造大样。

② 室内墙面无防水要求，板缝干接是接缝不顺直的重要原因之一。干接板材的方正平直不应超过优等品的允许偏差标准，否则会给干接安装带来困难。板块长、宽只允许负偏差，板缝干接，对于面积较大的墙面，为减少板块制作尺寸的积累偏差，板缝宽度宜适当放宽至 2mm 左右。

3）作好施工大样图。板材安装前，首先应根据建筑设计图纸要求，认真核实板块安装部位的结构实际尺寸及偏差情况，如墙面基体的垂直度、平整度以及由于纠正偏差所增减的尺寸，绘出修正图。超出允许偏差的，若是灌浆法施工，则应在保证基体与板块表面距离不小于30mm的前提下，重新排列分块尺寸。在确定排板图时应做好以下工作：

① 测量墙、柱的实际高度，墙、柱中心线，柱与柱之间距离，墙和柱上部、中部、下部拉水平通线后的结构尺寸，以确定墙、柱面边线，依此计算出板块排列分块尺寸。

② 对外形变化较复杂的墙面、柱面，特别是需异形板块镶贴的部位，尚须用薄铁皮或三夹板进行实际放样，以便确定板块实际的规格尺寸。

③ 根据上述墙、柱校核实测的板块规格尺寸，计算出板块的排列，按安装顺序编号，绘制分块大样图与节点大样图，作为加工板块和各种零配件以及安装施工的依据。

④ 墙、柱的安装，应按设计轴线和距离弹出墙、柱中心线，板块分格线（应精确至每一板块都有纵横标线作为镶贴依据）和水平标高线。由于挂线容易被风吹动或意外触碰，或受墙面凸出物、脚手架等影响，测量放线应用经纬仪和水平仪，才能减少尺寸偏差。

4）板块安装应先做样板墙，经建设、设计、监理、施工等单位共同商定和确认后，再大面积铺开。

① 安装前应进行试拼，对好颜色，调整花纹，使板与板之间上下左右纹理通顺、颜色协调、接缝平直均匀，试拼后由下至上逐块编写镶贴顺序，然后对号入座。

② 安装顺序是根据事先找好的中心线、水平通线和墙面线试拼、编号，然后在最下一行两头用块材找平找直，拉上横线，再从中间或一端开始安装，随时用托线板靠直靠平，保证板与板交接部位四角平整。

③ 板安装应找正吊直，采取临时固定措施，以防灌注砂浆时板位移动。

④ 板块接缝宽度宜用商品十字塑料卡控制，并应确保外表面平整、垂直及板上口平顺。

⑤ 板块灌浆前应浇水将板块背面和基体表面润湿，再分层灌注砂浆，每层灌注高度为150～200mm，且不得大于板高的1/3，插捣密实。待其初凝后，应检查板面位置，若有移动错位，应拆除重新安装；若无移动，方可灌注上层砂浆，施工缝应留在板块水平接缝以下50～100mm处。

（4）治理方法

墙面如果出现大面不平整、接缝不顺直的情况，很难处理，返工费用又高，因而重在预防。若接缝不顺直的情况不严重，可沿缝拉通线（大面积墙面宜用水平仪、经纬仪）找顺、找直，采用适当加大板缝宽度的办法，用粉线沿缝弹出加大板缝后的板缝边线，沿线贴上分色胶纸带，再打浅色防水密封胶，可掩饰原来接缝的缺陷。

10.2.3 金属饰面板安装工艺

金属饰面板一般采用铝合金板、彩色压型钢板和不锈钢钢板。用于内、外墙面、屋面、顶棚等。亦可与玻璃幕墙或大玻璃窗配套应用，以及在建筑物四周的转角部位、玻璃幕墙的伸缩缝、水平部位的压顶等配套应用。

目前生产金属饰面板的厂家较多，各厂的节点构造及安装方法存在一定差异，安装时应仔细了解。本节仅以彩色压型钢板施工介绍其中一种做法。

彩色压型钢板复合墙板，系以波形彩色压型钢板为面板，以聚苯乙烯泡沫板、聚氨酯泡沫塑料、玻璃棉板、岩棉板等轻质保温材料为芯层，经复合而成的轻质保温板材，适用于建筑物外墙装饰。

1. 彩色压型钢板复合墙板施工工艺及操作要点

（1）施工工艺流程

彩色压型钢板复合墙板的施工工艺流程为：预埋连接件→立墙筋→安装墙板→板缝处理。

（2）施工操作要点

1）预埋连接件

在砖墙中可预埋带有螺栓的预制混凝土块或木砖。在混凝土墙中可预埋 ϕ8～10mm 的钢筋套扣螺栓，亦可埋入带锚筋的铁板。所有预埋件的间距应与墙筋间距一致。

2）立墙筋

在待立墙筋表面上拉水平线、垂直线，确定预埋件的位置。墙筋材料可采用等边角钢∟30mm×3mm、槽钢［25mm×12mm×14mm、木条 30mm×50mm。竖向墙筋间距为900mm，横向墙筋间距 500mm。竖向布板时，可不设竖向墙筋；横向布板时，可不设横向墙筋，而将墙筋间距缩小到 500mm。施工时，要保证墙筋与预埋件连接牢固，连接方法可采用铁钉钉接、螺栓固定和焊接等。在墙角、窗口等部位，必须设墙筋，以免端部板悬空。墙筋、预埋件应进行防腐、防火和防锈处理，以增加其耐久性。

墙筋布设完后，应在墙筋骨架上根据墙板生产厂家提供的安装节点设置连接件或吊挂件。

3）安装墙板

安装墙板应根据设计节点详图进行，安装前，要检查墙筋位置，计算板材及缝隙宽度，进行排版、划线定位。

要特别注意异形板的使用。门窗洞口、管道穿墙及墙面端头处，墙板均为异形板；压型板墙转角处，均用槽形转角板进行外包角和内包角，转角板用螺栓固定；女儿墙顶部、门窗周围均设防雨防水板，防水板与墙板的接缝处，应用防水油膏嵌缝。使用异形板可以简化施工，改善防水效果。

墙板与墙筋用铁钉、螺钉和木卡条连接。复合板安装是用吊挂件把板材挂在墙身骨架上，再把吊挂件与骨架焊牢，小型板材亦可用钩形螺栓固定。安装板的顺序是按节点连接做法，沿一个方向进行。

4）板缝处理

通常彩色压型钢板在加工时其形状已考虑了防水要求，但若遇材料弯曲、接缝处高低不平，其防水性能可能丧失。因此，应在板缝中填塞防水材料，亦可用超细玻璃棉塞缝，再用自攻螺钉钉牢，钉距为 200mm。

2. 饰面板施工质量要求

（1）主控项目（表 10-9）

（2）一般项目（表 10-10）

饰面板主控项目　　表 10-9

项次	项　目	检验方法
1	饰面板的品种、规格、颜色和性能应符合设计要求，木龙骨、木饰面板和塑料饰面板的燃烧性能等级应符合设计要求	观察；检查产品合格证书、进场验收记录和性能检测报告
2	饰面板孔、槽的数量、位置和尺寸应符合设计要求	检查进场验收记录和施工记录
3	饰面板安装工程的预埋件(或后置埋件)、连接件的数量、规格、位置、连接方法和防腐处理必须符合设计要求。后置埋件的现场拉拔强度必须符合设计要求。饰面板安装必须牢固	手扳检查；检查进场验收记录、现场拉拔检测报告、隐蔽工程验收记录和施工记录

饰面板一般项目　　表 10-10

项次	项　目	检验方法
1	饰面板表面应平整、洁净、色泽一致，无裂痕和缺损。石材表面应无泛碱等污染	观察
2	饰面板嵌缝应密实、平直，宽度和深度应符合设计要求，嵌填材料色泽应一致	观察；尺量检查
3	采用湿作业法施工的饰面板工程，石材应进行防碱背涂处理。饰面板与基体之间的灌注材料应饱满、密实	用小锤轻击检查；检查施工记录
4	饰面板上的孔洞应套割吻合，边缘应整齐	观察
5	允许偏差项目： 立面垂直度；表面平整度；阴阳角方正；接缝直线度；墙裙、勒脚上口直线度；接缝高低差；接缝宽度	标准及检查方法详见质量验收规范

10.3　建筑地面工程

建筑地面是建筑物底层地面（地面）和楼层地面（楼面）的总称，包括踢脚线和踏步等。它主要由基层、结合层和面层等构造层次组成。基层是面层下的构造层，包括填充层、隔离层、找平层、垫层和基土等构造层；结合层是面层与下一构造层相连接的中间层；面层即地面与楼面的表面层，可以做成整体面层、板块面层和木竹面层。

整体面层包括水泥混凝土面层、水泥砂浆面层、水磨石面层、水泥钢（铁）屑面层、防油渗面层、不发火（防爆的）面层；板块面层包括砖面层（陶瓷锦砖、缸砖、陶瓷地砖和水泥化砖面层）、大理石面层和花岗石面层、预制板块面层（水泥混凝土板块、水磨石板块面层）、料石面层（条石、块石面层）、塑料板面层、活动地板面层、地毯面层；木竹面层包括实木地板面层、实木复合地板面层、中密度（强化）复合地板面层、竹地板面层等。

10.3.1　基层施工要点

基层铺设前，其下一层表面应干净、无积水；基层的标高、坡度、厚度等应符合设计要求；基层表面应平整。

1. 基土

基土是底层地面的地基土层。严禁用淤泥、腐殖土、冻土、耕植土、膨胀土和含有有机物质大于8%的土作为填土；填土应分层压（夯）实，压实系数应符合设计要求，设计无要求时，不应小于0.90。

2. 垫层

垫层是承受并传递地面荷载于基土上的构造层。包括灰土垫层（体积比：熟化石灰：黏土为3：7，厚度100mm）、砂垫层（厚度60mm）和砂石垫层（厚度100mm）、碎石垫层和碎砖垫层（厚度100mm）、三合土垫层（石灰、砂、少量黏土与碎砖，厚度100mm）、炉渣垫层（炉渣或水泥与炉渣或水泥、石灰与炉渣的拌合料，厚度80mm）、水泥混凝土垫层（厚度60mm）等。柔性垫层施工时要求分层压（夯）实，达到表面坚实、平整。刚性垫层施工要点：水泥混凝土垫层强度等级应不小于C10；室内大面积水泥混凝土垫层，应分区段浇筑，区段应结合变形缝位置、不同类型的建筑地面连接处和设备基础的位置进行划分，并应与设置的纵向、横向缩缝的间距相一致；应设置纵向缩缝（平头缝）和横向缩缝（假缝，宽度5～20mm，深度为垫层厚度的1/3），间距不得大于6m和12m；其平整度和厚度采用水平桩（间距2m左右）控制。

3. 找平层

找平层是在垫层、楼板上或填充层（轻质、松散材料）上起整平、找坡或加强作用的构造层。一般作为块料面层的下层。采用水泥砂浆（厚15～30mm）或水泥混凝土（厚30～40mm）铺设。施工前应对楼面板进行清理，预制钢筋混凝土板板缝填嵌必须符合要求。

4. 隔离层

隔离层是防止建筑地面上各种液体或地下水、潮气渗透地面等作用的构造层，一般采用沥青类防水卷材、防水涂料或以水泥类材料作为防水隔离层，一般在厕浴间等有防水要求的建筑地面设置；仅防止地下潮气透过地面时，可称作防潮层。在楼板结构施工时候应在楼板四周除门洞外，做混凝土翻边，其高度不应小于120mm；防水施工要求见第8章。

5. 填充层

填充层是在建筑地面上起隔声、保温、找坡和暗敷管线等作用的构造层。采用松散材料铺设填充层时，应分层铺平拍实；采用板、块状材料铺设填充层时，应分层错缝铺贴。

10.3.2 整体面层施工

1. 水泥砂浆地面施工

水泥浆面层厚度为15～20mm，水泥采用强度等级不低于32.5的硅酸盐水泥、普通硅酸盐水泥；砂应为中粗砂，当采用石屑时，其粒径应为1～5mm，且含泥量不应大于3%；体积比宜为1：2（水泥：砂），强度等级不应小于M15。其施工工艺流程：基层处理→找标高、弹线→洒水湿润→抹灰饼和标筋→刷水泥浆结合层→铺水泥砂浆面层→木抹子搓平→铁抹子压第一遍→第二遍压光→第三遍压光→养护，施工要点为：

（1）基层处理：先将基层上的灰尘扫掉，用钢丝刷和錾子刷净、剔掉灰浆皮和灰渣层，用10%的火碱水溶液刷掉基层上的油污，并用清水及时将减液冲净。

（2）找标高弹线：根据墙上的+50cm水平线，往下量测出面层标高，并弹在墙上。

（3）洒水湿润：用喷壶将地面基层均匀洒水一遍。

（4）抹灰饼和标筋（或称冲筋）：根据房间内四周墙上弹的面层标高水平线，确定面层抹灰厚度（不应小于 20mm），然后拉水平线开始抹灰饼（5cm×5cm），横竖间距为 1.5～2.00m，灰饼上平面即为地面面层标高。

如果房间较大，为保证整体面层平整度，还须抹标筋（或称冲筋），将水泥砂浆铺在灰饼之间，宽度与灰饼宽相同，用木抹子拍抹成与灰饼上表面相平一致。铺抹灰饼和标筋的砂浆材料配合比均与抹地面的砂浆相同。

（5）刷水泥浆结合层：在铺设水泥砂浆之前，应涂刷水泥浆一层，其水灰比为 0.4～0.5（涂刷之前要将抹灰饼的余灰清扫干净，再洒水湿润），不要涂刷面积过大，随刷随铺面层砂浆。

（6）铺水泥砂浆面层：涂刷水泥浆之后紧跟着铺水泥砂浆，在灰饼之间（或标筋之间）将砂浆铺均匀，然后用木刮杠按灰饼（或标筋）高度刮平。铺砂浆时如果灰饼（或标筋）已硬化，木刮杠刮平后，同时将利用过的灰饼（或标筋）敲掉，并用砂浆填平。

（7）木抹子搓平：木刮杠刮平后，立即用木抹子搓平，从内向外退着操作，并随时用 2m 靠尺检查其平整度。

（8）铁抹子压第一遍：木抹子抹平后，立即用铁抹子压第一遍，直到出浆为止，如果砂浆过稀表面有泌水现象时，可均匀撒一遍干水泥和砂（1∶1）的拌合料（砂子要过 3mm 筛），再用木抹子用力抹压，使干拌料与砂浆紧密结合为一体，吸水后用铁抹子压平。上述操作均在水泥砂浆初凝之前完成。

（9）第二遍压光：面层砂浆初凝后，人踩上去，有脚印但不下陷时，用铁抹子压第二遍，边抹压边把坑凹处填平，要求不漏压，表面压平、压光。

（10）第三遍压光：在水泥砂浆终凝前进行第三遍压光（人踩上去稍有脚印），铁抹子抹上去不再有抹纹时，用铁抹子把第二遍抹压时留下的全部抹纹压平、压实、压光（必须在终凝前完成）。

（11）养护：地面压光完工后 24h，铺锯末或其他材料覆盖洒水养护，保持湿润，养护时间不少于 7d，当抗压强度达 5MPa 才能上人。

（12）抹踢脚板：根据设计图纸规定墙基体有抹灰时，踢脚板的底层砂浆和面层砂浆分两次抹成。墙基体不抹灰时，踢脚板只抹面层砂浆。

1）踢脚板抹底层水泥砂浆：清洗基层，洒水湿润后，按 50cm 标高线向下量测踢脚板上口标高，吊垂直线确定踢脚板抹灰厚度，然后拉通线、套方、贴灰饼、抹 1∶3 水泥砂浆，用刮尺刮平、搓平整，扫毛浇水养护。

2）抹面层砂浆：底层砂浆抹好，硬化后，上口拉线贴紧靠尺，抹 1∶2 水泥砂浆，用灰板托灰，木抹子往上抹灰，再用刮尺板紧贴靠尺垂直地面刮平，用铁抹子压光，阴阳角、踢脚板上口用角抹子溜直压光。

2. 水泥混凝土（含细石混凝土）面层

水泥混凝土（含细石混凝土）面层厚度 30～40mm，粗骨料最大粒径不应大于面层厚度的 2/3，细石混凝土面层采用的石子粒径不应大于 15mm；面层强度等级不应小于 C20，水泥混凝土垫层兼面层强度等级不应小于 C15，坍落度不宜大于 30mm。

其工艺流程基本同水泥砂浆面层，不同点在于面层细石混凝土铺设：将搅拌好的细石混凝土铺抹到地面基层上（水泥浆结合层要随刷随铺），紧接着用 2m 长刮杠顺着标筋刮平，然后用滚筒（常用的为直径 20cm，长度 60cm 的混凝土或铁制滚筒，厚度较厚时应用平板振动器）往返、纵横滚压，如有凹处用同配合比混凝土填平，直到面层出现泌水现象，撒一层干拌水泥砂（1∶1＝水泥∶砂）拌合料，要撒匀（砂要过3mm筛），再用2m长刮杠刮平（操作时均要从房间内往外退着走）。当面层灰面吸水后，用木抹子用力搓打、抹平，将干水泥砂拌合料与细石混凝土的浆混合，使面层达到结合紧密，随后按水泥砂浆面层要求进行三遍压光。

3. 水磨石地面施工

工艺流程：基层处理→找标高→弹水平线→铺抹找平层砂浆→养护→弹分格线→镶分格条→拌制水磨石拌合料→涂刷水泥浆结合层→铺水磨石拌合料→滚压、抹平→试磨→粗磨→细磨→磨光→草酸清洗→打蜡上光。施工要点为：

（1）基层处理、找标高弹水平线：与水泥砂浆地面同。

（2）抹找平层砂浆：根据墙上弹出的水平线，留出面层厚度（约10～15mm厚），抹1∶3水泥砂浆找平层，其方法同水泥砂浆地面。用2m长刮杠以标筋为标准进行刮平，再用木抹子搓平。

（3）养护：抹好找平层砂浆后养护24h，待抗压强度达到1.2MPa，方可进行下道工序施工。

（4）弹分格线：根据设计要求的分格尺寸，一般采用1m×1m。在房间中部弹十字线，计算好周边的镶边宽度后，以十字线为准可弹分格线。如果设计有图案要求时，应按设计要求弹出清晰的线条。

（5）镶分格条：用小铁抹子抹稠水泥浆将分格条固定住（分格条安在分格线上），抹成30°八字形，高度应低于分格条条顶3mm，分格条应平直、牢固、接头严密，不得有缝隙，作为铺设面层的标志。另外在粘贴分格条时，在分格条十字交叉接头处，为了使拌合料填塞饱满，在距交点40～50mm内不抹水泥浆。采用铜条时，应预先在两端头下部1/3处打眼，穿入22号铁丝，锚固于下口八字角水泥浆内。镶条后12h后开始浇水养护，最少2d，一般洒水养护3～4d，在此期间房间应封闭，禁止各工序进行。

（6）拌制水磨石拌合料（或称石渣浆）：拌合料的体积比宜采用1∶1.5～1∶2.5（水泥∶石粒），要求配合比准确，拌合均匀。除彩色石粒外，还可加入耐光耐碱的矿物颜料，其掺入量为水泥重量的3%～6%，普通水泥与颜料配合比以及彩色石子与普通石子配合比，在施工前都须经试验室试验后确定。同一彩色水磨石面层应使用同厂、同批颜料。在拌制前应根据整个地面所需的用量，将水泥和所需颜料一次统一配好、配足。配料时不仅用铁铲拌合，还要用筛子筛匀后，用包装袋装起来存放在干燥的室内，避免受潮。彩色石粒与普通石粒拌合均匀后，集中贮存待用。

（7）涂刷水泥浆结合层：先用清水将找平层洒水湿润，涂刷与面层颜色相同的水泥浆结合层，其水灰比宜为0.4～0.5，要刷均匀，亦可在水泥浆内掺加胶粘剂，要随刷随铺拌合料，刷的面积不得过大，防止浆层风干导致面层空鼓。

（8）铺设水磨石拌合料：

1）水磨石拌合料的面层厚度，除有特殊要求的以外，宜为12～18mm，并应按石料粒径确定。铺设时将搅拌均匀的拌合料先铺抹分格条边，后铺入分格条方框中间，用铁抹子由中间向边角推进，在分格条两边及交角处特别注意压实抹平，随抹随用直尺进行平整度检查。如局部地面铺设过高时，应用铁抹子将其挖去一部分，再将周围的水泥石子浆拍挤抹平（不得用刮杠刮平）。

2）几种颜色的水磨石拌合料不可同时铺抹，要先铺抹深色的，后铺抹浅色的，待前一种凝固后，再铺后一种（因为深颜色的掺矿物颜料多，强度增长慢，影响机磨效果）。

（9）滚压、抹平：用滚筒液压前，先用铁抹子或木抹子在分格条两边宽约 10cm 范围内轻轻拍实（避免将分格条挤移位）。滚压时用力要均匀（要随时清掉粘在滚筒上的石渣），应从横竖两个方向轮换进行，达到表面平整密实、出浆石粒均匀为止。待石粒浆稍收水后，再用铁抹子将浆抹平、压实，如发现石粒不均匀之处，应补石粒浆再用铁抹了拍平、压实。24h 后浇水养护。

（10）试磨：一般根据气温情况确定养护天数，温度在 20～30℃时 2～3d 即可开始机磨，过早开磨石粒易松动；过迟造成磨光困难。所以需进行试磨，以面层不掉石粒为准。

（11）粗磨：第一遍用 60～90 号粗金刚石磨，使磨石机机头在地面上走横“8”字形，边磨边加水（如磨石面层养护时间太长，可加细砂，加快机磨速度），随时清扫水泥浆，并用靠尺检查平整度，直至表面磨平、磨匀，分格条和石粒全部露出（边角处用人工磨成同样效果），用水清洗晾干，然后用较浓的水泥浆（如掺有颜料的面层，应用同样掺有颜料配合比的水泥浆）擦一遍，特别是面层的洞眼小孔隙要填实抹平，脱落的石粒应补齐。浇水养护 2～3d。

（12）细磨：第二遍用 90～120 号金刚石磨，要求磨至表面光滑为止。然后用清水冲净，满擦第二遍水泥浆，仍注意小孔隙要细致擦严密，然后养护 2～3d。

（13）磨光：第三遍用 200 号细金刚石磨，磨至表面石子显露均匀，无缺石粒现象，平整、光滑，无孔隙为度。普通水磨石面层磨光遍数不应少于三遍，高级水磨石面层的厚度和磨光遍数及油石规格应根据设计确定。

（14）草酸擦洗：为了取得打蜡后显著的效果，在打蜡前磨石面层要进行一次适量限度的酸洗，一般均用草酸进行擦洗，使用时，先用水加草酸混合成约 10%浓度的溶液，用扫帚蘸后洒在地面上，再用油石轻轻磨一遍；磨出水泥及石粒本色，再用水冲洗软布擦干。此道操作必须在各工种完工后才能进行，经酸洗后的面层不得再受污染。

（15）打蜡上光：将蜡包在薄布内，在面层上薄薄涂一层，待干后用钉有帆布或麻布的木块代替油石，装在磨石机上研磨，用同样方法再打第二遍蜡，直到光滑洁亮为止。

4. 整体面层施工质量验收

（1）整体面层的抹平工作应在水泥初凝前完成，压光工作应在水泥终凝前完成。

（2）面层表面坡度应符合设计要求，不得有倒泛水和积水现象。水泥砂浆踢脚线与墙面应紧密结合，高度一致，出墙厚度均匀。面层与下一层应结合牢固，无空鼓、裂纹。

（3）楼梯踏步的宽度、高度应符合设计要求，楼层梯段相邻踏步高度差不应大于 10mm，每踏步两端宽度差不应大于 10mm；旋转梯梯段的每踏步两端宽度的允许偏差为 5mm。楼梯踏步的齿角应整齐，防滑条应顺直。

（4）水泥砂浆面层、水泥混凝土面层表面不应有裂纹、脱皮、麻面、起砂等缺陷。水磨石面层表面应光滑；无明显裂纹，砂眼和磨纹；石粒密实，显露均匀；颜色图案一致，不混色；分格条牢固、顺直和清晰。

（5）整体面层的允许偏差项目：表面平整度（2～5mm）；踢脚线上口平直（3～4mm）；缝格平直（3mm）。

10.3.3 板块面层施工

1. 大理石、花岗石地面施工

工艺流程：弹中心线→试拼试排→刮素水泥浆→铺放标准板块→铺砂浆→铺饰面板材→灌浆、擦缝→养生保护打蜡。施工要点：

（1）弹中心线：在房间四周墙上排尺取中，然后依据中点在地面垫层上弹出十字中心线，用以检查和控制饰面板材的位置，并将底线引至墙面根部。

（2）试拼试排：按设计要求有彩色图案的地面，铺前应进行试拼，调整颜色、花纹、使之协调美观。试拼后，逐块编号，然后按顺序堆放整齐。依设计或现场所定留缝方案，在地面的纵横方向，将饰面板材各铺一条，以便检查板块之间的缝隙，并核定对板块与墙面、柱根、洞口等的相对位置，找出二次加工尺寸和部位，以便画线加工。

（3）刮素水泥浆：镶铺前必须将混凝土垫层清扫干净，再洒水湿润（不留明水），均匀地刮素水泥浆一道。

（4）铺放标准板块：安放标准板块是控制整个房间水平标高的标准和横缝的依据，在十字线交叉点处最中间安放，如十字中心线为中缝，可在十字线交叉点对角线安放两块标准块，也有的在房间四角各放一块标准块的做法，以利拉通线控制地面标高，标准块应用水平尺和角尺校正，并拉通纵横地面标高线铺贴。

（5）铺砂浆：根据标准块定出的地面结合层厚度，拉通线铺结合层砂浆，每铺一片板材抹一块干硬性水泥砂浆，一般为体积比 1∶3，稠度以手攥成团不松散为宜。用靠尺以水平线为准刮平后再用木抹子拍实搓平即可铺板材。

（6）铺饰面板材：一般先由房间中部往两侧退步法铺贴。凡有柱子的大厅，宜先铺柱与柱中间部分，然后向两边展开。也可先在沿墙处两侧按弹线和地面标高线先铺一行饰面板材，以此板作为标筋两侧挂线，中间铺设则以此线为准。

安放饰面板材时，应将板的四角同时往下落，用橡皮槌或木槌轻轻敲击（用木槌不得直接敲击大理石板），用水平尺与邻接板找平。如发现空鼓现象，应将大理石板用小铁铲撬开掀起，用胶浆补实再行镶铺。

对饰面板有光滑的背面，镶铺前应将板块背面预先湿润，控制无明水，在干硬性水泥砂浆结合层上试铺合适后，再翻开饰面板，均匀抹上一层 2～3mm 厚加胶水泥浆（加水重 10%的 108 胶），刮平，随后按前述铺法正式镶铺。

当遇有与其他地面材料或有管沟、检查井、洞、变形缝等处相接时，其相接有镶边设置，应按设计要求执行。如设计无要求时，应采用下列方法：

1）在有强烈机械作用下的混凝土、水泥砂浆、水磨石、钢屑水泥面层与其他类型的面层相邻处，应设置镶边角钢。

2）对有木板、拼花木板、塑料板和硬质纤维板面层，应用同类材料镶边。

3）当与管沟、孔洞、检查井、变形缝等邻接处，应设置镶边。镶边的构件，应在铺设面层前装设。

（7）灌浆、擦缝：镶铺后 1～2 昼夜进行灌浆和擦缝。根据饰面板的不同颜色，将配制好的彩色水泥胶浆，用浆壶徐徐压入缝内（也可先灌板缝高的 2/3 水泥砂浆再灌表面色浆）。灌浆 1～2 天后，用破布或纱团蘸厚浆擦缝，使之与地面相平，并将地面上的残留水泥浆擦净，也可用干锯末擦净擦亮。交工前保持板面无污染，当砂浆强度达到70%以上的条件下，再清洗打蜡。已铺好的地面应用胶合板或塑料薄膜保护，两天内不得上人或堆置物件。

2. 陶瓷地面砖施工

施工工艺流程：基层处理→做冲筋→抹找平层→规方、弹线、拉线→铺贴地砖→拨缝、调整→勾缝→养护。做冲筋前面部分工序与水泥砂浆地面同，施工要点：

(1) 抹找平层：用1∶3或1∶4的水泥砂浆，根据冲筋的标高填砂浆至比标筋稍高一些，然后拍实，再用小刮尺刮平，使展平的砂浆与冲筋找齐，用大木杠横竖检查其平整度，并检查标高及泛水是否符合要求，然后用木抹子搓毛，并画出均匀的一道道梳子式痕迹，以便确保与粘结层的牢固结合。24h后浇水养护找平层。

(2) 规方、弹线、拉线：在房间纵横两个方向排好尺寸，将缝宽按设计要求计算在内，如缝宽设计无要求，一般为2mm。当尺寸不足整砖的倍数时，可用切砖机切割成半块用于边角处；尺寸相差较小时，可用调整砖缝方法来解决。根据确定后的砖数和缝宽，先在房间中部弹十字线，然后弹纵横控制线，每隔2～4块砖弹一根控制线或在房间四周贴标砖，以便拉线控制方正和平整度。

(3) 铺贴地砖：先在找平层浇水泥素浆，并扫平，面积应控制在边铺砖，边浇灰，分块进行。砖背面抹满、抹匀1∶2.5或1∶2的粘结砂浆，厚度为10～15mm。按照纵横控制线将抹好砂浆的地砖，准确地铺贴在浇好水泥素浆的找平层上，砖的上楞要跟线找平，随时注意横平竖直。用木拍板或木槌（橡皮槌）敲实，找平，要经常用八字尺侧口检查砖面平整度，贴得不实或低于水平控制线高度的要抠出，补浆重贴，再压平敲实。

(4) 勾缝：在地砖铺贴1～2d后，先清除砖缝灰土，按设计要求配制1∶1水泥砂浆或纯水泥浆勾缝或擦缝，砂子要过筛。勾缝要密实，缝内要平整光滑。如设计不留缝隙，接缝也要纵横平直，在拍平修理好的砖面上，撒干水泥面，用水壶浇水，用扫帚将水泥扫入缝内灌满，并及时用木拍板拍振，将水泥浆灌实挤平，最后用干锯末扫净，在水泥砂浆凝固后用抹布、棉纱或擦锅球（金属丝绒）彻底擦净水泥痕迹，清洁瓷砖地面。

(5) 养护：地砖铺完后，应在常温下48h盖锯末浇水养护3～4d。养护期间不得上人，直至达到强度后，以免影响铺贴质量。

3. 板块面层施工质量验收

(1) 板块的铺砌应符合设计要求，当无设计要求时，宜避免出现板块小于1/4边长的边角料。

(2) 面层表面的坡度应符合设计要求，不倒泛水、无积水；与地漏、管道结合处应严密牢固，无渗漏。踢脚线表面应洁净、高度一致、结合牢固、出墙厚度一致。面层与下一层的结合（粘结）应牢固，无空鼓。

(3) 楼梯踏步和台阶板块的缝隙宽度应一致、齿角整齐，楼层梯段相邻踏步高度差不应大于10mm，防滑条应顺直、牢固。

(4) 砖面层的表面应洁净，图案清晰，色泽一致，接缝平整，深浅一致，周边顺直；板块无裂纹、掉角和缺楞等缺陷。大理石、花岗石面层的表面应洁净、平整、无磨痕，且应图案、色泽一致，接缝均匀，周边顺直，镶嵌正确，板块无裂纹、掉角、缺楞等缺陷。

(5) 板块面层的允许偏差项目：表面平整度（地砖2mm，大理石1mm）；缝格平直

（地砖 3mm，大理石 2mm）；接缝高低差（0.5mm）；踢脚线上口平直（地砖 3mm，大理石 1mm）；板块间隙宽度（地砖 2mm，大理石 1mm）。

10.3.4 木、竹面层施工

木、竹面层包括：实木地板面层、实木复合地板面层、中密度（强化）复合地板面层、竹地板面层等（包括免刨、免漆类）等。

1. 实木地板施工要点

实木地板一般包括素板和漆板，实木地板的铺设可做成单层或双层。

单层铺设木地板方式主要适用于中、长地板。地板平铺固定在木搁栅上，使用带螺旋状的专用地板钉，同时每块地板之间的企口必须拼紧不留缝隙，但也必须注意铺装时环境的湿度，环境的湿度大时，打钉铺板时手感要轻些，环境的湿度小时，即反之。铺装时切忌在每块地板的企口之间涂胶后再拼紧，这样会破坏地板的自然应力，而使地板裂缝。另外，地板铺至房间的周边应自然地留下 10mm 左右的伸缩缝，以适应地板热胀冷缩之变化。

双层铺设木地板方式适用于各种地板的铺设。在木框架或木搁栅上铺一层毛地板，毛地板用杉木、松木制作，在毛板下铺油毡或油纸一层，最后上面再铺钉企口地板或拼花地板。其施工工艺流程为：基层清理→弹线→找平→安装木框架或木搁栅（刷防潮剂）→钉毛地板→找平（刨平）→弹线→铺钉企口或拼花地板→刨光→打磨→钉踢脚板→油漆→打蜡。施工要点：

（1）基层清理：清理地板基面上的杂物、砂浆，地坪必须干燥无杂物，住宅底层的水泥地坪应做好防潮处理。

（2）弹线、找平：按水平标高线弹设地板面设计标高。根据地板的长度规格和铺设地板面层的图案确定地板木搁栅的间距（一般在 250～300mm 之间），然后在已做好防潮处理的水泥基面上放线确定地板木搁栅的位置。如设计无规定时长条地板应按光线和行走方向定位。

（3）防腐处理：选择和加工木搁栅并做防腐处理。木搁栅和垫木的树种应采用握钉力较强的落叶松，或花旗松、马尾松等，切忌选用握钉力较差的白松、杉木等，规格一般为 30mm×50mm，木搁栅含水率不应高于 14%，在已加工好的木搁栅四面刷防腐剂（刷沥青油）。

（4）木搁栅的固定和安装：木搁栅应与墙面留出 10～20mm 空隙，固定连接件的间距一般不得超过 40cm。

（5）木搁栅的调平与调整：根据设计要求依水平标高线调整标高位置，再按平整度的要求调整每根木搁栅的平整度，然后用小钉固定木搁栅下的木垫（木垫不能用斜坡木楔代替）。固定木搁栅的木螺栓，长度应为木搁栅高度的 2～2.5 倍。木搁栅不应有松动，不需要水泥砂浆护封。

（6）隐蔽工程的验收：对于已安装好的木搁栅，必须进行隐蔽验收合格后方可进行铺设面层。同时必须检查周围环境是否已满足铺设面层的要求（如墙面、顶面、水电、暖气、门窗和玻璃及局部油漆是否已完成）。

（7）双层地板：毛地板应防腐处理，材质一般取杉木或白松较多，一般宽度为 80～

100mm，厚度为15～20mm。铺设毛地板时，毛地板铺设在木搁栅的上面与木搁栅呈30°～45°夹角。地板钉应钉在毛地板凸榫处斜向与水平呈45°～60°钉入。如面板为人字形或斜方块时，毛地板与木搁栅相垂直铺钉。铺钉时接头应设在木搁栅上，铺缝相接，每块地板的接头处和地板接缝处留2～3mm缝隙，与墙面留出10～20mm的间隙。在铺钉过程中应随时检查牢固程度，以脚踏不松动，无响声为好。钉完后用直尺检查表面同一处平整度和水平度应达到标准，如不平用刨刨平或磨平直至达到规定标准（注意毛地板不能用细木工板代替）。

（8）实木地板面板铺设：实木地板面板铺设，根据地板花纹的不同、板材的不同，其方法也不同。木地板铺设前，必须对地板和木搁栅进行含水率检测，检测合格后方可铺设。

1）铺钉企口地板

① 顺地板方向在房间中间弹一条控制线，以控制线为依据从一侧墙边开始铺钉，面板与墙四周留缝8～15mm。

② 面板的固定应从板企口的凸槽处斜向45°左右，通过毛地板钉入木搁栅，钉面板时必须用钻头钻小孔，钻与钉的直径应相同，以防开裂。单层地板直接钉入木搁栅上（钉应用专用地板钉）。

③ 面板条接头应在木搁栅中心线上，接头应相互错开，不允许两块板接头在同一位置上。

④ 地面铺完应测水平度和平整度，如有局部少量不平整可以刨平或磨平以达到质量要求为止，应按顺纹方向刨光或磨光。

⑤ 漆面板的水平度和平整度必须控制在基层木搁栅和毛地板上。

2）粘结式地板的铺设

粘结式地板是用胶粘剂直接粘在毛地板上或水泥基层上。

① 根据粘结拼花地板的图案，按房间的净尺寸弹出十字中心线，并计算图案的定位中心线，根据图案计算的结果，弹出分档施工控制线及围边线，围边一般不大于300mm。未严格按施工控制线施工和面板几何尺寸不准确会造成拼花图案不规矩和拼花之间线条弯曲。

② 铺设地板应从房间中央依据控制线向四周展开粘铺，粘铺接缝应严密，不宜大于0.3mm，高低差应不大于1mm，随铺随检，对溢出的胶粘剂应随手清理干净。粘贴基层潮湿，基层面未清理干净；边面有杂质、油污、灰尘，基层面起砂，强度不足等缺陷容易造成面层空鼓。

③ 对于不同胶粘剂有不同的使用方法，胶粘剂质量差或胶粘剂过期变质，操作人员技术不熟练，时间没有掌握好，胶粘剂硬化，面板含水率过大，铺贴后干缩变形大，可能造成面层脱落，施工人员应严格按照胶粘剂的要求和说明使用。如有毛地板的粘结地板，可以加钉，但不能加在上面，应在企口凸榫上，方法与条形地板相同。

④ 粘铺完工后，待胶粘剂达到规定强度，检查是否有脱胶或者粘结不牢固现象。如没有上述问题，即可进行刨光或磨光。

（9）刨光、打磨：木地板面层表面应刨光、磨光。打扫后的地板面应嵌与地板同色的腻子，干后用细砂纸磨光，抹擦干净后施涂地板漆。粗刨、细刨：粗刨工序宜用转速较快

（应达到5000r/min以上）的电刨地板机进行，由于电刨速度较快，刨时不宜走得太快，电刨停机时，应先将电刨提起，再关电闸，防止刨刀撕裂木纤维，破坏地面。粗刨以后用手推刨，修整局部高低不平之处，使地板光滑平整。手推刨一般以细刨为主净面，并且要边刨边用直尺检测平整度。打磨：用地板磨光机打磨地板，先用粗砂布打磨，后用细砂布磨光。磨光机磨不到的边角处，可用木块包砂布进行手工磨平，或用角向手提磨光机进行打磨。磨光后，最好用吸尘器把木灰、粉尘吸干净。

（10）钉踢脚板。

1）木踢脚板的制作：一般木踢脚板的宽度为150mm左右，厚度为20mm左右，应与门套线的厚度一致。板面刨光后上口应做线脚，背面开出两条宽度为25mm左右，深度为3～5mm凹槽。并每隔1m钻ϕ6mm的小孔作为通风孔，背面刷防腐剂，所用木材应同木地板颜色相近，含水率符合要求（12%左右）。

2）木踢脚板的安装工艺：沿墙面在木地板往上一块踢脚板宽度之内埋设木砖并做好防腐处理或用冲击钻钻孔打木楔，间距约400mm，木楔位置应在踢脚板宽度内布置上下两排，梅花形分布。如墙面不平时应用木垫垫平、垫直。将加工后的踢脚板用明钉钉在木砖上或木楔上，钉帽应打扁冲入板内，踢脚板板面应与墙面平行，垂直地面，上口应水平，与地板交接处应严密，阴阳角应用45°角斜接，踢脚板接长应用45°坡面对接，接头必须在木砖或木楔上。

3）质量要求：竖向与墙面平行，垂直于地面。凸出墙面厚度应一致，横向平直，阴阳角方正，安装牢固，上口水平，下口严密，接头平整流畅。

（11）油漆、打蜡：地板上先擦水老粉（或腻子），再刷底漆，然后涂面漆。面漆有环氧树脂漆、聚氨醋树脂漆、聚酯漆等。为了更好地保护地板，可以在油漆干固后再擦上一层地板蜡，也可以在地板磨光后直接打蜡。

2. 强化复合地板的铺设工艺

强化复合地板是我国近年来开发的一种新型木地板，它既有原木地板的天然木质感，又有地砖大理石的坚硬，它强度大、耐磨、防潮、防火、防虫蛀、抗静电，在铺设时不用上漆、打蜡，而且是无污染的绿色建材。强化复合木地板安装不用木搁栅，采用悬浮法安装。当地面为水泥砂浆、混凝土、地砖等硬基层时，要铺设一层松软材料，如聚乙烯泡沫薄膜、波纹纸等，起防潮、减振、隔声作用，并改善脚感。铺设施工工艺流程如下：基层处理→铺塑料薄膜垫层→刮胶粘剂→拼接铺设→铺踢脚板（配套踢脚板）→整理完工。

（1）基层处理

地面必须干净、干燥、稳定、平整，达不到要求应在安装前修补好。复合木地板一般采取长条铺设，在铺设前应将地面四周弹出垂直线，作为铺板的基准线，基准线距墙边8～10mm。泡沫底垫是复合木地板的配套材料，按铺设长度裁切成块，比地面略短1～2cm，留作伸缩缝。底垫平铺在地面上，不与地面粘结，铺设宽度应与面板相配合。底垫拼缝采用对接（不能搭接），留出2mm伸缩缝。

（2）复合木地板安装

为了达到更好的效果，一般将地板条铺成与窗外光线平行的方向，在走廊或较小的房间，应将地板块与较长的墙壁平行铺设。先试铺三排不要涂胶。排与排之间的长边接缝必须保持一条直线，所以第一排一定要对准墙边弹好的垂直基准线。相邻条板端头应错开不小于300mm距离，第一排最后一块板裁下的部分（小于30cm的不能用）作为第二排的第一块板使用，这样铺好的地板会更强劲、稳定，有更好的整体效果，并减少浪费。复合木地板不与地面基层及泡沫底垫粘，只是地板块之间用胶粘结成整体。所以第一排地板只需在短头结尾处的凸榫上部涂足量的胶，轻轻使地板块榫槽到位，结合严密即可，第二排地板块需在短边和长边的凹榫内涂胶，与第一排地板块的凸榫槽粘结，用小槌隔着垫木向里轻轻敲打，使二块板结合严密、平整，不留缝隙。板面余胶，用湿布及时清擦干净，保证板面没有胶痕。每铺完一排板，应拉线和用方尺进行检查，以保证铺板平直。地板与墙面相接处，留出8～10mm缝隙，用木楔子背紧，地板块粘结后，24小时内不要上人，待胶干透后把木楔子取出。

（3）安装踢脚板

安装前，先在墙面上弹出踢脚板上口水平线，在地板上弹出踢脚板厚度的铺钉边线。在墙内安装60mm×120mm×120mm防腐木砖，间距750mm，在防腐木砖外面钉防腐木块，再把踢脚板用圆钉钉牢在防腐木块上。圆钉长度为板厚的2.5倍，钉帽砸扁冲入木板内。踢脚板的阴阳角交角处应切割成45°拼装。踢脚板板面要垂直，上口呈水平线，在木踢脚板与地板交角处，可钉三角木条，以盖住缝隙。配套的踢脚板贴盖装饰，也是目前复合木地板安装中常用的，通常流行的踢脚板的尺寸有60mm的高腰型与40mm的低腰型。

3. 木、竹面层施工质量验收

（1）木、竹地板面层下的木搁栅、垫木、毛地板等采用木材的树种、选材标准和铺设时木材含水率以及防腐、防蛀处理等，均应符合现行国家标准的有关规定。

（2）木、竹面层施工允许偏差应符合表10-11规定。

木、竹面层的允许偏差和检验方法（mm）　　表10-11

<table>
<tr><th rowspan="3">项次</th><th rowspan="3">项　目</th><th colspan="4">允 许 偏 差</th><th rowspan="3">检 验 方 法</th></tr>
<tr><th colspan="3">实木地板面层</th><th rowspan="2">实木复合地板、中密度(强化)复合地板面层、竹地板面层</th></tr>
<tr><th>松木地板</th><th>硬木地板</th><th>拼花地板</th></tr>
<tr><td>1</td><td>板面缝隙宽度</td><td>1.0</td><td>0.5</td><td>0.2</td><td>0.5</td><td>用钢尺检查</td></tr>
<tr><td>2</td><td>表面平整度</td><td>3.0</td><td>2.0</td><td>2.0</td><td>2.0</td><td>用2m靠尺和楔形塞尺检查</td></tr>
<tr><td>3</td><td>踢脚线上口平齐</td><td>3.0</td><td>3.0</td><td>3.0</td><td>3.0</td><td rowspan="2">拉5m通线，不足5m拉通线和用钢尺检查</td></tr>
<tr><td>4</td><td>板面拼缝平直</td><td>3.0</td><td>3.0</td><td>3.0</td><td>3.0</td></tr>
<tr><td>5</td><td>相邻板材高差</td><td>0.5</td><td>0.5</td><td>0.5</td><td>0.5</td><td>用钢尺和楔形塞尺检查</td></tr>
<tr><td>6</td><td>踢脚线与面层的接缝</td><td colspan="4">1.0</td><td>楔形塞尺检查</td></tr>
</table>

（3）铺设实木地板面层时，其木搁栅的截面尺寸、间距和稳固方法等均应符合设计要求。木搁栅固定时，不得损坏基层和预埋管线。木搁栅应垫实钉牢，与墙之间留出30mm的缝隙，表面应平直。毛地板铺设时，木材髓心应向上，其板间缝隙不应大于3mm，与墙之间应留8～12mm空隙，表面应刨平。实木地板面层铺设时，面板与墙之间应留8～12mm缝隙。要求板缝严密，接头错开，粘、钉严密，高度一致；表面观感应刨平、磨光、洁净，无刨痕、毛刺，图案清晰，颜色均匀一致。

（4）实木复合地板面层铺设时，相邻板材接头位置应错开不小于300mm距离；与墙之间应留不小于10mm空隙。要求板缝严密，端头错开，图案清晰，颜色均匀一致，板面无翘曲。

10.4 涂饰工程

涂饰工程系指将建筑涂料涂刷于构配件或结构表面，干结成膜后，达到保护、装饰建筑物和改善结构性能的目的。

10.4.1 涂料的组成、分类和施涂方法

1. 涂料组成

涂料由主要成膜物质、次要成膜物质和辅助成膜物质三部分组成。

主要成膜物质也称胶粘剂或固着剂，是决定涂料性质的最主要成分，它的作用是将其他组分粘结成一整体，并附着在被涂基层的表层形成坚韧的保护膜。它具有单独成膜的能力，也可以粘结其他组分共同成膜。

次要成膜物质也是构成涂膜的组成部分，但它自身没有成膜的能力，要依靠主要成膜物质的粘结才可成为涂膜的一个组成部分，颜料就是次要成膜物质，其对涂膜的性能及颜色有重要作用。

辅助成膜物质不能构成涂膜或不是构成涂膜的主体，但对涂料的成膜过程有很大影响，或对涂膜的性能起一定辅助作用，它主要包括溶剂和助剂两大类。

2. 涂料分类

建筑涂料的产品种类繁多，一般按下列几种方法进行分类：

（1）按使用部位可分为：外墙涂料、内墙涂料、顶棚涂料、地面涂料、门窗涂料、屋面涂料等。

（2）按涂料的特殊功能可分为：防火涂料、防水涂料、防虫涂料、防霉涂料等。

（3）按涂料成膜物质的组成不同，其可分为：

1）油性涂料，系指传统的以干性油为基础的涂料，即以前所称的油漆；

2）有机高分子涂料，包括聚醋酸乙烯系、丙烯酸树脂系、环氧系、聚氨酯系、过氯乙烯系等，其中以丙烯酸树脂系建筑涂料性能优越；

3）无机高分子涂料，包括有硅溶胶类、硅酸盐类等；

4）有机无机复合涂料，包括聚乙烯醇水玻璃涂料、聚合物改性水泥涂料等。

（4）按涂料分散介质（稀释剂）的不同可分为：

1）溶剂型涂料，它是以有机高分子合成树脂为主要成膜物质，以有机溶剂为稀释剂，加入适量的颜料、填料及辅助材料，经研磨而成的涂料；

2）水乳型涂料，它是在一定工艺条件下在合成树脂中加入适量乳化剂形成的以极细小的微粒形式分散于水中的乳液，以乳液中的树脂为主要成膜物质，并加入适量颜料、填料及辅助材料经研磨而成的涂料；

3）水溶型涂料，以水溶性树脂为主要成膜物质，并加入适量颜料、填料及辅助材料经研磨而成的涂料。

(5) 按涂料所形成涂膜的质感可分为：

1）薄涂料，又称薄质涂料。它的黏度低，刷涂后能形成较薄的涂膜，表面光滑、平整、细致，但对基层凹凸线型无任何改变作用。

2）厚涂料，又称厚质涂料。它的特点是黏度较高，具有触变性，上墙后不流淌，成膜后能形成有一定粗糙质感的较厚的涂层，涂层经拉毛或滚花后富有立体感。

3）复层涂料，原称喷塑涂料，又称浮雕型涂料、华丽喷砖，其由封底涂料、主层涂料与罩面涂料三种涂料组成。

3. 基本施涂方法

涂料施工主要操作方法有：刷涂、滚涂、喷涂、刮涂、弹涂和抹涂等。

(1) 刷涂：刷涂系人工用刷子蘸上涂料直接涂刷于被饰涂面的施工方法。涂刷要求为：不流、不挂、不漏、不露刷痕。刷涂一般不得少于两道，应在前一道涂料表面干后再涂刷下一道。两道施涂间隔时间一般为2～4h。

(2) 滚涂：滚涂是利用涂料辊子蘸上少量涂料，在被饰涂面上、下垂直来回滚动施涂的施工方法。阴角及上下口处一般需先用排笔、鬃刷刷涂。

(3) 喷涂：喷涂是一种利用空压机将涂料制成雾状喷出，涂于被饰涂面的机械施工方法。空压机的施工压力一般为0.4～0.8MPa。喷涂时，涂料出口应与被涂饰面保持垂直，喷枪移动时应与喷涂面保持平行。喷枪运行速度应适宜保持一致，一般40～60mm/min；喷嘴与被涂面的距离一般应控制在500mm左右；喷涂行走路线应呈U形，喷枪移动的范围不能太大，一般直线喷涂70～80cm后，拐180°弯向后喷涂下一行，也可根据施工条件选择横向式竖向往返喷涂；喷涂面的搭接宽度，即第一行与第二行喷涂面的重叠宽度，一般应控制在喷涂宽度的1/3～1/2，以便使涂层厚度比较均匀，色调基本一致。涂层一般要求两遍成活，横向喷涂一遍，竖向再喷涂一遍，两遍喷涂的间隔时间由涂料品种及喷涂厚度而定。

(4) 刮涂：刮涂是利用刮板，将涂料厚浆均匀地批刮与涂面上，形成厚度为1～2mm的厚涂层的施工方法。该法常用于地面等较厚层涂料的施涂。刮涂施工中，腻子一次刮涂厚度一般不超过0.5mm，待干透后再进行打磨。刮涂时应用力按刀，使刮刀与饰面呈50°～60°角刮涂，且只能来回刮1～2次，不能往返多次刮涂。遇圆形、棱形物面应用橡皮刮刀进行刮涂。

(5) 弹涂：弹涂是先在基层涂刷1～2道底涂层，待其干燥后，借助弹涂器将色浆均匀地溅在墙面上，形成1～3mm左右的圆形色点的施工方法。弹涂时，弹涂器的喷出口应垂直正对被饰面，距离300～500mm，按一定速度均匀地自上而下，从左向右施涂。

(6) 抹涂：抹涂是先在基层涂刷1～2道底涂层，待其干燥后，使用不锈钢抹子将饰面涂料涂抹在底层涂料上的施工方法。一般抹1～2遍，间隔1小时后再用不锈钢抹子压平。涂抹厚度内墙为1.5～2mm，外墙为2～3mm。

10.4.2 涂饰工程施工工艺及操作要点

涂饰工程施工的基本工序有：基层处理→刮腻子→磨光→涂刷涂料（底涂层、中间涂层、面涂层）等，根据质量要求的不同，涂料工程分为普通和高级两个等级，为达到要求的质量等级，上述刮腻子、磨光、涂刷涂料等工序应按工程施工及验收规范的规定重复多遍。

1. 基层处理要求

(1) 基层应干燥。混凝土和抹灰表面施涂溶剂型涂料时，含水率不得大于8%；施涂水性和乳液性涂料时，含水率不得大于10%；木料制品含水率不得大于12%；金属表面不可有湿气。

(2) 基层应清洁。对泛碱、析盐的基层应先用3%的草酸溶液清洗，旧墙面基层应涂刷界面处理剂，新建筑物的混凝土或抹灰基层表面应涂刷抗碱封闭底漆。

(3) 基层腻子应坚实、牢固，无粉化、起皮和裂缝。腻子干燥后，应打磨平整光滑，并将粉末、沙粒清理干净。

(4) 金属基层表面应进行除锈和防锈处理。

2. 水性涂料涂饰工程施工要点

水性涂料系指水性乳液涂料、无机涂料和水溶性涂料，主要用于涂饰建筑物的外墙、内墙、顶棚等部位。

(1) 混凝土和砂浆基层处理注意事项

1) 混凝土外墙面一般采用聚合物水泥腻子（聚醋酸乙烯乳液：水泥：水=1：5：1，质量比）修补其表面缺陷，严禁使用不耐水的大白腻子。

2) 混凝土内墙面一般采用乳液腻子（聚醋酸乙烯乳液：滑石粉或大白粉：2%羧甲基纤维素溶液：水=1：5：3：5，质量比）修补其表面缺陷。厨房、厕所、浴室等潮湿的房间采用耐擦洗及防潮、防火的涂料时，则应采用强度相应、耐火性能好的腻子。

3) 抹灰基层在嵌批腻子前常对基层汁胶或涂刷基层处理剂。汁胶的胶水应根据面层装饰涂料的要求而定：内墙水性涂料可采用30%左右的108胶水；油性涂料可用熟桐油加汽油配成清油涂刷，某些涂料配有专用的底漆或基层处理剂。待胶水或底漆干后，即可嵌批腻子。

4) 若腻子太厚，应分层刮批，干燥后用砂纸打磨整平，且应将表面的粉尘及时清扫干净。

(2) 薄、厚涂料施涂程序

1) 内墙、顶棚：清理基层→填补缝隙、局部刮腻子→磨平→第一遍满刮腻子→磨平→(第二遍满刮腻子→磨平) →第一遍涂料→(复补腻子→磨平) →第二遍涂料 (→磨平→第三遍涂料)。

括号里面程序为高级涂饰要求，必要时可增加刮腻子的遍数及1～2遍涂料；机械喷涂可不受遍数限制，以达到质量要求为准。溶剂型涂料施工还需在满刮腻子用干性油（即该涂料清漆的稀释液）打底。

2) 外墙：清理基层→填补缝隙、局部刮腻子→磨平→第一遍涂料→第二遍涂料。

(3) 复层涂料施涂程序

1) 外墙：清理基层→填补缝隙、局部刮腻子→磨平→施涂封底涂料→施涂主层涂料→滚压→第一遍罩面涂料→第二遍罩面涂料。

2) 内墙、顶棚：清理基层→填补缝隙、局部刮腻子→磨平→第一遍满刮腻子→磨平→第二遍满刮腻子→磨平→施涂封底涂料→施涂主层涂料→滚压→第一遍罩面涂料→第二遍罩面涂料。

3. 溶剂型涂料涂饰工程

溶剂型涂料有丙烯酸酯涂料、聚氨酯丙烯酸涂料和有机硅丙烯酸涂料等，一般适用于木材面涂饰，包括色漆（主要用于软木类，如松木等木材面涂饰）和清漆（主要用于硬材类，如榆木、水曲柳、柚木等木材面涂饰）。

（1）木质基层表面处理

木质基层表面除有木质素外，还含有油脂、单宁素等物质，从而影响了涂层的附着力和外观质量。木质基层表面常用的处理方法有以下几种：

1）干燥。新木材含有很多水分，在潮湿的空气中木材亦会吸收水分，因此施工前木材应放在通风良好的地方自然晾干或进入烘房低温烘干，使木材的含水率保持在8%～12%以内，以防涂层发生干裂、气泡和回黏等现象。

2）表面毛刺和污垢处理。表面毛刺可用火燎和湿润处理方法；表面污垢可用温水、肥皂水清洗，亦可用酒精、汽油等溶剂擦洗。表面松脂，可用溶剂溶解、碱液洗涤火烙铁烫铲等法清除；单宁素可用蒸煮法和隔离法去除。

3）磨光、找平。一般木制品表面应用腻子刮平，再用砂纸磨光，以满足表面平整的要求。

4）漂白。对浅色、本色的中、高级清漆装饰，应采用漂白的方法将木材的色斑和不均匀色调清除。即用排笔或油刷蘸漂白液均匀涂刷于木材表面，使其净白，然后用浓度为2%的肥皂水或稀盐酸溶液清洗，再用清水洗净。常用的漂白液有：

① 过氧化氢溶液。浓度为15%～30%的双氧水和25%浓度的氨水的混合溶液。

② 草酸溶液。结晶草酸、结晶硫代硫酸钠、结晶硼砂与水的混合溶液。

③ 次氯酸钠溶液。

④ 碳酸钠和双氧水溶液。

⑤ 二氧化硫溶液。

⑥ 漂白粉。

5）着色。为更好突现木材表面的自然纹路，常在木质基层表面涂刷着色剂。着色分水色、酒色和油色三种。水色可采用黄纳粉、黑纳粉等酸性染料溶解于热水中进行，其特点是能保持木纹清晰，但耐光照性能差，易产生褪色现象。酒色可在清虫胶清漆中掺入适量染料进行，着色后其表面透明，能清晰显露木纹，其耐光照性能好。油色可用氧化铁系材料、哈巴粉、锌钡白、大白粉等调入松香水中，再加入清油或清漆进行，其耐光照性能好，不易褪色，但其透明度较低。

6）润粉。润粉是指在木质基层面中，使用填孔材料填平管孔、封闭基层和适当着色。填孔材料分水性填孔料和油性填孔料两种，其质量配比，水性填孔料：大白粉65%～72%：水28%～36%：适量颜料；油性填孔料：大白粉60%：清油10%：松香水20%：煤油10%：适当颜料。

（2）木材面刷溶剂型混色涂料施工工艺流程

清扫、起钉子、除油污等→铲去树脂囊、修补平整→磨砂纸→结疤处点漆片→干性油或带色干性油打底→局部刮腻子、磨光→腻子处涂干性油→第一遍满刮腻子→磨光→（第二遍满刮腻子→磨光→刷涂底层涂料）→第一遍涂料→复补腻子→磨光→湿布擦净→第二遍涂料→（磨光→湿布擦净→第三遍涂料）。括号里面程序为高级涂饰要求。

（3）木材面刷涂清漆施工工艺流程

清扫、起钉子、除去油污等→磨砂纸→润粉→磨砂纸→第一遍满刮涂料→磨光→第二遍满刮涂料→磨光→刷色油→第一遍清漆→拼色→复补腻子→磨光→第二遍清漆→磨光→第三遍清漆（→木砂纸磨光→第四遍清漆→磨光→第五遍清漆→磨退→打砂蜡→打油蜡→擦亮）。括号里面程序为高级涂饰要求。

10.4.3 涂饰工程质量验收要点

1. 水性涂料涂饰工程（乳液型涂料、无机涂料、水溶性涂料等）

（1）主控项目

涂料的品种、型号和性能应符合设计要求；颜色、图案应符合设计要求；水性涂料涂饰工程应涂饰均匀、粘结牢固，不得漏涂、透底、起皮和掉粉；基层处理应符合规范要求。

（2）一般项目

1）颜色（均匀一致）；泛碱、咬色（普通：允许少量轻微；高级：不允许）。薄涂料：流坠、疙瘩；砂眼、刷纹；装饰线、分色线直线度允许偏差（普通 2mm；高级 1mm）。厚涂料：点状分布（高级：疏密均匀）。复合涂料：喷点疏密程度（均匀，不允许连片）。

2）涂层与其他装修材料和设备衔接处应吻合，界面应清晰。

2. 溶剂型涂料涂饰工程（丙烯酸酯涂料、聚氨酯丙烯酸涂料、有机硅丙烯酸涂料等）

（1）主控项目

选用涂料的品种、型号和性能应符合设计要求；溶剂型涂料涂饰工程的颜色、光泽、图案应符合设计要求；应涂饰均匀、粘结牢固，不得漏涂、透底、起皮和反锈；基层处理应符合规范要求。

（2）一般项目

1）色漆：颜色（均匀一致）；光泽、光滑（普通：基本均匀，无挡手感；高级：光泽均匀一致，光滑）；刷纹（普通：刷纹通顺；高级：无刷纹）；裹棱、流坠、皱皮（普通：明显处不允许；高级：不允许）；装饰线、分色线直线度允许偏差（普通 2mm；高级 1mm）。注：无光色漆不检查光泽。

2）清漆：颜色（均匀一致）；木纹（棕眼刮平、木纹清楚）；光泽、光滑（普通：基本均匀，无挡手感；高级：光泽均匀一致，光滑）；刷纹（无刷纹）；裹棱、流坠、皱皮（普通：明显处不允许；高级：不允许）。

3）涂层与其他装修材料和设备衔接处应吻合，界面应清晰。

10.5 吊顶工程

吊顶是悬吊式装饰顶棚的简称，系指在建筑结构层下部悬吊由骨架及饰面板组成的装饰构造层，如图 10-16 所示。

10.5.1 吊顶的分类与组成

1. 吊顶的分类

吊顶的分类方法很多。按结构形式的不同，吊顶可分为活动式装配吊顶、隐蔽式装配

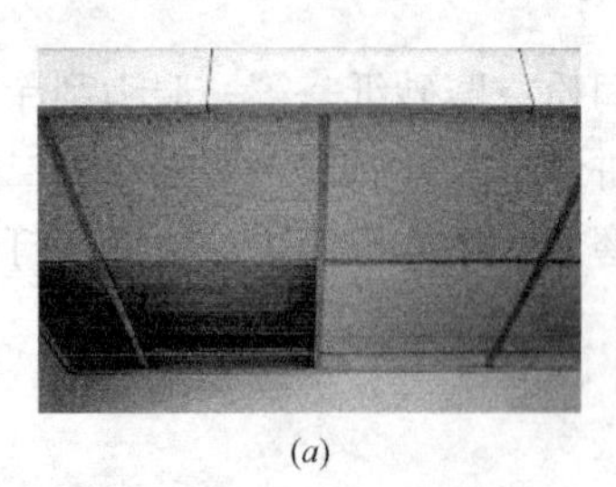
(a)

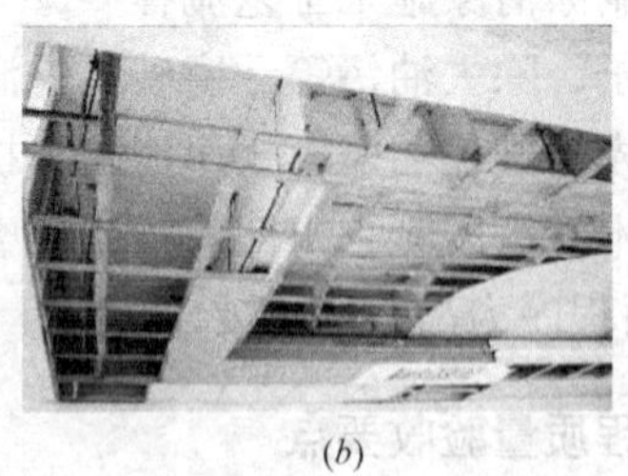
(b)

图 10-16 吊顶示意图
(a) 吊顶饰面板；(b) 吊顶骨架

吊顶、金属装饰板吊顶、开敞式吊顶和整体式吊顶等类型。

按骨架材料不同，吊顶可分为木龙骨吊顶和金属龙骨吊顶（轻钢龙骨和铝合金龙骨）两种类型。

按饰面材料不同，吊顶可分为石膏板吊顶、无机纤维板吊顶（矿棉吸声板、玻璃棉吸声板）、木质板吊顶（胶合板、纤维板）、塑料板吊顶（钙塑装饰板、聚氯乙烯塑料板）、金属装饰板吊顶（条形板、方板、格栅板）和采光板吊顶（玻璃、阳光板）等类型。

按承载能力不同，吊顶可分为上人吊顶和不上人吊顶两种类型。

按吊顶的装配特点和吊顶工程完成后的顶棚装饰效果，吊顶工程可分为明龙骨吊顶工程和暗龙骨吊顶工程两种。明龙骨吊顶，施工后顶棚饰面的龙骨框格外露；暗龙骨吊顶，施工后顶棚骨架被饰面板覆盖。

2. 吊顶的组成

吊顶顶棚主要是由悬挂系统、龙骨架、饰面层及其相配套的连接件和配件组成，其构造如图 10-17 所示。

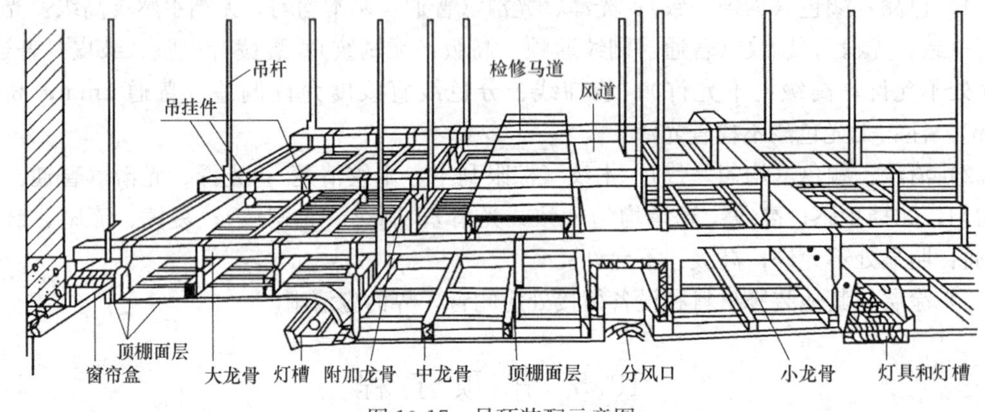

图 10-17 吊顶装配示意图

(1) 悬挂系统

吊顶悬挂系统包括吊杆（吊筋）、龙骨吊挂件。其作用是承受吊顶自重，并将荷载传递给建筑结构层。

吊顶悬挂系统的形式较多，应视吊顶荷载大小及龙骨种类来选择，图 10-18 为吊顶龙骨悬挂结构形式示意图。

(2) 龙骨架

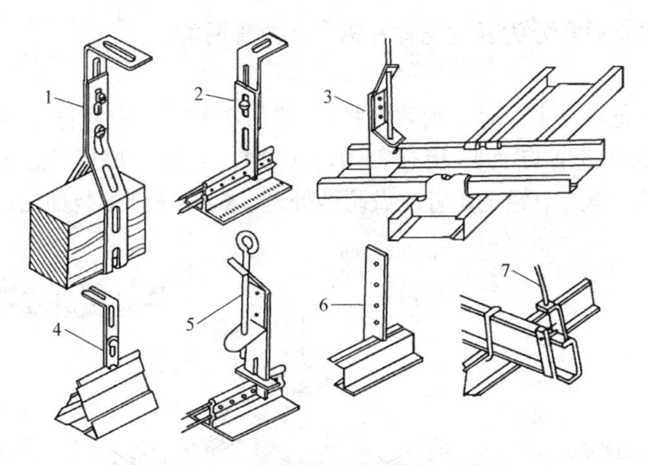

图 10-18　吊顶龙骨悬挂结构示意图

1—开孔扁铁吊杆与木龙骨；2—开孔扁铁吊杆与 T 形龙骨；3—伸缩吊杆与 U 形龙骨；4—开孔扁铁吊杆与三角龙骨；5—伸缩吊杆与 T 形龙骨；6—扁铁吊杆与 H 形龙骨；7—圆钢吊杆悬挂金属龙骨

吊顶龙骨架由主龙骨、覆面次龙骨、横撑龙骨及相关组合件、固结材料等连接而成。主龙骨是起主干作用的龙骨，是吊顶龙骨体系中主要的受力构件。次龙骨的主要作用是固定饰面板，为龙骨体系中的构造龙骨。一般吊顶造型骨架组合方式通常有双层龙骨构造和单层龙骨构造两种。

常用的吊顶龙骨分为木龙骨和轻金属龙骨两大类。

1）木龙骨

吊顶木龙骨架是由木制大、小龙骨拼装而成的吊顶造型骨架。当吊顶为单层龙骨时不设大龙骨，而用小龙骨组成方格骨架，用吊挂杆直接吊在结构层下部。木龙骨架组装如图 10-19 所示。

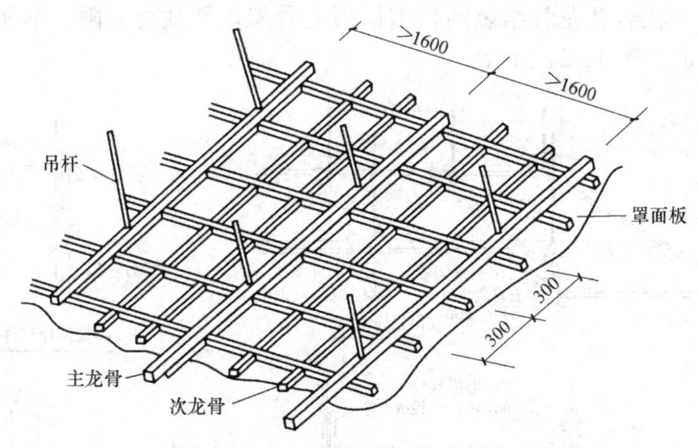

图 10-19　木龙骨组装示意图

2）轻金属龙骨

吊顶轻金属龙骨，是以镀锌钢带、铝带、铝合金型材、薄壁冷轧退火卷带为原料，经冷弯或冲压工艺加工而成的顶棚吊顶的骨架支承材料。其具有自重轻、刚度大、耐火性能好的优点。

吊顶轻金属龙骨通常分为轻钢龙骨和铝合金龙骨两类。

① 钢龙骨

轻钢龙骨由大龙骨（主龙骨、承载龙骨）、覆面次龙骨（中龙骨）、横撑龙骨及其相应的连接件组装而成。龙骨断面形状有U形、C形、Y形、L形等，常用型号有U60、U50、U38等系列，施工中轻钢龙骨应做防锈处理。轻钢龙骨组装如图10-20所示。

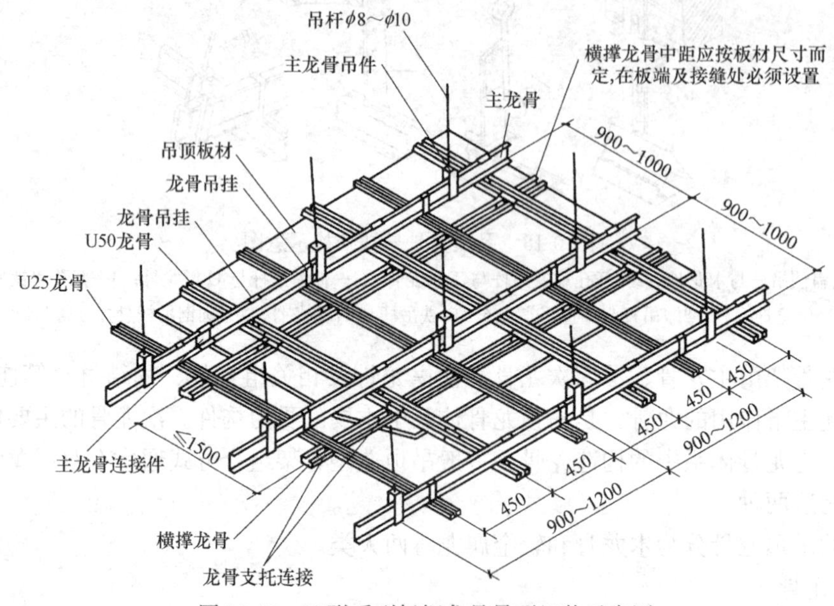

图10-20　U形系列轻钢龙骨吊顶组装示意图

② 铝合金龙骨

铝合金龙骨的断面形状多为T形、L形，分别作为覆面龙骨、边龙骨配套使用。

由L形、T形铝合金龙骨组装的轻型吊顶龙骨架，承载力有限，不能作为上人吊顶使用，其构造组成如图10-21所示。

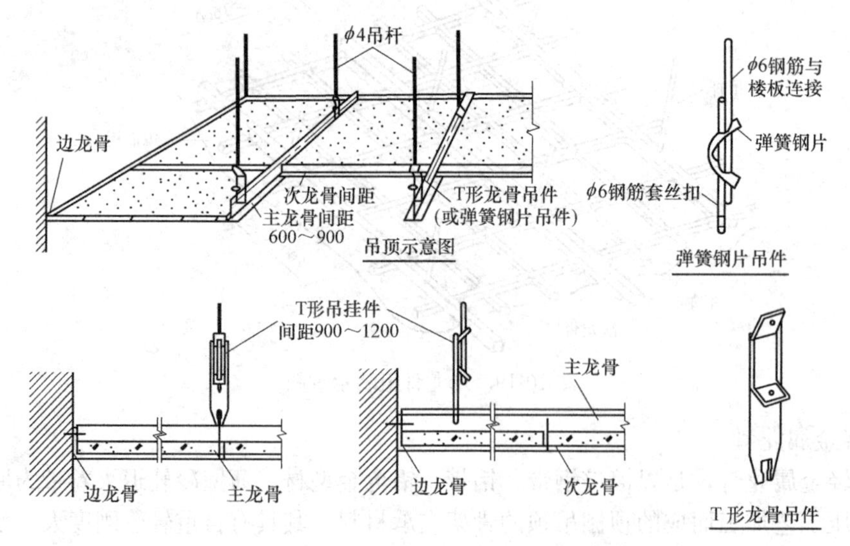

图10-21　L、T形装配式铝合金龙骨吊顶组成示意图

若采用U形轻钢龙骨作主龙骨（承载龙骨）与L、T形铝合金龙骨组装的形式，则可承受附加荷载，作为上人吊顶使用。

（3）饰面层

吊顶饰面层系指固定于吊顶龙骨架下部的罩面板材层。

罩面板材品种很多，常用的有胶合板、纸面石膏板、装饰石膏板、钙塑饰面板、金属装饰面板（铝合金板、不锈钢板、彩色镀锌钢板等）、玻璃及PVC饰面板等。饰面板与龙骨架底部可采用钉接或胶粘、搁置、扣挂等方式连接。

10.5.2 吊顶工程施工

1. 施工准备

（1）主要材料

1）龙骨

木龙骨：木龙骨的材质、规格应符合设计要求。其木材应经干燥处理，含水率不得大于18%。

金属龙骨：轻钢龙骨、铝合金龙骨及其配件均应符合设计要求，其数量应有适当备用。

2）罩面板

罩面板的材质、品种、规格、图案均应满足设计要求。

（2）作业条件

1）屋面或楼面的防水层已完工，并验收合格；

2）墙面抹灰完毕；

3）吊顶内各种管线及通风管道安装完毕；

4）地面湿作业完成；

5）墙面预埋木砖及吊筋数量、质量经检查符合要求；

6）搭设好安装吊顶的脚手架；

7）按设计要求，在四周墙面弹好吊顶罩面板水平标高线；

8）做好样板间。

2. 木龙骨吊顶工程施工工艺

（1）施工工艺流程

弹线→木龙骨处理→龙骨架拼接→安装吊点紧固件→龙骨架吊装→龙骨架整体调平→罩面板安装→压条安装→板缝处理。

（2）施工操作要点

1）弹线

弹线包括弹吊顶标高线、吊顶造型位置线、吊挂点定位线、大中型灯具吊点定位线。

① 弹吊顶标高线。首先在室内墙上弹出楼面+500mm水平线，以此为起点，借助灌满水的透明塑料软管定出顶棚标高，用墨斗于墙面四周弹出一道水平墨线，即为吊顶标高线。弹线应清晰、位置应准确，其偏差应控制在±5mm内。

② 确定吊顶造型线。一般采用找点法进行。即根据施工图纸，在墙面和顶棚基层间进行实测，找出吊顶造型边框的有关基本点，将各点相连于墙上弹出吊顶造型线。

③ 确定吊挂点位置线。平顶天棚，吊点分布的密度为 1 个/m²，且均匀排布；叠级造型天棚，分层交界处宜布置吊点，相邻吊点间的间距宜为 0.8～1.2m。

④ 确定大中型灯具吊点位置线。大中型灯具宜安排单独的吊点进行吊挂。

2）木龙骨处理

① 防腐处理

建筑装饰工程中所用木质龙骨材料，应按规定选材，实施在构造上的防潮处理，同时亦应涂刷防虫药剂。

② 防火处理

工程中木构件的防火处理，一般是将防火涂料涂刷或喷于木材表面，亦可把木材置于防火涂料槽内浸渍。防火涂料按其胶结性质不同，可分为油质防火涂料（内掺防火剂）、聚乙烯防火涂料、可赛银防火涂料、硅酸盐防火涂料等类型。

3）龙骨架的分片拼接

为便于安装，木龙骨吊装前一般先在地面进行分片拼接。

① 确定吊顶骨架需要分片或可以分片安装的位置和尺寸，根据分片的平面尺寸选取龙骨尺寸。

② 先拼接组合大片的龙骨骨架，再拼接小片的局部骨架。

③ 骨架的拼接按凹槽对凹槽的方法咬口拼接，拼口处涂胶并用圆钉固定，如图 10-22 所示。

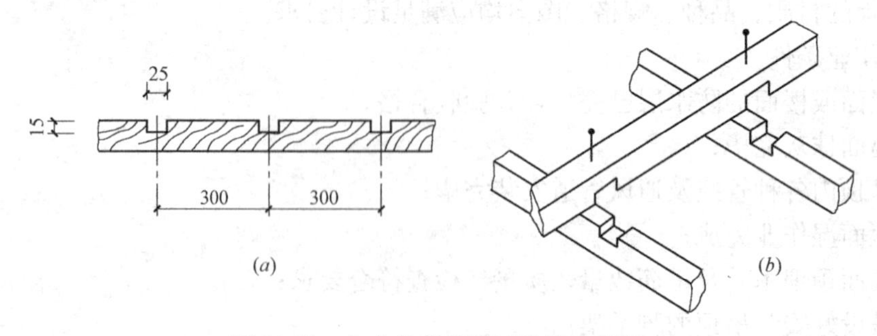

图 10-22 木龙骨利用槽口拼接示意图

4）安装吊点紧固件及固定边龙骨

① 安装吊点紧固件：吊顶吊点的紧固方式较多，预埋钢筋、钢板等预埋件者，吊杆与预埋件连接；无预埋件者，可用射钉或膨胀螺栓将角钢块固定于结构底面，再将吊杆与角钢连接；亦可采用一端带有膨胀螺栓的吊筋，如图 10-23 所示。

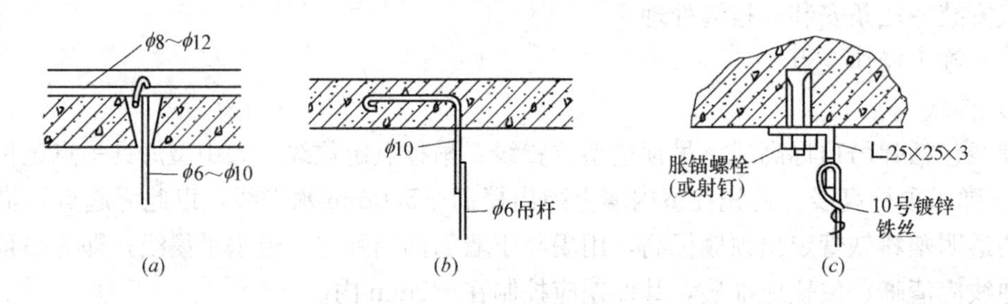

图 10-23 木龙骨吊顶的吊点紧固件安装

(a) 预制楼板内埋设通长钢筋，吊筋从板缝伸出；(b) 预制楼板内预埋钢筋；(c) 用胀锚螺栓或射钉固定角钢连接件

② 固定沿墙边龙骨：沿吊顶标高线固定边龙骨的方法，通常有以下两种。

方法一，沿吊顶标高线以上 10mm 处，在墙面钻孔，孔距 0.5～0.8m，孔内打入木楔，再将沿墙边布置的木龙骨钉固于墙上的木楔内。

方法二，先在沿墙边布置的木龙骨上打小孔，再将水泥钉通过小孔将龙骨钉固于混凝土墙面，此法不适宜于砖墙面。

木龙骨钉固后，其底面必须与吊顶标高线保持齐平，龙骨应牢固可靠。

5）龙骨架吊装

① 分片吊装：将拼接组合好的木龙骨架托起至吊顶标高位置，先做临时固定。安装高度在 3m 以内时，可用高度定位杆作支撑，临时固定木龙骨架；安装高度超过 3m 时，可用铁丝绑在吊点上临时固定木龙骨架。再根据吊顶标高线拉出纵横水平基准线，进行整片龙骨架调平，然后就将其靠墙部分与沿墙边龙骨钉接。

② 龙骨架与吊点固定：木骨架吊顶的吊杆，常采用的有木吊杆、角钢吊杆和扁铁吊杆，如图 10-24 所示。

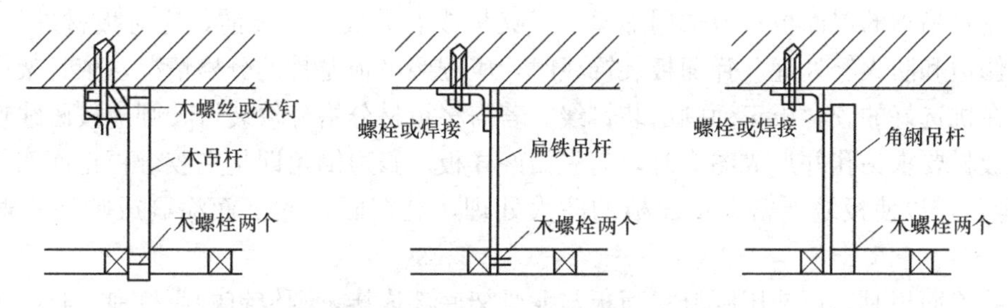

图 10-24　木骨架吊顶常用吊杆类型

采用木吊杆时，为便于调整高度，木枋吊杆的长度应比实际需要的长度长 100mm。采用角钢吊杆和扁铁吊杆时，应在其端头钻 2～3 个孔以便调节高度。吊杆与龙骨架连接完毕后，应截去伸出木龙骨底面的长度，使其与底面齐平。

③ 龙骨架分片间的连接。分片龙骨架在同一平面对接时，应将其端头对正，然后用短木方钉于对接处的侧面或顶面进行加固，如图 10-25 所示。荷载较大部位的骨架分片间的连接，应选用铁件进行加固。

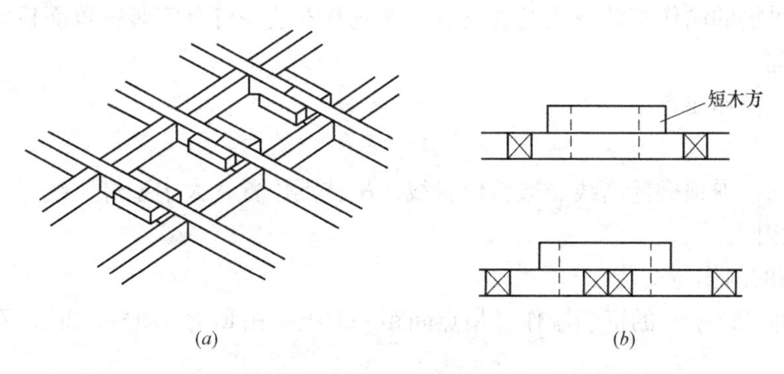

图 10-25　木龙骨对接固定示意图

(a) 短木方固定于龙骨侧面；(b) 短木方固定于龙骨上面

④ 叠级吊顶上、下层龙骨架的连接。叠级吊顶，一般是自高而下开始吊装，吊装与

调平的方法同前。其高低面间的衔接，可先用一根斜向木枋将上、下龙骨定位，再通过垂直方向的木枋把上、下两平面的龙骨架固定连接，如图 10-26 所示。

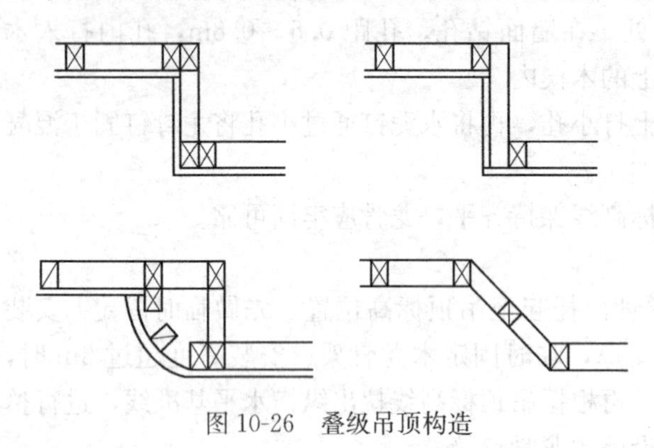

图 10-26　叠级吊顶构造

6）龙骨架整体调平

当各分片吊顶龙骨架安装就位后，对于吊顶面需要设置的送风口、检修孔、内嵌式吸顶灯盘及窗帘盒等装置，需在其预留位置处加设骨架，进行必要的加固处理。然后在整个吊顶面下拉设十字交叉标高线，以检查吊顶面的平整度。为平衡饰面板重量，减少吊顶视觉上的下坠感，吊顶还应按其跨度的 1/200 起拱。

7）罩面板安装

木龙骨吊顶的罩面板一般选用加厚的三夹板或五夹板。安装前，应对板材进行弹线、切割、修边和防火等处理。弹面板装饰线时，应按照吊顶龙骨的分格情况，依骨架中心线尺寸，在挑选好的胶合板正面画出装钉线。若需将板材分格分块装钉，则应按画线切割面板，在板材要求钻孔并形成图案时，需先做好样板。修边倒角即是在胶合板正面四周，刨出 45°斜角，以使板缝严密。罩面板的防火处理，是在面板的反面涂刷或喷涂三遍防火涂料。

安装罩面板时，可使用圆钉将面板与龙骨架底部连接，圆钉钉帽应打扁，且冲入板面 0.5～1mm，亦可采用射钉枪进行钉固。安装顺序宜由顶棚中间向两边对称排列进行，整幅板材宜安排在重要的大面，裁割板材应安排在不显眼的次要部位。

8）压条安装与板缝处理

顶棚四周应钉固压条，以防龙骨架收缩使顶棚与墙面之间出现离缝。板材拼接处的板缝一般处理成立槽缝或斜槽缝，亦可不留缝槽，而用纱布、棉纱等材料粘贴缝痕。

3. 轻钢龙骨吊顶工程施工工艺

（1）施工工艺流程

弹线→吊筋的制作安装→主龙骨安装→次龙骨安装→灯具安装→罩面板安装→压条安装→板缝处理。

（2）施工操作要点

1）弹线

弹线包括：弹顶棚标高线、造型位置线、吊挂点位置、大中型灯位线等。方法与木龙骨吊顶工程相同。

2）吊筋的制作与安装

吊筋宜用 $\phi6$～$\phi10$ 的钢筋制作，吊点间距一般上人吊顶为 0.9～1.2m，不上人吊顶为 1.2～1.5m。

吊筋与结构层的固定可采用预埋件、射钉或膨胀螺栓固定的方法。现浇混凝土楼板或预制空心板宜采用预埋件或膨胀螺栓固定方式；预制大楼板可采用射钉枪将吊点铁固定。吊筋下端应套螺纹，并配好螺母，螺纹外露长度不小于 3mm。

上人吊顶吊筋安装方法如图 10-27 所示；不上人吊顶吊筋安装方法如图 10-28 所示。

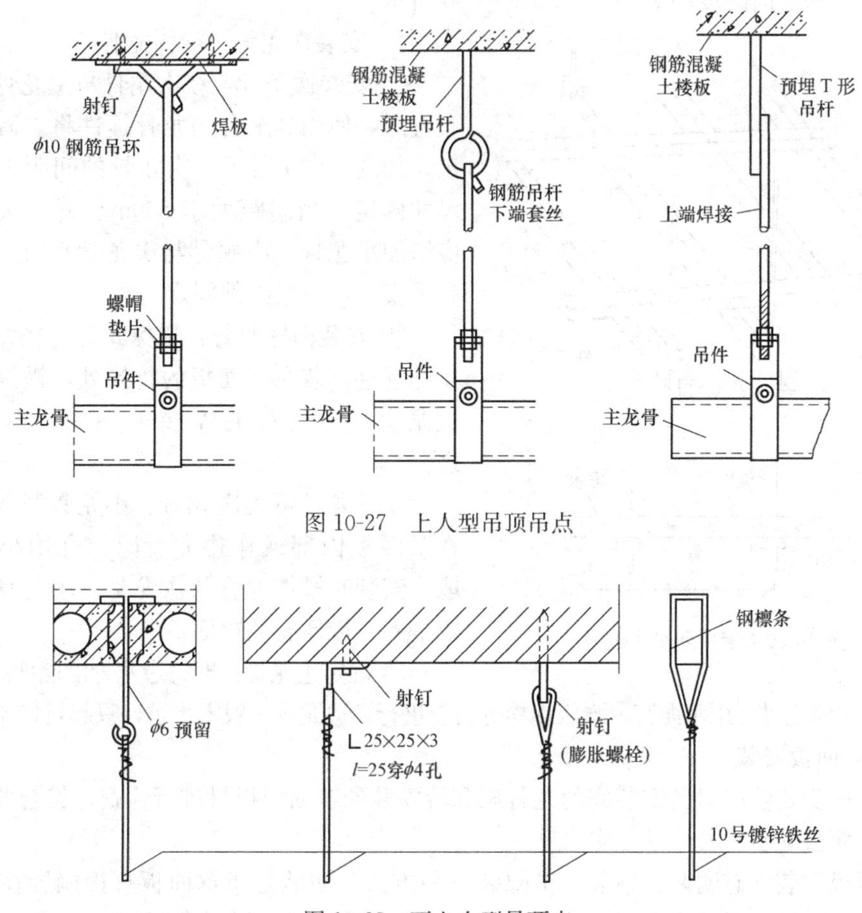

图 10-27　上人型吊顶吊点

图 10-28　不上人型吊顶点

3）主龙骨安装与调平

① 主龙骨安装：将主龙骨与吊杆通过垂直吊挂件连接，使其按弹线位置就位。上人吊顶的悬挂，是用吊环将主龙骨箍住，并拧紧螺母固定；不上人吊顶的悬挂，可用挂件卡在主龙骨的槽中，如图 10-29 所示。

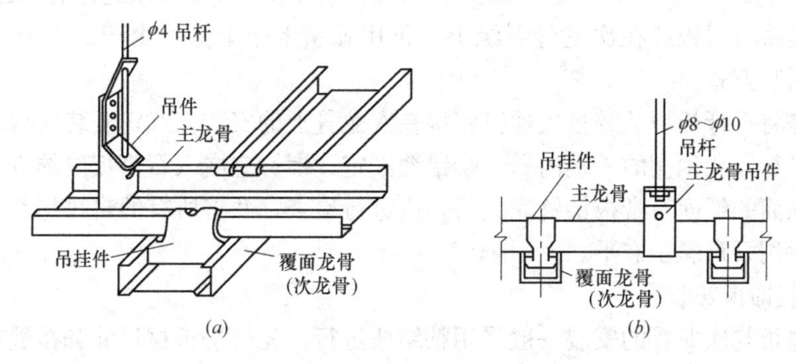

图 10-29　主龙骨与次龙骨的连接

(a) 不上人吊顶；(b) 上人吊顶

② 主龙骨架的调平：主龙骨安装就位后应进行调平，龙骨中间部位应起拱，起拱高度不小于房间短向跨度的1/200，如图10-30所示。

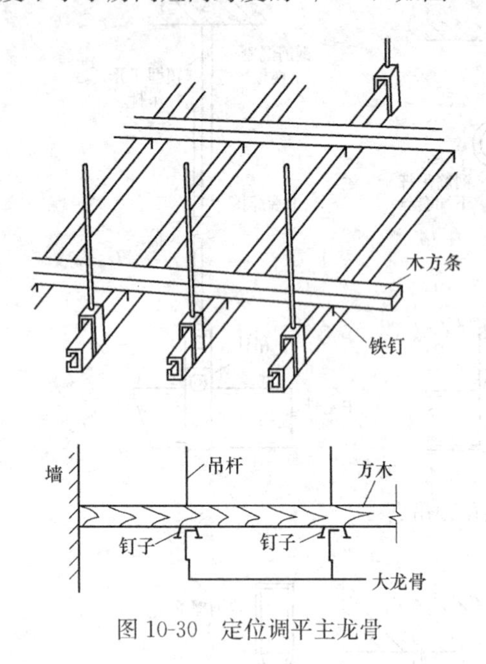

图10-30 定位调平主龙骨

4）安装次龙骨、横撑龙骨

① 安装次龙骨：在次龙骨与主龙骨的交叉布置点，使用其配套的龙骨挂件将二者连接固定，如图10-29所示。次龙骨的间距由罩面板尺寸确定，当间距大于800mm时，次龙骨间应增加小龙骨，小龙骨与次龙骨平行，与主龙骨垂直，用小吊挂件固定。

② 安装横撑龙骨：横撑龙骨与次龙骨、小龙骨垂直，装在罩面板的拼接处，横撑龙骨与次龙骨、小龙骨的连接采用中、小接插体进行。

横撑龙骨可用次龙骨、小龙骨截取，对装在罩面板内部或作边龙骨时，宜用小龙骨截取。安装时横撑龙骨与次龙骨、小龙骨的底面应平齐，以便安装罩面板。

③ 固定边龙骨：即将边龙骨沿墙面或柱面标高线钉牢。固定时可用水泥钉、膨胀螺栓等材料进行。边龙骨一般不承重，只起封口作用。

5）罩面板安装

罩面板安装前应对已安装完的龙骨架和待安装的罩面板板材进行检查，符合要求后方可进行罩面板安装。

罩面板安装常有明装、暗装、半隐装三种方式。明装是指罩面板直接搁置在T形龙骨两翼上，纵横T形龙骨架均外露。暗装是指罩面板安装后骨架不外露。半隐装是指罩面板安装后外露部分骨架。

① 纸面石膏板安装

纸面石膏板是轻钢龙骨吊顶常用的罩面板材，其与次龙骨的连接方式有挂接式、卡接式和钉接式三种。

挂接式是将石膏板周边加工成企口缝，然后挂在倒T形或工字形次龙骨上，是暗装方式。

卡接式是将石膏板放在次龙骨翼缘上，再用弹簧卡子卡紧，由于次龙骨露于吊顶面外，则属于明装方式。

钉接式是将石膏板用镀锌自攻螺钉钉接在次龙骨上的安装方式，安装时要求石膏板长边与主龙骨平行，从顶棚的一端向另一端错缝固定，螺钉应嵌入石膏板内约0.5～1mm。

整个吊顶面的纸面石膏板铺钉完成后，应进行检查，并将所有的自攻螺钉的钉头做防锈处理，然后用石膏腻子嵌平。

② 钙塑装饰板安装

钙塑装饰板与次龙骨的安装一般采用粘结法进行。先应按板材尺寸和接缝宽度在小龙骨上弹出分块线。再将钙塑板材套在一个自制的木模框内，用刀将其裁成尺寸一致、边棱整齐的板块。粘贴板块时，应先将龙骨的粘贴面清扫干净，将胶粘剂均匀涂刷在龙骨面和钙塑板面，静置 3～4min 后，将板块对准控制线沿周边均匀托压一遍，再用小木条托压，使其粘贴紧密，被挤出的胶液应及时擦净。

钙塑板粘贴完之后，应用胶粘剂拌合石膏粉调成腻子，用油灰刀将板缝和坑洼、麻点等处刮平补实。板面污迹应用肥皂水擦净，再用清水抹净。

③ 金属板材安装

金属装饰板吊顶是用 L、T 形轻钢龙骨或金属嵌龙骨、条板卡式龙骨作龙骨架，用 0.5～1.0mm 厚的压型薄钢板或铝合金板材作罩面材料的吊顶体系。金属装饰板吊顶的形式有方板吊顶和条板吊顶两大类。

金属方板的安装有搁置式和卡入式两种。搁置式是将金属方板直接搁置在次龙骨上，搁置安装后的吊顶面形成格子式离缝效果，如图 10-31 所示。卡入式是将金属方板卡入带卡簧的次龙骨上，如图 10-32 所示。

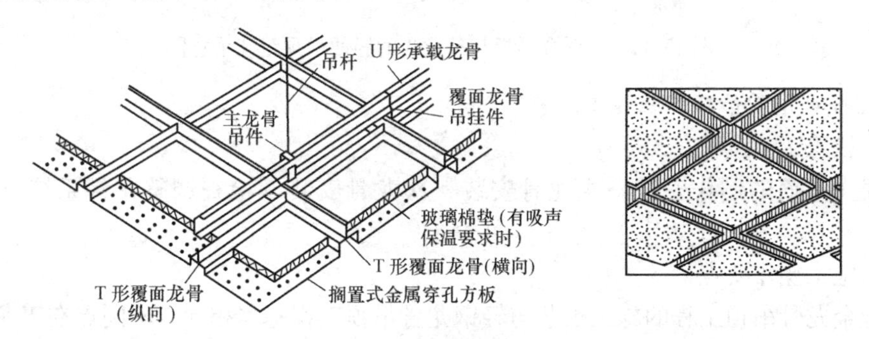

图 10-31　方形金属吊顶板搁置式安装示意及效果

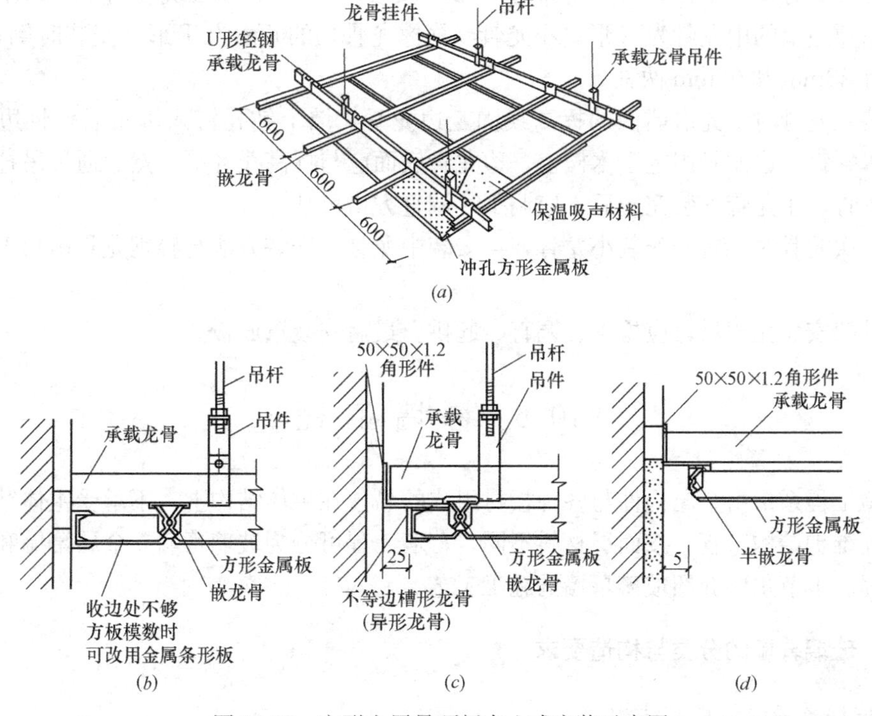

图 10-32　方形金属吊顶板卡入式安装示意图

(*a*) 有主龙骨的吊顶装配形式；(*b*)、(*c*)、(*d*) 方形金属板吊顶与墙、柱等的连接节点构造示例安装金属条板时，一般无需各种连接件，只需将条形板卡扣在特制的条龙骨内，即可完成安装，如图10-33所示。

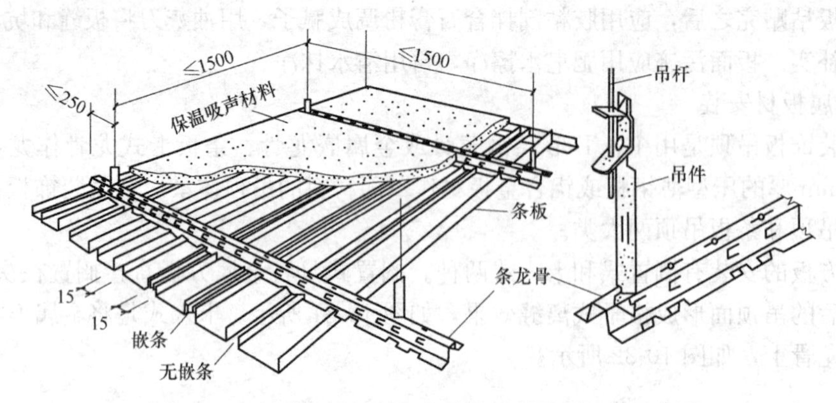

图10-33　条形金属板与条龙骨的轻便吊顶组装示意图

4. 铝合金龙骨吊顶工程施工工艺

(1) 施工工艺流程

弹线→吊筋的制作安装→主龙骨安装→次龙骨安装→检查调整龙骨系统→罩面板安装。

(2) 施工操作要点

铝合金龙骨吊顶工程的施工工艺与轻钢龙骨吊顶工程基本相同，不同点在于龙骨架的安装。

铝合金龙骨多为中龙骨，其断面为T形（安装时倒置），断面高度有32mm和35mm两种，吊顶边上的中龙骨为L形。小龙骨（横撑龙骨）的断面为T形（安装时倒置），断面高度有23mm和32mm两种。

安装主龙骨时，先沿墙面的标高线固定边龙骨，墙上钻孔钉入木楔后，将边龙骨钻孔，用木螺钉将边龙骨固定于木楔上，边龙骨底面应与标高线齐平。然后通过吊挂件安装其他主龙骨。主龙骨安装完毕后，应调平、调直方格尺寸。

安装次龙骨时，宜先安装小龙骨，再安装中龙骨，安装方法与轻钢龙骨吊顶工程基本相似。

龙骨架安装完毕后，应检查、调直、起拱。最后安装罩面板。

10.6　幕墙工程

幕墙工程系指由金属构件与各种板材组成的悬挂在主体结构上，不承受主体结构荷载的建筑外维护结构工程。按面层材料不同，幕墙工程可分为玻璃幕墙、金属幕墙和石材幕墙等工程。本节主要介绍玻璃幕墙的施工工艺。

10.6.1　玻璃幕墙的分类与构造要求

1. 玻璃幕墙的组成与结构

玻璃幕墙一般由固定玻璃的骨架、连接件、嵌缝密封材料、填衬材料和幕墙玻璃等部分组成。

玻璃幕墙的结构体系分露骨架（明框）结构体系、不露骨架（隐框）结构体系和无骨架结构体系三类。其骨架可以采用型钢骨架、铝合金骨架和不锈钢骨架等。

2. 玻璃幕墙的分类

（1）按构造和组合形式分类

玻璃幕墙按照其构造和组合形式不同，可分为全隐框玻璃幕墙、半隐框玻璃幕墙（包括竖隐横不隐和横隐竖不隐）、明框玻璃幕墙、支点式（挂架式）玻璃幕墙和无骨架玻璃幕墙（结构玻璃）等类别，如图 10-34 所示。

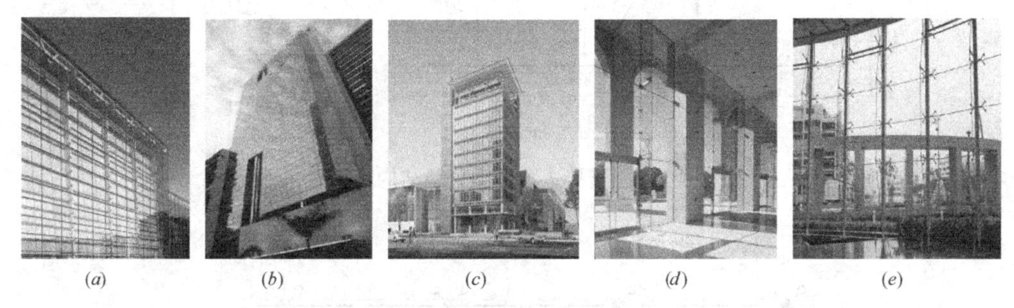

图 10-34　玻璃幕墙示意图

（*a*）明框玻璃幕墙；（*b*）隐框玻璃幕墙；（*c*）半隐框玻璃幕墙；（*d*）全玻璃幕墙；（*e*）架式（点支式）玻璃幕墙

1）明框玻璃幕墙：系指玻璃镶嵌在骨架内，四边都有骨架外露的幕墙。

2）隐框玻璃幕墙：系指玻璃用结构硅酮胶粘结在骨架上，骨架全部隐蔽在玻璃背面的幕墙。

3）半隐框玻璃幕墙：系指玻璃两对边嵌在骨架内，另两对边用结构胶粘结在骨架上，成为立柱外露、横梁隐蔽的竖框横隐玻璃幕墙或横梁外露、竖框隐蔽的竖隐横框玻璃幕墙。

4）无骨架玻璃幕墙：亦称为全玻璃幕墙，系指大面积使用玻璃板，且支承结构也采用玻璃肋的玻璃幕墙。当玻璃幕墙高度不大于 4.5m 时，可直接以下部结构为支承，如图 10-35 所示；超过 4.5m 的全玻璃幕墙，宜在上部悬挂，玻璃肋可通过结构硅酮胶与面层玻璃粘合，如图10-36 所示。

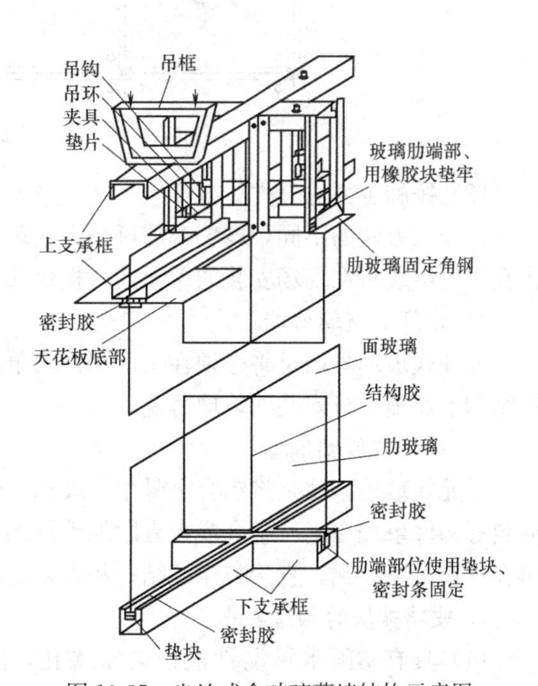

图 10-35　坐地式全玻璃幕墙结构示意图

5）架式玻璃幕墙：亦称点支式玻璃幕墙，系指采用四爪式不锈钢挂件与立柱焊接，挂件的每个爪同时与相邻的四块玻璃的小孔相连接的玻璃幕墙，如图 10-37 所示。

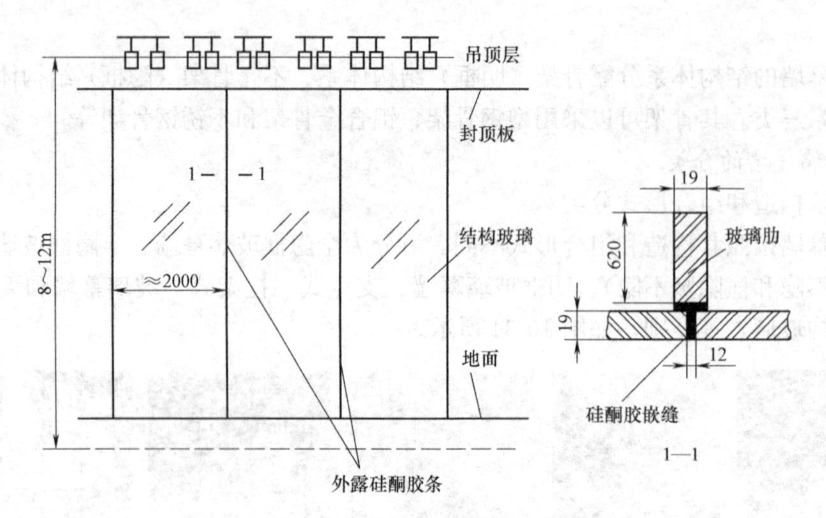

图 10-36　悬挂式全玻璃幕墙结构示意图

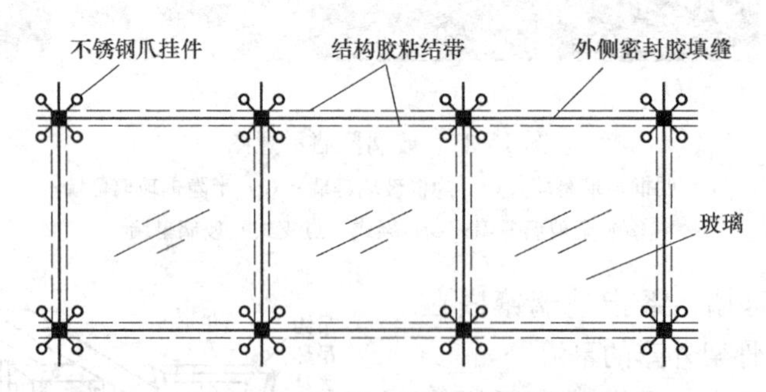

图 10-37　挂架式玻璃幕墙示意图

（2）按施工方法分类

按施工方法的不同，玻璃幕墙可分为在现场安装组合的元件式（分件式）玻璃幕墙和先在工厂组装再在现场安装的单元式（板块式）玻璃幕墙两类。

1）元件式玻璃幕墙

元件式玻璃幕墙是将必须在工厂制作的单件材料和其他材料运至施工现场，直接在建筑结构上逐渐进行安装的玻璃幕墙。

2）单元式玻璃幕墙

单元式玻璃幕墙是将铝合金骨架、玻璃、垫块、保温材料、减震和防水材料以及装饰面料等构件事先在工厂组合成带有附加铁件的幕墙单元，用专用运输车运到施工现场后，再在现场吊装装配，直接与建筑结构相连接的玻璃幕墙。

3. 玻璃幕墙的构造要求

（1）具有防雨水渗漏性能：设泄水孔，使用耐候嵌缝密封材料，如氯丁胶、砖橡胶等；

（2）设冷凝水排出管道；

（3）不同金属材料接触处，应设置绝缘垫片，且采取防腐措施；

（4）立柱与横梁接触处，应设柔性垫片；

（5）隐框玻璃拼缝宽不宜小于 15mm，作为清洗机轨道的玻璃竖缝不小于 40mm；

（6）幕墙下部需设置绿化带，入口处应设置雨篷；

（7）设置防撞栏杆；

（8）玻璃与楼层隔墙处缝隙填充料应用不易燃烧的材料；

（9）玻璃幕墙自身应形成防雷体系，且应与主体结构防雷体系连接。

10.6.2 玻璃幕墙的材料要求

玻璃幕墙的主要材料包括玻璃、骨架材料、结构胶及密封材料、防火和保温材料等。由于幕墙面积大、多用于高层建筑，既要承受自身重量，还需承受风荷载、地震荷载和温度应力的作用，因此幕墙必须安全可靠，所用的材料应符合相关规范要求。

1. 骨架材料

骨架材料主要有钢材和铝合金型材。

（1）材料进场，施工单位应提供材料的产品合格合格证、型材力学性能报告，资料不能进场使用。

（2）材料的外观质量应符合要求。材料表面不应有皱纹、裂纹、气泡、结疤、泛锈、夹杂和折叠等缺陷。

（3）材料尺寸应符合设计要求。铝合金型材的最小壁厚应不小于3mm，型材长度在6m内时，其长度偏差应为±15mm；钢材的最小壁厚不得小于3.5mm。壁厚宜用游标卡尺检验。

（4）钢材表面应进行防腐处理。采用热镀锌处理时，膜厚应大于45μm；采用静电喷涂时，膜厚应大于40μm。

2. 玻璃

用于玻璃幕墙的玻璃品种主要有：中空玻璃、钢化玻璃、半钢化玻璃、夹层玻璃、吸热玻璃等，为减少玻璃幕墙的眩光和辐射热，宜在玻璃内侧镀膜，形成热反射浮法镀膜玻璃。

（1）材料进场前，应提供玻璃产品合格证、中空玻璃的检测报告、热反射玻璃的力学性能报告，资料不全者不得进场使用。

（2）玻璃的外观质量符合要求。其品种、规格、颜色、光学性能、安装方向、厚度、边长、应力和边缘处理情况等指标，应符合设计要求。

（3）玻璃边缘应进行机械磨边、倒棱、倒角，处理精度应符合设计要求。

（4）玻璃厚度不宜小于6mm，全玻璃幕墙的玻璃厚度不应小于12mm。

（5）中空玻璃的规格宜为：6＋(9、12)＋5mm、6＋(9、12)＋6mm和8＋(9、12)＋8mm。

3. 结构胶和密封材料

玻璃幕墙使用的密缝胶主要有结构密缝胶、耐候密缝胶、中空玻璃二道密缝胶、管道防火密缝胶等类型。结构密缝胶必须采用中性硅酮结构密缝胶，耐候胶必须是中性单组分胶，不得采用酸碱性胶。

10.6.3 玻璃幕墙的施工工艺

1. 作业条件与主要施工工具

（1）施工工具

玻璃幕墙的施工工具主要有：手动真空吸盘、电动吸盘、牛皮带、电动吊篮、嵌缝枪、撬板、竹签、滚轮、热压胶带、电炉等。

（2）作业条件

① 应编制幕墙施工组织设计，并严格按施工组织设计的顺序进行施工。

② 幕墙应在主体结构施工完毕后开始施工。

③ 幕墙施工时，原主体结构施工搭设的外脚手架宜保留，并根据幕墙施工的要求进行必要的拆改。

④ 幕墙施工时，应配备安全可靠的起重吊装工具和设备。

⑤ 当装修分项工程可能对幕墙造成污染或损伤时，应将该分项工程安排在幕墙施工之前施工，或对幕墙采取可靠的保护措施。

⑥ 不应在大风大雨气候下进行幕墙的施工。

⑦ 应在主体结构施工时控制和检查各层楼面的标高、边线尺寸和固定幕墙的预埋件位置是否符合设计要求，且在幕墙施工前进行复验。

2. 玻璃幕墙安装的基本要求

（1）应采用（激光）经纬仪、水平仪、线锤等仪器工具，在主体结构上逐层投测框料与主体结构连接点的中心位置，X、Y 和 Z 轴三个方向位置的允许偏差为± 1.0mm。

（2）对于元件式幕墙，如玻璃为钢化玻璃、中空玻璃等现场无法裁割的玻璃，应事先检查玻璃的实际尺寸。

（3）按测定的连接点中心位置固定连接件，确保牢固。

（4）单元式幕墙安装宜由下往上进行，元件式幕墙框料宜由上往下进行安装。

（5）当元件式幕墙框料或单元式幕墙各单元与连接件连接后，应对整幅幕墙进行检查和纠偏，然后应将连接件与主体结构（包括用膨胀螺栓锚固）的预埋件焊牢。

（6）元件式幕墙的间隙用 V 形和 W 形或其他类型胶条密封，嵌填密实，不得遗漏。

（7）元件式幕墙应按设计图纸要求进行玻璃安装。玻璃安装就位后，应及时用橡胶条等嵌填块料与边框固定，不得临时固定或明摆浮搁。

（8）玻璃周边各侧的橡胶条应各为单根整料，在玻璃角部断开。橡胶条型号应无误，镶嵌平整。

（9）橡胶条外涂敷的密封胶，品种应无误，应密实均匀，不得遗漏，外表应平整。

（10）单元式幕墙各单元的间隙、元件式幕墙的框架料之间的间隙、框架料与玻璃之间的间隙，以及其他间隙，应按设计图纸要求留够。

（11）镀锌连接件施焊后应去掉药皮，镀锌面受损处焊缝表面应刷两道防锈漆。

（12）应按设计图纸规定的节点构造要求，进行幕墙的防雷接地、防火处理和收口部位的安装。

（13）清洗幕墙的洗涤剂应对铝合金型材镀膜、玻璃及密封胶条无侵蚀作用，且应及时用清水将其冲洗干净。

3. 施工工艺流程

（1）单元式玻璃幕墙

单元式玻璃幕墙安装的工艺流程为：测量放线→检查预埋 T 形槽位置→穿入螺钉→固定牛腿→牛腿找正→牛腿精确找正→焊接牛腿→将 V 形和 W 形胶带大致挂好→起吊幕

墙并垫减震胶垫→紧固螺栓→调整幕墙平直→塞入和热压防风带→安设室内窗台板、内扣板→填塞与梁、柱间的防火、保温材料。

(2) 元件式玻璃幕墙

1) 明框玻璃幕墙

明框玻璃幕墙安装的工艺流程为：检验、分类堆放幕墙部件→测量放线→主次龙骨装配→楼层紧固件安装→安装主龙骨（竖杆）并找平、调整→安装次龙骨（横杆）→安装保温镀锌钢板→在镀锌钢板上焊铆螺钉→安装层间保温矿棉→安装楼层封闭镀锌板→安装单层玻璃窗密封条→安装单层玻璃→安装双层中空玻璃密封条→安装双层中空玻璃→安装侧压力板→镶嵌密封条→安装玻璃幕墙铝盖条→清扫→验收、交工。

2) 隐框玻璃幕墙

隐框玻璃幕墙安装的工艺流程为：测量放线→固定支座的安装→立柱、横杆的安装→外围护结构组件的安装→外围护结构组件间的密封及周边收口处理→防火隔层的处理→清洁及其他。

3) 支点式（挂架式）幕墙

支点式（挂架式）玻璃幕墙安装的工艺流程为：测量放线→规定立柱和边框→焊接挂件→安装玻璃→镶嵌密封条→清扫及其他。

4) 全玻璃幕墙

全玻璃幕墙（无骨架玻璃幕墙）安装的工艺流程为：测量放线→安装上部钢架→安装下部和侧面嵌槽→玻璃肋、玻璃板安装就位→嵌固密封胶→表面清洗和验收。

4. 施工操作要点

(1) 测量放线

首先应复核主体结构的定位轴线和±0.000的标高位置是否正确，再按设计要求于底层地面上确定幕墙的定位线和分格线位置。

测设时，采用固定在钢支架上的钢丝线作为测量控制线，借助经纬仪或激光铅垂仪将幕墙的阳角和阴角位置上引；再用水准仪和皮尺引出各层的标高线，然后再确定每个立面的中线。

弹线时，依据建筑物轴线位置和设计要求，以立面竖直中心线为基准向左、右两侧测设基准竖线，以确定竖向龙骨位置；水平方向以立面水平中心线为基准向上、下测设各层水平线，然后用水准仪抄平横向节点的标高。

测量放线完毕后，应定时校核控制线，其误差应控制在允许的范围内，误差不得累积。

(2) 调整、后置预埋件

连接幕墙与主体结构的预埋件，应采用在主体结构施工时预埋的方式进行。预埋件位置应满足设计要求，其偏差不得大于±20mm。偏差过大时，应注意调整；当漏埋预埋件时，可采取后置钢锚板加锚固螺栓的措施，且通过试验保证其承载力。

(3) 安装连接件

连接玻璃幕墙骨架与预埋件的钢构件一般采用 X、Y、Z 三个方向均可调节的连接件。连接件应与预埋件上的螺栓牢固连接，螺栓应有防松动措施，表面应作防腐处理。

由于连接件可调整，因此对预埋件埋设位置的精度要求不高，安装骨架时，上、下、左、右位置可自由调整，幕墙平面的垂直度易获得满足。

(4) 安装主龙骨（立柱）

先将立柱与连接件用对拉螺栓连接，连接件再与主体结构上预埋件连接，立柱和连接件应加设防腐隔离垫片，经校核调整后固定紧。

立柱间的连接常采用铝合金套筒。立柱插入套筒内的长度不得小于200mm，上、下立柱间的间隙不得小于10mm，立柱的最上端应与主体结构预埋件上的连接件固定。

立柱长度一般为一层楼高，上、下立柱间用铝合金套筒连接后，形成铰接点，构成为变形缝，从而消除了幕墙的挠度变形和温度变形对幕墙造成的不利影响，确保了幕墙的安全、耐久。

(5) 安装次龙骨（横梁）

横梁一般分段与立柱连接。同一层横梁安装应自下向上进行，安装完一层高度后，应检查安装质量，调整、校正后，再进行固定。横梁与立柱间连接处应设置弹性橡胶垫片，橡胶垫片应有足够的弹性变形能力，以消除横向热胀冷缩变形造成的横竖杆间的摩擦响声。

(6) 安装玻璃

安装玻璃前，应将龙骨和玻璃表面清理干净，镀膜玻璃的镀膜层应朝向室内，以防其氧化。玻璃安装方法有压条嵌实、直接钉固玻璃组合件等多种。

明框玻璃幕墙一般采取压条嵌实的方法。玻璃四周应与龙骨凹槽保留一定距离，不得与龙骨件直接接触，以防玻璃因温度变形开裂，龙骨凹槽底部应设置不少于两块的弹性定位垫块，垫块宽度与凹槽宽度相同，长度不小于100mm，厚度不小于5mm，龙骨框架凹槽与玻璃间的缝隙应用橡胶压条嵌实，再用耐候胶嵌缝。

隐框、半隐框玻璃幕墙采用直接钉固玻璃组合件的方法，即借助铝压板用不锈钢螺钉直接固定玻璃组合件。每块玻璃下应设置两个不锈钢或铝合金托条，托条长度不小于100mm、厚度不小于2mm，托条外端应低于玻璃表面2mm。

(7) 拼缝密封

玻璃幕墙的密封材料常用耐候性硅酮密封胶。拼缝密封时，密封胶应在缝内两相对面粘结，不得三面粘结，较深的槽口应先嵌填聚乙烯泡沫条，泡沫条表面应低于玻璃外表面5mm左右。密封胶施工厚度应大于3.5mm，注胶后胶缝应饱满，表面光滑细腻。

(8) 玻璃幕墙与主体结构间的缝隙处理

玻璃幕墙四周与主体结构间的缝隙，应采用防火保温材料填缝，再用密封胶连接封闭。

10.7 门窗工程

常用门窗材料有木、钢、铝合金、塑料、玻璃等。木门窗制作简易，适于手工加工，是一直被广泛采用的一种形式。钢门窗强度高、断面小、挡光少、能防火，所用钢门窗型材经不断改进，形成多种规格系列产品。普通钢门窗易生锈、重量大、导热系数较高。现在新型发展起来的镀塑钢门窗、彩板钢门窗、中空塑钢窗都大大改善了钢门窗的防蚀和节能性能，已在新建住宅中推广使用。

铝合金门窗质轻、挺拔精致、密闭性能好，在要求较高的房屋中已广泛采用。但铝合金导热系数大，保温较差且造价偏高。目前用绝缘性能较好的材料，如塑料做隔离层制成的塑铝窗则能大大提高铝合金门窗的热工性能。塑料门窗的热工性能好、加工精密、耐腐蚀，是很有发展前途的门窗类型。目前我国生产的塑钢门窗成本偏高，强度、刚度及耐老化性能尚待提高，但随着塑料工业的发展，高强、耐老化的塑料门窗使用寿命已达30年以上，塑料门窗必将获得越来越广泛的应用。

10.7.1 木门窗施工工艺

1. 木门窗制作施工工艺

木门窗制作的生产操作程序为：配料、截料→刨料→划线、凿眼、开榫→裁口、倒角→拼装。门窗框制作好后，应及时涂刷底子油，与墙接触的一面应涂刷防腐油。边挺和上冒头一边应加设临时斜撑，使门窗框变成一个稳定的体系。门窗框（扇）堆放时，应使底面支撑在一个平面内，以免翘曲变形。

2. 木门窗安装施工工艺

（1）作业条件

1）结构工程已完工并验收。

2）室内已弹好+50cm水平线。

3）准备安装的木门窗的砖墙洞口已按要求预埋防腐木砖，木砖中心距不应大于1.2m，并满足每边不少于两块木砖的要求，单砖或轻质砌体应砌入带木砖的预制混凝土块。

4）砖墙洞口安装带贴脸的木门窗时，为使门窗框与抹灰面齐平，应在安装门窗框前做出抹灰标筋。

5）门窗框可在内、外墙抹灰之前安装，门窗扇应在地面工程完工并达到强度要求后安装。

（2）施工工艺流程

木门窗安装方法按框料与墙体的固定方式不同，分为立口和塞口两种。立口是先立好门窗框，再砌门窗框两边墙体的方法；而塞口是在砌墙时先留出门窗框洞口，然后将门窗框装进去的方法。为避免门窗框受挤压变形，规范规定，门窗安装应采用塞口的安装方法。塞口安装方法的工艺流程如下：

1）根据+50cm水平线坐标基准线弹线，以确定门窗框的安装位置。

2）将门窗框放在安装位置上就位、摆正，用木楔临时固定。

3）用线坠、水平尺将门窗框校正、找直。

4）用10cm钉子将门窗框固定在预埋木砖上。

5）将门窗扇靠在门窗框上，按框的内口划出高低、宽窄尺寸线。

6）刨修门窗扇，使其四周与门窗框的缝隙达到规定的宽度标准。

7）在距离上、下冒头1/10立挺高度的位置剔出合页槽，将合页固定在门窗扇上。

8）安装必须在装门窗扇前就应安装的门窗五金。

9）将门窗扇安装到门窗框上。

10）安装其余五金件。

(3) 施工操作要点

1) 为了保证相邻的门窗框平顺，应在墙上拉水平线作基准；为保证各楼层的窗户上下对齐，应在外墙吊铅垂线，且标示窗户的中心线或外边线。

2) 固定门窗框的钉子应砸扁钉帽后，再钉入框内。

3) 第一次刨修门窗扇应以刚能塞入口内为宜，塞好后用木楔临时固定，按留缝宽度要求画出第二次刨修线，再作第二次刨修。

4) 双扇门窗应根据门窗宽度确定对口缝深度，然后修刨四周，塞入框内校验，不合适处再作第二次刨修。

5) 刨修门窗时，应用木卡将扇边垫起卡牢，以免损坏边角。

6) 门窗扇与门窗框口间的缝隙合适后，再用线勒子勒出合页宽度，并按距上、下冒头 1/10 立挺高度划出合页安装变线，再从上、下边线往里量出合页长度，留线剔出合页槽。槽深以使门、窗扇安装后缝隙均匀为准。

7) 安装合页时，每个合页先拧一枚螺钉，然后检查扇与口是否平整、缝隙是否合适，合格后再拧上全部螺钉。硬木门、窗扇应先钻眼后拧螺钉，孔径为螺钉直径的 0.9 倍为宜，眼深为螺钉长度的 2/3。其他木门窗，可将木螺钉钉入全长的 1/3，然后拧入其余的 2/3，严禁将螺钉一次钉入或倾斜拧入。

10.7.2 铝合金门窗施工工艺

铝合金门窗是指采用经过表面处理的型材（38、50、70、90、100 等系列，厚度 0.8～1.7mm），通过下料、打孔、铣槽、攻螺纹等加工工艺制成门窗框料构件，然后再与连接件、密封件、开闭五金件等一起组合装配而成。一般分为推拉和平开两种方式。

1. 施工准备

(1) 铝合金门、窗框一般都是后塞口，在主体施工时预留洞口应大于门、窗尺寸，具体根据墙体饰面材料不同分别取值，一般抹灰墙面每边增加 25mm，面砖贴面每边增加 30mm，大理石贴面每边增加 40mm，铝合金门窗的安装间隙为 5～8mm。且洞口长、宽偏差和下口水平标高偏差控制在±5mm 以内，洞口对角线偏差小于等于 5mm，洞口垂直度偏差小于等于 $0.1\%h$。

(2) 按图示尺寸弹好窗中线，并弹好＋50cm 水平线，校正门窗洞口位置尺寸及标高是否符合设计图纸要求，如有问题应提前剔凿处理。

(3) 检查铝合金门窗两侧连接铁脚位置与墙体预留孔洞位置是否吻合，若有问题应提前处理，并将预留孔洞内的杂物清理干净。

(4) 铝合金门窗的拆包检查，将窗框周围的包扎布拆去，按图纸要求核对型号，检查外观质量和表面的平整度，如发现有劈棱、窜角和翘曲不平、严重超标、严重损伤、外观色差大等缺陷时，应找有关人员协商解决，经修整鉴定合格后才可安装。

(5) 认真检查铝合金门窗的保护膜的完整，如有破损的，应补粘后再安装。

2. 施工工艺流程

铝合金门窗安装的施工工艺流程为：弹线找规矩→门窗洞口处理→门窗洞口内埋设连接件→铝合金门窗拆包检查→按图纸编号运至安装地点→检查铝合金保护膜→铝合金门窗安装→门窗口四周嵌缝、填保温材料→清理→安装五金配件→安装门窗密封条→质量检验→纱扇安装。

3. 施工操作要点

(1) 弹线找规矩：在最高层找出门窗口边线，用大线坠将门窗口边线下引，并在每层门窗口处划线标记，对个别不直的口边应剔凿处理。高层建筑可用经纬仪找垂直线。门窗口的水平位置应以楼层+50cm水平线为准，往上反，量出窗下皮标高，弹线找直，每层窗下皮（若标高相同）则应在同一水平线上。

(2) 墙厚方向的安装位置：根据外墙大样图及窗台板的宽度，确定铝合金门窗在墙厚方向的安装位置；如外墙厚度有偏差时，原则上应以同一房间窗台板外露尺寸一致为准，窗台板应伸入铝合金窗的窗下5mm为宜。

(3) 防腐处理：

1) 门窗框两侧的防腐处理应按设计要求进行。如设计无要求时，可涂刷防腐材料，如橡胶型防腐涂料或聚丙烯树脂保护装饰膜，也可粘贴塑料薄膜进行保护，避免填缝水泥砂浆直接与铝合金门窗表面接触，产生电化学反应，腐蚀铝合金门窗。

2) 铝合金门窗安装时若采用连接铁件固定，铁件应进行防腐处理，连接件最好选用镀锌或不锈钢件。

(4) 就位和临时固定：根据已放好的安装位置线安装，并将其吊正找直，无问题后方可用木楔临时固定。

(5) 与墙体固定：洞口墙体为砖石结构可采用冲击钻打孔用膨胀螺栓连接紧固；混凝土墙体可用射钉枪将铁脚与墙体固定，紧固件距墙（梁或柱）边缘不小于50mm，且应避开墙体缝隙，防止紧固失效。

不论采用哪种方法固定，每条窗边框与墙体的连接固定点不得少于2处，铁脚至窗角的距离不应大于180mm，铁脚间距应小于600mm。

(6) 处理门窗框与墙体缝隙：外框与墙体间缝隙填嵌，分为柔性工艺和刚性工艺两种。柔性工艺是分层填嵌矿棉或玻璃棉毡条等轻质材料，边口留5～8mm深槽口，注入密封胶封闭；刚性工艺是用1∶2水泥砂浆嵌封，砂浆与框接触面满涂防腐层，避免水泥腐蚀铝框而缩短使用寿命。

(7) 铝合金门框安装：

根据设计图纸配料拼装，且应在室内外墙体粉刷完毕后进行。立框后应检查其垂直度、平整度、水平度、对角线准确无误再用对拔木楔临时固定，木楔安置在四角，防止着力不当而产生变形错位。组合框安装应先试拼装，而后安装通长拼樘料—分段拼樘料—基本框。加固型材应防锈处理，连接部件采用镀锌螺钉。明螺栓连接采用与门窗同颜色的密封胶掩埋，防止色差明显影响美观。

为避免渗漏，对推拉窗，在底框靠两边框处铣8mm宽的泄水口；对平开窗，在靠框中间位置每个扇洞铣一个8mm宽的泄水口。

4. 铝合金门窗安装中存在的主要问题

(1) 门窗洞口预留尺寸不准

在施工主体结构时，由于预留洞口不准或预留时未考虑装饰面作法，使预留洞口出现过大、过小、偏移等弊端。洞口预留过大给铁脚安装与缝隙填嵌带来困难；洞口预留过小，门窗框无法嵌固；施工中洞口竖向位置，水平标高偏移过大，不仅给安装带来困难，也影响立面观感质量。

（2）铝合金门窗松动，固定不牢。

铝合金门窗松动的主要原因是连接件数量不够或位置不对。同时连接件过小也是造成门窗松动的原因之一。另外，铝合金门窗连接件固定后，框与墙体间的缝隙未填嵌密实甚至根本没有填嵌，局部位移引起整个框架的松动，还带来了框边渗水的隐患。还有在安装铝合金门窗时未考虑电偶腐蚀现象，使铝合金门窗处于大阴极小阳极的电偶腐蚀最危险的状态，螺钉腐蚀掉后使门窗和墙体处于无连接状态，容易发生坠落伤人事故。

（3）铝合金门窗成品保护

铝型材表面有一层保护氧化膜，在施工中应严加保护，不得随意撕掉保护胶带或薄膜，严禁在铝合金门窗上悬挂、搁置重物（如脚手架板、灰桶）等，一旦污染应立即用软布油水清洗干净，对表面污损严重刻痕较多的部位应进行喷漆处理。不得碰撞刮伤或污染表面，否则会影响观感和使用功能。

10.7.3 塑料门窗施工工艺

塑料门窗是以聚氯乙烯为主要原料，轻质碳酸钙为填料，添加适量的改性剂，经挤压成型各种空腹门窗型材，再将型材组装而成的门窗。由于塑料变形大、刚度差，一般在空腹内加嵌型钢或铝合金型材。故亦称为塑钢门窗。

1. 施工工艺流程

塑料门窗的施工工艺流程为：补贴保护膜→框上找中段→装固定片→洞口找中段→卸玻璃（或门、窗扇）→框进洞口→调整定位→与墙体固定→装拼樘料→装窗台板→填充弹性材料→洞口抹灰→清理砂浆→嵌逢→装玻璃（或门、窗框）→装纱窗（门）→安装五金件→表面清理→撕下保护膜。

2. 施工操作要点

（1）门窗框与墙体固定：塑料门窗采用固定片固定，固定片厚度应大于等于 1.5mm，最小宽度应大于等于 15mm，其材质应采用 Q235-A 冷轧钢板，其表面应进行镀锌处理。安装时应先采用直径为 $\phi3.2$ 的钻头钻孔，然后应将十字槽盘头自攻螺钉 M4×20 拧入，并不得直接锤击钉入；固定片的位置应距窗角、中竖框、中横框 150～200mm，固定片之间的间距应小于等于 600mm。不得将固定片直接装在中横框、中竖框的挡头上。应先固定上框，而后固定边框，固定方法应符合下列要求：

混凝土墙洞口应采用射钉或塑料膨胀螺钉固定；砖墙洞口应采用塑料膨胀螺钉或水泥钉固定，并不得固定在砖缝处；加气混凝土洞口，应采用木螺钉将固定片固定在胶粘圆木上，设有预埋铁件的洞口应采用焊接的方法固定，也可先在预埋件上按紧固件规格打基孔，然后用紧固件固定。

（2）填充弹性材料：一般情况下，钢、木门窗与洞口的间隙是采用水泥砂浆填充的，对塑钢门窗而言，因其热膨胀系数远比钢、铝、水泥的大，用水泥填充往往会使塑钢窗因温度变化无法伸缩而变形，因此，应该用弹性材料填充间隙。实际上间隙的填充比较混乱，有用岩棉的、有用水泥砂浆的。在塑钢门窗安装及验收的国家标准中提出，窗框与洞口之间的伸缩缝空腔应采用闭孔泡沫塑料、发泡聚苯乙烯等弹性材料填充。其特意提出闭孔泡沫塑料，是希望填充物吸水率低，岩棉显然是不具备这一特性的。用发泡聚苯乙烯板材在现场填缝是比较费事的，因此，有的门窗厂将其裁成条后绑在窗框上，外面再裹上塑料包布加以保护。填充伸缩缝比较好的方法是采用塑料发泡剂。其具备较好的粘结、固定、隔声、隔热、密封防潮、填补结构空缺等作用。在国外的门窗安装中应用是比较普遍的，目前，在国内也逐渐被采用。因其价格较高，为降低安装成本，一般需要先有建筑施工单位把洞口用水泥砂浆抹好，单边留出 5mm 左右间隙（其间隙大小视洞口施工质量而定），塑钢窗采用膨胀螺栓定位后，用塑料发泡剂填充其间隙。

（3）推拉门窗扇与框搭接量。

塑钢窗框与窗扇采用搭接方式进行密封，扇与框的搭接部分称为搭接量。行业标准对搭接量没作规定，搭接量一般在 8～10mm 之间。尤其是推拉窗，搭接量的大小影响窗的密封、安全、安装、日常使用等方面。由扇凹槽尺寸（一般为 20～22mm）减去滑轮高度（一般为 12mm），就是扇与下框的搭接量。以槽深 20mm 的型材为例，采用 12mm 高的滑轮时，扇与框的凸筋（即滑道）根部的间隙为 12mm（20－8＝12mm），这个间隙供窗扇安装和摘取用，安装窗时，窗扇与下框凸筋顶部仅有 4mm 安装间隙。由于窗框和窗扇制作的尺寸偏差，窗框安装的直线度偏差，以及所采用的滑轮的高度变化，都会使框扇的实际搭接量和安装间隙发生变化。当扇与上框搭接量增大时，安装间隙减小，严重时会使窗扇安装困难，窗与上部密封块摩擦力增大，造成窗扇开启费力；上部搭界搭接量减小时，会使密封性能下降，搭接量太小时，还会增加推拉窗脱落的危险。因此，在搭接量确定时要注意所采用的塑钢型材框凸筋、扇槽深的尺寸变化以及所选用的滑轮、密封块的尺寸的配套性。

3. 塑料门窗安装工程的质量验收

（1）主控项目

1）塑料门窗的品种、类型、规格、尺寸、开启方向、安装位置、连接方式及填嵌密封处理应符合设计要求，内衬增强型钢的壁厚及设置应符合国家现行产品标准的质量要求。

2）塑料门窗框、副框和扇的安装必须牢固。固定片或膨胀螺栓的数量与位置应正确，连接方式应符合设计要求。固定点应距窗角、中横框、中竖框 150～200mm，固定点间距应不大于 600 mm。

3）塑料门窗拼樘料内衬增加型钢的规格、壁厚必须符合设计要求，型钢应与型材内腔紧密吻合，其两端必须与洞口固定牢固。窗框必须与拼樘料连接紧密，固定点间距应不大于 600 mm。

4）塑料门窗扇应开关灵活、关闭严密，无倒翘。推拉门窗扇必须有防脱落措施。

5）塑料门窗配件的型号、规格、数量应符合设计要求，安装应牢固，位置应正确，功能应满足使用要求。

6）塑料门窗框与墙体间缝隙应采用闭孔弹性材料填嵌饱满，表面应采用密封胶密封。密封胶应粘结牢固，表面应光滑、顺直、无裂纹。

（2）一般项目

1）塑料门窗表面应洁净、平整、光滑，大面应无划痕、碰伤。

2）塑料门窗扇的密封条不得脱槽。旋转窗间隙应基本均匀。

3）塑料门窗扇的开关力应符合下列规定：平开门窗扇平铰链的开关力应不大于 80N；

滑撑铰链的开关力应不大于 80N，并不小于 30N。推拉门窗扇的开关力应不大于 100N（用弹簧秤检查）。

4）玻璃密封条与玻璃槽口的接缝应平整，不得卷边、脱槽。

5）排水孔应畅通，位置和数量应符合设计要求。

6）塑料门窗安装的允许偏差项目：门窗槽口宽度、高度（≤1500mm，2mm；＞1500mm，3mm）；门窗槽口对角线长度差（≤2000mm，3mm；＞2000mm，5mm）；门窗框的正、侧面垂直度（3mm）；门窗横框的水平度（3mm）；门窗横框标高（5mm）；门窗竖向偏离中心（5mm）；双层门窗内外框间距（4mm）；同樘平开门窗相邻扇高度差（2mm）；平开门窗铰链部位配合间隙（＋2；－1mm）；推拉门窗扇与框搭接量（＋1.5；－2.5mm）；推拉门窗扇与竖框平整度（2mm）。

思 考 题

1. 试述装饰装修工程的作用和其施工顺序。
2. 简述抹灰工程的组成与作用，抹灰层厚度的要求。
3. 简述内墙一般抹灰工程施工工艺流程和施工操作要点。
4. 简述内墙饰面砖施工工艺要点。
5. 简述石材饰面挂贴法施工工艺要点。
6. 简述石材饰面干挂法施工工艺要点。
7. 简述花岗岩饰面板的质量检验项目和检查方法。
8. 简述涂饰工程中木质基层的处理方法。
9. 简述涂饰工程的施工操作方法。
10. 试述吊顶的组成。
11. 简述轻钢龙骨纸面石膏板吊顶工程的施工操作要点。
12. 简述幕墙工程的含义与分类。
13. 试述玻璃幕墙工程的材料要求。
14. 试述明框玻璃幕墙的施工工艺流程和施工操作要点。
15. 简述金属幕墙工程的施工工艺流程。
16. 试述木门的施工工艺流程。
17. 简述铝合金门窗的安装工艺。
18. 试述塑钢门窗安装中的质量检验项目。
19. 对附近的装饰工程进行调研，研究造成装饰质量问题的原因和防治措施。

案 例 题

1. 某办公室使用面积约为 $200m^2$，无吊顶，有暖通设备，房屋为全现浇框架结构，现拟将该办公室改作会议室使用，正在进行室内装饰装修改造工程施工。

按照先上后下，先湿后干，先水电通风后装饰装修的施工顺序，现正在进行吊顶工程施工。按设计要求，吊顶形式为轻钢龙骨纸面石膏板不上人吊顶，装饰面层为耐擦洗涂料。但竣工验收后的第三个月，吊顶面层局部产生凸凹不平和石膏板接缝处产生裂缝现象。

试分析吊顶面层局部产生凹凸不平和板缝开裂的原因。

2. 某施工队安装一大厦玻璃幕墙，其中一处幕墙立面，左右两端各有一阳角。由于土建施工误差的原因，使该立面幕墙的施工实际总宽度略大于图纸上标注的理论总宽度，施工队采取调整格的方法，将尺寸报给设计师，重新修订理论尺寸后完成安装。

在安装同一层面立柱时，采取了以第一根立柱为测量基准确定第二根立柱的水平方向分格距离，待第二根立柱安装完毕后再以第二根立柱为测量基准确定第三根立柱的水平方向分格距离，以此类推，分别确定以后各根立柱的水平方向分格距离位置。

幕墙防雷用的均压环与各立柱的钢支座紧密连接后与土建的防雷体系也进行了连接，并增加了防腐垫片作防腐处理。在玻璃幕墙与每层楼板之间填充了防火材料，并用厚度不小于 1.5mm 的铝板进行了固定。最后通过施工验收，质量符合验收标准。

试根据以上的背景资料，回答下列问题：

（1）由于土建施工误差的原因，使该立面幕墙的施工实际总宽度略大于图纸上标注的理论总宽度，施工队采取的处理方法对不对？在考虑安装部位时应注意些什么？

（2）同一层面立柱的安装方法对不对？为什么？

（3）防雷用的均压环连接形式对不对？为什么？

（4）整个防雷体系安装完毕以后应做哪方面的检测？其检测数据多少为合格？

（5）防火材料安装有无问题？防火材料与玻璃及主体结构之间应注意什么？

第11章　建筑节能工程施工

建筑节能是指在建筑材料生产、房屋建筑施工及使用过程中，合理地使用、有效地利用能源，以便在满足同等需要或达到相同目的的条件下，尽可能降低能耗，以达到提高建筑舒适性和节省能源的目标。为避免建筑物在使用过程中热量的辐射、对流和导热的损失，需要在建筑设计中选用符合节能要求的墙体材料、门窗和屋面隔热材料，采取相应的保温和隔热措施，以保证在相同的室内热舒适环境条件下，尽可能提高电能的利用效率，减少建筑能耗。建筑保温是指维护结构在冬季阻止室内向室外传热，以保持室内适当温度的能力；建筑隔热是指围护结构在夏天隔离太阳辐射热和室外高温的影响，以保持其内表面适当温度的能力。

建筑保温节能工程按其设置部位不同分为墙体保温、屋面保温和楼地面保温。墙体保温技术主要包含采用保温砌块、内墙保温和外墙保温等方法，其中外墙保温层的主要部位有外墙的外侧、中间和内侧三种。屋面保温的主要设置方式有吊顶板之上、结构板底面、防水层之下。楼、地面保温的主要设置方式有混凝土板上、防水层之上、混凝土板底部直接与土壤接触的部位和土壤内部。

11.1　墙体节能工程施工

墙体节能工程是建筑节能工程的重要组成部分，节能墙体的类型主要分为单一材料墙体和复合墙体两大类。单一材料墙体主要包括空心砖墙、加气混凝土墙和轻骨料混凝土墙，其施工方法与第4章砌体结构相同；复合墙体主要包括外墙外保温和外墙内保温两种类型。本节主要介绍EPS板薄抹灰外墙外保温墙体和胶粉聚苯颗粒外墙外保温的施工要点。

11.1.1　EPS板薄抹灰外墙外保温

1. EPS板薄抹灰外墙外保温构造

EPS板薄抹灰外墙外保温，是由EPS板（阻燃型模塑聚苯乙烯泡沫塑料板）、聚合物粘结砂浆（必要时使用锚栓辅助固定）、耐碱玻璃纤维网格布（以下称玻纤网）及外墙装饰面层组成的外墙外保温系统，其基本构造如图11-1所示。该系统技术先进，隔热、保温性能良好，坚实牢固、抗冲击、耐老化、防水抗渗，施工简便。EPS板薄抹灰外墙外保温适用于新建房屋的保温隔热及旧房改建；无论是在钢筋混凝土现浇基层上，还是在其他各类墙体

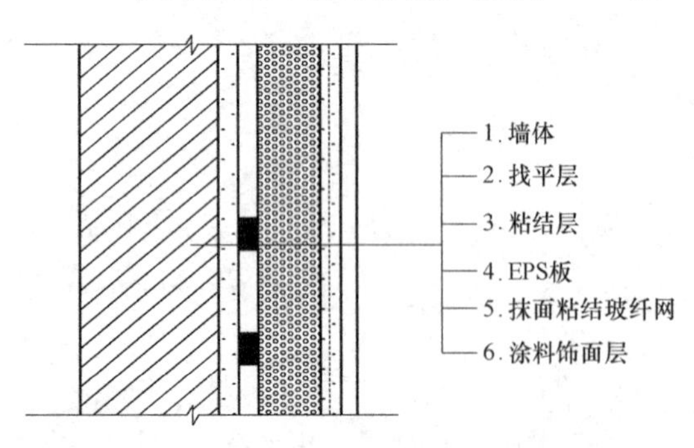

图11-1　EPS板外墙保温系统构造图

上，均可获得良好的施工效果。

2. EPS板薄抹灰外墙外保温技术的特点

（1）EPS板薄抹灰外墙外保温技术可准确无误的控制隔热保温层的厚度和导热系数，施工无偏差，并能确保技术要求的隔热、保温效果。

（2）EPS板薄抹灰外墙外保温技术使用水泥基聚合物砂浆作为粘结层及抹面层，由于其高强且有一定的柔韧性，能吸收多种交变负荷，可在多种基层上将EPS板牢固地粘结在一起，在外饰面质量较轻时，施工中无需锚固。

（3）EPS板薄抹灰外墙外保温技术使用的水泥基聚合物砂浆保护层，可将玻纤网牢固地粘结在苯板上，抗裂、防水、抗冲击、耐老化，并具有水、气透过性能，能有效地在建筑上构筑高效、稳固的保温隔热系统。

（4）EPS板薄抹灰外墙外保温技术使用的聚合物砂浆，具有良好的和易性、镘涂性和较长的凝固时间，便于工人操作，把原本复杂的保温技术简化为粘贴、镘涂作业，施工简便。操作人员简单培训后，即可以进行大面积、高质量、高效率的施工，经济效益显著。

3. 施工条件

（1）墙体基层的质量

1）做EPS外墙外保温系统的墙面首先应经过验收达到质量标准的结构承重或非承重墙，否则不能进行外墙外保温施工。即：要确保外墙外表面不能有空鼓和开裂，要确保基层有良好的附着力，规范要求基层的附着力应大于0.30MPa。如果基层墙体的附着力不能满足上述要求，必须对墙面做彻底的清理，如增加粘结面积或加设锚栓等。

2）墙体的基层表面应清洁、干燥、平整、坚固，无污染、油渍、油漆或其他有害的材料。墙面平整度可用2m靠尺检测，其平整度小于等于3mm，墙体的阴、阳角须方正；局部不平整的部位可用1∶2水泥砂浆找平。

3）墙体的门窗洞口要经过验收，墙外的消防梯、水落管、防盗窗预埋件或其他预埋件、入口管线或其他预留洞口，应按设计图纸或施工验收规范要求提前施工。

4）建筑物中的伸缩缝在外墙外保温系统中必须留有相应的伸缩缝。

（2）施工中的天气条件

1）施工时温度不应低于5℃，而且施工完成后，24小时内气温应高于5℃。夏季高温时，不宜在强光下施工，必要时可在脚手架上搭设防晒布，遮挡墙壁。

2）5级风以上或雨天不能施工，如施工时遇降雨，应采取有效措施，防止雨水冲刷墙壁。

（3）施工材料准备

材料进场后，应按各种材料的技术要求进行验收，并分类挂牌存放。EPS板应成捆平放，注意防雨防潮；玻纤网要防潮存放，聚合物水泥基应存放于阴凉干燥处，防止过期硬化。

4. 施工技术指标

（1）EPS板的技术指标（表11-1）

EPS板的技术指标 **表11-1**

表观密度 (kg/m^3)	导热系数 [W/(m·K)]	吸水率% (v/v)	氧指数 (%)	厚度偏差(mm)
18～25	≤0.041	≤4	≥30	±2

EPS 板在避光的条件下至少应存放 40 天或 60℃干养护 5 天方可使用。实际上，一般厂家在出厂前已经对该项进行处理，运到施工现场后即可使用。

（2）聚合物粘结砂浆技术指标（表 11-2）

聚合物粘结砂浆技术指标　　表 11-2

聚合物粘结砂浆	常温常态	耐水，水中取出 7 天
与基体的粘结力	≥1.00MPa	≥0.70 MPa
与 EPS 板的粘结力	≥0.10 MPa	≥0.10 MPa

（3）抹面层砂浆技术指标

1）与 EPS 板的粘结力，见表 11-3。

抹面层砂浆与 EPS 板的粘结力　　表 11-3

常温常态	耐水，水中取出 7 天
≥0.10MPa	≥0.10MPa

2）吸水率；防护层 24 小时后的吸水率低于 0.5kg/m²。

3）水、汽透过性：水蒸气透过湿流密度≥1.0g/m²·h。

4）抗风压：负压 4500Pa，正压 5000Pa 以上，系统无裂缝。

（4）玻纤网的技术指标（表 11-4）

玻纤网的技术指标　　表 11-4

项　目	要　求	项　目	要　求
网眼尺寸(mm)	4～6	重量(g/m²)	>150
宽度(mm)	>900	交货时的抗撕裂强度	>1.6kN/5cm

（5）锚栓的技术指标

通常情况下有金属螺钉和塑料钉两种，金属钉应采用不锈钢或经过表面防锈处理的金属制成，塑料钉和带圆盘的塑料膨胀套管应采用聚乙烯或聚丙烯制成。锚栓有效锚固深度应不小于 25mm，塑料圆盘直径应不小于 50mm，其单个锚栓抗拉承载力标准值不小于 0.3kN。

5. 施工要点

施工顺序主要根据工程特点决定，一般采用自下往上（可以建筑装饰线为界）、先大面后局部的施工方法。施工程序：

墙体基层处理→弹线→基层墙体湿润→配制聚合物粘结砂浆→粘贴 EPS 板→铺设玻纤网→面层抹聚合物砂浆→找平修补→成品保护→外饰面施工。

（1）墙体基层处理

1）墙体基层必须清洁、平整、坚固，若有凸起、空鼓和疏松部位应剔除，并用 1∶2 水泥砂浆进行修补找平。

2）墙面应无油渍、涂料、泥土等污物或有碍粘结的材料，若有上述现象存在，必要时可用高压水冲洗，或化学清洗、打磨、喷砂等进行清除污物和涂料。

3）若墙体基层过干时，应先喷水湿润。喷水应在贴聚苯板前根据不同的基层材料适时进行，可采用喷浆泵或喷雾器喷水，不能喷水过量，不准向墙体泼水。

4）对于表面过干或吸水性较高的基层，必须先做粘贴试验，可按如下方法进行：

用聚合物粘结砂浆粘结 EPS 板，5min 后取下聚苯板，并重新贴回原位，若能用手揉动则视为合格，否则表明基层过干或吸水性过高。

5）抹灰基层应在砂浆充分干燥和收缩稳定后，再进行保温施工，对于混凝土墙面必要时应采用界面剂进行界面处理。

（2）弹线

根据设计图纸的要求，在经过验收处理的墙面上沿散水标高，用墨线弹出散水及勒脚水平线。当图纸设计要求需设置变形缝时，应在墙面相应位置，弹出变形缝及宽度线，标出 EPS 板的粘贴位置。粘贴 EPS 板前，要挂水平和垂直通线。

（3）配制聚合物粘结砂浆

1）配制聚合物粘结砂浆必须有专人负责，以确保搅拌质量。

2）拌制聚合物粘结砂浆时，要用搅拌器或其他工具将胶粘剂重新搅拌，避免胶粘剂出现分离现象，以免出现质量问题。

3）聚合物粘结砂浆的配合比为：聚合物胶粘剂：32.5 级普通硅酸盐水泥：砂子（用 16 目筛底）=1：1.88：4.97（重量比）。

4）将水泥、砂子用量桶称好后倒入铁灰槽中进行混合，搅拌均匀后按配合比加入胶粘剂，搅拌必须均匀，避免出现离析，呈粥状。根据和易性可适当加水，加水量为胶粘剂的 5%，水为混凝土用水。

5）聚合物粘结砂浆应随用随配，配好的聚合物砂浆最好在 2 小时之内用光。聚合物粘结砂浆应于阴凉放置，避免阳光暴晒。

（4）粘贴 EPS 板

1）挑选 EPS 板：EPS 板应是无变形、翘曲，无污染、破损，表面无变质的整板；EPS 板的切割应采用适合的专用工具切割，切割面应垂直。

2）EPS 板应从外墙阳角及勒脚部位开始，自下而上，沿水平方向横向铺贴，竖缝应逐行错缝 1/2 板长，在墙角处要交错拼接，同时应保证墙角垂直度。外墙转角及勒脚部位的做法如图 11-2、图 11-3 所示。

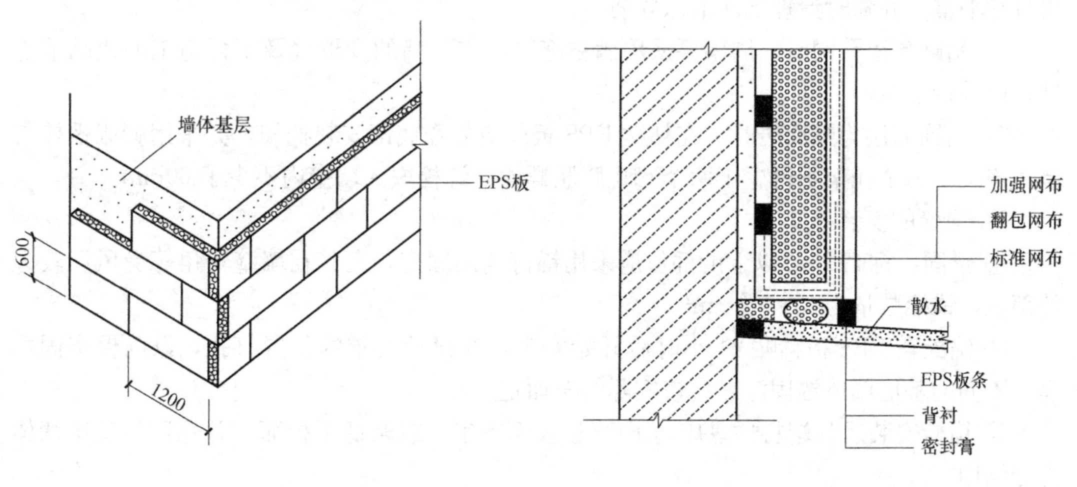

图 11-2　EPS 板转角示意图

图 11-3　勒脚做法详图

3）EPS板粘贴可采用条粘法和点粘法。

条粘法：条粘法用于平整度小于5mm的墙面，用专用锯齿抹子在整个EPS板背面满涂粘结浆，保持抹子和板面呈45°，紧贴EPS板并刮除多余的粘结浆，使板面形成若干条宽度为10mm、厚度为10mm、中心距为25mm的浆带，如图11-4所示。

点粘法：沿EPS板周边用抹子涂抹配制好的粘结浆形成宽度为50mm、厚度为10mm的浆带，当采用整板时，应在板面中间部位均匀布置8个粘结点，每点直径不小于140mm、厚度为10mm，中心距为200mm的粘结点；当采用非整板尺寸时，板面中间部位可涂抹4～6个粘结点，如图11-5所示。

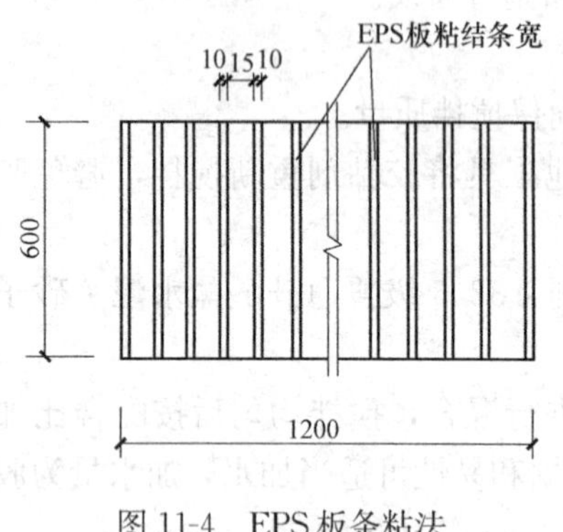

图11-4 EPS板条粘法

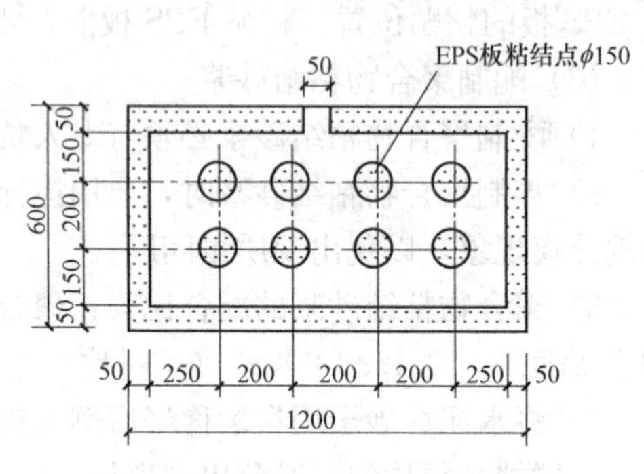

图11-5 EPS板点粘法

无论采用条粘法还是点粘法进行铺贴施工，其涂抹的面积与EPS板的面积之比都不得小于40%。粘结浆应涂抹在EPS板上，粘结点应按面积均布，且板的侧边不能涂浆。

4）将EPS板抹完粘结砂浆后，应立即将板平贴在墙体基层上，滑动就位。粘贴时，动作要轻柔，不能局部按压、敲击，应均匀挤压。为了保持墙面的平整度，应随时用一根长度为2m的铝合金靠尺进行整平操作，贴好后应立即刮除板缝和板侧面残留的粘结浆。

5）粘贴时，EPS板与板之间应挤压紧密，当板缝间隙大于2mm，应用EPS板条将缝塞满，板条不用粘结；当板间高差大于1mm，应使用专用工具在粘贴完工24小时后，再打磨平整，并随时清理干净泡沫碎屑。

6）粘贴预留孔洞时，周围要采用满粘施工；在外墙的变形缝及不再施工的成品节点处，应进行翻包。

7）当饰面层为贴面砖时，在粘贴EPS板前应先在底部安装托架，并采用膨胀螺栓与墙体连接，每个托架不得少于两个ϕ10膨胀螺栓，螺栓嵌入墙壁内不少于60mm。

8）锚栓的安装：

① 锚固：标高20m以上的部位应采用锚钉辅助固定，尤其在墙壁转角等受风压较大的部位，锚栓数量为3～4个/m^2。

② 锚栓在EPS板粘贴24小时后开始安装，在设计要求的位置打孔，以确保牢固可靠，不同的基层墙体锚固深度应按实际情况而定。

③ 锚栓安装后其塑料托盘应与EPS板表面齐平，或略低于板面，并保证与基层墙体充分锚固。

（5）铺设玻纤网

1）铺设玻纤网前，应先检查 EPS 板表面是否平整、干燥，同时应去除板面的杂物，如泡沫碎屑或表面变质部分。

2）抹面粘结浆的配制：抹面粘结浆的配制过程应计量准确，采用机械搅拌，确保搅拌均匀。每次配制的粘结浆不得过多，并在 2 小时内用完，同时要注意防晒、避风，以免水分蒸发过快，造成表面结皮、干裂。

3）铺设玻纤网：用抹刀在 EPS 板表面均匀涂抹一道厚度为 2～3mm 的抹面浆，立即将玻纤网压入粘结浆中，不得有空鼓、翘边等现象。在第一遍粘结浆八成干燥时，再抹上第二遍粘结浆，直至全部覆盖玻纤网，使玻纤网处在两道粘结浆中间的位置，两遍抹浆总厚度不宜超过 5mm。

4）铺设玻纤网应自上而下，沿外墙一圈一圈铺设。当遇到洞口时，应在洞口四角处沿 45°方向补贴一块标准网，尺寸约 200mm×300mm，以防止开裂。

5）抹面粘结浆施工间歇处最好选择自然断开处，以方便后续施工的搭接，如需在连续的墙面上断开，抹面时应留出间距为 150mm 的 EPS 板面、玻纤网、抹灰层的阶梯形接槎，以免玻纤网搭接处高出抹灰面。

6）铺设玻纤网的注意点：

① 整网间应互相搭接 50～100mm，分段施工时应预留搭接长度，加强网与网的对接，在对接处应紧密对接。

② 在墙体转角处，应用整网铺设，并从每边双向绕角后包墙的宽度不小于 200mm，加强网应顶角对接铺设。

③ 铺设玻纤网时，网的弯曲面朝向墙面，抹平时从中央向四周抹，直至玻纤网完全嵌入抹面粘结浆内，不得有裸露的玻纤网。

④ 玻纤网铺设完毕后，应静置养护不少于 24 小时，方可进行下一道工序的施工。当施工环境处于低温潮湿条件下，应适当延长养护时间。

（6）细部构造施工

1）装饰线条的安装

① 当装饰线条凸出墙面时，应在 EPS 板粘贴完后，按设计要求用墨线弹出装饰件的具体位置，然后将装饰线条用粘结浆贴在该位置上，最后用粘结浆铺贴玻纤网，并留出不小于 100mm 的搭接长度。

② 当装饰线条凹进墙面时，应在 EPS 板粘贴完后，按设计要求用墨线弹出装饰件的具体位置，用开槽机按图纸要求切出凹线或图形，凹槽处的 EPS 板的实际厚度不得小于 20mm。然后在凹槽内及四周 100mm 范围内，抹上粘结浆，再压入玻纤网，凹槽周边甩出的玻纤网与墙面粘贴的应搭接牢固。

③ 线条凸出墙面 100mm 时应加设机械固定件后，直接粘贴在墙体基层上；小于 100mm 时可粘贴在保温层上，线条表面可按普通外墙保温做法处理。

④ 当有滴水线时，要使用开槽机开出滴水槽，余下可参照凹进墙体的装饰线做法处理。

2）变形缝的施工

① 伸缩缝处先做翻包玻纤网，然后再抹防护面层砂浆，缝内可填充聚乙烯材料，再用柔性密封材料填充缝隙。

② 沉降缝处应根据缝宽和位置设置金属盖板，可参照普通沉降缝做法施工，但须做好防锈处理。

（7）找平修补

保温墙面的修补应按以下方法施工：

1）修补时应用同类的EPS板和玻纤网按照损坏部位的大小、形状和厚度切割成形，并在损坏处划定修补范围。

2）割除损坏范围内的保温层，使其露出与割口表面相同大小的洁净的墙体基层面，并在割口周边外80mm宽范围内磨去面层，直至露出原有的玻纤网。

3）在修补范围外侧贴盖防污胶带后，再粘贴修补EPS板和玻纤网。修补面整平后，应经过24小时养护方可进行外墙装饰层的施工。

（8）成品保护

玻纤网粘完后应防止雨水冲刷，保护面层施工后4小时内不能被雨淋；容易碰撞的阳角、门窗应采取保护措施，上料口部位采取防污染措施，发生表面损坏或污染必须立即处理。保护层终凝后要及时喷水养护，当昼夜平均气温高于15℃时不得少于48小时，低于15℃时不得少于72小时。

（9）饰面层的施工

1）施工前，应首先检查抹面粘结浆上玻纤网是否全部嵌入，修补抹面粘结浆的缺陷或凹凸不平处，凹陷过大的部位应再铺贴玻纤网，然后抹灰。

2）在抹面粘结浆层表干后，即可进行柔性腻子和涂料施工，做法同普通墙面涂料施工，按设计及施工规范要求进行。

6. 施工质量验收

EPS外墙外保温工程应按现行国家标准《建筑工程施工质量验收统一标准》GB 50300—2013规定进行施工质量验收。

（1）划分分项工程

EPS外墙外保温工程可划分为5个分项工程，即：基层处理、粘贴EPS板、抹面层、变形缝施工、饰面层。每个分项工程应以每500～1000m² 划分为一个检验批，不足500m² 也应划分为一个检验批；每个检验批每100m² 应至少抽查一处，每处不得小于10m²。

（2）质量验收

主控项目和一般项目的验收应符合相关规范和设计要求，基层墙体处理、EPS板背面粘结浆、锚栓固定的位置及数量、玻纤网的铺设等必须办理隐蔽工程验收记录，经验收合格后方可进行下一分项工程施工。

11.1.2 胶粉聚苯颗粒外墙外保温

胶粉聚苯颗粒外墙外保温采用胶粉聚苯颗粒保温浆料保温隔热材料，抹在基层墙体表面，保温浆料的防护层为嵌埋有耐碱玻璃纤维网格布增强的聚合物抗裂砂浆，属薄型抹灰面层。

1. 胶粉聚苯颗粒外墙外保温工程特点

（1）采用预混合干拌技术，将保温胶凝材料与各种外加剂混合包装，聚苯颗粒按袋分装，到施工现场以袋为单位配合比加水混合搅拌成膏状材料，计量容易控制，保证配比准确。

（2）采用同种材料冲筋，保证保温层厚度控制准确，保温效果一致。

（3）从原材料本身出发，采用高吸水树脂及水溶性高分子外加剂，解决了一次抹灰太薄的问题，保证一次抹灰4～6cm，粘结力强，不滑坠，干缩小。

（4）抗裂防护层增强保温抗裂能力，杜绝质量通病。

2. 胶粉聚苯颗粒外墙外保温施工要点

胶粉聚苯颗粒外墙外保温施工工艺流程：基层墙体处理→涂刷界面剂→吊垂、套方、弹控制线→贴饼、冲筋、作口→抹第一遍聚苯颗粒保温浆料→（24小时后）抹第二遍聚苯颗粒保温浆料→（晾干后）划分格线、开分格槽、粘贴分格条、滴水槽→抹抗裂砂浆→铺压玻纤网格布→抗裂砂浆找平、压光→涂刷防水弹性底漆→刮柔性耐水腻子→验收。施工要点为：

（1）基层墙体表面应清理干净，无油渍、浮尘，大于10mm的突起部分应铲平。经过处理符合要求的基层墙体表面，均应涂刷界面砂浆，如为黏土砖可浇水淋湿。

（2）保温隔热层的厚度，不得出现偏差。保温浆料每遍抹灰厚度不宜超过25mm，需分多遍抹灰时，施工的时间间隔应在24小时以上，抗裂砂浆防护层施工，应在保温浆料充分干燥固化后进行。

（3）抗裂砂浆中铺设的耐碱玻璃纤维网格布时，其搭接长度不小于100mm，采用加强网格布时，只对接，不搭接（包括阴、阳墙角部分）。网格布铺贴应平整、无褶皱。砂浆饱满度应为100%，严禁干搭接。

（4）饰面如为面砖时，则应在保温层表面铺设一层与基层墙体拉牢的四角钢镀锌丝网（丝径1.2mm，孔径20mm×20mm，网边搭接40mm，用双股ϕ7镀锌钢丝绑扎，间距150mm），再抹抗裂砂浆作为防护层，面砖用胶粘剂粘贴在防护层上。

涂料饰面时，保温层分为一般型和加强型。加强型用于建筑物高度大于30m而且保温层厚度大于60mm，加强型的做法是在保温层中距外表面20mm铺设一层六角镀锌钢丝网（丝径0.8mm，孔径25mm×25mm）与基层墙体拉牢。

（5）墙面分格缝可根据设计要求设置，施工时应符合现行的国家和行业标准、规范、规程的要求。

（6）变形缝盖板可采用1mm厚铝板或0.7mm厚镀锌薄钢板。凡盖缝板外侧抹灰时，均应在与抹灰层相接触的盖缝板部位钻孔，钻孔面积大约应占接触面积的25%左右，增加抹灰层与基础的咬合作用。

（7）抹灰、抹保温浆料及涂料的环境温度应大于5℃，严禁在雨中施工，遇雨或雨期施工应有可靠的保证措施，抹灰、抹保温浆料应避免阳光暴晒和5级以上大风天气施工。

（8）施工人员应经过培训考核合格。施工完工后，应做好成品保护工作，防止施工污染；拆卸脚手架或升降外挂架时，应保护墙面免受碰撞；严禁踩踏窗台、线脚；损坏部位的墙面应及时修补。

11.2 屋面节能工程施工

保温屋面的种类一般分现浇类和保温板类两种，现浇类包括：现浇膨胀珍珠岩保温屋面、现浇水泥蛭石保温屋面；保温板类包括：硬质聚氨酯泡沫塑料保温屋面、饰面聚苯板保温屋面和水泥聚苯板保温屋面等。

11.2.1 现浇膨胀珍珠岩保温屋面施工

1. 现浇膨胀珍珠岩保温屋面的材料要求

现浇膨胀珍珠岩保温屋面用料规格及用料配合比，见表11-5。

现浇膨胀珍珠岩保温屋面用料规格及用料配合比 **表11-5**

用料体积比		密度（kg/m³）	抗压强度（MPa）	导热率λ［W/(m·K)］
水泥（42.5级）	膨胀珍珠岩（密度：120～160kg/m³）			
1	6	548	1.65	0.121
1	8	610	1.95	0.085
1	10	389	1.15	0.080
1	12	360	1.05	0.074
1	14	351	1.00	0.071
1	16	315	0.85	0.064

用做保温隔热层的用料体积配合比一般采用1∶12左右。

2. 施工要点

（1）拌合水泥珍珠岩浆

水泥和珍珠岩按设计规定的配合比用搅拌机或人工干拌均匀，再加水拌合。水灰比不宜过高，否则珍珠岩将由于体轻而上浮，发生离析现象。灰浆稠度以外观松散，手捏成团不散，挤不出灰浆或只能挤出极少量灰浆为宜。

（2）铺设水泥珍珠岩浆

根据设计对屋面坡度和不同部位厚度要求，先将屋面各控制点处的保温层铺好，然后根据已铺好的控制点的厚度拉线控制保温层的虚铺厚度。铺设厚度与设计厚度的百分比称为压缩率，一般采用130%左右。而后进行大面积铺设。铺设后可用木夯轻轻夯实，以铺设厚度夯至设计厚度为控制标准。

（3）铺设找平层

珍珠岩灰浆浇捣夯实后，由于其表面粗糙，于铺设防水卷材不利，因此，必须再做1∶3水泥砂浆找平层一层，厚度为7～10mm。可在保温层做好后2～3d再做找平层。整个保温隔热层包括找平层在内，抗压强度可达1MPa以上。

（4）屋面养护

由于珍珠岩灰浆含水量较少，且水分散发较快，因此保温层应在浇捣完毕一周以内浇水养护。在夏季，保温层施工完毕10d后，即可完全干燥，铺设卷材。

11.2.2 现浇水泥蛭石保温屋面施工

1. 现浇水泥蛭石保温屋面的材料要求

现浇水泥蛭石保温屋面所用材料主要有水泥和蛭石。其中水泥的强度等级应不低于32.5级，一般选用42.5级普通硅酸盐水泥；膨胀蛭石可选用5～20mm的大颗粒级配。

水泥与膨胀蛭石的体积比，一般为1∶12。水泥水灰比一般为1∶2.4～2.6（体积比）。现场检查方法是：将拌好的水泥蛭石浆用手紧捏成团不散，并稍有水泥浆滴下时为宜。

现浇水泥蛭石浆常见配合比，见表11-6。

现浇水泥蛭石保温屋面施工配合比 **表11-6**

配合比 水泥∶蛭石∶水（体积比）	每立方米水泥蛭石浆用料数量		压缩率（%）	1∶3水泥砂浆找平层厚度(mm)	养护时间（h）	表观密度（kg/m^3）	抗压强度（MPa）	导热率[W/(m·K)]
	水泥(kg)	蛭石(L)						
1∶12∶4	42.5水泥110		130	10		290	0.25	0.087
1∶10∶4	42.5水泥130		130	10		320	0.30	0.093
1∶12∶3.3	42.5水泥110		140	10		310	0.30	0.0919
1∶10∶3	42.5水泥130	1300	140	10	112	330	0.35	0.0988
1∶12∶3	32.5水泥110		130	15		290	0.25	0.087
1∶12∶4	32.5水泥110		130	5		290	0.25	0.087
1∶10∶4	32.5水泥110		125	10		320	0.34	0.087

2. 施工要点

（1）拌合水泥蛭石浆

水泥蛭石浆一般采用人工拌合的方式。拌合时，先将一定数量的水与水泥调成水泥净浆，然后用小桶将水泥浆均匀地泼在膨胀蛭石上，随泼随拌，拌合均匀。膨胀蛭石用量按下式计算：

$$Q=150h \tag{11-1}$$

式中 Q——100m^2隔热保温层中膨胀蛭石的用量（m^3）；

h——隔热保温层的设计厚度（m）。

（2）设置分仓缝

铺设屋面保温隔热层时，应设置分仓缝，以控制温度应力对屋面的影响。分仓施工时，每仓宽度宜为700～900mm。一般采用木板分隔，亦可采用特制的钢筋尺控制宽度和铺设厚度。

（3）铺设水泥蛭石浆

由于膨胀蛭石吸水较快，施工时宜将原材料运至铺设地点，随拌随铺，以确保水灰比准确和施工质量。铺厚度一般为设计厚度的130%（不包括找平层），应尽量使膨胀蛭石颗粒的层理平面与铺设平面平行，铺后应用木拍板拍实抹平至设计厚度。

（4）铺设找平层

水泥蛭石砂浆压实抹平后，应立即抹找平层，不得分两个阶段施工。找平层砂浆配合比为：42.5级水泥∶粗砂∶细砂=1∶2∶1，稠度为70～80mm。

找平层抹好后，一般可不必洒水养护。

11.2.3 硬质聚氨酯泡沫塑料保温屋面施工

1. 硬质聚氨酯泡沫塑料保温屋面的材料要求

硬质聚氨酯泡沫塑料是把含有羟基的聚醚或聚酯树脂与异氰酸酯反应构成聚氨酯主

体，并由异氰酸酯与水反应生成的二氧化碳作为发泡剂，或用低沸点的氟氢化烷烃为发泡剂，生产出内部具有无数小气孔的一种塑料制品。

在保温屋面施工时，系将液体聚氨酯组合料直接喷涂在屋面板上，使硬质聚氨酯泡沫塑料固化后与基层形成无拼接缝的整体保温层。

硬质聚氨酯泡沫塑料的技术性能要求，见表 11-7。

聚氨酯泡沫塑料技术性能要求 **表 11-7**

<table>
<tr><th colspan="5" rowspan="3">项　目</th><th colspan="4">指　标</th></tr>
<tr><th colspan="2">Ⅰ</th><th colspan="2">Ⅱ</th></tr>
<tr><th>A</th><th>B</th><th>A</th><th>B</th></tr>
<tr><td colspan="4">表观密度(kg/m³)</td><td>≥</td><td>30</td><td>30</td><td>30</td><td>30</td></tr>
<tr><td colspan="4">压缩性能(屈服点时或形成10%压缩应力)(kPa)</td><td>≥</td><td>100</td><td>100</td><td>100</td><td>100</td></tr>
<tr><td colspan="4">导热率[W/(m·K)]</td><td>≤</td><td>0.022</td><td>0.027</td><td>0.022</td><td>0.027</td></tr>
<tr><td colspan="4">尺寸稳定性(70℃、48h)(%)</td><td>≤</td><td>5</td><td>5</td><td>5</td><td>5</td></tr>
<tr><td colspan="4">水蒸气透湿系数(23±2℃,0～85%RH)[ng/(Pa·m·s)]</td><td>≤</td><td colspan="2">6.5</td><td colspan="2">6.5</td></tr>
<tr><td colspan="4">体积吸水率(%)</td><td>≤</td><td colspan="2">4</td><td colspan="2">3</td></tr>
<tr><td rowspan="5">燃烧性</td><td rowspan="2">1级</td><td rowspan="2">垂直燃烧法</td><td>平均燃烧时间(s)</td><td>≤</td><td colspan="2">30</td><td colspan="2">30</td></tr>
<tr><td>平均燃烧高度(mm)</td><td>≤</td><td colspan="2">250</td><td colspan="2">250</td></tr>
<tr><td rowspan="2">2级</td><td rowspan="2">水平燃烧法</td><td>平均燃烧时间(s)</td><td>≤</td><td colspan="2">90</td><td colspan="2">90</td></tr>
<tr><td>平均燃烧高度(mm)</td><td>≤</td><td colspan="2">50</td><td colspan="2">50</td></tr>
<tr><td>3级</td><td colspan="3">非阻燃型</td><td colspan="2">无要求</td><td colspan="2">无要求</td></tr>
</table>

2. 施工要点

(1) 施工准备

直接喷涂硬质聚氨酯泡沫塑料保温屋面，必须待屋面其他工程全部完工后方可进行。穿过屋面的管道、设备或预埋件，应在直接喷涂前安装好。待喷涂的基层表面应牢固、平整、干燥，无油污和尘灰、杂物。

(2) 屋面坡度要求

建筑找坡的屋面（坡度 1%～3%）及檐口、檐沟、天沟的基层排水坡度必须符合设计要求。结构找坡的屋面檐口、檐沟、天沟的纵向排水坡度不宜小于 5%。

一般于基层上用 1∶3 水泥砂浆找坡，亦可利用水泥砂浆保护层找坡。在装配式屋面上，为避免结构变形将硬质聚氨酯泡沫塑料层拉裂，应沿屋面板的端缝铺设一层宽为 300mm 的油毡条，然后直接喷涂硬质聚氨酯泡沫塑料层。

(3) 接缝喷涂要求

屋面与突出屋面结构的连接处（泛水处），喷涂在立面上的硬质聚氨酯泡沫塑料层高度不宜小于 250mm。

(4) 喷涂时边缘尺寸要求

直接喷涂硬质聚氨酯泡沫塑料的边缘尺寸界限要求是：

檐口：喷涂到距檐口边缘 100mm 处；

檐沟：现浇整体檐沟喷涂到檐沟内侧立面与檐沟底面交接处；

预制装配式檐沟：其沟内两侧立面和底面均要喷涂，并与屋面的硬质聚氨酯泡沫塑料层连接成一体；

天沟：内侧3个面均要喷涂，并与屋面的硬质聚氨酯泡沫塑料层连接成一体；

水落口：喷涂到水落口周围内边缘处。

（5）保护层要求

硬质聚氨酯泡沫塑料保温层面上应做水泥砂浆保护层。施工时，水泥砂浆保护层应分格，分格面积小于等于9m²，分格缝可用防腐木条，其宽度不大于15mm。

11.2.4 饰面聚苯板保温屋面施工

1. 饰面聚苯板保温屋面材料要求

饰面聚苯板是用聚苯乙烯泡沫塑料做保温层，其下用BP胶粘剂与屋面基层粘结牢固，其上面抹用ST水泥拌制的水泥砂浆，形成硬质表面，并作为找平层，然后进行上层防水施工的屋面。

饰面聚苯板保温屋面材料的物理和力学性能要求，见表11-8。

饰面聚苯板物理和力学性能指标　　表11-8

项目		指标
聚苯板	密度(kg/m³)	16～19
	导热率[W/(m·K)]	0.035
BP胶粘剂	凝结时间(min)	＞30
	抗压强度(kPa)	＞4.00
	抗折强度(kPa)	＞2.50
	粘结强度(kPa)	＞0.30
ST水泥	凝结时间(h)	＞2
	抗压强度(kPa)	8.00
	抗折强度(kPa)	2.00
	粘结强度(kPa)	＞0.20
饰面聚苯板抗压强度(kPa)		＞0.95

2. 施工要点

（1）基层清理

饰面聚苯板铺设前，应先将屋面隔气层清理干净。

（2）铺设聚苯板

铺设聚苯保温板时，先用料铲或刮刀将膏状BP胶粘剂均匀地抹在隔气层上，厚度控制在10mm以内，再用磙子找平，然后将聚苯板满贴其上。

铺板时，应用手压揉拍打使板与基层粘接牢固，缝隙内用BP胶粘剂塞实抹平，所有接缝处需用胶粘剂贴一条100mm宽的浸胶耐碱玻璃纤维布，以增强保温层的整体性。

BP胶粘剂与水的重量配合比为1∶0.6，用料槽搅拌，并控制每次的拌合料在40min内用完。

（3）铺设找平层

ST水泥砂浆找平层，其厚度一般为20mm，可在饰面聚苯板铺贴4h后进行。施工时，先将水泥（包括BP胶粘剂）、细砂和水按1∶2∶0.5的配合比倒入搅拌机中，拌合5min后，出料尽快使用。

找平层施工时，要一次抹平压光，施工人员应站在跳板上操作，以防压裂饰面聚苯板，分仓缝按 60mm 设置，缝宽 20mm ，缝内填塞防水油膏。完工后 7d 内必须浇水养护，以防裂缝产生。

11.2.5 水泥聚苯板保温屋面施工

1. 水泥聚苯板

水泥聚苯板是由聚苯乙烯泡沫塑料下脚料及回收的旧包装破碎的颗粒，加入适量水泥、EC 起泡剂和 EC 胶粘剂，经成形养护而成的板材。

2. 施工要点

（1）基层准备

铺设水泥聚苯板前，宜于隔汽层上均匀涂刷界面处理剂，其配合比为：水∶TY 胶粘剂=1∶1。

（2）铺设保温板材

铺板施工时，先于界面处理剂上，铺 10mm 厚 1∶3 水泥砂浆结合层，然后将保温板材平稳地铺压其上。板与板间自然接铺，对缝或错缝铺砌均可，缝隙用砂浆填塞。为防止大面积屋面热胀冷缩引起开裂，施工时按小于等于 700m^2 的面积断开，并做通气槽和通气孔，以确保质量。

（3）铺设水泥砂浆找平层

水泥聚苯板上抹水泥砂浆找平层，是在板材铺设 0.5d 后，在板面适量洒水湿润，再在其上刷界面处理剂，其配合比为 1∶2.5。第一遍厚 8～10mm，用刮杆摊平，木抹压实；第二遍在 24h 后抹灰，厚度为 15～20mm。找平层分格缝（纵横间距）按 60mm 设置，缝宽 20mm ，缝内填塞防水油膏。完工后 7d 内必须浇水养护，以防裂缝产生。

11.2.6 屋面节能工程质量要求及检查方法

屋面节能工程施工中，应及时对屋面基层、保温隔热层、保护层、防水层、面层等材料和构造进行检查。其主要检查内容包括：

① 基层；

② 保温层的敷设方式、厚度，板材缝隙填充质量；

③ 屋面热桥部位；

④ 隔汽层。

一般屋面基层施工完毕，才进行屋面保温隔热工程的施工，因此，应先检查屋面基层的施工质量。常见的屋面保温材料包括松散保温材料、现浇保温材料、喷涂保温材料、板材、块材等，为避免保温隔热层受潮、浸泡或受损，屋面保温隔热层施工完成后，应及时进行找平层和防水层的施工。

1. 主控项目质量要求及检查方法

（1）用于屋面节能工程的保温隔热材料，可通过观察、尺量检查及核查质量证明文件等方法进行检查，宜确保其品种、规格应符合设计要求和相关标准的规定。

（2）屋面节能工程使用的保温隔热材料，可通过核查其质量证明文件及进场复验报告的方法检查，以保证其导热系数、密度、抗压强度或压缩强度、燃烧性能应符合设计要求。

（3）屋面节能工程使用的保温隔热材料，可采取随机抽样送检，核查复验报告等方法，在材料进场时，对其导热系数、密度、抗压强度或压缩强度、燃烧性能进行复验。

（4）屋面保温隔热层的敷设方式、厚度、缝隙填充质量及屋面热桥部位的保温隔热做法，可采取观察、尺量检查等方法，使其符合设计要求和有关标准的规定。

（5）屋面的通风隔热架空层，其架空高度、安装方式、通风口位置及尺寸应符合设计及有关标准要求。架空层内不得有杂物。架空面层应完整，不得有断裂和露筋等缺陷。可采用观察、尺量检查等方法进行检查。

（6）采光屋面的传热系数、遮阳系数、可见光透射比、气密性应符合设计要求。节点的构造做法、采光屋面可开启部位应符合设计和相关标准的要求。可采取核查质量证明文件、观察检查等方法进行检查。

（7）采光屋面的安装应牢固，坡度正确，封闭严密，嵌缝处不得渗漏。可采取观察、尺量检查，淋水检查，核查隐蔽工程验收记录等方法进行控制。

（8）屋面的隔汽层位置应符合设计要求，隔汽层应完整、严密。可通过对照设计观察检查、核查隐蔽工程验收记录等方法进行检查。

2. 一般项目质量要求及检查方法

（1）屋面保温隔热层应按施工方案施工，并应符合下列规定：

1）松散材料应分层敷设，按要求压实，表面平整、坡向正确；

2）现场采用喷、浇、抹等工艺施工的保温层，其配合比应计量准确，搅拌均匀、分层连续施工，表面平整，坡向正确。

3）板材应粘贴牢固、缝隙严密、平整。

其检查方法是：观察、尺量、称重。

（2）金属板保温夹芯屋面应铺装牢固、接口严密、表面洁净、坡向正确。可通过观察、尺量检查和核查隐蔽工程验收记录的方法进行检查。

（3）坡屋面、内架空屋面当采用敷设于屋面内侧的保温材料做保温隔热层时，保温隔热层应有防潮措施，其表面应有保护层，保护层的做法应符合设计要求。可通过观察检查和核查隐蔽工程验收记录的方法进行检查。

思　考　题

1. 简述 EPS 板薄抹灰外墙外保温的构造和技术的特点。
2. 简述 EPS 板薄抹灰外墙外保温施工工艺流程及要点。
3. 简述胶粉聚苯颗粒外墙外保温的施工要点。
4. 简述膨胀珍珠岩保温屋面的施工要点。
5. 简述聚氨酯泡沫塑料保温屋面的施工要点。
6. 简述聚苯板保温屋面的施工安装要点。
7. 简述屋面节能工程主控项目的质量要求。

参考文献

［1］ 上海市基础工程公司．GB 50202—2002 建筑地基基础工程施工质量验收规范［S］．北京：中国计划出版社，2002．

［2］ 陕西省建筑科学研究院．GB 50203—2011 砌体工程施工质量验收规范［S］．北京：中国建筑工业出版社，2011．

［3］ 中国建筑科学研究院．GB 50204—2015 混凝土结构工程施工质量验收规范［S］．北京：中国建筑工业出版社，2015．

［4］ 冶金工业部建筑研究总院．GB 50205—2001 钢结构结构施工质量验收规范［S］．北京：中国计划出版社，2001．

［5］ 山西建筑工程（集团）总公司．GB 50207—2012 屋面工程质量验收规范［S］．北京：中国建筑工业出版社，2012．

［6］ 山西建筑工程（集团）总公司．GB 50208——2011．地下防水工程质量验收规范［S］．北京：中国建筑工业出版社，2011．

［7］ 江苏省建筑工程集团有限公司．GB 50209—2010 建筑地面工程施工质量验收规范［S］．北京：中国计划出版社，2010．

［8］ 中国建筑科学研究院．GB 502010—2001 建筑装饰装修工程质量验收规范［S］．北京：中国建筑工业出版社，2001．

［9］ 中国建筑科学研究院．GB 50010—2010 混凝土结构设计规范（2015 年版）［S］．北京：中国建筑工业出版社，2015．

［10］ 中国建筑科学研究院．GB 50011—2010 建筑抗震设计规范［S］．北京：中国建筑工业出版社，2010．

［11］ 中国建筑科学研究院．GB 50300—2013．建筑工程施工质量验收统一标准［S］．北京：中国建筑工业出版社，2013．

［12］ 中国建筑标准设计研究院．16G101—1 混凝土结构施工图平面整体表示方法制图规则和构造详图［S］．北京：中国计划出版社，2006．

［13］ 中国建筑标准设计研究院．16G101—2 混凝土结构施工图平面整体表示方法制图规则和构造详图［S］．北京：中国计划出版社，2006．

［14］ 中国建筑标准设计研究院．16G101—3 混凝土结构施工图平面整体表示方法制图规则和构造详图［S］．北京：中国计划出版社，2006．

［15］ 陕西省建筑科学研究院．JGJ 18—2012 钢筋焊接及验收规程［S］．北京：中国建筑工业出版社，2012．

［16］ 中国建筑科学研究院．JGJ 107—2016 钢筋机械连接通用技术规程［S］．北京：中国建筑工业出版社，2016．

［17］ 中国建筑科学研究院．GB 50411—2007 建筑节能工程施工质量验收规范［S］．北京：中国建筑工业出版社，2007．

［18］ 中国建筑科学研究院．JGJ 130—2012 建筑施工扣件式钢管脚手架安全技术规范［S］．北京：中国建筑工业出版社，2012．

［19］ 中国建筑科学研究院．JGJ 235—2011 建筑外墙防水工程技术规程［S］．北京：中国建筑工业出版社，2011．

［20］ 李斯．建筑工程施工工艺与新技术新标准应用手册［M］．北京：电子工业出版社，2000．

［21］ 建筑施工手册编写组．建筑施工手册［M］．第四版．北京：中国建筑工业出版社，2002.
［22］ 姚谨英．建筑施工技术［M］．第3版．北京：中国建筑工业出版社，2007.
［23］ 李继业．建筑施工技术［M］．北京：科学出版社，2001.
［24］ 邓寿昌．土木工程施工［M］．北京：北京大学出版社，2006.
［25］ 程绪楷．建筑施工技术［M］．北京：化学工业出版社，2005.
［26］ 李竹梅．建筑装饰施工技术［M］．北京：科学出版社，2006.
［27］ 瞿义勇．建筑装饰装修工程质量验收与施工工艺对照使用手册［M］．北京：知识产权出版社，2007.
［28］ 苏中锐．建筑装饰装修工程施工质量旁站监理手册［M］．北京：机械工业出版社，2006.
［29］ 徐占发．建筑节能技术使用手册［M］．北京：机械工业出版社，2004.